Customer Experience

Manfred Bruhn · Karsten Hadwich (Hrsg.)

Customer Experience

Forum Dienstleistungsmanagement

Springer Gabler

Herausgeber
Prof. Dr. Manfred Bruhn
Universität Basel
Wirtschaftswissenschaftliche Fakultät
Lehrstuhl für Marketing und Unternehmensführung
Honorarprofessor an der Technischen Universität München

Peter Merian-Weg 6
CH-4002 Basel
Manfred.Bruhn@unibas.ch
www.wwz.unibas.ch/marketing

Prof. Dr. Karsten Hadwich
Universität Hohenheim
Stuttgart

ISBN 978-3-8349-4000-1 ISBN 978-3-8349-4001-8 (eBook)
DOI 10.1007/978-3-8349-4001-8

Die Deutsche Nationalbibliothek verzeichnet diese Publikation in der Deutschen Nationalbibliografie; detaillierte bibliografische Daten sind im Internet über http://dnb.d-nb.de abrufbar.

Springer Gabler

Lektorat: Barbara Roscher, Jutta Hinrichsen
Einbandentwurf: KünkelLopka GmbH, Heidelberg

Gedruckt auf säurefreiem und chlorfrei gebleichtem Papier

Springer Gabler ist eine Marke von Springer DE.
Springer DE ist Teil der Fachverlagsgruppe Springer Science+Business Media
www.springer-gabler.de

Vorwort

Das Thema Customer Experience ist sowohl in der Wissenschaft als auch in der Praxis ein aktuelles Thema von hoher Relevanz. Kundenerlebnisse ergeben sich aus der Reaktion eines Kunden auf bestimmte Stimuli des Unternehmens vor, während und nach dem Kauf eines Produktes oder einer Dienstleistung. Die Schaffung eines ganzheitlichen Kundenerlebnisses über alle Kundenkontaktpunkte mit dem Anbieter steht im Mittelpunkt der Betrachtung. Das Customer Experience Management (CEM) ist der Prozess des strategischen Management aller Kundenerlebnisse mit einem Unternehmen über sämtliche Kundenkontaktpunkte hinweg. Trotz der hohen praktischen Relevanz fehlt es bisher häufig an wissenschaftlichen und empirischen Arbeiten zum Thema Customer Experience (Management).

Die Relevanz und Aktualität des Themas hat sich auch in der starken Resonanz auf unser Call for Papers bemerkbar gemacht. Das Thema Customer Experience wird im Rahmen des neuen Forum Dienstleistungsmanagement interdisziplinär, durch Experten und Praktiker aus den Bereichen Marketing, Internationalen Handel, Konsumentenverhaltensforschung und Wirtschaftspsychologie betrachtet. Profilierte Wissenschaftler und Vertreter der Praxis zeigen in 22 Beiträgen unter Bezugnahme zahlreicher Fallbeispiele, was genau unter Customer Experience zu verstehen ist, welche Wirkungen von ihr ausgehen, welche branchenspezifische Gegebenheiten Beachtung finden und wie eine erfolgreiche Umsetzung eines Customer Experience Management in der Praxis aussehen kann.

Der Sammelband widmet sich insgesamt fünf thematischen Schwerpunkten der Customer Experience. Es werden Grundlagen und Konzepte der Customer Experience, zentrale Managementansätze sowie branchenspezifische Besonderheiten des Customer Experience Management diskutiert. Ferner behandelt der Sammelband die Messung der Determinanten und Wirkungen sowie Gestaltungsansätze des Customer Experience Management.

- Bei der Betrachtung der *Grundlagen* und des *Forschungsstandes des Customer Experience Management* werden theoretische und praktische Problemstellungen aus diesem Bereich aufgezeigt sowie ein State-of-the-Art-Überblick zum „Erlebnismarketing“ gegeben. Hierbei wird auf 30 Jahre „Erlebnismarketing“ und „Erlebnisgesellschaft“ zurückgeblickt sowie die Entwicklung des Phänomens „Erlebnisorientierung“ aufgezeigt.

- Die Beiträge des zweiten Teils des Sammelbandes widmen sich Themenstellungen, die *Managementansätze der Customer Experience* behandeln. Hier werden elementare Bestandteile eines Customer Experience Management erfasst und zentrale Konzeptionen, Gestaltungsmöglichkeiten sowie Handlungsempfehlungen für das Customer Experience Management aufgezeigt. Durch Beispiele aus der Praxis wird das Thema weiter vertieft und konkrete Umsetzungsvorschläge gegeben.

- Die Beiträge des dritten Teils haben *Determinanten* und *Wirkungen* von Customer Experience zum Gegenstand. Die Determinanten von Customer Experience zeichnen sich durch eine hohe Heterogenität aus. Dies erschwert eine eindeutige Zuordnung der Determinanten zu bestimmten Kategorien. Im Rahmen dieses Sammelbandes werden unterschiedliche Kategorisierungsansätze auf Basis eigener Überlegungen und der Literaturrecherche aufgezeigt. Darüber hinaus werden zahlreiche Wirkungsgrößen von Customer Experience besprochen.

- Die *Umsetzung des Customer Experience Management* ist Bestandteil des vierten Teils des Sammelbandes. Es werden multisensuale Gestaltungsansätze des Customer Experience Management im Dienstleistungsbereich aufgezeigt sowie Brand Lands und Branded Moments zur aktiven Beeinflussung der Customer Experience vorgestellt.

- Die Beiträge des fünften Teils des Sammelbandes behandeln *branchenspezifische Besonderheiten des Customer Experience Management*. Das Customer Experience Management wird sowohl bei B2B-Services, im Einzelhandel als auch für unterschiedliche Dienstleistungsbranchen betrachtet. Die Telekommunikationsbranche erhält hierbei eine besondere Aufmerksamkeit. In den Beiträgen des fünften Teils werden jeweils spezifische Besonderheiten und Erfolgsfaktoren der jeweiligen Branche aufgezeigt sowie stets ein Praxistransfer gewährleistet.

Die wissenschaftlichen und praxisnahen Beiträge werden durch einen Literatur-Service, der eine thematisch geordnete Zusammenstellung wichtiger Veröffentlichungen zum Themengebiet beinhaltet, ergänzt.

Für die Betreuung, Projektorganisation und Koordination danken wir herzlich Frau Dipl.-Kffr. Meike Straßer vom Lehrstuhl für Marketing und Unternehmensführung der Universität Basel, für die Erstellung der druckfertigen Vorlage Frau Nicole Martin, B.Sc. vom selben Lehrstuhl. Unser besonderer Dank gilt der Freiwilligen Akademischen Gesellschaft in Basel für die freundliche Unterstützung in Form eines Druckkostenzuschusses.

Der Sammelband des diesjährigen Forum Dienstleistungsmanagement thematisiert ein außerordentlich relevantes Thema, dem Wissenschaft und Praxis sowohl heute als auch in Zukunft große Aufmerksamkeit zu widmen haben.

Basel und Hohenheim *Manfred Bruhn und Karsten Hadwich*

Inhaltsverzeichnis

3. Determinanten und Wirkungen von Customer Experience

4. Umsetzung des Customer Experience Management

Teil A: Wissenschaftliche Beiträge

1. Grundlagen und Forschungsstand des Customer Experience Management

Manfred Bruhn und Karsten Hadwich

Customer Experience – Eine Einführung in die theoretischen und praktischen Problemstellungen

---

Prof. Dr. *Manfred Bruhn* ist Ordinarius für Betriebswirtschaftslehre, insbesondere Marketing und Unternehmensführung an der Wirtschaftswissenschaftlichen Fakultät der Universität Basel und Honorarprofessor an der Technischen Universität München. Prof. Dr. *Karsten Hadwich* ist Inhaber des Lehrstuhls für Dienstleistungsmanagement an der Universität Hohenheim.

1. Customer Experience als Themenbereich in Wissenschaft und Praxis

1.1 Customer Experience in der Wissenschaft

Das Themengebiet Customer Experience ist in der Wissenschaft ein aktuell und bereits seit mehreren Jahren diskutiertes Phänomen. So geht die wissenschaftliche Forschung zur Thematik der Customer Experience in etwa auf das Jahr 1982 zurück und basiert auf den Arbeiten von Hirschman und Holbrook. Die Verfasser betonen, dass den Emotionen beim Konsum eines Produkts oder einer Leistung eine besondere Bedeutung zukommt. Des Weiteren ist der Kunde nicht mehr nur als ein rationaler Entscheidungsträger zu verstehen. Die erlebnisorientierte Perspektive, die symbolische, hedonistische und ästhetische Motive des Konsums in den Vordergrund der Betrachtung stellt, wird zunehmend wichtiger (Bruhn/Batt 2011). Bereits in allen Phasen der Menschheitsgeschichte hat es das Bedürfnis nach emotionalen Ereignissen gegeben (Gerrig/Zimbardo 2008). Das so genannte *„Erlebnisphänomen"* wurde mit Beginn der 1980er Jahre und damit einhergehend mit einem umfassenden Wertewandel weiter forciert. Zahlreiche Arbeiten auch aus dem deutschsprachigen Raum – beginnend mit den Arbeiten von Kroeber-Riel – beschäftigen sich seither mit dem *„Erlebnismarketing"*. So gewannen die Begriffe *„Erlebniskonsum"* (Gröppel 1991; Weinberg 1992), *„Erlebnisgesellschaft"* (Schulze 1992) oder *„Experience Economy"* (Pine/Gilmore 1999a), nach Eintreten der Bedeutungsverschiebung von den klassischen Werten zu den Selbstentfaltungswerten, immer mehr an Bedeutung.

Obwohl sich in der Vergangenheit eine Vielzahl von Studien mit Kundenerlebnissen auseinandersetzte, mangelt es bisher an einem einheitlichen Verständnis des Begriffs (Carù/Cova 2003; Helkkula 2011). Einigkeit besteht weitestgehend darüber, dass Kundenerlebnisse einen ganzheitlichen sowie subjektiven Charakter aufweisen und auf Interaktionen des Kunden mit dem Unternehmen beruhen. Die Orientierung an der subjektiven Wahrnehmung sowie der Reaktion von Kunden gewinnt im Rahmen der Customer Experience an Relevanz. Besondere Betonung erfährt hierbei die Vermittlung eines ganzheitlichen Erlebnisses, das direkter und indirekter Natur sein kann sowie alle Kontaktpunkte des Dienstleistungsprozesses in die Betrachtung mit einbezieht (Meyer/Schwager 2007).

Bisherige wissenschaftliche Arbeiten zum Themengebiet Customer Experience können, je nach spezifischem Inhalt, grundsätzlich vier *Forschungslinien* zugeordnet werden. Hierbei handelt es sich um folgende Erlebniskategorien: Produkterlebnis, Service-Erlebnis, Markenerlebnis sowie Konsum- bzw. Shopping-Erlebnis.

Wissenschaftliche Arbeiten, die sich mit dem *Produkterlebnis* (Product Experience) beschäftigen, konzentrieren sich weitgehend auf das kundenseitige Erlebnis, das durch ein spezielles Produkt hervorgerufen wird (Hoch 2002). Bei Untersuchungen, die sich mit dem kundenseitigen Erlebnis bei Dienstleistungen und vor allem Dienstleistungsprozessen beschäftigten, handelt es sich um so genannte *Service-Erlebnisse* (Service Experience) (Arnould/Price 1993; Patricio et al. 2008, 2011). In diesen Studien geht es vorwiegend um die Interaktionen zwischen Kunden und Dienstleistungsunternehmen über die verschiedenen Kontaktpunkte hinweg. Eine weitere Forschungslinie im Themenbereich Customer Experience beschäftigt sich mit der Wahrnehmung des kundenseitigen *Markenerlebnis* (Brand Experience) (Brakus et al. 2009; Esch 2010). Die Markenerlebnisse beziehen sich hierbei auf Reaktionen der Kunden, die durch die Marke selbst hervorgerufen werden. Im Fokus der wissenschaftlichen Untersuchungen stehen hierbei folglich die Merkmale einer Marke, wie z.B. das Markenlogo, die Markenidentität und weniger Produkt- oder Dienstleistungseigenschaften (Brakus et al. 2009; Esch 2010). Ferner hat das Erlebnismarketing auch das *Einzelhandelsmarketing* in den letzten Dekaden stark verändert und geprägt. Nach Auffassung der Konsumenten hat das Handelsmarketing die Aufgabe, eine Effizienzsteigerung beim Einkaufen herbeizuführen sowie den subjektiv erlebten Einkaufsspaß zu erhöhen. In deutschsprachigen Forschungsarbeiten spricht man häufig vom so genannten *Erlebniseinkauf* (Gröppel 1991). Hierbei erwartet der Kunde eine besondere Ladenatmosphäre, die Spaß und Freude bereitet und die Kunden auf besondere Art und Weise aktiviert und stimuliert (Gröppel 1991; Weinberg 1995). Dieses Forschungsfeld zum Thema Customer Experience basiert auf *Konsum-* bzw. *Shopping-Erlebnissen* von Kunden (Consumption Experiences) (Hirschman/Holbrook 1982; Havlena/Holbrook 1986). Konsumerlebnisse lassen sich hinsichtlich des Zeitpunkts ihrer Entstehung in die Nachkaufphase einordnen und betreffen somit weniger den direkten, tatsächlichen Konsum oder die Nutzung.

Eine gute Übersicht über die Entwicklung der *„Erlebnisorientierung"* im Allgemeinen sowie einen State-of-the-Art der Forschung im Bereich des *„Erlebnismarketing"* zeigt der Beitrag von Andrea Gröppel-Klein im ersten Teil dieses Sammelbandes. Hierbei wird auf die letzten 30 Jahre Forschung zum „Erlebnismarketing" und „Erlebnisgesellschaft" zurückgegriffen

Die bisherige wissenschaftliche Forschung zu Customer Experience zeigt, dass die verschiedenen Erlebniskategorien in einer Vielzahl verschiedener Situationen entstehen. Überdies treten Kundenerlebnisse hinsichtlich des Zeitpunkts ihrer Entstehung in unterschiedlichen *Phasen des Kauf- und Konsumprozesses* von Leistungen auf (Verhoef et al. 2009). Dementsprechend beschäftigen sich wissenschaftliche Arbeiten mit Kundenerlebnissen vor einem Kauf (bei der Informationssuche), während eines Kaufs (zum Zeitpunkt des Einkaufs bzw. der Nutzung) sowie nach einem Kauf (beim Ge- oder Verbrauch einer bestimmten Leistung).

In der Zwischenzeit sind in der wissenschaftlichen Forschung zum einen vereinzelt Arbeiten entstanden, die sich mit *Einflussfaktoren zur Entstehung von Kundenerlebnissen* beschäftigen. In den Forschungsarbeiten sind auf einem höheren Abstraktionsniveau beispielsweise kunden-, unternehmens-, leistungs- und umfeldbezogene sowie situative Einflussfaktoren zu unterscheiden (Patrício et al. 2008; Verhoef et al. 2009). Zum anderen sind vermehrt Arbeiten zum Themengebiet erschienen, die sich mit den *kundenseitigen Wirkungen der Erlebniswahrnehmung* beschäftigen (Ha/Perks 2005; Brakus et al. 2009). So werden beispielsweise die Wirkungen von Kundenerlebnissen auf kognitive Wirkungsgrößen, wie z.B. die Markenbekanntheit, auf affektive Wirkungsgrößen, wie z.B. die Markeneinstellung und auf konative Wirkungsgrößen, wie z.B. die Kaufabsicht, untersucht (Kerin et al. 1992; Ha/Perks 2005; Brakus et al. 2009; Biedenbach/Marell 2010).

1.2 Customer Experience in der Praxis

Das Thema Customer Experience ist in den letzten Jahren verstärkt in den Vordergrund des Interesses vieler Dienstleistungsunternehmen gerückt und somit auch für die Praxis ein äußerst relevantes Themengebiet. Die zunehmende *Erlebnisorientierung der Gesellschaft* (Pine/Gilmore 1999; Knutson et al. 2006) sowie das vielfach homogene Produkt- und Leistungsangebot im Markt führen dazu, dass das Generieren von Kundenerlebnissen in der Praxis als unabdingbar angesehen wird. Insbesondere Dienstleistungsunternehmen versuchen sich zunehmend an einer ganzheitlichen Zusammensetzung des Kundenerlebnisses, um sich so von Wettbewerbern zu differenzieren, nachhaltige Kundenloyalität zu schaffen und die Kunden an sich zu binden (Gentile et al. 2007). Spätestens seit Veröffentlichung des Aufsatzes von Holbrook und Hirschman (1982) zu Konsumerlebnissen hat sich das Konzept der Customer Experience in der Marketingpraxis als Ausgangspunkt diverser Managementkonzepte (Weinberg 1992; Schmitt 1999, 2003; Pine/Gilmore 2000) etabliert.

Aufbauend auf den Erkenntnissen zu Customer Experience geht es in der Unternehmenspraxis um das *Management der Erlebnisse*, das so genannte *Customer Experience Management* (CEM). Das CEM wird in der Literatur als Managementstrategie (Grewal et al. 2009), -prozess (Schmitt 2003) oder -konzept (Verhoef et al. 2009) zur Gestaltung des Kundenerlebnisses verstanden. Dem CEM-Konzept wird dabei auch durch praxisorientierte Vorschläge immer mehr Beachtung geschenkt (Schmitt 2003; Shaw 2007; Palmer 2010; Shaw et al. 2010). Die Erlebnisorientierung trifft dabei sowohl auf den stationären Einzelhandel als auch auf den Online-Handel zu. Führende Unternehmen aus diesen Bereichen haben den Trend des *„Erlebnis-Shopping"* erkannt. Um den Kunden ein möglichst positives Einkaufserlebnis zu gewähren, haben diese Unternehmen frühzeitig mit der Implementierung und Umsetzung entsprechender CEM-Konzepte begonnen. Beispielhaft sei an dieser Stelle der Textilhersteller Landsend zu nennen. Kunden erhalten auf der Webseite unter der Rubrik „Personalize it" die Möglichkeit, ihre eigenen Modelle online zu gestalten (Gupta/Kim 2010). Dies bereitet den Kunden besondere Freude und steigert das wahrgenommene Kundenerlebnis. CEM hat grundsätzlich den Anspruch, möglichst viele Wahrnehmungs- und Kontaktpunkte des Kunden in die Betrachtung mit einzubinden. Diese reichen von der Produktentwicklung/Leistungserstellung über den Erstkontakt mit dem Anbieter und dem eigentlichen Kauf bzw. der Nutzung des Produkts/der Leistung sowie Serviceleistungen in der Nachkaufphase. So genannte CEM-Verantwortliche werden gezielt zum Aufbau und der Pflege des Customer Experience Management im Unternehmen benannt und eingesetzt. Die bestehende Literatur basiert häufig auf managementorientierten Büchern oder Beiträgen in praxisorientierten Zeitschriften. Dies zeigt wiederum die Nähe zur und die Verankerung der Thematik in der Praxis auf.

Der Beitrag von *Christoph Hummel*, *Christian Heumann* und *Florian von Wangenheim* im fünften Teil zeigt auf, was unter CEM zu verstehen ist, welche strategische Relevanz dem CEM zukommt und wie das Konzept operativ in der Praxis umgesetzt wird. Zur Untersuchung dieser Fragestellungen bedienen sich die Verfasser Experteninterviews mit zwölf CEM-Verantwortlichen aus der Telekommunikationsbranche in Deutschland und der Schweiz. Der Beitrag gibt einen State-of-the-Art-Überblick über die Ausführung des CEM in der Telekommunikationsindustrie.

Matthias H.J. Gouthier, *Andreas Giese* und *Christopher Bartl* zeigen in ihrem Beitrag im zweiten Teil den Zusammenhang zwischen Customer Experiences, Kundenbegeisterung und Service Excellence auf. Dazu wird auf den weltweit ersten offiziellen Standard, die DIN SPEC 77224 zur „Erzielung von Kundenbegeisterung durch Service Excellence" rekurriert. Die Erfassung und das Management von Customer Experiences in der Praxis werden hierbei als elementare Bestandteile von Service Excellence verstanden.

Carsten Schulz und *Joachim Hauk* zeigen in ihrem Beitrag im fünften Teil die besonderen Herausforderungen und die entsprechenden Handlungsfelder des Customer Experience Management für Telekommunikationsunternehmen auf. Als Experten der Praxis in diesem Bereich basiert der Beitrag auf den Ergebnissen und Erkenntnissen ihrer Studie „Customer Experience Management in der Telekommunikationsbranche" sowie auf ihrer langjährigen Projekterfahrung.

Der Beitrag von *Manfred Kirchgeorg*, *Christiane Springer* und *Beatrice Ermer* im vierten Teil widmet sich der Frage, inwieweit Brand Lands als besonders innovative und erlebnisbetonte Form der Live Communication dazu führen, Kunden stärker an das Unternehmen zu binden. Die multisensuale Repräsentation und Erfahrbarkeit einer Marke in einem gestalteten Erlebnisumfeld (Brand Land) stehen hierbei im Mittelpunkt der Betrachtung eines systematischen CEM.

2. Begriffliche Grundlagen von Customer Experience

Das englische Wort *„Experience"* kann nicht eindeutig übersetzt werden. So handelt es sich bei der Übersetzung ins Deutsche zum einen um den Begriff *Erfahrung* und zum anderen um den Begriff *Erlebnis*. Es ist ein deutlicher Überschneidungsbereich in der täglichen Verwendung beider Begrifflichkeiten erkennbar. In deutschsprachigen Fachbeiträgen werden die Begriffe *Kundenerfahrung* und *Kundenerlebnis* teilweise sogar synonym verwendet. Im Allgemeinen handelt es sich bei den Begriffen Erfahrung und Erlebnis um ähnliche, aber keinesfalls um identische Begrifflichkeiten. Unter Erlebnis wird ganz allgemein „der Inhalt des Erlebens" verstanden. Hierunter fallen sämtliche bei einer Person ablaufenden psychischen Phänomene, wie z.B. Denken, Vorstellen, Empfinden, Wahrnehmen und Fühlen (Brockhaus Enzyklopädie Online 2010). Erlebnisse werden stets von emotionalen Reaktionen begleitet. Die Erfahrung hingegen ist ein „verstandenes Erlebnis" (Böhme/Potyka 1995). Eine Erfahrung setzt eine Reflexion über vergangene Erlebnisse voraus (Fischer 2007).

2.1 Customer Experience als Kundenerfahrung

Grundsätzlich resultiert bei dieser Sichtweise die Kundenerfahrung aus der *Reflexion einzelner Kundenerlebnisse*. Somit stellen Kundenerlebnisse im eigentlichen Sinne einen Bestandteil der Kundenerfahrung dar. Des Weiteren geht die Kundenerfahrung oftmals einher mit der Aneignung von *Wissen*, *Kenntnissen*, *Fähigkeiten* und *Fertigkeiten* in Bezug auf ein Produkt oder eine Leistung über einen *längeren Zeitraum* hinweg. Überdies bildet sich der Kunde durch die Reflexion der wahrgenommenen Erlebnisse ein *Urteil* darüber, ob eine gemachte Erfahrung als positiv oder als negativ empfunden wurde (Mayer-Vorfelder 2012). Die vom Kunden gemachte Kundenerfahrung resultiert somit aus sämtlichen Interaktionen (Erlebnissen) mit dem Anbieter und über alle Kundenkontaktpunkte hinweg.

Wissenschaftliche Arbeiten im Rahmen der Customer Experience, die sich mit *Product Experience* beschäftigen, lassen vermuten, dass hier eher der Erfahrungsbegriff Anwendung findet. Durch die wiederholte Inanspruchnahme eines Produkts wird es dem Kunden ermöglicht, sich einen Wissensvorsprung und Kenntnisse in Bezug auf das Produkt zu erarbeiten. Dies schlägt sich dann in einer gewonnenen Produkterfahrung nieder.

2.2 Customer Experience als Kundenerlebnis

Betrachtet man hingegen wissenschaftliche Forschungsarbeiten zu Customer Experience im Allgemeinen (als Überbegriff), Service Experience, Brand Experience oder Consumption Experience, steht nicht das gewonnene Wissen in Bezug auf ein Produkt oder eine Leistung im Vordergrund der Betrachtung, sondern bei dieser Sichtweise vielmehr das *persönliche* und *subjektive Erleben* des Konsums. Customer Experience betont in diesem Zusammenhang eher die *kurzfristigen, emotionalen Erlebnisse,* die der Anbieter einem Kunden bereitet. Das Kundenerlebnis zeichnet sich im Vergleich zur Kundenerfahrung durch eine eher *kurzfristige zeitliche Orientierung* aus und wird vorwiegend in einem erlebnisorientierten Zusammenhang diskutiert (Mayer-Vorfelder 2012). Customer Experience wird hierbei dem Forschungsbereich *Erlebnismarketing* zugeordnet.

Die Customer Experience wird in der Literatur als die Gesamtheit aller Eindrücke, die ein Kunde über seine Lebenszeit von einem Unternehmen erhält, verstanden (z.B. Meyer/Schwager 2007; Verhoef et al. 2009). Somit setzt sich die Customer Experience im Kern aus sämtlichen *individuellen Wahrnehmungen*, *Interaktionen* sowie der *Qualität* der angebotenen Leistung zusammen, die ein Kunde während seiner Interaktionen mit dem Unternehmen erfährt.

Je nachdem, aus welchem Blickwinkel die Customer Experience betrachtet wird und welche spezifischen Inhalte die Arbeiten behandeln, kann entsprechend auf das Erfahrungs- oder Erlebniskonstrukt zurückgegriffen werden. Meistens steht jedoch, auch aufgrund der besonderen *Relevanz von Emotionen*, das *Kundenerlebnis* im Zentrum des Konstrukts „Customer Experience".

Darüber hinaus ist eine Abgrenzung der Customer Experience gegenüber anderen Marken- und Kundenkonzepten vorzunehmen. Customer Experience umfasst im Vergleich zu *Brand Attachement* und *Brand Involvement*, die sich über die rein emotionale Bindung zur Marke definieren, zum einen auch die emotionale Ebene und zum anderen das kognitive Erleben einer Marke. Somit schließt Customer Experience gleichzeitig Gefühle und Empfindungen sowie Assoziationen mit einer Marke in die Betrachtung mit ein (Brakus et al. 2009; Skard et al. 2011). Überdies stellt Customer Experience im Gegensatz zu *Customer Delight* und *Kundenzufriedenheit* ein holisitisches Konstrukt dar, das mehrere Prozessphasen mit einschließt und weniger rein ergebnisorientiert ist (Schmitt 2003; Meyer/Schwager 2007; Verhoef et al. 2009). Customer Experience ist als vorgelagertes Konstrukt in Bezug auf die Kundenbindung, wie z.B. *Brand Trust* (Ha/Perks 2005), *Brand Personality* (Brakus et al. 2009) und *Brand Equity* (Biedenbach/Marell 2010) zu verstehen.

3. Theoretische Erklärungsansätze von Customer Experience

Im Zusammenhang mit dem Thema und zur Erklärung der Customer Experience sind sowohl *ökonomische* als auch *verhaltenswissenschaftliche* Erklärungsansätze von Bedeutung. Nachfolgend werden hierzu vier Forschungsströme bzw. Theorien der Marketingforschung vorgestellt.

3.1 Ökonomische Erklärungsansätze

Mit ihrer *Theorie der Erlebnisökonomie* postulieren Pine und Gilmore, dass die erlebnisorientierte Perspektive, die so genannte hedonistische Perspektive des Konsums, nicht nur für erlebnisorientierte Branchen wie die Unterhaltungs- und Telekommunikationsindustrie gilt, sondern auch für Dienstleistungs- und Industriegüterbranchen von Bedeutung ist. Sie argumentieren, dass westliche Volkswirtschaften unmittelbar vor einem Übergang von der Dienstleistungs- in eine Erlebnisökonomie stehen (Pine/Gilmore 1999a). Die Verfasser sind der Meinung, dass Unternehmen in der Erlebnisökonomie insbesondere durch die *Inszenierung von Kundenerlebnissen* einen *ökonomischen Wert* generieren und Rohstoffe, Sachgüter und Dienstleistungen in den Hintergrund treten (Pine/Gilmore 1999a, 1999b). Überdies sind nach Ansicht der Autoren die Dienstleistungen und die Produkte lediglich als Hilfsmittel zur Generierung einzigartiger Kundenerlebnisse zu verstehen. Die Erlebnisse werden nach Ansicht der Autoren als eigenständige ökonomische Leistungen angesehen. Im Rahmen dieses theoretischen Erklärungsansatzes ist der Kunde eher „passiver Teilnehmer", der mit Customer Experience „berieselt" und „belebt" wird.

Die Autoren Prahalad und Ramaswamy gehen mit ihrer *Theorie „co-produzierter" Erfahrungen* noch etwas weiter und sehen Kundenerlebnisse in modifizierter Form als *Treiber der gesamten Wertschöpfung* an (Prahalad/Ramaswamy 2003, 2004a, 2004b). Nach Meinung der Autoren wird Wert nicht mehr nur allein vom Anbieter, vom Produkt oder der Dienstleistung generiert, sondern vielmehr gemeinsam mit dem Kunden „co-produziert". Kundennutzen entsteht nicht mehr nur durch die Leistungen eines Anbieters, sondern wird zunehmend gemeinsam mit dem Kunden über die Integration des externen Faktors geschaffen. Der aus Kundensicht wahrgenommene Wert ergibt sich aus einzelnen Kundenerlebnissen. Der Fokus bei diesem Erklärungsansatz liegt auf einer *gemeinsamen Wertgenerierung* zusammen mit den Kunden. Ein aktives *Mitgestalten der Erlebnisse* durch den Kunden ist durch das Angebot hochwertiger *Interaktionsmöglichkeiten* zu gewährleisten, da die Interaktion zwischen Anbieter und Kunde als der zentrale Ort der Wertschöpfung angesehen wird.

3.2 Verhaltenswissenschaftliche Erklärungsansätze

Im Zusammenhang mit und zur Erklärung von Kundenerlebnissen greifen einige Autoren (Schmitt 1999; Gentile et al. 2007; Brakus et al. 2009) auf die *Computational Theory of Mind* (Pinker 1997) zurück. Nach dieser Theorie besteht der menschliche Verstand aus unterschiedlichen spezialisierten Bereichen, so genannten mentalen Modulen, die der Mensch zur Erfahrung und zum Erleben seiner Umwelt nutzt. Pinker (1997) identifiziert in seiner Arbeit vier *mentale Module*: das wahrnehmungsbezogene Modul (perception), das intellektuelle Modul (reasoning), das relationale Modul (social relations) sowie das emotionale Modul (emotion). Die Sinneswahrnehmung im Allgemeinen führt dazu, Objekte, Ereignisse und Prozesse in der Umwelt zu erfassen (Pinker 1997). Um Sachverhalte und Ereignisse zu verstehen und Informationen aus der Umwelt verarbeiten zu können, hilft die intellektuelle Verarbeitung von Informationen. Das Gefühl, Teil einer Gruppe zu sein, wird durch soziale Interaktionen gefördert. Schließlich wird durch die gezielte Ansprache von Emotionen der Kunde dazu angetrieben, positive Erfahrungen zu sammeln. Ein ganzheitliches Kundenerlebnis entsteht letztlich durch das Zusammenwirken der durch die einzelnen mentalen Module bedingten Erfahrungen.

Ferner dienen die Beiträge zu den hedonistischen Aspekten des Konsums von den Autoren Holbrook und Hirschman aus dem Jahre 1982 vielfach als verhaltenswissenschaftlicher Erklärungsansatz der Customer Experience. Mit ihrer *Theorie des hedonistischen Konsums* argumentieren die Autoren, dass das Erlebnis des Konsums als solches bereits dem menschlichen Bedürfnis nach Erlebnissen entspricht. Nach Auffassung der Autoren wird der Kunde nicht mehr nur als rationaler Entscheidungsträger verstanden, sondern vielmehr als Individuum, das hedonistische, symbolische und ästhetische Ziele und Motive mit dem Konsum verfolgt (Holbrook/Hirschman 1982). Ein Erlebnis löst beim Kunden Fantasien, Gefühle und Spaß aus. Im Rahmen der Konsumentenverhaltensforschung treten die Rolle von Emotionen im Kaufverhalten sowie Bedürfnisse der Kunden nach Freude und Spaß in den Vordergrund weiterer Forschungsbemühungen. Diese erlebnisorientierte Perspektive des Konsumentenverhaltens räumt dem hedonistischen Konsum einen besonderen Stellenwert ein.

4. Customer Experience als Konstrukt der Konsumentenforschung

4.1 Dimensionen der Customer Experience

Bislang gibt es nur wenige Arbeiten, die sich mit der *Konzeptualisierung* und insbesondere mit den *Dimensionen* des Konstrukts „Customer Experience" beschäftigen. Im Rahmen dieser Arbeiten wird häufig postuliert, dass Customer Experience ein *situatives* und *multidimensionales* Konstrukt darstellt, das durch Interaktionen des Konsumenten mit dem Anbieter geprägt ist (Schmitt 2003; Anderson et al. 2008) und sich aus verschiedenen *elementaren Erlebnisdimensionen* zusammensetzt. Grundsätzlich ist davon auszugehen, dass ein Erlebnis den Konsumenten auf verschiedenen Ebenen tangiert. In der wissenschaftlichen Literatur besteht allerdings noch keine Einigkeit darüber, welche Dimensionen das Konstrukt Customer Experience exakt und umfassend genug beschreiben.

Ein grundlegender Beitrag zur Ermittlung der Dimensionen des Konstrukts Customer Experience auf Basis von Erkenntnissen aus der *Cognitive Science* unter Bezugnahme der *Modularität des Gedächtnisses* ist auf die Arbeiten von Schmitt zurückzuführen

(Schmitt 1999, 2003; Schmitt/Mangold 2004; Brakus et al. 2009). In seinen Studien werden insgesamt fünf *Erlebnisdimensionen* identifiziert. Es handelt sich dabei um *sensorische, affektive, kognitive, verhaltensbezogene* sowie *soziale Erlebniskomponenten.*

Eine weitere inhaltliche Bestimmung des Begriffs Customer Experience findet sich in den Arbeiten von Palmer, der die Experience in die Dimensionen *Erfahrung* und *Erlebnis* aufspaltet (Palmer 2010).

Gentile et al. unterscheiden sechs *Erlebnisdimensionen* der Customer Experience und erweitern somit die Arbeiten von Schmitt. Das Konstrukt Customer Experience kann grundsätzlich und in Anlehnung an Gentile et al. in folgende *Dimensionen* zerlegt werden:

- Die *sensorische Dimension* bezieht sich auf die Aufnahme von Umweltreizen über die Sinnesorgane. Sie ist geeignet, Wohlbefinden, Erregung sowie Befriedigung beim Konsumenten zu entfalten, indem die Sinne des Konsumenten (sehen, hören, anfassen, riechen und schmecken) über äußere Reize stimuliert werden.
- Die *emotionale* bzw. *affektive Dimension* löst Reaktionen beim Kunden, wie beispielsweise Emotionen und Stimmungen, aus. Eine Beziehung mit den Leistungen eines Unternehmens, dem Leistungsanbieter selbst oder der Marke kann beim Kunden ein positives Gefühl auslösen. Die emotionale Dimension betrifft somit die Stimmungs- und Gefühlsebene.
- Die *kognitive Erlebnisdimension* zielt auf den Intellekt des Konsumenten ab und spricht das Denkvermögen des Konsumenten gezielt an. Beim Aufeinandertreffen auf kognitive Erlebniskomponenten werden die Kreativität, die gedankliche Auseinandersetzung sowie das Problemlösungsverhalten der Kunden stimuliert.
- Die *verhaltensbezogene Erlebnisdimension* beinhaltet die Vermittlung von physischen Erlebnissen, Interaktionsmöglichkeiten usw. Sie zielt auf eine Veränderung des rationalen Verhaltens der Konsumenten über den gesamten Nutzungszeitraum und auf Lebensstilveränderungen der Konsumenten ab.
- Die so genannte *Lifestyle-Dimension* liefert Argumente zur Bestätigung der Werte und Meinungen von Konsumenten.
- Die *soziale Dimension* stellt die Interaktion mit dem relevanten sozialen Kontext in den Mittelpunkt der Betrachtung. Die Interaktion mit dem relevanten sozialen Kontext wird in der Forschung auch als *relationale Erlebnisdimension* bezeichnet. Durch die Möglichkeit einer Interaktion mit anderen Kunden sowie einer gezielten Kontakt- und Beziehungspflege durch den Anbieter kann beim Kunden ein Gefühl der Zugehörigkeit generiert werden.

Abbildung 1 stellt die Erlebnisdimensionen sowie zentrale Moderatoren (siehe hierzu auch Abschnitt 5.3) der Customer Experience zusammenfassend dar. Nach Sichtung der bestehenden Forschungsliteratur zu den Dimensionen des Kundenerlebnisses kann festgestellt werden, dass das Konstrukt *Customer Experience* ein vielschichtiges und zumeist mehrdimensionales Konstrukt darstellt. Die Kunden werden stets auf unterschiedlichen Erlebnisebenen angesprochen und es besteht weiterhin erheblicher Forschungsbedarf zur Evaluation der Erlebnisdimensionen.

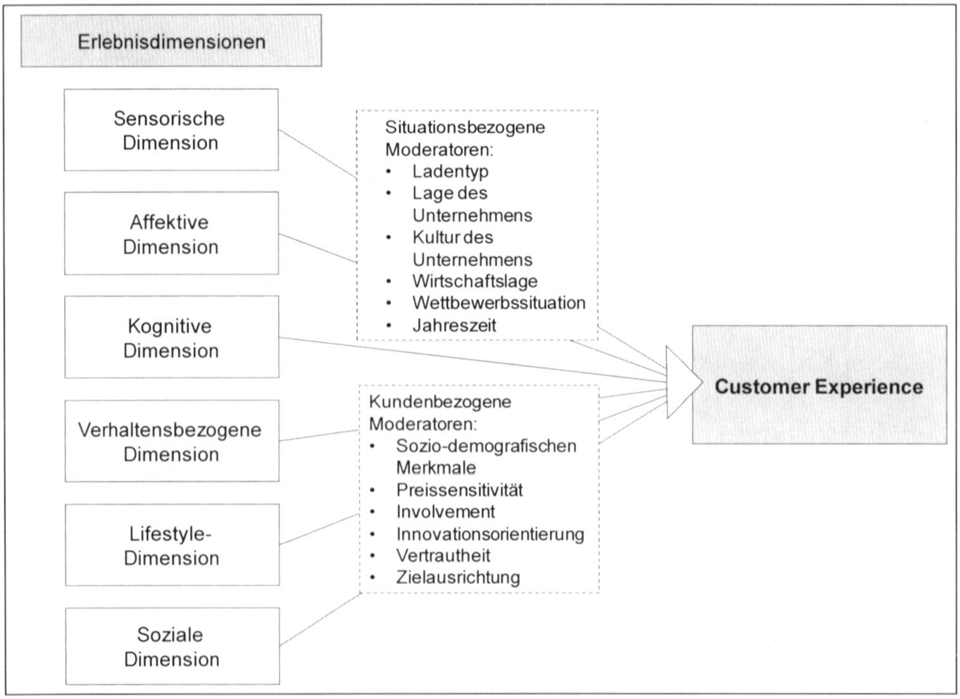

Abbildung 1: Dimensionen und Moderatoren der Customer Experience (mit Beispielen)

4.2 Ordnungsstruktur der Customer Experience

Generell erlauben mehrdimensionale Konstrukte die Modellierung und Messung *komplexer* theoretischer Phänomene (Homburg 2007). Dieser Anforderung entsprechend wird das komplexe *Konstrukt Customer Experience* häufig mehrdimensional erfasst. Dabei kann Customer Experience als Konstrukt erster, zweiter oder dritter Ordnung modelliert werden.

Customer Experience als Konstrukt erster Ordnung

Bei einer eindimensionalen Ordnungsstruktur wird Customer Experience direkt über Indikatoren gemessen. Es werden keine Subdimensionen zur Bestimmung des Kundenerlebnisses gebildet. Beispielhaft ist das Kundenerlebnis direkt über Indikatoren, wie z.B. die Möglichkeit zur Interaktion („Anbieter XY bietet die Möglichkeit, sich interaktiv zu betätigen"), Attraktivität des Designs („Ich finde das Design gut"), Spaß („Anbieter XY bereitet mir Freude"), Freiheitsgefühl („Durch den Anbieter fühle ich mich freier"), Verlust des Zeitgefühls („Beim Beratungsgespräch vergeht die Zeit wie im Flug") usw. zu messen. Aufgrund der Komplexität des Konstrukts Customer Experience erscheint eine eindimensionale Ordnungsstruktur für tiefer gehende Analysen wenig zielführend.

Customer Experience als Konstrukt zweiter Ordnung

Die Modellierung von Customer Experience wird in der Literatur meistens als Konstrukt zweiter Ordnung interpretiert. Hier werden mehrere Dimensionen gebildet. Jede Dimension wiederum wird durch seine spezifischen Indikatoren bestimmt. Brakus et al. (2009) beispielsweise stellen Customer Experience als Konstrukt zweiter Ordnung mit vier Dimensionen heraus (sensorisch, affektiv, kognitiv und konativ). Die kognitive Dimension wird über folgende drei Indikatoren gemessen: „die Marke stimuliert meine Neugierde und mein Problemlösungsverhalten", „die Marke bringt mich zum Nachdenken" sowie „die Begegnung mit der Marke beschäftigt mich". Jede weitere Dimension wird wiederum über drei Indikatoren gemessen. Mit anderen Worten stellen die vier Dimensionen (sensorisch, affektiv, kognitiv und konativ) Ursachen der Customer Experience dar und Veränderungen bei den Dimensionen führen zu Veränderungen der Customer Experience (Weiber/Mühlhaus 2010). Die gleichen Beziehungen gelten für die Indikatoren und die Dimensionen. Customer Experience wird somit als *zweistufiges* theoretisches Konstrukt (*Second-Order-Konstrukt*) konzeptualisiert und operationalisiert. Eine Ordnungsstruktur zweiter Ordnung für Customer Experience wird auch bei anderen Autoren vorgenommen, die zusätzlich eine soziale bzw. relationale Dimension der Customer Experience als relevant erachten (z.B. Schmitt 1999; Gentile et al. 2007; Verhoef et al. 2009; Skard et al. 2011). Gentile et al. 2007 messen das Kundenerlebnis über sechs Dimensionen. Die Lifestyle-Dimension (als Unterkonstrukt der Customer Experience) wird hier beispielhaft über Indikatoren, wie das Design, Eleganz, ästhetische Aspekte usw. gemessen.

Customer Experience als Konstrukt dritter Ordnung

Bei einem Konstrukt dritter Ordnung gibt es beispielsweise zwei Unterkategorien an Dimensionen. Dies ist der Fall, wenn die vier Dimensionen (sensorisch, affektiv, kognitiv und konativ) der Customer Experience ihrerseits nochmals aus Subdimensionen mit einzelnen Indikatoren bestehen. Beispielhaft besteht die kognitive Dimension wiederum aus den Subdimensionen Sicherheit, Leistungsangebot, Benutzerfreundlichkeit usw. und sind jeweils über mehrere Indikatoren zu messen.

4.3 Konzeptualisierung und Operationalisierung der Customer Experience in der Literatur

Customer Experience lässt dich definieren als subjektive, innere Reaktion des Kunden auf den Kontakt mit einem Unternehmen (Meyer/Schwager 2007). Customer Experiences unterscheiden sich zum einen nach ihrer Stärke und Intensität und zum anderen nach ihrer Valenz (Brakus et al. 2009). In der Literatur wird vielfach von lediglich positiven Kundenerlebnissen ausgegangen. Mit dem damit verbundenen Verständnis der Customer Experience als positive Gefühlsreaktion auf einen bestimmten Reiz (Weinberg/Nickel 2007) weist das Kundenerlebnis eine große inhaltliche Nähe zur Kundenbegeisterung, als affektiver Komponente der Kundenzufriedenheit, auf. Ähnlich wie bei der Kundenbegeisterung können auch mit Customer Experiences positive Gefühle verbunden sein. Im Unterschied zur Kundenbegeisterung ist das Konstrukt Customer Experience holistischer Natur und schließt alle Prozessphasen mit ein. So kann im Gegensatz zur Kundenbegeisterung ein Kundenerlebnis nicht erst nach der Dienstleistungserstellung, sondern bereits vorher oder währenddessen entstehen (Brakus et al. 2009).

Nachfolgend werden autorenbasiert zentrale *Ansätze zur Operationalisierung* angeführt. Brakus et al. (2009) stellen vier Dimensionen der Customer Experience auf Basis theoretischer Grundlagen zur Erlebnisforschung sowie umfangreichen empirischen Studien heraus. Die Autoren operationalisieren Customer Experience dabei mit einer sensorischen, einer affektiven, einer kognitiven sowie einer konativen Dimension. Die sensorische Dimension bezieht sich auf allgemeine sinnliche Empfindungen durch die Kundenkontaktpunkte. Die affektive Dimension kennzeichnet sich durch Gefühle und Emotionen, die beim Kunden an den Kundenkontaktpunkten entstehen. Die kognitive Erlebnisdimension bezieht sich auf die Stimulation des Denkens. Die konative Dimension schlägt sich in der physischen Anstrengung nieder (Brakus et al. 2009). Sämtliche Dimensionen werden mit jeweils drei Indikatoren operationalisiert. Die affektive Komponente wird über folgende Indikatoren gemessen: „die Marke bringt Gefühle und Meinungen zum Ausdruck", „ich hege starke Emotionen für das Produkt", „die Marke ist eine emotionale Marke". Die kognitive Dimension wird über die Indikatoren „die Marke stimuliert meine Neugierde und mein Problemlösungsverhalten", „die Marke bringt mich zum Nachdenken" und „die Begegnung mit der Marke beschäftigt mich" gemessen. Die sensorische Dimension deckt folgende Frageninhalte ab: „die Marke hinterlässt einen starken Eindruck auf meine Sinne", „die Marke stimuliert meine Sinne nicht", „die Marke ist interessant für die Sinne". Zur Messung der konativen Dimension werden folgende Indikatoren herangezogen: „die Marke ist nicht aktionsorientiert", „die Marke resultiert in körperlichen Aktionen", „wenn ich die Marke nutze, werde ich physisch aktiv". Gentile et al. gehen von sechs Dimensionen der Customer Experience aus und fügen eine relationale und eine Lifestyle-Dimension hinzu. Die Lifestyle-Dimension beinhaltet Fragen zum Design sowie zum Stil des Produkts, zu ästhetischen Aspekten, zu Extra-Funktionen bei Produkten usw. Die relationale Dimension der Customer Experience wird über Fragen bezugnehmend auf die Möglichkeit einer Interaktion mit Bezugsgruppen, Mitglied in einer Gemeinschaft zu werden usw. operationalisiert. Fließ et al. beschäftigen sich im dritten Teil dieses Sammelbandes mit der Konzeptualisierung und Operationalisierung des Service Experience Values. Customer Experience, hier im Kontext von Services, wird über sechs Dimensionen (Nutzung der Zeit, Kontrolle, Unsicherheit bezüglich des Prozesses, Persönliche Sicherheit, Wertschätzung, Wohlfühlen, Körperliches Wohlbefinden) operationalisiert.

Bei der Übertragung existierender Erlebnisskalen auf den Kontext der Customer Experience ist stets zu überprüfen, welche spezifischen Items in der Skala gegebenenfalls zu erweitern sind.

Nachstehend werden die Beiträge aufgeführt, die *Customer Experience als Konstrukt der Konsumentenforschung* in diesem Sammelband in den Mittelpunkt der Betrachtung rücken. Die Verfasser setzen sich hierbei intensiv mit der Konzeptualisierung und den Dimensionen erlebnisbasierter Konstrukte auseinander.

Klaus-Peter Wiedmann, Nadine Hennigs und *Christiane Klarmann* identifizieren in ihrem Beitrag im vierten Teil mögliche Gestaltungsansätze, die im Rahmen der Schaffung einer multisensualen Erlebniswelt im Dienstleistungsmarketing von besonderer Bedeutung sind. In diesem Zusammenhang arbeiten die Verfasser die relevanten theoretischen Grundlagen der Customer Experience heraus und legen wesentliche Bezugspunkte visueller, auditiver, haptischer, olfaktorischer und gustatorischer Wahrnehmungselemente als Grundlage des multisensualen Customer Experience Managements im Dienstleistungsmarketing dar.

Jan Drengner und *Steffen Jahn* setzen sich in ihrem Beitrag im dritten Teil zuerst mit der Begriffsbestimmung des Konsumerlebnisses auseinander. Ferner entwickeln die Verfasser eine Konzeptualisierung des Erlebniskonstrukts. Eine empirische Prüfung der Konzeptualisierung mittels zweier Befragungen zu einer kollektiv-hedonistischen Dienstleistung bildet den Mittelpunkt des Beitrages.

Sabine Fließ, Ole Wittko und *Mailin Schmelter* beschäftigen sich in ihrem Beitrag im dritten Teil des Sammelbandes umfassend mit dem Forschungsstand hinsichtlich des Service Experience Values. Die Verfasser unterbreiten einen eigenständigen und neuartigen Vorschlag zur Konzeptualisierung dieses theoretischen Konstrukts auf Basis einer erlebnisorientierten Messung und präsentieren abschließend die Ergebnisse einer empirischen Untersuchung.

Moritz Mink und *Dominik Georgi* widmen sich in ihrem Beitrag in Teil drei der Konzeptualisierung und Messung der Online Customer-to-Customer Experience. Die Verfasser führen qualitative Interviews mit Plattformnutzern, Experten, Marketingwissenschaftlern und Praktikern durch, um das Konstrukt inhaltlich auszufüllen und einen möglichst vollständigen Fragenkatalog zu generieren. Die Prüfung der vorgenommenen Operationalisierung der Online Customer-to-Customer Interaktion erfolgt mittels einer quantitativen Studie.

5. Determinanten und Wirkungen von Customer Experience

5.1 Determinanten von Customer Experience

Es gibt zahlreiche *Determinanten*, die die Customer Experience beeinflussen. Nach Sichtung der Literatur in Bezug auf Einflussfaktoren bzw. Determinanten der Customer Experience wird deutlich, dass die identifizierten Determinanten vielfach lediglich das Ergebnis rein konzeptioneller Arbeiten sind bzw. aus anderen Literaturrecherchen abgeleitet wurden (Mayer-Vorfelder 2012). Die Determinanten zeichnen sich durch eine *hohe Heterogenität* aus. Dies erschwert eine eindeutige Zuordnung der Determinanten zu bestimmten Kategorien. Dennoch lassen sich die Einflussfaktoren auf einem höheren Abstraktionsniveau in *kundenbezogene-*, *unternehmensbezogene-*, *leistungsbezogene-*, *situative* und *umfeldbezogene* Determinanten unterscheiden. Eine beispielhafte Auflistung unterschiedlicher Determinanten zeigt Abbildung 2.

Kundenbezogene Determinanten	Unternehmens-bezogene Determinanten	Leistungsbezogene Determinanten	Situative Determinanten	Umfeldbezogene Determinanten
Intrapersonal: • Einstellung • Involvement • Offenheit • Persönlichkeits-struktur • Alter • Geschlecht • u.a.m. Interpersonal: • Zugehörigkeit zu einer Bezugsgruppe • Soziale Schicht • Interaktionen mit anderen Kunden • Interaktionen mit dem Personal • u.a.m.	• Freundlichkeit des Servicepersonals • Zuverlässigkeit des Servicepersonals • Räumlichkeiten • Technologien • Sortiment • Produkt-/Service-angebot • Interaktionsgrad mit dem Kunden • Grad der Customization • u.a.m.	• Komplexität des Produkts • Preisniveau • Qualitätsniveau • Produktvielfalt • Einzigartigkeit des Produkts • Markenstärke • Einsatz von Technologien • Angebot von Events • Clubs • Erlebniswelten • Räumliches Erlebnisumfeld • u.a.m.	• Zeitdruck • Präsenz von anderen Kunden • Präsenz von Bezugsgruppen • Soziales Umfeld • Atmosphäre • Rabattaktionen • u.a.m.	• Konjunkturelle Situation • Gesellschaftliche Entwicklungen • Technologische Möglichkeiten • Rechtliche Rahmen-bedingungen • Serviceumgebung • Ladengestaltung • u.a.m.

Abbildung 2: Determinanten der Customer Experience (mit Beispielen)

(1) Kundenbezogene Determinanten des Konstrukts „Customer Experience"

Die *kundenbezogenen* Determinanten lassen sich in *intra-* und *interpersonale* Determinanten untergliedern. Intrapersonale Determinanten beziehen sich auf eine bestimmte Person und sind eng verbunden mit deren Persönlichkeitseigenschaften sowie demografischen Merkmalen. Je positiver die Einstellung und je höher das Involvement eines Kunden gegenüber einer bestimmten Marke, desto leichter ist dieser zu begeistern und desto positiver wird das wahrgenommene Kundenerlebnis ausfallen. Interpersonale Determinanten sind Einflussfaktoren, die zwischen mehreren Personen wirksam werden.

Das Bewusstsein der Kunden, einer bestimmten Referenzgruppe anzugehören sowie die Möglichkeit der Interaktion mit anderen Kunden, z.B. über Social Media-Plattformen im Rahmen einer Markengemeinschaft, sind Einflussfaktoren, die das Gemeinschaftsgefühl stärken und zu einer Erhöhung des Kundenerlebnisses beitragen.

(2) Unternehmensbezogene Determinanten des Konstrukts „Customer Experience"

Zu den *unternehmensbezogenen* Determinanten der Customer Experience zählen unter anderem Faktoren, die Mitarbeitende eines Unternehmens betreffen. Die Freundlichkeit und Zuverlässigkeit des Servicepersonals sowie der Interaktionsgrad mit den Kunden gehören dieser Kategorie der Einflussfaktoren an (Berry et al. 2002; Sandström et al. 2008). Ferner sind die Räumlichkeiten, das Produkt- und Serviceangebot sowie der Einsatz neuartiger Technologien zur Schaffung eines positiven Kundenerlebnisses von zentraler Bedeutung.

(3) Leistungsbezogene Determinanten des Konstrukts „Customer Experience"

Leistungsbezogene Determinanten fokussieren sich auf die Funktionalität und damit auf die Qualität der Leistung bzw. der Leistungsmerkmale. Zu den Einflussfaktoren zählt die Produkt- bzw. Leistungsvielfalt eines Unternehmens und nimmt hierbei Bezug auf die Einzigartigkeit sowie die Qualität und Komplexität der Produkte bzw. der Leistungen (Verhoef et al. 2009). Eine hohe wahrgenommene Qualität sowie Einzigartigkeit der Produkte bzw. Leistungen wird das wahrgenommene Kundenerlebnis erhöhen. Weitere leistungsbezogene Determinanten des Kundenerlebnisses beziehen sich auf die Markenstärke des Unternehmens. Die Marke eines Unternehmens dient häufig als Qualitätssurrogat für Dienstleistungen und kann im übertragenen Sinne als leistungsbezogene Determinante angesehen werden. Das „Eintreten in eine Markenerlebniswelt" zählt ebenfalls zu dieser Kategorie der Determinanten (Schmitt/Mangold 2004).

(4) Situative Determinanten des Konstrukts „Customer Experience"

Zu den *situativen* Einflussfaktoren der Customer Experience zählen z.B. der Zeitdruck der Kunden, die Präsenz von anderen Kunden bzw. Bezugsgruppen sowie Rabattaktionen eines Unternehmens (Schmitt/Mangold 2004; Verhoef et al. 2009). Das überraschende Auftauchen von Kollegen, Freunden oder eines bestimmten Servicemitarbeitenden kann zu einem gesteigerten positiven Kundenerlebnis führen. Je stärker der Kunde unter Zeitdruck ist, desto weniger lässt er sich begeistern und desto schwieriger ist es, ein positives Kundenerlebnis zu schaffen. Eine spontane Rabattaktion hingegen führt beim Kunden über ein gewisses Überraschungsmoment zu einem erhöhten Kundenerlebnis.

(5) Umfeldbezogene Determinanten des Konstrukts „Customer Experience"

Das gesamte Kundenerlebnis bestimmt sich zudem aus einer Vielzahl von teilweise durch den Anbieter nur schwer kontrollierbaren Erlebniskomponenten, bei denen es nicht nur um die Inanspruchnahme der Leistung selbst geht (Schmitt/Mangold 2004; Verhoef et al. 2009). Diese Einflussfaktoren können unter dem Begriff der *umfeldbezogenen* Determinanten zusammengefasst werden. Hierzu zählen beispielsweise die allgemeine konjunkturelle Lage, gesellschaftliche Entwicklungen, rechtliche Beschränkungen, Medienberichterstattungen u.a.m.

Die Betrachtung der entscheidenden Determinanten zur Schaffung einer positiven Customer Experience bei Online Self-Services ist Gegenstand des Beitrags im fünften Teil von *Marcus F. Demmelmair, Fabian Most* und *Silke Bartsch*. Die Verfasser beleuchten insbesondere, wie das Customer Experience Management mit anderen Konzepten des Dienstleistungsmarketing zusammenhängt und welche Besonderheiten von Online Self-Services in der Praxis ausgehen. Der Beitrag ermöglicht es, für die Praxis ein zielorientiertes Handeln in Bezug auf Online-Portale vorzugeben sowie eine systematische und konzeptionelle Grundlage für die Forschung zu schaffen.

Alexander Leischnig, Marko Schwertfeger und *Margit Enke* betrachten in ihrem Beitrag im fünften Teil des Sammelbandes Customer Experience als Ansatzpunkt zur Differenzierung im Einzelhandel. Die Verfasser liefern eine Definition und Konzeptualisierung des Konstrukts Einkaufserlebnis und stellen wesentliche Determinanten des Einkaufserlebnisses vor.

5.2 Wirkungen von Customer Experience

Die Wirkungen der Customer Experience können entlang der *Erfolgskette im Relationship Marketing* strukturiert werden (Bruhn 2009). Die Grundüberlegungen zu einer Erfolgskette sind auf das Konzept der Service Profit Chain von Heskett et al. (1997) zurückzuführen. Vereinfacht ausgedrückt besagt dieses, dass die Wirkungen von Unternehmensaktivitäten als Input des Unternehmens auf Wirkungen beim Kunden wie Kundenzufriedenheit und -bindung sowie deren Auswirkungen auf den finanziellen Erfolg als Outputgröße entlang der Erfolgskette strukturiert und beschrieben werden (Bruhn 2009). Abbildung 3 ordnet das Customer Experience Management in die Erfolgskette als Bezugsrahmen ein und zeigt mögliche Wirkungsgrößen auf. Dabei wird der Wirkungsmechanismus unterstellt, dass ein positives Kundenerlebnis bzw. ein erfolgreiches Customer Experience Management sich positiv auf die *Kundenzufriedenheit* und *-bindung* auswirkt und sich somit in einem gesteigerten *finanziellen Erfolg* des Unternehmens (Output) niederschlägt. Anders ausgedrückt führen die auf die Steigerung des Kundenerlebnisses gerichteten Maßnahmen zu einem positiven Kundenerlebnis und dieses wirkt sich wiederum positiv auf die Kundenzufriedenheit und -bindung aus. In den letzten Jahren ist eine ganze Reihe von Forschungsarbeiten entstanden, die sich mit den kundenseitigen Wirkungen der Erlebniswahrnehmung beschäftigen (Kerin et al.

1992; Turley/Milliman 2000; Ha/Perks 2005; Herbrand 2008; Brakus et al. 2009; Biedenbach/Marell 2010; Johnston/Kong 2011).

Abbildung 3: Wirkungen nach Implementierung eines Customer Experience Managements

Die Wirkungen von Customer Experience werden in verschiedenen Beiträgen des Sammelbandes erörtert. Hier setzen sich die Verfasser kritisch mit oben genannten Sachverhalten auseinander und zeigen verschiedene Wirkungsgrößen von Customer Experience auf.

Zentraler Gegenstand des Beitrags von *Marko Schwertfeger* und *Anja Geigenmüller* im dritten Teil ist ein Untersuchungsmodell zur Wirkung der Kundenzufriedenheit mit dem Einkaufserlebnis auf die Kundenloyalität. Überdies analysieren die Verfasser einen moderierenden Einfluss des Shopping Value auf den Zusammenhang zwischen Kundenzufriedenheit und -loyalität.

Susanne Curth und *Martin Benkenstein* erläutern in ihrem Beitrag im dritten Teil das Commitment-Modell von Meyer und Herscovitch (2001) auf Basis theoretischer sowie empirischer Grundlagen und erweitern dieses um das Bezugsobjekt „Mitkonsument". Aufbauend auf den drei Dimensionen des Commitment zu Mitkonsumenten werden die Konsequenzen für die Customer Experience von Dienstleistungskunden erörtert.

Thomas Foscht und *Judith Schloffer* diskutieren in ihrem Beitrag im vierten Teil das Phänomen der Kommunikationsverweigerung im Kontext der Customer Experience. Die Verfasser analysieren hierbei die Auswirkungen von verweigerter E-Mail-Kommunikation anhand einer empirischen Studie.

Manfred Kirchgeorg und *Beatrice Ermer* setzen sich in ihrem Beitrag in Teil drei des Sammelbandes mit der Wahrnehmungswirkung von Messeständen als temporären Markenerlebniswelten auseinander. Die Verfasser bedienen sich hierbei des so genannten Eye Tracking-Verfahrens zur Erfassung der Standwahrnehmung und -wirkung. Die Untersuchung erfolgt auf Basis einer Fallstudie aus der Praxis.

5.3 Moderierende Variablen von Customer Experience

Die in Abschnitt 5.1 aufgeführten Determinanten können sowohl als klassische Determinanten (bzw. Einflussfaktoren) als auch moderierende Variablen betrachtet werden. Je nach Forschungsziel, spezieller Fragestellung und Hypothesenformulierung ist fallspezifisch zu entscheiden, welche Variable den Zusammenhang zwischen der abhängigen und der unabhängigen Variable moderiert. Diese sind äußerst vielfältig und stets von der jeweiligen Problemstellung abhängig.

Die *moderierenden Variablen* von Customer Experience lassen sich grundsätzlich zwei Kategorien zuordnen. In der Literatur zum Erlebniseinkauf wird z.B. zwischen den situationsbezogenen und den kundenbezogenen Moderatoren unterschieden (Verhoef et al. 2009). Folgende *situationsbezogenen Moderatoren*, die den Zusammenhang zwischen der Customer Experience und den kundenseitigen Wirkungen der Erlebniswahrnehmung moderieren, sind hier zu nennen: der Ladentyp (Discounter, Fachhandel, Warenhäuser), der Ort des Geschehens bzw. die Lage des Unternehmens (Einkaufszentrum, Internethandel), die Kultur des Unternehmens (Maskulinität, Individualität), die Wirtschaftslage (Expansion, Rezession), die Wettbewerbssituation (Eintrittsbarrieren) sowie die Jahreszeit (Ferien). Je stärker beispielsweise die Wettbewerbsintensität in einer bestimmten Branche ist, desto wichtiger ist es, die Kunden auch emotional an das eigene Unternehmen zu binden. Die Wettbewerbsintensität moderiert so den Zusammenhang zwischen Maßnahmen zur Steigerung der Erlebniswahrnehmung und der emotionalen Kundenbindung (Burgess/Steenkamp 2006; Sloot/Verhoef 2008). Des Weiteren kann die Gefühlslage eines Kunden beim Betreten eines Ladens während der Ferien eine andere sein, als an einem regulären Arbeitstag. Insofern wird der Zusammenhang zwischen einer, das Kundenerlebnis steigernden Maßnahme, und der Kundenzufriedenheit positiver moderiert in Ferienzeiten. Zu den *kundenbezogenen Moderatoren* zählen unter anderem soziodemografische Merkmale, die Preissensitivität, das Involvement, die Innovationsorientierung, die Vertrautheit mit dem Anbieter sowie die Zielausrichtung der Kunden.

Diese Moderatoren zählen, je nach Problemstellung, auch zu den kundenbezogenen Determinanten. So wird das Sortiment in einem Laden für aufgabenorientierte Käufer mehr Bedeutung zur Generierung eines positiven Kundenerlebnisses haben als für Käufer, die auf Erfahrungen beruhend ihren Kauf tätigen (Verhoef et al. 2009). In Abbildung 2 wurden bereits einige Moderatoren vereinfachend dargestellt.

6. Customer Experience als Managementansatz

In Anlehnung an Schmitt und Mangold (2004) ist das Customer Experience Management (CEM) ein Prozess des strategischen Managements aller Kundenerlebnisse mit einem Anbieter an sämtlichen Kundenkontaktpunkten. Das CEM verfolgt somit als zentrale Zielsetzung eine optimale Gestaltung aller Erlebnisse eines Kunden, die er an allen Kundenkontaktpunkten eines Anbieters hat. Beim CEM steht die Schaffung einzigartiger und außerordentlicher Erlebnisse für den Kunden im Vordergrund.

6.1 Relationship Marketing als Rahmenkonzept

Aufgrund von veränderten Markt- und Wettbewerbsbedingungen verliert das rein transaktionsorientierte Marketing zunehmend an Bedeutung. Hingegen greift das Relationship Marketing die Kritikpunkte des rein transaktionsorientierten Marketing auf und tritt immer mehr in den Vordergrund der Betrachtung (Bruhn 2009). Dabei bezieht sich der wesentliche Kritikpunkt darauf, dass die Ausrichtung der Marketingaktivitäten auf isolierte Einzeltransaktionen mit lediglich kurzfristigem Charakter ausgelegt ist. Vergangene und zukünftige Kundentransaktionen werden nicht berücksichtigt. Das Relationship Marketing hingegen fokussiert den Aufbau sowie den Erhalt langfristiger Kundenbeziehungen. Es geht um die langfristige beziehungsorientierte Ausrichtung sämtlicher Marketingaktivitäten, um die Kundenerwartungen in gewissem Maße zu erfüllen bzw. überzuerfüllen und die Kunden langfristig ans Unternehmen zu binden.

Das Relationship Marketing ist aus folgenden Gründen als Rahmenkonzept für das CEM anzusehen. Zum einen wird die Entstehung eines positiven Kundenerlebnisses aus der Perspektive der gesamten Kundenbeziehung betrachtet. Hierfür spricht auch die Langfristigkeit beim Aufbau von Kundenerfahrung. Zwar ist es möglich, durch ein spezielles Event auch kurzfristig ein positives Kundenerlebnis zu generieren. Dennoch wird eine dauerhafte Kundenzufriedenheit nur über langfristige positive Kundenerlebnisse, über den gesamten *Kundenbeziehungszyklus* hinweg, erreicht. In den drei Kernphasen des Kundenbeziehungszyklus – der Kundenakquisition, dem Kundenbindungsmanagement und der Kundenrückgewinnung – kommt es zu zahlreichen Kundenkontaktpunkten zwischen Anbieter und Kunde. An diesen Kundenkontaktpunkten ist die Schaffung langfristiger positiver Kundenerlebnisse über alle drei Phasen des Beziehungszyklus hinweg unabdingbar.

Zum anderen sprechen die Grundüberlegungen zur Erfolgskette im Beziehungsmarketing für die Anwendung des Relationship Marketing als Rahmenkonzept. Das Denken in der Erfolgskette strukturiert die Zusammenhänge bei den Kundenerlebnissen. Sie zeigt die Determinanten und Maßnahmen zur Schaffung von Kundenerlebnissen auf (Input des Unternehmens), analysiert die psychologischen und Verhaltenswirkungen beim

Kunden und ermittelt den positiven Wert für das Unternehmen (Output). Insofern ist die Erfolgskette als eine Strukturierungshilfe anzusehen.

6.2 Kundenkontaktpunkte als Messkonzept

Der Ausgangspunkt des strategischen Prozesses des Customer Experience Management bildet die Schaffung einer ausreichenden Informationsgrundlage zur Generierung außergewöhnlicher Kundenerlebnisse, die die Kunden an den einzelnen *Kundenkontaktpunkten* mit dem Anbieter machen. Zur erlebnisorientierten Ausrichtung der Kundenkontaktpunkte gilt es in einem ersten Schritt, alle relevanten Kundenkontaktpunkte, mit denen ein Kunde vor, während und nach der Dienstleistungserbringung (Phasen im Konsumprozess) in Berührung kommt, zu identifizieren und zu systematisieren. Zur Identifikation dieser Kundenkontaktpunkte erweist sich das so genannte Blueprinting ein grundsätzliches Verfahren. Hierbei wird der Dienstleistungsprozess in einzelne kundenrelevante Teilprozesse zerlegt und somit die relevanten Kundenkontaktpunkte visualisiert. Aufbauend auf der Identifikation der einzelnen Kontaktpunkte steht die Messung der Qualität, mit anderen Worten die Messung der Wahrnehmung der Erlebniskontaktpunkte durch den Kunden, im Fokus der Betrachtung. Abbildung 4 zeigt exemplarisch mögliche Kundenkontaktpunkte zu den einzelnen Phasen im Konsumprozess sowie unterschiedliche Messmethoden auf.

Sind die kritischen Kundenkontaktpunkte identifiziert, kann anschließend damit begonnen werden, durch qualitative Befragungen Kundenerlebnisse und Kundenerfahrungen zu sammeln, um so auf potentielle Verbesserungsmöglichkeiten aufmerksam zu werden. Für die Kundenbefragung stehen verschiedene, je nach Phase im Konsumprozess, qualitative Methoden, wie beispielsweise die Critical Incident Technique, die sequenzielle Ereignismethode oder Fokusgruppeninterviews zur Verfügung (Meyer/Schwager 2007). Zur Messung gewöhnlicher Kontakterlebnisse nach dem Konsum eignet sich beispielsweise die Sequenzielle Ereignismethode (Stauss 2000). Zur Evaluation der kritischen Erlebniskontaktpunkte während oder nach dem Konsum ist die Anwendung der Critical Incident Technique sowie Fokusgruppeninterviews zielführend (Gremler 2004).

Phase im Konsumprozess	Kundenkontaktpunkte	Messmethoden
Vor dem Konsum	• Werbung • Markenforen • Blogs und Communities • Massenmedien • TV-/Presseberichte • Verpackungen • Weiterempfehlung durch Freunde/Bekannte • u.a.m.	• Beobachtende Verfahren • Quantitative Häufigkeitsabschätzungen • Direkte Kundenbefragung • Fokusgruppeninterview • u.a.m.
Während des Konsums	• Persönliches Beratungs-/ Verkaufsgespräch • Telefonische Hotline • Schrift-/E-Mail-Verkehr • Produktverwendung • Persönlicher Dialog auf Messen und Events • u.a.m.	• Quantitative Häufigkeitsabschätzung • Blueprint • Critical Incident Technique • Beobachtende Verfahren • Direkte Kundenbefragung • Fokusgruppeninterview • u.a.m.
Nach dem Konsum	• Beschwerdemanagement (persönlich/unpersönlich) • WOM • Markenforen • Social Media-Plattformen • u.a.m.	• Sequenzielle Ereignismethode • Blueprint • Critical Incident Technique • Direkte Kundenbefragung • Fokusgruppeninterview • u.a.m.

Abbildung 4: Kategorisierung von Kundenkontaktpunkten sowie Messmethoden

Bei der Messung einzelner Erlebniskontaktpunkte werden sowohl funktionale Merkmale einer Dienstleistung als auch emotionale Eindrücke der Kunden berücksichtigt. Durch den zusätzlichen Einsatz von beispielsweise beobachtenden Verfahren bei der Messung vor, während oder nach dem Konsum können letzteren Rechnung getragen werden (Mayer-Vorfelder 2012).

Pascal Nguyen und *Nadja Pupillo* erläutern in ihrem Beitrag im vierten Teil des Sammelbandes die Umsetzung und Verankerung der Customer Experience sowie die Einführung des Net Promotor Score bei Vodafone Deutschland. Des Weiteren betonen die Verfasser die aktive Gestaltung von Wow-Momenten (branded moments) zur Steigerung eines positiven Kundenerlebnisses.

6.3 Customer Experience Management als Planungskonzept

Zur Strukturierung des Customer Experience Management werden die idealtypischen Phasen *Analyse*, *Planung*, *Umsetzung* und *Kontrolle* eines entscheidungsorientierten Managementprozesses zugrunde gelegt (Belch/Belch 2008; Bruhn 2009; Homburg/Krohmer 2009).

Im Zentrum der *Analysephase* des Customer Experience Management steht die Identifikation, Analyse sowie Messung einzelner Kundenerlebnisse. Innerhalb der Analysephase empfiehlt sich der Einsatz einer Kontaktpunktanalyse. Diese beinhaltet die Kontaktpunkt-Identifikation sowie die qualitative Kontaktpunkt-Erlebnismessung. Zur detaillierteren Erläuterung möglicher Kundenkontaktpunkte und Messmethoden siehe Abschnitt 6.2.

Neben der Identifikation und Messung der Erlebniskontaktpunkte in der Analysephase gilt es in einem zweiten Schritt, im Rahmen der *Planungsphase* des CEM die gewonnenen Erkenntnisse zur Planung der Kundenerlebnisse heranzuziehen. Die Planungsphase umfasst eine *Zieldefinition* sowie die *strategische* und *operative Planung* der Kundenerlebnisse. Bei der Festlegung der Ziele, die durch ein CEM angestrebt werden, steht die Entstehung und Generierung positiver und einzigartiger Kundenerlebnisse im Mittelpunkt. Weitere damit verbundene Ziele aus Praxissicht sind unter anderem die Schaffung von Kundenbegeisterung, die emotionale Kundenbindung sowie die Umsatzsteigerung (Detecon International GmbH 2010). Im Mittelpunkt der *strategischen Planung* eines CEM steht die Festlegung eines übergeordneten *Erlebnismotivs*. Dieses tritt zum einen als Bezugspunkt sämtlicher erlebnisorientierter Maßnahmen auf und spiegelt zentrale Leitwerte des Unternehmens wider (Schmitt/Mangold 2004; Mayer-Vorfelder 2012). So lässt sich beispielsweise das Erlebnismotiv des Freizeit- und Unterhaltungsparks „Europa Park" mit den Attributen Einzigartigkeit, Vielfalt der Attraktionen und aufregende Inszenierung umschreiben. Im Zentrum der *operativen Planungsebene* eines CEM steht das *Design* der Kundenerlebnisse. Dabei sind spezifische Design-Elemente, wie z.B. die multisensuale Ansprache der Kunden, Mitarbeiter-Kunde-Interaktionen, die Gestaltung funktionaler und emotionaler Erlebnistreiber, die Anwesenheit anderer Kunden, zu definieren (Zomerdijk/Voss 2010).

Im Rahmen der *Umsetzungs-* bzw. *Implementierungsphase* des CEM sind interne Voraussetzungen zu schaffen, die die Erzeugung erlebnisorientierter Maßnahmen zur Entstehung positiver Customer Experiences gewährleisten. Deshalb ist eine erlebnisorientierte Anpassung bzw. Ausrichtung von *Strukturen*, *Systemen* und der *Kultur* des Unternehmens hilfreich. Eine wichtige Anpassung im Rahmen der Unternehmensstrukturen bezieht sich auf die klassische *Marketingfunktion*. Eine Weiterentwicklung hin zu einem eigenständigen Funktionalbereich, des so genannten "Customer Experience Management", ist von großem Nutzen. Überdies bedarf es für eine erfolgreiche Umsetzung des CEM der Unterstützung und Akzeptanz auf Vorstandsebene. Des Weiteren ist im Rahmen der Anpassung der Unternehmenssysteme die Einführung von analytischen CEM-Systemen zu gewährleisten. Diese dienen der systematischen Erfassung und Auswertung der Customer Experience von Kunden an allen Kundenkontaktpunkten. Neben den analytischen Systemen ist eine erlebnisorientierte Gestaltung der unpersönlichen Kundenkontakte wichtig. Hier geht es beispielsweise um Aspekte wie die Darstellung von Produktinformationen im Internet usw. Ferner sind auch die CRM-Systeme um eine erlebnisorientierte Perspektive zu erweitern, um den Mitarbeitenden im direkten Kundenkontakt kundenbezogene Informationen zu liefern, die sie wiederum zur Schaffung eines Kundenerlebnisses beim nächsten Kundenkontakt nutzen können.

Um den Erfolg des Customer Experience Management zu gewährleisten, bedarf es einer kontinuierlichen *Erfolgskontrolle* der erlebnissteigernden Maßnahmen und ihrer Wirkungen. Vor allem der Einsatz von so genannten Tracking-Systemen, die auf dem Prinzip von Kundenbarometern basieren, ist im Rahmen einer effizienten Erfolgskontrolle wichtig. Hierunter wird ein multidimensionales Kontrollsystem verstanden, durch das sich mehrere Wirkungsgrößen sowie deren Interdependenzen durch periodische Erhebungen kontrollieren lassen. Methodisch basieren Kundenbarometer auf dem multivariaten Verfahren der Kausalanalyse. Innerhalb des Strukturgleichungsmodells werden die einzelnen zu untersuchenden Erfolgsgrößen als latente Variablen bzw. Konstrukte aufgefasst und mehrdimensional anhand so genannter Indikatorvariablen messbar gemacht. Die Messung der einzelnen Konstrukte erfolgt über standardisierte Befragungen. Eine regelmäßige Durchführung der Kontrollmaßnahmen lässt erkennen, ob sich die ergriffenen Maßnahmen zur Steigerung der Customer Experience lohnen bzw. an welchen Stellen (Konstrukte im Strukturgleichungsmodell) Verbesserungsbedarf besteht.

Die nachfolgenden Beiträge widmen sich Themenstellungen, die Managementansätze des CEM behandeln sowie spezifische Gestaltungsansätze des CEM aufzeigen.

Der Beitrag von *Matthias Mayer-Vorfelder* im zweiten Teil hat die Konzeption eines systematischen Ansatzes für ein Customer Experience Management im Dienstleistungsbereich zum Ziel. Der Ansatz basiert zum einen auf dem aktuellen Forschungsstand und integriert isolierte Forschungsaktivitäten auf diesem Gebiet zu einem umfassenden Managementansatz und zum anderen wird dienstleistungsspezifischen Aspekten stärker als bei bisherigen Konzeptionen Rechnung getragen.

Martin Reckenfelderbäumer und *Christian Arnold* nehmen in ihrem Beitrag im zweiten Teil eine umfassende konzeptionelle Integration der Erscheinungsformen der Informatisierung in das Customer Experience-Konzept vor. Die Verfasser arbeiten heraus, dass der Informatisierungsprozess, der vor allem von internetbasierten Informationssystemen getragen wird, substanziell zur Entwicklung von kontextadaptiven und individuellen Erfahrungs- und Erlebniswelten im Umfeld konsumtiver Leistungen beitragen kann.

Doréen Pick und *Jens Kannler* legen in ihrem Beitrag im zweiten Teil die Notwendigkeit und Erfolgsbedingungen einer Kundenserviceintegration zur Steigerung eines positiven Kundenerlebnisses am Beispiel der Deutschen Telekom AG dar. Hierbei wird auf die Servicequalität im Allgemeinen und dessen Relevanz für den Telekommunikationssektor im Besonderen eingegangen.

Markus Voeth und *Jeanette Loss* beschäftigen sich im fünften Teil mit dem bislang in der Literatur nur wenig untersuchten Customer Experience Management für Anbieter von B2B-Services. Hierbei werden auf Charakteristika industrieller Dienstleistungen Besonderheiten des CEM bei B2B-Services abgeleitet sowie Erfolgsfaktoren für eine zielgerichtete Generierung möglichst konsistenter und positiver Kundenerfahrungen im Bereich der B2B-Services vorgestellt.

Silke Boenigk, Bernd Helmig, Manfred Bruhn, Karsten Hadwich und *Verena Batt* erläutern in ihrem Beitrag im fünften Teil des Sammelbandes auf Basis einer empirischen Untersuchung zum Thema Service-Dominant Logic die Zusammenhänge zwischen Customer Experiences, der Denkhaltung der Service-Dominant Logic und Wettbewerbsvorteilen sowie der Performance von Non Profit-Organisationen.

7. Entwicklungsstand und Zukunftsperspektiven des Customer Experience Management

Insbesondere in den letzten Jahren gewann das Thema „Customer Experience" zunehmend an Bedeutung. Viele aktuelle Arbeiten im wissenschaftlichen Bereich zum Themengebiet sowie der vermehrte Einsatz eines Customer Experience Management in der Praxis zeigen die enorme Wichtigkeit. Auf ausgewählte Punkte, den Entwicklungsstand sowie die Zukunft des CEM betreffend, wird im Folgenden in Form von Thesen näher eingegangen.

- These 1: *Für das Customer Experience Management sind verstärkt empirische Forschungsarbeiten notwendig.* An dieser Stelle ist anzumerken, dass ein Großteil der bisherigen Arbeiten zu diesem Themengebiet rein theoretischer Natur ist. So weisen Tynan und McKechnie in ihrem Review zum aktuellen Forschungsstand zum „Experience Marketing" darauf hin, dass ein Großteil der bisherigen Forschungsarbeiten theoretischer und konzeptioneller Natur ist, während es an empirischen Studien mangelt (Tynan/McKechnie 2009). Die konzeptionell und theoretisch begründeten Forschungsresultate bezüglich der Entstehung eines Kundenerlebnisses und definierte Wirkungszusammenhänge sind mittels quantitativer Forschungsmethoden, wie z.B. der Kausalanalyse, empirisch zu testen. Dies impliziert des Weiteren die Notwendigkeit, in zukünftigen Forschungsarbeiten auf die Spezifikation relevanter Konstrukte sowie auf deren Messmodelle einzugehen. Ferner ist die Durchführung von Längsschnittanalysen zur Untersuchung der Entstehung eines positiven Kundenerlebnisses empirisch gehaltvoll. In weiteren Forschungsarbeiten ist überdies eine systematische und strukturierte Analyse unterschiedlicher Wirkungsgrößen der

Customer Experience vorzunehmen. Zur Strukturierung der Wirkungen eignet sich die Erfolgskette des Relationship Marketing.

- These 2: *Für die Praxis ist eine stärkere Professionalisierung des Customer Experience Management erforderlich.* In vielen Unternehmen ist das Bewusstsein für die durch positive Customer Experiences realisierbaren Potenziale hinsichtlich Wachstum, emotionaler Kundenbindung, Steigerung des Kundenwerts sowie der Differenzierungs-möglichkeit von Wettbewerbern erkennbar angelangt. Das Management der Kundenerlebnisse spielt dort aktuell eine sehr wichtige Rolle. Einigkeit besteht darüber, dass ein positives gesamthaftes Erlebnis des Kunden zentral für den Fortbestand einer Unternehmen-Kunde-Beziehung sowie für zukünftige Geschäfte und damit letztendlich auch für künftige ökonomische Gewinne der Unternehmen ist. Von einem hohen Durchdringungsgrad ist derzeit aber noch nicht zu sprechen. In der Praxis stehen die Unternehmen noch relativ weit am Anfang einer effektiven Umsetzung und Implementierung eines CEM. So ist vielfach noch ein teilweise unsystematisches und unstrukturiertes Vorgehen in Bezug auf CEM zu beobachten. Zukünftig wird es erst einmal darum gehen, geeignete Rahmenbedingungen zu schaffen, die die Erzeugung eines einzigartigen Kundenerlebnisses erlauben. Daher werden viele der Unternehmen derzeit damit beginnen, die notwendigen Kompetenzen aufzubauen und das CEM in der Unternehmenskultur zu verankern. So sind in einem ersten Schritt die Unternehmensstrukturen, -systeme sowie die Unternehmenskultur entsprechend anzupassen. Ferner werden in Zukunft vermehrt verantwortliche Mitarbeitende im Unternehmen benannt, so genannte „CEM-Experten“, die sich speziell um CEM-Maßnahmen kümmern und diese kontrollieren. Große Herausforderungen existieren auch im Bereich der ganzheitlich operativen Umsetzung sowie bei der Etablierung von systematischen Implementierungs-, Feedback- und Verbesserungsprozessen.

- These 3: *Customer Experience Management ist als strategischer Ansatz zu begreifen und nicht auf einzelne Maßnahmen zu reduzieren.* Der Fokus entsprechender Managementansätze zur Generierung positiver Customer Experiences in der Praxis ist zukünftig weniger auf eine transaktionsbezogene, sondern vielmehr auf eine gesamthafte, die komplette Beziehung zum Kunden umfassende Perspektive zur Analyse, Planung, Umsetzung und Kontrolle von Maßnahmen zur Steigerung des Kundenerlebnisses zu legen. Bedingt durch einen systematischen Entscheidungsprozess ist das Zugrundelegen eines klassischen Managementprozesses als strukturierender Rahmen und als strategischer Ansatz für das CEM erforderlich. Des Weiteren wird die Frage aufgeworfen, ob aus Wirtschaftlichkeitsgründen das CEM langfristig nur als Teilstrategie im Rahmen des wertorientierten, differenzierten Kundenmanagements fungiert oder ob eine eigenständige CEM-Strategie verfolgt wird. Die geplanten Maßnahmen im Rahmen des Customer Experience Management sind stets miteinander abzustimmen und zu integrieren. Einzelne Maßnahmen, das Customer Experience Management betreffend, sind in das „Große und Ganze“, die so genannte Customer Experience Management-Strategie zu integrieren und für Mitarbeitende transparent zu gestalten. Einer gewissen Veränderungsmüdigkeit in Folge neuer Maßnahmen im Rahmen des Customer Experience Management wird hierdurch vorgebeugt.

- These 4: *Ein Customer Experience Management bedarf vielfältiger Instrumente des Kommunikationsmix zur Schaffung von Kundenerlebnissen.* Die Live Kommunikation, die Social Media-Kommunikation sowie Brand Lands, als erlebnisbetonte Form der Live Kommunikation, erfahren in letzter Zeit verstärkte Aufmerksamkeit und werden in vielen Unternehmen bereits eingesetzt. Unternehmen verbinden als Reaktion auf ein zunehmend erlebnisorientiertes Handeln von Kunden mit dem Einsatz von beispielsweise Brand Lands funktionelle Eigenschaften ihrer Kernleistungen konstruktiv mit emotionalen Erlebnissen. Die Fähigkeit von Brand Lands zur multisensualen Ansprache der Kunden sowie die Repräsentation und Erfahrbarkeit einer Marke in einem gestalteten Erlebnisumfeld, wird vor allem in Unternehmen, in denen ein starker Fokus auf die Bindung und Pflege bestehender Kunden vorhanden ist, an Bedeutung gewinnen. Dennoch sind auch zukünftig die Chancen und Risiken eines Einsatzes von Brand Lands abzuwägen. Auch die Integration solcher erlebnisbetonter Kommunikationsinstrumente in den bestehenden Instrumentemix sowie die crossmediale Verknüpfung mit anderen Kommunikationsinstrumenten nehmen in Zukunft an Bedeutung zu. Ein multisensuales Marketing bzw. eine multisensuale Ansprache des Kunden ist dennoch zukünftig nicht als kurzfristiges Trendthema unterzubewerten, sondern als Chance zu verstehen, über den konzertierten Einsatz des gesamten Marketingmix das ganzheitliche Erleben einer Marke zu ermöglichen.

- These 5: *Ein Customer Experience Management verlangt ein systematisches und vielschichtiges Erwartungsmanagement.* Beim Erwartungsmanagement geht es vor allem darum die Kundenerwartungen an die Kundenerlebnisse und an das Customer Experience Management in eine zielführende Richtung zu beeinflussen. Dazu ist es notwendig, erstens die Kundenerwartungen an Customer Experiences zu kennen und zweitens Mittel zu identifizieren, wie sie beeinflusst werden können (Bruhn/Georgi 2000; Bruhn 2011). Überdies verlangt ein Erwartungsmanagement auch die Generierung und Aufbereitung von gemachten Kundenerlebnissen. Unternehmen erfragen und analysieren stets die gemachten Erfahrungen der Kunden. Nach dem so genannten (Dis-)Confirmation-Modell wird ein Kundenerlebnis umso positiver beurteilt, je eher bzw. stärker die Kundenerwartungen an das Erlebnis erfüllt sind. Somit stellen stetige Verbesserungen durch ein strategisches Customer Experience Management auf der einen Seite und die Erwartungssteuerung auf der anderen Seite Ansatzpunkte für eine Erhöhung des wahrgenommenen Kundenerlebnisses dar.

- These 6: *Voraussetzung für ein Customer Experience Management ist eine umfassende Analyse der Kundenkontaktpunkte.* Unter einem Kundenkontaktpunkt wird allgemein jede Schnittstelle zwischen Anbieter und Kunde verstanden, an der ein

Kunde mit dem Anbieter in Berührung kommt. Dabei gilt es zwischen Kontaktpunkten zu unterscheiden, an denen es zu persönlichen Interaktionen mit Mitarbeitenden kommt (z.B. persönliches Beratungsgespräch in einer Bank) und Kundenkontaktpunkten ohne direkten Mitarbeiterkontakt (z.B. Besuch der Webseite des Unternehmens). Des Weiteren entstehen sowohl bei unternehmensgesteuerten als auch bei nutzer-getriebenen Maßnahmen Kontaktpunkte mit einer Marke. Besucht ein „Fan" die Facebook-Seite eines Unternehmens, so entsteht der Kundenkontaktpunkt nutzergetrieben. Aus sämtlichen Interaktionen mit einem spezifischen Kontaktpunkt resultieren so genannte Kontaktpunkterfahrungen. Diese sind einer umfassenden Analyse zu unterziehen. Die Identifikation sowie das aktive Management so genannter „Moments of Truth" ist hierbei ein wichtiger Schritt. Das grundsätzliche Ziel sollte stets darin bestehen, positive Kundenerlebnisse über alle Kontaktpunkte hinweg zu schaffen. Dennoch sind die Ressourcen, die dazu aufgebracht werden müssen, möglichst effizient einzusetzen und teilweise auf kritische Interaktionen zu konzentrieren.

Dem Konzept des Customer Experience Management wird in der Forschung und Praxis immer mehr Bedeutung beigemessen. Unternehmen versuchen sich zunehmend an der Schaffung ganzheitlicher Kundenerlebnisse, um sich vom Wettbewerber zu differenzieren und nachhaltige Kundenbindung zu erreichen. Aufgrund eines Mangels an empirischen Studien zum Themengebiet besteht weiterhin enormer Forschungsbedarf. Sich spezifisches Wissen darüber anzueignen, was genau unter Customer Experience Management zu verstehen ist, welche strategische Relevanz dem Customer Experience Management in der Praxis tatsächlich zukommt und wie dieses operativ in Maßnahmen umgesetzt werden kann, sind Fragestellungen, die es zukünftig zu beantworten gilt.

Literaturverzeichnis

Albers, S./Götz, O. (2006): Messmodelle mit Konstrukten zweiter Ordnung in der betriebswirtschaftlichen Forschung, in: Die Betriebswirtschaft, 66. Jg., Nr. 6, S. 669-677.

Anderson, S./Pearo, L.K./Widener, S.K. (2008): Drivers of Service Satisfaction: Linking Customer Satisfaction to the Service Concept and Customer Characteristics, in: Journal of Service Research, Vol. 10, No. 4, S. 365-381.

Arnould, E.J./Price, L.L. (1993): River Magic: Extraordinary Experience and the Extended Service Encounter, in: Journal of Consumer Research, Vol. 20, No. 1, S. 24-45.

Beisswenger, T. (2007): Auswirkungen des demografischen Wandels auf das Automobilmarketing, Hamburg.

Belch, G.E./Belch, M.A. (2008): Advertising and Promotion. An Integrated Marketing Communications Perspective, 8. Aufl., New York.

Biedenbach, G./Marell, A. (2010): The impact of customer experience on brand equity in a business-to-business services setting, in: Journal of Brand Management, Vol. 17, No. 6, S. 446-458.

Bloch, P.H./Brunel, F.F./Arnold, T.J. (2003): Individual Differences in the Centrality of Visual Product Aesthetics: Concept and Measurement, in: Journal of Consumer Research, Vol. 29, No. 3, S. 551-565.

Böhme, G./Potyka, K. (1995): Erfahrung in Wissenschaft und Alltag: Eine analytische Studie über Begriff, Gehalt und Bedeutung eines lebensbegleitenden Phänomens, Idstein.

Brakus, J.J./Schmitt, B./Zarantonello, L. (2009): Brand Experience: What Is It? How Is It Measured? Does It Affect Loyalty?, in: Journal of Marketing, Vol. 73, No. 3, S. 52-68.

Brockhaus Enzyklopädie Online (2010): http://www.brockhaus-enzyklopaedie.de/be21_article.php?document_id=b24_6053001 (Zugriff am 14.12.2011).

Bruhn, M. (2009): Relationship Marketing – Das Management von Kundenbeziehungen, 2. Aufl, München.

Bruhn, M. (2011): Qualitätsmanagement für Dienstleistungen. Grundlagen – Konzepte – Methoden, 8. Aufl., Berlin, Heidelberg.

Bruhn, M./Georgi, D. (2000): Kundenerwartungen als Steuerungsgröße. Konzept, empirische Ergebnisse und Ansätze eines Erwartungsmanagements, in: Marketing ZFP, 22. Jg., Nr. 3, S. 185-196.

Bruhn, M./Batt, V. (2011): Mitarbeitende als Erlebnisprovider – Theoretische Fundierung und empirische Untersuchung an einem Fallbeispiel, in: Marketing ZFP, 33. Jg., Nr. 3, S. 208-220.

Burgess, S.M./Steenkamp, E.M. (2006): Marketing Renaissance: How Research in Emerging Market Advances Marketing Science and Practice, in: International Journal of Research in Marketing, Vol. 23, No. 4, S. 337-356.

Cacioppo, J.T./Petty, R.E. (1982): The Need for Cognition, in: Journal of Personality and Social Psychology, Vol. 42, No. 1, S. 116-131.

Carù, A./Cova, B. (2003): Revisiting Consumption Experience: A More Humble but Complete View of the Concept, in: Marketing Theory, Vol. 3, No. 2, S. 267-286.

Detecon International GmbH (2010): Customer Experience Management in the Telecommunications Industry, http://www.detecon.com/en/publications/studies/studies_detail.html?unique_id=43778 (Zugriff am 22.10.2011).

Esch, F.-R. (2010): Strategie und Technik der Markenführung, 6. Aufl., München.

Fischer, P.M. (2007): Berufserfahrung älterer Führungskräfte als Ressource, Wiesbaden.

Förster, A./Kreuz, P. (2006): Marketing-Trends. Innovative Konzepte für Ihren Markterfolg, Wiesbaden.

Gentile, C./Spiller, N./Noci, G. (2007): How to Sustain the Customer Experience: An Overview of Experience Components that Co-create Value With the Customer, in: European Management Journal, Vol. 25, No. 5, S. 395-410.

Gerrig, P.G./Zimbardo, R.J. (2008): Psychologie, 18. Aufl., München.

Gremler, D.D. (2004): The Critical Incident Technique in Service Research, in: Journal of Service Research, Vol. 7, No. 1, S. 65-89.

Grewal, D./Levy, M./Kumar, V. (2009): Customer Experience Management in Retailing: An Organizing Framework, in: Journal of Retailing, Vol. 85, No. 1, S. 1-14.

Grönroos, C. (2001): The Perceived Service Quality Concept: A Mistake, in: Managing Service Quality, Vol. 11, No. 6, S. 150-152.

Gröppel, A. (1991): Erlebnisstrategien im Einzelhandel. Analyse der Zielgruppen der Ladengestaltung und der Warenpräsentation zur Vermittlung von Einkaufserlebnissen, Dissertation, Heidelberg.

Gupta, S./Kim, H. (2010): Value-driven Internet shopping: The mental accounting theory perspective, in: Psychology and Marketing, Vol. 27, No. 1, S. 13-35.

Ha, H.-Y./Perks, H. (2005): Effects of Consumer Perceptions of Brand Experience on the Web: Brand Familiarity, Satisfaction and Brand Trust, in: Journal of Consumer Behaviour, Vol. 4, No. 6, S. 438-452.

Havlena, W.J./Holbrook, M.B. (1986): The Varieties of Consumption Experience: Comparing Two Typologies of Emotion in Consumer Behavior, in: Journal of Consumer Research, Vol. 13, No. 3, S. 394-404.

Helkkula, A. (2011): Characterising the Concept of Service Experience, in: Journal of Service Management, Vol. 22, No. 3, S. 367-389.

Herbrand, N.O. (2008): Schauplätze dreidimensionaler Markeninszenierung: Innovative Strategien und Erfolgsmodelle Erlebnisorientierter Begegnungskommunikation. Brand Parks, Museen, Flagship Stores, Messen, Events, Roadshows, Stuttgart.

Heskett, J.L./Sasser, E./Schlesinger, L.A. (2003): The Value Profit Chain: Treat Employees Like Customers and Customers Like Employees, New York.

Hirschman, E.C./Holbrook, M.B. (1982): Hedonic Consumption: Emerging Concepts, Methods and Propositions, in: Journal of Marketing, Vol. 46, No. 3, S. 92-101.

Hoch, S.J. (2002): Product Experience is Seductive, in: Journal of Consumer Research, Vol. 29, No. 3, S. 448-454.

Homburg, C. (2007): Betriebswirtschaftslehre als empirische Wissenschaft – Bestandsaufnahme und Empfehlungen, in: Zeitschrift für betriebswirtschaftliche Forschung 2007, 56. Jg., Nr. 7, S. 27-60.

Homburg, C./Krohmer, H. (2009): Marketingmanagement. Strategie – Instrumente – Umsetzung – Unternehmensführung, 3. Aufl., Wiesbaden.

Izard, C.E. (1978): Human Emotions, 2. Aufl., New York.

Johnston, R./Kong, X. (2011): The Customer Experience: A Road-Map For Improvement, in: Managing Service Quality, Vol. 21, No. 1, S. 5-24.

Kerin, R.A./Jain, A./Howard, D.J. (1992): Store shopping experience and consumer price-quality-value perceptions, in: Journal of Retailing, Vol. 68, No. 4, S. 376-397.

Knutson, B.J./Beck, J.A./Seung Hyun, K./Jaemin, C. (2006): Identifying the Dimensions of the Experience Construct, in: Journal of Hospitality & Leisure Marketing, Vol. 15, No. 3, S. 31-47.

Lasalle, D./Britton, T.A. (2003): Priceless: Turning Ordinary Products Into Extraordinary Experiences, Boston.

Mayer-Vorfelder, M. (2012): Kundenerfahrungen im Dienstleistungsprozess – Eine theoretische und empirische Analyse, Wiesbaden.

Meyer, C./Schwager, A. (2007): Understanding Customer Experience, in: Harvard Business Review, Vol. 85, No. 2, S. 116-126.

Palmer, A. (2010): Customer Experience Management: A Critical Review of an Emerging Idea, in: Journal of Services Marketing, Vol. 24, No. 3, S. 196-208.

Patrício, L./Fisk, R.P./Falcão e Cunha, J. (2008): Designing Multi-Interface Service Experiences, in: Journal of Service Research, Vol. 10, No. 4, S. 318-334.

Patrício, L./Fisk, R.P./Falcao e Cunha, J./Constantine, L. (2011): Multilevel Service Design: From Customer Value Constellation to Service Experience Blueprinting, in: Journal of Service Research, Vol. 14, No. 2, S. 180-200.

Pine, J.B./Gilmore, G.H. (1999a): The Experience Economy: Work Is Theater & Every Business a Stage, Boston.

Pine, J.B./Gilmore, G.H. (1999b): Willkommen in der Erlebnisökonomie, in: Harvard Business Manager, 21. Jg., Nr. 1, S. 56-64.

Pine, J.B. /Gilmore, J.H. (2000): Erlebniskauf. Konsum als Erlebnis, Business als Bühne, Arbeit als Theater, München.

Pinker, S. (1997): How the Mind Works, New York.

Prahalad, C.K./Ramaswamy, V. (2003): The New Frontier of Experience Innovation, in: MIT Sloan Management Review, Vol. 44, No. 4, S. 12-18.

Prahalad, C.K./Ramaswamy, V. (2004a): Co-Creation Experiences: The Next Practice in Value Creation, in: Journal of Interactive Marketing, Vol. 18, No. 3, S. 5-14.

Prahalad, C.K./Ramaswamy, V. (2004b): Future of Competition: Co-Creating Unique Value with Customers, Boston.

Schmitt, B. (1999): Experiential Marketing How to Get Customers to Sense, Feel, Think, Act and Relate to Your Company and Brands, New York.

Schmitt, B. (2003): Customer Experience Management: A Revolutionoary Approach to Connecting with Your Customer, New York.

Schmitt, B./Mangold, M. (2004): Kundenerlebnis als Wettbewerbsvorteil. Mit Customer Experience Management Marken und Märkte Gewinn bringend gestalten, Wiesbaden.

Shaw, C. (2007): The DNA of Customer Experience: How Emotions Drive Value, Basingstoke.

Shaw, C./Dibeehi, Q./Walden, S. (2010): Customer Experience: Future Trends and Insights, Basingstoke.

Shaw, C./Ivens, J. (2005): Building Great Customer Experiences, London.

Sloot, L.M./Verhoef, P.C. (2008): The Impact of Brand Delisting on Brand Switching and Store Choice, in: Journal of Retailing, Vol. 84, No. 3, S. 281-296.

Skard, S./Herbjørn, N./Pedersen, P.E. (2011): Brand and Customer Experience in Service Organizations: Literature Review and Brand Experience Construct Validation, in: SNF Working Paper, Institute for research in economics and business administration, Nr. 9/11, S. 1-49.

Stauss, B. (2000): „Augenblicke der Wahrheit" in der Dienstleistungserstellung. Ihre Relevanz und ihre Messung mit Hilfe der Kontaktpunkt-Analyse, in: Bruhn, M./Stauss, B. (Hrsg.): Dienstleistungsqualität. Grundlagen, Konzepte, Erfahrungen, 3. Aufl., Wiesbaden, S. 322-340.

Tinsley, H.E.A./Eldredge, B.D. (1995): Psychological Benefits of Leisure Participation: A Taxonomy of Leisure Activities Based on Their Need-Gratifying Properties, in: Journal of Counseling Psychology, Vol. 42, No. 2, S. 123-132.

Turley, L.W./Milliman, R.E. (2000): Atmospheric Effects on Shopping Behavior: A Review of the Experimental Evidence, in: Journal of Business Research, Vol. 49, No. 2, S. 193-211.

Tynan, C./McKechnie, S. (2009): Experience Marketing: A Review and Reassessment, in: Journal of Marketing Management, Vol. 25, No. 5/6, S. 501-517.

Verhoef, P.C./Lemon, K.N./Parasuraman, A./Roggeveen, A./Tsiros, M./Schlesinger, L. A. (2009): Customer Experience Creation: Determinants, Dynamics and Management Strategies, in: Journal of Retailing, Vol. 85, No. 1, S. 31-41.

Weiber, R./Mühlhaus, D. (2010): Strukturgleichungsmodellierung. Eine anwendungsorientierte Einführung in die Kausalanalyse mit Hilfe von AMOS, SmartPLS und SPSS, Heidelberg u.a.

Weinberg, P. (1992): Erlebnismarketing, München.

Weinberg, P./Nickel, O. (2007): Grundlagen für die Erlebniswirkungen von Marketingevents, in: Nickel, O. (Hrsg.): Eventmarketing: Grundlagen und Erfolgsbeispiele, 2. Aufl., München, S. 37-52.

Wong, A. (2004): The Role of Emotional Satisfaction in Service Encounters, in: Managing Service Quality, Vol. 14, No. 5, S. 365-376.

Zomerdijk, L.G./Voss, C.A. (2010): Service Design for Experience-Centric Services, in: Journal of Service Research, Vol. 13, No. 1, S. 67-82.

Andrea Gröppel-Klein

30 Jahre „Erlebnismarketing" und „Erlebnisgesellschaft" – Die Entwicklung des Phänomens „Erlebnisorientierung" und State-of-the-Art der Forschung

---

Univ.-Prof. Dr. *Andrea Gröppel-Klein* ist Inhaberin des Lehrstuhls für Marketing und Direktorin des Instituts für Konsum- und Verhaltensforschung an der Universität des Saarlandes, Saarbrücken.

1. Zur Entwicklung der Marketingwissenschaft und -praxis

Die wirtschaftliche Situation in Deutschland und vielen anderen europäischen Staaten war nach dem 2. Weltkrieg bis Ende der 1960er Jahre durch eine *Verkäufermarktsituation* charakterisiert. Die Nachfrage nach (bezahlbaren) Konsumgütern war bei weitem höher als das Angebot, wodurch verständlich wird, dass sich die deutsche Betriebswirtschaftslehre zunächst mit der effizienten Erweiterung der Beschaffungs- und Produktionskapazitäten beschäftigte (Kroeber-Riel et al. 2009, S. 3). An den Hochschulen wurde zum damaligen Zeitpunkt „Absatztheorie" gelehrt, da das vornehmliche Interesse der deutschen Wissenschaftler dem „Absatz" als zentraler Herausforderung galt, wodurch die Distributions- und vor allem die (zunächst mikroökonomisch geprägte) Preispolitik (Homburg/Krohmer 2009, S. 6f.) in den Mittelpunkt der wissenschaftlichen Diskussion gerückt wurde.

In den USA setzte schon sehr rasch nach dem 2. Weltkrieg eine *Käufermarktsituation* ein, die durch einen Verdrängungswettbewerb gekennzeichnet ist. Folglich ist es nicht verwunderlich, dass sich in den USA die Disziplin des „Marketing" zuerst entwickelte: Mit steigendem Angebot, gesättigten Märkten und zunehmender Individualisierung des Konsums wurde es notwendig, nicht nur „Verkauf" und „Absatz" zu erforschen, sondern eine professionelle Marketingdisziplin zu entwickeln, die die marktorientierte (und nicht mehr produktionsdominierte) Steuerung von Unternehmen in den Vordergrund rückt (Meffert et al. 2008). Demzufolge muss das Marketing die (latenten) Bedürfnisse der Konsumenten ergründen, Nachfrage für bedürfnisbefriedigende Produkte wecken und Präferenzen für attraktive Angebote aufbauen.

Das gilt heute insbesondere auch für die Dienstleistungsbranche – oder, wie Tisch und Weber (2007) es pointiert ausdrücken, „Chocolates On The Pillow Aren't Enough", um im heutigen Verdrängungswettbewerb bei anspruchsvoller Kundschaft zu bestehen. Forschungsarbeiten zur Produkt- und Kommunikationspolitik rückten immer mehr in den Vordergrund, in jüngerer Zeit geprägt von einer Abkehr von der kurzfristigen, instrumentalen „4P-Betrachtung" zum längerfristig angelegten Relationship Marketing (z.B. Bruhn 2008) bis hin zur Perspektive der Service Dominant Logic (Vargo/Lusch 2006). Doch auch Arbeiten zum Point-of-Sale-Marketing und Studien zum „Shopper Research" (vgl. zusammenfassend Gröppel-Klein 2006; Gröppel-Klein/Bartmann 2009) als Weiterentwicklungen der früheren absatzwirtschaftlich orientierten Fragestellungen stellen wichtige Themengebiete in Wissenschaft und Praxis dar.

Diese Forschungsevolution konnte nur durch eine konsequente Berücksichtigung des Konsumentenverhaltens gelingen. Im Zuge der Professionalisierung des Marketing wurde in den USA der verhaltenswissenschaftliche Ansatz im Marketing zur dominierenden

Forschungsrichtung (Gröppel-Klein 2007). Das Fach „*Konsumentenverhalten*“ wurde in Deutschland v.a. durch die Arbeiten von Kroeber-Riel (1973; 1975) geprägt, der als einer der ersten die Relevanz dieses Ansatzes erkannte. „Die Konsumentenforschung basiert auf dem verhaltenswissenschaftlichen Paradigma und versucht in einer Abwendung von den Vorstellungen des vollkommenen Marktes, vom Rationalprinzip bzw. von dem Menschenbild des Homo Oeconomicus, das tatsächliche (Entscheidungs-)Verhalten von Einzelpersonen, Gruppen (auch unterschiedlicher Kulturen) und ganzen Organisationen mit Hilfe der Erkenntnisse der Verhaltenswissenschaften, d.h., den auf Erklärung des menschlichen Verhaltens gerichteten Sozialwissenschaften (Psychologie, Sozialpsychologie und Soziologie) sowie Erkenntnissen der Physiologie, der Biologie und Gehirnforschung, der Gerontologie, der Anthropologie und der vergleichenden Verhaltensforschung („cross cultural research“) zu erfassen“ (Kroeber-Riel et al. 2009, S. 3).

Doch auch die wissenschaftlich untersuchten Fragestellungen und Methoden innerhalb der Konsumentenverhaltensforschung änderten sich im Laufe der Zeit. Die überwiegende Mehrheit der positivistischen nordamerikanischen Konsumentenverhaltensforscher war geprägt durch die *kognitive Psychologie* und beschäftigte sich zunächst (in den 1960er und 1970er Jahren) vordringlich mit den kognitiven Prozessen der Kaufentscheidungsarten; vielleicht auch, weil man noch nicht couragiert genug war, sich gänzlich vom mikroökonomischen Leitbild des Homo Oeconomicus zu befreien oder weil man den Homo Oeconomicus als zwar nicht realistische, aber durchaus ideale Zielvorstellung ansah. In den 1980er Jahren stellten zunächst einige Forscher der „*verstehenden Richtung*“, wie Holbrook und Hirschmann (1982), aber auch deutsche Forscher der Forschungsgruppe Konsum & Verhalten fest, dass die Konzentration auf kognitive Prozesse zu kurz greift, nur einen Teil der menschlichen Psyche behandelt und folglich das Konsumverhalten nur unzureichend beschrieben wird (Kroeber-Riel 1979). Es entstand Kritik am „kognitiven Reduktionismus“ (Sokolowski 2008). Kroeber-Riel (1979) fasste damals diese Einsicht provokativ in der These „Emotion steuert Kognition“ zusammen, auch um damit zum Ausdruck zu bringen, dass die emotionale Bedürfnisbefriedigung der Konsumenten entscheidend für den Erfolg einer Marketingaktivität sei. Mittels der berühmt gewordenen „Hoba“-Experimente von Kroeber-Riel (1979) oder der Gorn-Experimente (Gorn 1982) konnte belegt werden, dass Menschen über emotionale Konditionierungsprozesse Präferenzen für Marken und Produkte aufbauen können, die nicht ursächlich auf die Wertschätzung „harter Produkteigenschaften“ zurückgeführt werden müssen. Gorn (1982) belegt zum Beispiel, dass die Hintergrundmusik eines Werbefilms maßgeblich die Vorliebe für bestimmte Federhalterfarben beeinflussen kann. Mochten die Konsumenten die Werbefilmmusik, wählten sie (unbewusst) die Farbe des Stiftes, die im Spot zu sehen war, lehnten sie die Musik ab, suchten sie sich eine andere Farbe aus.

Seitdem beschäftigt sich das Marketing mit der Frage, wie emotionale Präferenzen für Produkte und Dienstleistungen aufgebaut werden können, getrieben auch durch die Erkenntnis, dass auf gesättigten Märkten Produkte zwar immer ausgereifter, aber auch austauschbarer werden und in ihrer funktionalen Qualität wenig Unterscheidungsmöglichkeiten liefern bzw. dass die feinen Qualitätsunterschiede in plakativen Werbekampagnen bei gering involvierten Konsumenten oftmals nicht vermittelbar sind (Konert 1986; Weinberg 1992). So ist es nicht verwunderlich, dass selbst ein innovativer High-Tech-Anbieter wie BMW auf seiner internationalen Homepage schreibt: “What you make people feel is just as important as what you make”. Schuster und Hupp (2004) konstatieren: „Konsumenten suchen häufig den emotionalen Vorteil eines Produktes, der nicht funktional, sondern nur psychologisch – über Emotionen – erklärbar ist“. Das Ziel der *emotionalen Produktdifferenzierung* liegt somit darin, dass Marken dem Konsumenten über ihren sachlich-funktionalen Nutzen hinaus emotionale, auch sensuale Erlebnisse vermitteln sollen, wie beispielsweise Freiheit, Naturverbundenheit, Frische, Eleganz usw. Diese Erlebnisse machen die Marken unterscheidbar – auch wenn keine substantiellen Differenzen zwischen den Produkten existieren. Für Unternehmen ist die Erlebnisstrategie aus wirtschaftlichen Gründen von Interesse, oder wie Patterson et al. (2008, S. 30) pointiert formulieren: “At heart, the message is relatively simple: if you sell undifferentiated products, you compete solely on price; but if you provide experiences that consumers want, you offer a differentiated service for which a premium can be charged”. Diese Feststellung wirft allerdings die Fragen auf, wie zu ergründen ist, welche Erlebnisse die Konsumenten so fesseln, dass sie diese mit höherer Preisbereitschaft entlohnen und zu ermitteln, unter welchen Bedingungen die *„Experience Economy“* (Pine/Gilmore 1999) funktioniert, kurzum zu untersuchen, wie das Erlebnismarketing erfolgreich umgesetzt werden kann.

Die Wurzeln für den Wunsch nach emotionalen Erlebnissen mögen genetisch programmiert sein; in allen Phasen unserer Menschheitsgeschichte hat es das Bedürfnis nach Abenteuern oder anrührenden Ereignissen gegeben (Gerrig/Zimbardo 2008). Eine Verlagerung dieser Bedürfnisse in die Konsumwelt ist durch den in den Industriestaaten vergleichsweise hohen Wohlstand sowie durch einen (mit dem Wohlstand durchaus korrelierenden) umfassenden Wertewandel mit Beginn der 1980er Jahren forciert worden. Der Wertewandel stellt somit eine Voraussetzung für das „Erlebnisphänomen“ dar.

2. Wertewandel als Voraussetzung für das „Erlebnisphänomen“

Mit Beginn der 1980er Jahre setzte ein nachhaltiger Wertewandel in der Gesellschaft ein (Raffée/Wiedmann 1985). Werte stellen persönliche Orientierungsmaßstäbe dar, die eine Ausrichtung der eigenen Einstellungen, Handlungen, Ziele und Lebenskonzeption ermöglichen (Schwartz/Sagiv 1995). Wertesysteme versuchen eine hierarchische Ordnung von einzelnen, manchmal auch widersprüchlichen Werten herzustellen; man spricht auch von *Werte-Hierarchien*, die darlegen sollen, welche Werte über Priorität verfügen (Raffée/Wiedmann 1985, S. 561). Diese sollten jedoch nicht als „starre“ zentrale Referenzsysteme verstanden werden, sondern können dem Wandel unterliegen, wobei die

Veränderungen mehr oder weniger tiefgreifend sein können. Tiefgreifende Veränderungen treten in der Regel als Folge veränderter gesellschaftlicher Rahmenbedingungen oder als Folge besonders kritischer (politischer/privater) Ereignisse ein. Werteveränderungen können als Früherkennungsmaß für sich wandelnde Märkte verstanden werden, da Werthaltungen die Präferenz von Gütern, Markenimages, Werbung und Geschäftsausstattungen erheblich beeinflussen können (Silberer 1995; 2000).

In den 1980er Jahren bis zum Fall des „Eisernen Vorhangs" konnte sowohl in Deutschland als auch international ein Boom an Veröffentlichungen zum Thema „*Wertewandel und Marketing*" konstatiert werden. Zum einen wurde ein Trend zu einer aktiven, kritischen und ökologieorientierten Gesellschaft festgestellt (z.B. Hansen 1995; bzw. unter dem Stichwort „postmodernization", z.B. Inglehart 1995), zum anderen wurde vor allem vom Bedeutungsverlust von Pflicht- und Akzeptanzwerten (und typischen „deutschen Tugenden" wie Sparsamkeit, Sicherheitsorientierung, Pünktlichkeit) zugunsten von Selbstverwirklichung und einer Hinwendung zum Hedonismus berichtet. Die Bedeutungsverschiebung von den klassischen Werten zu den Selbstentfaltungswerten kann auch heute noch durch die Lebensstilstudien des Sinus-Instituts (Sinus 2010) bestätigt werden. Auch bei neuen Sinus-Zielgruppen, wie beispielsweise dem ganz durch die Möglichkeiten des Internets und der Digitalisierung der Welt faszinierten „expeditiven Milieu", steht der Individualismus nach wie vor im Vordergrund.

3. Spielarten der Erlebnisorientierung und des Erlebnismarketing

Der Wertewandel führte zur Geburt des Schlagwortes „*Erlebniskonsum*" (z.B. Gröppel 1991; Weinberg 1992), ja, man sprach sogar von der „*Erlebnisgesellschaft*" (Schulze 1992) oder der „Experience Economy" (Pine/Gilmore 1999), um damit die Bedeutsamkeit des Erlebnismarketing zu charakterisieren. Erlebniskonsum ist nicht auf die Zukunft, sondern an der Gegenwart ausgerichtet und wird von Gesellschaften gelebt, die im Sinne von Maslow ihre Grundbedürfnisse gestillt haben und nun auf der Suche nach sensualer Anregung und „verfeinertem emotionalen Erleben" sind (Kroeber-Riel et al. 2009, S. 149).

Aufregende und befriedigende Erlebnisse können natürlich unabhängig von der Konsumwelt angestrebt werden. Doch nach der „Psychologie des Wohlstandes" von Scitovsky (1989, S. 22ff.) wird gerade im Konsum nach allgemeiner Erregung und Stimulierung gesucht, zum Teil auch als Ersatzbefriedigung für eine sonst recht ereignislose Lebenswelt. Nach einer Definition von Weinberg (1992, S. 3) versteht man daher im Marketing unter einem *Erlebniswert* „den subjektiv erlebten, durch die Kommunikation oder das Produkt vermittelten Beitrag zur Lebensqualität der Konsumenten. Es handelt sich dabei um sinnliche Erlebnisse, die in der Gefühls- und Erfahrungswelt der Konsumenten verankert sind und einen realen Beitrag zur Lebensqualität leisten".

Erlebnismarketing bezieht sich nicht nur auf die Produkt- und Kommunikationspolitik, sie hat auch das Einzelshandelsmarketing in den letzten Dekaden geprägt. Aus Sicht der Konsumenten soll das Handelsmarketing – abhängig von den Einkaufszielen, die entweder eher auf nützlichkeits- oder auf hedonistischen Motiven basieren können („utilitarian“ or „hedonic“ shopping motives, vgl. Babin et al. 1994) – zur Effizienzsteigerung des Einkaufens, zur subjektiv empfundenen Vorteilhaftigkeit des Einkaufs und/oder zum subjektiv erlebten Einkaufsspaß beitragen. Im deutschsprachigen Raum spricht man von der Gegenüberstellung von Versorgungs- und Erlebniseinkauf (Gröppel 1991). Beim Versorgungseinkauf möchten Konsumenten in einer angemessenen Zeitspanne ohne lästiges Suchen in einer orientierungsfreundlichen Umgebung und mit genügend persönlichem Freiraum geplante Produktkäufe effizient tätigen und auf besondere Preisaktionen aufmerksam gemacht werden. Beim Erlebniseinkauf erwartet der Kunde eine Ladenatmosphäre, die sich im Vergleich zu anderen Geschäften abhebt, Spannung ausstrahlt, bei den Besuchern Aktivierung, Vergnügen und Dominanz auslöst und zum Stöbern und Bummeln anregt, oftmals das gesamte sensorische Register anspricht und dem Kunden einen von ihm angestrebten Lebensstil visualisiert (Gröppel 1991; Weinberg 1995).

Schmitt (1999, S. 3) erhebt das Phänomen „Erlebnismarketing“ sogar zu einer *Revolution*, die das Gesicht des Marketing für immer verändern werde (“a revolution that will render the principles and models of traditional marketing obsolete“). Es geht beim Erlebnismarketing jedoch nicht nur darum, Konsumangebote zu schaffen, die möglichst viele Sinne des Rezipienten ansprechen (oder neurologisch ausgedrückt, Reize zu präsentieren, die das limbische System des ansonsten passiven Konsumenten aktivieren), sondern es handelt sich hierbei um ein umfassendes Konzept, das auch die aktive Teilhabe des Konsumenten einbezieht. Das bedeutet, dass der sensualistische Mensch versucht, mit Hilfe der *erlebnisorientierten Angebote* sich selbst zu verwirklichen und seine Individualität auszudrücken (Kroeber-Riel 1993, S. 27).

Die emotional erlebte Individualität spiegelt sich in verschiedenen Lebensbereichen wider, in der Bildung und in den kulturellen Bedürfnissen, in der Freizeit, beim Sport und bei Veranstaltungen, beim Zusammentreffen mit Freunden und nicht zuletzt im Konsum von Produkten und Dienstleistungen (Kroeber-Riel et al. 2009, S. 165f.). Aus aktivierungstheoretischer bzw. motivationspsychologischer Sicht kann dieser Vorgang als zweistufiger Prozess erklärt werden (auch wenn die beiden Phasen in der Regel simultan erlebt werden): Der Mensch sucht in einem bestimmten Ausmaß nach innerer Erregung, die er zunächst unabhängig von der emotionalen Qualität als angenehm empfindet. Das motiviert ihn, fortwährend nach stimulierenden Reizen zu suchen, bis ein optimales Erregungsniveau erreicht wird. Die vielfältigen Reize haben somit eine „Qualität“ an sich.

Der *erlebnisorientierte Konsument* sucht jedoch vielfach nicht einfach nur anregende Reizkonstellationen um ihrer selbst willen (z.B. unbekannte Gerüche oder Musik), oft müssen diese auf ein bewusstes oder unbewusstes Bedürfnis des Rezipienten treffen (z.B. Wunsch nach Exotik), sodass dieser seine spezifische Individualität ausleben kann. Zwei Fälle, nennen wir sie der Einfachheit halber passiver und aktiver Erlebniskonsum, sind hierbei wiederum unterscheidbar: Der Konsument wird entweder mit dem Erlebnisangebot konfrontiert (z.B. in einem routinemäßig aufgesuchten Kaufhaus findet unerwartet eine „orientalische Woche“ statt, dieses außergewöhnliche Angebot befriedigt seinen Erlebnishunger), oder er muss selbst aktiv werden, also sich z.B. ins ferne Ausland begeben, um fremde Gerüche, Musik usw. zu erleben. Die hierfür notwendigen Aktivitäten müssen am Ende als belohnend empfunden werden. Als Quintessenz streben die Individuen somit nach „Affektoptimierung“ (Puca/Langens 2008, S. 192), d.h., die positiven Emotionen sollen die negativen Erfahrungen überwiegen oder die Mühe steigert das später erlebte Lustgefühl (z.B. das aufregende Einkaufserlebnis auf dem orientalischen Basar war so spannend, dass es die lange und beschwerliche Anreise vergessen macht; hinzu kann kommen, dass der Konsument den Eindruck gewinnt, sich die Freude an dem Ereignis „verdient“ zu haben). Erlebnisorientierung kann somit in zwei Varianten gestillt werden: (a) Der Konsument lässt sich durch die Reizvielfalt der (Einkaufs-) Umwelt begeistern, bzw. er präferiert Produkte, die mit sinnlich erfahrbaren Erlebniswerten angereichert sind, da er dies als lebensqualitätserhöhend empfindet; er bleibt jedoch ein passiver Rezipient. (b) Der Konsument wirkt aktiv bei der Erlebnisgenerierung mit, indem er bewusst Mühen und Zeit investiert oder seine Bedürfnisse in den Erstellungsprozess einbringt. Letztere Perspektive wird beispielsweise von der „*Service Dominant Logic*“ propagiert.

Beim Erlebnismarketing, das den Wunsch der Konsumenten nach Erlebnisorientierung zu befriedigen versucht, geht es somit nicht einfach um spektakuläre Events, wie man vielleicht zunächst glauben mag. Es geht nicht um die „one-hundred-things-to-do-before-you-die“ (Meyer/Schwager 2007, S. 118), wie beispielsweise das Schwimmen mit Delphinen vor Florida, das Tauchen mit Haien in Südafrika oder das Shoppen mit der Hauptfigur „Carrie“ von „Sex and the City“ in New York, sondern über das Erlebnismarketing sollen positive Gefühle und Bindungen zu dem Anbieter entwickelt werden: Es handelt sich um ein *langfristiges Positionierungskonzept*, das sich auf sämtliche Marketinginstrumente bezieht und Corporate-Identity-prägend ist (Gröppel 1991). Das kurzfristig orientierte Eventmarketing kann dieses langfristige Konzept unterstützen, wenn die Events auf die Erlebnisstrategie abgestimmt sind (wie beispielsweise bei Red Bull: aufregende Events wie Riverrafting unterstützen die Positionierung als „Thrill & Action“-Marke), kann aber auch unabhängig davon agieren (die Gerry Weber Open Tennisturniere tragen zur Aktualisierung der Marke Gerry Weber bei, haben aber mit der Positionierung der Modemarke wenig zu tun). Erlebnis- und Eventmarketing müssen somit differenziert werden.

Die Ereignisse vom 11. September 2001, wirtschaftliche Stagnationen, Währungs- und Finanzkrisen, wenig erfreuliche Nachrichten über den Bildungsstand der Nation oder Integrationsprobleme haben dazu geführt, dass seit einer Dekade sowohl in Praktiker- als auch in wissenschaftlichen Zeitschriften ein „Ende der Spaß- und Freizeitgesellschaft“ propagiert wird und dass traditionelle Werte wie Pflichtbewusstsein, Respekt und Sicherheit, aber auch „Sparen für das Alter“ und Rückbesinnung auf das eigene Heim und die Familie wieder an Bedeutung gewinnen (sollen) (Kroeber-Riel et al. 2009). Diverse internationale Veröffentlichungen preisen seit einiger Zeit „Konsumverzicht“, „ökonomisches bzw. utilitaristisches Einkaufen“ oder „frugality“ (Genügsamkeit) als zukünftige konsumbestimmende Muster an (z.B. Lastovicka et al. 1999).

Hat das Erlebnismarketing somit seinen Zenit bereits überschritten? Diese Prophezeiung soll im Folgenden relativiert (in Teilen auch falsifiziert) werden:

(1) Es wird zum einen behauptet, dass mittels der Recherche- und Darstellungsmöglichkeiten des Internet die „harten, qualitativen“ Produkteigenschaften und damit die funktionalen Produktunterschiede dem Konsumenten auf nie gekannte Weise nahe gebracht werden können und dass daher wahrscheinlich sei, dass funktionale Attribute in Zukunft eine sehr viel höhere Relevanz bei den Kaufentscheidungsprozessen einnehmen würden. In der Tat sind die Informationsmöglichkeiten für den Konsumenten extrem gestiegen und über Online-Expertensysteme, Internetforen, Blogs und Kundenberichte kann der involvierte Konsument einen umfassenden Überblick über verschiedene Qualitätsdetails gewinnen. Viele Konsumenten schrecken jedoch genau vor dieser Informationsüberlastung zurück, sie zählen lieber auf klassische Gütesiegel (Stiftung Warentest), bzw. sie meiden die ausführlichen Einzelurteile und nutzen nur aggregierte Kundenempfehlungen (z.B. „95 Prozent Weiterempfehlungsrate“, „5 von 5 Sternchen“, z.B. Domma 2010). Viele suchen auch nur nach Hinweisen, ob sie dem Online-Shop vertrauen können oder aber – und das gilt heute wie früher – sie verlassen sich schlicht auf das Markenimage, das sie durch die kommunikationspolitischen Maßnahmen des Herstellers gewonnen haben, sodass letztlich auch hier die Erlebniswertvermittlung durch Werbung greifen kann. Denkbar ist aber auch, dass gerade durch das Internet die aktive Einbeziehung der individuellen emotionalen Bedürfnisse besonders befriedigt werden kann (z.B. Vorlieben für spezielle Farben). Kurzum: Das Erlebnismarketing kann durch das Internet neue Facetten erhalten und muss hierdurch nicht in seiner Relevanz geschmälert werden.

(2) Zum anderen erwecken manche jüngere empirische Studien, zwar nicht explizit, aber implizit, den Eindruck, es handele sich beim „erlebnisorientierten Einkaufen“ eher um ein „Unterschichtenphänomen“ (Sit et al. 2003). Da Konsumstile, um langfristig Bestand zu haben, von Oberschichten vorgelebt werden müssten, befände sich das Erlebnismarketing somit auf einem absteigenden Ast. So zeigt beispielsweise eine Studie von Allard et al. (2009), die in kanadischen Shopping Centern durchgeführt wurde, dass Personen mit unterdurchschnittlichem Einkommen stärker vom Erlebnismarketing der Mall angesprochen und eingenommen werden als Personen mit hohem Einkommen. Begründet wird dieser Befund mit der Annahme, dass Personengruppen mit höheren Einkommen auch andere stimulierende Freizeitgestaltungsmöglichkeiten zur Verfügung stünden (Allard et al. 2009, S. 47). Doch abgesehen davon, dass es fraglich ist, ob relevante Konsumstile immer von allen Schichten praktiziert werden müssen, um dauerhaft in der Gesellschaft verankert zu sein, ist auch durch diese Studien noch nicht belegt, dass sich wohlhabendere Einkaufsschichten vom „profanen“ Erlebnisshopping in Malls zurückziehen und sich verstärkt universalistischen Werten, wie Gerechtigkeit, Frieden oder dem Humanismus, zuwenden. Es spricht Einiges für die These, dass universalistische Werte

(im Sinne von Schwartz/Sagiv 1995) an Bedeutung gewonnen haben (Cherrier/Murray 2002). In den letzten Jahren sind in Europa die Themen Nachhaltigkeit und Fair Trade viel diskutiert worden, und (Handels-)Unternehmen haben ihre Sortimente entsprechend erweitert und Corporate Social Responsibility-Aktivitäten gestartet (Zentes et al. 2010). Ebenso ist zu beobachten, dass Genügsamkeit gepaart, mit einem gesundheits- und ökologieorientierten Lebensstil (man denke z.B. an die „LOHAS"), an Relevanz gewonnen hat. Dennoch ist nach wie vor ein Streben vieler Menschen nach „hochwertigem Ambiente" und „aufregenden Erlebnissen" erkennbar. Schließlich müssen auch Allard et al. (2009) in ihrer Studie feststellen, dass zwar – wie bereits angesprochen – die einkommensschwächeren Besucher „more sensitive to the hedonic dimension" der Mall sind, dass aber auch bei den einkommensstarken Personen die Einstellungsbildung in erster Linie durch die Beurteilung des hedonistischen Wertes und erst dann durch die Nützlichkeitseinschätzung der Mall erfolgt. Allard et al. (2009, S. 48) ziehen daher letztlich die Schlussfolgerung: „Our results regarding the general effectiveness of hedonic elements seem to justify recent industry trends toward entertainment and the creation of more pleasurable environments".

Der nach wie vor ausgeprägte *Wunsch nach Erlebnissen* zeigt sich auch in anderen Branchen. Die Sportsponsoringbranche boomt, weil mehr und mehr Firmen hoffen, dass die positiven Emotionen, die gerade mit spannenden Sportereignissen verbunden werden sowie die „überschäumenden" Gefühle, die das „Event an sich" durch die oftmals beeindruckende Zuschauerkulisse, die vielen prominenten Gesichter, die angebotenen Zusatzveranstaltungen (z.B. Auftritt von Musikgruppen) auslöst, auf die Marke übertragen werden (z.B. Huber/Matthes 2007; Coppetti et al. 2009; vgl. zusammenfassend Gröppel-Klein/Königstorfer 2011).

Zusammenfassend kann man festhalten, dass „*Erlebnisorientierung*" eher als Grundbedürfnis charakterisiert werden kann, das nicht im Widerspruch zu einer ökologischen Ausrichtung stehen muss. Bei den meisten Menschen lösen Wanderungen in der intakten Natur, schöne Landschaften oder Naturereignisse wie Sonnenuntergänge oder Mondfinsternisse ebenfalls tiefe emotionale Reaktionen aus. Marken und Einkaufsstätten, die möglichst „authentische Erlebnisse" auslösen, haben somit ebenso die Chance, den Erlebnishunger zu befriedigen (Grayson/Martinec 2004) wie Marken, die Erlebniswelten erfinden (z.B. „Piemont-Kirsche") oder sich an Romane oder Filme, also an Fiktion anlehnen (z.B. „Harry Potter Beans"). Allerdings zeigt sich, dass es Persönlichkeitstypen gibt, für die die Bedeutung sinnlicher Erlebnisse besonders prägend ist (z.B. „non-screener" im Vergleich zu „screenern" (Mehrabian 1987) oder „sensualistische Konsumenten" im Vergleich zu „indolenten" (Gröppel/Bloch 1990)).

Schließlich können auch *Lebensstile* wie „need for uniqueness" (z.B. Tian/McKenzie 2001) oder Luxuskonsum (z.B. Dubois/Laurent 1996; Silverstein/Fiske 2003) als Spielarten der Erlebnisorientierung interpretiert werden.

Im Marketing werden *Luxusgüter* nach Kapferer (2001, S. 349) als „Zeichen des Geschmacks einer Epoche auf höchstem Niveau, ein impliziter Träger einer Kultur, einer

Lebensethik“ definiert. Luxusgüter müssen dabei nicht immer Sachobjekte umfassen (wie Nobelautos oder Schmuck), sondern können vielfach aus Dienstleistungen bestehen (z.B. Urlaubsreisen, Wellness, Kulturveranstaltungen usw.). Luxusgüter können somit nicht nur als Statussymbole für den demonstrativen Konsum genutzt werden, sondern auch ganz privat unter Ausschluss der Öffentlichkeit konsumiert werden (z.B. eine edle Flasche Wein) oder der Selbstverwirklichung dienen (z.B. Kauf einer sehr aufwändigen Fotoausrüstung). Weltweit ist der Absatz an Luxusmarken gestiegen (trotz vieler ökonomischer Krisen), und es hat ein „Revitalisierungsboom“ an früheren Luxusmarken stattgefunden. So hat der Luxuskonzern LVMH (Moët Hennessy Louis Vuitton SA) beispielweise eine hohe Expansion erfahren und Unternehmen wie VW mit Bentley oder BMW mit Rolls Royce lassen alte Luxusmarken wieder aufleben.

Die Gründe für den *Erfolg von Luxusgütern* sind verschieden: Zum einen wird angenommen, dass eine Oberschicht von Konsumenten unabhängig von der allgemeinen wirtschaftlichen Situation bereit und solvent genug ist, Luxusgüter zu erstehen. Damit wäre der Luxuskonsum abhängig von soziodemografischen Variablen (Dubois/Laurent 1996), wenn auch im Unterschied zu früheren Untersuchungen keine lineare Funktion zwischen Einkommen und Luxusnachfrage unterstellt wird, sondern davon ausgegangen wird, dass sich eine Schicht gebildet hat, der abgekoppelt von wirtschaftlichen Entwicklungen über längere Zeiträume hinweg stets genügend Mittel für Luxuskonsum zur Verfügung stehen. Zum anderen wird die These aufgeworfen, dass der Wunsch nach Luxus als Kompensation für mangelnde menschliche Beziehungen aufzufassen sei oder dass man sich damit schlicht etwas „gönnen“ und sich selbst verwöhnen möchte („Ich zahle nicht für einen Schal von Hermès, ich zahle für einen Traum“). Letzteres kann durchaus auch einkommensunabhängig sein (z.B. Kauf einer sehr teuren Tafel Schokolade statt drei günstiger). Schließlich haben Menschen auch unabhängig von ihrer Kaufkraft Spaß am atemberaubenden Ambiente von „Luxus-Boulevards“ oder edlen Geschäftsausstattungen (Sukhdial et al. 1995). Luxuserlebnisse können somit eine Gratifikation darstellen bzw. den Hedonismus befriedigen und somit – wie erwähnt – als eine Spielart des Erlebniskonsums aufgefasst werden.

„*Need for uniqueness*“ (z.B. Tian/McKenzie 2001; Tian et al. 2001), übersetzt als „Wunsch nach Einzigartigkeit“ bzw. „Wunsch nach dem Besonderen“, kann ebenfalls als durchaus hedonistischer Lebensstil charakterisiert werden. „NfU- Konsumenten“ möchten sich bewusst von der Gesellschaft abheben, ihren individuellen Konsum ausleben und sich damit selbst verwirklichen. Dabei werden vielfach bewusst bestehende Normen und Ansichten gebrochen, um sich damit Aufmerksamkeit in der Gesellschaft zu sichern, die nicht so schnell von anderen imitiert werden kann (Tian et al. 2001). Oftmals können aus „exotischen Individualgeschmäckern“ auch Modeströmungen werden, der Individualist wird dann zum Trendsetter. „Need for uniqueness“ kann somit durch den Kauf einzigartiger Produkte befriedigt werden. Dazu zählen Raritäten, technisch innovative Produkte oder der Wunsch, sich durch den Kleidungsstil von anderen abzuheben (Lynn/Harris 1997). Daher zählt auch das Aufsuchen individueller Boutiquen oder Einkaufsmöglichkeiten (z.B. Basare) zu diesem Konsumstil. „Mainstream-

Geschäfte" werden dagegen vermieden, auch wenn diese preislich oftmals attraktiver sind. Das bewusste „Anderssein" bzw. die damit einhergehende Aufmerksamkeitswirkung erzeugt bei den so lebenden Individuen eine besondere Befriedigung.

Die skizzierten Beispiele zeigen, dass Konsumenten den *Wunsch nach Erlebnisorientierung* im Konsum durch den Kauf von Produkten und Marken, aber auch durch den Einkaufsvorgang an sich, durch das Ambiente der Einkaufsstätten ausleben können. Das „Erlebnismarketing" nutzt also sozialtechnische Regeln, um den Wunsch nach Erlebnisorientierung bei Konsumenten zu befriedigen, die im Folgenden kurz skizziert werden.

4. Erlebnismarketing von Markenherstellern

Das Erlebnismarketing versucht, Güter und Dienstleistungen mit einem erlebnishaften Symbolgehalt zu verbinden. Um diese *sinnlichen Erlebnisse* in der Gefühls- und Erfahrungswelt der Konsumenten zu verankern, empfiehlt Weinberg (1992; 1995) ein mehrstufiges Vorgehen, bei dem zunächst kreative Erlebnisprofile gesucht werden, die den Lebensstilen der Zielgruppe entsprechen, sich aber zudem von der Konkurrenz abheben und einzigartig sind. Zur gezielten Auslösung von Emotionen eignen sich vor allem *Bilder* und *Farben* sowie *Musik* und *Duftstoffe* (Kroeber-Riel 1993). Kroeber-Riel et al. (2009, S. 144f.) erklären: „Insbesondere (angenehme) Bilder stimulieren ein positives Wahrnehmungsklima und sorgen als Umfeld von Produktdarbietungen dafür, dass die Produkte besser beurteilt werden als ohne bildliches Umfeld. Sie beeinflussen dann vor allem die (kognitiven) Wahrnehmungswirkungen". Zudem können *emotionale Bilder* – „besser als emotionale Sprache – als Reize für die Konditionierung der Konsumenten eingesetzt werden, um dauerhafte emotionale Haltungen (Einstellungen) gegenüber einem Produkt zu erzeugen. Bilder lösen automatisch und ohne weitere gedankliche Kontrollen emotionale Erlebnisse aus, während sprachliche Reize bewusster und im Allgemeinen mit stärkerer kognitiver Kontrolle aufgenommen und verarbeitet werden … Doch auch ‚metaphorische' Sprache kann Emotionen wecken (z.B. ‚Kuschelweiche Wolle von Perwoll') und zwar dann, wenn innere Bilder bei den Konsumenten entstehen" (S. 144).

Zudem können durch die in der Markenwerbung gespielte *Musik* stimulierende Wirkungen (z.B. Fröhlichkeit durch schnelle Tempi und C-Dur) oder spezifische Erlebnisse („Leben wie Gott in Frankreich" durch Musettewalzer) entfacht werden. Schließlich ist der olfaktorische Sinneskanal zu berücksichtigen, d.h., auch *Düfte* können sinnliche Erlebnisse auslösen. Das emotionale Reagieren auf Duftstoffe scheint stärker als bei anderen Reizen biologisch vorprogrammiert zu sein (Markovitsch 2009). Werden von einem Hersteller mehrere Reizmodalitäten angesprochen, zum Beispiel durch Bild, Haptik, Duft und Musik, dann ist die Abstimmung der Reizwirkungen zu beachten (Ebster/ Jandrisits 2003; Salzmann 2007). Durch unzureichende Abstimmung der zur Beeinflussung eingesetzten Reize können erhebliche Wirkungsverluste zustande kommen, dies zeigt sich besonders beim Erlebnismarketing im Einzelhandel (vgl. Abschnitt 5).

Als theoretische Grundlage für die Koppelung von Marken mit spezifischen Erlebnissen dient die *emotionale Konditionierung*. Die emotionale Konditionierung (Behrens 1991; Shimp 1991) baut auf den Gesetzmäßigkeiten der klassischen Konditionierung auf. Das grundlegende Prinzip lautet: Wenn ein neutraler Reiz (Wort, Bild) wiederholt und stets gleichzeitig zusammen mit einem emotionalen Reiz dargeboten wird, so erhält auch der neutrale Reiz nach einiger Zeit die Fähigkeit (wenn er allein dargeboten wird), die emotionale Reaktion hervorzurufen. Der neutrale Reiz wird dadurch zu einem „konditionierten Reiz”: Er löst eine konditionierte Reaktion aus, die er vorher nicht entfacht hat.

Übertragen auf die emotionale Produktdifferenzierung durch Werbung lässt sich daraus die Hypothese ableiten, dass Werbung, die wiederholt eine („neutrale”) Marke zusammen mit emotionalen Reizen darbietet, dazu führt, dass die Marke selbst einen *emotionalen Erlebniswert* erhält. Ein klassisches Beispiel ist die Marke „Marlboro“. Durch die Einbeziehung der Marke in den „wilden Westen mit kernigen Cowboys“ wurde die Marke selbst ein Symbol für diese Erlebniswelt. Grundsätzlich gilt, dass eine wirksame emotionale Konditionierung in der Werbung nur gelingen kann, wenn emotionaler Reiz und Marke gleichzeitig dargeboten werden, die Reize stark aktivieren (z.B. erotische Reize wie bei der Marke Davidoff), die Kampagne zahlreich und mit konsistenten Bildreizen (wie beispielsweise bei der „Wir machen den Weg frei“-Kampagne der Volks- und Raiffeisenbanken) wiederholt wird und die Konsumenten in Situationen angesprochen werden, in denen sie eher gedanklich passiv sind (Kroeber-Riel 1993). Bei diesem Lernvorgang handelt es sich um einen Prozess, der die gedankliche Kontrolle seitens des Werbeempfängers unterläuft. Es ist aber durchaus möglich, dass auch der Lernvorgang der emotionalen Konditionierung beim Menschen eine gewisse gedankliche Beteiligung des Individuums verlangt, eine – bewusste – Wahrnehmung und Einsicht, dass auf den neutralen Reiz immer wieder ein emotionaler Reiz folgt oder umgekehrt, sodass sich eine gedankliche Assoziation herausbildet (Kroeber-Riel et al. 2009, S. 152): Wenn der neutrale Reiz (Markenname) dargeboten wird, so wird beim Empfänger eine Vorstellung vom emotionalen Reiz (vom emotionalen Bildmotiv) ausgelöst, und diese Vorstellung ist dann mit emotionalen Erlebnissen verbunden. Dieses Lernen ist also mit assoziativen Vorgängen verbunden. Die eingeschalteten kognitiven Vorgänge wie Wahrnehmung des Bildes, Interpretation und gedankliche Verknüpfung des Bildes mit einem Markennamen komplizieren den Lernvorgang, sie ermöglichen aber auch modifizierte Formen der Konditionierung (Behrens 1991, S. 278ff.). Entscheidendes Ergebnis ist aber, dass man durch die Darbietung eines Markennamens in einem emotionalen Umfeld die Einstellung zur Marke ändern kann, ohne eine einzige Information über die sachlichen Eigenschaften der Marke zu vermitteln (Allen/Janiszewski 1989).

Kroeber-Riels (1979) legendäre „HOBA-Seife”-Experimente belegen, dass die für den Konsumenten zunächst bedeutungslose Markenbezeichnung „HOBA-Seife“ nach der Konditionierung ein klares emotionales Erlebnisprofil erhielt. Gorns (1982) Konditionierungsexperimente mit Musik wurden bereits angesprochen. Ein jüngeres Experiment von North et al. (1999) verglich deutsche mit französischen Musiktiteln hinsichtlich ihres Einflusses auf den Verkauf von deutschen vs. französischen Weinen. Mit einem geschickten Experimentaldesign, mit dem alternative Erklärungsfaktoren kontrolliert wurden, konnte gezeigt werden, dass an Tagen mit deutscher Musik im Geschäft mehr deutsche Weine, an Tagen mit französischer Musik im Geschäft mehr französische Weine gekauft wurden. Die Nachbefragung der Kunden zeigte, dass diesen der Einfluss der Musik nicht bewusst war.

Diese Studien belegen, dass sich unter Low-Involvement-Bedingungen Produkt- oder Markeneinstellungen verändern lassen. Zeigt man also *Marken mit der Erlebniswelt*, z.B. mit der Gründerzeit, mit alten Postkutschen, Pferden und der Pionierstimmung des wilden Westens, wie in der Werbekampagne der Dienstleistungsmarke Wells Fargo Bank, so überträgt man Eigenschaften wie Tradition (Postkutsche), Zuverlässigkeit und Mut (Kutscher), Dynamik und Kraft (Pferde) auf die Marke und erinnert an die Aufbruchstimmung und den Innovationsdrang in der Pionierzeit (Kroeber-Riel/Esch 2004, S. 87). Andere Marken zeigen Extremsportarten (z.B. Riverrafting oder Freeclimbing von Red Bull), um Nervenkitzel und Spannung zu symbolisieren. Wieder andere (z.B. Bacardi oder Havana Club) zeigen junge, sehr attraktive Menschen in karibischen Nächten, um damit Jugendlichkeit und Erotik auszudrücken. Andere Werbepersonen werden dagegen in altmodischen Kleidern, in bequemen Ohrensesseln und in der Nähe von Möbel aus der Gründerzeit präsentiert, um „gemütliche Nostalgieerlebnisse“ auszulösen (z.B. Werther's Echte).

Über die Technik der emotionalen Konditionierung können somit Marken oder Produkte eine affektive Aufladung erhalten. Verstärkt wird dieser Vorgang in einem zweiten Schritt über die *operante Konditionierung*. Positive Kauferfahrungen wirken als Verstärker für zukünftiges Verhalten. Für den Erfolg der operanten Konditionierung sind die Enge der Assoziation von gezeigtem Verhalten und Verstärkung sowie die Enge der Assoziation von Stimulus und Verstärkung die bedeutendsten Faktoren (Dragoi/Staddon 1999; Koch 2008). Beim Vergleich mit der emotionalen Konditionierung ist hervorzuheben, dass das Verhalten nicht automatisch durch Umweltreize, die auf das passive Individuum einwirken, ausgelöst wird, wie es bei der klassischen Konditionierung der Fall ist. Das Individuum ist vielmehr seinerseits aktiv und bringt Verhaltensweisen hervor. Es versucht z.B., eine bestimmte Situation zu bewältigen; einige der dabei versuchsweise emittierten Verhaltensweisen führen zum Erfolg, sie werden verstärkt bzw. belohnt und deswegen vom Individuum angenommen. Das Individuum reagiert also nicht nur passiv auf die Umwelt, sondern es wird selbst aktiv. Die Verstärkung des Verhaltens erfolgt erst nach der Reaktion. Kauft eine Konsumentin also beispielsweise eine Modemarke, die in der Erlebniswelt „jung, dynamisch, verführerisch“ angesiedelt ist, und erhält sie das Feedback seitens der Umwelt, mit diesen Kleidungsstücken besonders attraktiv auszusehen, so ist die Wahrscheinlichkeit hoch, dass die Marke erneut gekauft wird.

5. Erlebnismarketing im Einzelhandel

Babin et al. (1994, S. 646) machen auf den *Unterschied zwischen versorgungsorientiertem und hedonistischem Einkaufen* aufmerksam und erklären hierzu: “hedonic shopping results more from fun and playfulness than from task completion (...) and reflects shopping’s potential entertainment and emotional worth. (...) Increased arousal, heightened involvement, perceived freedom, fantasy fulfillment, and escapism may all indicate a hedonically valuable shopping experience”. Doch wie können diese hedonistischen Erlebnisse erzeugt werden?

In seinem Grundlagenwerk zur Umweltpsychologie ordnet Mehrabian (1987, S. 174) *Einkaufsumwelten* bereits den „Spielumwelten“ zu und denkt dabei an „die großen und zentral gelegenen Märkte unter freiem Himmel [...]“ oder an überdachte Hallen und Basare mit ihrem aufregenden und farbenfrohen Gewimmel. Schon in der Zeit um 1560 erkannten in London Unternehmer, dass es Erfolg versprechend ist, Einkaufszentren einzurichten, in denen sich die Geschäfte unter einem Dach präsentieren und die den Konsumenten Sicherheit, Schutz gegen ungünstiges Wetter und eine große Auswahl an Geschäften auf kleinem Raum bieten. Bereits vor 450 Jahren haben die Konsumenten diese ersten Einkaufszentren nicht nur zum Einkaufen, sondern als Bühne für die Darstellung ihres gesellschaftlichen Status und als Laufsteg für ihre neuen Kleider genutzt (Baer 2007, S. 36). Im 19. Jahrhundert gehörte das Flanieren in den Mailänder Galerien zum „guten Ton“, und auch heute noch wird das Einkaufen in diesen prächtigen Umgebungen als Luxuserlebnis empfunden. *Erlebnisorientiertes Einkaufen* kann somit neben der Freude an schönen Ladengestaltungen, Warenpräsentationen und dem sinnlichen Vergnügen an den Produkten auch als Freizeitgestaltung angesehen werden und zur Interaktion und zur Befriedigung von sozialen Kontakten oder auch zur persönlichen Fitness genutzt werden (Gröppel-Klein/Germelmann 2010). Ein aktueller Trend des Konsumentenverhaltens in Einkaufszentren kann diese Tendenz illustrieren: Seit dem Aufkommen der ersten großen Einkaufszentren in den USA vor über fünfzig Jahren nutzen Konsumenten die sichere, orientierungsfreundliche und wetterfeste Einkaufszentrenumwelt, um sich durch Mall Walking fit zu halten. Mall Walking bedeutet straffes Gehen auf einem speziellen Kurs durch ein Einkaufszentrum – alleine oder in Gruppen: In der 1992 gegründeten Mall of America hat der Dachverband „Mall Stars“ der Mallwalker bereits 4.000 Mitglieder.

Die *Umweltpsychologie* liefert konkrete Gestaltungshinweise für das Erlebnismarketing im Einzelhandel. Dabei kann Orientierungsfreundlichkeit durch visuelle Anker mit Erlebnisthemen gepaart werden. In der Mall of America hat man z.B. eine hohe Orientierungsfreundlichkeit durch mit vier unterschiedlichen Erlebnisthemen gestalteten Einkaufsstraßen erzielt: North Garden (Erinnerung an Kanada) mit Grünpflanzen, South Avenue (Erinnerung an Miami) mit Art Deco, West Market (Thema westliche Besiedlung der USA mit der Bahn) mit Bahnhofsatmosphäre und East Broadway mit dem urbanen New Yorker Chic.

Die Orientierungsfreundlichkeit dient zur kognitiven Entlastung und macht den Konsumenten erst empfänglich für eine anregende *Gestaltung des Einkaufszentrums* mit seinen Geschäften. Eine hohe Informationsrate auf der einen und eine hohe Orientierungsfreundlichkeit auf der anderen Seite stellen erst sicher, dass der Konsument ein Wechselspiel von Aktivierung und (kognitiver) Entspannung erlebt, von dem angenommen werden kann, dass es das Annäherungsverhalten der Konsumenten gegenüber der Einkaufsumwelt positiv beeinflusst. Empirische Studien (vgl. zusammenfassend Gröppel-Klein 2006) auf der Basis des emotional-orientierten Modells der Umweltpsychologie (Mehrabian 1987) führen zu dem Schluss, dass die subjektiv empfundene Informationsrate für die Entstehung eines positiven Wahrnehmungsbilds verantwortlich ist. Die Höhe der Informationsrate ist abhängig von der Neuartigkeit (das Unerwartete, Überraschende, Ungewöhnliche einer Umwelt) und der Komplexität (Zahl der Elemente, Bewegungen oder Veränderungen in der Umwelt). Diese Stimulusvariablen der Umwelt lösen primäre Gefühle (Aktivierung, Vergnügen und Dominanz) aus, die als intervenierende Variablen die Reaktionen („Annäherung" oder „Meidung") gegenüber der Umwelt bestimmen. Annäherungsverhalten bedeutet zum Beispiel, dass die Kunden Freude daran haben, sich in der Einkaufsstätte aufzuhalten, dort mehr Zeit verbringen, das Einkaufszentrum mit höherer Wahrscheinlichkeit weiterempfehlen wollen und es insgesamt positiver beurteilen.

Die Dimensionen „Orientierungsfreundlichkeit" und „Informationsrate" sind besonders geeignet, die Wahrnehmung von Einkaufsstätten *ganzheitlich* zu erfassen. Es ist daher in der Erforschung des Konsumentenverhaltens in Einkaufszentren wichtig, nicht nur die Wirkung einzelner Stimuli des Visual Merchandising (z.B. Schaufenstergestaltung, Farbgebung, Warenpräsentation, Sortimentsthemen, Dekoration, Musik oder Events) zu erfassen, sondern es sollte der Einfluss der gesamten Einkaufsstätte auf das Konsumentenverhalten auf einem aggregierten Niveau gemessen werden. So wird gleichzeitig berücksichtigt, dass die Stimuli der Einkaufsstättenumwelt nicht unabhängig voneinander wirken, sondern miteinander interagieren (Turley/Milliman 2000, S. 194). Zudem weisen Bloch et al. (1994, S. 37) darauf hin, dass die Untersuchung der Wirkung einzelner Stimuli („architektonischer Highlights", z.B. Springbrunnen) problematisch sein kann, weil sie wegen des nicht berücksichtigten Gesamteindrucks der räumlichen Umwelt „Einkaufsstätte" wenig aussagekräftig sind. Daher schlagen sie vor, stattdessen die Atmosphäre und damit den Erlebnisgehalt global durch Messung der subjektiv empfundenen Informationsrate zu erfassen.

Darüber hinaus muss allerdings auch geprüft werden, ob die einzelnen Gestaltungselemente aus Sicht der Kunden als „einzigartig" (um dem Individualisierungsstreben Rechnung zu tragen) und als „harmonisch" empfunden werden. Nach der mittlerweile als „Klassiker" zu bezeichnenden Studie von Areni und Kim (1993) sollte die in einem Geschäft abgespielte Musik von den Konsumenten als „passend" zu der Einkaufssituation wahrgenommen werden. Beispielsweise konnten in einem amerikanischen Weinkeller signifikant höhere Umsätze erzielt werden, wenn klassische Musik (Mozart, Chopin, Vivaldi) statt der aktuellen Top-Forty als Hintergrundmusik gewählt wurde. Sharma und Stafford (2000) konnten zudem feststellen, dass eine Ladenatmosphäre, die sich durch eine gehobene Ausstattung, gedeckte Farben und mit dazu passender klassischer Hintergrundmusik auszeichnet, die subjektiv wahrgenommene Glaubwürdigkeit des Verkaufspersonals erhöht. Hier zeigen sich somit Ausstrahlungseffekte von der Ladengestaltung auf die Wahrnehmung der persönlichen Kommunikation. Auch Salzmann (2007) zeigt auf, dass Musik und Düfte kongruent zu den erlebnisorientierten Ladengestaltungsthemen ausgewählt werden müssen (z.B. Reggae-Musik zum karibischen Urlaubserlebnis eines Bademodegeschäftes, „Streichermusik“ für das Juweliergeschäft), um eine positive emotionale Anmutung zu erzielen.

6. Messkonzepte

Zur Messung der Erlebnisorientierung steht eine Vielzahl unterschiedlicher Methoden zur Verfügung. Es sollte hier noch einmal differenziert werden in die Messung der Wirkungen des Erlebnismarketing bei Marken und Produkten zum einen und die der Ladenumwelten zum anderen.

Zur Messung der Erlebniswirkung von Ladenumwelten: Wie bereits angesprochen ist es zunächst empfehlenswert, die Wirkung einzelner Instore-Instrumente aggregiert zu erfassen, da die Ladengestaltungselemente in Wechselwirkungen zueinander stehen. Beispielsweise kann der Springbrunnen im Eingangsbereich eines Geschäftes für sich genommen sehr attraktiv wirken, im Kontext mit vielen Kunden und diversen anderen Reizen dagegen ein negatives Crowdinggefühl bei den Konsumenten auslösen. In Anlehnung an das umweltpsychologische Verhaltensmodell von Mehrabian und Russell (1974) empfiehlt es sich, die durch die Einkaufsumwelt ausgelöste Aktivierung, das Vergnügen und die Dominanz der Konsumenten zu messen, da diese Variablen ihrerseits die am PoS ausgelöste Verweildauer und Ausgabebereitschaft beeinflussen (Donovan/Rossiter 1982; Gröppel-Klein 2006). In Bezug auf die Erfassung von Vergnügen und Dominanz können praktikable verbale Skalen verwendet werden. Da eine Messung der Aktivierung mit Hilfe einer Befragung jedoch wenig Aussicht auf valide Ergebnisse hat, hat sich hier die physiologische Aktivierungsmessung mit der Methode der mobilen elektrodermalen Hautreaktionsmessung (*EDRmobil®*) bewährt, wie sie von Gröppel-Klein (z.B. 2005; 2010) in Einkaufsstätten in vielfältigen Studien durchgeführt wurde. Bei diesem Messverfahren wird die durch die zu- oder abnehmende Aktivierung ausgelöste Veränderung der Hautleitfähigkeit durch ein kleines Messgerät erfasst, das seine Daten online an eine Messstation überträgt. Der Kunde kann, nachdem er an das Gerät angeschlossen worden ist, frei durch die Einkaufsumwelt wandeln. Telemetrische Messungen direkt in der Einkaufsstätte sind damit problemlos möglich, und es kann genau ermittelt werden, welche Gestaltungselemente im Speziellen und ob die Gesamtatmosphäre im Allgemeinen eine genügend hohe Aktivierung bei den Kunden auslöst. Die elektrodermale Reaktion stellt sicherlich eine besonders zuverlässige Methode dar, die Wirkung der Reizvielfalt in Einkaufsstätten zu erfassen.

Darüber hinaus sind auch verbale Skalen zur Messung des „hedonic values" einer Einkaufsstätte entwickelt worden, wie zum Beispiel von Babin et al. (1994), die auch heute noch Anwendung finden (z.B. Allard et al. 2009). Verstehende Forscher nutzen vor allem narrative Interviews oder projektive Tests, die ebenfalls zu aufschlussreichen Ergebnissen führen (z.B. Patterson et al. 2008; Ballantine et al. 2010), was Konsumenten unter einem Einkaufserlebnis verstehen bzw. wann sie Negativerlebnisse erleben, was man an dem folgenden Zitat unschwer erkennen kann: „Generally the staff seem unoccupied and walk around like a flock of penguins. They don't seem like they have earned their job status, and their miserable faces and gloomy body language gave out vibes that no one was to bother them" (Patterson et al. 2008, S. 39). Die qualitativen Techniken werden auch genutzt, um Ladenbauer und Architekten zu interviewen, die über die „strategische Dramaturgie" für eine erlebnisbetonte Ladenumwelt berichten sollen.

Zur Messung der Erlebniswirkung von Marken: Hier interessiert die Forschung in erster Linie, ob die Konditionierungen geglückt sind und die Marken mit einem spezifischen Erlebniswert einhergehen. Hier können die Abfrage semantischer Netzwerke, freie Assoziationstests oder Bilderzuordnungstests angewendet werden, um die Erlebniswirkung zu überprüfen. Die Grundlage der Projektion bilden mehrdeutige Reizvorlagen, die von den Versuchspersonen interpretiert werden; hiermit kann indirekt ermittelt werden, ob die Versuchsteilnehmer die Bilder im Sinne des intendierten Erlebniswertes interpretieren.

Interessant ist auch die Methode der „Brand Concept Maps" (BCM, John et al. 2006), bei der Markenassoziationen von Konsumenten ermittelt und zu Assoziationsnetzwerken zusammengefasst werden. Diese werden dahingehend differenziert, ob die Assoziationen direkt mit der Marke verbunden werden (= Kernassoziationen, „core associations") oder ob sie erst über andere Assoziationen mit der Marke verknüpft sind (non-core associations). Hier stellt sich also die Frage, ob die Erlebniswerte zu den „core associations" zählen.

7. Resümee und Ausblick

Die Ausführungen haben gezeigt, dass es sich bei dem Konstrukt „Erlebnisorientierung" bzw. „Erlebnismarketing" um ein Forschungsfeld handelt, das seit dreißig Jahren das Interesse der Forschung und Praxis geweckt hat. Man kann Schmitt (1999) durchaus beipflichten und feststellen, dass sich seine Prophezeiung, die Idee des Erlebnismarketing mit all ihren Facetten und Spielarten würde das Marketing revolutionieren, bewahrheitet hat. Erlebnismarketing hat dazu beigetragen, Produkte und Dienstleistungen zu differenzieren. Die Erforschung von Erlebniswelten stellt mittlerweile ein sehr elaboriertes und ausgereiftes Feld dar, das in diesem Überblicksartikel nur ansatzweise skizziert werden kann.

Es tun sich jedoch neue Horizonte auf. Die Verschmelzung von virtueller und realer Welt wird ein solches Erlebnisphänomen sein, das es in Zukunft zu ergründen gilt (z.B. Erlebniswelten von virtuellen Gemeinschaften, die sich real erleben usw.). Ebenso wird „vernetztes Einkaufen“, das die Vorzüge des Online-Shopping mit denen des Offline-Handels verbindet, neue Erlebnispotenziale eröffnen („social shopping“, „Smartphones und soziale Netzwerke verbinden Online-Handel und stationäre Geschäfte“).

Beim Produktmarketing stellt sich die Frage, wie Fiktionen genutzt werden können, um neue *Anregungen für außergewöhnliche Erlebnisse* zu erhalten (Gröppel-Klein/Spilski 2009). Märchenhandlungen und Märchenfiguren beinhalten zum Beispiel eine grundlegende Symbolik, die eng mit positiven Bedeutungen wie Träumen, Wünschen und Glück verknüpft ist. Das Marketing kann diese Symbolik nutzen, um sie auf Produkte zu übertragen. Das gelingt nicht nur mit Märchen oder archetypischen Helden (Gröppel-Klein et al. 2006), auch zeitgenössische Romanvorlagen oder Spielfilme eignen sich für die emotionale Aufladung von Produkten und Marken. Es ist möglich, über die Instrumente des Product Placement, des Character Licensing oder dem Film-induzierten Tourismus Produkte und Dienstleistungen an fiktionale Medieninhalte anzuknüpfen. Ein großes Potenzial ergibt sich, wenn die verschiedenen kommunikationspolitischen Instrumente aufeinander abgestimmt werden. Dann können die Produkte in die fiktionalen Welten eintauchen, und sie werden von den Konsumenten „erlebbar“ oder sogar „personifiziert“. Befürchtungen, dass Konsumenten solche fiktionalen Welten als Ersatz für die reale Welt nutzen, konnten bisher nicht bestätigt werden. Es sollte jedoch stets hinterfragt werden, ob und inwieweit solche Erlebnisse zu gesellschaftlichen Ersatzwerten oder Scheinwelten mutieren können.

Literaturverzeichnis

Allard, T./Babin, B.J./Chebat, J.-C. (2009): When Income Matters: Customers Evaluation of Shopping Malls’ Hedonic and Utilitarian Orientations, in: Journal of Retailing and Consumer Services, Vol. 16, No. 1, S. 40-49.

Allen, C.T./Janiszewski, C.A. (1989): Assessing the Role of Contingency Awareness in Attitudinal Conditioning with Implications for Advertising Research, in: Journal of Marketing Research, Vol. 26, No. 1, S. 30-43.

Areni, C.S./Kim, D. (1993): The Influence of Background Music on Shopping Behavior: Classical Versus Top-Forty Music in a Wine Store, in: McAlister, L./Rothschild, M.L. (Hrsg.): Advances in Consumer Research, Vol. 29, S. 336-340.

Babin, B.J./Darden, W.R./Griffin, M. (1994): Work and/or Fun: Measuring Hedonic and Utilitarian Shopping Value, in: Journal of Consumer Research, Vol. 20, No. 4, S. 644-656.

Baer, W.C. (2007): Early Retailing: London's Shopping Exchanges, 1550-1700, in: Business History, Vol. 49, No. 1, S. 29-51.

Ballantine, P.W./Jack, R./Parsons, A.G. (2010): Atmospheric Cues and Their Effect on the Hedonic Retail Experience, in: International Journal of Retail & Distribution Management, Vol. 38, No. 8, S. 641-653.

Behrens, G. (1991): Konsumentenverhalten. Entwicklung, Abhängigkeiten, Möglichkeiten, 2. Aufl., Heidelberg.

Bloch, P.H./Ridgway, N.M./Dawson, S.A. (1994): The Shopping Mall as Consumer Habitat, in: Journal of Retailing, Vol. 70, No. 1, S. 23-42.

Bruhn, M. (2009): Relationship Marketing, 2. Aufl., München.

Cherrier, H./Murray, J. (2002): Drifting Away From Excessive Consumption: A New Social Movement Based on Identity Construction, in: Broniarczyk, S./Nakamoto, K. (Hrsg.): Advances in Consumer Research, Vol. 29, S. 245-247.

Coppetti, C./Wentzel, D./Tomczak, T./Henkel, S. (2009): Improving Incongruent Sponsorships Through Articulation of the Sponsorship and Audience Participation, in: Journal of Marketing Communications, Vol. 15, No. 1, S. 17-34.

Domma, P. (2010): Der Einfluss des Web 2.0 auf das Konsumentenverhalten im E-Commerce, Dissertation, Universität des Saarlandes.

Donovan, R.J./Rossiter, J.R. (1982): Store Atmosphere: An Environmental Psychology Approach, in: Journal of Retailing, Vol. 58, No. 1, S. 34-57.

Dragoi, V./Staddon, J.E.R. (1999): The Dynamics of Operant Conditioning, in: Psychological Review, Vol. 106, No. 1, S. 20-61.

Dubois, B./Laurent, G. (1996): The Functions of Luxury: A Situational Approach to Excursionism, in: Corfman, K./Lynch, J. (Hrsg.): Advances in Consumer Research, Vol. 23, S. 470-477.

Ebster, C./Jandrisits, M. (2003): Die Wirkung kongruenten Duftes auf die Stimmung des Konsumenten am Point of Sale. Ergebnisse einer experimentellen Untersuchung, in: Marketing – Zeitschrift für Forschung und Praxis, 25. Jg., Nr. 2, S. 99-106.

Gerrig, P.G./Zimbardo, R.J. (2008): Psychologie, 18. Aufl., München.

Gorn, G.J. (1982): The Effects of Music in Advertising on Choice Behavior: A Classical Conditioning Approach, in: Journal of Marketing, Vol. 46, No. 4, S. 94-101.

Grayson, K./Martinec, R. (2004): Consumer Perceptions of Iconicity and Indexicality and Their Influence on Assessments of Authentic Market Offerings, in: Journal of Consumer Research, Vol. 31, No. 2, S. 296-312.

Gröppel, A./Bloch, B. (1990): An Investigation of Experience-Orientated Consumers in Retailing, in: The International Review of Retail, Distribution and Consumer Research, Vol. 1, No. 1, S. 101-118.

Gröppel, A. (1991): Erlebnisstrategien im Einzelhandel. Analyse der Zielgruppen der Ladengestaltung und der Warenpräsentation zur Vermittlung von Einkaufserlebnissen, Dissertation, Heidelberg.

Gröppel-Klein, A. (2005): Arousal and Consumer In-Store Behavior, in: Brain Research Bulletin, Vol. 67, No. 5, S. 428-437.

Gröppel-Klein, A. (2006): Point-of-Sale-Marketing, in: Zentes, J. (Hrsg.): Handbuch Handel. Strategien – Perspektiven – Internationaler Wettbewerb, Wiesbaden, S. 671-692.

Gröppel-Klein, A. (2007): Verhaltenswissenschaftliche Ansätze im Marketing, in: Köhler, R./Küpper, H.-U./Pfingsten, A. (Hrsg.): Handwörterbuch der Betriebswirtschaft, 6. Aufl., (Enzyklopädie der Betriebswirtschaftslehre, Bd. 1) Stuttgart, S. 1880-1888.

Gröppel-Klein, A. (2010): Psychophysiologie und Konsumentenverhaltensforschung, in: Bruhn, M./Köhler, R. (Hrsg.): Wie Marken wirken: Impulse der Neuroökonomie für die Markenführung, München, S. 75-92.

Gröppel-Klein, A./Bartmann, B. (2009): Turning Bias and Walking Patterns: Consumers' Orientation in a Discount Store, in: Marketing – Journal of Research and Management, Vol. 29, No. 1, S. 41-53.

Groeppel-Klein, A./Domke, A./Bartmann, B. (2006): Pretty Woman or Erin Brockovich? Unconscious and Conscious Reactions to Commercials and Movies Shaped by Fairy Tale Archetypes – Results from Two Experimental Studies, in: Pechmann, C./Price, L. (Hrsg.): Advances in Consumer Research, Vol. 33, S. 163-174.

Gröppel-Klein, A./Germelmann, C.C. (2010): „Der Kunde ist König" – Warum die subjektiv empfundene Dominanz des Kunden ein entscheidender Wettbewerbsfaktor ist, in: Marketing Review St. Gallen, o.Jg., Nr. 3, S. 32-37.

Gröppel-Klein, A./Königstorfer, J. (2011): Emotionale Erlebniswelten im Sportsponsoring und Ambushing, in: Bauer, H.H./Heinrich, D./Samak, M. (Hrsg.): Erlebniskommunikation – Erfolgsfaktoren für die Marketingpraxis (im Druck).

Gröppel-Klein, A./Spilski, A. (2009): Die Relevanz fiktionaler Medienwelten für das Marketing, in: Gröppel-Klein, A./Germelmann, C.C. (Hrsg.): Medien im Marketing. Optionen der Unternehmenskommunikation, Wiesbaden, S. 97-129.

Hansen, U. (Hrsg.) (1995): Verbraucher- und umweltorientiertes Marketing, Spurensuche einer dialogischen Marketingethik, Stuttgart.

Holbrook, M.B./Hirschman, E.C. (1982): The Experiential Aspects of Consumption: Consumer Fantasies, Feelings, and Fun, in: Journal of Consumer Research, Vol. 9, No. 2, S. 132-140.

Homburg, C./Krohmer, H. (2009): Marketingmanagement. Strategie – Instrumente – Umsetzung – Unternehmensführung, 3. Aufl., Wiesbaden.

Huber, F./Matthes, I. (2007): Sponsoringwirkung auf Einstellung und Kaufabsicht: Theoretische Grundlagen und Ergebnisse einer empirischen Studie, in: Marketing – Zeitschrift für Forschung und Praxis, 29. Jg., Nr. 2, S. 90-104.

Inglehart, R. (1995): Changing Values, Economic Development and Political Change, in: International Social Science Journal, Vol. 145, No. 9, S. 379-404.

John, D.R./Loken, B./Kimm, K./Monga, A.B. (2006): Brand Concept Maps: A Methodology for Identifying Brand Association Networks, in: Journal of Marketing Research, Vol. 43, No. 4, S. 549-563.

Kapferer, J.-N. (2001): Luxusmarken, in: Esch, F.-R. (Hrsg.): Moderne Markenführung: Grundlagen – Innovative Ansätze – Praktische Umsetzungen, 3. Aufl., Wiesbaden, S. 345-364.

Koch, I. (2008): Konditionierung und implizites Lernen, in: Müsseler, J. (Hrsg.): Allgemeine Psychologie, 2. Aufl., Berlin, S. 339-374.

Konert, F.-J. (1986): Vermittlung emotionaler Erlebniswerte. Eine Marketingstrategie für gesättigte Märkte, Heidelberg.

Kroeber-Riel, W. (1973): Konsumentenverhalten und Marketing, Opladen.

Kroeber-Riel, W. (1975): Konsumentenverhalten, München.

Kroeber-Riel, W. (1979): Activation Research: Psychobiological Approaches in Consumer Research, in: Journal of Consumer Research, Vol. 5, No. 4, S. 240-250.

Kroeber-Riel, W. (1993): Bildkommunikation – Imagerystrategien für die Werbung, München.

Kroeber-Riel, W./Esch, F.-R. (2004): Strategie und Technik der Werbung, 6. Aufl., Stuttgart.

Kroeber-Riel, W./Weinberg, P./Gröppel-Klein, A. (2009): Konsumentenverhalten, 9. Aufl., München.

Lastovicka, J.L./Bettencourt, L.A./Hughner, R.S./Kuntze, R.J. (1999): Lifestyle of the Tight and Frugal: Theory and Measurement, in: Journal of Consumer Research, Vol. 26, No. 1, S. 85-98.

Lynn, M./Harris, J. (1997): The Desire for Unique Consumer Products: A New Individual Differences Scale, in: Psychology & Marketing, Vol. 14, No. 6, S. 601-616.

Markowitsch, H.J. (2009): Dem Gedächtnis auf der Spur, 3. Aufl., Darmstadt.

Meffert, H./Burmann, C./Kirchgeorg, M. (2008): Marketing, 10. Aufl., Wiesbaden.

Mehrabian, A. (1987): Räume des Alltags oder wie die Umwelt unser Verhalten bestimmt, 2. Aufl., Frankfurt am Main/New York.

Mehrabian, A./Russell, J.A. (1974): An Approach to Environmental Psychology, Cambridge/Mass.

Meyer, C./Schwager, A. (2007): Understanding Customer Experience, in: Harvard Business Review, Vol. 85, No. 2, S. 117-126.

North, A.C./Hargreaves, D.J./McKendrick, J. (1999): The Influence of In-Store Music on Wine Selections, in: Journal of Applied Psychology, Vol. 84, No. 2, S. 271-276.

Patterson, A./Hodgson, J./Shi, J. (2008): Chronicles of ‚Customer Experience‘: The Downfall of Lewis's Foretold, in: Journal of Marketing Management, Vol. 24, No. 12, S. 29-45.

Pine, J./Gilmore, J. (1999): The Experience Economy, Boston.

Puca, R.M./Langens, T.A. (2008): Motivation, Volition und Emotion, in: Müsseler, J. (Hrsg.): Allgemeine Psychologie, 2. Aufl., Berlin, S. 191-229.

Raffée, H./Wiedmann, K.-P. (1985): Wertewandel und gesellschaftsorientiertes Marketing – Die Bewährungsprobe strategischer Unternehmensführung, in: Raffée, H./Wiedmann, K.-P. (Hrsg.): Strategisches Marketing, Stuttgart, S. 552-611.

Salzmann, R. (2007): Multimodale Erlebnisvermittlung am Point of Sale. Eine verhaltenswissenschaftliche Analyse unter besonderer Berücksichtigung der Wirkungen von Musik und Duft, Wiesbaden.

Schmitt, B.H. (1999): Experiential Marketing, New York.

Schulze, G. (1992): Die Erlebnisgesellschaft. Kultursoziologie der Gegenwart, Frankfurt/New York.

Schuster, H./Hupp, O. (2004): Starke Marken haben Charakter – Messung der Markenpersönlichkeit und Auswahl von geeigneten Werbepartnern mit Hilfe des Brand Personality Gameboard, Nürnberg.

Schwartz, S.H./Sagiv, L. (1995): Identifying Culture-Specifics in the Content and Structure of Values, in: Journal of Cross-Cultural Psychology, Vol. 26, No. 1, S. 92-116.

Scitovsky, T. (1989): Psychologie des Wohlstandes – die Bedürfnisse des Menschen und der Bedarf des Verbrauchers, 2. Aufl., Frankfurt am Main.

Sharma, A./Stafford, T.F. (2000): The Effect of Retail Atmospherics on Customers' Perceptions of Salespeople and Customer Persuasion: An Empirical Investigation, in: Journal of Business Research, Vol. 49, No. 2, S. 183-191.

Shimp, T.A. (1991): Neo Pavlovian Conditioning and its Implications for Consumer Theory and Research, in: Robertson, T.S./Kassarjian, H.H. (Hrsg.): Handbook of Consumer Behavior, Englewood Cliffs, New Jersey, S. 162-187.

Silberer, G. (1995): Wertedynamik und Wertemarketing, in: Tietz, B./Köhler, R./Zentes, J. (Hrsg.): Handwörterbuch des Marketing, 2. Aufl., (Enzyklopädie der Betriebswirtschaftslehre, Bd. 4) Stuttgart, S. 2703-2708.

Silberer, G. (2000): Wertgrundlagen im Marketingfokus, in: Absatzwirtschaft, 43. Jg., Sondernummer Oktober, S. 120-125.

Silverstein, M.J./Fiske, N. (2003): Luxury for the Masses, in: Harvard Business Review, Vol. 81, No. 4, S. 48-57.

Sokolowski, K. (2008): Emotion, in: Müsseler, J. (Hrsg.): Allgemeine Psychologie, 2. Aufl., Berlin, S. 295-333.

Sinus (2010): http://www.sinus-institut.de/uploads/tx_mpdownloadcenter/Update_2010_Hintergruende_und_Fakten.pdf (Zugriff am 15.10.2011)

Sit, J./Merrilees, B./Birch, D. (2003): Entertainment-Seeking Shopping Centre Patrons: the Missing Segments, in: International Journal of Retail & Distribution Management, Vol. 31, No. 2, S. 80-94.

Sukhdial, A.S./Chakraborty, G./Steger, E.K. (1995): Measuring Values can Sharpen Segmentation in the Luxury Auto Market, in: Journal of Advertising Research, Vol. 35, No. 1, S. 9-22.

Tian, K.T./Bearden, W.O./Hunter, G.L. (2001): Consumers' Need for Uniqueness: Scale Development and Validation, in: Journal of Consumer Research, Vol. 28, No. 1, S. 50-66.

Tian, K.T./McKenzie, K. (2001): The Long-Term Predictive Validity of the Consumers' Need for Uniqueness Scale, in: Journal of Consumer Psychology, Vol. 10, No. 3, S. 171-193.

Tisch, J.M./Weber, K. (2007): Chocolates on the Pillow Aren't Enough: Reinventing the Customer Experience, London.

Turley, L.W./Milliman, R.E. (2000): Atmospheric Effects on Shopping Behavior: A Review of the Experimental Evidence, in: Journal of Business Research, Vol. 49, No. 2, S. 193-211.

Vargo, S.L./Lusch, R.F. (2006): Service Dominant Logic: What It Is, What It Is Not, What It Might Be, in: Lusch, R.F./Vargo, S.L. (Hrsg.): The Service Dominant Logic of Marketing, Dialog, Debate, and Directions, Armon, New York, S. 43-56.

Weinberg, P. (1992): Erlebnismarketing, München.

Weinberg, P. (1995): Erlebnismarketing, in: Tietz, B./Köhler, R./Zentes, J. (Hrsg.): Handwörterbuch des Marketing, 2. Aufl., (Enzyklopädie der Betriebswirtschaftslehre, Bd. 4 Stuttgart, S. 607-615.

Zentes, J./Kolb, S./Rittinger, S. (2010): Erfolgreiche Handelsstrategien, München.

2. Managementansätze des Customer Experience Management

Matthias H.J. Gouthier, Andreas Giese und Christopher Bartl

Customer Experiences, Kundenbegeisterung und Service Excellence – Die Spezifikation DIN SPEC 77224

Prof. Dr. *Matthias H.J. Gouthier* ist Inhaber des Lehrstuhls für Dienstleistungsmarketing und Direktor des Centers for Service Excellence (CSE) an der EBS Business School in Oestrich-Winkel. *Andreas Giese*, M.Sc., CEMS MIM, und *Christopher Bartl*, M.Sc., sind wissenschaftliche Mitarbeiter am Lehrstuhl für Dienstleistungsmarketing und am CSE der EBS Business School. Die dem Artikel zugrunde liegenden Erkenntnisse stammen großteils aus dem vom Bundesministerium für Wirtschaft und Technologie (BMWi) geförderten Projekt „ServEx: Kundenbegeisterung erzielen durch ‚Service Excellence' – Die Erarbeitung einer entsprechenden DIN SPEC (PAS)" (Förderkennzeichen: 01FS09003)

1. Problemhintergrund und Zielsetzung

Aufgrund von verschiedensten globalen Entwicklungen steigt der Grad des Wettbewerbs in vielen Wirtschaftszweigen stetig. Eine der größten Herausforderungen, denen sich Unternehmen heute zu stellen haben, ist die Erfüllung der permanent wachsenden Erwartungen, Ansprüche und Wünsche, mit denen Kunden einem Unternehmen entgegen treten (Sultana 2008, S. 59). Dies ist unter anderem auf die zunehmende Verbreitung von neuen Technologien zurückzuführen, wie beispielsweise Social Media und Web 2.0. Diese Technologien fungieren für Kunden als Enabler, sich schnell und effektiv über das Marktangebot zu informieren, aber auch sich bezüglich besonders guten oder besonders schlechten Dienstleistungen und Produkten auszutauschen. Dementsprechend wird es für Unternehmen immer schwieriger, den bestehenden Kundenstamm zu festigen oder gar weiter auszubauen.

Vor dem geschilderten Hintergrund wird von Seiten der Wirtschaft und insbesondere durch Beratungen immer stärker gefordert, sich mit den Erlebnissen bzw. Erfahrungen der Kunden („*Customer Experiences*") auseinanderzusetzen. Dabei wird ein ganzheitlicher Blick gefordert, d.h. es sollen die Customer Experiences in sämtlichen Phasen des Lebenszyklus mit Pre-Sales-, Sales- und After-Sales-Phase sowie sämtlichen Kundenkontaktkanälen betrachtet werden (Verhoef et al. 2009, S. 32). Unternehmen stehen somit vor der großen Herausforderung, Customer Experiences in einem komplexen Umfeld zu managen, um möglichst positive Erlebnisse des Kunden zu erzeugen. Dabei zielt das Customer Experience Management von Unternehmen primär darauf ab, die Zufriedenheit der Kunden zu erhöhen (Adobe Systems GmbH/EBS Business School 2011; vgl. auch Abschnitt 3.2).

In vielen Branchen galt und gilt heute noch immer *Kundenzufriedenheit* als die zentrale unternehmerische Zielsetzung im Bereich des Marketing, mit der man sich von der Konkurrenz unterscheiden und damit eine erhöhte Kundenloyalität erreichen will. Zwar bildet Kundenzufriedenheit hierfür eine durchaus nicht zu vernachlässigende Basis (Schlossberg 1990), aber auch zufriedene Kunden werden in großen Zahlen abtrünnig und wechseln zur Konkurrenz (Schneider/Bowen 1999; Leung/Kwong 2008). Dementsprechend haben in den letzten Jahren immer mehr Unternehmen erkannt, dass die Richtungsvorgabe der Kundenzufriedenheit häufig nur noch zu gemäßigtem Marketingerfolg führt.

Anstatt also Bemühungen zur Bindung von Kunden auf die Erreichung des weitgehend rational geprägten Konstruktes der Kundenzufriedenheit hin auszurichten, intendieren immer mehr führende Unternehmen stattdessen *emotionale Begeisterung* im Kunden hervorzurufen, da diese einen signifikanten Einfluss auf die Weiterempfehlungsrate und Wiederkaufabsichten eines Kunden aufweist (Oliver et al. 1997; Berman 2005). Dies geht auch aus einer aktuellen Studie aus der Hotelbranche von J.D. Power and Associates aus dem Jahre 2011 hervor. Die Studie zeigt, dass sich mit gesteigerter Kundenzufriedenheit die Gästeumsätze entsprechend erhöhen. Darüber hinaus sind begeisterte Kunden weitaus eher dazu bereit, ein Hotel weiterzuempfehlen bzw. dort noch einmal zu übernachten (Weiterempfehlungsbereitschaft: 62 Prozent bei zufriedenen Kunden, 89 Prozent bei begeisterten Kunden; erneuter Hotelbesuch: 28 Prozent bei zufriedenen Kunden, 57 Prozent bei begeisterten Kunden). *Kundenbegeisterung* gerät somit in den Blickpunkt von Unternehmen und avanciert zur neuen unternehmerischen Zielgröße (Gouthier et al. 2007; 2011). So hat beispielsweise Audi seine neue „Strategie 2020" unter die Mission gestellt: „Wir begeistern Kunden weltweit" (AUDI AG 2011) und die Telekom hat als Guiding Principle formuliert: „Customer delight drives our action" (Deutsche Telekom 2011).

Die Erzeugung solch einer Kundenbegeisterung erscheint gerade bei Dienstleistungen auf der einen Seite besonders einfach möglich zu sein, da sich Dienstleistungen im Allgemeinen gut dazu eignen, Differenzierungen gegenüber den Wettbewerbern zu ermöglichen. Auf der anderen Seite führen die Besonderheiten von Dienstleistungen, wie Intangibilität, Integrativität und damit verbunden Heterogenität (vgl. Lovelock/Gummesson 2004, S. 120; Gummesson 2007; Meffert/Bruhn 2009, S. 16ff.), zu einer Erschwerung der *Erzeugung von exzellenten Dienstleistungen*. Um diese Kundenbegeisterung systematisch hervorrufen zu können, bedarf es entsprechend der Implementierung eines Managementsystems, das die Hervorrufung von Momenten der Begeisterung gezielt unterstützt. Dieser Ansatz wird auch als *„Service Excellence"* bezeichnet (vgl. Johnston 2004; 2007; Gouthier et al. 2007).

Zielsetzung des Beitrags ist es daher, den Zusammenhang zwischen Customer Experiences, Kundenbegeisterung und Service Excellence aufzuzeigen. Dazu wird auf den weltweit ersten offiziellen Standard, die *DIN SPEC 77224 zur „Erzielung von Kundenbegeisterung durch Service Excellence"* rekurriert. Um die Zielsetzung zu erreichen, werden im zweiten Kapitel des Artikels die hierfür notwendigen theoretisch-konzeptionellen Grundlagen zu Customer Experiences und deren Management (Abschnitt 2.1), Kundenbegeisterung (Abschnitt 2.2) sowie Service Excellence (Abschnitt 2.3) gelegt. Kapitel 3 geht zunächst näher auf den Zusammenhang zwischen Customer Experiences und Service Excellence ein (Abschnitt 3.1), bevor die Hintergründe und die Entstehungsgeschichte der DIN SPEC 77224 thematisiert werden (Abschnitt 3.2). Der Schwerpunkt des dritten Kapitels ist sodann der Darstellung der Elemente des Modells der Service Excellence gemäß DIN SPEC 77224 gewidmet (Abschnitt 3.3). Abschließend wird ein Fazit gezogen und ein Ausblick gegeben (Kapitel 4).

2. Theoretisch-konzeptionelle Grundlagen

2.1 Customer Experiences und deren Management

Der Begriff der Customer Experiences ist gerade in Deutschland vergleichsweise neu. Im Gegensatz hierzu weist die anglo-amerikanische Literatur zwar schon eine ausführlichere Historie auf (vgl. Pine/Gilmore 1999; Berry et al. 2002), aber auch hier lässt sich konstatieren, dass das *Konstrukt der Customer Experiences* bislang noch nicht einheitlich definiert ist. Dies kann insbesondere auf die Komplexität des abzubildenden Konstrukts zurückgeführt werden. Eine der jüngeren Studien, die sich intensiv mit der Terminologie von Customer Experiences auseinander gesetzt hat, stammt von Verhoef et al. (2009). Demgemäß umfasst das Konstrukt der Customer Experiences „the customer's cognitive, affective, emotional, social and physical responses" (Verhoef et al. 2009, S. 32).

Während bei den meisten wissenschaftlichen Studien die Schaffung von positiven Customer Experiences im Fokus steht (vgl. Verhoef et al. 2009, S. 31) und auch die Praxis gerne mit der Generierung von besonders positiven Customer Experiences kokettiert, zeigt ein Blick hinter die Kulissen, dass unternehmensintern allzu häufig die Vermeidung von negativen Customer Experiences im Blickpunkt steht (vgl. Sultana 2008, S. 60). Folglich gilt es, sowohl die positiven als auch die negativen Customer Experiences zu betrachten. Damit kann unter Customer Experience Management (CEM) „the process of strategically managing a customer's entire experience with a product or a company" (Schmitt 2003, S. 17) verstanden werden.

Bei einer Umfrage unter 199 Geschäftsführern und Abteilungsleitern von deutschen, österreichischen und schweizerischen Unternehmen zeigte sich, dass CEM vor allem als eine kundenorientierte Unternehmensstrategie aufgefasst wird (53,8 Prozent der Befragten; vgl. Abbildung 1). In diesem Verständnis kommt damit insbesondere zum Ausdruck, dass CEM nicht nur als ein neuer IT-Ansatz anzusehen ist, sondern als strategisches Konzept, dass es im gesamten Unternehmen zu verankern gilt. In diese Richtung geht auch die am zweithäufigsten genannte Einschätzung der Manager (39,7 Prozent der Befragten), das es sich bei CEM um einen ganzheitlichen Ansatz zur Optimierung der Kundenerlebnisse handelt. Dazu bedarf es, und dies ist das am dritthäufigsten genannte Verständnis, der Integration sämtlicher Kundenkontaktkanäle (35,2 Prozent der Befragten) (vgl. hierzu auch die Studie der Detecon International GmbH 2010, S. 15). Damit stehen Unternehmen vor der besonderen Herausforderung, die Kundenkontaktkanäle aufeinander abzustimmen und für eine Integration selbiger zu sorgen.

Wie eingangs bereits kurz erwähnt, wird dabei als oberstes Ziel von CEM die Erhöhung der Kundenzufriedenheit angesehen (66,3 Prozent der Befragten) (vgl. Abbildung 2). Mit einem deutlichen Abstand folgt an zweiter Stelle sodann die Schaffung einer emotionalen Kundenbindung (50,8 Prozent der Befragten).

Trotz der hohen Relevanz, die Kundenzufriedenheit dementsprechend in der Praxis noch immer innehat, messen lediglich 68,3 Prozent der Befragten regelmäßig diese Zielgröße. Ein noch schlechteres Zeugnis lässt sich für die Aufgabe der Erfassung der Kundenzufriedenheit in sämtlichen Kontaktkanälen ausstellen. Hier bestätigt lediglich rund jeder zweite Befragte (52,3 Prozent der Befragten) die Aussage, die Kundenzufriedenheit in allen Kanälen zu messen. Diejenigen, die keine ganzheitliche Zufriedenheitsmessung

Verständnis von Customer Experience Management (Mehrfachnennungen waren möglich)	**%**
Kundenorientierte Unternehmensstrategie	53,8
Ganzheitlicher Ansatz zur Optimierung der Kundenerlebnisse	39,7
Integrativer Ansatz zur Schaffung konsistenter Kundenerlebnisse (d.h. über alle Customer Touchpoints sowie Geschäftsvorfälle hinweg)	35,2
Weiterentwicklung von Customer Relationship Management-Systemen	32,2
Umfassender Ansatz zur Unterstützung einer individuellen Kundenansprache	31,2
Neuer Begriff für bereits bekannte Customer Relationship Management-Systeme	13,1
Informationssysteme zur Unterstützung von Marketing-, Vertriebs- und Service-Prozessen	25,6
Informationssysteme zur stärkeren Integration des Kunden	27,1
Sonstiges	0,5
Begriff ist nicht bekannt	8,5

Abbildung 1: Verständnis von Customer Experience Management (Quelle: Adobe Systems GmbH/EBS Business School 2011)

durchführen, gaben, befragt nach den Gründen, warum dies nicht getan wird, am häufigsten an, dass dies „zu aufwändig" wäre.

Immerhin 45,2 Prozent der Befragten haben jedoch bereits damit begonnen, Maßnahmen zur Verbesserung der Kundenerlebnisse durchzuführen. Weitere 43,7 Prozent der Befragten planen, dies in unmittelbarer Zukunft zu tun. Dabei liegt bei beiden Gruppen der Schwerpunkt der Aktivitäten auf dem Kundenkontaktkanal Internet.

2.2 Kundenbegeisterung

Während Zufriedenheit entsteht, wenn sich die subjektiven Erwartungen mit den tatsächlichen Erfahrungen mit Produkten oder Dienstleistungen decken (Meffert et al. 2007), ist von Begeisterung erst dann die Rede, wenn das Endresultat über die subjektiven Erwartungen eines Kunden hinausgeht und es folglich zu einer positiven Nichtübereinstimmung kommt (Berman 2005). Der Gefühlszustand der Begeisterung zeichnet sich auch

Ziele des Customer Experiences Managements (Mehrfachnennungen waren möglich)	%
Erhöhung der Kundenzufriedenheit	66,3
Schaffung einer emotionalen Kundenbindung	50,8
Steigerung der Kundenorientierung	49,2
Steigerung des Kundenwerts	35,7
Erhöhung der Weiterempfehlungsrate (Net Promotor Score)	35,7
Umsatzsteigerung	43,7
Steigerung der Effizienz von Vertrieb	24,6
Steigerung der Effizienz von Marketing	23,6
Differenzierung gegenüber dem Wettbewerb	23,1
Steigerung der Effizienz von Service	21,1
Erhöhung der Kosteneffizienz	12,6
Sonstige Ziele	1,0

Abbildung 2: Ziele des Customer Experience Managements
(Quelle: Adobe Systems GmbH/EBS Business School 2011)

dadurch aus, dass er weitaus intensiver wahrgenommen wird als die reine Zufriedenheit (Schneider/Bowen 1999).

Bei der *Definition von Kundenbegeisterung* steht in der Regel ein Überraschungsmoment im Vordergrund. Gemäß Chandler (1989), der eine der ältesten Definitionen von Kundenbegeisterung vorgelegt hat, kann diese Überraschung sowohl aus einem vom Kunden unvorhergesehenen Grad der Zufriedenheit als auch aus einem unerwarteten Wert des Produkts oder der Dienstleistung resultieren. Das Übertreffen von Kundenerwartungen wird unter anderem auch von Schneider und Bowen (1999), Rust und Oliver (2000), Berman (2005) und Finn (2005) aufgegriffen.

Um die psychologischen Abläufe, die hinter Begeisterung stecken, zu beschreiben, wird häufig die *Emotionstheorie* von Plutchik (1980) angeführt (vgl. Arnold et al. 2005; Berman 2005), demzufolge die relativ selten auftretende Emotion der Begeisterung (delight) aus einer Kombination von Freude (joy) und Überraschung (surprise) entsteht. Hier wird durch die Hervorstellung der Freude nochmals deutlich gemacht, dass selbstverständlich negative Überraschungen nicht zu Begeisterung führen, sondern eine gegenteilige Reaktion hervorrufen.

Zuletzt wird noch die Herangehensweise an Kundenbegeisterung von Oliver et al. (1997), die von Finn (2005) in einer abgewandelten Form wiederholt wurde, herausgestellt. Diese nutzen ein Kausalmodell, um die Zusammenhänge von Kundenbegeisterung und verwandten Konstrukten aufzuzeigen. Sie gehen dabei davon aus, dass Kundenbegeisterung „a function of surprising consumption, arousal, and positive affect" (Oliver et al. 1997, S. 319) ist.

2.3 Service Excellence

Vor dem geschilderten Hintergrund stehen Unternehmen vor der Herausforderung, Kundenbegeisterung systematisch hervorzurufen und damit vor der zentralen Frage, wie ein entsprechendes Managementsystem gestaltet sein sollte. Die Antwort hierauf liefert der Ansatz der Service Excellence.

Eine in der Literatur gängige *Definition von Service Excellence* geht auf Johnston (2007) zurück, der Service Excellence unter anderem als „delivery of a level of service quality that results in delight" (S. 20) bezeichnet. Dementsprechend sollen im Folgenden unter Service Excellence die organisationalen Fähigkeiten eines Unternehmens verstanden werden, eine derart hohe Dienstleistungsqualität zu erbringen, dass dadurch bei den Kunden die Emotion der Begeisterung ausgelöst wird. Die entsprechenden Zusammenhänge werden in Abbildung 3 dargestellt.

Einige international renommierte Unternehmen haben bereits frühzeitig die Relevanz und Notwendigkeit der Schaffung von Kundenbegeisterung durch Service Excellence erkannt, z.B. Southwest Airlines, Singapore Airlines und The Ritz-Carlton. Aber auch bei deutschen Dienstleistungsunternehmen finden verstärkt Anstregungen statt, um das Konzept der Service Excellence zu implementieren. So hat gerade die Commerzbank ein entsprechendes Exzellenz-Programm aufgelegt.

Es sei an dieser Stelle jedoch auch explizit darauf hingewiesen, dass Studien existieren, die mit dem Begriff Service Excellence lediglich eine hohe Dienstleistungsqualität assoziieren (vgl. z.B. Berry et al. 1994; Jackson/Humble 1994; Den Hartog/Verburg 2002; Hesselink/van den Assem 2002; Zeithaml 2002). Andere verzichten gänzlich auf eine explizite Definition und führen stattdessen Fallstudien zu dem Thema aus (vgl. beispielsweise Wirtz/Johnston 2003; Heracleous et al. 2004; Heracleous/Wirtz 2006; Wirtz et al. 2008; Heracleous/Wirtz 2010). Hinzu kommt, dass einige Artikel, durch das lange

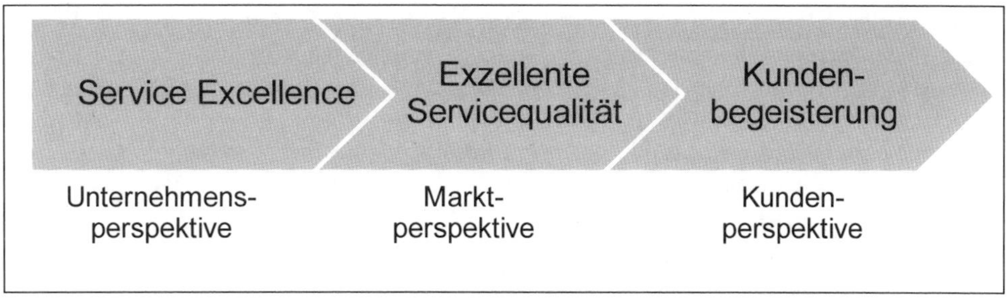

Abbildung 3: Zusammenhang zwischen Service Excellence, exzellenter Servicequalität und Kundenbegeisterung

Zurückliegen ihres Erscheinens, Service Excellence, mit Blick auf das veränderte Wettbewerbsumfeld, nicht vollständig erfassen (Cina 1990; Horwitz/Neville 1996).

Folglich stellt Johnston fest: „Despite an extensive literature on service quality and satisfaction little has been written about service excellence and how organisations can achieve delighted customers" (Johnston 2004, S. 129). Auch Leung und Kwong (2008) bestätigen, dass es kaum Einblicke gibt, wie Kundenbegeisterung erzielt werden kann. Dementsprechend widmet sich das dritte Kapitel der Darstellung eines entsprechenden Managementsystems.

3. Zusammenspiel von Customer Experiences, Kundenbegeisterung und Service Excellence gemäß DIN SPEC 77224

3.1 Einfluss von Customer Experiences auf Service Excellence

Um mit der schnellen Entwicklung auf den nationalen und internationalen Märkten Schritt halten zu können, sind gerade im Dienstleistungsbereich kontinuierliche Innovationen und Verbesserungen notwendig, um die Zufriedenheit der Kunden sicherzustellen bzw. die Kunden durch exzellente Dienstleistungen darüber hinaus zu begeistern. Um dies zu erreichen, sind positive und individualisierte Customer Experiences von hoher Relevanz, da der Kunde diese durchaus registriert und zu schätzen weiß.

Die Gestaltung solch positiver Kundenerlebnisse bei der Nutzung von Dienstleistungen ist eine wesentliche Voraussetzung für die Etablierung einer langfristig erfolgreichen Beziehung zwischen Unternehmen und Kunden. Aus diesem Grund sollte ein Unternehmen ausreichende Kenntnisse über die bisherigen Erlebnisse und Erwartungen der

Kunden erlangen. In diesem Zusammenhang ist es beispielsweise erforderlich, die Wirkzusammenhänge und die Kundenerlebnisse zu identifizieren sowie Methoden zur Erfassung und Auswertung von Kundenerlebnissen gezielt anzuwenden. Somit können die jeweiligen Stellhebel identifiziert werden, die nötig sind, um das eigene Dienstleistungsangebot so zu verbessern, dass den Kunden eine exzellente Dienstleistung geboten werden kann (Gouthier et al. 2010).

Um zu erkennen, welche Momente der Kundenbegeisterung geplant und nicht nur sporadisch hervorgerufen werden sollten, haben Unternehmen gezielt die Abweichungen zwischen den Erwartungen der Kunden und den tatsächlichen Kundenerfahrungen zu erfassen, zu analysieren und letztendlich zu optimieren (vgl. auch Abschnitt 3.3.5).

Die *Erfassung der Kundenerlebnisse* sollte sich dabei auf sämtliche Erfahrungen, Erlebnisse und Erwartungen der Kunden im gesamten Lebenszyklus der Dienstleistungen eines Unternehmens beziehen. Allerdings sollten hierbei nicht nur die Erfahrungen, Erlebnisse und Erwartungen des Kunden mit dem eigenen Unternehmen, sondern insbesondere auch die mit Wettbewerbern erhoben werden, um eine ganzheitliche Sichtweise der Kunden zu generieren. Basierend auf dieser Sichtweise kann anschließend abgeleitet werden, welche Erfahrungen der Kunde bereits mit Wettbewerbern gemacht hat, um dadurch wiederum einschätzen zu können, welche geplanten Kundenerlebnisse noch das Potenzial einer Überraschung bieten. Auf diese Weise kann die Basis dafür geschaffen werden, um durch exzellente Dienstleistungen und durch das Angebot von positiven Kundenerlebnissen letztlich Kundenbegeisterung, Kundenloyalität und einen gesteigerten Kundenwert zu erzielen.

3.2 Hintergrund und Entstehungsgeschichte der DIN SPEC 77224

Eine große Anzahl an verschiedenen Qualitätsmodellen und Business-Excellence-Modellen mit vielen Überschneidungen, zum Teil aber auch Widersprüchen, erschwert es vielen Unternehmen, Service Excellence in der Praxis umzusetzen. Aus diesem Grund haben die Verfasser dieses Beitrags zusammen mit dem DIN Deutschen Institut für Normung e.V. und gefördert durch das Bundesministerium für Wirtschaft und Technologie (Förderkennzeichen: 01FS09003) ein Gremium ins Leben gerufen, das aus zwanzig renommierten Dienstleistungsunternehmen, Service-Units von produzierenden Unternehmen und dienstleistungsbezogenen Institutionen bestand (vgl. Abbildung 4), um die weltweit erste offizielle Spezifikation zur Service Excellence zu schaffen.

Abbildung 4: Mitglieder des Arbeitskreises „Service Excellence"

Die Ergebnisse des Arbeitskreises, der sich rund zwölf Monate intensiv mit dem Thema auseinandergesetzt hat, wurden in einer Spezifikation zusammengefasst, die im Juli 2011 unter dem Namen *DIN SPEC 77224 „Erzielung von Kundenbegeisterung durch Service Excellence"* im Beuth Verlag erschienen ist.

3.3 Modell der Service Excellence nach DIN SPEC 77224

3.3.1 Überblick über das Modell der Service Excellence nach DIN SPEC 77224

Kerninhalt der DIN SPEC 77224 ist das Modell der Service Excellence (Abbildung 5). Es zeigt die einzelnen Elemente, die den Hauptteil der DIN SPEC 77224 bilden, in dem Anforderungen und organisationale Fähigkeiten für die Erzielung von Kundenbegeisterung durch Service Excellence beschrieben werden. Die Erfassung von Customer Experiences taucht hier als einzelnes Element auf, wobei die Relevanz der Schaffung von differenzierenden Erlebnissen auch in den übrigen Elementen behandelt wird. Die gewählte Darstellung des Modells als Kreislauf soll ausdrücken, dass sich die einzelnen Elemente gegenseitig beeinflussen. Darüber hinaus soll symbolisiert werden, dass es sich

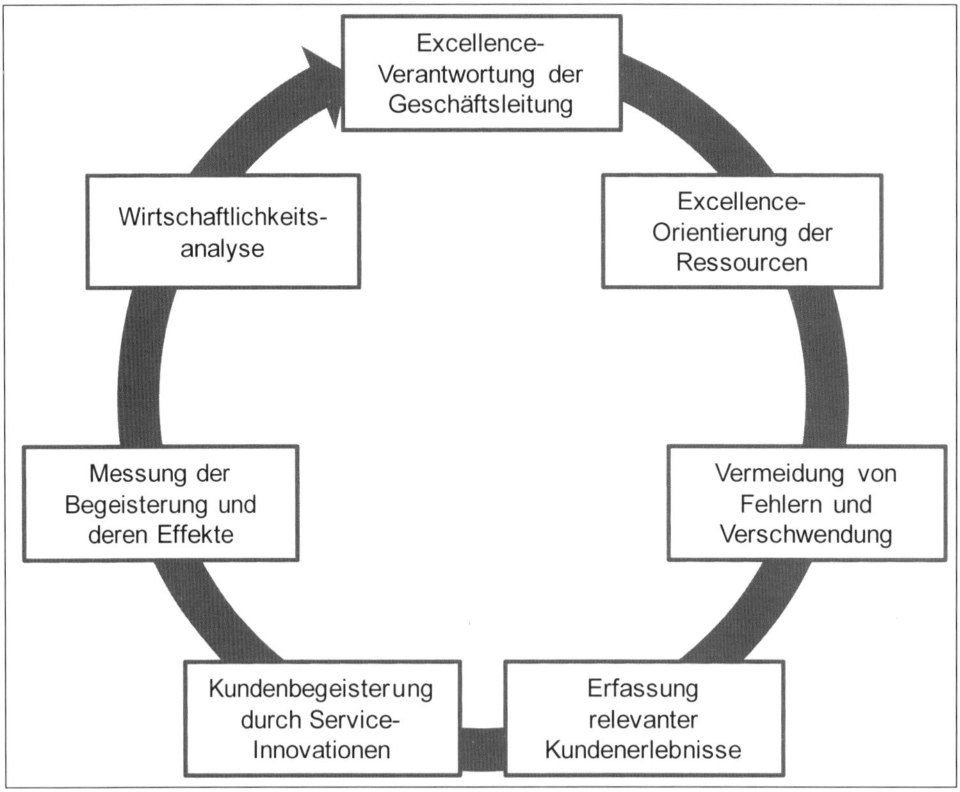

Abbildung 5: Modell der Service Excellence nach DIN SPEC 77224
(Quelle: DIN SPEC 77224, S. 14)

bei der Erreichung der Service Excellence um einen fortlaufenden Prozess handelt, der entsprechend kontinuierlich durchlaufen werden sollte.

Die sieben Elemente der DIN SPEC 77224 sollen Unternehmen dabei helfen, ein genaueres Bild darüber zu erhalten, welche Grundbedingungen erfüllt und welche strukturierten Schritte zu unternehmen sind, um systematisch exzellente Dienstleistungen hervorzubringen, die am Markt Kundenbegeisterung hervorrufen und damit eine Differenzierung ermöglichen. Nachfolgend werden die sieben Kernelemente kurz umrissen, um so einen Einblick in die Inhalte der DIN SPEC 77224 zu erhalten.

3.3.2 Excellence-Verantwortung der Geschäftsleitung

Ausgangspunkt aller Bestrebungen eines Unternehmens zur Erzielung von Kundenbegeisterung durch Service Excellence ist eine klare Entscheidung der Geschäftsleitung zur Etablierung und aktiven Unterstützung einer *Service Excellence-Strategie*. Nur durch ein solches Bekenntnis kann es zu einer Verinnerlichung des Service Excellence-Gedankens kommen, die notwendig ist, um die Strategie eines Unternehmens konsequent danach auszurichten. Das aktive Vorleben der Service Excellence, sowohl unternehmensintern als auch unternehmensextern, kann nur durch die Geschäftsleitung geschehen, deren Verhalten und offenes Bekenntnis sich anschließend auch auf die Mitarbeitenden eines Unternehmens überträgt, die so wiederum Service Excellence aus voller Überzeugung gegenüber Kunden vermitteln können. Dies ist von besonderer Bedeutung, da es sich bei Service Excellence keinesfalls um eine kurzfristige und lediglich aufgesetzte Zielsetzung handeln darf. Kunden sind durchaus in der Lage, exzellente Unternehmen von solchen zu unterscheiden, die lediglich primär in der Außenkommunikation und damit unter dem Schein der Bereitstellung exzellenter Leistungen operieren. Nur auf diese Weise lassen sich realistische und glaubhafte Customer Experiences erzeugen, die dazu beitragen, das Unternehmen und dessen Leistungen von Mitbewerbern abzugrenzen.

Das erste Kapitel der DIN SPEC 77224 geht zudem darauf ein, dass eine Kultur der Service Excellence im Unternehmen zu verankern ist. So soll Service Excellence nicht nur im Umgang mit externen Kunden gelebt werden, sondern auch in den unternehmensinternen Interaktionsbeziehungen stattfinden. Das Unternehmen QIAGEN, ein global agierendes Unternehmen im Bereich von Proben- und Testtechnologien, setzt in diesem Zusammenhang beispielsweise auf die Etablierung eines unternehmensinternen „Customer First Best Practice"-Teams. Dieses Projektteam hat zur Aufgabe, dass der Service Excellence-Gedanke und eine klare Kundenorientierung in der Strategie des Unternehmens verankert sowie von den Mitarbeitenden verstanden und umgesetzt werden können.

3.3.3 Excellence-Orientierung der Ressourcen

Da Kundenbegeisterung eine intensiv empfundene Emotion darstellt, sollte sich der Kunde in allen Kontaktpunkten mit einem Unternehmen auch emotional angesprochen fühlen. Aus diesem Grund haben sich sämtliche *internen und externen Produktionsfaktoren* am Erreichen der Service Excellence auszurichten. Zu dieser Gruppe zählen neben Mitarbeitenden auch die Lieferanten, Instrumente, Infrastruktur, Partnerschaften, Netzwerke und finanzielle Ressourcen, die benötigt werden, um exzellente Dienstleistungen zu erbringen.

Aus diesem Grund ist der Auswahlprozess von Mitarbeitenden oder Lieferanten darauf fokussiert, nicht nur vakante Positionen innerhalb eines Unternehmens zu besetzen, sondern diejenigen Personen oder Excellence-Partner auszuwählen, die den Grundgedanken der Service Excellence und somit die erforderliche Leidenschaft teilen, diese zu erbringen. Der Service Excellence-Gedanke ist dabei nicht nur gegenüber Kunden, sondern auch während der Interaktion der Mitarbeitenden untereinander vorzuleben. Eine Studie innerhalb einer Genossenschaftsbank hat beispielsweise gezeigt, dass sich Mitarbeitende bei Anfragen eher in der Rolle eines Bittstellers sehen anstatt in der Position eines internen Kunden (Kopschina 2008). Auf solch einer Basis entsteht jedoch keine umfassende Service Excellence.

Neben der Excellence-Orientierung des Auswahlprozesses sollte während des Arbeitsverhältnisses dafür gesorgt werden, dass Mitarbeitende die Kultur eines Unternehmens und den damit verbundenen Anspruch an die Dienstleistungserbringung verstehen und diese verinnerlichen. Das kann durch eine sorgfältige Einarbeitung, offene Kommunikation innerhalb des Unternehmens oder über Schulungs- und Weiterbildungsmaßnahmen geschehen. Die Hotelgruppe „The Ritz-Carlton“ nutzt dafür unter anderem die „Credo-Karte“, die jeder Mitarbeitende mit sich trägt und deren Inhalt z.B. Standards für die Kommunikation mit Hotelgästen, Benimmregeln oder den Umgang mit Beschwerden festlegt. Auf diese Weise sind die Leitlinien des Unternehmens den Mitarbeitenden täglich präsent und können sich so besser in deren Bewusstsein verankern (Michelli 2009).

3.3.4 Vermeidung von Fehlern und Verschwendung

Trotz Maßnahmen wie der zuvor beschriebenen Auswahl von Mitarbeitenden, die die Relevanz von Service Excellence verstehen und entsprechende Dienstleistungen gegenüber Kunden erbringen möchten oder einer kontinuierlichen Kommunikation des Service Excellence-Gedankens in Schulungen und Weiterbildungen, kann es trotzdem immer wieder zu Fehlern kommen. Solch eine *Minderung der wahrgenommenen Leistung* kann z.B. aufgrund menschlichen Fehlverhaltens oder auch durch prozessbedingte Schwächen auftreten. Sollten solche Probleme identifiziert werden, ist es für ein nach Service Excellence strebendes Unternehmen unerlässlich dafür zu sorgen, dass die notwendigen Schritte unternommen werden, um derartige Fehler, aber auch Verschwendungen zukünftig zu vermeiden. Wurden Schwachstellen erkannt, ist es wichtig, diese als Symptome zu betrachten, die Aufschluss darüber geben, wo Bedarf zur Optimierung besteht. Ebenfalls kann es hilfreich sein, interne Prozesse hinsichtlich ihrer wertschöpfenden bzw. wertvernichtenden Eigenschaften zu separieren, um auf diese Weise frühzeitig die Prozesse zu identifizieren, die optimiert, reduziert oder eliminiert werden sollten.

Treten Fehler auf, ist daher innerhalb des Unternehmens eine entsprechende *Ursachenanalyse* durchzuführen. Darauf aufbauend können konkrete Verbesserungsmaßnahmen vorgenommen werden. Ebenfalls hat die Unternehmensleitung dafür zu sorgen, dass sich eine *Fehlerkultur* etablieren kann, in der Mitarbeitende nicht für Fehlleistungen bestraft, sondern dazu animiert werden, aus diesen zu lernen. Ebenfalls sind die Mitarbeitenden dazu zu motivieren, selbst wahrgenommene Schwächen oder mögliche zukünftige Problembereiche zu melden, um auf diese Weise proaktiv zur Verbesserung einer Dienstleistung beizutragen.

Im Hinblick auf die Erreichung von begeisternden Kundenerlebnissen nimmt das Element der Vermeidung von Fehlern und Verschwendung eine entscheidende Rolle ein, da durch Fehler und Verschwendung nicht die Erlebnisse geschaffen werden können, die ein Unternehmen entscheidend gegenüber Wettbewerbern abgrenzen und die dafür sorgen, dass ein Kunde die Dienstleistung regelmäßig konsumiert.

3.3.5 Erfassung sämtlicher Kundenerlebnisse

Ein weiteres wichtiges Element zur Erzielung von Kundenbegeisterung durch Service Excellence ist, alle bisherigen Erlebnisse und Erwartungen der Kunden sowie alle Kontaktpunkte zwischen Unternehmen und Kunden zu erfassen. Dies erleichtert es, Momente der Kundenbegeisterung geplant und nicht nur sporadisch hervorrufen zu können. Hierbei ist es wichtig, sich nicht nur auf diejenigen Erlebnisse zu konzentrieren, die Kunden bereits mit dem eigenen Unternehmen gesammelt haben. Es sind auch solche Erlebnisse und Erfahrungen zu erfassen und zu analysieren, die während der Beziehung zwischen Kunden und Wettbewerbern gesammelt wurden. Basierend auf diesen Informationen können Erlebnisse entwickelt werden, die für die Kunden neu und unerwartet sind und sich daher für die Schaffung von begeisternden Momenten eignen.

Um Customer Experiences so genau wie möglich zu erfassen, ist es von hoher Wichtigkeit, sich zunächst darüber bewusst zu werden, wo es zu Interaktionen zwischen Unternehmen und Kunden kommt. Dabei kann es sich um den Austausch zwischen Mitarbeitenden und Kunden in einem Geschäft, Kontakt durch ein Call Center oder durch andere Kontaktkanäle, wie beispielsweise über Social Media, handeln. Neben den Interaktionspunkten sind darüber hinaus besonders die *Moments of Truth* zu identifizieren. Hier bewerten Kunden die gesammelten Erfahrungen mit einem Unternehmen, um anschließend entsprechende Entscheidungen zu treffen, wie z.B. über deren Wiederkaufbereitschaft oder Weiterempfehlungsabsicht. Da sich die Customer Experiences über die Zeit hinweg verändern (Verhoef et al. 2009, S. 37f.), sind die Erhebungen in regelmäßigem Abstand zu wiederholen.

Sind die *kritischen Kontaktpunkte* identifiziert, kann anschließend damit begonnen werden, durch qualitative Befragungen Kundenerlebnisse und Kundenerfahrungen zu sammeln, um so auf potentielle Verbesserungsmöglichkeiten aufmerksam zu werden. Für die Kundenbefragung stehen verschiedene qualitative Methoden, wie die Critical Incident Technique (CIT), die sequenzielle Ereignismethode (SEM) oder Fokusgruppeninterviews zur Verfügung (vgl. auch Meyer/Schwager 2007, S. 124).

3.3.6 Kundenbegeisterung durch Service-Innovationen

Die Begeisterung von Kunden wird entscheidend durch die Wahrnehmung überraschender Dienstleistungen oder Dienstleistungsmomente geprägt. Aus diesem Grund ist es für ein nach Service Excellence strebendes Unternehmen wichtig, sich mit der *Entwicklung von Service-Innovationen* auseinanderzusetzen. Um einen detaillierten Einblick in mögliche Innovationsaspekte zu erhalten, ist es dabei zunächst hilfreich, bereits bestehende bzw. geplante Leistungen gemäß dem Kano-Modell (Kano et al. 1984) zu kategorisieren, um auf diesem Wege die Elemente einer Dienstleistung herauszufiltern, die Potenziale als Begeisterungsinitiatoren bieten. Hieran anknüpfend gilt es zudem, die entsprechenden Kundenzielgruppen zu bestimmen und die Zielsetzungen pro Kundengruppe zu definieren. Des Weiteren ist zu überlegen, welchen Nutzen kundenbegeisternde Innovationen bieten sollen und welche Quellen zur Generierung von Ideen herangezogen werden sollen. Die hiermit generierten Innovationsideen sind schließlich einer Bewertung zu unterziehen.

Darüber hinaus spielt ebenfalls die Geschäftsleitung eine große Rolle darin, um eine interne *Service-Innovationskultur* zu fördern, in der Innovationsansätze offen geäußert, analysiert und gegebenenfalls umgesetzt werden können. Die Schaffung von innovativen Dienstleistungen steht hierbei in direktem Bezug zum Customer Experience Management, da nicht nur die Kontaktpunkte des Unternehmens mit dem Kunden zu analysieren, sondern auch gezielt einprägsame Customer Experiences zu kreieren sind.

3.3.7 Messung der Begeisterung und deren Effekte

Da Service Excellence darauf abzielt, Kundenbegeisterung zu erreichen, hat ein Unternehmen ebenfalls kontinuierlich zu überprüfen, ob eingeführte Maßnahmen tatsächlich die Begeisterung der Kunden beeinflussen und um gegebenenfalls Korrekturmaßnahmen vornehmen zu können. Dabei ist zu beachten, dass die *Messung von Begeisterung* nicht mit der Messung von Zufriedenheit gleichgesetzt werden kann. Schließlich handelt es sich bei dem Konstrukt Kundenbegeisterung nicht lediglich um eine hohe Ausprägung von Kundenzufriedenheit. Folglich reicht es nicht aus, die Skalenausprägung „sehr zufrieden“ einfach durch „begeistert“ zu ersetzen.

Weil es sich bei Begeisterung nicht um ein rationales, kognitives Konstrukt, sondern um eine Emotion handelt, gilt es auch die Begeisterungsmessung entsprechend anzupassen und, inbesondere im Business-to-Consumer-Bereich, direkt danach zu fragen. Da sich Kundenbegeisterung sowohl in höherer Loyalität als auch gesteigerten Weiterempfehlungsabsichten äußert, kann zudem z.B. der Net Promoter Score (NPS) als Indikator herangezogen werden (Meyer/Schwager 2007, S. 123).

Neben der Begeisterung der Kunden ist gleichermaßen die *Begeisterung der Mitarbeitenden* zu erfassen. Gerade begeisterte Mitarbeitende sind besser in der Lage, Begeisterung auch glaubhaft gegenüber den Kunden zu vermitteln und die Erbringung einer Dienstleistung entsprechend anzupassen. Aus diesem Grund darf der Service Excellence-Gedanke folglich nicht nur nach außen gelebt und kommuniziert werden, sondern ist auch innerhalb eines Unternehmens zu implementieren.

3.3.8 Wirtschaftlichkeitsanalyse

Neben der Messung der Begeisterung und deren Effekte haben sich Unternehmen mit der Effizienz von Service Excellence- und Begeisterungsmaßnahmen zu beschäftigen. Daher fokussiert sich das letzte Kapitel der DIN SPEC 77224 auf die Überprüfung der Wirtschaftlichkeit beschlossener Excellence-Maßnahmen.

Um die *Wirtschaftlichkeit* einschätzen zu können, sind im Vorfeld der Berechnung *operative Kennzahlen* und die durch die Maßnahme angestrebten *Zielwerte* zu bestimmen. Die anschließende Berechnung einer Service Excellence-Maßnahme kann in drei *Komplexitätsstufen* erfolgen. Bei dem Basis-Umfang handelt es sich um eine Umsatz-Ertragskosten-Betrachtung. Hierbei werden die Programmkosten bzw. der Aufwand definiert, gemessen, analysiert und ins Verhältnis zu Umsatzchancen und gegebenenfalls Umsatzrisiken gesetzt. Daneben kann die Prognose zukünftiger Umsatzpotenziale eingesetzt werden. Dabei lässt sich zwischen den Umsatzpotenzialen für Neukunden und Bestandskunden unterscheiden. Als zweite Stufe kann die gerade beschriebene monetäre Analyse um qualitative Faktoren ergänzt werden. Auch wenn sich ihre finanzielle Auswirkung nicht direkt erfassen lässt, können sich sowohl intrinsische als auch systemische Wertkomponenten auf die Kundenloyalität auswirken. Zu diesen Komponenten zählen z.B. Leistungs-Feedback oder die Beeinflussung von Stakeholdern. Die dritte Stufe bezieht abschließend den lebenszyklusbezogenen Kundenwert im Sinne des Customer Lifetime Value mit ein.

4. Fazit und Ausblick

Mit der DIN SPEC 77224 „Erzielung von Kundenbegeisterung durch Service Excellence" ist es zum ersten Mal gelungen, Unternehmen einen *offiziellen Leitfaden* zur Verfügung zu stellen, der die organisationalen Anforderungen und Fähigkeiten beschreibt, die für die Umsetzung von Service Excellence notwendig sind.

Die DIN SPEC 77224 kann Unternehmen dabei helfen, die Loyalität der Kunden durch das Angebot von exzellenten Dienstleistungen zu fördern. Ebenfalls bietet die Spezifikation Unternehmen die *Möglichkeit der Selbstevaluation.* Die einzelnen Anforderungen und organisationalen Fähigkeiten, die in den sieben Elementen der DIN SPEC 77224 angesprochen werden, sind in einer Checkliste am Ende des Dokuments zusammengefasst. Durch diese Liste lässt sich im Sinne einer Selbstevaluierung der Status quo eines Unternehmens in Bezug auf die Erreichung von Service Excellence beurteilen.

Mit der Nutzung der DIN SPEC 77224 ist der Prozess für ein besseres Verständnis der Relevanz von Kundenbegeisterung und Service Excellence allerdings noch nicht annähernd abgeschlossen. Die Spezifikation bietet zunächst einen ersten Impuls, der zu einer intensiveren Auseinandersetzung mit der Thematik der Service Excellence führen soll. Dies betrifft z.B. die Frage, ob diese Spezifikation, die branchenübergreifend formuliert wurde, für unterschiedliche Branchen modifiziert werden muss. Des Weiteren ist zu überlegen, inwiefern ein *Reifegradmodell* – ähnlich dem CMMI- oder EFQM-Modell – entwickelt werden könnte, das verschiedene Reifegrade der Service Excellence von Unternehmen differenziert. Schließlich soll auf europäischer Ebene versucht werden, einen entsprechenden Normungsprozess zu Service Excellence zu initiieren (Gouthier/Kritzler-Picht 2011).

Literaturverzeichnis

Adobe Systems GmbH/EBS Business School (2011): Schlüsseltechnologien im Customer Experience Management, München/Oestrich-Winkel.

Arnold, M.J./Reynolds, K.E./Ponder, N./Lueg, J.E. (2005): Customer Delight in a Retail Context: Investigating Delightful and Terrible Shopping Experiences, in: Journal of Business Research, Vol. 58, No. 8, S. 1132-1145.

AUDI AG (2011): Investor Relations: Unternehmensstrategie, http://www.audi.de/de/brand/de/unternehmen/Investor_Relations/audi_auf_einen_blick/unternehmensstrategie.html (Zugriff: 28.05.2011).

Berman, B. (2005): How to Delight Your Customers, in: California Management Review, Vol. 48, No. 1, S. 129-151.

Berry, L.L./Carbone, L.P./Haeckel, S.H. (2002): Managing the Total Customer Experience, in: MIT Sloan Management Review, Vol. 43, No. 3, S. 85-90.

Berry, L.L./Parasuraman, A./Zeithaml, V.A. (1994): Improving Service Quality in America: Lessons Learned, in: Academy of Management Executive, Vol. 8, No. 2, S. 32-45.

Chandler, C.H. (1989): Quality: Beyond Customer Satisfaction, in: Quality Progress, Vol. 22, No. 2, S. 30.

Cina, C. (1990): Five Steps to Service Excellence, in: Journal of Services Marketing, Vol. 4, No. 2, S. 39-47.

Den Hartog, D.N./Verburg, R.M. (2002): Service Excellence From the Employees' Point of View: The Role of First Line Supervisors, in: Managing Service Quality, Vol. 12, No. 3, S. 159-164.

Detecon International GmbH (2010): Customer Experience Management in der Telekommunikationsbranche. Marktstudie und Handlungsempfehlungen zur optimalen Gestaltung von Kundenerlebnissen, Bonn.

Deutsche Telekom (2011): The Company Values of Telekom, http://www.telekom.com/dtag/cms/content/dt/en/6000 (Zugriff: 10.09.2011).

DIN SPEC 77224 (2011): Erzielung von Kundenbegeisterung durch Service Excellence, Berlin.

Finn, A. (2005): Reassessing the Foundations of Customer Delight, in: Journal of Service Research, Vol. 8, No. 2, S. 103-116.

Gouthier, M./Kritzler-Picht, M. (2011): Kundenbegeisterung durch Service Excellence, erscheint in: DIN-Mitteilungen, Nr. 11.

Gouthier, M./Bartl, C./Giese, A. (2010): Service Excellence: Kundenbindung aus Begeisterung, in: POSITION, Nr. 3, S. 1-4.

Gouthier, M./Bartl, C./Giese, A. (2011): Kundenbegeisterung durch Service Excellence im Automobilsektor, erscheint in: Proff, H./Schönharting, J./Schramm, D./Ziegler, J. (Hrsg.): Zukünftige Entwicklungen in der Mobilität – Betriebswirtschaftliche und technische Aspekte, Wiesbaden.

Gouthier, M./Coenen, C./Schulze, H.S./Wegmann, C. (2007): Service Excellence: Eine Einführung, in: Gouthier M.H.J./Coenen, C./Schulze, H.S./Wegmann, C. (Hrsg.): Service Excellence als Impulsgeber, Wiesbaden, S. 5-15.

Gummesson, E. (2007): Exit Services Marketing – Enter Service Marketing, in: Journal of Customer Behaviour, Vol. 6, No. 2, S. 113-141.

Heracleous, L./Wirtz, J. (2006): Biometrics: The Next Frontier in Service Excellence, Productivity and Security in the Service Sector, in: Managing Service Quality, Vol. 16, No. 1, S. 12-22.

Heracleous, L./Wirtz, J. (2010): Singapore Airlines' Balancing Act, in: Harvard Business Review, Vol. 88, No. 7/8, S. 145-149.

Heracleous, L./Wirtz, J./Johnston, R. (2004): Cost-Effective Service Excellence: Lessons from Singapore Airlines, in: Business Strategy Review, Vol. 15, No. 1, S. 33-38.

Hesselink, M./van den Assem, F. (2002): Building People and Organisational Excellence: The Start Service Excellence Program, in: Managing Service Quality, Vol. 12, No. 3, S. 139-145.

Horwitz, F.M./Neville, M.A. (1996): Organization Design for Service Excellence: A Review of the Literature, in: Human Resource Management, Vol. 35, No. 4, S. 471-492.

J.D. Power and Associates (2011): Achieving Excellence in Customer Service: The Brands That Deliver What U.S. Consumers Want, Westlake Village, CA.

Jackson, D./Humble, J. (1994): Service Excellence – The Role of Information Technology, in: Managing Service Quality, Vol. 4, No. 4, S. 36-40.

Johnston, R. (2004): Towards a Better Understanding of Service Excellence, in: Managing Service Quality, Vol. 14, No. 2/3, S. 129-133.

Johnston, R. (2007): Insights into Service Excellence, in: Gouthier M.H.J./Coenen, C./Schulze, H.S./Wegmann, C. (Hrsg.): Service Excellence als Impulsgeber, Wiesbaden, S. 17-35.

Kano, N./Seraku, N./Takashi, F./Tsuji, S. (1984): Attractive Quality and Must-be Quality, in: The Journal of the Japanese Society for Quality Control, Vol. 14, No. 2, S. 39-48.

Kopschina, C. (2008): Interne Kundenorientierung in Theorie und Praxis am Beispiel einer regional tätigen Genossenschaftsbank, Berlin.

Leung, J.W.K./Kwong, K.K. (2008): A Structured Approach to Describing Service for Creating a Delightful Experience, in: Computers & Industrial Engineering, Vol. 57, No. 2, S. 563-570.

Lovelock, C./Gummesson, E. (2004): Whither Services Marketing? In Search of a New Paradigm and Fresh Perspectives, in: Journal of Service Research, Vol. 7, No. 1, S. 20-41.

Meffert, H./Bruhn, M. (2009): Dienstleistungsmarketing: Grundlagen – Konzepte – Methoden, 6. Aufl., Wiesbaden.

Meffert, H./Burmann, C./Kirchgeorg, M. (2007): Marketing: Grundlagen marktorientierter Unternehmensführung. Konzepte – Instrumente – Praxisbeispiele, 10. Aufl., Wiesbaden.

Meyer, C./Schwager, A. (2007): Understanding Customer Experience, in: Harvard Business Review, Vol. 85, No. 2, S. 117-126.

Michelli, J.A. (2009): Kunden fürs Leben: So schaffen Dienstleister Premium-Service mit den Prinzipien der Ritz-Carlton-Hotels, München.

Oliver, R.L./Rust, R.T./Varki, S. (1997): Customer Delight: Foundations, Findings, and Managerial Insight, in: Journal of Retailing, Vol. 73, No. 3, S. 311-336.

Pine, J.B./Gilmore, J.B. (1999): The Experience Economy, Boston.

Plutchik, R. (1980): Emotion: A Psychoevolutionary Synthesis, New York.

Rust, R.T./Oliver, R.L. (2000): Should We Delight the Customer?, in: Journal of the Academy of Marketing Science, Vol. 28, No. 1, S. 86-94.

Schlossberg, H. (1990): Satisfying Customers is a Minimum; You Really Have to "Delight" Them, in: Marketing News, Vol. 24, No. 11, S. 10-11.

Schmitt, B.H. (2003): Customer Experience Management: A Revolutionary Approach to Connecting with Your Customers, New Jersey.

Schneider, B./Bowen, D.E. (1999): Understanding Customer Delight and Outrage, in: Sloan Management Review, Vol. 41, No. 1, S. 35-45.

Sultana, N. (2008): Achieving Customer Satisfaction through Customer Experience Management, in: CMRD Journal of Management Research, Vol. 7, No. 1, S. 59-63.

Verhoef, P.C./Lemon, K.N./Parasuraman, A./Roggeveen, A./Tsiros, M./Schlesinger, L.A. (2009): Customer Experience Creation: Determinants, Dynamics and Management Strategies, in: Journal of Retailing, Vol. 85, No. 1, S. 31-41.

Wirtz, J./Johnston, R. (2003): Singapore Airlines: What it Takes to Sustain Service Excellence – A Senior Management Perspective, in: Managing Service Quality, Vol. 13, No. 1, S. 10-19.

Wirtz, J./Heracleous, L./Pangarkar, N. (2008): Managing Human Resources for Service Excellence and Cost Effectiveness at Singapore Airlines, in: Managing Service Quality, Vol. 18, No. 1, S. 4-19.

Zeithaml, V.A. (2002): Service Excellence in Electronic Channels, in: Managing Service Quality, Vol. 12, No. 3, S. 135-139.

Martin Reckenfelderbäumer und Christian Arnold

Der informatisierte Kunde – Handlungsempfehlungen für das Customer Experience Management

---

Prof. Dr. *Martin Reckenfelderbäumer* ist Rektor und Inhaber des Lehrstuhls für Allgemeine BWL/Marketing an der WHL Wissenschaftliche Hochschule Lahr. Dipl.-Kfm. *Christian Arnold* ist selbständiger Unternehmensberater und externer Doktorand am selben Lehrstuhl.

1. Vorüberlegungen

Nora und Minc haben die zunehmende Durchdringung der Gesellschaft mit Informationstechnologien bereits 1979 als „*Informatisierung*" bezeichnet (Nora/Minc 1979). Der informatisierte Kunde, verstanden als Konsument, der regelmäßig informationstechnologische Konzepte im Rahmen von Transaktionen und Beziehungen mit ökonomischem Charakter einsetzt, kann mittlerweile auf eine Vielzahl unterschiedlich ausgestalteter Informationskanäle zugreifen. Neben E-Commerce und den Konzepten der Social Media (Blogs, Mikroblogs, Soziale Netzwerke, Social Bookmarks, Wikis und ähnliche Konstrukte) werden zukünftig verstärkt kontextsensitive und abstrahierende Ansätze wie Augmented Reality, Ubiquitous Computing und Cloud Computing den Prozess der Informatisierung tragen und die Interaktion mit dem ökonomischen und sozialen Kontext des Konsumenten substanziell beeinflussen (Mattern 2007; Ehmer 2009; Schiller 2009; Hettler 2010).

Die regelmäßig und parallel zur Informatisierung diagnostizierte funktionale Annäherung des Leistungskerns konkurrierender Produkte und Dienstleistungen (Zanger 2007; Morgan et al. 2009; Voeth/Herbst 2010), sowie die ebenfalls regelmäßig festgestellte Zunahme der Erlebnis- und Freizeitorientierung von Konsumenten (Trommsdorff 2009; Freiling/Reckenfelderbäumer 2010) haben zur Folge, dass Leistungsanbieter die Suche nach Differenzierungsmöglichkeiten außerhalb des Leistungskerns forcieren und das Konzept der Customer Experiences verstärkt in den Vordergrund des Interesses gerückt wird. Eine konkrete *Charakterisierung des Begriffs Experiences* ist allerdings insofern problematisch, da ihm sowohl ein kognitiver als auch ein affektiver Bedeutungsinhalt zugeordnet werden kann. Im erst genannten Fall verweisen Experiences auf Erfahrungen (Wissen und Expertise nach einem Ereignis). Die zweite Dimension kann hingegen als Erlebnis (Prozess des Durchlebens eines Ereignisses) charakterisiert werden (Palmer 2010). Gupta und Vajic haben herausgearbeitet, dass Experiences immer durch Teilnahme an Aktivitäten innerhalb eines definierten sozialen Kontextes entstehen: „Experience is the outcome of participation in a set of activities within a social context" (Gupta/Vajic 2000). Anbieter können ihre Leistungsprozesse daher nicht unabhängig vom Kunden und unabhängig vom sozialen Kontext des Leistungsverzehrs mit Experiences anreichern, sondern lediglich mit Artefakten ausstatten, die der Konsument individuell in Erfahrungs- und Erlebniswelten transformiert. Den Konzepten der Informationstechnologie kann eine substanzielle Bedeutung im Rahmen der Generierung und Übermittlung solcher Experience-Artefakte zugesprochen werden, da sie das soziale Umfeld des informatisierten Kunden umfassend durchdringen und auf dieses kontextadaptiv ausgerichtet werden können. Es ist für Leistungsanbieter daher unerlässlich, impulsgebende Informatisierungskonzepte zu erkennen, zu analysieren, zu bewerten und in den unternehmerischen Handlungsplan einzuarbeiten, um so diejenigen Differenzierungspotenziale bestmöglich auszuschöpfen, die sich durch Experience-Artefakte eröffnen.

In den letzten Jahren wurde eine Reihe von Untersuchungen durchgeführt, die konkrete *Erscheinungsformen der Informatisierung* im Zusammenhang mit dem Customer Experiences-Konzept analysieren. Novak et al. beispielsweise erarbeiten ein Strukturgleichungsmodell zur Messung von Customer Experiences in Online-Umgebungen (Novak et al. 2000). Nambisan und Watt beschäftigen sich mit dem Management von produktspezifischen Online-Foren (online product communities), indem sie die Wirkung verschiedener Experience-Klassen auf die Einstellung gegenüber Produkten, Unternehmen und der wahrgenommenen Servicequalität untersuchen (Nambisan/Watt 2011). Rose et al. diskutieren die Besonderheiten von Online Customer Experiences (OCE) und stellen fest, dass sowohl die Art des persönlichen Kontakts, die Intensität der Informationsinteraktion, die interaktionsauslösenden Aspekte und die Markenpräsentation von Offline Experience-Kontexten abweichen können (Rose et al. 2010). Patrício et al. beschäftigen sich hingegen mit der Nutzung von Informationstechnologien im Rahmen des Designs von Servicekanälen (Patrício et al. 2008).

Der vorliegende Beitrag hat insofern einen holistischen Charakter, weil sie erstens eine umfassende konzeptionelle Integration der Erscheinungsformen der Informatisierung in das Customer Experiences-Konzept vornimmt und zweitens die kontextspezifische Verwendbarkeit aktueller informationstechnologischer Konzepte aufzeigt. Es wird herausgearbeitet, dass der Informatisierungsprozess, der vor allem von internetbasierten Informationssystemen getragen wird, substanziell zur Entwicklung von kontextadaptiven und individuellen Erfahrungs- und Erlebniswelten im Umfeld konsumtiver Leistungen beitragen kann. Hierfür wird zunächst das in dieser Ausarbeitung zugrunde gelegte Verständnis der Begriffe Customer Experiences und Experience-Raum entfaltet. Darauf aufbauend werden ausgewählte Konzepte der Informationstechnologie erörtert und das Konzept der Kontextadaptivität diskutiert. Abschließend wird aufgezeigt, wie der Prozess der informationstechnologisch gestützten Generierung und Übermittlung von Artefakten strukturiert und institutionalisiert werden kann.

2. Customer Experiences

Das Customer Experiences-Konzept ist in den letzten Jahren verstärkt in den Vordergrund des Interesses gerückt, da es geeignet erscheint, Differenzierungspotenziale für Leistungsanbieter zu eröffnen. Um einen konkreten Diskussionsrahmen für Handlungsempfehlungen zu schaffen, soll im Folgenden in der hier gebotenen Kürze der Begriff Customer Experiences konkretisiert und das Konzept des Experience-Raums entfaltet werden.

2.1 Begriffliche Grundlagen

Pine und Gilmore, die sich bereits Ende des letzten Jahrhunderts mit dem Customer Experiences-Konzept beschäftigt haben, verstehen Experiences als neue ökonomische Angebotskategorie, die das Bedürfnisbefriedigungspotenzial von Waren (commodities) und Dienstleistungen erhöhen, weil sie für Konsumenten sowohl einzigartig (unique) als auch einprägsam (memorable) sind und diese nachhaltig auf einer persönlichen Ebene (sustainable over time) ansprechen (Pine/Gilmore 1999). Für Leistungsanbieter entstehen somit Differenzierungspotenziale und Preisgestaltungsspielräume (Fynes/Lally 2008). Wie allerdings bereits in Abschnitt 1 erläutert, kann das Experiences-Konzept nicht losgelöst vom Konsumenten, von dessen sozialem Umfeld und vom Kontext der Leistungsverwendung diskutiert werden, da Experiences das Ergebnis von Aktivitäten innerhalb dieser Sphäre darstellen (Gupta/Vajic 2000) und einen subjektiven Charakter haben (Meyer/Schwager 2007). Leistungsanbieter können somit keine Experiences ohne Integration des Konsumenten generieren oder inszenieren, sondern lediglich Artefakte anbieten, die in den situativ relevanten Kontext des Konsumenten (im weiteren als Experience-Raum bezeichnet) eindringen und von diesem in konkrete Experiences transformiert werden. Mit anderen Worten: Leistungsanbieter können eine Differenzierung ihrer Leistungen anhand von Experiences nur gemeinsam (co-create) mit Konsumenten vornehmen (Prahalad/Ramaswamy 2004; Carù/Cova 2007), wobei die wesentlichen Aufgaben des Anbieters darin bestehen, die Generierung und Übermittlung von Artefakten in den Experience-Raum zu planen, zu kommunizieren und durchzuführen. Dem Konsumenten obliegt die Artefaktumwandlung in Experiences und das, vom Anbieter stimulierbare, Experience-Feedback. Letzteres kann der Leistungsanbieter nutzen, um die Transformationseignung der Artefakte und deren Qualität zu beurteilen, indem er die Botschaften und Signale der Konsumenten systematisch analysiert und auswertet (Chang/Horng 2010).

2.2 Dimensionen

Customer Experiences stellen ein situatives und mehrdimensionales Konstrukt dar, das durch Interaktion des Konsumenten mit dem Experience-Raum emergiert (Schmitt 2003; Anderson et al. 2008). Eine inhaltliche Bestimmung des Begriffs Experiences liefert Palmer, der ihn in die Dimensionen Erfahrung und Erlebnis aufspaltet (Palmer 2010). In der wissenschaftlichen Literatur besteht allerdings keine Einigkeit, ob diese Dimensionen das diskutierte Konstrukt umfassend und präzise beschreiben. Gentile et al. verstehen Customer Experiences als holistisches Phänomen, das sie auf Basis einer umfassenden Literaturrecherche in folgende *Komponenten* zerlegen (Gentile et al. 2007):

- Die *sensorische Komponente* ist geeignet, Wohlbefinden, Erregung und Befriedigung zu entfalten, indem die Sinne des Konsumenten (sehen, hören, berühren, riechen und schmecken) durch geeignete Artefakte inspiriert werden.

- Die *emotionale Komponente* repräsentiert die affektive Dimension des Customer Experiences-Konzepts, mit der auf der Gefühls- und Stimmungsebene eine Beziehung mit den Leistungen, dem Leistungsanbieter oder einer Marke desselben auf- und ausgebaut werden kann.
- Artefakte, die das Denken des Konsumenten ansprechen und bewusste Prozesse auslösen, konstituieren die *kognitive Komponente* des Phänomens. Solche Artefakte können beispielsweise die Kreativität des Konsumenten oder dessen Problemlösungsverhalten stimulieren.
- Die praktische Ausführung einer Tätigkeit wird als *pragmatische Komponente* verstanden und beinhaltet die Benutzerfreundlichkeit eines Artefakts über den gesamten Nutzungszeitraum hinweg.
- Artefakte, die zur Bestätigung der Werte und Meinungen von Konsumenten dienen, werden in der *Lifestyle-Komponente* zusammengefasst.
- Die Interaktion mit dem relevanten sozialen Kontext wird als *relationale Komponente* bezeichnet. Artefakte können diese unmittelbar adressieren, beispielsweise indem sie die gemeinsame Nutzung einer Leistung in einer Gruppe anregen.

Zusammenfassend kann festgestellt werden: Customer Experiences, verstanden als Artefakttransformation durch Interaktion des Konsumenten mit dem Leistungsanbieter innerhalb eines Experience-Raums, sind ein vielschichtiges Phänomen, das den Konsumenten auf der sensorischen, emotionalen, kognitiven, pragmatischen und relationalen Ebene stimuliert und eine Lifestyle-Komponente beinhaltet. Eine grafische Darstellung der angestellten Überlegungen findet sich in Abbildung 1.

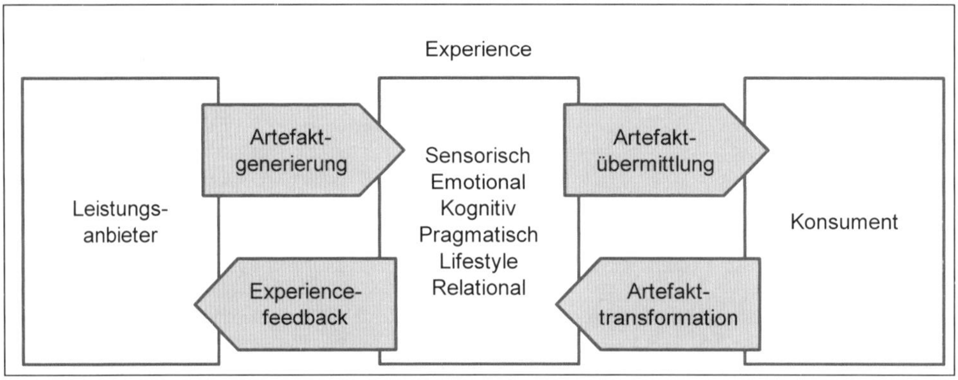

Abbildung 1: Experience-Artefakte
(in Anlehnung an: Gentile et. al 2007, S. 400)

2.3 Experience-Raum

Der Experience-Raum umfasst die vorgelagerten Prozesse (wie die Informationssuche), den Kaufakt, den Ge- oder Verbrauch, sich anschließende und parallele Prozesse

(Verhoef et al. 2009) sowie den relevanten sozialen Kontext des Konsumenten. Anbieter können ihre Leistungen mit Experience-Artefakten anreichern und sich damit gegebenenfalls vom Wettbewerb abheben. Es stellt sich dann allerdings die Frage, in welchem Verhältnis diese Artefakte zur Kernleistung stehen und wie diese Artefakte platziert werden sollen, damit neue Bedürfnisbefriedigungspotenziale entstehen und dysfunktionale Effekte auf ein Minimum reduziert werden können.

Im Folgenden soll zunächst die Marktleistung einzelner Anbieter diskutiert werden, da dies für eine konstruktive Einordnung der Experience-Artefakte in die Anbieterleistung notwendig ist. Im Anschluss wird die Komposition der Gesamtleistung durch den Konsumenten und die Einbettung in den korrespondierenden Experience-Raum erläutert. Außerdem wird die Komplexität der Abgrenzung und Analyse des Experience-Raums aufgezeigt.

2.3.1 Leistungsprozess und Leistungsergebnis

Zur grundlegenden Strukturierung von Leistungen einzelner Anbieter haben Engelhardt et al. die *Integrativitäts-Immaterialitäts-Typologie* erarbeitet (Engelhardt et al. 1993). Die Autoren schlagen die Verortung von Absatzobjekten (die Leistungsbündel eines konkreten Anbieters) in einem zweidimensionalen Positionierungsraum vor, wobei erstens die Integrativität der Leistungserstellung (Prozessdimension) und zweitens der Immaterialitätsgrad des Leistungsbündels nach dessen Erstellung (Ergebnisdimension) betrachtet wird. Dieser Ansatz soll im Folgenden in gebotener Kürze vorgestellt und eine konzeptionelle Integration der hier interessierenden Experience-Artefakte vorgenommen werden.

Die *Prozessdimension* bezieht sich auf Abläufe, die im Zuge der Leistungserstellung anfallen. Grundsätzlich kann sie in Teilprozesse aufgebrochen werden, bei denen der so genannte externe Faktor (der Nachfrager selbst, Objekte desselben und/oder Informationen) mehr oder weniger stark in den Leistungsprozess integriert ist. Entsprechend kann der Leistungserstellung des Anbieters ein tendenziell autonomer oder tendenziell integrativer Charakter zugeschrieben werden (Freiling/Reckenfelderbäumer 2010). Die Leistung des Anbieters besteht demnach aus einer Abfolge sequenzieller und paralleler Teilprozesse. Die Übermittlung von Artefakten durch den Anbieter und deren Transformation in Experiences durch den Konsumenten kann daher als hoch integrativer und parallel zur Erstellung der Kernleistung stattfindender Teilprozess charakterisiert werden.

Im Rahmen der *Ergebnisdimension* wird das Leistungsbündel hinsichtlich seiner Bestandteile betrachtet (Freiling/Reckenfelderbäumer 2010). Die Verortung erfolgt anhand des Immaterialitätsgrades der Leistung. Hierfür müssen zunächst die immateriellen und die materiellen Eigenschaften des Leistungsbündels identifiziert und anschließend anhand ihrer Bedeutung gewichtet werden. Die Bewertung repräsentiert die Sicht des Konsumenten, da die Relevanz der einzelnen Eigenschaften und das erreichte Maß an Bedürfnisbefriedigung Größen darstellen, die Ausdruck seiner subjektiven Sichtweise sind. Die Artefakttransformation in Experiences hat insofern einen substanziellen Einfluss auf die Ergebnisdimension, weil sie als immaterieller Bestandteil der Leistung verstanden werden kann und das Resultat der sensorischen, emotionalen, kognitiven, pragmatischen und relationalen Stimulierung des Konsumenten darstellt und zusätzlich dasjenige Maß an Bedürfnisbefriedigung beinhaltet, das aus der Übereinstimmung der Lebensgewohnheiten mit der kontextspezifischen und situativen Interpretation der Experience-Artefakte resultiert.

Die hier angestellten Überlegungen sollen anhand eines *Beispiels* verdeutlicht werden: Der Leistungsprozess eines Restaurants umfasst im Wesentlichen die Aufnahme der Bestellung, die Zubereitung und das Servieren der Speisen, die Infrastruktur zum Verzehr derselben und den Bezahlvorgang. Parallel zu diesen Kernleistungen können Artefakte wie eine romantische Atmosphäre oder eine entsprechende musikalische Untermalung situative und kontextgebundene Transformationsprozesse in Gang setzen, deren Resultate konsumentenspezifische Experiences darstellen. Die Ergebnisdimension setzt sich daher aus den Kernleistungen (wie Servicequalität, Qualität und Quantität der Speisen, usw.) und dem Maß an Bedürfnisbefriedigung durch die Stimulierung der korrespondierenden Experiences-Komponenten zusammen.

2.3.2 Komposition von Experiences

Experiences emergieren im Kontext des Experience-Raums, der vorgelagerte Prozesse (wie die Informationssuche), den Kaufakt, den Ge- oder Verbrauch, sich anschließende und parallele Prozesse sowie den umgebenden sozialen Kontext umschließt. Grundsätzlich können alle Leistungsprozesse vollständig von einem einzigen Anbieter erbracht werden. Wahrscheinlicher erscheint aber, dass der Konsument die Gesamtleistung aus einem Bündel von sequenziell und parallel angeordneten Teilleistungsprozessen mehrerer Anbieter komponiert und somit eine komplexe und individualisierte Sphäre schafft, in der sich Experiences entwickeln können (Prahalad/Ramaswamy 2004). Daraus folgt: Experiences können nicht nur aus Artefakten emergieren, die ein einzelner Leistungsanbieter kontrollieren kann, sondern auch aus Artefakten, die sich außerhalb der Kontrolle dieses Leistungsanbieters befinden, weil sie von anderen Anbietern in den Experience-Raum des Konsumenten gelangen (Verhoef et al. 2009). Es ist daher notwendig – vor der Anreicherung der Anbieterleistung – den konkreten Experience-Raum des Konsumenten möglichst exakt abzugrenzen und umfassend zu analysieren, um so die angebotenen Artefakte möglichst präzise ausrichten zu können.

Die Leistung des bereits beispielhaft genannten Restaurants kann in der Zubereitung von Speisen gesehen werden, die durch geeignete Artefakte wie eine romantische Atmosphäre oder entsprechende Musik angereichert werden kann. Diese Artefakte können dann vom Konsumenten in korrespondierende Experiences umgewandelt werden. Eine genauere Betrachtung der vom Konsumenten komponierten Gesamtleistung kann aber beispielsweise zeigen, dass der Restaurantbesuch in den übergeordneten Kontext einer

Städtereise eingebunden ist, die wiederum viele Leistungen und Artefakte anderer Anbieter beinhalten kann (An- und Rückfahrt, Banking, einem Musiker zuhören, ein Museum besuchen usw.) und vorgelagerte Informations- sowie nachgelagerte Bewertungsprozesse umfasst. Der soziale Kontext könnte beispielsweise ein Vereinsurlaub oder eine Hochzeitsreise sein. Es muss nunmehr davon ausgegangen werden, dass die Experiences des Restaurantbesuchs nicht isoliert, sondern im sozialen Gesamtkontext (beispielweise des Vereinsurlaubs) auf Basis zahlreicher Artefakte entstehen. Dieser exemplarisch konstruierte Experience-Raum ist in Abbildung 2 dargestellt.

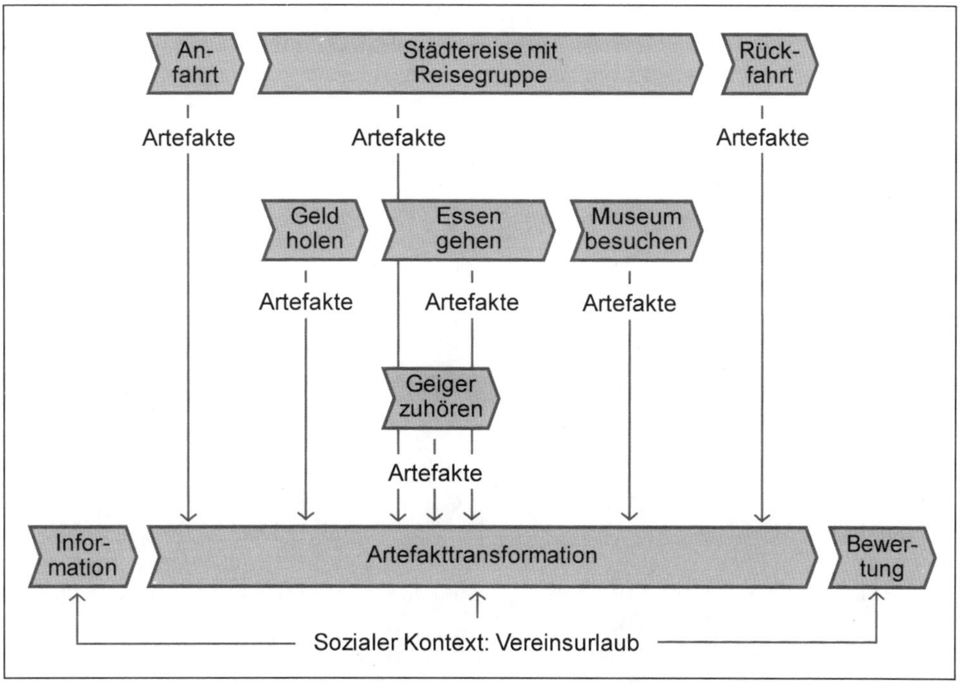

Abbildung 2: Artefakttransformation in einem beispielhaften Experience-Raum

Zusammenfassend kann festgestellt werden: Der Experience-Raum kann Leistungen mehrerer Anbieter umfassen, die der Konsument situativ auf Basis des konkreten sozialen Kontextes zu einer Gesamtleistung zusammenfügt. Die Leistungsprozesse der Anbieter können dabei sequenziell oder parallel ablaufen. Des Weiteren können die beteiligten Anbieter den Experience-Raum mit konkurrierenden oder komplementären Artefakten anreichern. Eine Koordination der Artefaktübermittlung scheint daher sinnvoll, aber problematisch, weil der Experience-Raum ein situatives Konstrukt darstellt und die Komposition der Gesamtleistung sowie die Anbieterauswahl dem Konsumenten obliegen. Ein möglichst hohes Maß an Bedürfnisbefriedigung erscheint daher nur durch *kontextadaptive* Artefaktgenerierung und -übermittlung möglich.

3. Experiences im Kontext der Informatisierung

Den Konzepten der Informationstechnologie kann eine potenziell substanzielle Bedeutung im Rahmen der Generierung und Übermittlung von Experience-Artefakten zugesprochen werden, weil sie umfassend in das soziale Umfeld von Konsumenten eingedrungen sind und kontextadaptiv eingesetzt werden können.

Im Folgenden werden zunächst bedeutend erscheinende Konzepte der Informatisierung vorgestellt und deren Eignung zur Generierung von Artefakten mit Experience-Potenzial diskutiert. Im Anschluss wird das Konzept der Kontextadaption entfaltet und in Dimensionen aufgespalten. Hierauf aufbauend werden die relevanten Planungs- und Entscheidungsaspekte im Rahmen der informationstechnologisch gestützten Generierung und Übermittlung von kontextadaptiven Artefakten erläutert.

3.1 Ausgewählte Ansätze der Informatisierung

Der *Begriff Informatisierung* beschreibt die zunehmende Durchdringung der Gesellschaft mit Informationstechnologien. Dieser Prozess wird heute hauptsächlich von internetbasierten Ansätzen gestützt und hat wesentlich zur Vernetzung der Gesellschaft beigetragen. Im Folgenden werden das E-Commerce-Konzept, zentrale Social Media-Ansätze und kontextsensitive Erscheinungsformen der Informatisierung diskutiert und deren Experience-Potenziale eingeschätzt.

Electronic-Commerce (E-Commerce) kann verstanden werden als Anbahnung, Durchführung und Abwicklung von ökonomischen Transaktionen über das Internet (Meier/ Stormer 2009). Transaktionen zwischen Unternehmen und Konsumenten werden üblicherweise mit dem Begriff Business-to-Consumer (B2C) belegt. Wird vom Konsumenten ein mobiles Endgerät verwendet, findet regelmäßig der Begriff des Mobile-Commerce (M-Commerce) Anwendung. Leistungs- oder unternehmensspezifische Onlineforen (wie beispielsweise von Nambisan/Watt 2011 untersucht) können dem Konzept des E-Commerce zugerechnet werden, weil solche Konstrukte regelmäßig auf die Anbahnungs- und/oder After-Sales-Phase ausgerichtet sind.

Social Media ist hingegen ein Sammelbegriff für eine Technologieklasse, die den Konsumenten in die Lage versetzt, „auf Interaktion abzielende Beiträge in Form von Text, Bildern, Video oder Audio […] für einen ausgewählten Adressatenkreis einer virtuellen Gemeinschaft oder für die Allgemeinheit [zu veröffentlichen]" (Hettler 2010). Typische Ausprägungen sind Blogs, Podcasts und Soziale Netzwerke. Blogs und Podcasts sind Journale, die von einer oder mehreren Personen regelmäßig mit bestimmten Sachverhalten, Erfahrungen oder Meinungen angereichert und an ein definiertes Netzwerk oder öffentlich zugänglich publiziert werden (Ebersbach et al. 2008). Während die Inhalte von Blogs regelmäßig aus textlichen Nachrichten bestehen, werden bei Podcasts Video- oder Audiobotschaften orts- und zeitunabhängig zur Verfügung gestellt (Krugmann/Pallus

2008). *Soziale Netzwerke* im hier diskutierten Rahmen sind „Plattformen [...] und Netzwerke, die darauf abzielen, den Aufbau und die Pflege von Beziehungen und den damit zusammenhängenden Informationsaustausch und die Kommunikation mit den Beteiligten im Internet zu erleichtern" (Hettler 2010). Die konkreten Funktionen solcher Netzgemeinschaften sind abhängig vom jeweiligen Plattformbetreiber und können sich deutlich unterscheiden.

Neben E-Commerce und Social Media wird der Informatisierungsprozess aktuell in erheblichem Umfang durch *kontextsensitive und abstrahierende Konzepte* getragen (Hehl 2008). Kontextsensitive Informationssysteme passen ihr Verhalten an die konkrete Umgebung an, in der sie verwendet werden (Abowd et al. 1999). Abstrahierende Konzepte verfolgen das Ziel, für den Nutzer unwesentliche Merkmale zu eliminieren. In der Literatur werden vermehrt die Konzepte der Augmented Reality, des Ubiquitous Computing und des Cloud Computing diskutiert (Mattern 2007; Ehmer 2009; Schiller 2009). Augmented Reality und Ubiquitous Computing scheinen für den hier interessierenden Sachverhalt von besonderem Interesse und sollen deshalb näher erläutert werden.

Augmented Reality (erweiterte Realität) zielt darauf ab, die physische Welt mit computergenerierten Inhalten zu verbinden (Nigay et al. 2002). Azuma ordnet ein Informationssystem dann dem Augmented Reality-Konzept zu, wenn es erstens die physische Welt mit virtuellen Objekten überlagert, wenn zweitens die Interaktion zwischen den Objekten und dem Anwender in Echtzeit erfolgt und wenn es drittens die virtuellen Objekte mit den Objekten der physischen Welt verbindet (Azuma 2002). *Ubiquitous Computing* (oder Pervasive Computing) bezeichnet hingegen Informationstechnologien, „die mit alltäglichen Arbeitsumgebungen verschmelzen, in Gebrauchsgegenstände unsichtbar integriert sind bzw. Lebensräume realisieren, die intelligent auf die Gegenwart des Menschen und seine Gewohnheiten, Absichten und Emotionen reagieren" (Ferscha 2007). Dieses oftmals metaphorisch als „Internet der Dinge" oder „smarte Alltagsgegenstände" bezeichnete Konzept basiert auf Informationstechnologien, die weitestgehend im Hintergrund arbeiten und den Verwender möglichst unauffällig und ablenkungsfrei unterstützen sollen (Mattern 2007).

E-Commerce-Ansätze sowie Blogs und Podcasts können mit Bildern, Musik und Filmen angereichert werden. Sie sind daher grundsätzlich geeignet, Artefakte mit emotionalen Inhalten und mit Lifestyle-Charakter zu generieren. Die sensorische Komponente ist insofern schwerer zu adressieren, da nicht alle Sinne umfassend stimulierbar sind. Soziale Netzwerke können die sensorische und emotionale Komponente ähnlich ansprechen wie die vorgenannten Ansätze, erscheinen aber erheblich besser geeignet, Artefakte mit Lifestyle-Aspekten und relationalen Inhalten anzureichern, da ihre wesentliche Zwecksetzung in der Pflege von Beziehungen und der Selbstdarstellung von Individuen gesehen werden kann. Augmented Reality ist sehr gut geeignet, Artefakte zu generieren, die alle Experience-Dimensionen ansprechen, da die Verbindung von virtuellen Objekten und physischer Welt umfassend sensorisch, emotionalisierend, meinungsbestätigend und netzwerkbildend erfolgen kann. Bei Ubiquitous Computing-Konzepten ist die sensorische, emotionale und pragmatische Dimension insofern wenig relevant, weil die Reduktion der Interaktion zwischen System und Konsument einen Kerngedanken dieses Konzepts darstellt. Relationale Aspekte sind jedoch sehr gut implementierbar. Konzeptübergreifend ist zu beachten, dass die pragmatische Komponente (die im Wesentlichen von der Nutzerfreundlichkeit determiniert wird) einen hochindividuellen Charakter aufweist, weil sie vom konkreten Design der Anwendung abhängig ist. Die Eignungseinschätzung der diskutierten Ansätze zur Generierung von Artefakten mit Experience-Potenzial ist in Abbildung 3 zusammenfassend dargestellt.

Ansatz	Sensorisch	Emotional	Pragmatisch	Lifestyle	Relational
E-Commerce	+	++	+++/0	++	+
Blogs und Podcasts	+/0	++	+++/0	++	+
Soziale Netzwerke	+	++	+++/0	+++	+++
Augmented Reality	+++	+++	+++/0	+++	+++
Ubiqutious Computing	0	0	0	++	+++

+++ sehr hohe Eignung ++ hohe Eignung + geringe Eignung 0 sehr geringe / keine Eignung

Abbildung 3: Experience-Potenzial ausgewählter Ansätze der Informatisierung

3.2 Kontextadaptivität

Adaptivität bezeichnet gewöhnlich die Fähigkeit, in Abhängigkeit von einer konkreten Situation alternativ und adäquat zu reagieren. In der Literatur werden Begriffe wie „Adaptive IT Use" oder „Adaptive Computing" meist aus einer primär technischen Perspektive interpretiert, indem ihnen Bedeutungsinhalte wie die flexible Ressourcenzuordnung von Prozessoren und Speicherbänken oder die dynamische Anpassung von Rechenzentrumsleistungen zugeordnet werden (Oswald 2003; Sun 2008). In diesem Kontext werden üblicherweise Szenarien diskutiert, die eine flexible IT-Architektur in Unternehmen beschreiben, mit deren Hilfe sich kontinuierlich wandelnde Anforderungen bewältigt werden sollen.

Eine zweite Denkrichtung versteht die Fähigkeit zur Anpassung an den Kontext des Nutzers (hier: des Konsumenten) als konstituierendes Merkmal für adaptive Informationssysteme (Weiser 1991; Schilit et al. 1994; Brown et al. 1997). Samulowitz arbeitet heraus, dass Informationssysteme dann kontextadaptiv sind, wenn sie ihre Funktionalitäten an geeigneten Kontextinformationen ausrichten (Samulowitz 2002). Nach Abowd et al. (1999) sind Kontextinformationen diejenigen Bedeutungsinhalte, die benutzt werden können, um die Situation einer Person, eines Ortes oder eines Objektes zu charakterisieren. Brown et al. (1997) ergänzen die Dimension Zeit und spezifizieren die Dimension Ort anhand so genannter Umgebungsvariablen wie Temperatur oder Licht.

Die Fähigkeit zur *Kontextadaption von Informationssystemen* kann somit durch die Ausprägung folgender *Dimensionen* beschrieben werden:

- Alle Aspekte, die die Identität des Konsumenten beschreiben, werden in der Dimension *Individuum* zusammengefasst. Beispiele hierfür sind demografische Merkmale wie Alter und Geschlecht oder sozioökonomische Merkmale wie Gehalt und Beruf.
- Die Dimension *Ort* umfasst alle Aspekte, die den Aufenthaltsort des Konsumenten spezifizieren. Hierzu gehören beispielsweise die geografische Lage und die aktuelle Temperatur.
- Aspekte, die Ge- oder Verbrauchsgüter, Immobilien und ähnliche Konstrukte beschreiben, werden in der Dimension *Objekt* gebündelt.
- Als weitere Dimension wird die aktuelle *Zeit* berücksichtigt. Diese beinhaltet sowohl das aktuelle Datum und damit die Jahreszeit als auch die aktuelle Uhrzeit und den aktuellen Tagesabschnitt.

Die Kontextadaption auf der Ebene des Individuums ist grundsätzlich von der Qualität und Quantität der verfügbaren spezifischen Informationen abhängig. Je mehr und präzisere personenbezogene Informationen zur Verfügung stehen, desto besser kann die Kontextadaption erfolgen. Blogs und Podcasts haben tendenziell einen massenmedialen Charakter. E-Commerce-Ansätze, soziale Netzwerke, Augmented Reality und Ubiquitous Computing sind hingegen ausgezeichnet geeignet, persönliche Daten zu sammeln und diese in konkreten Situationen kontextadaptiv zu verwenden. E-Commerce-Ansätze und Social Media sind allerdings entweder auf eine Systemanmeldung oder auf Identifikationsheuristiken angewiesen, weswegen ein adaptives Verhalten solcher Ansätze unter Umständen nicht oder nur begrenzt möglich ist. Die exakte Identifikation des Ortes und die Zuordnung relevanter Attribute sind mit Augmented Reality und Ubiquitous Computing-Ansätzen anhand geeigneter Technologien realisierbar. E-Commerce, Blogs, Podcasts und soziale Netzwerke sind auch in diesem Zusammenhang auf Heuristiken wie beispielsweise IP-Adresslokalisierung angewiesen. Während Augmented Reality konkrete Objekte erkennt und mit virtuellen Inhalten anreichert, sind Ubiquitous Computing-Ansätze in solche Objekte integriert. Eine Kontextadaption auf der Ebene Objekt ist daher ausgezeichnet möglich. E-Commerce-Ansätze können ebenfalls objektspezifische Informationen liefern, der Aufwand zur Objektidentifizierung durch den Nutzer ist allerdings substanziell höher. Blogs, Podcasts und soziale Netzwerke sind hingegen nur bedingt zur Objektadaption geeignet. Die Dimension Zeit ist von allen Ansätzen sehr gut zur Kontextadaption nutzbar, weil der konkrete Nutzungszeitpunkt grundsätzlich bekannt ist und daher zeitadaptive Informationen platziert werden können. Blogs und Podcasts übermitteln allerdings regelmäßig komplexe und zeitpunktbezogene, statische Beiträge. Daher ist die Adaptionsleistung dieser Ansätze als gering einzustufen.

In Abbildung 4 findet sich eine zusammenfassende Beurteilung der Fähigkeit zur Kontextadaption der diskutierten internetbasierten Ansätze.

Ansatz	Individuum	Ort	Objekt	Zeit
E-Commerce	++	0	++	+++
Blogs und Podcasts	0	0	0	+
Soziale Netzwerke	++	0	+	+++
Augmented Reality	+++	+++	+++	+++
Ubiquitous Computing	+++	+++	+++	+++

+++ sehr hohe Eignung ++ hohe Eignung + geringe Eignung 0 sehr geringe / keine Eignung

Abbildung 4: Ausgewählte Ansätze der Informatisierung und Kontextadaption

3.3 Informationstechnologisch gestützte Generierung und Übermittlung von Artefakten

Konzepte der Informationstechnologie durchdringen das soziale Umfeld des informatisierten Konsumenten umfassend und sind daher geeignet, elektronisch generierte Experience-Artefakte in konkrete Experience-Räume zu übermitteln. Crosby und Masland (2009) beschreiben einen dreistufigen Prozess zur Innovation von Customer Experiences, der sich aus den Phasen Prioritäten setzen, tiefes Kundenverständnis erlangen sowie Generieren und Evaluieren von Ideen zusammensetzt. Zusätzlich ist der Instrumenteeinsatz zu planen und zu koordinieren. Darüber hinaus sind geeignete Kontrollaktivitäten zu initiieren.

Beim Festlegen von Prioritäten ist einerseits zu hinterfragen, ob Customer Experiences besser geeignet erscheinen als andere Maßnahmenbündel, um die Bedürfnisbefriedigungspotenziale einer konkreten Leistung zu erhöhen. Andererseits sind die unternehmensinternen Voraussetzungen zu evaluieren, ob und inwieweit konkrete informationstechnologische Konzepte innerhalb eines bestimmten finanziellen Rahmens realisierbar sind. Im Folgenden soll vertiefend die Analyse des Experience-Raums zur Erlangung eines experienceorientierten und tiefen Kundenverständnisses erläutert werden. Anschließend sollen relevante Planungs-, Koordinations- und Kontrollaktivitäten diskutiert werden, die dem Instrumenteeinsatz vor- und nachgelagert sind.

3.3.1 Analyse des Experience-Raums

Der Experience-Raum ist ein komplexes, situatives und zeitlich begrenztes gedankliches Konstrukt, das den relevanten Kontext beschreibt, aus dem Experiences für einen Konsumenten emergieren. Er umfasst regelmäßig Leistungen mehrerer Anbieter und den sozialen Kontext des Leistungsverzehrs.

Die Komplexität der Analyse ergibt sich einerseits aus der Vielschichtigkeit des Konstrukts und andererseits aus der Überlegung, dass jeder Konsument einen individuellen

Experience-Raum auf Basis subjektiver Kriterien komponiert. Zur Durchführung einer systematischen Analyse wird der Experience-Raum daher anhand folgender Aspekte betrachtet:

(1) Leistungsbündel des Anbieters,
(2) Typische soziale Kontexte des Leistungsverzehrs sowie typische sequenzielle und parallele Leistungsprozesse anderer Anbieter,
(3) Stimulierungsintensität der Experience-Komponenten.

Zu (1): *Leistungsbündel des Anbieters*: Die Artefaktübermittlung und Transformation in Experiences ist ein hoch integrativer Prozess. Daher erscheint es sinnvoll, den Gesamtprozess in Interaktionsketten zu zerlegen, wobei eine solche Kette aus einer Anzahl an Interaktionsgliedern besteht, die eine Nachricht (im Sinne der Übermittlung einer Information) oder die Übermittlung eines (gegebenenfalls veredelten) Objekts repräsentieren. Diese Schnittstellen zwischen Leistungsanbieter und Konsument erscheinen besonders geeignet, Experience-Artefakte in den Leistungsprozess zu integrieren. Zu beachten ist hierbei, dass Interaktionsketten sowohl vom Nachfrager als auch vom Anbieter initiiert werden können. Eine vom Anbieter ausgelöste Interaktionskette findet sich beispielsweise während der Leistungserstellung eines Restaurants, wenn eine Servicekraft auf bestimmte Speisen oder Getränke unaufgefordert aufmerksam macht und diese empfiehlt.

Zu (2): *Typische soziale Kontexte des Leistungsverzehrs* sowie *typische sequenzielle und parallele Leistungsprozesse anderer Anbieter*: Zwar komponieren Konsumenten die Gesamtleistung individuell auf Basis ihrer Vorlieben und des sozialen Kontexts. Es kann aber davon ausgegangen werden, dass die komponierten Leistungen zu idealtypischen Kontextklassen zusammengefasst werden können, die durch ein akzeptables Maß an Homogenität charakterisiert sind. So könnte der bereits in Punkt 2 beispielhaft erläuterte Restaurantbesuch typischerweise im Kontext einer Städtereise stattfinden oder als Treffpunkt für Vereinsmitglieder fungieren. Nach der Identifikation der Kontextklassen können die idealtypischen vor- und nachgelagerten sowie parallelen Leistungsprozesse anhand geeigneter Methoden wie Befragungen oder dem Customer Insight-Konzept identifiziert werden.

Zu (3): *Stimulierungsintensität der Experience-Komponenten*: Auf Basis der typischen sozialen Kontexte und der typischen Leistungsprozesse der Gesamtleistung sind sensorische, emotionale, kognitive, pragmatische und relationale Stimuli sowie die Lifestyle-Komponente hinsichtlich der zu erwartenden Bedürfnisbefriedigungspotenziale zu evaluieren. Im Rahmen eines Restaurantbesuchs, der während einer Hochzeitsreise stattfindet, kann beispielsweise bereits intuitiv vermutet werden, dass sensorische und emotionale Reize ein höheres Experience-Potenzial aufweisen als kognitive oder pragmatische Stimuli.

Im Ergebnis ist der Leistungsanbieter in der Lage, Interaktionsschnittstellen zu benennen, die geeignet sind, informationstechnologisch gestützte Artefakte in den Leistungsprozess zu integrieren. Er kann vor- und nachgelagerte Leistungsprozesse, den sozialen

Kontext des Leistungsverzehrs beschreiben und diejenigen Stimuli benennen, die hohe Experience-Potenziale je Kontextklasse aufweisen.

3.3.2 Planungs- und Koordinationsaktivitäten

Die *Planung des Artefakteinsatzes* ist auf Grundlage der Erkenntnisse der oben erläuterten Analyse des Experience-Raums durchzuführen. Sie kann in folgende *Schritte* zergliedert werden:

(1) Auswahl der informationstechnologischen Konzepte zur Artefaktübermittlung,
(2) Artefaktinnovation,
(3) Prüfung der Nutzungseignung bestehender Plattformen zur Artefaktübermittlung.

Zu (1): *Auswahl der informationstechnologischen Konzepte zur Artefaktübermittlung*: Diese ist erstens von der Verfügbarkeit und Verwendbarkeit einer bestimmten Technologie im Rahmen des Leistungsprozesses, zweitens von der Stimulierungseignung der einzelnen Experience-Komponenten und drittens von der Ähnlichkeit und Anzahl typischer Experience-Räume abhängig. Anhand der ersten Überlegung sind diejenigen informationstechnologischen Konzepte zu eliminieren, die den Konsumenten während des Leistungsprozesses nicht zur Verfügung stehen bzw. von ihnen nicht verwendet werden können. Der zweite Entscheidungsaspekt kann unter Einbeziehung der Einschätzung des Experience-Potenzials ausgewählter Ansätze der Informatisierung (Abbildung 3) erfolgen: Zur Übermittlung von Experience-Artefakten an den Konsumenten im Zuge des bereits angesprochenen Restaurantbesuchs während einer Hochzeitsreise erscheinen Augmented Reality-Anwendungen besser geeignet als Social Media-Konzepte und sollten daher für solche Experience-Klassen bevorzugt werden. Die Ähnlichkeit und Anzahl typischer Experience-Räume wiederum determiniert das Ausmaß an benötigter Kontextadaption zur bestmöglichen Ausrichtung der Artefakte auf einen konkreten Experience-Raum. Je mehr typische Experience-Räume existieren und je unähnlicher diese sind, desto höher ist das Maß an erforderlicher Kontextadaption, wobei die Art der Adaption (Individuum, Ort, Objekt, Zeit) zu berücksichtigen ist.

Zu (2): *Artefaktinnovation*: Nach der Identifizierung geeigneter Konzepte zur Artefaktübermittlung sind die konkreten Artefakte zu generieren, die vom Konsumenten in Experiences umgewandelt werden sollen. Das Management des Innovationsprozesses ist in der entsprechenden Literatur umfassend beschrieben (Disselkamp 2005; Homburg/Krohmer 2009) und soll hier nicht vertiefend erklärt werden. Zu beachten ist allerdings, dass die zu generierenden Artefakte auf diejenigen Experience-Komponenten auszurichten sind, die das größtmögliche Bedürfnisbefriedigungspotenzial aufweisen. Außerdem müssen sie in geeignete Interaktionsschnittstellen integrierbar sein.

Zu (3): *Prüfung der Nutzungseignung bestehender Plattformen zur Artefaktübermittlung*: In Abhängigkeit der Ergebnisse der Analyse des Experience-Raums ist es möglich, dass Artefakte mit Experience-Potenzial über bestehende Plattformen anderer Unternehmen übermittelt werden können oder müssen. Diese Konstellation findet sich regelmäßig bei den Ansätzen der Social Media und ist im Rahmen der Planung entsprechend zu berücksichtigen. Mittlerweile sind eine Reihe von Beiträgen erschienen, die aufzeigen, welche Regeln im Umgang mit solchen Konzepten zu beachten sind, um dysfunktionale Effekte weitgehend zu vermeiden (Bernoff/Schadler 2010; Weinberg 2010). Sie sollen an dieser Stelle nicht vertiefend behandelt werden. Ist die Nutzung bestehender Plattformen nicht möglich oder sinnvoll, dann ist der Aufbau einer geeigneten Infrastruktur in die Planung zu integrieren.

Die notwendigen Koordinationsaktivitäten basieren ebenfalls auf den Ergebnissen der Analyse des Experience-Raums und beziehen sich auf die Abstimmung und Integration von Artefakten anderer Anbieter in den Leistungsprozess. Hierfür ist zu klären, welche Leistungsprozesse in welcher Häufigkeit vor- und nachgelagert oder parallel in der Gesamtleistung enthalten sind und inwieweit Synergieeffekte durch gemeinsame und abgestimmte Artefaktgenerierung und -übermittlung realisierbar sind.

3.3.3 Kontrollaktivitäten

Customer Experiences sind ein vielschichtiges Phänomen, das den Konsumenten auf der sensorischen, der emotionalen, der kognitiven, der pragmatischen und der relationalen Ebene stimulieren soll und eine Lifestyle-Komponente beinhaltet. Ihr Einsatz soll das Bedürfnisbefriedigungspotenzial von Leistungen erhöhen und damit Differenzierungsvorteile ermöglichen.

Informationstechnologisch generierte und übermittelte Artefakte, aus denen Experiences emergieren, müssen daher einen substanziellen Nutzen für den Konsumenten stiften. Zur *Messung der Experience-Qualität* haben Chang und Horng einen 38 Items umfassenden Fragebogen entwickelt, den sie anhand geeigneter statistischer Verfahren auf die Faktoren Umfeld (physical surroundings), Kunde (customers themselves), Leistungsanbieter (service provider), andere Kunden (other customers) und Begleiter des Kunden (customers companions) verdichten (Chang/Horng 2010).

Die Experience-Qualität kann als Indikator für die Bedürfnisbefriedigung angesehen werden und ermöglicht einen Vergleich mit der Situation vor der Implementierung neuer Artefakte, wenn entsprechende Daten im Vorfeld aufgenommen wurden, einen Vergleich der Wirkungsstärke unterschiedlicher Artefakte und einen Soll-Ist-Vergleich.

4. Zusammenfassende Darstellung

Customer Experiences, verstanden als situatives und mehrdimensionales Konstrukt, das durch Interaktion des Konsumenten mit dem Experience-Raum emergiert und in eine sensorische, kognitive, pragmatische, Lifestyle- und relationale Komponente aufgespalten werden kann, erlauben es Leistungsanbietern, Differenzierungsvorteile gegenüber dem Wettbewerb zu erlangen. Konzepte der Informationstechnologie durchdringen das soziale Umfeld des informatisierten Konsumenten umfassend und sind daher geeignet, elektronisch generierte Experience-Artefakte in konkrete Experience-Räume zu übermitteln. Darüber hinaus können die Konzepte der Informatisierung unter bestimmten Umständen kontextadaptiv eingesetzt werden und somit besser auf situativ und subjektiv konstituierte Experience-Räume ausgerichtet werden.

Der Einsatz informationstechnologisch generierter Artefakte setzt systematische Analyse-, Planungs- und Kontrollaktivitäten voraus, deren zentrale Aspekte in Abbildung 5 zusammenfassend dargestellt sind.

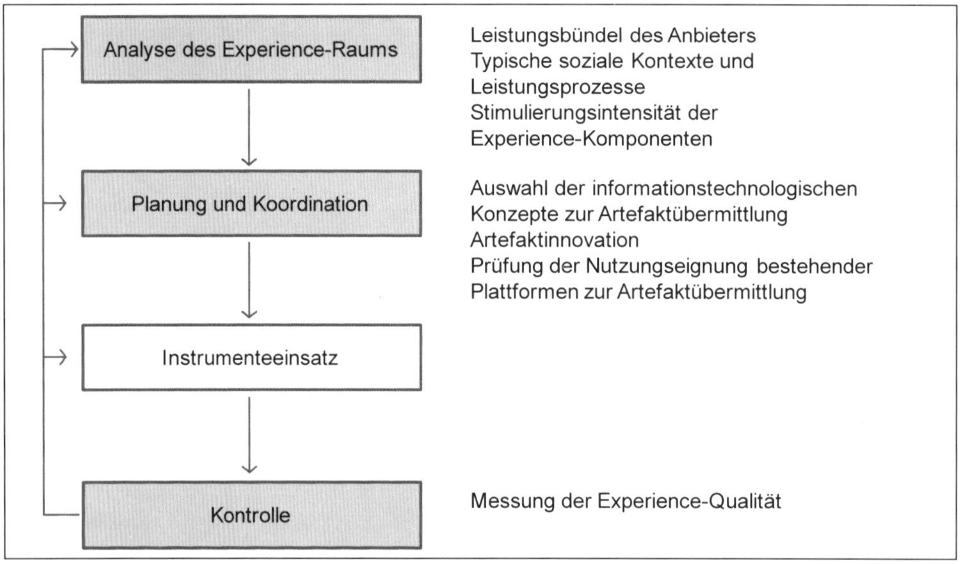

Abbildung 5: Managementaspekte der informationstechnologisch gestützten Generierung und Übermittlung von Artefakten

Offen muss an dieser Stelle bleiben, ob und inwieweit der Einsatz solcher Instrumente bei Konsumenten Abwehrreaktionen hervorrufen kann. Für den kontextadaptiven Einsatz von abgestimmten informationstechnologisch generierten Artefakten im Experience-Raum sind außerdem weitere Studien erforderlich, deren Fokus auf den konsumenten-, situations- und kontextspezifischen Dimensionen des Experience-Raums liegt.

Literaturverzeichnis

Abowd, G.D./Dey, A.K./Brown, P.J./Davies, N./Smith, M./Steggles, P. (1999): Towards a Better Understanding of Context and Context-Awareness, in: Gellersen, H.W.

(Hrsg.): Handheld and Ubiqutious Computing: First International Symposium, HUC'99, Karlsruhe, Germany, September 27-29, 1999, Proceedings, Heidelberg.

Anderson, S./Pearo, L.K./Widener, S.K. (2008): Drivers of Service Satisfaction: Linking Customer Satisfaction to the Service Concept and Customer Characteristics, in: Journal of Service Research, Vol. 10, No. 4, S. 365-381.

Azuma, R. (1997): A Survey of Augmented Reality, in: Presence: Teleoperators and Virtual Environments, Vol. 6, No. 4, S. 355-385.

Bernoff, J./Schadler, T. (2010): Wie Service 2.0 funktioniert, in: Harvard Business Manager, 32. Jg., Nr. 9, S. 22-33.

Brown, P.J./Bovey, J.D./Xian, C. (1997): Context-aware applications: from the laboratory to the marketplace, in: IEEE Personal Communications, Vol. 4, No. 5, S. 58-64.

Carù, A./Cova, B. (2003): Revisiting Consumption Experience: A More Humble but Complete View of the Concept, in: Marketing Theory, Vol. 3, No. 2, S. 267-286.

Chang, T./Horng, S. (2010): Conceptualizing and measuring experience quality: the customers's perspective, in: The Service Industries Journal, Vol. 30, No. 14, S. 2401-2419.

Crosby, L.A./Masland, J.L. (2009): Customer Experience Innovation, in: Marketing Management, Vol. 18, No. 2, S. 10-11.

Disselkamp, M. (2005): Innovationsmanagement: Instrumente und Methoden zur Umsetzung im Unternehmen, Wiesbaden.

Ebersbach, A./Glaser, M./Heigl, R. (2008): Social Web, Konstanz.

Ehmer, P. (2009): Dienstleistungen im Strukturwandel: Wissensintensive Unternehmensdienste liegen im Trend, in: Deutsche Bank Research (Hrsg.): Aktuelle Themen, Frankfurt/Main, S. 1-27.

Engelhardt, W.H./Kleinaltenkamp, M./Reckenfelderbäumer, M. (1993): Leistungsbündel als Absatzobjekte: Ein Ansatz zur Überwindung der Dichotomie von Sach- und Dienstleistungen, in: Zeitschrift für betriebswirtschaftliche Forschung, 45. Jg., Nr. 5, S. 395-426.

Ferscha, A. (2007): Pervasive Computing: connected > aware > smart, in: Mattern, F. (Hrsg.), Die Informationierung des Alltags: Leben in smarten Umgebungen, Berlin u.a., S. 233-264.

Freiling, J./Reckenfelderbäumer, M. (2010): Markt und Unternehmung, 3. Aufl., Wiesbaden.

Fynes, B./Lally, A.M. (2008): Innovation in Services: From Service Concepts to Service Experiences, in: Hefley, B./Murphy, W. (Hrsg.): Service Science, Management and Engineering Education for the 21st Century, New York, S. 329-333.

Gentile, C./Spiller, N./Noci, G. (2007): How to Sustain the Customer Experience: An Overview of Experience Components the co-create Value with the Customer, in: European Management Journal, Vol. 25, No. 5, S. 395-410.

Gupta, S./Vajic, M. (2000): The Contextual and Dialectical Nature of Experiences, in: Fitzsimmons, J.A./Fitzsimmons M. (Hrsg.): New Service Development: Creating Memorable Experiences, Thousand Oaks, S. 33-51.

Hehl, W. (2008): Trends in der Informationstechnologie: Von der Nanotechnologie bis zu virtuellen Welten, Zürich.

Hettler, U. (2010): Social Media Marketing: Marketing mit Blogs, Sozialen Netzwerken und weiteren Anwendungen des Web 2.0, München.

Homburg, C./Krohmer, H. (2009): Marketingmanagement: Stratgie – Instrumente – Umsetzung – Unternehmensführung, 3. Aufl., Wiesbaden.

Krugmann, D./Pallus, D.P. (2008): Podcasting – Marketing für die Ohren: Mit Podcasts innovativ werben, die Marke stärken und Kunden rund um die Uhr erreichen, Wiesbaden.

Mattern, F. (2007): Acht Thesen zur Informatisierung des Alltags, in: Mattern, F. (Hrsg.): Die Informatisierung des Alltags: Leben in smarten Umgebungen, Berlin u.a., S. 11-16.

Meier, A./Stormer, H. (2009): eBusiness And eCommerce: Managing the Digital Value Chain, Heidelberg, Berlin.

Meyer, C./Schwager, A. (2007): Understanding Customer Experience, in: Harvard Business Review, Vol. 85, No. 2, S. 116-126.

Morgan, M./Elbe, J./De Esteban Curiel, J. (2009): Has the experience Economy Arrived? The Views of Destination Managers in Three Visitor-sependent Areas, in: International Journal of Tourism Research, Vol 11, No. 2, S. 201-216.

Nambisan, P./Watt, J.H. (2011): Managing customer experiences in online product communities, in: Journal of Business Research, Vol. 85, No. 8, S. 889-895.

Nigay, L./Salembier, P./Marchand, T./Renevier, P./Pasqualetti, L. (2002): Mobile and Collaborative Augmented Reality: A Scenario Based Design Approach, in: Paternò, F. (Hrsg.): Human Computer Interaction with Mobile Devices: 4th International Symposium, Mobile HCI 2002, Pisa, Italy, September 18-20, 2002, Berlin, Heidelberg, New York, S. 241-255.

Nora, S./Minc, A. (1979): Die Informatisierung der Gesellschaft, Frankfurt/Main, New York.

Novak, T.P./Hoffmann, D.L./Yung, Y. (2000): Measuring the Customer Experience in Online Environments: A Structural Modeling Approach, in: Marketing Science, Vol. 19, No. 1, S. 22-42.

Oswald, O. (2003): Die „adaptive IT-Architektur“ als fundamentale Voraussetzung für komplexe Restrukturierungsprojekte, in: Duisburg-Essen Publications Online (Hrsg.), http://duepublico.uni-duisburg-essen.de/servlets/DerivateServlet/Derivate-11723/Dissertation_20030710_40bit.pdf (Zugriff: 23.08.2011).

Palmer, A. (2010): Customer experience management: a critical review of an emerging idea, in: Journal of Services Marketing, Vol. 24, No. 3, S. 196-208.

Patrício, L./Fisk, R.P./Cunha, J.F. (2008): Designing Multi-Interface Service Experiences, in: Journal of Service Research, Vol. 10, No. 4, S. 318-334.

Pine, B.J./Gilmore, J.H. (1999): The experience economy: Work Is Theater & Every Business a Stage, Boston.

Prahalad, C.K./Ramaswamy, V. (2004): Co-Creation Experiences: The Next Practice in Value Creation, in: Journal of Interactive Marketing, Vol. 18, No. 3, S. 5-14.

Rose, S./Hair, N./Clark, M. (2011): Online Customer Experience: A Review of Business-to-Consumer Online Purchase Context, in: International Journal of Management Reviews, Vol. 13, No. 1, S. 24-39.

Samulowitz, M. (2002): Kontextadaptive Dienstnutzung in Ubiqutious Computing Umgebungen, in: Digitale Hochschulschriften der LMU (Hrsg.): http://edoc.ub.uni-muenchen.de/591/1/Samulowitz_Michael.pdf (Zugriff: 23.08.2011).

Schilit, B./Adams, N./Want, R. (1994): Context-Aware Computing Applications, in: Cabrera, L./Satyanarayanan, L. (Hrsg.): Mobile Computing Systems and Applications, December 8-9, 1994, Santa Cruz, California, S. 85-90.

Schiller, K. (2009): Augmented Reality Comes to Market, in: InformationToday, 26. Jg., Nr. 11, S. 45-46.

Schmitt, B.H. (2003): Customer Experience Management: A Revolutionary Approach to Connecting with Your Customers, Hoboken.

Sun, H. (2008): Adaptive IT Use: Basics, Concepts, Methods, Saarbrücken.

Trommsdorff, V. (2009): Konsumentenverhalten, 7. Aufl., Stuttgart.

Verhoef, P.C./Lemon, K.N./Parasuraman, A./Roggeveen, A./Tsiros, M./Schlesinger, L.A. (2009): Customer Experience Creation: Determinants, Dynamics, and Management Strategies, in: Journal of Retailing, Vol. 85, No. 1, S. 31-41.

Voeth, M./Herbst, U. (2010): Dienstleistungsbegleitende Produkte, in: Georgi, D./Hadwich, K. (Hrsg.): Management von Kundenbeziehungen: Perspektiven – Analysen – Strategien – Instrumente, Wiesbaden, S. 453-468.

Weinberg, T. (2010): Social Media Marketing: Strategien für Twitter, Facebook & Co, Köln.

Weiser, M. (1991): The Computer for the 21st Century, in: Scientific American, Vol. 265, No. 3, S. 94-104.

Zanger, C. (2007): Leistungskern, in: Albers, S./Herrmann, A. (Hrsg.): Handbuch Produktmanagement: Strategieentwicklung – Produktplanung – Organisation – Kontrolle, Wiesbaden, S. 97-118.

Doreén Pick und Jens Kannler

Kundenserviceintegration als Erfolgsbaustein eines Customer Experience Management-Ansatzes im Telekommunikationssektor

---

Jun.-Prof. *Dr. Doreén Pick* ist Juniorprofessorin für Business-to-Business-Marketing an der Freien Universität Berlin. *Jens Kannler* ist Leiter Channel Management Service Small/Medium Enterprises.

1. Einleitung

Schon seit Jahren sind in zahlreichen Dienstleistungsbranchen hohe Abwanderungsraten zu beobachten (für einen Überblick Stauss/Seidel 2009, S. 145). So liegt etwa die Wechselrate im Bankgeschäft für Privatkunden bei bis zu 22 Prozent pro Jahr (Colgate/Lang 2001). Durch sehr hohe Kundenfluktuationen ist speziell der Mobilfunkmarkt gekennzeichnet, wo sich jedes Jahr mehr als 30 Prozent der Kunden dazu entschließen, ihren Anbieter zu wechseln (Lee et al. 2001; Aydin/Özer 2005, S. 920; Ahn et al. 2006, S. 552). Einer Erhebung des Instituts für Demoskopie Allensbach vom Oktober 2010 zufolge wechseln in Deutschland im Jahr ca. 10 Mio. Kunden ihren Telefon-, Internet- oder Handyanbieter (Institut für Demoskopie Allensbach 2010).

Aufgrund der jeweiligen Spezifika von Dienstleistungen stellen sich die konkreten Gründe für eine Abwanderung als sehr vielfältig dar. Eine branchenübergreifende Studie aus dem Jahr 1995 hat indes gezeigt, dass vor allem Kernservice-Fehler sowie eine unsachgemäße Kontaktaufnahme mit den Dienstleistungskunden als Hauptgründe bei Abwanderungen eine Rolle spielen (Keaveney 1995, S. 75). Dies ist ein relativ frappierender Befund, da es sich hierbei um Aspekte handelt, die von den Unternehmen unmittelbar beeinflusst und als Anhaltspunkte für eine systematische Verbesserung der Servicequalität, etwa in Form von Serviceversprechen, genutzt werden können (zu Serviceversprechen der Deutschen Telekom vgl. Gutsche et al. 2007).

Hierbei ist jedoch zu bedenken, dass die Qualitätseinschätzung von Dienstleistungen grundsätzlich subjektiv ist und auch von der Fähigkeit des Kunden abhängt, sich konstruktiv in den Dienstleistungsprozess einzubringen. Zudem muss berücksichtigt werden, dass die Komplexität des Geschäftsprozesses in den meisten Dienstleistungsunternehmen außerordentlich hoch ist, was ein zielgerichtetes Eingreifen zumindest erschwert. Viele Serviceanbieter betreuen ihre Kunden über mehrere Kommunikationskanäle bzw. Kundenkontaktpunkte (eigene Geschäfte und Handel, Contact-Center, Internet, etc.). Daraus ergibt sich die Herausforderung, sowohl Bestandskunden als auch Neukunden konsistent über alle Kanäle hinweg die erwartete Servicequalität im Prozess der Leistungserstellung zu garantieren. Eine zentrale Voraussetzung hierfür ist die Kenntnis der jeweiligen Kundenerwartungen in Bezug auf die Art der Kommunikation (persönlich, unpersönlich), den Kanal der Kommunikation und die zeitliche Erreichbarkeit des Unternehmens für leistungsbezogene und generelle Anliegen der Kunden.

Diese Faktoren können als zentrale Hebel für die Differenzierung im Wettbewerb angesehen werden, da Telekommunikationsunternehmen sich kaum noch über das eigentliche Produkt von den Konkurrenten abgrenzen können (Hogenschurz et al. 2010, S. 221; zur Commoditisierung von Dienstleistungen auch Bruhn 2011; Pick 2011, S. 432). Auch wenn Innovationen, wie das mobile Internet und Smartphones (wie z.B. das iPhone), zahlreiche Kunden in den vergangenen drei Jahren zu einem Anbieterwechsel – auch zur

Deutschen Telekom – motiviert haben, sind derartige innovative Leistungen nicht ausreichend, um die Kunden auch langfristig an das Unternehmen zu binden. Eine dauerhafte Kundenbeziehung erfordert grundsätzlich mehr als innovative Produkte und wettbewerbsfähige Preise. In einem zunehmenden Maße wird daher die Servicequalität als unabdingbare Determinante für echtes Kundenserviceerleben und damit als Grundlage für eine nachhaltige Kundenbindung und sinkende Abwanderungsraten eingeschätzt.

Der gestiegenen Relevanz der Servicequalität haben im deutschen Markt bereits mehrere Unternehmen Rechnung getragen. Ein Beispiel hierfür ist der Telekommunikationsanbieter 1&1 mit seinem seit Ende 2009 prominent in der TV-Werbung auftretenden Kundenzufriedenheitschef Marcell D'Avis (Froitzheim 2010). Das Ziel dieser dezidiert personalisierten Kampagne besteht allerdings nicht nur darin, die Qualitätswahrnehmung und Zufriedenheit zu erhöhen, sondern auch den Kundenservice prozesseffizienter zu gestalten. Dem entspricht, dass die Servicequalität in einer Studie im Bereich Telekommunikation/Medien/IT von 73 Prozent der befragten Unternehmen als sehr wichtig eingestuft wurde (Steria Mummert Consulting 2010).

Die Komplexität des Dienstleistungsgeschäfts zeigt sich ferner auch in der Anforderung an Unternehmen, die Investitionen im Kundenmanagement auf profitable Kunden zu konzentrieren. In diesem Sinne ist das Kundenbedürfnis nach einer optimalen Servicequalität in der Leistungserstellung mit den betrieblichen Investitionen in Kunden mit einem hohen Kundenwert in Einklang zu bringen. So können Ansätze der Kundenorientierung nach dem Kundenwert (Customer Lifetime Value) differenziert werden, um die begrenzten Unternehmensressourcen effizient einzusetzen und die Kundenpotenziale hinsichtlich höherwertiger oder zusätzlicher Leistungen auszuschöpfen (Up- und Cross-Selling).

Um die Notwendigkeit und Erfolgsbedingungen einer Kundenserviceintegration adäquat darlegen zu können, wird in diesem Beitrag zunächst in Kapitel 2 das Konzept der Servicequalität im Allgemeinen und dessen Relevanz für den Telekommunikationssektor im Besonderen beschrieben. In Kapitel 3 wird dann die Planung und Umsetzung der Kundenserviceintegration der Deutschen Telekom AG geschildert. Der Artikel schließt mit einer Zusammenfassung und einem Ausblick in Kapitel 4.

2. Servicequalität im Telekommunikationssektor

2.1 Telekommunikationssektor in Deutschland, der Schweiz und Österreich

Für das Jahr 2010 wurde der Branchenumsatz des *Telekommunikationssektors in Deutschland* auf insgesamt 61 Mrd. Euro geschätzt (VATM 2011). Hierbei sind auch

Umsätze der Bereiche Sprach- und Internetdienste, Datendienste und Verteilung von TV-Inhalten inbegriffen. Dabei entfielen auf den Festnetzmarkt etwa 16,7 Mrd. Euro, wohingegen der Mobilfunkmarkt 24,3 Mrd. Euro ausmachte. Insgesamt hat sich der Umsatz der Branche im Vergleich zum Jahr 2005 um 11,4 Prozent reduziert. In Deutschland gibt es 31,8 Mio. *Festnetzanschlüsse*, dies entspricht einem Rückgang von knapp 20 Prozent in einem Zehn-Jahres-Zeitraum. Gleichwohl besitzen gemäß einer im Oktober 2010 durchgeführten TNS-Erhebung noch rund 89 Prozent der Haushalte in Deutschland einen Festnetzanschluss. Verglichen mit anderen europäischen Ländern befindet sich Deutschland damit noch im oberen Feld – Belgien und Dänemark weisen beispielsweise Festnetzraten von 64 bzw. 68 Prozent der Haushalte auf. Somit kann allgemein von einem Bedeutungsrückgang des Festnetzanschlusses gesprochen werden, wobei die Kündigungsraten im Festnetzsektor seit 2010 jedoch wieder ein Stück weit geringer ausfallen. Der Branchenrückgang in der letzten Dekade ist dabei nicht zuletzt auch durch die starken Kundenverluste bei der Deutschen Telekom zu erklären: Im Vergleich zu 2001 hat die Deutsche Telekom knapp 37 Prozent der Kunden verloren. Daher wurde vor einigen Jahren ein umfassendes Restrukturierungsprogramm lanciert, das sich verstärkt den Facetten Kundenservice und Qualität widmet (o.V. 2007). Der größte Anbieter im Festnetzbereich ist die Deutsche Telekom, ihr Anteil im Mobilfunkmarkt beträgt indes etwa 30 Prozent (VATM 2011). Im Festnetzsegment hat sich die Preisentwicklung weitgehend stabilisiert, gegenüber 2005 sind die Verbraucherpreise um etwa 2,6 Prozent gestiegen.

Anders stellt sich die Situation im Mobilfunk dar. Hier sind die Endpreise um deutliche 17,2 Prozent gesunken (Statistisches Bundesamt 2011). Im *Mobilfunkmarkt* dominieren die Deutsche Telekom und Vodafone mit zusammen fast 60 Prozent der Endkundenumsätze. Insgesamt beträgt die Marktdurchdringung 133,2 Prozent, jeder Deutsche hat mithin durchschnittlich 1,3 Mobiltelefone in Betrieb. Im Bereich *DSL-Anschlüsse* wurde in 2010 ein Zuwachs um 900.000 Anschlüsse registriert. Immerhin 66,7 Prozent entfallen dabei auf die Deutsche Telekom (VATM 2011). Zu beobachten ist, dass die Deutsche Telekom in dieser Sparte klar aufgeholt hat, denn Mitte der 2000er Jahre lag der Anteil der Wettbewerber an neuen Anschlüssen noch wesentlich höher.

Im *Schweizer Telekommunikationsmarkt* wurden 2009 im *Festnetzsegment* 3,99 Mio. Verträge registriert (BAKOM 2011, S. 6). Marktführer nach der Anzahl der Kundenverträge ist Swisscom mit 68,2 Prozent, gefolgt von Sunrise mit 11 Prozent und Cablecom mit 7,6 Prozent (BAKOM 2011, S. 23). Die Marktdurchdringung im Segment *Mobilfunk* beträgt aktuell 119,7 Prozent. Dies entspricht 9,3 Mio. Verträgen (BAKOM 2011). 2009 nahm die Zahl der Mobilfunkteilnehmer um 4,8 Prozent (2008: 8,4 Prozent) sowie die Zahl der Mobilfunkteilnehmer mit Prepaid-Karte um 4,2 Prozent zu (BAKOM 2011, S. 42). Nach der Anzahl der Kunden ist der Markt mit drei Anbietern sehr konzentriert: Swisscom hat einen Anteil von 60,2 Prozent, Sunrise 19,4 Prozent und Orange 16,7 Prozent (in 2009). Im Schweizer Telekommunikationsmarkt sind enge Kooperationen mit Einzelhändlern festzustellen. So unterhält die Swisscom eine Kooperation mit dem Einzelhändler Migros, der immerhin 4,9 Prozent der Kundenbeziehungen im Markt an

Swisscom vermittelt hat; Orange arbeitet mit dem Einzelhändler Coop zusammen. In 2009 war die Zahl der Mobilfunkanschlüsse zwar größer als die Zahl der Festnetzanschlüsse (d.h. 70 Prozent), doch entfielen nur 54,8 Prozent der Verbindungen und 42,4 Prozent der Gesamtdauer der Verbindungen auf den Mobilfunk (BAKOM 2011, S. 6). Erklären lässt sich dies mit der Struktur: von 9,32 Millionen Mobilfunkteilnehmern in der Schweiz telefonierten 43,5 Prozent über Prepaid-Karten. Hier scheint eher der Wunsch nach Erreichbarkeit statt eine fortwährende Nutzungsabsicht im Vordergrund zu stehen. Im Bereich Internet stieg in 2009 die Zahl der *Internet-Endkunden* um 3,1 Prozent (BAKOM 2011, S. 32). Insgesamt gehen 2,74 Millionen Nutzer mit Breitband ins Internet. Die Swisscom ist auch bei Internet-Angeboten mit 53,2 Prozent Marktanteil der Marktführer, gefolgt von Cablecom (17,2 Prozent) und Sunrise (10,2 Prozent) (BAKOM 2011, S. 35).

In 2008 betrug der Gesamtumsatz auf dem *österreichischen Telekommunikationsmarkt* rund 4,3 Mrd. Euro. Schon in den Vorjahren sind Rückgänge in den Endkundenumsätzen zu verzeichnen gewesen, dieser Trend hat sich auch von 2008 auf 2009 fortgesetzt. Der Endkundenumsatz betrug 2009 etwa 4,13 Mrd. Euro (Rundfunk & Telekom Regulierungs-GmbH 2009, S. 141). 63,1 Prozent der Umsätze entfallen dabei auf den Mobilfunkbereich, rund ein Viertel wird im Bereich Festnetzsprachtelefonie und 11 Prozent der Gesamtumsätze werden im Bereich Breitband-Internet erwirtschaft. Im *Festnetz* bestehen 2,66 Mio. Anschlüsse, wobei die Zahl leicht um 0,41 Prozent zurückgegangen ist. Zwar ist dieser Rückgang als gering einzuschätzen, die vom Festnetz ausgehenden Gesprächsminuten haben sich dabei allerdings von 2008 zu 2009 erheblich um 18,17 Prozent reduziert. Ein Grund hierfür ist die partielle Substitution der Gespräche durch Mobiltelefonie, Voice of Information (VoI) und Private Nachrichten (PN). Im *Mobilfunksegment* hat die Telekom Austria quasi ein Monopol mit circa 60 Prozent Marktanteil nach Gesprächsminuten inne und ist nach Kundenzahl in 2010 um 5,6 Prozent gewachsen, gefolgt von Tele2 mit einem Marktanteil von unter 25 Prozent (Rundfunk & Telekom Regulierungs-GmbH 2009, S. 147). 2009 waren rund 11,4 Mio. Mobilfunkanschlüsse registriert (Rundfunk & Telekom Regulierungs-GmbH 2009, S. 142). Derzeit telefonieren etwa 5,1 Mio. Kunden über die Telekom Austria, die Abwanderungsrate liegt bei 14,1 Prozent (Telekom Austria Group 2011). Hauptanbieter sind neben dem Marktführer auch T-Mobile, Orange und Hutchison. Im Segment *Internet* wurden 2009 etwa 1,29 Mio. Breitband-Anschlüsse registriert, was einem Zuwachs von 33,95 Prozent zum Vorjahr entsprach.

2.2 Konzept und Bedeutung der Servicequalität

In der Dienstleistungsliteratur und -praxis ist das *Konzept der Servicequalität* eine wichtige Größe, um zum einen bewerten zu können, wie Kunden die Leistung eines Unternehmens einschätzen und zum anderen darauf basierend mögliche Verbesserungen in der Leistungserstellung vorzunehmen (unter anderem Turel/Serenko 2006, S. 315). Unter der Servicequalität bzw. Dienstleistungsqualität wird die Fähigkeit von Anbietern verstanden, die Leistungen entsprechend der Kundenerwartungen zu erstellen und anzubieten (Bruhn 2008, S. 38). Dabei werden drei Dimensionen unterschieden: Potenzial-, Prozess- und Ergebnisdimension (Donabedian 1980; Bruhn 2008, S. 50). Die *Potenzialqualität* umfasst die sachlichen, organisatorischen und persönlichen Leistungspotenziale eines Dienstleistungsunternehmens, z.B. die Betriebsstätten, in denen später die Dienstleistungen erbracht werden oder die Zugangszeiten zum Kundendienst. Die *Prozessqualität* fokussiert sich hingegen auf die Qualität während der Leistungserstellung, d.h., die konkret erlebbare Interaktion mit den Servicemitarbeitern und die Qualität von Beratungsgesprächen. Die Prozessqualität wird auch als Funktionsqualität bezeichnet. Diese umfasst somit vor allem die Kundenbewertung des Prozesses der Dienstleistungserbringung, also die Natur der Kunden-Mitarbeiter-Interaktion (Parasuraman 1987, S. 41). Mit der *Ergebnisqualität* ist schließlich die Beurteilung des Leistungsbündels (Dienstleistung, Produkt) nach der Erstellung gemeint. Dies kann beispielsweise die wahrgenommene Zeitersparnis durch einfach erreichbare Kommunikationskanäle sein (Hogenschurz et al. 2010, S. 220 f.).

Das Konzept der Servicequalität ist von essentieller Bedeutung, da damit einerseits die Einschätzung der Kunden hinsichtlich der Leistung erfasst werden kann. Andererseits kann das Konzept herangezogen werden, um die Wirkung geringer oder hoher Qualität auf Kundenzufriedenheit, Absichten und Verhalten zu identifizieren. Insbesondere eine als niedrig wahrgenommene Servicequalität kann sich nachhaltig negativ auf Kundeneinstellungen, Absichten und Verhalten auswirken. Geht es bei Kundeneinstellungen und -intentionen speziell um die Zufriedenheit, die Abwanderungs- bzw. Wechselbereitschaft und die Bereitschaft zu negativem Word-of-Mouth (WOM), kennzeichnet sich das Kundenverhalten durch konkrete Beschwerden bzw. negativer WOM und Abwanderung. Auf einzelne Befunde der Marketingwissenschaft gehen wir im Weiteren kurz ein.

In Bezug auf die *Zufriedenheit* sind die Konzepte der generellen Zufriedenheit mit der Servicequalität eines Anbieter und der Zufriedenheit mit einzelnen Facetten der Servicequalität zu unterscheiden. Die generelle Zufriedenheit mit Telekommunikationsanbietern hat etwa in den USA von Mitte der 1990er Jahre bis Mitte der 2000er Jahre hohe Rückgänge verzeichnet. In den letzten Jahren war jedoch eine leichte Erholung zu konstatieren. Der Zufriedenheitswert hat sich inzwischen auf 73 Prozent eingependelt (American Customer Satisfaction Index 2011). Gründe hierfür können in einem massiven Rückgang der Telefonminutenpreise und – damit verbunden – gesunkenen Deckungsbeiträgen sowie in der daraus folgenden Verlagerung zahlreicher Funktionen in self-service techniques gesehen werden. In einer Studie über den deutschen Mobilfunkmarkt wurde festgestellt, dass vorrangig drei Facetten die Kundenzufriedenheit beeinflussen: Bewertung der Netzstruktur, Preiseinschätzung (Tarife, Konditionen) und persönlicher Nutzen (Gerpott et al. 2001, S. 267). Während diese Befunde nicht überraschen, haben die Autoren darüber hinaus auch festgestellt, dass der Faktor Customer Care keine signifikante Wirkung auf Kundenzufriedenheit und Bindung hat. Die Autoren begründen dies mit der Funktion von Customer Care als Hygienefaktor bzw. Mindeststandard. Wenn der Kundenservice also als niedrig eingeschätzt wird, wirkt sich dies unmittelbar auf die Unzufriedenheit aus. Bei einer Übererfüllung der Anforderungen tritt jedoch keine Erhöhung der Kundenzufriedenheit ein. Die Herausforderung für den Telekommunikationssektor besteht darin, dass die Unternehmen sich nicht mehr nur aneinander messen lassen müssen, sondern die Kunden auch den Vergleich mit den Standards aus anderen Wirtschaftszweigen vornehmen und damit die Ansprüche an Servicequalität kontinuierlich wachsen. In der Konsequenz müssen Telekomanbieter nicht nur die Entwicklung und die Wettbewerbsmaßnahmen auf dem eigenen Markt beobachten, sondern auch verwandte Dienstleistungsbranchen einbeziehen. Eine positive Wirkung der Servicequalität auf die Kundenzufriedenheit und daraus abgeleitet die Preistoleranz (d.h. Akzeptanz von Preiserhöhungen) hat eine andere Studie bei Mobilfunkkunden in Kanada gezeigt (Turel/Serenko 2006, S. 124).

Hinsichtlich der *Kundenabsichten* kann festgehalten werden, dass die Servicequalität Auswirkung auf die Wechselbereitschaft bzw. Kündigungsabsicht haben kann. Zwar ist die Wechselbereitschaft im deutschen Telekommunikationssektor gemäß einer Befragung durch das Institut für Demoskopie Allensbach in 2010 zum Vergleich zu 2009 eher konstant geblieben. Dennoch kann diese mit ca. 27,2 Mio. wechselbereiten Kunden doch als relativ hoch eingeschätzt werden (Institut für Demoskopie Allensbach 2010). Andere Studien berichten von geringeren Kündigungsabsichten von 12 bis 17 Prozent (vgl. Abbildung 1).

	T-Mobile	Vodafone	O2	E-Plus
Nein	88,0	86,0	83,0	83,0
Vielleicht	10,0	12,0	15,0	14,0
Fest eingeplant	2,0	2,0	2,0	3,0

Abbildung 1: Kündigungsbereitschaft in 2009 bei ausgewählten Mobilfunkanbietern in Deutschland, in Prozent
(Quelle: in Anlehnung an Axel Springer AG 2009)

In Bezug auf das *Kundenverhalten* kann sich eine geringe Servicequalität direkt auf die Kundenabwanderung, Beschwerden beim Unternehmen und negatives WOM-Verhalten auswirken. Eine hohe Servicequalität kann demgegenüber die Kundenloyalität stärken und eine positive Wirkung auf das Unternehmensimage ausüben (unter anderem Aydin/Özer 2005, S. 920; Turel/Serenko 2006, S. 124). Wichtig in diesem Kontext ist der Befund, dass sich viele unzufriedene Kunden nicht beschweren (Edvardsson/Roos 2003, S. 46; Stauss/Seidel 2007, S. 65ff. und die dort zitierte Literatur).

Ausgangspunkt bei der Identifikation von wahrgenommener Servicequalität und der Wirkungen ist die *Operationalisierung des Konstrukts Qualität*. Hierzu wurden in der Vergangenheit diverse Konzepte erarbeitet. Die Erfassung und Messung von Servicequalität kann dabei grundsätzlich (a) kundenorientiert, (b) unternehmensorientiert oder (c) kombiniert erfolgen. Während bei der ersten Vorgehensweise der Kunde hinsichtlich seiner Erfahrungen beobachtet oder befragt wird, werden bei unternehmensorientierten Messverfahren übergreifende Ansätze durchgeführt oder Mitarbeiter befragt (dazu ausführlich Meffert/Bruhn 2009, S. 195ff.). In den 1980er Jahren wurde das SERVQUAL-Konzept aufgestellt, das verschiedene Dimensionen der Qualität von Dienstleistungen zu erfassen versucht (Parasuraman et al. 1985; Bruhn 2008, S. 52f.). Im Rahmen dieses Ansatzes werden fünf Dimensionen definiert, die der Qualitätsbewertung dienen: Verlässlichkeit (reliability), Reaktionsfähigkeit (responsiveness), Leistungskompetenz (assurance), Einfühlungsvermögen (empathy) und Annehmlichkeit des tangiblen Umfelds (tangibles).

In der Praxis wird die Servicequalität insbesondere über Kundenbefragungen, durch die Analyse der Kundenzufriedenheit oder die Analyse von Beschwerdequoten gemessen (Steria Mummert Consulting 2010, S. 66). Während durch Kundenbefragungen durchaus gute Befunde über den Status des Qualitätsniveaus möglich sind, muss bei der Analyse von Beschwerdequoten konstatiert werden, dass sich nur ein Teil von Kunden beschwert (Stauss/Seidel 2007, S. 65ff.) und somit diese Daten letztlich nur einen kleinen Ausschnitt der möglichen Qualitätseinschätzung widerspiegeln, da sich weniger zufriedene Kunden kaum beschweren und somit wichtige Informationen über die Servicequalität nicht erfasst werden.

2.3 Befunde und Herausforderungen der Servicequalität im Telekommunikationsmarkt

Telekommunikationsleistungen zählen zu den Commodities, also zu Leistungen, die aus Sicht des Kunden kaum oder gar nicht voneinander zu unterscheiden sind und sich somit über eine höhere Preisfokussierung auszeichnen (Bruhn 2011, S. 66ff.). Die dahinter stehende Annahme ist, dass Kaufentscheidungen bei Commodities mit nur geringem kognitiven und affektiven Aufwand getroffen werden (Bruhn 2011, S. 69 f.). Faktoren, die auf die Wechselbereitschaft von Commodities einwirken, sind daher Bequemlichkeit, Preisvorteile, „Ent-Commoditisierung" durch äußere Impulse und Unzufriedenheit mit dem aktuellen Anbieter (Bruhn 2011, S. 69f.).

Im Hinblick auf die *Erfassung und Messung der Qualität* hat sich im thailändischen Telekommunikationssektor gezeigt, dass das bereits vorgestellte SERVQUAL-Konzept gut geeignet ist, die Qualität von prozessgetriebenen Dienstleistungen wie Telekommunikation, Banken, Handel und Gesundheitssektor angemessen abzubilden (Johnson/Sirikit 2002, S. 699). Die Autoren haben festgestellt, dass hohe Qualitätseinschätzungen speziell bei den tangiblen Werten erreicht worden sind, wohingegen die Qualität in Bezug auf Empathie (unter anderem persönliche Aufmerksamkeit durch Telekommunikationsmitarbeiter) deutlich geringer eingeschätzt wurde (Johnson/Sirikit 2002, S. 699). Eine eher praxisorientierte Studie hat die Anforderungen von Kunden in Bezug auf die Qualität von Servicecentern erhoben. Hier wurde für Deutschland, Frankreich und Großbritannien festgestellt, dass die vier Facetten einer schnellen Problemlösung, eines persönlichen Zugangs, die Anzahl der Kontaktkanäle sowie der Zugang der Servicemitarbeiter zu allen Kundeninformationen zentrale Aspekte darstellen (Forrester 2011, S. 4f.). Qualität kann jedoch durchaus auch in einer stark subjektiven Weise wahrgenommen werden (Froitzheim 2010, S. 76), was es für Unternehmen sehr schwierig macht, ein für alle Kundensegmente gleichermaßen hohes Qualitätsniveau zu erreichen und aufrechtzuhalten. In der Literatur werden entsprechend Maßnahmen zur Verbesserung der Servicefähigkeit und -bereitschaft der Telekommunikationsmitarbeiter angeführt, wie z.B. Qualitätskontrollen (64,9 Prozent von 37 befragten Unternehmen). Weniger verbreitet ist hingegen die Einbindung der Mitarbeiter in den Leistungsprozess (27 Prozent) (Steria Mummert Consulting 2010, S. 56).

Abbildung 2: Phasen des Dienstleistungserstellungsprozesses und ausgewählte, verbundene Qualitätsfacetten im Telekommunikationsmarkt

Wie bereits erwähnt, lässt sich die Wahrnehmung von Dienstleistungsqualität in die drei Ebenen der Potenzial-, Prozess- und Ergebnisqualität differenzieren. Zur Bewertung der *Potenzialqualität* eines Telekommunikationsunternehmens können unterschiedliche Facetten herangezogen werden. Denkbar sind dabei die Anzahl der möglichen Kontaktkanäle, eine „Call back"-Option für Kunden oder auch die Transparenz der jeweiligen Angebote. Insbesondere die Intransparenz bei einigen Telekommunikationswettbewerbern hat zur Rückkehr zum früheren Anbieter beigetragen (Rauchut 2009, S. 286). Aufgrund der Schwierigkeit der Beurteilung vieler Dienstleistungsergebnisse, was auch bei Telekommunikationsleistungen der Fall ist, gewinnt die *Prozessqualität* und damit die konkreten Erfahrungen in der Leistungserstellung für Kunden an Relevanz (Leisen/Vance 2001, S. 309). Dies wird an den Ergebnissen einer Studie deutlich, die Qualitätseinschätzungen von US-amerikanischen und deutschen Telekommunikationskunden verglichen hat. Diese Untersuchung hat offenbart, dass Kunden das deutsche Unternehmen in zahlreichen Fragestellungen deutlich schlechter einschätzen als US-amerikanische Kunden ihre jeweiligen Telekommunikationsanbieter. Die nachteilige Einschätzung des Anbieters umfasst Aspekte der Einhaltung von Leistungsversprechen, des Interesses an der Problemlösung für den Kunden, eine prompte Bereitstellung des Services, der Hilfsbereitschaft und des Verständnisses für Kundenbedürfnisse (Leisen/Vance 2001, S. 314). Gleichzeitig zeigt eine Studie von Mercer Management Consulting im Bereich Festnetz aus dem Jahr 2008, dass 55 Prozent der Befragten die Servicequalität als einen herausgehobenen Faktor für ihre Zufriedenheit ansehen (Kannler 2010). Erst mit größerem Abstand folgen die Facetten Preis (31 Prozent der Befragten) und Produkt (14 Prozent der Befragten) (zu Preiserwartungen und ihrer Rolle im Kundenmanagement auch Pick 2011). In Bezug auf die *Ergebnisqualität* können für Telekommunikationsleistungen z.B. das störungsfreie Telefonat und korrekte Monatsabrechnungen bzw. Vertragsbestandteile herangezogen werden (Edvardsson/Roos 2003, S. 54). In Abbildung 2 sind mögliche Facetten der Servicequalität von Telekommunikationsleistungen nach den drei Phasen des Dienstleistungserstellungsprozesses dargestellt. Diese Qualitätsdimensionen bilden wiederum das Kundenerlebnis und die Kundenerfahrung (Customer Experience).

Nach dieser Einführung in die Grundlagen der Servicequalität und die Literatur zur Servicequalität im Telekommunikationssektor werden im Folgenden die Ziele, Elemente, der Ablauf und die Ergebnisse des Customer Experience Managements bei der Deutschen Telekom AG näher ausgeführt.

3. Kundenserviceintegration als Baustein des Customer Experience Management

3.1 Customer Experience Management bei der Deutschen Telekom AG

3.1.1 Konzept und Zielsetzungen

Ziel des Customer Experience Managements bei der Deutschen Telekom ist es, die zentralen Einflussgrößen des Konsumentenverhaltens positiv zu beeinflussen und Kunden zu begeistern. Am jeweiligen Kontaktpunkt wird das Ziel verfolgt, zu einem hohen Anteil in einem Kontakt das Anliegen des Kunden zu lösen. Dies ist insbesondere aufgrund der zahlreichen Kontaktpunkte wie Internet, Contact-Center und Handel im Sinne eines Multi-Channel-Supports eine Herausforderung. Dem Kundenservice als nativem telefonischen und schriftlichen Kontaktpunkt für den Endkunden kommt dabei eine besonders entscheidende Rolle zu, ist er doch der Kontaktpunkt mit den meisten Anfragen. Flankierend werden Marketingaktionen genutzt, um bei vorhandener Erlaubnis des Kunden, diesen über aktuelle Aktionen oder neue Produktangebote zu informieren und somit den Erwartungen und dem Bedürfnis nach Informationen nachzukommen. Gleichermaßen bietet auch eine persönliche und möglichst emotionale Kommunikation an bestimmten, wiederkehrenden Ereignissen (z.B. Jahrestage, Geburtstage) eine Chance für die positive Beeinflussung der Kundenzufriedenheit und damit am Ende der Wirkungskette auch für die Kundenbindung.

Unter den beiden *Zielsetzungen*, den Kunden einen besseren Service im gesamten Dienstleistungsprozess anzubieten und gleichzeitig die gesetzten Unternehmensziele bei Umsatz und Ertrag zu erreichen, hat die Deutsche Telekom AG im Jahr 2007 im Deutschlandgeschäft begonnen, ihren Kundenservice neu auszurichten und damit das Thema „Customer Experience Management“ stärker in den Fokus zu rücken. Eine konkrete Zielsetzung war es, die verschiedenen Kommunikationskänale für die Kunden in den Bereichen Mobilfunk, Internet und Festnetz stärker zu bündeln und die Kunden somit „aus einer Hand“ zu betreuen. Diese Notwendigkeit ging vor allem aus der so genannten „Säulenstrategie“ des Unternehmens hervor. Dort waren das Mobilfunk-, Internet- und Festnetzgeschäft in drei unabhängig agierenden Unternehmen vertreten. In Konsequenz dessen wurden die Endkunden über verschiedene Kanäle angesprochen. Da Kunden häufig nicht nur eine Leistung von einem Anbieter kaufen und nutzen, sondern vielfach verschiedene Produkte miteinander im Paket (Bundling, z.B. Festnetzanschluss mit Internet-Flatrate und DSL-Anschluss) erwerben wollen, war eine Harmonisierung der Kontaktkanäle für die Kundengewinnung und Kundenbindung naheliegend.

Das *Konzept* des Customer Experience Management musste berücksichtigen, dass speziell Kunden mit einem hohen Kundenwert häufig einen unkomplizierten und einfachen Kontakt mit ihrem Anbieter erwarten. Zu einem exzellenten Serviceerleben zählt jedoch weit mehr als die Interaktion mit dem Anbieter. Aus diesem Grund sollten Anbieter überprüfen, was ihre Kunden erwarten und in welchem Kundensegment welche Exklusivität in der Betreuung wirtschaftlich dargestellt werden kann. Diese Balance zwischen Kundenerwartungen (Effektivität) und betrieblicher Umsetzung (Effizienz) wurde beim Aufbau des Serviceprogramms der Deutschen Telekom mit Erfolg realisiert. Die Auswahl von hochwertigen Kunden für ein Serviceprogramm ist sinnvoll, da dort profitabler in einen Kunden investiert werden kann als bei weniger wertvollen Kunden. Zudem ist eine Übertragbarkeit auf weniger anspruchsvolle Kundengruppen möglich, wenn der Einsatz bei sehr anspruchsvollen Kunden erfolgreich war. Dies setzt allerdings eine hinreichende Standardisierung der Services zu wettbewerbsfähigen Kosten voraus. Im Zusammenhang mit dem Customer Experience Management der Deutschen Telekom erhielten Privatkunden mit einem hohen Kundenwert eine einzige Rufnummer für ihre Anliegen im Bereich von Mobilfunk, Festnetztelefonie und Internet. Daneben wurden exklusive Serviceleistungen wie eine zentrale Rufnummer ohne Sprachportal (d.h. automatisierte Antwortlösung) oder für komplexe Themenfelder besonders geschulte Mitarbeiter für diese Kundengruppe umgesetzt. Dies führte im Vergleich zur Kontrollgruppe außerhalb des Programms mit den gleichen Eigenschaften (z.B. Wertigkeit, Produktausstattung) zu deutlich höheren Kundenzufriedenheitswerten. Beispielsweise waren im Breitband-/Festnetzservice die Zufriedenheitswerte bis zum Dreifachen höher. Weiterhin konnte die Lösungsquote von Kundenanliegen im Erstkontakt signifikant gesteigert werden, was wiederum die betrieblichen, materiellen Aufwendungen für die Kundenkontakte deutlich reduziert hat. Auch die Abwanderungsbereitschaft der Kunden konnte reduziert werden und lag signifikant unterhalb jener der Vergleichsgruppe bei gleichen Direktmarketing-Kampagnen.

3.1.2 Elemente und Planung

Bei dem *Aufbau eines Kundenserviceprogramms* ist zunächst relevant, die jeweiligen Kundenerwartungen zu eruieren. Zu Beginn wurden daher im Rahmen einer Marktforschung Kunden befragt, was sie von einem qualitativ hochwertigen Kundenservice im Telekommunikationssektor erwarten. Es galt, „Servicebausteine" – also prägende Elemente des Serviceerlebens – zu identifizieren, die für den Kunden relevant und gleichzeitig mit vertretbarem Aufwand umsetzbar sind. Zur initialen Auswahl bietet sich eine Matrixdarstellung an, die Kundennutzen und Kosten für das Unternehmen gegenüberstellt. Beispiele möglicher Nennungen der Telekom-Kunden sind in Abbildung 3 aufgeführt. Der eingefärbte Bereich kennzeichnet Beispielelemente einer Priorisierung.

Für die *Identifikation relevanter Kundenerwartungen* wurden zunächst öffentlich zugängliche Studien, Nennungen aus Kundenbefragungen, Ideen aus internen Brainstorming-Treffen und Kundenanliegen untersucht. Nach Auswertung der Ergebnisse wurden diese in Elemente, die absolut notwendig sind (Muss-Erwartungen), die heute die Erwartungen übertreffen und Erwartungen, die für Kunden keine besonders hohe, aber durchaus existierende Relevanz haben (Kann-Erwartungen), zusammengetragen. Dem wurden die Kosten pro Geschäftsvorfall, Kunde und Jahr gegenübergestellt.

Die Auswertungen haben ergeben, dass insbesondere die Bereitstellung einer zentralen Servicehotline als sehr wichtig von den Kunden bewertet wurde. Im Pilotbetrieb wurde den Kunden daher eine neue Rufnummer kommuniziert (0800-330-xxxx). Bislang waren stets die jeweiligen Kontaktkanäle der rechtlich selbstständigen Organisationseinheiten dem Kunden bekannt. Kunden mussten bisher bei bis zu drei Hotlines anrufen, wenn sie Fragen zu Mobilfunk, Festnetztelefonie oder Internet hatten. Die Kunden erlebten mit der Umstellung eine Serviceintegration, indem nun alle Anliegen unter einer Rufnummer gelöst werden konnten. Die höchste Relevanz hatte dies vor allem für Kunden mit Produkten in diesen drei Produktklassen, so dass zunächst diese (wertvollen) Kunden in das neue Konzept integriert wurden. Die konkrete Kommunikation der neuen Rufnummer

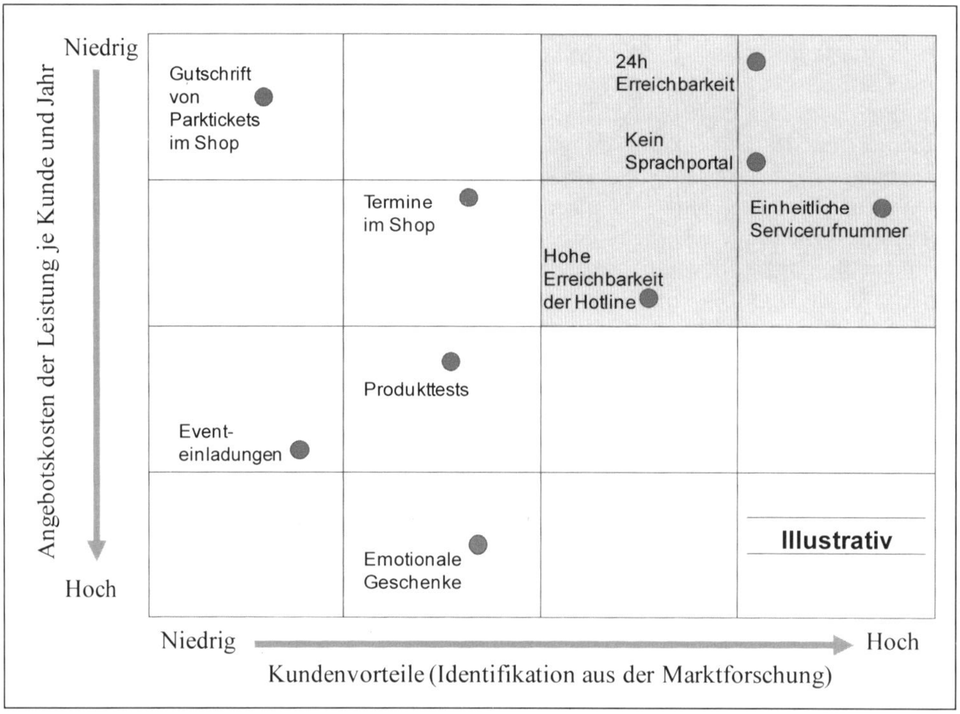

Abbildung 3: Kundenvorteile und Kostenfacetten je Serviceleistung

erfolgte erst nach Erreichung eines festgelegten Schwellenwert für die Kundenzufriedenheit in der Kundenbefragung. Facetten der Verbesserung der Servicequalität bezogen sich unter anderem auf die Reduktion der Wartezeiten bei Anrufen von Kunden in den Call Centern und der Zufriedenstellung der Kunden beim ersten Anruf (Deutsche Telekom 2007). Vorher wurden Kunden im Rahmen eines Markttests in die neue Betreuung der besonders geschulten Teams überführt. Dies bot die Chance, sukzessive aus dem neuen Konzept zu lernen und kontinuierliche Verbesserungen zu initiieren. Die Kundenfeedbacks waren insbesondere positiv bezüglich der Einfachheit und schnellen Lösungsfähigkeit der Mitarbeiter. Die Kommunikation erfolgte als Mailing, und die Servicemitarbeiter begrüßten die Anrufer im Kundenservice der Deutschen Telekom und nicht mehr mit ihren bisherigen Organisationseinheiten für Mobilfunk, Festnetz und Internet.

In der Marktforschung wurden weitere Elemente ermittelt, die eine hohe Relevanz bei der Nutzung des Kundenservices haben. Dabei wurden als erwartete Elemente genannt: kein Sprachportal zur Weitervermittlung an den Mitarbeiter (Interactive Voice Response), eine kostenlose Rufnummer, eine hohe Erreichbarkeit sowie 24-Stunden-Öffnungszeiten. Das Fehlen eines Sprachportals bildet für viele Telekommunikationsunternehmen eine zentrale Herausforderung für die Kostenstruktur. So sind lange Sprechzeiten eine gut messbare Kostengröße im Contact-Center. Eine persönliche Annahme der

Telefonate bedeutet auch die Notwendigkeit nach einem für verschiedenste Arten von Anliegen gut geschulten Personal. Für besonders komplexe Anfragen von Kunden sind in den Contact-Centern so genannte 2nd Level-Strukturen heute fest etabliert. Das bedeutet, dass jene Anliegen, die nicht unmittelbar einer Lösung zuzuführen sind, bei speziell geschulten Mitarbeitern gebündelt werden, die diese Anliegen kompetent bearbeiten können.

Aus Kundensicht ist allerdings eine unmittelbare Lösung ohne Zeitverlust in hoher Qualität und mit freundlichem Kontakt erforderlich, um dem Kundenservice Bestnoten zu geben. Insofern ist die Qualität des Personals nicht nur entscheidender Zufriedenheitsfaktor, sondern ebenso ein Hebel für eine hohe Lösungsquote im Erstkontakt und eine optimale Gesprächsdauer. Für eine Serviceintegration von Mobilfunk- und Festnetzservice sind daher gut geschulte Mitarbeiter ein wesentlicher Schlüssel zum Erfolg. Dies wurde im Projekt der Deutschen Telekom entsprechend berücksichtigt, so dass Prozess- und Systemkenntnisse sowohl für Mobilfunk, Festnetz als auch Internet im Trainingsfokus der Mitarbeiter standen. Erst wenn eine Lösung der Kundenanfrage nicht mehr möglich war, wurde die Anfrage zum jeweiligen Spezialisten der anderen Einheiten weitergegeben. Mit dieser Vorgehensweise wurde nicht nur dafür gesorgt, dass die Kundenanfrage generell gelöst wurde, vielmehr wurden damit auch eine hohe Erreichbarkeit des Kundenservice und schnelle Reaktionszeiten gewährleistet.

Als ein weiterer Baustein des Customer Experience Programms wurden die Kunden aktiv bezüglich ihrer Vertragsverlängerung mit konkreten Angeboten kontaktiert. Entsprechend der deutschen Datenschutzrichtlinien kann dies jedoch nur umgesetzt werden, wenn eine Erlaubnis für die Kontaktierung des Kunden besteht. Wirtschaftlich sinnvoll ist die Einholung der Kontakterlaubnis nach wie vor im Telekommunikationsmarkt, da dadurch nicht nur die Zufriedenheit in der Kundenbasis steigt, sondern zudem die Durchdringungsrate aller Produktkategorien gesteigert werden kann. Die Cross Selling-Aktivitäten sind aktuell weiterhin ein großer Hebel für alle Telekommunikationsunternehmen sowohl für die Bestandskundenentwicklung bezüglich Umsatz und Gewinn als auch für die Erhöhung der Kundenzufriedenheit. Allein in 2010 konnte mit derartigen Maßnahmen der Umsatz um rund 300 Millionen erhöht werden (o.V. 2011).

3.2 Umsetzung des Customer Experience Managements

3.2.1 Prozess und Phasen

Konzeptionsphase

Bei der Realisierung eines Serviceprogramms ist zunächst zu klären, wer die Zielgruppe ist, wie sich diese abgrenzen lässt und welche Anforderungen zu erfüllen sind. Weitere essentielle Größen sind die zu beeinflussenden und vor allem messbaren Kennzahlen, die im Unternehmen erreicht werden sollen. Ist dies umrissen, sollten frühzeitig die relevanten Funktionsbereiche wie Kundenservice, Marketing, Finanzen etc. eingebunden werden, so dass notwendige Ressourcen abgestimmt, die Ausrichtung verdeutlicht und Unterstützung hinsichtlich Budget oder Expertise eingeholt werden kann. Die Erfahrungen haben gezeigt, dass es bei der Etablierung eines Serviceprogramms von Vorteil ist, vor allem hochwertige Kunden zuerst für eine Marktbearbeitung auszuwählen, um zum einen die Refinanzierbarkeit der Kosten des Serviceprogramms zu ermöglichen und zum anderen anhand der Erfüllung des hohen Anspruchs an Servicequalität Erfahrungen auch für die anderen Kundensegmente zu sammeln und damit das Serviceprogramm weiterzuentwickeln.

Danach kann mit der Ausarbeitung der konkreten Serviceelemente und Schätzung der dafür anfallenden Kosten begonnen werden. Gerade die Kostenseite stellt häufig eine Herausforderung dar. Es empfiehlt sich daher, eine *Differenzkostenrechnung* anzusetzen, die den Unterschied zum Status quo erhebt und die einzelnen Parameter des Serviceangebots zumindest in Stufen skalierbar macht. So lässt sich zum Beispiel mit Antwortzeiten für schriftliche Kundenkontakte der konkrete Aufwand für die Betreuung belegen. Antwortzeiten sowie die Bearbeitungsdauer der Schreiben und die Anzahl der eingesetzten Mitarbeiter können auf Basis von Vergangenheitswerten ermittelt werden. Die für kürzere Antworten anfallenden Kosten werden somit transparent und können zur Erfolgskontrolle herangezogen werden. Welchen Effekt am Ende diese Elemente und deren Ausprägung erzielen können, sollte frühzeitig durch Kennzahlen belegbar sein. Dazu bieten sich Kundenzufriedenheitsbefragungen und Analysen der Abwanderungskennzahlen (Churn-Analyse) an. Weiterhin lassen sich Effizienzen durch die Anzahl von Mehrfachkontakten oder durch die Lösungsquote im Erstkontakt gut messbar machen. Alle Kenngrößen sollten stets mit einer Kontrollgruppe vergleichbar sein, so dass verwandte Ergebnisse verfügbar sind.

Für ein Pilotprojekt ist weiterhin zu eruieren, inwieweit eine Machbarkeitsüberprüfung für die notwendigen IT-Systeme notwendig erscheint. Weiterhin ist zu prüfen, ob die etablierten Prozesse für Kundenanliegen auf die neue Situation zu übertragen bzw. ob sie gegebenenfalls komplett neu zu erarbeiten sind. Nach diesen Prüfschritten sind die Ergebnisse den Mitarbeitern und Führungskräften im Rahmen von Schulungen vorzustellen, um frühzeitig weitere Hinweise für eine Optimierung und Akzeptanz des neuen Serviceprogramms zu schaffen. Zusätzlich empfiehlt es sich, einige Mitarbeiter intensiver zu informieren, damit diese als Multiplikatoren ihr Wissen in der täglichen Arbeit an Kollegen weitergeben können.

Pilotphase und Feinkonzeption

Im Markttest mit realen Kunden kann mit wenigen Teams ein Test der Prozesse, Anrufverteilung und Systeme erfolgen. Die Ergebnisse der Markttests können zur kontinuierlichen Verbesserung in diesen Bereichen genutzt werden. Nützlich ist dies vor allem bei einem sukzessiven Schulungsplan für Teams, Standorte oder Regionen. Mit den daraus gewonnenen Informationen lassen sich die Schulungspläne verfeinern. Weiterhin sind die Schulungen eine Chance, neue Impulse und Ideen der Mitarbeiter aufzunehmen. Eingesetzte Paten oder Multiplikatoren können zudem zu Beginn helfen, bereits erlerntes Wissen aus einem Team in ein anderes weiterzugeben und den Start zu begleiten. Als Erfolgskontrolle für die Pilotphase bietet sich zusätzlich ein Test an, um noch vor Start der Einführung eine hohe Qualität gewährleisten zu können. Im konkreten Fall war für die Kunden vor allem eine schnelle und unkomplizierte Beantwortung von Fragestellungen rund um die Mobilfunk- und Festnetzprodukte, Rechnungen, Umzüge und die Konfiguration von Endgeräten relevant. Grundanforderungen wie Freundlichkeit, Lösungskompetenz und Zeit für die Anliegen der Kunden wurden vorausgesetzt. Individuelle Ansprechpartner mit fester Kundenzuordnung oder das Vereinbaren von persönlichen Terminen konnten hingegen nicht realisiert werden.

Einführungsphase

Können in der Einführungsphase die festgelegten Ambitionen bei den Kennzahlen erzielt werden, so sollte möglichst frühzeitig die Einführung des neuen Serviceprogramms geplant werden. Die Ergebnisse sollten Entscheidungsträgern inklusive Geschäftsleitung möglichst umfassend transparent gemacht werden, so dass das notwendige Commitment geschaffen werden kann. Am Projekt waren neben dem Kundenservice und Marketing auch die IT-Bereiche sowie Trainingsbereiche beteiligt. Im konkreten Fall wurde das Programm auf mehrere Standorte und Teams in der Organisation ausgerollt. Dabei war insbesondere eine vorausschauende Planung der Trainings und der CRM-Software zu gewährleisten. Die Inhalte und Abläufe der Trainings wurden bereits in der Pilotphase ausgearbeitet und konnten nun kontinuierlich auf Basis des Mitarbeiterfeedbacks verbessert werden. Geschult wurden sowohl die Teamleiter der Kundenserviceteams als auch deren Mitarbeiter. Unterstützend wurden Paten aus bereits geschulten Teams in den neuen Teams eingesetzt, um den Lerneffekt zu verstärken. Anhand einer Prozessbegleitung der Trainings mit Quizfragen und Teamrunden lässt sich der Schulungserfolg ermitteln. Gleichermaßen spricht eine hohe Lösungsquote im Erstkontakt für die erfolgreiche interne Wissensvermittlung.

Kontinuierlich wurde zudem an Prozessverbesserungen und deren Dokumentation für künftige Prozesse gearbeitet. Weiterhin stand eine Überprüfung der Programmbestandteile auf der Agenda. Vor der Übergabe in den Regelbetrieb ist es zentral, dass ein gewisser Standard an IT- und Prozessstabilität erreicht ist. Weiterhin ist es wichtig, dass sich die Mitarbeiter mit der modifizierten Arbeitsweise identifizieren und sich zum Programm bekennen. Ein geeignetes Instrument dafür ist ein Stimmungsbarometer bei den Mitarbeitern und Führungskräften, in dem die Akzeptanz befragt wird. Weiterhin besteht die Möglichkeit, ganz konkrete Ziele zu verankern, so dass ein variabler Gehaltsbestandteil von den erreichten Zielsetzungen abhängt. Abschließend tragen zudem wertschätzende Kommunikation in der Organisation sowie das Herausgreifen konkreter Erfolgserlebnisse, wie Kundenbriefe mit Lob, als geeignete Mittel für Transparenz und zur

Anerkennung von Leistungen bei (zur Implementierung einer internen Serviceorientierung vgl. auch Hadwich/Bothe 2010).

In Abbildung 4 ist eine Zusammenfassung des gesamten Prozesses mit den drei Phasen dargestellt. Insgesamt nahm der Prozess 30 Monate in Anspruch. Die Konzeptionsphase betrug etwa ein Jahr und vom Pilotprojekt bis zum Roll-out hat es ebenfalls etwa ein Jahr gedauert. 2008 wurde das neue Serviceprogramm mit den Elementen einheitliche Rufnummer, schnelle Erreichbarkeit der Kundenberater und Verzicht auf ein Sprachportal in den Regelbetrieb überführt.

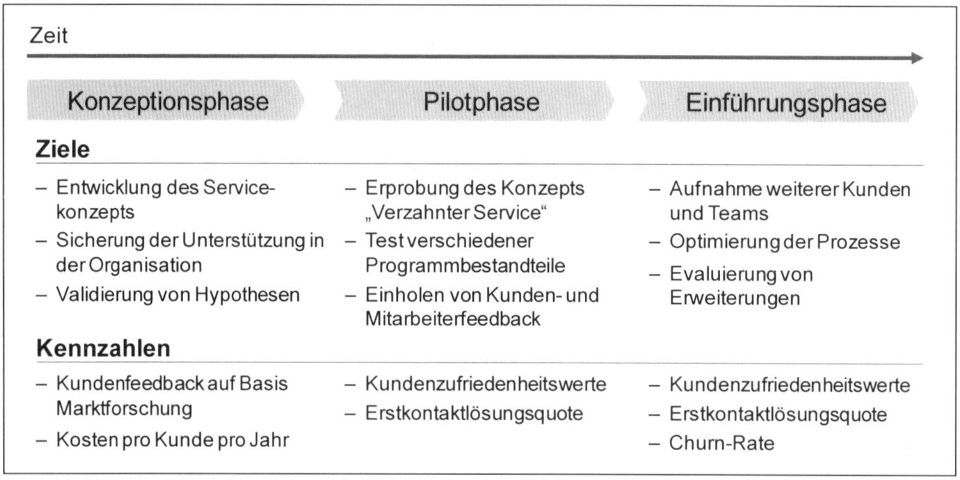

Abbildung 4: Entwicklungsphasen des Serviceprogramms

3.2.2 Erste Ergebnisse

Nach der Einführung eines Serviceprogramms wurden die erzielten Verbesserungen und die Kennzahlen überprüft. Seit dem Start des Regelbetriebs in 2008 konnten zahlreiche Maßnahmen umgesetzt und Kennziffern erreicht werden. In Bezug auf veränderte Maßnahmen und Serviceaktivitäten gegenüber den Kunden wurden zahlreiche Instrumente umgesetzt (vgl. Abbildung 5).

Neben der Umsetzung dieser Maßnahmen konnte der Erfolg des Serviceprogramms vor allem langfristig bestimmt werden. Der Erfolg bemisst sich dabei zum einen nach den Nutzenfacetten für die Telekom-Kunden, zum anderen werden aber auch Kostenaspekte für die Leistungserstellung einbezogen. Im Weiteren werden die Zielerreichungsgrade zentraler Kennzahlen kurz vorgestellt. In Bezug auf konkret messbare Ergebnisse konnte bei den Kunden, die am neuen Serviceprogramm teilgenommen haben, ein deutlicher Anstieg der Kundenzufriedenheit und der Problemlösungsrate beim ersten Kontakt im Vergleich zur Kontrollgruppe verzeichnet werden. Dies waren mehrere tausend Kunden in der Pilotgruppe, so dass monatliche, repräsentative Befragungsergebnisse in der

	Vorher	Nachher
Potenzial	▪ Drei verschiedene Telefonnummern für Kunden (Mobilfunk, Festnetz, Internet) ▪ Drei Sprachportale ▪ Unterschiedliche Erreichbarkeit der Kunden-Hotlines	▪ Eine Telefonnummer zum Kundenservice der Deutschen Telekom ▪ Optimiertes Sprachportal, lediglich Abfrage der Rufnummer ▪ Sehr gute Erreichbarkeit der Kunden-Hotline
Prozess	▪ Mehrfachkontakt ▪ Kurze Gespräche mit Einzelfragen	▪ Lösung des Anliegens in einem einzigen Kontakt ▪ Umfassende Beantwortung verschiedener Themenfelder
Ergebnis	▪ Dauer der Kontaktaufnahme durch Kunden	▪ Schnellere Problemlösung für Kunden (Zeitersparnis) ▪ Vollständigkeit der Problemlösung

Abbildung 5: Verbesserungen in den drei Dimensionen der Dienstleistungserstellung für Kunden der Deutschen Telekom AG

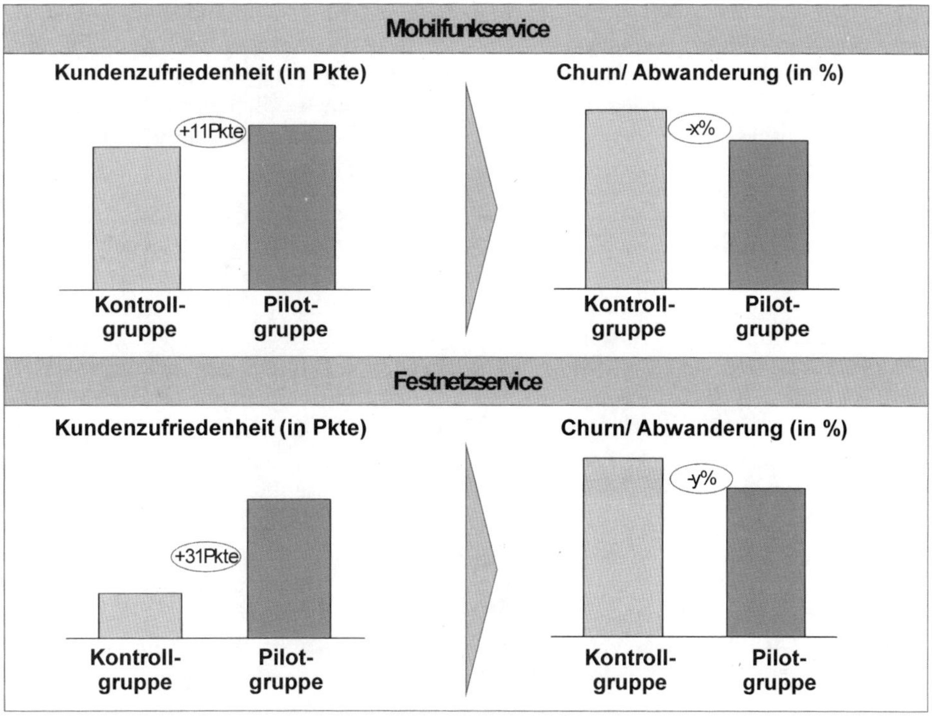

Abbildung 6: Zentrale Kennzahlen des Serviceprogramms

Stichprobe vorlagen. Dabei hat sich die Zufriedenheit mit der Servicequalität der Festnetz-Leistungen um 31 Prozentpunkte erhöht. Bei Mobilfunkkunden hat sich die Kundenzufriedenheit immerhin um etwa 11 Prozentpunkte im Vergleich zur Kontrollgruppe erhöht (vgl. Abbildung 6).

In Bezug auf ökonomische Kennziffern konnten die Abwanderungsraten der Kunden signifikant in beiden Produktprogrammen reduziert werden. Auch der Deckungsbeitrag je Kunde konnte durch die Maßnahmen positiv beeinflusst werden. So konnte belegt werden, dass auch mit den Kosten des Serviceprogramms der Deckungsbeitrag der jeweiligen Kundengruppen positiv ist. Somit ist die Kundenserviceintegration auch für die Deutsche Telekom wirtschaftlich rentabel – nicht immer eine Selbstverständlichkeit im Bereich des Customer Experience Managements.

3.3 Herausforderungen und Ausblick

In Bezug auf den Erfolg des Customer Experience Managements der Deutschen Telekom kann festgehalten werden, dass bereits wichtige Verbesserungen für die Kunden erzielt worden sind. Auch wenn sicher noch weiteres Potenzial zur Verbesserung der Servicequalität besteht, so haben unabhängige Markttests von Call Centern in 2011 durch die Stiftung Warentest ergeben, dass die Deutsche Telekom hinsichtlich der drei Kriterien Kompetenz, Service, Schnelligkeit und Kosten, verglichen mit anderen Wettbewerbern, insgesamt an oberster Stelle abschneidet (Stiftung Warentest 2011). Dies ist sicher als ein Ergebnis des Serviceprogramms einzuschätzen.

In Bezug auf interne Herausforderungen der Organisation kann vor allem das Aufzeigen der Erforderlichkeit des Serviceprogramms genannt werden. Die Beibehaltung eines kundenorientierten Serviceprogramms wird in Zeiten intensiven Wettbewerbs fortwährend auf die Probe gestellt, da die dafür anfallenden Kosten deutlich besser abschätzbar sind als die (künftigen) wirtschaftlichen Wirkungen gestiegener Kundenzufriedenheit. Eine solide Kennzahlenbasis ermöglicht es jedoch, den Erfolg transparent zu halten. So sind Abwanderungsraten einer Pilot- und Kontrollgruppe wichtig zu beobachten, um auch nach Einführung des Programms weiterhin dessen Wirtschaftlichkeit belegen zu können. Ebenso ist es wichtig, eine kontinuierliche Planung der relevanten Kennzahlen und deren Verankerung im Zielkanon der Mitarbeiter sowie des Managements sicherzustellen. Eine weitere Herausforderung besteht in der Messung der Anforderungen und Bedürfnisse der Kunden in Bezug auf die drei Qualitätsdimensionen Potenzial-, Prozess- und Ergebnisqualität. Diese drei Dimensionen bilden die Gesamteinschätzung der Qualität eines Telekommunikationsanbieters und können sich gleichzeitig von Kunde zu Kunde unterscheiden. Eine Segmentierung der Kunden entsprechend ihrer Anforderungen ist daher unabdingbar.

Weitere Herausforderungen, denen sich die Deutsche Telekom im Rahmen des Customer Experience Managements gegenüber sah, waren die Überwindung von Bereichsinteressen, die Verfügbarkeit von relevanten Kundendaten in allen IT-Systemen und die

Harmonisierung der Kulturunterschiede der Organisationseinheiten (vgl. auch Abbildung 7).

	Herausforderungen	Lessons learned
1	– Überwinden von Bereichsinteressen und Fokussierung auf Kundenzentriertheit	– Frühzeitiges Involvieren aller Stakeholder inkl. Management, Mitarbeiter und Kunden
2	– Verfügbarkeit relevanter Kundendaten aus verschiedenen IT-Systemen	– Abbilden der Sicht auf relevante Kundendaten und einer virtuellen Integration durch klares Weiterleitungskonzept
3	– Harmonisierung von Kulturunterschieden und unterschiedlichen Leistungsständen verschiedener Organisationseinheiten	– Frühzeitigen Austausch zwischen den Organisationen & Start Patenkonzept

Abbildung 7: Herausforderungen aus dem Serviceprogramm und Implikationen für die Deutsche Telekom

Eine neue Herausforderung hat sich in den letzten zwei Jahren durch die Entwicklung der neuen Technologien ergeben, mit denen die Kunden immer mehr Möglichkeiten haben, sich mit anderen Kunden über ihre Erfahrungen auszutauschen. Das hohe Bedürfnis des Austauschs zwischen Kunden scheint in vielen Bevölkerungsgruppen gegeben zu sein. So diskutieren auf privaten Webseiten beispielsweise Telekommunikationskunden, wie sie mit ihrem Anbieter umgehen sollen, z.B. unter welchen Konditionen und wie sie ihre Verträge beim Anbieter kündigen können. Aber auch in der Branche selbst wird verstärkt von der Einrichtung von C2C-Kontaktkanälen im Social Web Gebrauch gemacht. Beispielsweise hat das Telekommunikationsunternehmens 1&1 auf Facebook ein Forum zum Austausch der Kunden untereinander eingerichtet, mit dem sich Kunden gegenseitig unterstützen können (Froitzheim 2010, S. 77). Diese Customer-to-Customer Interactions (C2C-interactions) gilt es zu erfassen und die Erkenntnisse für die weitere Verbesserung des Customer Experience Managements zu nutzen (zu den C2C-interactions vgl. Libai et al. 2010). Zukünftig wird dies also eine zentrale Herausforderung darstellen, auch den Kommunikationskanal des Social Web in das Serviceprogramm zu integrieren und auch auf diesem Wege auf Kundenanfragen zu reagieren, um eine hohe Servicequalität und auch zukünftige positive Kundenerlebnisse zu gewährleisten. Die Deutsche Telekom hat erste Schritte in diese Richtung getan und ist im Social Web aktiv. Die Twitter-Seite wird von 13 Vollzeitstellen mit der Motivation betreut, von den Kunden Feedback zur Verbesserung der Service- und Produktqualität zu erhalten (o.V. 2011).

4. Zusammenfassung

In vielen Dienstleistungsbranchen sehen sich die Unternehmen mit dem Problem hoher Abwanderungsraten konfrontiert. Speziell im Telekommunikationssektor sind hohe Wechselraten der Kunden zu verzeichnen, die zu unmittelbaren Umsatz- und Gewinneinbußen führen können. Auch bei Kunden, die mit der Leistung eines Anbieters unzufrieden sind, aber aufgrund bestehender Vertragslaufzeiten nicht sofort wechseln können, ergibt sich ein dringender Handlungsbedarf. Denn bei ihnen besteht die Gefahr eines negativen Word-of-Mouth, das wiederum andere Kunden von der Aufnahme einer Geschäftsbeziehung abhalten kann. Zudem werden auch die unzufriedenen, gebundenen Kunden früher oder später abwandern, womit langfristig in jedem Fall eine Erosion des Kundenstamms droht. Mit der Verkürzung der Vertragszeiten im Telekommunikationsbereich bei einigen Anbietern, wo Kunden z.T. ihren Vertrag monatlich kündigen können, hat sich der Handlungsdruck noch weiter intensiviert. Vor diesem Hintergrund sind die Unternehmen gut beraten, auch dem Aspekt der Servicequalität eine strategische Bedeutung beizumessen. Insgesamt geht es darum, sowohl ein Leistungsniveau als auch eine Servicequalität aufzubauen, die von den Kunden als hochwertig und attraktiv eingeschätzt wird und diese insofern von einer Abwanderung abhält.

Die Servicequalität von Unternehmen kann in drei Elemente unterschieden werden: Potenzial, Prozess- und Ergebnisqualität. Unsere Analyse hat gezeigt, dass im Telekommunikationssektor alle drei Dimensionen relevant für die Kundeneinschätzung der Qualität sein können. Ein Element der Potenzialqualität kann die Existenz von Innovationen für Kunden darstellen, anhand derer sie ihre Bedürfnisse besser erfüllen können. Echte Produktinnovationen im Telekommunikationssektor sind jedoch häufig Endgeräte-basiert; dies zeigt sich etwa anhand der hohen Vermarktungszahlen von Smartphones. Auch wenn der Boom der Smartphones noch eine Weile andauern dürfte, eine wirksame Differenzierung kann langfristig nicht allein über Produktinnovationen erfolgen, erst recht dann nicht, wenn diese in überschaubaren Zeiträumen von zwei bis drei Jahren imitiert werden. Auch der häufig angeführte Preis kann nicht langfristig als Wettbewerbsvorteil dienen, zu schnell passen sich Wettbewerber an neue Preismodelle an, und Kunden erwarten nicht fortwährend Preisangebote, z.B. für ihre Wiederaufnahme eines Vertrags (Pick 2009; Pick/Kannler 2009, S. 56). Für etablierte Marktteilnehmer wird daher die Interaktion mit der direkten Kundenbasis immer wichtiger. Dies gepaart mit einer zunehmenden Produktintegration und dem Bündeln von Breitband- und Telefonangeboten mit Mobilfunkprodukten macht eine Integration aller Services notwendig. Diese ist gleichzeitig eine Chance, Customer Experience Management zu etablieren und durch Kundennähe und die Bindung wertvoller Kundengruppen die Kundenbasis weiter zu erhöhen.

In 2007 wurde zur Verbesserung der Servicequalität der Deutschen Telekom das Customer Experience Management stärker in den Fokus gerückt, das sich in drei Phasen der Konzeption, Pilotphase und Feinkonzeption sowie Einführung unterteilte. Das Programm wurde in 30 Monaten geplant und umgesetzt und hat seitdem zahlreiche Verbesserungen für die Telekom-Kunden gebracht, wie z.B. schnellere Lösung von Kundenanliegen „aus einer Hand“. Diese Maßnahmen haben sich wiederum positiv auf die Erhöhung der Kundenzufriedenheit und die Reduktion der Abwanderungsraten ausgewirkt. Aufgrund der Dynamik des Wettbewerbs ist eine Weiterentwicklung des Serviceprogramms der Deutschen Telekom jedoch unumgänglich. Mit derartigen Optimierungen verbunden sind zahlreiche Herausforderungen wie die fortwährende Kontrolle der erzielten Erfolge sowie der Erhalt des Commitment und der Akzeptanz von Servicemaßnahmen durch die Mitarbeiter, die täglich im direkten Kundenkontakt stehen.

Der Beitrag hatte zum Ziel, die Bedeutung der Servicequalität im Telekommunikationssektor aufzuzeigen und die einzelnen Prozessphasen des Customer Experience Managements der Deutschen Telekom in den Grundzügen zu beschreiben.

Literaturverzeichnis

Ahn, J.-H./Han, S.-P./Lee, Y.-S. (2006): Customer Churn Analysis: Churn Determinants and Mediation Effects of Partial Defection in the Korean Mobile Telecommunications Service Industry, in: Telecommunications Policy, Vol. 30, No. 10/11, S. 552-568.

American Customer Satisfaction Index (2011): May 2011 and Historical ACSI Scores, Information sector, verfügbar unter: http://www.theacsi.org/index.php?option=com_content&view=article&id=205:acsi-scores-may&catid=14&Itemid=261 (Zugriff am 12.07.2011).

Aydin, S./Özer, G. (2005): The Analysis of Antecedents of Customer Loyalty in the Turkish Mobile Telecommunication Market, in: European Journal of Marketing, Vol. 39, No. 7/8, S. 910-925.

Axel Springer AG (2009): Branchen-Bericht Telekommunikation 2009.

BAKOM (2011): Amtliche Fernmeldestatistik 2009, Zusammenfassung vom 15. März 2011.

Bruhn, M. (2008): Qualitätsmanagement für Dienstleistungen. Grundlagen, Konzepte, Methoden, 7. Aufl., Berlin u.a.

Bruhn, M. (2011): Commodities im Dienstleistungsbereich. Besonderheiten und Implikationen für das Marketing, in: Enke, M./Geigenmüller, A. (Hrsg.): Commodity Marketing. Grundlagen – Strategien – Konzepte, 2. Aufl., Wiesbaden, S. 57-77.

Colgate, M./Lang, B. (2001): Switching Barriers in Consumer Markets: An Iinvestigation of the Financial Services Industry, in: Journal of Consumer Marketing, Vol. 18, No. 4, S. 332-347.

Deutsche Telekom (2007): Rede von René Obermann, Vorstandsvorsitzender Deutsche Telekom AG, am 28. Januar 2007 im Conference Call anlässlich des Review 2007.

Donabedian, A. (1980): The Definition of Quality and Approaches to its Assessment. Exploration in Quality, Assessment and Monitoring, Vol. I, Ann Arbor.

Edvardsson, B./Roos, I. (2003): Customer Complaints and Switching Behavior – A Study of Relationship Dynamics in a Telecommunication Company, in: Journal of Relationship Marketing, Vol. 2, No. 1, S. 43-68.

Forrester (2011): EMEA 2011 Consumer Preference Report Contact Centres, Studie, Cambridge.

Froitzheim, U.J. (2010): Mission possible, in: brand eins, 11. Jg., Nr. 10, S. 74-77.

Gerpott, T.J./Rams, W./Schindler, A. (2001): Customer Retention, Loyalty, and Satisfaction in the German Mobile Cellular Telecommunications Market, in: Telecommunications Policy, Vol. 25, No. 4, S. 249-269.

Gutsche, J./Hahn, C./Krostitz, I. (2007): Deutsche Telekom AG: Mit Serviceversprechen zum Erfolg, in: Albers, S./Herrmann, A. (Hrsg.): Handbuch Produktmanagement, Wiesbaden, S. 1069-1088.

Hadwich, K./Bothe, S. (2010): Implementierung der internen Serviceorientierung in internationalen Unternehmen – Barrieren und Lösungsansätze, in: Bruhn, M./Stauss, B. (Hrsg.): Forum Dienstleistungsmanagement. Serviceorientierung im Unternehmen, Wiesbaden, S. 443-467.

Hogenschurz, B./Keuper, F./Koch, A. (2010): Service als Erfolgsfaktor in der TIME-Branche, in: Keuper, F./Hogenschurz, B. (Hrsg.): Professionelles Sales & Service Management. Vorsprung durch konsequente Kundenorientierung, Wiesbaden, S. 209-231.

Institut für Demoskopie Allensbach (2010): Allensbacher Computer- und Technik-Analyse 2009-2010, Oktober, Studie.

Johnson, W.C./Sirikit, A. (2002): Service Quality in the Thai Telecommunication Industry: A Tool for Achieving a Sustainable Competitive Advantage, in: Management Decision, Vol. 40, No. 7, S. 693-701.

Kannler, J. (2010): Customer Service at Deutsche Telekom. Establishing How to Successfully Manage Customer Service Challenges to Foster Loyalty, Präsentation im Juli 2010, Nizza (Frankreich).

Keaveney, S.M. (1995): Customer Switching Behavior in Service Industries: An Exploratory Study, in: Journal of Marketing, Vol. 59, No. 4, S. 71-82.

Lee, J./Lee, J./Feick, L. (2001): The Impact of Switching Costs on the Customer Satisfaction-Loyalty Llink: Mobile Phone Service in France, in: Journal of Services Marketing, Vol. 15, No. 1, S. 35-48.

Leisen, B./Vance, C. (2001): Cross-National Assessment of Service Quality in the Telecommunication Industry: Evidence From the USA and Germany, in: Managing Service Quality, Vol. 11, No. 5, S. 307-317.

Libai, B./Bolton, R./Bügel, M.S./de Ruyter, K./Götz, O./Risselada, H./Stephen, A.T. (2010): Customer-to-Customer Interactions: Broadening the Scope of Word of Mouth Research, in: Journal of Service Research, Vol. 13, No. 3, S. 267-282.

Meffert, H./Bruhn, M. (2009): Dienstleistungsmarketing. Grundlagen – Konzepte – Methoden, 6. Aufl., Wiesbaden.

o.V. (2011): Telekom will Potenzial ihrer Kunden ausschöpfen, in: Heise online vom 21. Juli 2011, verfügbar unter: http://www.heise.de/newsticker/meldung/Telekom-will-Potenzial-ihrer-Kunden-ausschoepfen-1283338.html (Zugriff am 15.08.2011).

o.V. (2007): Telekom verzahnt Festnetz- und Mobilfunkgeschäft enger, in: Handelsblatt Online vom 23. Januar 2007, verfügbar unter: http://www.handelsblatt.com/technologie/it-tk/it-internet/telekom-verzahnt-festnetz-und-mobilfunkgeschaeftenger/2759588.html (Zugriff am 30.07.2011).

Parasuraman, A. (1987): Customer-Oriented Corporate Cultures are Crucial to Services Marketing Success, in: Journal of Services Marketing, Vol. 1, No. 1, S. 39-46.

Parasuraman, A./Zeithaml, V.A./Berry, L.L. (1985): A Conceptual Model of Service Quality and Its Implications for Future Research, in: Journal of Marketing, Vol. 49, No. 4, S. 41-50.

Pick, D. (2011): Die Rolle von Preiskenntnis und Preiserwartungen für das Kundenmanagement am Beispiel von Telekommunikationsanbietern, in: Enke, M./Geigenmüller, A. (Hrsg.): Commodity Marketing. Grundlagen – Strategien – Konzepte, 2. Aufl., Wiesbaden, S. 427-455.

Pick, D. (2009): Kundenrückgewinnung – Was Kunden erwarten, in: Marketing Review St. Gallen, 26. Jg., Nr. 4, S. 40-45.

Pick, D./Kannler, J. (2009): Rückgewinnungs-Pricing im Telekommunikationssektor, in: Marketing Review St. Gallen, 26. Jg., Nr. 5, S. 54-59.

Rauchut, A.T. (2009): Churn Management bei der Deutschen Telekom, in: Link, J./Seidl, F. (Hrsg.): Kundenabwanderung. Früherkennung, Prävention, Kundenrückgewinnung, Wiesbaden, S. 269-290.

Statistisches Bundesamt (2011): Preise und Preisindizes für Nachrichtenübermittlung, Mai 2011, Fachserie 17 Reihe 9.1., erschienen am 31. Mai 2011.

Stauss, B./Seidel, W. (2009): Preiskündiger und Qualitätskündiger: Zur Segmentierung verlorener Kunden, in: Link, J./Seidl, F. (Hrsg.): Kundenabwanderung. Früherkennung – Prävention – Kundenrückgewinnung, Wiesbaden, S. 145-161.

Stauss, B./Seidel, W. (2007): Beschwerdemanagement, 4. Aufl., München.

Steria Mummert Consulting (2010): Potenzialanalyse Servicequalität, August, Hamburg.

Stiftung Warentest (2011): Hotlines von Telekommunikationsanbietern 03/2011, verfügbar unter: http://www.test.de/themen/computer-telefon/test/Hotlines-von-Telefonanbietern-Denn-sie-wissen-nicht-was-sie-tun--4205739-4209220 (Zugriff am 15.08.2011).

Telekom Austria Group (2011): Österreich, verfügbar unter: http://www.telekomaustria.com/group/oesterreich.php (Zugriff am 11.07.2011).

Turel, O./Serenko, A. (2006): Satisfaction With Mobile Services in Canada: An Empirical Investigation, in: Telecommunications Policy, Vol. 30, No. 5-6, S. 314-331.

VATM (2011): VATM-Jahrbuch 2010/2011. Telekommunikation und Mehrwertdienste in Deutschland, Studie, Februar 2011.

Matthias Mayer-Vorfelder

Customer Experience Management im Dienstleistungsbereich – Konzeption eines entscheidungsorientierten Managementansatzes

---

Dr. *Matthias Mayer-Vorfelder* ist Produktmanager bei Roche Diagnostics Deutschland GmbH in Mannheim.

1. Customer Experience als Zielgröße im Dienstleistungsmarketing

1.1 Customer Experience als Forschungsgegenstand

Im zunehmenden Wettbewerb um den Kunden bemühen sich Unternehmen seit einigen Jahren verstärkt, durch eine konsequente Steigerung der *Customer Experience* bzw. des Kundenerlebnisses den Kundennutzen zu erhöhen und sich so gegenüber dem Wettbewerb zu differenzieren (Carbone/Haeckel 1994; Berry et al. 2002; Haeckel et al. 2003; Schmitt/Mangold 2004; Shaw/Ivens 2005; Mascarenhas et al. 2006; Frow/Payne 2007; Meyer/Schwager 2007a; 2007b).

Customer Experience wird allgemein definiert als das Resultat aus einer Reihe von Interaktionen eines Kunden mit einer Leistung, einem Unternehmen oder mit Teilen des Unternehmens (Interaktion), die beim Kunden eine innere Reaktion hervorrufen (Reaktion). Customer Experience ist grundsätzlich persönlicher Natur (Subjektivität) und impliziert die Einbeziehung des Kunden auf verschiedenen Ebenen (rational, emotional, sinnlich, physisch und geistig). Ihre Beurteilung (Evaluierung) hängt vom Vergleich der Erwartungen mit den Stimuli aus den Interaktionen mit dem Unternehmen und dessen Angebot (Stimuli) an den verschiedenen Kundenkontaktpunkten (Customer Touchpoints) ab (Gentile et al. 2007, S. 397; Mayer-Vorfelder 2012, S. 44f.).

Trotz der zunehmenden Popularität von Fragestellungen im Zusammenhang mit dem Kundenerlebniskonzept reicht dessen Ursprung zurück auf die 1980er Jahre, als Holbrook und Hirschman (1982) die bis dahin gängige Sichtweise der *Konsumentenverhaltensforschung* in Frage stellten und argumentierten, dass Konsum nicht lediglich zur Erfüllung von Konsumbedürfnissen dient, sondern dass das Konsumerlebnis an sich bereits dem menschlichen Bedürfnis nach Erlebnissen entspricht. Um dies aufzuzeigen, ergänzen sie in die bis dahin traditionelle Sichtweise um eine neue, erlebnisorientierte Sichtweise des Konsums. Aus dieser wird der Kunde nicht mehr ausschließlich als rationaler Entscheidungsträger, für den Konsum Mittel zum Zweck ist (utilitaritischer Konsum), betrachtet, sondern als Individuum, das durch den Konsum zudem symbolische, hedonistische und ästhetische Motive verfolgt (hedonistischer Konsum). Dieser Sichtweise folgend handelt es sich beim Erlebnis während des Konsums um ein Phänomen, das darauf gerichtet ist, Fantasien, Gefühle und Spaß zu verfolgen, weshalb es emotionalen Aspekten des Konsums – wie dem *Kundenerlebnis* – in der Forschung zur Konsumentenverhaltensforschung stärker Rechnung zu tragen gilt (Holbrook/Hirschman 1982; Mayer-Vorfelder 2012, S. 62).

Eine höhere Stufe auf der Popularitätsleiter erlangte der Forschungsgegenstand durch die Veröffentlichung der vielfach beachteten Publikation „Welcome to the Experience Economy". In dieser postulieren die Autoren Pine und Gilmore (1999a; 1999b), dass die erlebnisorientierte Perspektive des Konsums nicht nur für manche erlebnisorientierte Branchen wie die Unterhaltungsindustrie (so genannte „Pionierbranchen" der Erlebnisökonomie) relevant ist, sondern für alle klassischen Dienstleistungs- und Konsumgüterbranchen sowohl im Privat- als auch im Geschäftskundenbereich, da sich westliche Volkswirtschaften unmittelbar vor dem Übergang von der Dienstleistungs- in eine so genannte Erlebnisökonomie befinden. In der *Erlebnisökonomie* erzeugen Unternehmen ökonomischen Wert nicht mehr durch Rohstoffe, Sachgüter oder Dienstleistungen, sondern durch die Generierung bzw. Inszenierung von Erlebnissen. Diese betrachten die Autoren als eigenständige ökonomische Leistung, für deren Erzeugung Unternehmen Dienstleistungen als Bühne und Produkte als Instrumente derart nutzen, dass daraus für Kunden einprägsame Ereignisse resultieren (Pine/Gilmore 1999a; 1999b; Mayer-Vorfelder 2012, S. 41).

Die zunehmende Popularität des Forschungsgegenstands der Customer Experience zeigt sich gleichermaßen an einem hohen Interesse von Unternehmen an Fragestellungen daran, wie das Kundenerlebnis erhöht werden kann. So identifiziert eine Studie von IBM Customer Experience als Schlüsselfaktor für Unternehmen zum Aufbau von Kundenloyalität (Badgett et al. 2007), Unternehmen wie Dell und Toyota verankern den Begriff in ihren Unternehmensleitbildern (Verhoef et al. 2009, S. 31) und eine zunehmende Anzahl von Unternehmen schafft Positionen, die sich ausschließlich dem Management der Customer Experience ihrer Kundschaft widmen (Schmitt 2009, S. 417). Entsprechend beginnen Unternehmen damit, ihre auf die Steigerung des Kundenerlebnisses gerichteten Aktivitäten in einem so genannten *Customer Experience Management* (Smith/Wheeler 2002; Schmitt 2003; Schmitt/Mangold 2004; Shaw/Ivens 2005; Meyer/Schwager 2007a; 2007b) zu bündeln. Schmitt/Mangold (2004, S. 23) definieren Customer Experience Management (CEM) als „Prozess des strategischen Managements aller Kundenerlebnisse mit einer Marke an sämtlichen Kontaktpunkten".

1.2 Customer Experience im Dienstleistungsbereich

Im Dienstleistungsbereich wird das Konstrukt „Customer Experience" ebenfalls intensiv diskutiert. Allerdings zeigt sich, dass sich in der Literatur zum Dienstleistungsmarketing der Begriff *Service Experience* etabliert hat. Trotz der unterschiedlichen Bezeichnung stellt sich bei einer näheren Betrachtung der relevanten Literatur zum Verhältnis beider Begriffe sehr schnell heraus, dass es sich bei dem Begriff Service Experience um einen *leistungsspezifischen Spezialfall* bzw. um die Konkretisierungen des Konstrukts Customer Experience für die Leistungsform Dienstleistung handelt. Dies zeigt sich nicht zuletzt daran, dass in der Literatur – bezogen auf das Konstrukt Service Experience – in den meisten Fällen das gleiche theoretische Fundament wie dem allgemeineren Konstrukt Customer Experience zugrunde liegt (Mayer-Vorfelder 2012, S. 59).

Entsprechend lässt sich unter Berücksichtigung bestehender Definitionen (z.B. Edvardsson et al. 2005, S. 151) sowie dienstleistungsspezifischer Besonderheiten *Service Experience* definieren, als die „gesamthafte Wahrnehmung aller funktionaler und emotionaler Stimuli aus den Interaktionen mit den Prozessen, Systemen und den Mitarbeitenden eines Dienstleistungsanbieters, die kundenindividuelle gefühls-, wahrnehmungs- und verhaltensbezogene Reaktionen auslöst und einen bleibenden Eindruck beim Kunden hinterlässt“ (Mayer-Vorfelder 2012, S. 50).

Im Zentrum entsprechender Arbeiten steht die Argumentation, dass eine Dienstleistung derart zu gestalten ist, dass diese durch Erzeugung von Emotionen als einzigartiges Erlebnis beim Kunden wahrgenommen wird und sich so positiv auf Zufriedenheit und Bindung von Kunden auswirkt (Mayer-Vorfelder 2012, S. 48f.). Diese Sichtweise tritt besonders deutlich bei Arbeiten in Erscheinung, die die Dienstleistungserstellung mit einer *Theateraufführung* vergleichen (Grove/Fisk 1983; 1992; Fisk/Grove 1995; Jay 1996; Harris et al. 2001; 2003; Stuart/Tax 2004; Stuart 2006; Kubacki 2008). In diesen wird zum einen „Service Experience” als Theateraufführung – mit dem Kunden als Zuschauer, den Mitarbeitenden als Darstellern und der „Servicescape” (bzw. physischen Dienstleistungsumfelds) als Bühne – konzeptualisiert, mit dem Ziel, einen Analyserahmen der Service Experience sowie geeignete Implikationen für das Dienstleistungsmarketing zu erhalten (z.B. Grove/Fisk 1992). Zum anderen werden konkrete Leitfäden zur Entwicklung und Erbringung einer unvergesslichen Service Experience – also eine Dienstleistung, die einem Erlebnis entspricht – empfohlen, die individuelle Aspekte, die sich aus der Theaterwelt ableiten und auf die Dienstleistungserbringung übertragen lassen, berücksichtigen (z.B. Stuart/Tax 2004; Stuart 2006). Die gestiegene Relevanz von Customer Experience im Dienstleistungsbereich lässt sich zudem daran feststellen, dass sich Forschungsbemühungen zunehmend weniger auf hedonistische Dienstleistungen (z.B. Konzertbesuch, Besuch eines Vergnügungsparks usw.) beschränken, sondern sich verstärkt auf so genannte utilitaristische Dienstleistungen – also Dienstleistungen des täglichen Bedarfs wie z.B. Bank- oder Postdienstleistungen – fokussieren (Edvardsson et al. 2005; Ng et al. 2007; Patrício et al. 2008; Sandström et al. 2008), bei denen im Gegensatz zu hedonistischen Dienstleistungen das Erlebnis nicht der eigentlichen Kernleistung entspricht (Mayer-Vorfelder 2012, S. 48f.).

Trotz der zunehmenden Anzahl an Veröffentlichungen im Bereich Customer Experience Management weist die Literatur nach wie vor *Defizite* auf: „The scarcity of systematic scholarly research on (…) customer experience management calls for a theory-based framework that can serve as a stimulus and foundation for such research” (Verhoef et al. 2009, S. 32). Entsprechend hat der vorliegende Beitrag die Konzeption eines systematischen Ansatzes für ein Customer Experience Management im Dienstleistungsbereich zum Ziel, der zum einen auf dem aktuellen Forschungsstand beruht und isolierte Forschungsaktivitäten auf diesem Gebiet zu einem umfassenden Managementansatz integriert und zum anderen dienstleistungsspezifischen Aspekten stärker als bisherige Konzeptionen Rechnung trägt. Dabei wird im weiteren Verlauf der Begriff Customer Experience verwendet und gleichgesetzt mit dem Begriff Service Experience.

2. Konzeption eines Customer Experience Managements (CEM)

2.1 Managementprozess des CEM im Überblick

Bei der Konzeption eines systematischen Customer Experience Managements handelt es sich um eine komplexe Aufgabenstellung, die eine Vielzahl an unterschiedlichen Fragestellungen und Managementaspekten zur Steigerung des Kundenerlebnisses beim Kunden umfasst. Zur besseren Strukturierung dieser komplexen Aufgabenstellung bedarf es eines systematischen und ganzheitlichen Managementansatzes, der es ermöglicht, die einzelnen Schritte des CEM zu strukturieren und aufeinander abzustimmen.

Entsprechend wird zur Strukturierung des nachfolgend dargestellten Konzepts eines CEM die idealtypischen Phasen Analyse, Planung, Umsetzung und Kontrolle eines *entscheidungsorientierten Managementprozesses* (z.B. Bruhn 2009, S. 91; 2010, S. 71ff.) zugrunde gelegt (Abbildung 1).

Im Zentrum der *Analysephase* (Abschnitt 2.2.1) steht zum einen die Identifikation der relevanten Kundenkontaktpunkte (KTP) des Dienstleistungsunternehmens, an denen das Kundenerlebnis gesteigert werden soll; zum anderen geht es darum, anhand geeigneter Verfahren, das seitens der Kunden tatsächlich wahrgenommene Erlebnis an dem jeweiligen Kundenkontaktpunkt zu messen.

Ausgangspunkt der *Planungsphase* (Abschnitt 2.2.2) ist die Festlegung unternehmerischer Ziele, die das Dienstleistungsunternehmen mit einem CEM erreichen möchte. Weiterhin gilt es im Rahmen einer so genannten *Strategischen Planungsebene* festzulegen, mit welchem übergeordneten Erlebnismotiv die Customer Experience gesteigert werden soll. Danach sind auf einer *Operativen Planungsebene* die konkreten erlebnissteigernden Maßnahmen innerhalb des durch das festgelegte Erlebnismotiv vorgegebenen Rahmens zu bestimmen.

Die erfolgreiche Implementierung des CEM erstreckt sich über die Themenbereiche Strukturen, Systeme, Kultur. Entsprechend gilt es im Rahmen der *Umsetzungsphase* (Abschnitt 2.2.3) geeignete Organisationsstrukturen in Bezug auf die Aufbau- und Ablauforganisation sowie Unternehmenssysteme einzuführen, die eine systematische Steigerung der Customer Experience fördern. Weiterhin bedarf es der Schaffung einer geeigneten Unternehmenskultur, durch die eine erlebnisorientierte Unternehmensstrategie eine feste Verankerung im Wertebild der Mitarbeitenden findet.

In der *Kontrollphase* (Abschnitt 2.2.4) des Customer Experience Managements geht es schließlich um die Erfolgsmessung dahingehend, inwiefern die Maßnahmen des CEM tatsächlich eine Erhöhung der Customer Experience bei den Kunden des Dienstleistungsanbieters bewirkt hat.

Analysephase	
KTP-Identifikation	**KTP-Erlebnismessung**
• Blueprinting • Quantitative Häufig-keitsabschätzung	• Sequenzielle Ereignismethode (gewöhnliche Erlebnisse) • Critical Incident Technique (außergewöhnliche Erlebnisse) • Beobachtende Verfahren

Planungsphase	
Zieldefinition des CEM	
Strategische Planungsebene	**Operative Planungsebene**
Festlegung des übergeordneten Erlebnismotivs	Customer Experience Design mit Hilfe der Methodik des "Service Experience Blueprints"

Umsetzungsphase		
Strukturen	**Systeme**	**Kultur**
• CEM-Abteilung • Verankerung CEM auf Vorstandsebene • Anpassung Personal-management	• Analytische CEM-Systeme • Gestaltung elektronischer CEM-Schnittstellen • Erweiterung CRM-Systeme	• Steigerung des Mitarbeiter-erlebnisses • Empowerment der Mitarbeiter

Kontrollphase
Unternehmensindividuelles Kundenbarometer zur Erfolgskontrolle der Kundenkontaktpunkterlebnisse

Abbildung 1: Managementprozess des CEM im Überblick

2.2 Phasen des CEM

2.2.1 Analysephase

Im Zentrum der Analysephase eines Customer Experience Managements steht die *Analyse einzelner Kundenerlebnisse* zur Sicherstellung einer ausreichend großen informatorischen Grundlage zur Generierung außergewöhnlicher Kundenerlebnisse (vgl. im Folgenden Mayer-Vorfelder 2012, S. 248ff.). Entsprechend ist die Analyse derjenigen Erlebnisse, die Kunden an den einzelnen Kundenkontaktpunkten eines Dienstleistungsanbieters machen, der Ausgangspunkt eines strategischen Prozesses des Managements von Kundenerlebnissen. Im Dienstleistungsmarketing werden solche Kundenerlebnisse alternativ durch die Metapher „Moments of Truth" (Albrecht/Zemke 1987; Normann 1987; Albrecht 1988; Carlzon 1988) bzw. „Augenblicke der Wahrheit" umschrieben, wodurch zum Ausdruck gebracht wird, dass es sich vor allem im Moment der Kontaktsituation entscheidet, ob die Managementmaßnahmen zur Erfüllung der Kundenbedürfnisse angemessen sind oder nicht (Stauss 2000a, S. 323). An dieser Stelle der Analysephase empfiehlt sich der Einsatz einer so genannten *Kontaktpunktanalyse*, die die folgenden zwei zentralen Analyseschritte umfasst (Stauss 2000a, S. 327ff.):

- Kontaktpunkt-Identifikation und
- Qualitative Kontaktpunkt-Erlebnismessung.

(1) Kontaktpunkt-Identifikation

Zur erlebnisorientierten Ausrichtung der Kundenkontaktpunkte gilt es zuerst, alle relevanten Kundenkontaktpunkte, mit denen ein Kunde vor, während und nach der Dienstleistungserbringung in Berührung kommt, zu identifizieren und zu systematisieren. Dabei lassen sich *Kundenkontaktpunkte* allgemein differenzieren zum einen nach der Direktheit der Einflussnahme auf den Kontakt durch den Anbieter (‚direkt' vs. ‚indirekt') und zum anderen danach, ob eine Rückkopplung zwischen Sender und Empfänger (‚einseitig' vs. ‚zweiseitig') möglich ist oder nicht (vgl. Abbildung 2; Esch et al. 2010, S. 8f.).

Eine zur Identifikation der aus Kundensicht relevanten Kundenkontaktpunkte geeignete Methodik ist das so genannte *Blueprinting*. Hierbei wird der Dienstleistungsprozess „aus der Brille eines Kunden" in einzelne Teilphasen zerlegt und die einzelnen identifizierten Teilprozesse sowie die entsprechenden Kundenkontaktpunkte bzw. „Augenblicke der Wahrheit" in einem grafischen Flussdiagramm visualisiert (Stauss 2000a, S. 327ff.; Bruhn 2011, S. 180ff.).

Darüber hinaus empfiehlt es sich, die so identifizierten „Augenblicke der Wahrheit" zu ergänzen durch eine *quantitative Häufigkeitsabschätzung* der dort jeweils vorkommenden Interaktionen, um so einen ersten Anhaltspunkt hinsichtlich der quantitativen Relevanz der einzelnen Kundenkontaktpunkte aus Kundensicht zu erlangen (Collier 1989, S. 217ff.; Cina 1993, S. 42; Stauss 2000a, S. 329). Dazu eignet sich zum einen die Auswer-

	direkt	indirekt
zweiseitig	• Persönlicher Verkauf • Call-Center/Hotlines/Beratung • Schrift- /E-Mailverkehr • Persönliche Kommunikation auf Messen und Events • Moderiertes Markenforum • u.a.m.	• Mundpropaganda • Blogs und Communities • u.a.m.
einseitig	• Werbung • Produktverwendung • Promotions /Events ohne Dialog • PoS ohne Dialog • Product Placement • Verpackungen • u.a.m.	• Massenmedien • TV-/Presseberichte • Public Relation • u.a.m.

Abbildung 2: Kategorisierung von Kundenkontaktpunkten
(Quelle: Esch et al. 2010, S. 9)

tung unternehmensintern bereits verfügbarer Informationen bzw. Kennzahlen wie z.B. die Anzahl ausgehender Briefe, geführter Kundengespräche, eingegangener Anrufe usw. sowie zum anderen eine gezielte Erhebung der Interaktionshäufigkeiten an bestimmten, repräsentativ ausgewerteten Kundenkontaktpunkten (Stauss 2000a, S. 329).

(2) Qualitative Kontaktpunkt-Erlebnismessung

Aufbauend auf der Ermittlung und Priorisierung der Kundenkontaktpunkte bzw. „Augenblicke der Wahrheit" auf der „Reise des Kunden" gilt es als nächstes im Rahmen eines so genannten *„Experience Audits"* festzustellen, wie die einzelnen Kundenkontaktmomente tatsächlich erlebt werden. Durch eine geeignete *Methodenauswahl* lassen sich sowohl die Kontaktpunkterlebnisse in Bezug auf gewöhnliche bzw. übliche als auch außergewöhnliche bzw. kritische Kontakterlebnisse messen (Stauss 2000a, S. 324).

Zur Messung *gewöhnlicher Kontakterlebnisse* eignet sich insbesondere der Einsatz der *Sequenziellen Ereignismethode* (Stauss 2000a, S. 333; vgl. auch im Folgenden Stauss/Weinlich 1997, S. 50ff.). In einem vierstufigen Verfahren wird zuerst der kontaktpunktspezifische Ablauf des für den Kunden sichtbaren Dienstleistungsprozesses in Form eines *Blueprints* dargestellt. Als nächstes werden die Kunden gebeten, mit Hilfe offener, strukturierter Fragen das Dienstleistungserleben entlang der einzelnen Kontaktpunkte gedanklich-emotional zu schildern. Im dritten Schritt werden die Befragten angehalten, die einzelnen Ereignisse zu klassifizieren (‚positiv' vs. ‚negativ') und zudem auf einer Skala anzugeben, welche Bedeutung den einzelnen Kontakterlebnissen beigemessen wird. Schließlich erfolgt im vierten Schritt die Beurteilung der Zufriedenheit mit jedem Kontaktpunkt, wodurch die Ermittlung des Einflusses einzelner Kontaktpunktzufriedenheiten auf die zusätzlich zu erhebende Globalzufriedenheit ermöglicht wird.

Besondere Aufmerksamkeit ist auf die Analyse der so genannten kritischen bzw. *außergewöhnlichen Kontakterlebnisse*, die von Kunden als besonders positiv oder negativ erlebt und erinnert werden (Bitner et al. 1990, S. 73), zu legen, da diese über eine hohe Verhaltensrelevanz in Bezug auf die persönliche Kommunikation und das Wiederkaufverhalten verfügen (Albrecht/Zemke 1987, S. 42). Zur Analyse der kritischen Ereignisse eignet sich insbesondere die so genannte *Critical Incident Technique* (Flanagan 1954; Bitner et al. 1990; Stauss 1994; Gremler 2004). Diese sieht vor, mit Hilfe standardisierter offener Fragen die Kunden zu veranlassen, an besonders positive oder negative Erlebnisse mit einem Dienstleistungsanbieter zurückzudenken und diese möglichst detailliert zu schildern (Bruhn 2011, S. 182). Durch eine mehrstufige inhaltsanalytische Auswertung lassen sich so die aus Kundensicht besonders relevanten Erlebnisse hinsichtlich ihrer Merkmale kategorisieren sowie hinsichtlich ihrer Nennungshäufigkeit klassifizieren (Stauss 2000a, S. 332).

Von wesentlicher Bedeutung ist es, dass sich die Kontaktpunkt-Erlebnismessung und die (inhaltsanalytische) Auswertung der im Rahmen der Messung erhobenen Informationen nicht auf funktionale Merkmale der Dienstleistung (z.B. Funktionsfähigkeit der eingesetzten Maschinen, Wartezeit usw.) beschränkt, sondern mit gleicher Intensität die *emotionalen Eindrücke* bzw. Höhen und Tiefen (z.B. Freude, Spaß, Wut, Ärger, Begeisterung usw.) der Kunden im Zusammenhang mit den einzelnen Kontaktpunkterlebnissen fokussiert. Schließlich resultieren ganzheitliche Kundenerlebnisse stets aus einem Zusammenspiel funktionaler und emotionaler Erlebniskomponenten bzw. Erlebnistreibern (Berry et al. 2002, S. 86). Vor diesem Hintergrund erscheint es zudem sinnvoll, die genannten Methoden zu ergänzen durch *beobachtende Verfahren* – wie beispielsweise durch den Einsatz von Videokameras sowie direkter Kundenbefragungen im Geschäftslokal. Dadurch lassen sich die emotionalen Gemützustände direkt verbal abfragen oder indirekt durch Beobachtungen von Gesichtsausdruck, Körpersprache, Gesten usw. erfassen und interpretieren (Berry et al. 2002, S. 86).

2.2.2 Planungsphase

Nach der Durchführung eines *Experience Audits* in der Analysephase gilt es, im Rahmen der Planungsphase die gewonnenen Erkenntnisse zur Planung der Kundenerlebnisse heranzuziehen (vgl. im Folgenden Mayer-Vorfelder 2012, S. 251ff.). Dies umfasst neben einer *Zieldefinition* auch eine *strategische* und *operative Planungsebene* des CEM.

(1) Zielfestlegung

Der erste Schritt innerhalb der Planungsphase ist die Festlegung der Ziele, die durch ein CEM angestrebt werden. Aus Sicht der Praxis werden dabei mit einem CEM verschie-

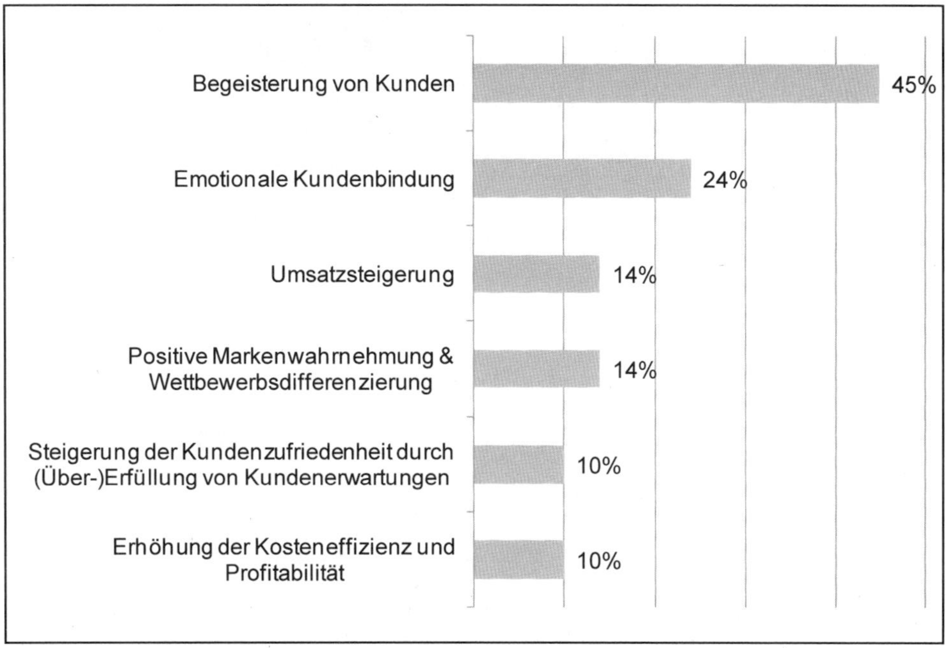

Abbildung 3: Ziele des CEM aus Praxissicht
(Quelle: Detecon International GmbH 2010, S. 24)

dene *Zielsetzungen* verfolgt, wie die nachfolgenden Ergebnisse einer empirischen Studie zeigen (vgl. Abbildung 3).

(2) Strategische Planungsebene

Im Zentrum der strategischen Planung eines CEM steht die Konzeption eines übergeordneten *Erlebnismotivs*, das zum einen die Kernwerte und die übergeordnete Marketingstrategie des Unternehmens verkörpert und zum anderen als Bezugspunkt aller erlebnisorientierten Maßnahmen des Anbieters fungiert (Berry et al. 2002, S. 87; Schmitt/ Mangold 2004, S. 77ff.). So lässt sich beispielsweise das Erlebnismotiv des Herstellers für Computer und Unterhaltungselektronik Apple mit den Attributen Benutzerfreundlichkeit und innovatives Design umschreiben (Schmitt/Mangold 2004, S. 78f.).

Als Ausgangspunkt der strategischen Erlebnisplanung und damit der Festlegung eines übergeordneten Erlebnismotivs dienen die von Pine und Gilmore vorgeschlagenen *Erlebnissphären*, die sich hinsichtlich der beiden Dimensionen „Beteiligung" (‚aktiv' vs. ‚passiv') und „Beziehung zur Umwelt" *(*‚Aufnahme' vs. ‚Eintauchen') unterscheiden und die folgenden vier Erlebnistypen determinieren (vgl. Abbildung 4; Pine/Gilmore 1998; S.102f.; 1999a; 1999b):

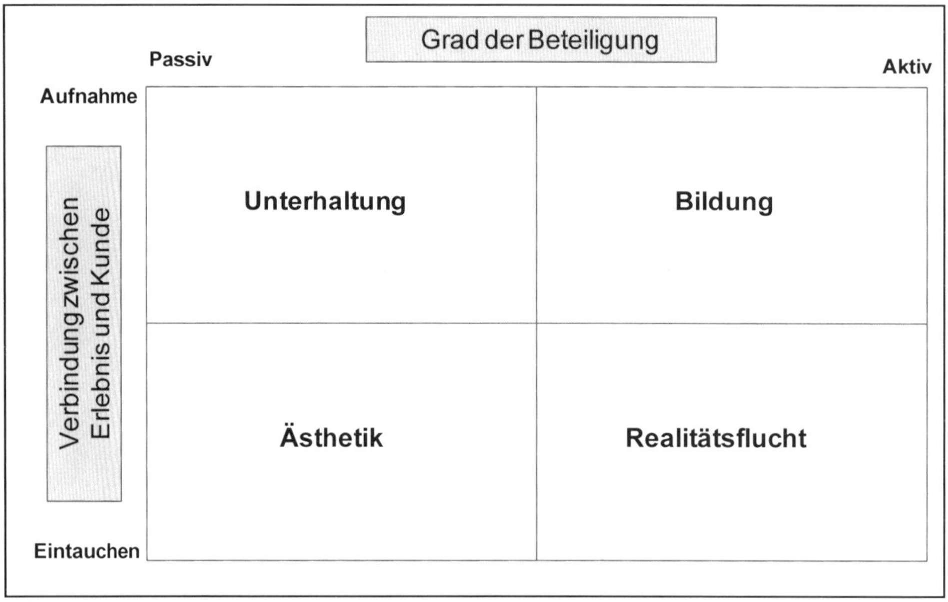

Abbildung 4: Die vier Erlebnissphären
(Quelle: Pine/Gilmore 1998, S. 102)

- *Unterhaltsame Erlebnisse* zeichnen sich durch eine passive Beteiligung der Konsumenten aus, wobei die Verbindung zu dem Ereignis eher durch ‚Aufnahme' als durch ‚Eintauchen' gekennzeichnet ist (z.B. Fernsehen, Konzertbesuch).
- *Bildende Erlebnisse* sind gekennzeichnet durch eine aktive Beteiligung des Konsumenten, der ebenfalls eher außerhalb des Ereignisses steht, als darin zu versinken (z.B. Seminarbesuch).
- In *eskapistischen Erlebnissen* sind Konsumenten aktiv beteiligt und versinken regelrecht in dem Ereignis, das ihnen eine Plattform bietet, dem Alltag und ihrer Umwelt quasi zu „entfliehen" (z.B. Beteiligung bei einer Theateraufführung).
- *Ästhetische Erlebnisse* zeichnen sich im Vergleich zu den eskapistischen Erlebnissen durch eine passive Form der Beteiligung aus. Hier sind Konsumenten ebenfalls in eine Tätigkeit oder Umwelt versunken, haben aber selbst keinen Einfluss auf diese (z.B. Betrachtung von Naturschauspielen).

Bei der Konzeption des zentralen Erlebnismotivs gilt es für Unternehmen folglich festzulegen, in welche Erlebnissphäre(n) die zu generierenden Kundenerlebnisse fallen. Dabei ist zu berücksichtigen, dass besonders *eindrucksvolle Erlebnisse* häufig Aspekte aller vier Sphären aufweisen (Pine/Gilmore 1999b, S. 61).

Weiterhin ist darauf zu achten, dass die Erlebnispositionierung des Anbieters entsprechend so gewählt wird, dass durch die Erlebnisse möglichst viele der so genannten fünf *Erlebnismodule* (sozial, sensorisch, affektiv, kognitiv und konativ) stimuliert werden

(Schmitt/Mangold 2004, S. 43.), um Kunden möglichst ganzheitliche Kundenerlebnisse zu liefern.

(3) Operative Planungsebene

Im Mittelpunkt der operativen Planungsebene eines CEM steht das *Customer Experience Design*. Dabei gilt es für Dienstleistungsanbieter, das zentrale Erlebnismotiv im Rahmen der Gestaltung der einzelnen Kontaktpunkterlebnisse anhand sechs zentraler *Designelemente* umzusetzen (Zomerdijk/Voss 2010, S. 68ff.).

- *Erlebnisschlüssel.* An jedem Kontaktpunkt sind geeignete funktionale und emotionale Erlebnisschlüssel (Carbone/Haeckel 1994; Berry et al. 2002; Berry et al. 2006) als zentrale Treiber des Kundenerlebnisses kontaktpunktspezifisch derart aufeinander abzustimmen und zu kombinieren, so dass sich das intendierte Kundenerlebnis realisieren lässt. Dabei ist weiterhin zu spezifizieren, ob und in welcher Form die emotionalen Erlebnisschlüssel von Objekten („mechanics") oder von Menschen („humanics") ausgehen. Da es zentrales Ziel eines CEM ist, Kunden zu begeistern und Begeisterung aus der Kombination von „Überraschung" („Surprise") und „Freude" („Joy") resultiert (Plutchik 1980; Westbrook/Oliver 1991; Finn 2005), gilt es, bei der Planung der Erlebnisschlüssel weiterhin darauf zu achten, wie Kunden an den einzelnen Kontaktpunkten überrascht und entzückt werden können.
- *Multisensuelle Stimulierung.* Weiterhin umfasst ein erlebnisorientiertes Dienstleistungsdesign die gleichzeitige Stimulierung möglichst vieler Sinne des Konsumenten an den Kontaktpunkten.
- *Mitarbeiter-Kunden-Interaktionen.* Da emotionale Reaktionen insbesondere durch persönliche Interaktionen ausgelöst werden, empfiehlt es sich, Voraussetzungen für möglichst viele Mitarbeiter-Kunden-Interaktionen zu schaffen.
- *Dramaturgische Inszenierung.* Die Erbringung von Dienstleistungen lässt sich metaphorisch vergleichen mit der Inszenierung eines Dramas (Stuart/Tax 2004). Entsprechend ist der dramaturgischen Dienstleistungsnatur ebenfalls Rechnung zu tragen.
- *Anwesenheit anderer Kunden.* Da das Dienstleistungserlebnis häufig auch von der Präsenz bzw. der Nicht-Präsenz anderer Kunden abhängt, bedarf es des Managements der Anwesenheit anderer Kunden bzw. der Sicherstellung eines dienstleistungsadäquaten Maßes an Kunden-zu-Kunden-Interaktion.
- *Abstimmung von Frontline- und Backoffice-Mitarbeitenden.* Weiterhin ist eine reibungslose Abstimmung zwischen Mitarbeitenden im direkten Kundenkontakt („Frontline") und Mitarbeitenden hinter der Sichtbarkeitslinie der Dienstleistungserbringung („Backoffice") sicherzustellen, damit die Frontline-Mitarbeitenden die bestmögliche Unterstützung bei der Generierung von Kundenerlebnissen genießen.

Zur Unterstützung der operativen Planung des CEM auf Basis der erlebnisorientierten Designelemente empfiehlt sich der Einsatz der so genannten Methodik des *Service Experience Blueprints* (Patrício et al. 2008). Dabei ist an allen Kundenkontaktpunkten entlang des aus Kundensicht visualisierten Kundenprozesses grafisch vor allem zu illustrieren, in welcher Form *„mechanics"* (z.B. angenehme Hintergrundmusik in Wartebereichen, Klimatisierung, Beschriftung, ausreichend große Parkplätze) als Auslöser für emotionale Erlebnistreiber einzusetzen sind. Im Hinblick auf die Mitarbeitenden (*„humanics"*) zurückzuführenden emotionalen Erlebnistreiber empfiehlt sich der Einsatz einer Art illustrativer Kurzgeschichten in Ergänzung zu den entsprechenden Stellenprofilen der Mitarbeitenden an den jeweiligen Kundenkontaktpunkten. Hier wird in kurzen schriftlichen, erzählerischen Ausführungen den Mitarbeitenden dargestellt, wie sich das zentrale Erlebnismotiv des Unternehmens (z.B. „Die kundenfreundliche Bank") auf den jeweiligen Arbeitsbereich eines Mitarbeitenden auswirkt und wie die Umsetzung durch den einzelnen Mitarbeitenden idealerweise zu gestalten ist (z.B. Art der freundlichen Kundenbegrüßung) (Carbone/Haeckel 2002, S. 86).

2.2.3 Umsetzungsphase

Der Erfolg erlebnisorientierter Maßnahmen zur Generierung außerordentlicher Kundenerlebnisse hängt wesentlich von den internen Voraussetzungen für ein CEM ab, die im Rahmen der Umsetzungsphase zu schaffen sind (vgl. im Folgenden Mayer-Vorfelder 2012, S. 256ff.). Dabei empfiehlt sich die erlebnisorientierte Anpassung bzw. Ausrichtung von *Strukturen*, *Systemen* und der *Kultur* des Dienstleistungsanbieters (Bruhn/ Hadwich 2006, S. 328ff.; Meffert/Bruhn 2009, S. 387ff.).

(1) Unternehmensstrukturen

Die erlebnisorientierte Anpassung der Unternehmensstrukturen ist eine wesentliche Voraussetzung für die Implementierung eines CEM. Dabei bezieht sich eine wichtige Anpassung auf die klassische *Marketingfunktion*. Diese gilt es weiterzuentwickeln in Richtung eines neuen Funktionalbereichs, der passenderweise die Bezeichnung Customer Experience Management tragen kann. Solche Abteilungen finden sich mittlerweile in einer zunehmenden Anzahl an Unternehmen wie beispielsweise bei dem Schweizer Telekommunikationsanbieter Swisscom. Dort ist das klassische Produktmanagement in eine eigenständige Customer Experience Design-Abteilung aufgegangen, deren Mitarbeitende die gesamte Erlebniskette verantworten (Gabler 2010). Wesentlicher Erfolgsfaktor solcher Abteilungen ist, dass es sich nicht um eine bloße Umbenennung der Marketingabteilung handelt, sondern um eine grundlegende *Reorganisation des Marketing*. Dabei fokussiert sich die erlebnisorientierte Marketingfunktion weniger auf einzelne Produkte oder Dienstleistungen, sondern stärker auf deren Nutzung und die Konsumsituation. Anstelle einzelner Produkteigenschaften tritt das Management von Erlebnisarten und Kundenschnittstellen verstärkt in den Fokus der involvierten Marketingmanager (Schmitt/ Mangold 2004, S. 169). Im Idealfall wird durch die organisatorische Anpassung im Sinne einer nächsten Evolutionsstufe eine *integrierte, cross-funktionale Organisationseinheit* geschaffen, die die Bereiche Dienstleistungsmanagement (Prozesse/Arbeitsabläufe) und Kundenmanagement (Erlebnis/Marketing) integriert (Kwortnik/Thompson 2009, S. 402f.).

Für eine erfolgreiche Implementierung bedarf es weiterhin der *Verankerung* des CEM auf Ebene des Vorstands- bzw. des Topmanagements. Damit CEM nicht nur ein „schicker“ Managementbegriff bleibt, ist es notwendig, dass die obere Führungsebene den Grundgedanken nach innen transportiert und den Mitarbeitenden vorlebt (Schmitt/ Mangold 2004, S. 176). Idealerweise schlägt sich dies in der Schaffung eines eigenen Verantwortungsbereichs auf der Ebene der Geschäftsführung nieder, wie dies beispielsweise bei dem Telekommunikationsanbieter Telefónica O_2 Germany der Fall ist (Telefónica O2 Germany 2010).

Bei den *Mitarbeitenden* – insbesondere bei denen im direkten Kundenkontakt – handelt es sich um die zentralen Treiber der Kontaktpunkterlebnisse (Harris 2007; Mosley 2007). Zur Sicherstellung, dass Mitarbeitende im Sinne der Erlebnispositionierung des Unternehmens handeln, bedarf es weiterhin einer organisatorischen Anpassung des Personalmanagements. Schmitt und Mangold (2004) empfehlen in diesem Zusammenhang ein Human-Resources-Verfahren („*Experience for HR*"), das eine erlebnisorientierte Ausrichtung des Personalmanagements in fünf Stufen vorsieht. Bereits bei der Personaleinstellung ist beispielsweise in Rollenspielen sicherzustellen, dass die potenziellen Mitarbeitenden die richtigen Voraussetzungen für die Gestaltung von Erlebnissen mitbringen (Stufe 1). Im Zentrum der zweiten Stufe steht die Ausbildung der Mitarbeitenden zur Schaffung der richtigen Erlebnisse. Gegenstand der dritten Stufe ist die Implementierung geeigneter Anreizsysteme, die kundenorientiertes Verhalten belohnen. Die vierte Stufe zielt auf die Messung des Mitarbeiterverhaltens an konkreten Erlebnisstandards, während es im Kontext der fünften Stufe um die Art der Mitarbeitereinbindung bei der Entwicklung von Kundenerlebnissen geht (Schmitt/Mangold 2004, S. 170f.).

(2) Unternehmenssysteme

Zur erfolgreichen Implementierung eines CEM bedarf es weiterhin der Anpassung vorhandener bzw. der Einführung neuer *Unternehmenssysteme*. Dabei zeigen sich drei zentrale Ansatzpunkte einer erlebnisorientierten Ausrichtung der Unternehmenssysteme.

Im Zentrum stehen dabei erstens *analytische CEM-Systeme* zur systematischen Erfassung und Auswertung der Customer Experience von Kunden an allen Kundenkontaktpunkten. Solche Systeme zeichnen sich zunehmend dadurch aus, den dynamischen Erfordernissen eines millionenfachen Kundendialogs über verschiedene Kommunikationskanäle wie Telefon-Hotline, E-Mail, Social Media-Plattformen, Internet-Blogs, SMS-Feedback usw. gerecht zu werden. Komponenten eines analytischen CEM-Systems liefert beispielsweise die Softwarelösung SAS® Customer Intelligence des Anbieters SAS (2011). Dabei integrieren die Systeme idealerweise jede Form des strukturierten und unstrukturierten Kundenfeedbacks und führen dieses im Rahmen eines professionellen Feedback-Managements einem systematischen Analyse- und Auswertungsprozess zu.

Am Ende dieses Prozesses stehen wiederum konkrete Verbesserungen zur Erhöhung der Customer Experience an den verschiedenen Kundenkontaktpunkten (Detecon International GmbH 2010, S. 47ff.).

Neben den Systemen zur Analyse der Customer Experience bedarf es zweitens an Systemen zur *erlebnisorientierten Gestaltung der unpersönlichen Kundenschnittstellen*. Durch den Einsatz geeigneter Systeme lassen sich die unpersönlichen Kundenschnittstellen im Sinne funktionaler Erlebnistreiber derart ausgestalten, dass die Interaktion mit den Systemen an den entsprechenden Kundenschnittstellen bereits als Erlebnis empfunden werden. Dies betrifft beispielsweise Aspekte wie die Darstellung von Produktinformationen im Internet, die Anbindung des *Customer Care* an Soziale Netzwerke oder die Fähigkeit von Unternehmen, durchgängige Kundenerlebnisse über Multi-Channel-Interaktionen zu generieren. Solche Funktionalitäten bietet beispielsweise die CEM-Lösung „RightNow CX" des Anbieters RightNow (2011). Häufig bedarf es bei der Gestaltung der Mensch-System-Schnittstellen nur kleiner Maßnahmen zur Generierung von positiven Kundenerlebnissen. So kann beispielsweise bereits die Art, wie Kunden ein verlorenes Passwort für den Kunden-Login zurückerlangen können, darüber entscheiden, ob der Kundenkontaktpunkt „Online-Service" als positives oder negatives Kundenerlebnis erinnert wird (Schmitt/Mangold 2004, S. 173).

Drittens bedarf es einer *Erweiterung der bestehenden CRM-Systeme* um solche kundenbezogenen Informationen, die Mitarbeitende benötigen, um im direkten Kundenkontakt Kundenerlebnisse zu schaffen (Schmitt/Mangold 2004, S. 173). Als Hygienefaktor eines Kundenerlebnisses sind dabei die Aktualität und Vollständigkeit aller kundenbezogenen Informationen an allen Kundenkontaktpunkten im Sinne des Prinzips „One Face of the Customer" zu betrachten. Darüber hinaus sind weitere Informationen wie Jubiläen des Kunden (z.B. 10jährige Mitgliedschaft), bestimmte Vorlieben des Kunden (z.B. Sitzplatzvorlieben von Flugpassagieren) usw. zu speichern, um ihn im richtigen Moment zu überraschen.

(3) Unternehmenskultur

Zur erfolgreichen Implementierung eines CEM ist es weiterhin von Bedeutung, eine geeignete *Unternehmenskultur* zu schaffen. Dabei besteht die zentrale Herausforderung darin, die Unternehmenskultur und damit die individuellen Werte- und Normvorstellungen sowie Denk- und Verhaltensmuster, die die Entscheidungen, Handlungen und Aktivitäten der Organisationsmitglieder prägen (Pflesser 1999, S. 12ff.), in Richtung eines erlebnisorientierten Verständnisses der Leistungserbringung anzupassen. Mit anderen Worten gilt es zu erreichen, dass sämtliche Mitarbeitende und Führungskräfte die Erbringung von Kundenerlebnissen als selbstverständlichen Bestandteil ihres Tagesgeschäfts betrachten. Vor diesem Hintergrund sind die Realisierung von Mitarbeitererlebnissen und die Erweiterung von Entscheidungskompetenzen („Empowerment") von zentraler Bedeutung.

Ein wichtiger Ansatzpunkt zur Beeinflussung der Unternehmenskultur in Richtung einer stärker erlebnisorientierten Dienstleistungserbringung ist die Verbesserung des *Mitarbeitererlebnisses*. Dies bedeutet folglich, das Erlebniskonzept nicht nur auf die externen Kunden, sondern auch auf die internen Kunden anzuwenden, da nur bei einem intrinsisch motivierten Mitarbeitenden zu erwarten ist, hervorragende Kundenerlebnisse zu schaffen (Schmitt/Mangold 2004, S. 161). Prinzipiell eignen sich dazu die gleichen Methoden, wie sie in Bezug auf den externen Kunden im Rahmen der Analyse- und Planungsphase des CEM beschrieben worden sind. Zum einen sind interne Kontaktpunkterlebnisse zu messen und zum anderen ist sorgfältig zu planen, wie sich durch einen abgestimmten Einsatz funktionaler und emotionaler Erlebnistreiber das Mitarbeitererlebnis kontinuierlich verbessern lässt. Idealerweise erfolgt die Umsetzung der Maßnahmen zur Steigerung des Mitarbeitererlebnisses dabei im Rahmen eines erlebnisorientiert ausgerichteten *Konzepts des Internen Marketing*. Dabei handelt es sich um einen integrativen Ansatz, der eine hohe Eignung zur Veränderung der Unternehmenskultur aufweist (Stauss/Schulze 1990, S. 154) und dessen Grundgedanke es ist, die Personal- und Marketingsichtweise im Sinne einer ganzheitlichen Kundenorientierung zu integrieren (George 1990; Stauss/Schulze 1990; Bruhn 1999a; 1999b; Stauss 2000b).

Weiterhin ist es notwendig, Mitarbeitenden im Kundenkontakt mit erweiterten Handlungskompetenzen bzw. Entscheidungsfreiheiten im Sinne eines Empowerments auszustatten. Das *Konzept des Empowerments* umfasst alle Maßnahmen, durch deren Einsatz Mitarbeitenden im Kundenkontakt eine größere Entscheidungsfreiheit in Bezug auf die persönliche Arbeitsplatzgestaltung im Allgemeinen und zur Ausübung ihrer Tätigkeiten im Kundenkontakt im Speziellen eingeräumt wird. Dahinter steht die Überzeugung, dass durch Empowerment Mitarbeitenden ein stärkeres Gefühl der Selbstbestimmtheit und Kontrolle über ihr persönliches Tun verliehen wird und sie so zu selbständigem Handeln im Sinne der mitarbeiterbezogenen Unternehmensziele animiert werden (Bowen/Lawler III 1995; Seibert et al. 2004). Vor diesem Hintergrund gilt es, Mitarbeitenden im Kundenkontakt mit dem notwendigen Entscheidungsfreiraum inhaltlicher und finanzieller Natur auszustatten, die es zur Gestaltung der intendierten Kundenerlebnisse beispielsweise durch kleine Überraschungen wie ein Upgrade der Mietwagenkategorie bei einer Autovermietung oder der Organisation kleiner Aufmerksamkeiten für Hotelgäste bedarf.

2.2.4 Kontrollphase

Für den mittel- und langfristigen Erfolg von CEM bedarf es einer kontinuierlichen Erfolgskontrolle (Tracking) der ergriffenen erlebnissteigernden Maßnahmen und ihrer Wirkungen (vgl. im Folgenden Mayer-Vorfelder 2012, S. 261ff.). Zu diesem Zweck empfiehlt sich vor allem der Einsatz von Tracking-Systemen, die auf dem Prinzip von *Kundenbarometern* basieren. Unter einem Barometer wird im Kontext der Erfolgskontrolle im Marketing ein multidimensionales Kontrollsystem verstanden, durch das sich mehrere Zielgrößen sowie deren Interdependenzen durch periodische Erhebungen in regelmäßigen Abständen im Zeitverlauf wiederholt kontrollieren lassen (Bruhn 2001). Die Methodik stammt ursprünglich aus dem Bereich Nationaler Kundenbarometer, mit denen im Rahmen unternehmens- und branchenübergreifender Erhebungen durch eine unabhängige Institution verschiedene kundenbezogene Zielgrößen von Unternehmen – wie z.B. Kundenzufriedenheit – in regelmäßigen Abständen gemessen werden. Ziel solcher Erhebungen ist vor allem die Erfassung nationaler – und seit einiger Zeit auch internationaler – Zufriedenheitsniveaus mit einzelnen Unternehmen bzw. Branchen sowie deren Entwicklung im Zeitverlauf (Bruhn/Murmann 1998).

Das Prinzip der Nationalen Kundenbarometer lässt sich gut übertragen auf den Anwendungsbereich *unternehmensindividueller Kundenbarometer* im Zusammenhang mit der Erfolgskontrolle verschiedener spezifischer Fragestellungen (vgl. z.B. Bruhn 2011, S. 542ff.). Methodisch basieren Kundenbarometer auf dem multivariaten Verfahren der Kausalanalyse (Homburg/Klarmann 2006; Homburg et al. 2008). Innerhalb des eines Barometers zugrunde liegenden Kausal- bzw. Strukturgleichungsmodells werden die einzelnen zu untersuchenden Erfolgsgrößen als latente Variablen bzw. Konstrukte aufgefasst und mehrdimensional anhand so genannter Indikatorvariablen messbar gemacht sowie mittels standardisierter Kundenbefragungen gemessen. Auf diese Weise lassen sich zum einen die Stärke der Beziehungen zwischen den Konstrukten (z.B. Einfluss des Kundenerlebnisses auf die Kundenzufriedenheit) und zum anderen die Stärke der Wirkung zwischen den einzelnen Indikatoren und dem Konstrukt (z.B. Einfluss einzelner Erlebnistreiber auf das Kundenerlebnis) messen und damit der Erfolg der einzelnen Maßnahmen überprüfen.

Abbildung 5 zeigt exemplarisch die Grundstruktur eines möglichen Kausalmodells als Basis eines unternehmensspezifischen Kundenbarometers zur Erfolgskontrolle eines CEM am Beispiel einer Flugreise. Dabei wird differenziert zwischen Input-Größen (Gestaltung der Kontaktpunkterlebnisse) und Output-Größen (Erfolgswirkungen bei den Kunden). Im Hinblick auf die *Input-Größen* gilt es, jeweils die kontaktpunktspezifischen funktionalen und emotionalen Erlebnistreiber festzulegen sowie die entsprechenden Kontaktpunkterlebnisse, die im Rahmen der Erfolgskontrolle zu berücksichtigen sind. Den Ausgangspunkt hierfür liefern die im Rahmen der Analysephase identifizierten und aus Kundensicht jeweils relevanten Kontaktpunkte und Erlebnistreiber. Hinsichtlich der *Output-Größen* ist ebenfalls festzulegen, welche – entsprechend der Erfolgskettenlogik (Bruhn 2009, S. 66) – psychologischen, verhaltensbezogenen und/oder ökonomischen Erfolgswirkungen das Kundenbarometer messen soll.

Die im Rahmen der Kausalanalyse gewonnenen *Ergebnisse* lassen sich für die Erfolgskontrolle des CEM in verschiedener Hinsicht verwenden (Bruhn 2011, S. 546):

- *Stärke der Erlebnistreiber*: Durch Analyse der Messparameter lässt sich feststellen, wie stark sich einzelne Erlebnistreiber (Indikatoren) auf die jeweiligen Kontaktpunkterlebnisse auswirken. So lässt sich ermitteln, welche funktionalen und emotionalen Erlebnistreiber für ein ganzheitliches Kontaktpunkterlebnis besonders erfolgskritisch sind.

- *Bildung von Indizes*: Durch die Aggregation der Mittelwerte der Beurteilung einzelner Erlebnistreiber auf einer vorgegebenen Skala mit Hilfe der ermittelten Messparameter lassen sich für die einzelnen Kontaktpunkterlebnisse Indizes berechnen, durch die eine Vergleichbarkeit der Messergebnisse bei wiederholter Durchführung der Erhebung ermöglicht wird. Daran lässt sich erkennen, ob sich das Kundenerlebnis für einen spezifischen Kontaktpunkt im Zeitverlauf verbessert oder verschlechtert hat.

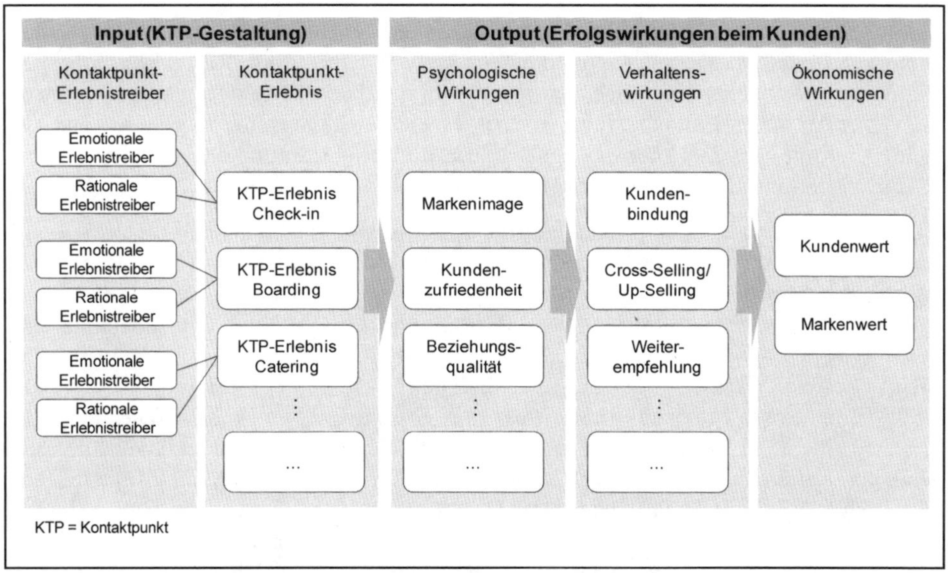

Abbildung 5: Kausalmodell zur Erfolgskontrolle des CEM am Beispiel einer Flugreise (Quelle: in Anlehnung an Hadwich/Eichen 2010, S. 9)

- *Zusammenhangsanalyse*: Zudem lässt sich anhand der Strukturparameter die Stärke des Zusammenhangs zwischen den im Kausalmodell enthaltenen Konstrukten feststellen. So wird beispielsweise ersichtlich, welche Kontaktpunkterlebnisse z.B. für die Kundenzufriedenheit besonders wichtig sind oder welche Erlebnisse maßgeblich die Kundenbindung bestimmen.

Hinsichtlich der *Messfrequenz* empfiehlt sich eine regelmäßige – mindestens jährliche – Durchführung der Messungen. So lässt sich gut überprüfen, ob sich die ergriffenen Maßnahmen zur Steigerung der Customer Experience auszahlen oder ob und an welcher Stelle weiterer Nachbesserungsbedarf besteht.

3. Schlussbetrachtung

In Zeiten sich verschärfender Wettbewerbsbedingungen steigt die Anzahl derjenigen Unternehmen, die sensibilisiert sind für die hohe Bedeutung der Customer Experience ihrer Klientel und somit auf den eigenen wirtschaftlichen Erfolg. Besonders fortschrittliche Unternehmen sind sich der *Erfolgsrelevanz* von Customer Experience schon längere Zeit bewusst und schaffen spezifische Organisationseinheiten, die sich speziell auf kundenerlebniszentrierte Maßnahmen fokussieren. Zu solchen Unternehmen zählt beispielsweise der Mobilfunkanbieter Vodafone, der bereits im Jahr 2008 den Bereich Customer Operations in einer neuen Hauptabteilung mit der Bezeichnung Customer Experience and Development mit dem Ziel zusammengefasst hat, die für einen optimalen Service notwendige Konzept-und Entwicklungsarbeit zu leisten (Vodafone 2012).

Solch strukturierte Initiativen sind dennoch viel zu oft die Seltenheit. Nach wie vor überwiegt die Anzahl derer Unternehmen, die sich dem Thema Customer Experience Management noch vollständig verschließen oder – wenn überhaupt – nur einzelne, nicht aufeinander abgestimmte Maßnahmen einleiten, von denen sie der Annahme sind, dass diese der Schaffung von Customer Experience zuträglich sein könnten. Dabei offenbart sich insbesondere für Dienstleistungsunternehmen – wie in diesem Beitrag gezeigt wurde – ein immenses *Potenzial für ein Customer Experience Management*. Dies liegt insbesondere daran, dass bei Dienstleistungsanbietern die Kundenkontaktpunkte häufig persönlicher Natur sind und diese sich entsprechend durch eine Vielzahl an „Augenblicken der Wahrheit" auszeichnen, an denen Dienstleistungsunternehmen die Chance haben, das Kundenerlebnis zu steigern. Entsprechend ist es primäres Ziel dieses Beitrags, Dienstleistungsunternehmen einen Weg aufzuzeigen, wie sie CEM vom Status eines Managementmodeworts in eine strukturierte Managementkonzeption mit den Phasen Analyse, Planung, Durchführung und Kontrolle überführen können.

Trotz des durch diesen Beitrag geschaffenen Fortschritts bezüglich der Konzeption eines systematischen Ansatzes zum Management der Customer Experience bestehen nach wie vor *Forschungsdefizite* hinsichtlich der theoretischen Konzeptualisierung und Operationalisierung des Konstrukts Customer Experience (Gentile et al. 2007, S. 396; Verhoef et al. 2009, S. 32; Mayer-Vorfelder 2012). Insbesondere der Frage nach den Determinanten und Wirkungen von Customer Experience gilt es im Rahmen weiterer Forschungsaktivitäten verstärkte Aufmerksamkeit im Rahmen weiterer Forschungsaktivitäten zu widmen. Erst dadurch lassen sich nennenswerte Fortschritte in Bezug auf das Customer Experience Management erzielen, wenn größere Klarheit darüber besteht, welche Aktivitäten des Dienstleistungsanbieters sich in welcher Form auf das Erlebnis der Kunden an den einzelnen Kundenkontaktpunkten auswirken.

Literaturverzeichnis

Albrecht, K. (1988): At America's Service. How Your Company Can Join the Customer Service Revolution, New York.

Albrecht, K./Zemke, R. (1987): Service-Strategien, New York u.a.

Badgett, M./Boyce, M.S./Kleinberger, H. (2007): Turning Shoppers into Advocates, IBM Institute for Business Value.

Berry, L.L./Carbone, L.P./Haeckel, S.H. (2002): Managing the Total Customer Experience, in: MIT Sloan Management Review, Vol. 43, No. 3, S. 85-89.

Berry, L.L./Wall, E.A./Carbone, L.P. (2006): Service Clues and Customer Assessment of the Service Experience: Lessons from Marketing, in: Academy of Management Perspectives, Vol. 20, No. 2, S. 43-57.

Bitner, M.J./Booms, B.H./Tetreault, M.S. (1990): The Service Encounter. Diagnosing Favorable and Unfavorable Incidents, in: Journal of Marketing, Vol. 54, No. 1, S. 71-84.

Bowen, D.E./Lawler III, E.E. (1995): Empowering Service Employees, in: Sloan Management Review, Vol. 36, No. 4, S. 73-84.

Bruhn, M. (1999a): Internes Marketing als Forschungsgebiet der Marketingwissenschaft, in: Bruhn, M. (Hrsg.): Internes Marketing. Integration der Kunden- und Mitarbeiterorientierung, 2. Aufl., Wiesbaden, S. 15-44.

Bruhn, M. (Hrsg.) (1999b): Internes Marketing. Integration der Kunden- und Mitarbeiterorientierung. Grundlagen, Implementierung, Praxisbeispiele, 2. Aufl., Wiesbaden.

Bruhn, M. (2001): Einsatz Nationaler Kundenbarometer für das Dienstleistungsmanagement, in: Bruhn, M./Meffert, H. (Hrsg.): Handbuch Dienstleistungsmanagement. Von der strategischen Konzeption zur praktischen Umsetzung, 2. Aufl., Wiesbaden, S. 337-366.

Bruhn, M. (2009): Relationship Marketing. Das Management von Kundenbeziehungen, 2. Aufl., München.

Bruhn, M. (2010): Kommunikationspolitik. Systematischer Einsatz der Kommunikation für Unternehmen, 6. Aufl., München.

Bruhn, M. (2011): Qualitätsmanagement für Dienstleistungen. Grundlagen, Konzepte, Methoden, 8. Aufl., Berlin u.a.

Bruhn, M./Hadwich, K. (2006): Produkt- und Servicemanagement. Konzepte, Methoden, Prozesse, München.

Bruhn, M./Murmann, B. (1998): Nationale Kundenbarometer. Messung von Qualität und Zufriedenheit. Methodenvergleich und Entwurf eines Schweizer Kundenbarometers, Wiesbaden.

Carbone, L.P./Haeckel, S.H. (1994): Engineering Customer Experiences, in: Marketing Management, Vol. 3, No. 3, S. 8-19.

Carlzon, J. (1988): Alles für den Kunden, Frankfurt am Main/New York.

Cina, C. (1993): Five Steps to Service Excellence, in: Journal of Services Marketing, Vol. 4, No. 2, S. 39-47.

Collier, D.A. (1989): Process Moments of Trust: Analysis and Strategy, in: The Service Industries Journal, Vol. 9, No. 2, S. 205-222.

Detecon International GmbH (2010): Customer Experience Management in the Telecommunications Industry, http://www.detecon.com/en/publications/studies/studies_detail.html?unique_id=43778 (Zugriff am 8.12.2010).

Edvardsson, B./Enquist, B./Johnston, R. (2005): Cocreating Customer Value Through Hyperreality in the Prepurchase Service Experience, in: Journal of Service Research, Vol. 8, No. 2, S. 149-161.

Esch, F.-R./Brunner, C./Gawlowski, D./Knörle, C./Krieger, K.H. (2010): Customer Touchpoints marken- und kundenspezifisch managen, in: Marketing Review St. Gallen, 27. Jg., Nr. 2, S. 8-13.

Finn, A. (2005): Reassessing the Foundations of Customer Delight, in: Journal of Service Research, Vol. 8, No. 2, S. 103-116.

Fisk, R.P./Grove, S.J. (1995): Service Performance as Drama: Quality Implications and Measurement, in: Kunst, P./Lemmink, J. (Hrsg.): Managing Service Quality, London, S. 107-119.

Flanagan, J.C. (1954): The Critical Incident Technique, in: Psychological Bulletin, Vol. 51, No. 4, S. 327-358.

Frow, P./Payne, A. (2007): Towards the Perfect Customer Experience, in: Journal of Brand Management, Vol. 15, No. 2, S. 89-101.

Gabler, C. (2010): Customer Experience Management in: Contact Management Magazine, http://www.cmm-magazine.ch/newsblog/customer-experience-management.html (Zugriff am 08.12.2010).

Gentile, C./Spiller, N./Noci, G. (2007): How to Sustain the Customer Experience: An Overview of Experience Components that Co-create Value With the Customer, in: European Management Journal, Vol. 25, No. 5, S. 395-410.

George, W. (1990): Internal Marketing and Organizational Behaviour. A Partnership in Developing Customer-Conscious Employees at Every Level, in: Journal of Business Research, Vol. 20, No. 1, S. 63-70.

Gremler, D.D. (2004): The Critical Incident Technique in Service Research, in: Journal of Service Research, Vol. 7, No. 1, S. 65-89.

Grove, S.J./Fisk, R.P. (1983): The Dramaturgy of Services Exchange: An Analytical Framework for Services Marketing, in: Berry, L.L./Shostack, G.L./Upah, G.D. (Hrsg.): Emerging Perspectives on Services Marketing, Chicago, S. 45-49.

Grove, S.J./Fisk, R.P. (1992): The Service Experience as Theater, in: Advances in Consumer Research, Vol. 19, No. 1, S. 455-466.

Hadwich, K./Eichen, F. (2010): Service Experience Management (SEM) – Serviceerlebnisse als Fundament von Wettbewerbsvorteilen, in: F.A.Z.-Institut/Steria Mummert Consulting (Hrsg.): Managementkompass Servicequalität, Frankfurt am Main, S. 8-10.

Haeckel, S.H./Carbone, L.P./Berry, L.L. (2003): How to Lead the Customer Experience, in: Marketing Management, Vol. 12, No. 1, S. 18-23.

Harris, K./Harris, R./Baron, S. (2001): Customer Participation in Retail Service: Lessons from Brecht, in: International Journal of Retail & Distribution Management, Vol. 29, No. 8/9, S. 359-369.

Harris, P. (2007): We the People: The Importance of Employees in the Process of Building Customer Experience, in: Journal of Brand Management, Vol. 15, No. 2, S. 102-114.

Harris, R./Harris, K./Baron, S. (2003): Theatrical Service Experiences. Dramatic Script Development with Employees, in: International Journal of Service Industry Management, Vol. 14, No. 2, S. 184-199.

Holbrook, M.B./Hirschman, E.C. (1982): The Experiential Aspects of Consumption: Consumer Fantasies, Feelings, and Fun, in: Journal of Consumer Research, Vol. 9, No. 2, S. 132-140.

Homburg, C./Klarmann, M. (2006): Die Kausalanalyse in der empirischen betriebswirtschaftlichen Forschung – Problemfelder und Anwendungsempfehlungen, in: Die Betriebswirtschaft, 66. Jg., Nr. 6, S. 727-748.

Homburg, C./Pflesser, C./Klarmann, M. (2008): Strukturgleichungsmodelle mit latenten Variablen: Kausalanalyse, in: Herrmann, A./Homburg, C./Klarmann, M. (Hrsg.): Handbuch Marktforschung, 3. Aufl., Wiesbaden, S. 547-577.

Jay, J. (1996): A Dramaturgical View of the Health Care Service Encounter, in: European Journal of Marketing, Vol. 30, No. 9, S. 60-74.

Kubacki, K. (2008): Jazz Musicians: Creating Service Experience in Live Performance, in: International Journal of Contemporary Hospitality Management, Vol. 20, No. 4, S. 401-411.

Kwortnik Jr., R.J./Thompson, G.M. (2009): Unifying Service Marketing and Operations With Service Experience Management, in: Journal of Service Research, Vol. 11, No. 4, S. 389-406.

Mascarenhas, O.A./Kesavan, R./Bernacchi, M. (2006): Lasting Customer Loyalty: A Total Customer Experience Approach, in: Journal of Consumer Marketing, Vol. 23, No. 7, S. 397-405.

Mayer-Vorfelder, M. (2012): Kundenerfahrungen im Dienstleistungsprozess – Eine theoretische und empirische Analyse, Wiesbaden.

Meffert, H./Bruhn, M. (2009): Dienstleistungsmarketing. Grundlagen, Konzepte, Methoden, 6. Aufl., Wiesbaden.

Meyer, C./Schwager, A. (2007a): Understanding Customer Experience, in: Harvard Business Review, Vol. 85, No. 2, S. 116-126.

Meyer, C./Schwager, A. (2007b): Das Kundenerlebnis verbessern, in: Harvard Business Manager, 29. Jg., Nr. 4, S. 58-73.

Mosley, R.W. (2007): Customer Experience, Organisational Culture and the Employer Brand, in: Journal of Brand Management, Vol. 15, No. 2, S. 123-134.

Ng, S./Russell-Bennett, R./Dagger, T. (2007): A Typology of Mass Services: The Role of Service Delivery and Consumption Purpose in Classifying Service Experiences, in: Journal of Services Marketing, Vol. 21, No. 7, S. 471-480.

Normann, R. (1987): Dienstleistungsunternehmen, Hamburg.

Patrício, L./Fisk, R.P./Falcão e Cunha, J. (2008): Designing Multi-Interface Service Experiences, in: Journal of Service Research, Vol. 10, No. 4, S. 318-334.

Pflesser, C. (1999): Marktorientierte Unternehmenskultur. Konzeption und Untersuchung eines Mehrebenenmodells, Wiesbaden.

Pine, J.B./Gilmore, J.H. (1998): Welcome to the Experience Economy, in: Harvard Business Review, Vol. 76, No. 4, S. 97-105.

Pine, J.B./Gilmore, G.H. (1999a): The Experience Economy, Boston.

Pine, J.B./Gilmore, G.H. (1999b): Willkommen in der Erlebnisökonomie, in: Harvard Business Manager, 21. Jg., Nr. 1, S. 56-64.

Plutchik, R. (1980): Emotion: A Psychoevolutionary Synthesis, New York.

RightNow (2010): http://de.rightnow.com/index.php (Zugriff am 15.12.2011).

Sandström, S./Edvardsson, B./Kristensson, P./Magnusson, P. (2008): Value in Use Through Service Experience, in: Managing Service Quality, Vol. 18, No. 2, S. 112-126.

SAS (2010): http://www.sas.com (Zugriff am 15.12.2011).

Schmitt, B. (2003): Customer Experience Management: A Revolutionoary Approach to Connecting with Your Customer, New York.

Schmitt, B. (2009): The Concept of Brand Experience, in: Journal of Brand Management, Vol. 16, No. 7, S. 417-419.

Schmitt, B./Mangold, M. (2004): Kundenerlebnis als Wettbewerbsvorteil. Mit Customer Experience Management Marken und Märkte Gewinn bringend gestalten, Wiesbaden.

Seibert, S.S./Silver, S.R./Randolph, W.A. (2004): Taking Empowerment to the Next Level: A Multiple-Level Modell of Empowerment, and Satisfaction, in: Academy of Management Journal, Vol. 47, No. 3, S. 332-350.

Shaw, C./Ivens, J. (2005): Building Great Customer Experiences, London.

Smith, S./Wheeler, J. (2002): Managing the Customer Experience: Turning Customers into Advocates, New York.

Stauss, B. (1994): Der Einsatz der „Critical Incident Technique" im Dienstleistungs-marketing, in: Tomczak, T./Belz, C. (Hrsg.): Kundennähe realisieren, Ideen, Konzepte, Methoden, Erfahrungen, St. Gallen, S. 233-250.

Stauss, B. (2000a): „Augenblicke der Wahrheit“ in der Dienstleistungserstellung. Ihre Relevanz und ihre Messung mit Hilfe der Kontaktpunkt-Analyse, in: Bruhn, M./Stauss, B. (Hrsg.): Dienstleistungsqualität. Grundlagen, Konzepte, Erfahrungen, 3. Aufl., Wiesbaden, S. 322-340.

Stauss, B. (2000b): Internes Marketing als personalorientierte Qualitätspolitik, in: Bruhn, M./Stauss, B. (Hrsg.): Dienstleistungsqualität. Konzepte, Methoden, Erfahrungen, 3. Aufl., Wiesbaden, S. 203-222.

Stauss, B./Schulze, H.S. (1990): Internes Marketing, in: Marketing ZFP, 12. Jg., Nr. 3, S. 149-158.

Stauss, B./Weinlich, B. (1997): Process-oriented Measurement of Service Quality, in: European Journal of Marketing, Vol. 31, No. 1/2, S. 33-55.

Stuart, F.I. (2006): Designing and Executing Memorable Service Experiences: Lights, Camera, Experiment, Integrate, Action!, in: Business Horizons, Vol. 49, No. 2, S. 149-159.

Stuart, F.I./Tax, S. (2004): Toward an Integrative Approach to Designing Service Experiences: Lessons Learned From The Theatre, in: Journal of Operations Management, Vol. 22, No. 6, S. 609-627.

Telefónica O2 Germany (2010): http://www.de.o2.com/ext/portal/online/14465/index (Zugriff am 08.12.2010).

Verhoef, P.C./Lemon, K.N./Parasuraman, A./Roggeveen, A./Tsiros, M./Schlesinger, L.A. (2009): Customer Experience Creation: Determinants, Dynamics and Management Strategies, in: Journal of Retailing, Vol. 85, No. 1, S. 31-41.

Vodafone (2011): http://www.vodafone.de/unternehmen/soziale-verantwortung/kunden-orientierung.html (Zugriff am 22.10.2011).

Westbrook, R.A./Oliver, R.L. (1991): The Dimensionality of Consumption Emotion Patterns and Consumer Satisfaction, in: Journal of Consumer Research, Vol. 18, No. 1, S. 84-91.

Zomerdijk, L.G. /Voss, C.A. (2010): Service Design for Experience-Centric Services, in: Journal of Service Research, Vol. 13, No. 1, S. 67-82.

3. Determinanten und Wirkungen von Customer Experience

Sabine Fließ, Ole Wittko und Mailin Schmelter

Der Service Experience Value – Stand der Forschung, Konzeptualisierung und empirische Messung

Prof. Dr. *Sabine Fließ* ist Inhaberin des Douglas-Stiftungslehrstuhls für Dienstleistungsmanagement an der FernUniversität in Hagen. Dipl.-Kfm. *Ole Wittko* ist ehemaliger Mitarbeiter am Douglas-Stiftungslehrstuhl für Dienstleistungsmanagement an der FernUniversität in Hagen. *Mailin Schmelter*, BSc, ist Wissenschaftliche Hilfskraft am Douglas-Stiftungslehrstuhl für Dienstleistungsmanagement an der FernUniversität in Hagen.

1. Problemstellung und Zielsetzung

Insbesondere bei prozessorientierten Dienstleistungen wie Flugreisen, Krankenhausaufenthalten oder Freizeitparkbesuchen wird der so genannte Service Value, d.h. der vom Kunden wahrgenommene Wert einer Dienstleistung, nicht nur durch das Leistungsergebnis, sondern auch durch den Dienstleistungsprozess bestimmt. Die Bewertung des Dienstleistungsprozesses durch den Konsumenten wird als *Service Experience Value* bezeichnet. Gemeinsam mit der Bewertung des Leistungsergebnisses geht der Service Experience Value (SEV) in die Gesamtbeurteilung des Preis-Leistungs-Verhältnisses ein, das wiederum die Zufriedenheit mit der Dienstleistung sowie Wiederkauf- und Weiterempfehlungsabsichten beeinflusst.

Während die Informationsverarbeitung und Nutzendimensionen von Dienstleistungen in der Literatur bereits intensiver betrachtet wurden (Helkkula/Kelleher 2010), wurden den „experiences" von Kunden im Dienstleistungsprozess bisher weniger Augenmerk geschenkt. Erst in letzter Zeit setzen sich Autoren intensiver mit diesen auseinander (Patrício et al. 2011). Eine einheitliche Konzeptualisierung des SEV fehlt jedoch bisher.

Der vorliegende Beitrag vermittelt den Forschungsstand hinsichtlich des SEV, unterbreitet einen eigenständigen und neuartigen Vorschlag zur Konzeptualisierung des theoretischen Konstrukts Service Experience Value auf der Basis einer erlebnisorientierten Messung und präsentiert die Ergebnisse der empirischen Untersuchung. Hierzu wird zunächst ein Überblick über den Stand der Forschung gegeben (Kapitel 2), aus dessen Würdigung eine Konzeptualisierung des SEV auf der Basis von Erlebnissen resultiert (Kapitel 3). Im vierten Kapitel wird die Operationalisierung und Messung des SEV am Beispiel von Flugreisen vorgestellt und kommentiert.

2. Stand der Forschung zum Service (Experience) Value

2.1 Customer Value und Service Value als Basis des Service Experience Value

Der SEV kann auf zwei Konzepte zurückgeführt werden: den Customer Value und den Service Value. Der *Customer Value* wird zum einen aus Sicht des Anbieters als Wert des Kunden für das Unternehmen aufgefasst und beispielsweise als Customer Lifetime Value konzeptualisiert (z.B. die Beiträge in Günter/Helm 2006). Zum anderen wird er als der vom Kunden wahrgenommene Wert (Customer Perceived Value, Value for the Customer) konzeptualisiert (Woodall 2003). Für den Customer Experience Value ist die kundenbezogene Sicht relevant.

Der *Service Value* stellt den dienstleistungsbezogenen Customer Value dar. Es handelt sich um eine kundenseitige Bewertung der Inanspruchnahme einer Dienstleistung. Bisher existieren zum Konzept des Service Value lediglich Arbeiten, die Teilbereiche des Service Value konzeptionell beschreiben (z.B. Bailey et al. 2001). Als zentrale Charakteristika können jedoch die folgenden herausgehoben werden (Woodall 2003):

- Es handelt sich um den vom Kunden wahrgenommenen Wert (Kundenperspektive).
- Als Bezugspunkte können der Wert der Leistung an sich (object-based) und der wahrgenommene Wert durch die Person herangezogen werden (subject-based).
- Als Bewertungsmaßstäbe dienen die individuellen Bedürfnisse des Konsumenten.

Zusammenfassend lässt sich der Service Value als eine kundenseitige Bewertung der Inanspruchnahme einer Dienstleistung auffassen, die gekennzeichnet ist durch das integrative Verständnis der Beziehung zwischen dem Leistungsobjekt „Dienstleistung" und dem Nutzer und seinen Bedürfnissen.

2.2 Modelle zur Konzeptualisierung und Messung des Service Value

Zur *Konzeptualisierung des Service Value* können drei verschiedene Modelle unterschieden werden, die im Folgenden kurz vorgestellt werden.

- *Eindimensionale Trade-off Modelle:* Die bisher am weitesten verbreiteten eindimensionalen Trade-off Modelle konzeptualisieren den Service Value als eindimensionale Größe und basieren auf dem allgemeinen Customer Value Trade-off Modell von Zeithaml (1988). Kernaussage dieses Modells ist, dass Kunden den wahrgenommenen Wert aus den positiven und negativen Komponenten der Dienstleistung bilden. Hierbei wird entweder lediglich der Preis der Leistung als negatives Element betrachtet oder es werden auch sonstige Aufwendungen des Konsumenten, wie Zeit und körperliche Anstrengungen, in die Betrachtung einbezogen. Gleichzeitig können auch die positiven Aspekte der Leistung, wie die wahrgenommene Qualität oder die subjektive Leistungsbewertung aller erhaltenen Leistungen, berücksichtigt werden (Tam 2004).
- *Acquisition/Transaction Value Modelle:* Die Acquisition/Transaction Value Modelle ergänzen den Ansatz der eindimensionalen Trade-off Modelle um eine Vergleichskomponente in monetärer Hinsicht. Der Acquisition Value enthält eine Bewertung der Dienstleistung im Hinblick auf den Nutzen des Kunden. Beim Transaction Value wird der Preis der Leistung mit Referenzpreisen anderer Leistungen verglichen (Grewal et al. 1998).
- *Multidimensionale Modelle:* Bei diesen Modellen werden explizit multiple Bewertungsdimensionen zur Bestimmung des Service Value herangezogen, wobei die in-

haltliche Präzisierung der Dimensionen den Besonderheiten von Dienstleistungen Rechnung tragen sollen. Es wird innerhalb der Dimensionen nicht zwischen positiven und negativen Komponenten unterschieden, sondern eine Gesamtbewertung der Dimensionen vorgenommen. Grundlegend lassen sich drei Modelle unterscheiden:

(1) Bewertung von Leistungsdimensionen, die konkret (Preis, Qualität, Freundlichkeit des Personals usw.) oder global (Perceived Quality Value, Perceived Brand Value) bewertet werden (Malai/Speece 2005),
(2) Bewertung anhand von Wirkungen, wobei der Nutzen für den Kunden im Vordergrund steht, z.B. Emotional, Practical, Logical Value (De Ruyter et al. 1997) sowie
(3) Bewertung anhand einer Kombination aus Leistungsmerkmalen und Wirkungen (Sánchez et al. 2006).

Die Modelle eignen sich in unterschiedlichem Maße, um Dienstleistungsspezifika zu berücksichtigen und als Grundlage für die Konzeptualisierung von „Experiences" im Dienstleistungsprozess zu dienen.

Abbildung 1 zeigt die verschiedenen Modelle im Vergleich.

2.3 Zusammenfassende Bewertung der Modelle

Experiences des Konsumenten setzen sich sowohl aus Erfahrungen als auch aus Erlebnissen zusammen. Erfahrungen stellen dabei stärker auf die kognitive Komponente ab und sind vergangenheitsbezogen, während Erlebnisse die zeitpunktbezogenen, emotionalen Aspekte fokussieren. Sie können als „emotions and contextual, symbolic and nonutilitarian aspects of consumption where value resides not in the object of consumption but in the experience of consumption" spezifiziert werden (Frow/Payne 2007, S. 91).

Bei der Konzeptualisierung des SEV sind daher die folgenden Aspekte zu berücksichtigen:

- Experiences entstehen während der Inanspruchnahme der Dienstleistung. Da gemäß dem uno-actu-Prinzip Konsumption und Produktion bei Dienstleistungen häufig zusammenfallen, entstehen Experiences während des Dienstleistungsprozesses. Die Konzeptualisierung des SEV muss daher dem Prozesscharakter von Dienstleistungen Rechnung tragen.
- Experiences enthalten sowohl funktionale als auch emotionale Komponenten. Bei der Konzeptualisierung des SEV sind beide Aspekte zu berücksichtigen.

Modell Merkmal	Eindimensionale Trade-off Modelle	Acquisition Value / Transaction Value Modelle	Mehrdimensionale Modelle		
			Leistungsmerkmale	Wirkungen	Kombination
Beschreibung	Nutzen und Opfer werden einander gegenüber gestellt und zum Service Value konsolidiert. Der Nutzen wird je nach Autor betrachtet als wahrgenommene Qualität oder Performance des Dienstleisters oder seiner Mitarbeiter; ggf. werden auch die Reputation oder spezifische Merkmale einbezogen. Die Opfer werden erfasst als Preis, ggf. auch als Aufwand/Kosten oder Zeit, die mit der Erlangung der Dienstleistung verbunden sind.	Acquisition Value: Freude, die mit der erworbenen Dienstleistung verbunden ist, abzüglich des Missfallens, das mit dem Zahlen des Preises verbunden ist. Transaction Value: Freude über die Differenz zwischen einem Referenzpreis ((Nutzenorientierte) Preisobergrenze des Nachfragers; Wettbewerbspreis o.ä.) und dem tatsächlich gezahlten Preis.	Einzelne Merkmale werden jeweils im Hinblick auf Nutzen und Opfer bewertet, z.B. Qualität, Freundlichkeit des Personals, Ausmaß der Customization, Preis oder technische, funktionale, zeitliche, räumliche Dimension.	Die Dienstleistung wird im Hinblick auf ihre Wirkungen beim Kunden bewertet, z.B. emotional value (Gefühle des Dienstleistungsempfängers) practial value (physische und funktionale Aspekte), logical value (rationale und abstrakte Merkmale).	Die Wirkungsdimensionen werden in Bezug zu den Leistungsmerkmalen der Dienstleistungen gesetzt, z.B. setzt sich der functional value eines Reisebüros aus der Qualität der erworbenen Pauschalreise und dem dafür gezahlten Preis zusammen.
Charakteristik	Gesamturteil, bei dem allen Nutzenkomponenten alle Kostenkomponenten gegenüber gestellt werden. Kognitive Bewertung Vornehmlich objektive Merkmale gehen in die Bewertung ein.	Gesamturteil, bei dem allen Nutzenkomponenten alle Kostenkomponenten gegenüber gestellt werden. Emotionale Komponenten gehen in die Bewertung ein.	Spezifizierung der Quellen des Service Value (Merkmale) Unterschiedliche Abstraktionsebenen (konkrete Leistungsaspekte, Marke oder abstrakte Bezugspunkte) Gesamtbeurteilung der Merkmale Kognitive Bewertung Objektive Merkmale	Der Nachfrager bewertet die Konsequenzen bzw. Wirkungen der Dienstleistung. Bezugspunkt ist explizit der Konsument mit seinen Bedürfnissen. Der Wert für den Konsumenten resultiert aus intrinsischen, extrinsischen oder systemischen Wertkomponenten.	Wirkungsdimensionen werden in Bezug zu Leistungsmerkmalen gesetzt. Kognitive und emotionale Merkmale
Vertreter	u.a. Bolton/Drew 1991; Tam 2004	Al-Sabbahy et al. 2004; Grewal et al. 1998	Heinonen 2004; Malai/Speece 2005	De Ruyter et al. 1997; Wang et al. 2004	Sánchez et al. 2006

Abbildung 1: Modelle des Service Value im Vergleich

Diese Anforderungen werden von den Trade-off-Modellen nicht beachtet, da hier weder eine zeitlich differenzierte Bewertung des Wertes einer Dienstleistung erfolgt, noch emotionale Komponenten in die Betrachtung eingehen. Acquisition- und Transaction-Value Modelle enthalten zwar emotionale Bewertungskomponenten, berücksichtigen jedoch den Prozesscharakter nicht. Ein differenzierteres Bild ergibt sich bei den multidimensionalen Modellen.

Modelle, die auf globalen Merkmalen basieren, berücksichtigen den Prozesscharakter nicht. Bei einigen Modellen werden jedoch Merkmale berücksichtigt, die in bestimmten Phasen des Dienstleistungsprozesses relevant sind und daher als implizite Berücksichtigung des Dienstleistungsprozesses interpretiert werden können. Die wirkungsbezogenen und kombinatorischen Modelle berücksichtigen partielle phasenbezogene Merkmale. Insgesamt lässt sich jedoch konstatieren, dass keines der bisher in der Literatur vorgestellten, diskutierten und angewandten Modelle für die Konzeptualisierung des SEV geeignet ist.

3. Erlebnisse als Grundlage des Service Experience Value

Wie oben bereits dargestellt, tragen experiences sowohl den Charakter von Erfahrungen als auch von Erlebnissen des Dienstleistungskunden. Erfahrungen repräsentierten dabei in unserem Verständnis die vergangenheitsorientierte und kognitive Bewertung von Erlebnissen. Erlebnisse des Konsumenten bilden damit den Fokus für die Erfassung des SEV.

Das *Konzept der wahrgenommenen Erlebnisse* geht auf Arbeiten der kognitiven Psychologie zurück, die besagen, dass im Gedächtnis gespeicherte Informationen in kognitiven Informationsverarbeitungsprozessen die Steuerung des Entscheidungsverhaltens von Individuen übernehmen (Lindsay/Norman 1981, S. 281ff.). Erlebnisse setzen sich dabei aus der Wahrnehmung einzelner Ereignisse durch den Konsumenten während der Inanspruchnahme der Dienstleistung zusammen. Die auf den Dienstleistungsinteraktionen beruhenden Ereignisse werden auf prozess- und ereignisorientierter Ebene mental verarbeitet und gespeichert, wobei diese Ereignisse in den episodischen Gedächtnisstrukturen sowohl auf zeitlicher als auch auf räumlicher Ebene fixiert sind (Tulving 1972, S. 385ff.). Abbildung 2 zeigt die Entstehung von Erlebnissen im Dienstleistungsprozess.

Während des Dienstleistungsprozesses treffen Kunde und Dienstleister aufeinander. Die Schnittstelle zwischen Dienstleistungsorganisation und Kunde wird als *Encounter* bezeichnet (Hui/Bateson 1991, S. 174). Encounter setzen sich aus verschiedenen Formen von Interaktionen zusammen, z.B. Interaktionen mit den Kontaktobjekten, z.B. Self-Service Terminals, den Mitarbeitenden des Dienstleisters und gegebenenfalls anderen Kunden. Diese Interaktionen dienen der Nutzung der Dienstleistung und sind funktionaler Natur, weisen jedoch auch eine emotionale Dimension auf. Während jeder Interaktion werden Signale oder Cues an den Kunden ausgesendet (Haeckel et al. 2003, S. 21), die vom Kunden mit seinen Sinnesorganen wahrgenommen und verarbeitet werden (Fischer/Pechlaner 2006, S. 171). Sie entsprechen der emotionalen Dimension der Interaktion und verdichten sich im Abgleich mit inneren Zuständen zu Erlebnissen. Diese Erlebnisse können sowohl auf einer bewussten als auch auf einer unbewussten Ebene stattfinden (Haeckel et al. 2003, S. 20). Die Elemente der sensorischen Interaktion zeichnen sich durch einen kurzfristigen Charakter aus, resultieren jedoch in länger anhaltenden mentalen Zuständen. Das Ergebnis des erlebnisbezogenen Interaktionsprozesses besteht daher auch in einem konservierbaren Gefühlszustand, der in den Gedächtnisstrukturen verankert ist (Grötsch 2001, S. 79).

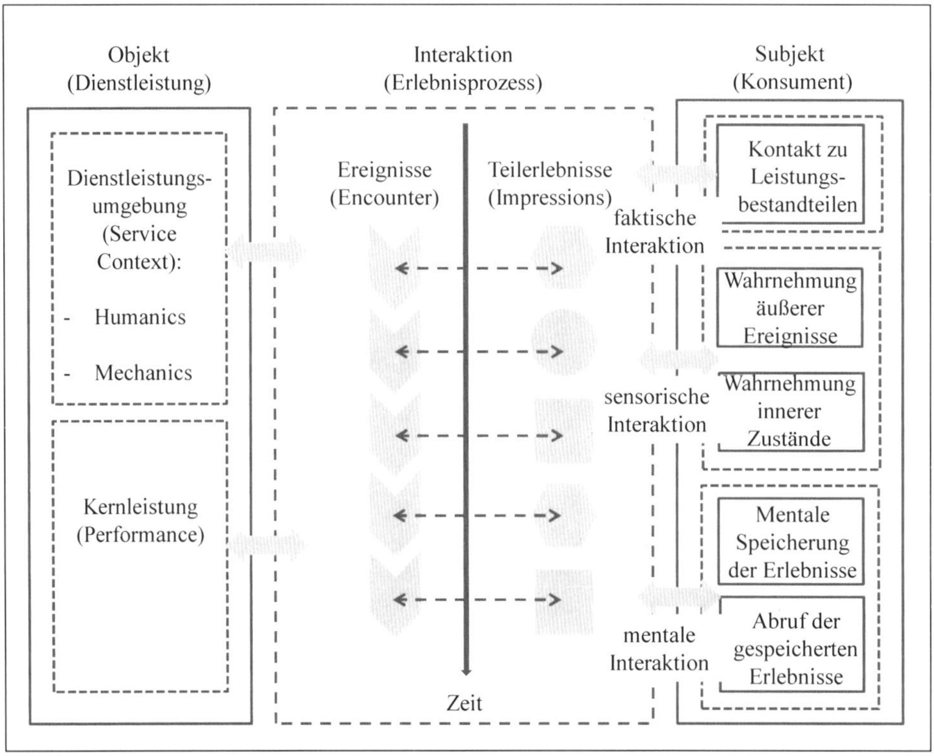

Abbildung 2: Erlebnisbildung im Dienstleistungsprozess

Erlebnisse sind kontextbezogen und subjektiv (Berry et al. 2002); sie können einen positiven oder negativen Charakter aufweisen (Pine II/Gilmore 1998) und aus verschiedenen Facetten bestehen (Metters et al. 2006, S. 97). Der Kern des durch Erlebnisse erzielten Wertes wird über die Zielgröße der Bedürfnisbefriedigung konkretisiert (Pine II/Gilmore 1998, S. 102). Damit stehen sie in enger Verbindung zu den Charakteristika des Service Value (vgl. Abschnitt 1).

Erlebnisse lassen sich in zeitlicher Abfolge darstellen und weisen damit eine Verbindung zum Dienstleistungsprozess auf. Dadurch entspricht die Struktur der Bewertung konzeptionell den Eigenschaften des Bewertungsobjektes, wodurch die konzeptionelle Betrachtung der SEV-Bewertung konsistenter wird und die Erfassung des vom Kunden wahrgenommenen Wertes eine höhere Validität aufweist. Erlebnisse ermöglichen darüber hinaus die Heterogenität der Dienstleistungserstellung und der damit verbundenen Interaktionen als homogene Bewertungselemente aufzufassen. Dies resultiert aus der Tatsache, dass dienstleistungsinduzierte Reize, die während der Nutzung entstehen, auf holistische Art und Weise wahrgenommen werden. Darüber hinaus konnten Dano et al. zeigen, dass der Wertbegriff einer Dienstleistung aus Sicht des Konsumenten einer positiven Erinnerung an ein vergangenes Dienstleistungserlebnis entspricht (Dano et al. 2006).

Zusammenfassend lässt sich also festhalten, dass das Erlebniskonzept als Basis für die Konzeptualisierung des SEV fungieren kann. Hauptmerkmale sind dabei die Berücksichtigung des Prozesscharakters von Dienstleistungen und die adäquate Abbildung der Art und Weise der Leistungserstellung.

Um nun den SEV zu konzeptualisieren und zu operationalisieren, wurde folgendes Vorgehen gewählt:

(1) Erhebung der Dimensionen des SEV im Rahmen einer qualitativen, explorativen Studie.
(2) Konzeptualisierung und Operationalisierung des SEV auf der Basis der Ergebnisse der qualitativen, explorativen Studie.
(3) Durchführung einer quantitativen Studie zur Überprüfung der Konzeptualisierung des SEV.

Als Anwendungsbereich wurde die Tourismusbranche, als Untersuchungsobjekt Flugreisen gewählt. Bei Flugreisen hat der Dienstleistungsprozess einen hohen zeitlichen Anteil an der Dienstleistung selbst und lässt sich in verschiedene Phasen unterteilen, wie Abbildung 3 zeigt.

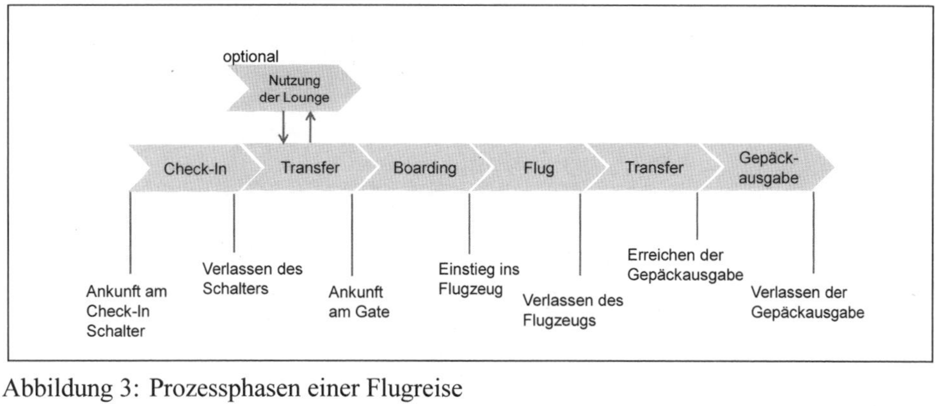

Abbildung 3: Prozessphasen einer Flugreise

Ereignisse lassen sich damit Phasen zuordnen und können als Erlebnisse vom Konsumenten wahrgenommen, gespeichert und erinnert werden.

4. Explorative Untersuchung zur Konzeptualisierung des Service Experience Value

Um eine Grundlage für die Konzeptualisierung des SEV zu schaffen gilt es, Wahrnehmungs- und Bewertungsmuster auf Konsumentenebene zu ermitteln. In diesem Zusammenhang bieten sich rekonstruktive Verfahren an, die eine direkte Betrachtung der mentalen Strukturen der Konsumenten ermöglichen und auf Basis von episodischen Einzelinterviews durch eine telefonische Befragung erfolgen. Als nachteilig anzusehen ist bei dieser Vorgehensweise der Wegfall von nonverbalen Kommunikationsinstrumenten, wobei der Wegfall von sozialem Druck als Vorteil erachtet werden kann (Häder 2006, S. 189).

Da sich bisher keine einschlägigen Methoden zur Erfassung der wahrgenommenen und gespeicherten Erlebnisse herausgebildet haben, wurde ein *Methodenmix* eingesetzt:

- Kritische Ereignisse während der Inanspruchnahme der Dienstleistung lassen sich mittels der *Critical Incident Technique* erfassen (Gremler 2004). Die kritischen Ereignisse sind dabei entweder besonders positiv oder negativ und beeinflussen die Wahrnehmung des Konsumenten hinsichtlich der Leistung. Diese Beschränkung auf extreme Ereignisse stellt neben der unzureichenden Abbildung des prozessualen Charakters einer Dienstleistung eine nicht unwichtige Einschränkung dieser Methode dar.
- Um diesen Nachteilen der Critical Incident Technique zu begegnen, kann die *Sequenzielle Ereignismethode* (Sequential Incident Technique) herangezogen werden (Stauss/Weinlich 1997). Der Dienstleistungsprozess wird über die Analyse der sequenziellen Abfolge von Prozessschritten und die Erfassung der an den einzelnen Kontaktpunkten auftretenden Ereignisse betrachtet. Somit bildet die kombinierte Nutzung beider Methoden eine valide Basis für die Konzeptualisierung und Operationalisierung des SEV.
- Die auftretenden Ereignisse, die als Basis für die Bewertungsstrukturen des Konsumenten fungieren können, und die damit verbundenen Erlebnisse werden über die *Laddering Technique* ermittelt (Reynolds et al. 2001). Diese Methode ermöglicht es, durch gezieltes Nachfragen auch persönlichere Elemente der mentalen Gedächtnisstrukturen der befragten Person zu offenbaren (Reynolds et al. 2001), um so subjektive Erlebnisse mit den jeweiligen Ereignissen zu verbinden. Im Rahmen dieser explorativen Untersuchung wurde die *Soft Laddering Technique* verwendet (Orsingher/Marzocchi 2003).

Valuedimension	Beschreibung	Merkmale	Beispiel aus den Interviews
Nutzung der Zeit	Der Kunde hat das Gefühl, dass er die ihm zur Verfügung stehende Zeit sinnvoll nutzen kann	Verfügbare Zeit vor Beginn, nach Ende und innerhalb des Reiseprozesses	„keine vergeudete Zeit halt, ich kann später zum Flughafen kommen."
Kontrolle	Der Kunde hat das Gefühl, dass seine Handlungen und Planungen frei von externen Beeinflussungen sind	Kontrolle über die eigenen Handlungen, die Verwendung der eigenen Zeit, die eigenen Bewegungen, die eigenen Planungen	„Tja, ich würde sagen, wenn ich über meine Zeit bestimmen kann… dann bin ich nicht fremd gesteuert, aber wenn andere über meine Zeit die Verfügungsgewalt haben, dann finde ich das nicht so gut."
Unsicherheit bezüglich des Prozesses	Der Kunde hat keine Sorge bezüglich des reibungslosen Ablaufs des Prozesses	Unsicherheit, dass der Flug planmäßig startet, noch erreicht wird, der Prozess ohne Eingriff des Kunden fehlerhaft weiterläuft, über den weiteren Ablauf des Prozesses	„In dem Augenblick, wo es einfach hieß: Sie können trotzdem mit weiter, wir fliegen pünktlich los, da war es dann okay. Umsonst aufgeregt, wunderbar, es geht weiter."
Persönliche Sicherheit	Der Kunde hat jederzeit das Gefühl, den Prozess sicher und unversehrt zu durchlaufen	Keine Unsicherheit, dass das Wetter, ein technischer Fehler oder ein terroristisches Problem die Flugreise beeinträchtigt.	„Ja, man macht sich halt Gedanken darüber, ob vielleicht dann doch ein kleiner Defekt auftritt, oder der dann zu einem größeren Problem führen könnte, man denkt darüber nach, was passieren könnte."
Wertschätzung	Der Kunde hat das Gefühl, dass er wertgeschätzt wird	Wertschätzung als Kunden, im Vergleich zu anderen Passagieren, als Statuskunde	„Ich fühle mich… wie sagt man, als Kunde … wirklich als Kunde behandelt, dass die sagen: Sie fliegen jetzt mit uns, und wir freuen uns, dass Sie mit uns fliegen. Nicht nur als Satz, sondern auch in der Ausübung ihrer Tätigkeit."
Wohlfühlen	Der Kunde fühlt sich während des Prozesses wohl	Geistige Anstrengung, Entspannen, Genuss, Konzentration auf den Prozess, Freude, Gefühl des Aufgehobenseins, Privatsphäre	„Ja, man kann sich halt dann beim Flug mehr entspannen, das ist für einen selbst ruhiger."
Körperliches Wohlbefinden	Der Kunde erlebt ein körperliches Wohlbefinden	Körperliche Anstrengung, Frieren, Schwitzen, Hunger, Durst, Müdigkeit, Unwohlsein	„Ne, wenn ich friere, fühle ich mich nicht wohl, dann ist das unangenehm, rein körperlich auch schon."

Abbildung 4: Wertdimensionen einer Flugreise

Die Auswertung erfolgt mittels der *qualitativen Inhaltsanalyse* nach Mayring, die die Stärken einer quantitativen Inhaltsanalyse und die Vorzüge einer qualitativen Textanalyse integriert (Mayring 2003, S. 42ff.).

Es wurden im Rahmen dieser Untersuchung 15 Telefoninterviews mit Flugreisenden geführt. Die Flugreisenden waren zwischen 28 und 65 Jahren, reisten sowohl beruflich als auch privat in der Business oder Economy Class, nutzten Lang-, Mittel- und Kurzstrecke und in einigen Fällen auch die Lounge. Somit repräsentieren sie die Vielfalt des Flugverhaltens.

Auf Grundlage der Befragungen ergaben sich 246 Textdokumente mit 1.867 Sprechakten, aus denen mit Hilfe der qualitativen Inhaltsanalyse unter Verwendung des Statistik-Pakets MAXqda 5.148 Texteinheiten hervorgehen. Durchschnittlich wurden innerhalb des Datenmaterials 128 Aussagen zu thematischen Inhalten der Flugreise ermittelt und auf Basis von 53 Textstellen können Aussagen zum wahrgenommenen SEV getroffen werden. Es konnten 11 valuebezogene Komponenten mit 47 Faktoren erfasst werden.

Durch die qualitative Analyse konnten sieben wertdefinierende *Valuedimensionen* ermittelt werden (vgl. Abbildung 4).

Auf der Basis der qualitativen, explorativen Untersuchung wird der SEV für das Beispiel der Flugreise als mehrdimensionales Konstrukt mit sieben Dimensionen konzeptualisiert. Dieses bildet die Grundlage für die quantitative Studie.

5. Empirische Messung des Service Experience Value

5.1 Operationalisierung des Service Experience Value

Die sieben Valuedimensionen des SEV werden durch die aus der explorativen Studie hervorgegangenen korrespondierenden Dimensionen gebildet. Jede Dimension wird durch die ebenfalls aus der qualitativen Vorstudie gewonnenen Indikatoren bestimmt. Es entsteht ein *mehrdimensionales, zweistufiges Konstrukt des SEV* (vgl. Abbildung 5).

Zwischen dem Gesamtkonstrukt und den Dimensionen sowie zwischen den Dimensionen und den Indikatoren besteht ein formativer Zusammenhang, und zwar aus folgenden Gründen: Die theoretischen Variablen sind abhängig von den Beobachtungen (Weiber/Mühlhaus 2010, S. 202), d.h., der SEV hängt ab von den Dimensionen und die Dimensionen hängen ab von den beobachteten Indikatoren. Dementsprechend ergibt sich die Bedeutung des SEV aus den Dimensionen und den Indikatoren. Das Konstrukt des SEV stellt eine erläuternde Kombination der Beobachtungen dar (Fornell/Bookstein 1982, S. 442) und die Dimensionen verfügen über einen definierenden Charakter für das Konstrukt (Jarvis et al. 2003, S. 203). Die Dimensionen stellen die Ursachen des Konstrukts dar und Veränderungen bei den Dimensionen führen zu Veränderungen des SEV (Weiber/Mühlhaus 2010, S. 202f.). Die gleichen Beziehungen gelten für die Indikatoren und die Dimensionen. Der SEV wird somit als zweistufiges theoretisches Konstrukt (*Second-Order-Konstrukt*) konzeptualisiert und operationalisiert.

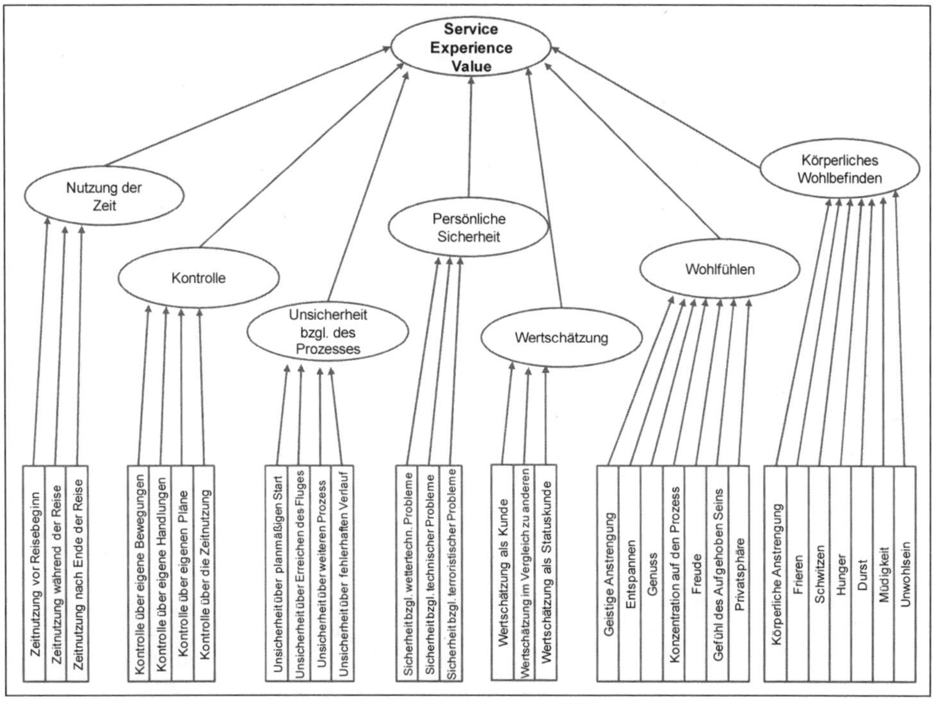

Abbildung 5: Der Service Experience Value als formatives Second-Order-Konstrukt

Das theoretische Konstrukt des SEV ist als varianzbasiertes *Strukturgleichungsmodell* (PLS) modelliert. Außer der zwischen theoretischem Konstrukt und den Dimensionen sowie Indikatoren und Dimensionen unterstellten *formativen Beziehung* (Herrmann et al. 2006, S. 52) sprechen die folgenden Gründe für diese Form der Modellierung: Wie bereits oben dargelegt, besteht hinsichtlich des theoretischen Konstrukts ein geringes theoretisches Vorwissen, so dass ein induktiver Forschungsansatz angebracht ist, der den Daten ein größeres Gewicht einräumt und Erkenntnisse primär aus den empirischen Informationen ableitet (Chin 1998, S. 303). Schließlich soll mit Hilfe des hier eingeschlagenen Weges ein theoretischer Rahmen für die Entwicklung des SEV entwickelt werden. Darüber hinaus ermöglichen es die Dimensionen, die Zielgröße – den SEV – zu prognostizieren, was ebenfalls für die Anwendung von PLS spricht (Weiber/Mühlhaus 2010, S. 217ff.).

Da es sich um einen neuen Ansatz zur *Operationalisierung des Service Experience Value* handelt, werden die Eindeutigkeit und Verständlichkeit der Dimensionen überprüft und die inhaltliche Relevanz der Dimensionen für das theoretische Konstrukt des SEV im Rahmen eines Pretests abgesichert (Homburg/Klarmann 2006, S. 732). Mittels eines

Zuordnungstests werden die Eindeutigkeit der Zuordnung der Dimensionen zum Konstrukt des SEV sowie die inhaltliche Relevanz der Dimensionen ermittelt (Anderson/ Gerbing 1991). Dimensionen, die die Anforderungen an die Eindeutigkeit der Zuordnung und die inhaltliche Relevanz nicht erfüllten, wurden modifiziert. Auf eine Eliminierung wurde aufgrund des formativen Charakters des Konstruktes SEV verzichtet. Es ergibt sich die in Abbildung 6 dargestellte Operationalisierung des SEV. Die Indikatoren wurden mittels einer 5-stufigen Likert-Skala mit den Extremausprägungen „stimme voll und ganz zu“ und „stimme überhaupt nicht zu“ gemessen.

Dimension	Indikatoren	Frageformulierung (Beispiel)
Nutzung der Zeit	Verfügbare Zeit vor Beginn und nach Ende des Reise-prozesses, Nutzung der Zeit während des Reiseprozesses	„Da ich erst kurz vor dem Abflug am Startflughafen sein musste, hatte ich zusätzliche Zeit zur Verfügung, die ich sinnvoll nutzen konnte.“
Kontrolle	Kontrolle über die eigenen Handlungen, Bewegungen und Planungen sowie die Verwendung der Zeit.	„Während der Flugreise hatte ich die Kontrolle über meine Bewegungsfreiheit, d.h. ich konnte mich innerhalb des Prozesses frei bewegen.“
Unsicherheit bzgl. des Prozesses	Unsicherheit, dass der Flug noch erreicht wird und bzgl. des planmäßigen Starttermins, Unsicherheit bzgl. des weiteren Prozessablaufs	„Ich wusste nicht immer, ob der Flug planmäßig starten wird.“
Persönliche Sicherheit	Gefühl der persönlichen Sicherheit bzgl. wetter-technischer, technischer oder terroristischer Probleme	„Während der Flugreise bestand aus meiner Sicht zu keinem Zeitpunkt die Gefahr, dass aufgrund eines technischen Fehlers ein Unfall passieren könnte.“
Wertschätzung	Wertschätzung als Kunde, als Statuskunde und im Vergleich zu anderen Passagieren	„Während der Flugreise wurde ich vom Personal genauso wertgeschätzt wie andere Passagiere.“
Wohlfühlen	Geistige Anstrengung, Entspannung, Genuss, Konzentration auf den Prozess, Freude, Gefühl des Aufgehoben Seins sowie Privatsphäre.	„Während der Flugreise musste ich mich häufig geistig anstrengen.“
Körperliches Wohlbefinden	Körperliche Anstrengung, Frieren, Schwitzen, Hunger, Durst sowie Müdigkeit und Unwohlsein	„Ich bin müde am Zielort angekommen.“

Abbildung 6: Operationalisierung des Service Experience Value

5.2 Durchführung der empirischen Untersuchung

Es wurde eine Online-Befragung mit einer Stichprobe von Konsumenten verwendet, die sich primär aus Studierenden der FernUniversität in Hagen zusammensetzt. Insgesamt wurden 15.763 Personen aufgefordert, sich an der Untersuchung zu beteiligen. Es konnten 3.331 Fragebögen verwendet werden, von denen 916 Probanden in den letzten vier Wochen eine Flugreise unternommen hatten und daher in die Auswertung einbezogen wurden. Die Stichprobe setzt sich aus 38,3 Prozent weiblichen und 61,7 Prozent männlichen Probanden zusammen. Über 80 Prozent der Befragten sind berufstätig und das Nettoeinkommen liegt bei etwa der Hälfte der Befragten zwischen 1.000 und 3.000 EUR. Das Alter der Befragten reicht von unter 20 bis zu 60 Jahren, wobei 86,5 Prozent zwischen 20 und 40 Jahren alt ist. Die meisten Probanden verfügen als höchsten Bildungsabschluss über einen (Fach-) Hochschulabschluss. Damit ist die Stichprobe nicht repräsentativ für die deutsche Bevölkerung oder für Flugreisende, kommt aber realen Konsumentenprofilen aufgrund der Berufstätigkeit, des Nettoeinkommens und der Altersstruktur näher als viele andere Samples mit Studierenden.

5.3 Ergebnisse der empirischen Untersuchung

Die Validierung des SEV-Konstrukts stellt eine Gütebeurteilung eines mehrdimensionalen formativen Konstrukts dar. Im Folgenden werden dabei zunächst die Kriterien, dann die Dimensionen betrachtet.

Zur Überprüfung der Güte der formativen Indikatoren bzw. Dimensionen werden die Gewichte der Indikatoren, ihre durch das Bootstrapping-Verfahren ermittelten Signifikanzwerte (t-Werte) sowie zur Überprüfung der Multikollinearität der Variance Inflation Factor (VIF) herangezogen (Herrmann et al. 2006, S. 57). Wie Abbildung 7 zeigt, ist die Mehrheit der Kriterien geeignet, einen Beitrag zu den Indikatoren bzw. Dimensionen zu leisten. Bei lediglich fünf Indikatoren liegt das Gewicht unter 0,1. Dies gilt für die Unsicherheit, das Flugzeug noch zu erreichen, die Gefahr, dass aufgrund eines terroristischen Problems ein Unfall passieren könnte, und Situationen, in denen sich der Passagier körperlich oder geistig anstrengen muss oder in denen er friert. Diese sind daher von zu vernachlässigender Bedeutung für die Dimensionen, zumal auch die t-Werte des Bootstrapping-Verfahrens unter dem jeweiligen Grenzwert von 1,98 liegen (Jarvis et al. 2003, S. 200f.). Der Varianz-Inflation-Factor (VIF) liegt unterhalb des Grenzwertes von 10 und auch unterhalb des strengeren Grenzwertes von 3, so dass davon ausgegangen werden kann, dass keine Multikollinearität besteht (Weiber/Mühlhaus 2010, S. 207f.).

Die Gewichte zeigen, dass manche Kriterien einen größeren Einfluss auf die entsprechende Dimension des SEV haben. Bezüglich der Dimension „Nutzung der Zeit“ ist insbesondere die Nutzung während der Reise entscheidend, und die Zeit nach Landung hat einen größeren Einfluss als die Zeit vor dem Start. Hinsichtlich der Dimension „Kontrolle“ spielt vor allem die Möglichkeit, die Pläne wie gedacht ausführen zu können, eine Rolle. Bei der Unsicherheit bezüglich des Prozesses ist die Prozesstransparenz von Bedeutung, während bei der persönlichen Sicherheit technische Fehler und Beeinträchtigungen aufgrund des Wetters bedeutsam sind. Die Wertschätzung wird insbesondere dadurch beeinflusst, ob der Passagier das Gefühl hat, als Kunde wertgeschätzt zu werden. Das Wohlgefühl wird durch das Gefühl, gut aufgehoben zu sein, stark beeinflusst, und auch Freude während des Fluges stimuliert das Wohlbefinden. Auf das körperliche Wohlbefinden haben vor allem Durst und Müdigkeit großen Einfluss.

Hinsichtlich der Dimensionen wird zunächst die Diskriminanzvalidität über die Korrelationen der Faktorwerte geprüft (Herrmann et al. 2006, S. 57ff.). Alle Korrelationen liegen unterhalb von 0,55 und unterschreiten damit den Grenzwert von 0,9.

Zur Überprüfung der Güte des Gesamtkonstrukts werden die gleichen Maße wie bei der Überprüfung der Indikatorgüte angewendet. Die Gewichte der einzelnen Dimensionen zeigen (vgl. Abbildung 8), dass bei den meisten der Indikatoren ein Einfluss auf die jeweilige Dimension des SEV festgestellt werden kann. Der Wertschätzung und dem Wohlfühlen während der Flugreise kommt die größte Bedeutung zu. Der Unsicherheit bezüglich des Prozesses, dem körperlichen Wohlbefinden, der Kontrolle und der Nutzungszeit ist eine untergeordnete Rolle zuzumessen. Der Indikator der persönlichen Sicherheit erfüllt nicht die Mindestanforderungen an einen Pfadkoeffizienten und ist daher bei der Ermittlung des SEV von Flugreisen zu vernachlässigen. Die Ergebnisse zeigen, dass der SEV von Flugreisen wesentlich durch zwei Indikatoren dominiert wird, während den anderen vier nur eine untergeordnete Bedeutung zukommt.

Betrachtet man den Zusammenhang zwischen den Dimensionen und dem Konstrukt (t-Werte; vgl. Abbildung 8), so zeigt sich bei allen Dimensionen ein signifikanter Zusammenhang zum SEV. Dies bedeutet, dass auch die Indikatoren mit dem geringen Gewicht in der Wahrnehmung der Konsumenten zum SEV beitragen. Der Variance Inflation Factor (VIF) liegt für alle Dimensionen weit unter dem Grenzwert von 10 und auch dem strengeren Grenzwert von 3. Somit liegt kein Mulitkollinearitätsproblem vor.

Die Relevanz der Dimensionen des Konstrukts wird über den Anteil der Dimensionen am Bestimmtheitsmaß R^2 ermittelt (Tenenhaus et al. 2005, S. 178ff.). Hierbei zeigt sich (vgl. Abbildung 8), dass die Dimensionen Wohlfühlen und Wertschätzung über den größten Anteil am SEV verfügen. Die anderen Gruppen von Erlebnissen haben zwar jeweils nur eine geringere Relevanz, dürfen in ihrer aggregierten Wirkung jedoch nicht unterschätzt werden, da sie immerhin noch ca. 30 Prozent des wahrgenommenen SEV erklären können.

Zur weiteren Validierung werden die externe und die nomologische Validität überprüft. Zur Prüfung der externen Validität werden die formativen Indikatoren als Block mit redundant erhobenen reflektiven Indikatoren derselben Größe in Verbindung gesetzt. Die reflektiv modellierte Phantomvariable des SEVs besteht aus fünf Statements zum Erleben der Flugreise als positiv, wertvoll oder angenehm. Bis auf ein Statement, das eliminiert wurde, verfügen alle Merkmale über eine hohe Indikatorreliabilität (Faktorladungen > 0,88; signifikante t-Werte). Auch die Konstruktreliabilität kann als gut bezeichnet werden (Reliabilitätskoeffizient = 0,9443; Cronbachs Alpha = 0,9212; DEV = 80,91 Prozent). Ebenso kann die Prognosevalidität des Konstrukts als gut bezeichnet werden ($Q^2 = 0{,}8091$).

Bezeichnung des Indikators	Gewicht	t-Wert	VIF
Dimension "Nutzung der Zeit"			
Verfügbare Zeit vor Beginn des Reiseprozesses	0.2676	3.7629	1.216
Zeitnutzung während des Reiseprozesses	0.7012	14.1846	1.0998
Verfügbare Zeit nach Ende des Reiseprozesses	0.3818	5.3896	1.1718
Dimension "Kontrolle"			
Bewegungskontrolle	0.1981	16.4302	1.6667
Handlungskontrolle	0.2626	21.5063	2.0836
Planungskontrolle	0.5322	25.2043	1.3517
Kontrolle über Verwendung der Zeit	0.2587	22.7877	2.1188
Dimension "Unsicherheit bzgl. des Prozesses"			
Unsicherheit bzgl. des planmäßigen Starts	0.1891	4.2321	1.2341
Unsicherheit über das Erreichen des Fluges	0.0107	0.3787	1.1968
Unsicherheit bzgl. des weiteren Prozessablaufs	0.5681	10.6068	1.2478
Unsicherheit, dass der Prozess ohne Eingriff des Kunden fehlerhaft verläuft	0.2321	3.5707	1.2283
Dimension "Persönliche Sicherheit"			
Persönliches Sicherheitsgefühl bzgl. terroristischer Probleme	-0.1281	1.0365	2.5406
Persönliches Sicherheitsgefühl bzgl. technischer Probleme	0.6552	3.5265	2.9023
Persönliches Sicherheitsgefühl bzgl. wettertechnischer Probleme	0.5446	3.8879	1.8261
Dimension "Wertschätzung"			
Wertschätzung als Kunde	0.7413	17.1501	1.3443
Wertschätzung im Vergleich zu anderen Passagieren	0.2004	3.4735	1.2516
Wertschätzung als Statuskunde	0.2881	5.4429	1.2109
Dimension "Wohlfühlen"			
Aufgehoben Sein	0.549	12.2927	1.4786
Entspannung	0.1684	4.3194	1.6372
Freude	0.2209	5.6308	1.4663
Geistige Anstrengung	0.0594	1.8312	1.1438
Genuss	0.1781	5.3524	1.3921
Konzentration auf den Prozess	0.1604	3.8932	1.2128
Privatsphäre	0.1354	3.5205	1.3501
Dimension "Körperliches Wohlbefinden"/"Körperliches Unwohlsein"			
Durst	0.3787	5.8616	1.4707
Frieren	0.0931	1.5748	1.1657
Hunger	0.1977	2.726	1.4042
Körperliche Anstrengung	0.065	1.2594	1.3633
Unwohlsein	0.2751	4.7165	1.2877
Müdigkeit	0.4235	7.3883	1.1849
Schwitzen	0.1495	2.4767	1.1219

Abbildung 7: Gütebewertung der Kriterien der Dimensionen des Service Experience Value

Dimension	Pfadkoeffizient	t-Wert	VIF (FW)	Korrelation mit Gesamtkonstrukt	Relativer Anteil (R^2)
Nutzungszeit	0,1062	3,5415	1,3518	0,5359	5,69%
Kontrolle	0,1161	3,4839	1,5913	0,6085	7,06%
Unsicherheit bzgl. des Prozesses	-0,1202	4,2365	1,4513	-0,5553	6,67%
Persönliche Sicherheit	0,0911	2,7958	1,1001	0,3493	3,18%
Wertschätzung	0,356	9,8966	1,444	0,766	27,27%
Wohlfühlen	0,4712	11,5318	2,0217	0,8948	42,16%
Körperliches (Un-) Wohlbefinden	-0,1178	3,752	1,4532	-0,6166	7,26%

Abbildung 8: Ergebnisse der Analyse des Service Experience Value als Gesamtkonstrukt

Zur Prüfung der nomologischen Validität wird das formative Konstrukt mit einer anderen Größe, zu der eine theoretisch oder konzeptionell begründbare Beziehung besteht, in Verbindung gesetzt (Weiber/Mühlhaus 2010, S. 209f.). Hierzu wird die Zufriedenheit mit dem Flugreiseprozess herangezogen, die durch vier Statements zur Beziehung zwischen Erlebnissen und Zufriedenheit modelliert wird. Auch hier ergibt sich eine hohe Indikatorreliabilität (Faktorladungen > 0,82; signifikante t-Werte) sowie eine hohe Konstruktvalidität (Reliabilitätskoeffizient = 0,9556; Cronbachs Alpha 0,9371; DEV = 84,37 Prozent). Die Prognosevalidität des Konstrukts kann ebenfalls als gut bezeichnet werden ($Q^2 = 0{,}8437$).

Zur abschließenden Beurteilung der beiden Konstrukte ist deren Diskriminanzvalidität mittels des Fornell-Larcker-Kriteriums zu prüfen (Fornell/Larcker 1981, S. 46). Die quadrierte Korrelation zwischen den Konstrukten in Höhe von 0,510 ist dabei zum einen geringer als die DEV des Phantomkonstrukts des SEVs (0,8091) und auch geringer als die DEV des Zufriedenheitskonstrukts (0,8437). Darüber hinaus existieren keine Kreuzladungen der Indikatoren mit dem jeweils anderen Konstrukt, die die Faktorladungen in ihrer Höhe übertreffen. Den drei Konstrukten kann damit eine hinreichende Diskriminanzvalidität attestiert werden.

Auf Basis der beiden Konstrukte, des reflektiv gemessenen SEV und der Zufriedenheit mit dem Flugreiseprozess, kann nun die externe und die nomologische Validität des SEV-Konstrukts vorgenommen werden. Wie Abbildung 9 zeigt, ist die Pfadbeziehung zwischen SEV und Phantomvariable sowie SEV und Zufriedenheitskonstrukt hoch signifikant und stark ausgeprägt. Der Erklärungsbeitrag ist hinreichend hoch (R^2) und die Prognosevalidität (Q^2) hinreichend stark. Der SEV verfügt somit sowohl im Hinblick auf die Phantomvariable als auch im Hinblick auf das Zufriedenheitskonstrukt über eine ausreichende externe bzw. nomologische Validität.

Überprüfung der Strukturbezeichnungen des Service Experience Value als Gesamtkonstrukt

Pfadbeziehung			Zielkonstrukt	
Zielkonstrukt	**Pfadkoeffizient**	**t-Wert**	**R^2**	**Q^2 (Redundanz)**
SEVR	0,7815	55,0372	0,6108	0,4907
ZF	0,6946	40,1209	0,4825	0,3974

Abbildung 9: Überprüfung der externen und nomologischen Validität des Service Experience Value

5.4 Interpretation und Diskussion der Ergebnisse

Insgesamt zeigt die Analyse des SEV-Konstrukts, dass die SEV-Bewertung eine eigenständige Leistungsbeurteilung des Flugreiseprozesses ermöglicht, die distinkt von der Zufriedenheitsbewertung ist. Zugleich zeigen die Ergebnisse jedoch auch, dass für das SEV-Konstrukt Beziehungen zu anderen Größen der Leistungsbewertung bestehen.

Der SEV lässt sich mittels eines formativen Second-Order-Konstruktes modellieren. Die Betrachtung der Dimensionen zeigt dabei, dass der SEV mittels einer vergleichsweise geringen Anzahl von Bewertungsdimensionen erfasst werden kann. Die Indikatoren ermöglichen eine reliable und valide Abbildung der Wahrnehmungs- und Bewertungsrealität der Passagiere. Das Indikatormodell zeigt, dass die den einzelnen Bewertungen der Befragten zu Grunde liegenden heterogenen Nutzungssituation und Interaktionsverläufe sich recht gut über den Service Experience Value erfassen lässt.

In inhaltlicher Hinsicht zeigt sich, dass der SEV sich sowohl durch soziale und emotionale Bewertungsaspekte (Wertschätzung/Wohlfühlen) als auch durch stärker funktionale Dimensionen (Zeit/Kontrolle) auszeichnet. Dieser Sachverhalt wurde in der Literatur zum SEV noch nicht adäquat behandelt. Des Weiteren lässt sich aus den hohen relativen Erklärungsbeiträgen der Dimensionen *Wertschätzung* und *Wohlbefinden* folgern, dass das betrachtete Konstrukt durch ein hohes Maß an psychologischen Aspekten gekennzeichnet ist. Somit ist die Konzeptualisierung des SEV auf Basis des Erlebniskonzepts eine adäquate Bewertungsgrundlage, da so die Wahrnehmung und Bewertung über innere Zustände erfasst und erklärt werden kann.

Eine ausschließliche Betrachtung der Gewichte der Bewertungsdimensionen ist nicht anzuraten, da so Aspekte der Leistungsbewertung verfrüht ausgeschlossen oder überbewertet werden. Erst die Betrachtung der Teilkomponenten auf Ebene der formativen Indikatoren führt zu einer genauen Abbildung der tatsächlichen Verhältnisse im Rahmen des Bewertungsablaufs.

6. Fazit und Ausblick

Ausgangspunkt der Betrachtungen war die Feststellung, dass für den vom Konsumenten wahrgenommenen Wert des Leistungserstellungsprozesses einer Dienstleistung, den SEV, trotz seiner Bedeutung für eine Vielzahl von Entscheidungsbereichen in Dienstleistungsunternehmen lediglich geringe Erkenntnisse über den Aufbau, die Inhalte und die konkreten Wirkungen vorliegen. Insbesondere fehlt eine valide Erfassung, Erklärung und Prognose des SEV.

Ausgehend von den Konzepten des Customer Value und des Service Value wurde ein eigenständiges Konzept zur Erfassung und Messung des SEV vorgestellt. Es zeigte sich, dass das Erlebniskonzept als konsistenter theoretischer Erklärungsrahmen für den SEV einer Dienstleistung herangezogen werden kann. Hierbei wird der SEV als soziales, emotionales und funktionsorientiertes formatives Second-Order-Erlebnis-Konstrukt konzeptualisiert. Die empirische Messung zeigte, dass dieses Konstrukt sich signifikant von einem reflektiv gemessenen SEV und dem Konstrukt der prozessbezogenen Zufriedenheit unterscheidet und somit einen eigenständigen Wert einer Dienstleistung für den Kunden repräsentiert.

Die Entwicklung des Service Experience Konstrukts auf der Grundlage von Flugdienstleistungen schränkt die Gültigkeit der Ergebnisse jedoch unweigerlich ein. Dies betrifft insbesondere die Indikatoren und Dimensionen, die sich bei jeder Dienstleistung anders darstellen dürften. Die Verbindung sozialer, psychologischer und funktionaler Aspekte mit entsprechenden Erlebnissen bleibt jedoch ein Ansatz, der auch für andere Dienstleistungen fruchtbar genutzt werden kann.

Offen bleibt, in welchem Zusammenhang der SEV zum ergebnisbezogenen Service Value steht und ob hier signifikante Unterschiede bestehen. Es ist zu vermuten, dass der SEV insbesondere bei prozessbezogenen Dienstleistungen über einen höheren Anteil am Service Value verfügt, während bei ergebnisbezogenen Dienstleistungen dem ergebnisbezogenen Service Value größere Bedeutung für den Gesamtwert der Dienstleistung zukommt. Ebenfalls offen bleibt, welchen Einfluss der SEV auf das Kaufverhalten, z.B. Loyalität, Wiederkaufabsichten oder Zufriedenheit mit den Leistungen eines Dienstleisters insgesamt hat und ob er als Grundlage für die Ausprägung von Wettbewerbsvorteilen geeignet ist.

Literaturverzeichnis

Anderson, J.C./Gerbing, D.W. (1991): Predicting the Performance of Measures in a Confirmatory Factor Analysis with a Pretest Assessment of Their Substantive Validities, in: Journal of Applied Psychology, Vol. 76, No. 5, S. 732-740.

Bailey, J.J./Gremler, D.D./McCollough, M.A. (2001): Service Encounter Emotional Value: The Dyadic Influence of Customer and Employee Emotions, in: Services Marketing Quarterly, Vol. 23, No. 1, S. 1-25.

Berry, L.L./Carbone, L.P./Haeckel, S.H. (2002): Managing the Total Customer Experience, in: MIT Sloan Management Review, Vol. 43, No. 3, S. 85-89.

Bolton, R.N./Drew, J.H. (1991): A Multistage Model of Customers' Assessments of Service Quality and Value, in: Journal of Consumer Research, Vol. 17, No. 4, S. 375-384.

Chin, W.W. (1998): The Partial Least Squares Approach for Structural Equation Modeling, in: Marcoulides, G.A. (Hrsg.): Modern Methods for Business Research, London, S. 295-336.

Dano, F./Llosa, S./Orsingher, C. (2006): Words, Words, Mere Words? An Analysis of Services Customers' Perception of Evaluative Concepts, in: Quality Management Journal, Vol. 13, No. 2, S. 46-53.

De Ruyter, K./Lemmink, J./Wetzels, M./Mattsson, J. (1997): Carry-Over Effects in the Formation of Satisfaction: The Role of Value in a Hotel Service Delivery Process, in: Swartz, T.A./Bowen, D.E./Brown, S.W. (Hrsg.): Advances in Services Marketing and Management, Vol. 6, Greenwich, S. 61-77.

Fischer, E./Pechlaner, H. (2006): Experience Value Management – Entstehung, Management und Steuerung von Erlebnissen, in: Pechlaner, H./Bieger, T./Weiermair, K. (Hrsg.): Attraktions-Management. Führung und Steuerung von Attraktionspunkten, Schriftenreihe der Europäischen Akademie Bozen, Band 12, Bozen, S. 167-187.

Fornell, C./Larcker, D. (1981): Evaluating Structural Equation Models with Unobservable Variables and Measurement Error, in: Journal of Marketing Research, Vol. 18, No. 2, S. 39-50.

Fornell, C./Bookstein, F.L. (1982): Two Structural Equation Models: LISREL and PLS Applied to Consumer Exit-Voice Theory, in: Journal of Marketing Research, Vol. 19, No. 4, S. 440-452.

Frow, P./Payne, A. (2007): Towards the "Perfect" Customer Experience, Basingstoke.

Gremler, D.D. (2004): The Critical Incident Technique in Service Research, in: Journal of Service Research, Vol. 7, No. 1, S. 65-89.

Grewal, D./Monroe, K.B./Krishnan, R. (1998): The Effects of Price-Comparison Advertising on Buyers' Perceptions of Acquisition Value, Transaction Value, and Behavioral Intentions, in: Journal of Marketing, Vol. 62, No. 4, S. 46-59.

Grötsch, K. (2001): Psychologische Aspekte von Erlebniswelten, in: Industrieerlebniswelten, in: Hinterhuber, H.H./Pechlaner, H./Matzler, K. (Hrsg.): Vom Standort zur Destination, Berlin, S. 69-82.

Günter, B./Helm, S. (2006): Kundenwert – eine Einführung in die theoretischen und praktischen Herausforderungen der Bewertung von Kundenbeziehungen, in: Günter, B./Helm, S. (Hrsg.): Kundenwert. Grundlagen – Innovative Konzepte – Praktische Umsetzungen, 3. Aufl., Wiesbaden, S. 4-38.

Haeckel, S.H./Carbone, L.P./Berry, L.L. (2003): How To Lead the Customer Experience, in: Marketing Management, Vol. 12, No. 1, S. 18-23.

Häder, M. (2006): Empirische Sozialforschung. Eine Einführung, Wiesbaden.

Helkkula, A./Kelleher, C. (2010): Circularity of Customer Service Experience and Customer Perceived Value, in: Journal of Customer Behaviour, Vol. 9, No. 1, S. 37-53.

Herrmann, A./Huber, F./Kressmann, F. (2006): Varianz- und kovarianzbasierte Strukturgleichungsmodelle – Ein Leitfaden zu deren Spezifikation, Schätzung und Beurteilung, in: Zeitschrift für betriebswirtschaftliche Forschung, 58. Jg., Nr. 2, S. 34-66.

Homburg, C./Klarmann, M. (2006): Die Kausalanalyse in der empirischen betriebswirtschaftlichen Forschung – Problemfelder und Anwendungsempfehlungen, in: Die Betriebswirtschaft, 66. Jg., Nr. 6, S. 727-748.

Hui, M.K./Bateson, J.E.G. (1991): Perceived Control and the Effects of Crowding and Consumer Choice on the Service Experience, in: Journal of Consumer Research, Vol. 18, No. 2, S. 174-184.

Jarvis, C.B./MacKenzie, S.B./Podsakoff, P.M. (2003): A Critical Review of Construct Indicators and Measurement Model Misspecification in Marketing and Consumer Research, in: Journal of Consumer Research, Vol. 30, No. 2, S. 199-218.

Lindsay, P.H./Norman, D.A. (1981): Einführung in die Psychologie. Informationsaufnahme und -verarbeitung beim Menschen, Berlin.

Malai, V./Speece, M. (2005): Cultural Impact on the Relationship Among Perceived Service Quality, Brand Name Value, and Customer Loyalty, in: Journal of International Consumer Marketing, Vol. 17, No. 4, S. 7-39.

Mayring, P. (2003): Qualitative Inhaltsanalyse. Grundlagen und Techniken, 8. Aufl., Weinheim.

Metters, R./King-Metters, K./Pullman, M.E./Walton, S. (2006): Successful Service Operations Management, 2. Aufl., London.

Pátricio, L./Fisk, R.P./Falcao eCunha, J./Constantine, L. (2011): Multilevel Service Design: From Customer Value Constellation to Service Experience Blueprinting, in: Journal of Service Research, Vol. 14, No. 2, S. 180-200.

Pine II, B.J./Gilmore, J.H. (1998): Welcome to the Experience Economy, in: Harvard Business Review, Vol. 76, No. 4, S. 97-105.

Reynolds, T.J./Dethloff, C./Westberg, S.J. (2001): Advancements in Laddering, in: Reynolds, T.J./Olson, J.C. (Hrsg.): Understanding Consumer Decision Making. The Means-End Approach to Marketing and Advertising Strategy, Mahwah, S. 91-118.

Sánchez, J./Callarisa, L./Rodriguez, R.M./Moliner, M.A. (2006): Perceived Value of the Purchase of Tourism Product, in: Tourism Management, Vol. 27, No. 3, S. 394-409.

Stauss, B./Weinlich, B. (1997): Process-Oriented Measurement of Service Quality. Applying the Sequential Incident Technique, in: European Journal of Marketing, Vol. 31, No. 1, S. 33-55.

Tam, J.L.M. (2004): Customer Satisfaction, Service Quality and Perceived Value: An Integrative Model, in: Journal of Marketing Management, Vol. 20, No. 7/8, S. 897-917.

Tenenhaus, M./Vinzi, V.E./Chatelin, Y.-M./Lauro, C. (2005): PLS Path Modeling, in: Computational Statistics & Data Analysis, Vol. 48, No. 1, S. 159-205.

Tulving, E. (1972): Episodic and Semantic Memory, in: Tulving, E./Donaldson, W. (Hrsg.): Organization of Memory, London, S. 381-403.

Wang, Y./Lo, H.P./Chi, R./Yang, Y. (2004): An Integrated Framework for Customer Value and Customer-Relationship-Management Performance: A Customer-Based Perspective from China, in: Managing Service Quality, Vol. 14, No. 2/3, S. 169-182.

Weiber, R./Mühlhaus, D. (2010): Strukturgleichungsmodellierung. Eine angewandte Einführung in die Kausalanalyse mit Hilfe von AMOS, SmartPLS und SPSS, Heidelberg.

Woodall, T. (2003): Conceptualising 'Value for the Customer': An Attributional, Structural and Dispositional Analysis, in: Academy of Marketing Science Review, Vol. 7, No. 12, S. 1-42.

Zeithaml, V.A. (1988): Consumer Perceptions of Price, Quality and Value: A Means-End Model and Synthesis of Evidence, in: Journal of Marketing, Vol. 52, No. 3, S. 2-22.

Moritz Mink und Dominik Georgi

Konzeptionalisierung und Messung der Online Customer-to-Customer Experience

---

Dipl.-Wi.-Ing. *Moritz Mink* ist wissenschaftlicher Mitarbeiter sowie Doktorand am Deutsche Bank Stiftungslehrstuhl für Retail Banking und Dienstleistungsmanagement der Frankfurt School of Finance & Management. Prof. Dr. *Dominik Georgi* hat die Deutsche Bank Professur für Retail Banking und Dienstleistungsmanagement an der Frankfurt School of Finance & Management inne.

1. Einleitung

Zahlreiche neue Literaturquellen vermitteln den Eindruck, dass Customer Experience und deren Messung und Steuerung ein bahnbrechend neues Konzept darstellt. Demgegenüber stehen Pioniere der Customer-Experience-Forschung, die das Konzept schon seit 30 Jahren erforschen (z.B. Holbrook/Hirschmann 1982) und dabei sogar auf noch deutlich ältere Ursprünge verweisen (Holbrook 2006): So war schon Keynes (1936) der Meinung, dass Produkte gekauft werden, um das Verlangen nach bestimmten Erlebnissen zu befriedigen.

Was dagegen neu ist und sich ständig weiterentwickelt, sind die unterschiedlichen Aspekte, Bestandteile und Ausprägungen der Customer Experience. Aufgrund der technologischen Entwicklung und der zunehmenden Bedeutung der „Online-Lebenswelt“ der Konsumenten ist die *Online Customer Experience* zu einem zentralen Thema der Marketingwissenschaft und -praxis geworden. Schon Amazon-Gründer Jeff Bezos postulierte, dass die Schaffung einer starken Online Experience den wichtigsten strategischen Wettbewerbsvorteil im Internet darstellen würde (Novak et al. 2000).

Ausgehend von dem grundlegenden Verständnis, dass Customer Experience die subjektive Wahrnehmung von Kunden an allen Kontaktpunkten mit dem Unternehmen umfasst, ist es außerdem keineswegs so, dass Kontakt mit dem Unternehmen im Wortsinne nur direkt mit Vertretern des Unternehmens stattfindet. Vielmehr gilt es im Sinne der Customer Experience, den Kunden in den Mittelpunkt der Betrachtung zu stellen (Baron/Harris 2007), wobei sofort deutlich wird, dass sich die Vielfalt der Kontaktmöglichkeiten vergrößert: *Kunde-zu-Kunde-Interaktion* (C2C-Interaktion) ist eine dieser Möglichkeiten (Libai et al. 2010) und in diesem Sinne interpretierten bereits Harris et al. (2000) das „unter andere Leute kommen“ einen zentralen Aspekt der Customer Experience beim Einkaufen.

Angesichts dieser beiden Entwicklungen, Online und C2C, wird die *Online Customer-to-Customer Experience (OCCE)* zu einem Erfolgsfaktor für Unternehmen. Während der C2C-Aspekt im vorgenannten Beispiel beim Einkaufen noch eher zufällig eine Rolle spielte (Woodside/Sims 1972), kann er durch Einbettung von Web 2.0- und Social Media-Technologien auf Serviceplattformen heute aktiv genutzt und gefördert werden. Auf Ebay oder Facebook kommen Millionen von Menschen zusammen, um zu interagieren. Die Interaktion ist dabei nicht immer nur Selbstzweck, sondern sie lässt sich auch nutzen, um die Qualität des Kern-Serviceangebots der Anbieter zu verbessern. So können Fidor-Kunden auf der Homepage der Fidor Bank AG beispielsweise kommunizieren und über Fidor-Produkte, die Produkte anderer Banken, alle möglichen Finanzthemen oder auch über beliebige bankferne Themen diskutieren. Das ist dann *C2C-Interaktion* in Reinform und es ist offensichtlich, dass sie als solche einen wesentlichen Teil der OCCE darstellt. Ganze innovative Geschäftsmodelle basieren auf dieser vorsätzlichen C2C-Interaktion und die damit entstehende OCCE wird zum Kern der Wertschöpfung.

Diese OCCE sollte positiv sein, um sich für den jeweiligen Anbieter gewinnbringend auszuwirken. Doch was macht eine positive OCCE aus? Um der Anforderung gerecht zu werden, widmen sich die Verfasser in diesem Artikel der Konzeptionalisierung und Messung der OCCE. Dabei wird dem generischen Ansatz zur Operationalisierung komplexer Konstrukte nach Churchill (1979) gefolgt. Die weiteren Abschnitte des Beitrages sind demnach wie folgt strukturiert: Zunächst wird eine Konzeptionalisierung des Konstrukts, basierend auf einer Literaturauswertung verwandter Konstrukte, vorgenommen. Weiterhin werden qualitative Interviews mit Plattformnutzern, Experten, Marketingwissenschaftlern und Praktikern geführt, um das Konstrukt inhaltlich auszufüllen und einen möglichst vollständigen Item-Katalog zu generieren. In der darauf folgenden quantitativen Studie wird eine konkrete Operationalisierung von OCCE vorgeschlagen. Diese beinhaltet auch die Analyse von Reliabilität, Validität und Modellgüte der Messung sowie eine Priorisierung der resultierenden Faktoren. Anschließend werden theoretische und praktische Implikationen aufgezeigt, bevor schließlich Ideen für die weiterführende Forschung wiedergegeben werden.

2. Theoretische und qualitativ-empirische Konzeptionalisierung

Der Ausdruck OCCE beinhaltet drei Aspekte: *Online* bedeutet, dass die Experience hauptsächlich via Computer in Verbindung mit einem Netzwerk (online) entsteht; *Customer-to-Customer* bedeutet, dass beide bzw. alle beteiligten Parteien Kunden eines Produktanbieters oder Dienstleisters sind; *Experience* schließlich ist die subjektive Wahrnehmung der Kunden an den Kontaktpunkten mit dem Anbieter oder Dienstleister, wobei im vorliegenden Fall die Kontakte zu anderen Kunden ebenfalls als eine Art Kontakt mit dem Unternehmenskontext zu interpretieren sind. In diesem Sinne wäre eine passende, beispielhafte Entstehung einer OCCE z.B. durch einen Bankkunden, der eine Frage in das Kundenforum der Bank postet, die in der Folge durch einen anderen Bankkunden beantwortet wird. Die OCCE ist vermutlich dann positiv bzw. von hoher Qualität, wenn die Frage zügig, korrekt und freundlich beantwortet wird.

Als ersten Schritt der Konzeptualisierung von OCCE wird zunächst jene Literatur, die sich mit verwandten Konstrukten befasst, begutachtet. Anschließend wird das theoretische Konzept durch eine explorative empirische Studie vervollständigt. Somit ist sichergestellt, dass alle relevanten Aspekte mit einbezogen sind.

2.1 Literaturauswertung verwandter Konstrukte

Da OCCE in der wissenschaftlichen Literatur bisher nicht erfasst ist, wird in einem ersten Schritt zunächst die Literatur zu verwandten oder ähnlichen Konstrukten betrachtet. In diesem Sinne werden fünf Referenzpunkte identifiziert: Servicequalität, E-Servicequalität, (Online) Customer Experience, Motivationstheorie bezüglich der Partizipation in Communities sowie schließlich einige allgemeine internetbezogene Aspekte.

Die Customer Experience ist per Definition die subjektive Wahrnehmung von Kunden an den Kontaktpunkten mit dem Unternehmen. Damit ist die OCCE offensichtlich auch Teil jeder Dienstleistung und das Konzept der Dienstleistungs- bzw. Servicequalität wird zum wohl wichtigsten Bezugspunkt für die Konzeptionalisierung der OCCE. Das bekannteste Konzept der Servicequalität ist *SERVQUAL* von Parasuraman et al. (1988). In ihrer Arbeit entwickelten sie eine Skala aus 22-Items in fünf Faktoren, um die Kundenwahrnehmung der Servicequalität zu bewerten. Trotz nachfolgend teilweise erheblicher Kritik mehrerer Autoren insbesondere bezüglich der Methode zur Messung der wahrgenommenen Qualität (z.B. Carman 1990; Cronin/Taylor 1992) und bezüglich der Hierarchie der Faktoren und möglicher Dimensionen (z.B. Rust/Oliver 1994; Dabholkar et al. 1996) sollte SERVQUAL inhaltlich dennoch eine valide Vorlage für jedes qualitätsorientierte Konstrukt sein. Das gleiche gilt für die vielen anderen Beiträge der Forschung im Bereich der Servicequalität, z.B. Grönroos (1984), Brady und Cronin (2001) und viele andere.

Da OCCE im Wortsinne online entsteht, sollte neben der Servicequalität selbst auch ihr elektronisches Äquivalent eine wichtige Rolle spielen. Ausgehend von der Servicequalität als Basis bieten Konzepte der *E-Servicequalität* meist zusätzliche Aspekte, die speziell den involvierten Technologien Rechnung tragen (Zeithaml 2002). Es gibt heute eine Vielzahl von Studien zu den Inhalten, Dimensionen und Stellhebeln der E-Servicequalität, die für die Konzeptionalisierung von OCCE zu Rate gezogen werden können (z.B. Dabholkar 1996; Wolfinbarger/Gilly 2003; Parasuraman et al. 2005; Fassnacht/Koese 2006).

Ein dritter wichtiger Bezugspunkt für OCCE ist die (Online) Customer Experience. *Consumer Experience Relationship Modeling (CERM)* von Baron und Harris (2007) ist dabei ein sehr passender Ansatz, um Kundenbeziehungen aus Customer-Experience-Sicht zu modellieren, wobei vor allem die anderen Kunden als zentraler Aspekt der Consumer Experience angesehen werden. Des Weiteren postulieren Frow und Payne (2007), dass das Konzept der *Customer-Co-Production* (z.B. Bowen 1986) eine wichtige Rolle in einer perfekten Customer Experience spielen kann, weil dabei Kunden und andere Kunden in Dialog und Interaktion involviert werden. Es wird also nicht nur im Wortsinne deutlich, dass OCCE Teil einer Online Customer Experience ist. Dementsprechend liefert auch die Auswertung der in diesem Zusammenhang relevanten Literatur (z.B. Novak et al. 2002) Anhaltspunkte für die Konzeptionalisierung von OCCE.

Weiterhin lohnt sich ein Blick auf jene Motive, die Kunden haben, wenn sie online in Aktion treten und mit anderen Kunden interagieren. Der Blick auf die Psychologie ihrer Motivation macht daher den vierten Bezugspunkt des OCCE-Konzepts aus. Da die Interaktion zumeist absichtlich passiert, bietet sie großen Raum zur Selbstdarstellung der Teilnehmer, z.B. durch die Offenbarung von Wissen. Teilnehmer können sich einen gewissen Ruf erarbeiten und somit eine Art Status erreichen oder gar eine gewisse Macht erlangen. Sie können aber auch einfach nur ihre Neugierde befriedigen oder Wissenslücken kompensieren. Darüber hinaus bietet das *Konzept des Linking Value* von Aubert-Gamet und Cova (1999) sozialen Austausch als ein Motiv für Transaktionen an. Analog dazu nennt es Goodwin (1994) einfach die Suche nach Kontakt. Unter dem Strich wird deutlich, dass ein Eingehen auf die Motivationen der Kunden als Kriterium für positive OCCE dienen kann.

Zu guter Letzt beinhaltet OCCE auch grundsätzlich die Nutzung des Internet als Medium. Daher sollten bei der Konzeptionalisierung von OCCE als fünftem Bezugspunkt auch verschiedenste Aspekte aus internetbezogener Literatur eine Rolle spielen (z.B. Lin 1999; Sheehan/Hoy 1999; Korgaonka/Wolin 2001). Damit rücken Faktoren wie *Sozialisation* oder die *Escape Motivation* der Internetnutzung in den Blickpunkt. Des Weiteren spielen auch die üblichen Vorbehalte bezüglich Sicherheit und Schutz der Privatsphäre eine Rolle. Eine Übersicht aller aus der Literatur abgeleiteten potenziellen Dimensionen der OCCE ist Abbildung 1 zu entnehmen.

2.2 Qualitative Interviews

Im zweiten Schritt wird die Konzeptionalisierung der OCCE durch qualitative Interviews vervollständigt, um das Konstrukt inhaltlich möglichst vollständig auszufüllen. Es wurden Interviews mit 13 Nutzern entsprechend relevanter Plattformen, sechs Experten, fünf Marketingforschern mit relevantem Hintergrund sowie mit drei Praktikern von Betreibern relevanter Plattformen geführt. Dem Zwecke dieser Studienphase entsprechend wurden die Gespräche in einem sehr explorativen Stil geführt, um zu verhindern, dass die Befragten zu sehr in Richtung spezieller Antworten gedrängt werden. Während der Interviews, die allesamt zwischen 20 bis 45 Minuten dauerten, wurden in der Gesprächsführung teilweise bekannte Interviewtechniken wie „means-end“ und „critical incidents“ verwendet. Daneben gab es aber auch sehr frei ablaufende Gesprächsphasen. Zwei Interviewer führten alle Gespräche und protokollierten alle aufkommenden und für die OCCE relevanten Aspekte.

2.3 Ableitung eines Item-Katalogs

Die Auswertung der Literatur zu verwandten Konstrukten sowie der qualitativen Interviews verläuft wie folgt: Beide Autoren arbeiten unabhängig voneinander die angesprochene Literatur durch und nutzen gleichzeitig ihre Interviewprotokolle, um alle mögli-

Mögliche Dimensionen	**Literaturquelle**		**Korrespondierende Beispiele aus Interviews**
Altruism	*Cust. Motivations:*	Batson et al. (2002)	"Auf [xyz] versuche ich, anderen bei der Lösung ihrer Probleme zu unterstützen"
Ambient Conditions	*Service Quality:*	Brady & Cronin (2001)	---
Arousal	*Online Cust. Experience:*	Novak et al. (2000)	"Ich nutze [xyz], weil ich es spannend finde"
Assurance	*Service Quality:*	Parasuraman et al. (1988)	"Vertrauen ist ein wichtiger Aspekt. Auf [xyz] kann ich den anderen Nutzern vertrauen"
Attitude	*Service Quality:*	Brady & Cronin (2001)	"Die Leute auf [xyz] sind sehr freundlich"
Behavior	*Service Quality:*	Brady & Cronin (2001)	---
Collectivism	*Cust. Motivations:*	Batson et al. (2002)	---
Control	*E-Service Quality:*	Dabholkar (1996)	---
	Online Cust. Experience:	Novak et al. (2000)	
	Internet:	Korgaonka & Wolin (2001)	
Convenience	*E-Service Quality:*	Dabholkar (1996)	"Andere Leute auf [xyz] zu fragen ist oft der einfachste Weg, um ein Softwareproblem zu lösen"
		Parasuraman et al. (2005)	
		Fassnacht & Koese (2006)	
Customer Service	*E-Service Quality:*	Wolfinbarger & Gilly (2003)	---
Design	*Service Quality:*	Brady & Cronin (2001)	"Die Homepage ist einfach graphisch anspruchsvoll gestaltet. Es ist geradezu eine Freude, sie zu nutzen"
	E-Service Quality:	Wolfinbarger & Gilly (2003)	
		Fassnacht & Koese (2006)	
Egoism	*Cust. Motivations:*	Batson et al. (2002)	"Wenn ich [xyz] bringt es vor allem mich selbst voran. Ich weiß zwar nicht, warum da so viele sind, die einem helfen, aber es ist so"
Empathy	*Service Quality:*	Parasuraman et al. (1988)	"Auf [xyz] haben sich die Nutzer sofort meiner angenommen"
Enjoyment	*E-Service Quality:*	Dabholkar (1996)	"Ich nutze [xyz], weil es einfach Spaß macht"
Escape	*Internet:*	Lin (1999)	"Manchmal vergesse ich währenddessen alles andere"
		Korgaonka & Wolin (2001)	
Expertise	*Service Quality:*	Brady & Cronin (2001)	"Vor allem Suche ich Leute, die sich in der Sache auskennen"
Exploration	*Online Cust. Experience:*	Novak et al. (2000)	"Ich nutze es einfach gerne, weil es neu ist und ich einfach dabei sein möchte"
Flow	*Online Cust. Experience:*	Novak et al. (2000)	"Manchmal vergesse ich komplett die Zeit"
Functional Quality	*Service Quality:*	Grönroos (1984)	"Einfach nur eine Antwort ist nicht genug. Die Qualität ist davon abhängig, wie das geschieht"
	E-Service Quality:	Fassnacht & Koese (2006)	
Importance	*Online Cust. Experience:*	Novak et al. (2000)	"Ohne die Hilfe der anderen User wäre ich verloren gewesen"
Offer	*E-Service Quality:*	Fassnacht & Koese (2006)	---
Principlism	*Cust. Motivations:*	Batson et al. (2002)	---
Reliability/ Fulfillment	*Service Quality:*	Parasuraman et al. (1988)	"Auf [xyz] kann ich mich auf die Anderen verlassen. Ich bekomme, was ich brauche"
	E-Service Quality:	Dabholkar (1996)	
		Wolfinbarger & Gilly (2003)	
		Parasuraman et al. (2005)	
		Fassnacht & Koese (2006)	
Responsiveness	*Service Quality:*	Parasuraman et al. (1988)	Vor allem brauche ich die Antworten oft schnell. Ich kann nicht tagelang warten"
		Brady & Cronin (2001)	
	E-Service Quality:	Dabholkar (1996)	
		Parasuraman et al. (2005)	
	Online Cust. Experience:	Novak et al. (2000)	
Security/Privacy	*E-Service Quality:*	Wolfinbarger & Gilly (2003)	"Meine Privatsphäre muss gewahrt sein. Auf den Plattformen, die ich nutze, ist das der Fall, ansonsten würde ich sie nicht nutzen"
		Parasuraman et al. (2005)	
	Internet:	Sheehan & Hoy (1999)	
Socialization	*Service Quality:*	Brady & Cronin (2001)	"Interaktion auf [xyz] bedeutet auch, sich zu sozialisieren. Ja, ich würde sagen, es ist Teil meines sozialen Umfeldes"
	Cust. Motivations:	Goodwin (1994)	
		Aubert-Gamet & Cova (1999)	
	Internet:	Korgaonka & Wolin (2001)	
System Availability	*E-Service Quality:*	Parasuraman et al. (2005)	"Manchmal funktioniert es nicht oder keiner ist online, das nervt dann"
Tangibles	*Service Quality:*	Parasuraman et al. (1988)	---
		Brady & Cronin (2001)	
Technical Quality	*Service Quality:*	Grönroos (1984)	"Vor allem suche ich Leute, die meine Fragen beantworten und mich bei meinen Anliegen voranbringen"
	E-Service Quality:	Fassnacht & Koese (2006)	
	Internet:	Korgaonka & Wolin (2001)	
Valence	*Service Quality:*	Brady & Cronin (2001)	"Die Interaktion mit anderen auf [xyz] ist eine spaßige und spannende Sache"
	E-Service Quality:	Fassnacht & Koese (2006)	

Abbildung 1: Potenzielle Dimensionen der OCCE

chen potenziellen Items der OCCE zu identifizieren. Im Ergebnis führt dies sowohl zu Items, die von relevanten Skalen aus der Literatur direkt übernommen werden bzw. in den Interviews explizit zur Sprache kamen sowie genauso zu Items, die implizit aus den Inhalten der Literatur und der Gespräche ableitbar sind. Die Vorgehensweise mündet in einer initialen Liste mit 137 Items. Anschließend wird die Liste hinsichtlich Redundanzen, unterschiedlicher Aggregationsebenen und unpassender Items überarbeitet und bereinigt. In einem zweiten Überarbeitungsschritt werden einzelne Items umformuliert und andere nach Meinung der Autoren nicht zum Konstrukt gehörende Items aussortiert (z.B. einige aus der E-Services-Literatur abgeleitete sehr technische Elemente, die unserer Meinung nach nicht Teil der OCCE im Sinne der Kunde-zu-Kunde-Interaktion sind). Eine Auswahl der Experten aus den qualitativen Interviews wurde auch im Rahmen der beiden Überarbeitungsschritte involviert. Durch diese Vorgehensweise wird die Inhaltsvalidität sichergestellt. Das resultierende Itemset besteht aus 71 Items.

3. Quantitativ-empirische Konzeptionalisierung

Im Rahmen einer quantitativ-empirischen Studie wurde auf Basis dieses Itemsets eine quantitative Konzeptionalisierung der OCCE vorgenommen.

3.1 Methode

Zur Datenerhebung wird ein Online-Fragebogen entworfen. Dieser beinhaltet neben den 71 als zur OCCE gehörig abgeleiteten Items auch 16 nutzer- und plattformbezogene Fragen sowie fünf persönliche Fragen nach Alter, Geschlecht und Internetnutzungsverhalten. Weiterhin wird für jeden Nutzer die Plattform abgefragt, auf die er sich bei der Beantwortung der Fragen bezieht. Alle Items werden auf einer 7-Punkt-Likert-Skala gemessen. Die Rekrutierung der Teilnehmer erfolgte per E-mail an andere Wissenschaftler, Bekannte und Studenten sowie durch Postings auf Facebook und anderen relevanten Plattformen. Die Umfrage war im April und Mai 2011 aktiv und wurde in diesem Zeitraum von insgesamt 277 Teilnehmern aufgerufen. Aufgrund der Länge des Fragebogens sowie der Anforderung aktiver Kunde-zu-Kunde-Interaktion als Abbruchkriterium resultierte dies in der deutlich geringeren Anzahl von 63 vollständigen und korrekt ausgefüllten Fragebögen. Insgesamt 43 dieser gültigen Fragebögen kommen von Teilnehmern mehr technisch/produktorientierter Plattformen (z.B. Plattformen für PC- oder Softwarekunden). Demgegenüber wurden 20 Fragebögen von Teilnehmern mehr freizeit-/konversationsorientierter Plattformen (z.B. die Plattform eines Frauenmagazins) ausgefüllt. Es beteiligten sich 46 männliche und 15 weibliche Personen (zwei haben kein Geschlecht angegeben) mit einem Durchschnittsalter von 30 Jahren. Bemerkenswert ist, dass 54 der Teilnehmer mehr als einmal pro Tag das Internet nutzen und 24 der Teilnehmer sogar täglich auf Plattformen mit Kunde-zu-Kunde-Interaktion aktiv sind.

3.2 Vorgehen und Ergebnisse

Vor der Durchführung der ersten Faktoranalyse wird das Sample hinsichtlich seiner Eignung für die Faktoranalyse überprüft. Dafür wird das Kriterium von Kaiser-Meyer-Olkin (KMO) sowie die variablenspezifische Eignung herangezogen. Als Grenzwert wird für beide Kriterien der Wert 0,5 gewählt. Schritt für Schritt wird jeweils dasjenige Item mit der niedrigsten variablenspezifischen Eignung aussortiert. Das KMO erreicht den Grenzwert von 0,5 nach der Aussortierung von zwölf Items, allerdings entfallen anschließend noch sechs weitere Items aufgrund einer zu niedrigen variablenspezifischen Eignung.

Die verbleibenden 53 Items werden anschließend in einer explorativen Faktoranalyse in SPSS 17 analysiert, um die Dimensionalität und die Struktur des latenten Konstrukts OCCE zu identifizieren. Basierend auf dem Ergebnis der explorativen Faktoranalyse werden weitere zwölf Items aufgrund ihrer nicht eindeutigen Zuordnung zu einzelnen Faktoren aussortiert. Auf Basis des Kaiser-Kriteriums werden schließlich acht Faktoren mit einem Eigenwert > 1 extrahiert.

Anschließend wird das verbleibende Set von 41 Items in einer konfirmatorischen Faktoranalyse mit AMOS 17 untersucht. Der weit verbreiteten Anforderung genügend, wonach mindestens 50 Prozent der Varianz eines Faktors durch die zugeordneten Items erklärt werden sollten, fallen in diesem Schritt erneut neun Items mit Ladungen > 0,7 aus der Analyse heraus. Dies führt unter anderem auch zum Ausschluss eines gesamten Faktors. Das Ergebnis ist schließlich eine Struktur von sieben Faktoren mit insgesamt 32 Items (vgl. Abbildung 2).

Der erste Faktor *Inhalt* besteht dem Wortsinne folgend vor allem aus Items mit Bezug zum Inhalt bzw. der inhaltlichen Qualität der Interaktion. Der zweite Faktor ist die *Sicherheit* und repräsentiert verschiedene, die Privatsphäre, Anonymität oder ganz allgemein die Sicherheit betreffende Aspekte. Bezug nehmend auf andere Theorien mit ähnlicher Namensgebung wird der dritte Faktor *Hedonismus* genannt, weil er inhaltlich vor allem für die persönliche Belustigung der Nutzer steht. Weiterhin kommt im vierten Faktor zum Tragen, dass computervermittelte Kommunikation nicht zwingend simultan ablaufen muss. Antwort- und Reaktionszeiten werden deshalb zum Thema und der entsprechende Faktor wird mit *Quantität* bezeichnet. Der fünfte Faktor *Atmosphäre* zielt vor allem auf die Interaktion umgebende Rahmenbedingungen hinsichtlich der Stimmung und Einstellung der Nutzer ab. Weitere zwei Items zielen auf die Bedienungsfreundlichkeit bzw. die Einfachheit der Nutzung. Zu guter Letzt repräsentiert der Faktor *Sozialisierung* zwei Items, die Interaktion als sozialen Event umschreiben.

Konvergenzvalidität wird durch die separate Kalkulation einzelner Faktoranalysen je Faktor sichergestellt. Diese resultieren jeweils in einfaktoriellen Lösungen für alle sieben Faktoren. Die Reliabilität der Faktoren ist durchweg sehr hoch mit Cronbachs Alpha ≥ 0,85 und Anteile erklärter Varianz ≥ 0,69 für alle Faktoren (vgl. Abbildung 2).

Faktoren	Items Die Interaktion ... / Während der Interaktion ...	Rotierte Faktormatrix (Explorative Faktoranalyse) Faktor 1	Faktor 2	Faktor 3	Faktor 4	Faktor 5	Faktor 6	Faktor 7	Faktorladungen konfirmatorische Faktoranalyse
Faktor 1: Inhalt α = 0,933 VE* = 69%	... *ist angemessen detailliert.*	0,823							0,814
	... *ist inhaltlich fokussiert.*	0,778							0,753
	... *ist (inhaltlich) gehaltvoll.*	0,761							0,811
	... *ist im Niveau meinem Kenntnisstand adäquat.*	0,677							0,832
	... *bringt mich bzgl. meiner Anliegen schnell voran.*	0,674							0,838
	... *hilft mir weiter.*	0,673							0,854
	... *ist inhaltlich verlässlich.*	0,663							0,725
	... *ist angemessen faktenbasiert.*	0,584							0,773
Faktor 2: Sicherheit α = 0,939 VE* = 77%	... *wird Privatsphäre meinen Bedürfnissen entsprechend gewahrt.*		0,950						0,885
	... *ist diskret.*		0,805						0,878
	... *kann ich anonym bleiben, wenn ich es möchte..*		0,797						0,757
	... *geschieht unter angemessenem Schutz persönlicher Daten.*		0,792						0,960
	... *ist Sicherheit von Daten, Teilnehmern etc. gewährleistet.*		0,677						0,841
	... *fühlt man sich sicher.*		0,613						0,778
Faktor 3: Hedonismus α = 0,924 VE* = 77%	... *macht Spaß.*			0,893					0,950
	... *ist spannend.*			0,842					0,806
	... *ist kurzweilig/unterhaltsam.*			0,813					0,842
	... *ist entspannend.*			0,808					0,859
	... *hebt meine Stimmung.*			0,769					0,764
Faktor 4: Quantität α = 0,914 VE* = 75%	... *hat eine angemessene Interaktionsfrequenz.*				0,844				0,926
	... *enthält insgesamt eine große Informationsmenge.*				0,772				0,752
	... *ist immer möglich, wenn ich Bedarf habe.*				0,771				0,789
	... *basiert auf genügend Beiträgen.*				0,739				0,869
	... *hat eine angemessene Reaktionszeit.*				0,698				0,811
Faktor 5: Atmosphäre α = 0,853 VE* = 70%	... *ist authentisch formuliert.*					0,808			0,890
	... *herrscht eine vertrauensvolle Atmosphäre.*					0,727			0,769
	... *ist angemessen informell.*					0,701			0,773
	... *ist im sprachlichen Niveau angemessen.*					0,666			0,650
Faktor 6: Einfachheit α = 0,930 VE* = 94%	... *ist unkompliziert.*						0,846		0,923
	... *ist einfach.*						0,825		0,946
Faktor 7: Sozialisierung α = 0,881 VE* = 89%	... *bietet "Social Network Spirit".*							0,808	0,916
	... *ist Teil des sozialen Umfeldes der Teilnehmer.*							0,775	0,860

* erklärte Varianz Anmerkung: Faktorladungen der rotierten Faktormatrix berechnet in SPSS 17.0. Konfirmatorische Faktoranalyse berechnet in AMOS 17.

Abbildung 2: Ergebnisse aus explorativer und konfirmatorischer Faktoranalyse

Diskriminanzvalidität wird durch das Kriterium von Fornell und Larcker (1981) deutlich. Folgt man ihrer Forderung, liegt Diskriminanzvalidität zwischen jeweils zwei Faktoren dann vor, wenn die durchschnittlich extrahierte Varianz (AVE) der beiden Faktoren einzeln beide jeweils größer sind als die gemeinsame Varianz, also die quadrierten

Korrelationskoeffizienten der Faktorpaare. Diese Forderung ist für alle Faktorpaare erfüllt (vgl. Abbildung 3). Der Chi-Quadrat-Differenztest als ein deutlich schwächeres Kriterium der Diskriminanzvalidität ist selbstverständlich ebenfalls erfolgreich.

	AVE	Inhalt	Sicherheit	Hedonismus	Quantität	Atmosphäre	Einfachheit	Sozialisierung
Inhalt	0,542	–						
Sicherheit	0,568	0,497	–					
Hedonismus	0,604	0,048	0,001	–				
Quantität	0,703	0,332	0,116	0,121	–			
Atmosphäre	0,559	0,270	0,135	0,066	0,100	–		
Einfachheit	0,862	0,023	0,024	0,156	0,215	0,092	–	
Sozialisierung	0,767	0,136	0,197	0,171	0,001	0,004	0,007	–

Anmerkung: Zweite Spalte enthält durchschnittlich extrahierte Varianz (AVE) pro Faktor0, übrige Spalten enthalten quadrierte Korrelationskoeffizienten zwischen jeweils zwei Faktoren.

Abbildung 3: Fornell-Larcker-Kriterium

Es bleibt schließlich anzumerken, dass als wichtiges Modell-Gütemaß der Adjusted Goodness of Fit Index (AGFI) zum aktuellen Zeitpunkt noch recht niedrig ist. Zu begründen ist dies vor allem mit der relativ kleinen Stichprobe (Marsh et al. 1988; Bollen 1990). Andere Modellgütemaße liegen dagegen bereits auf gutem Niveau: Chi-Quadrat geteilt durch die Anzahl der Freiheitsgrade liegt bei 1,617, der Comparative Fit Index (CFI) bei 0,844 und die Root Mean Square Error of Approximation (RMSEA) bei 0,100.

3.3 Priorisierung der resultierenden Faktoren

In einem nächsten Schritt erfolgt die Priorisierung der sieben Faktoren der OCCE. Dies geschieht unter Zuhilfenahme einer multiplen Regression und Einbindung der sieben Faktoren als unabhängige Variable. Als abhängige Variable wird eine direkte Messung der OCCE mit folgendem Item eingesetzt: „Die Qualität der Interaktion mit anderen Kunden über die gewählte Plattform ist gut."

Die resultierende Regressionsfunktion ist hoch signifikant (> 0,001). Erhöhte Kollinearität kann durch hohe Toleranzwerte von durchweg > 97 Prozent ausgeschlossen werden, entsprechend sind die Varianzinflationsfaktoren alle nahe bei 1. Wie zu erwarten war, sind alle Koeffizienten positiv, wodurch ihr positiver Einfluss auf die OCCE zum Ausdruck kommt (vgl. Abbildung 4). Abgesehen von den Faktoren Sicherheit, Quantität und Sozialisierung sind die Faktoren auch signifikant auf einem Niveau von fünf Prozent oder höher. Der Faktor Inhalt zeigt mit 0,425 den höchsten Koeffizienten, gefolgt von Atmosphäre mit 0,298 sowie Hedonismus und Einfachheit jeweils mit 0,243. Die nicht signifikanten Faktoren Sicherheit, Quantität und Sozialisierung haben mit Werten von 0,139, 0,131 und 0,089 die niedrigsten Koeffizienten.

	Standardisierte Regressions-koeffizienten	T
Inhalt	0,425***	30,99
Sicherheit	0,139	10,31
Hedonismus	0,243**	20,26
Quantität	0,131	10,23
Atmosphäre	0,298***	20,81
Einfachheit	0,243**	20,30
Sozialisierung	0,089	00,83

** signifikant auf 5%-Niveau
*** signifikant auf 1%-Niveau

Abbildung 4: Faktorpriorisierung

Somit sind Inhalt, Atmosphäre, Hedonismus und Einfachheit offenbar die wichtigsten Faktoren, während Sicherheit, Quantität und Sozialisierung weniger wichtig erscheinen. Das R^2 des Modells zeigt mit 43 Prozent einen Wert moderater Güte. Als Ursache dafür kommen andere, nicht betrachtete Einflussfaktoren der OCCE in Frage, so zum Beispiel im Modell nicht enthaltene technische Rahmenbedingungen der OCCE. Die Probanden können solche Aspekte in ihre Evaluation miteinbezogen haben, während diese Aspekte bei der Festlegung der Faktoren und Items bewusst ausgeschlossen wurden.

4. Diskussion

Customer Experience ist die subjektive Wahrnehmung von Kunden an allen Kontaktpunkten eines Unternehmens. In diesem Beitrag werden die Online Customer Experience betrachtet und der Begriff der Kontaktpunkte mit dem Unternehmen um die Kunde-zu-Kunde-Interaktion erweitert. Die so in den Mittelpunkt der Betrachtung gerückte OCCE kann insbesondere im Dienstleistungsbereich zu einem wichtigen Wettbewerbsfaktor werden (Hoffman/Novak 1996). Daher ist es wichtig, sie zu messen, zu steuern und stetig zu verbessern. Auf Basis der umfassenden Literaturauswertung verwandter Konstrukte sowie darauf folgender qualitativer und quantitativer empirischer Studien werden zur Messung von OCCE als Ergebnis 32 Items sieben Faktoren zugeordnet: Inhalt, Sicherheit, Hedonismus, Quantität, Atmosphäre, Einfachheit und Sozialisierung.

Damit wird ein vielschichtiger Erkenntnisbeitrag im Rahmen der aktuellen Marketingforschung geliefert: Nachdem C2C-Beziehungen über lange Zeit als vergessene Beziehung im Beziehungsmarketing galten (Clark/Martin 1994) und C2C-Interaktion Schlüsselbestandteil einer jeden solchen Beziehung ist (Martin/Clark 1996), vertieft die vorgestellte Konzeptionalisierung im Zusammenspiel mit den verwendeten Daten das Verständnis solcher Beziehungen und Interaktionen in sehr allgemeiner Art und Weise. Weiterhin bietet der ausführliche Literaturüberblick zu C2C-Beziehungen, -Interaktionen und zu OCCE-verwandten Konstrukten einen generellen Überblick sowie konkrete Ansatzpunkte für alle in diesem Bereich aktiven Wissenschaftler. Im Detail werden außerdem zwei der wesentlichen Herausforderungen im Bereich der Erforschung von C2C-Interaktion bearbeitet: die Betrachtung von durch C2C-Interaktion getriebene Services, bei denen C2C-Interaktion den Kern der Wertschöpfung darstellt, sowie elektronische C2C-Interaktion, also C2C-Interaktion in einer elektronischen Serviceumgebung. Das vorgeschlagene Faktormodell stellt schließlich die Basis für jegliche weitere Ergründung des Einflusses einer guten OCCE auf die Schlüsselkonzepte des Beziehungsmarketing dar, so z.B. auf die Service Profit Chain oder die Serviceproduktivität.

Im Sinne praktischer Implikationen genießen elektronische C2C-Interaktionen und die korrespondierende OCCE vermutlich deshalb bisher nur so wenig Aufmerksamkeit, weil die Einschätzung vorherrscht, sie lägen außerhalb des Einflussbereichs der Produkt- und Serviceanbieter. Diese „Ausrede" verliert aber an Bedeutung, wenn OCCE zum Kernbestandteil ganzer Geschäftsmodelle wird und ist insbesondere dann auch nicht mehr akzeptabel. In Reaktion auf dieses Missverhältnis bieten die vorliegenden Ergebnisse die richtigen Ansatzpunkte und Hebel, um die OCCE selektiv zu verbessern. Dies befähigt die Anbieter, eine in ihre elektronische Serviceumgebung eingebettete OCCE mit einer positiven Wahrnehmung zu belegen und somit zum eigenen Vorteil zu gestalten. Insbesondere sollte sich dabei auf die Faktoren Inhalt, Atmosphäre, Hedonismus und Einfachheit konzentriert werden. Jede Verbesserung der wahrgenommenen OCCE sollte einen positiven Einfluss auf die wahrgenommene Servicequalität und somit schließlich auch auf die Profitabilität des Anbieters nach sich ziehen.

Schließlich bleibt anzumerken, dass die vorliegende Studie trotz des dargestellten Erkenntnisbeitrags auch einigen Einschränkungen unterliegt, die gleichzeitig weiteren Forschungsbedarf implizieren. So basiert die quantitative Studie auf einer Zufallsstichprobe beliebiger Online-Plattformen mit C2C-Interaktion. Dabei sind sowohl einige eher technisch bzw. produktorientierte Plattformen als auch einige mehr auf schlichte Konversation fokussierte Plattformen berücksichtigt. Obwohl bei der Datenerhebung mit abgefragt, wurde der Plattformtyp aufgrund eingeschränkter Varianz und Repräsentativität nicht in die Analyse mit einbezogen. Außerdem ist die Studie aufgrund ihres Designs nicht in der Lage, die Motivation und Einschätzung der inaktiven Plattformnutzer abzubilden, weil sie nur aktive Nutzer anspricht und mit einbezieht. In weiterführenden Studien gilt es nun, in der Analyse explizit zwischen verschiedenen Plattformtypen zu unterscheiden und gleichzeitig den Aktivitätslevel der Nutzer mit einzubeziehen, um den Ergebnissen eine universellere Validität zu verleihen. Ob sich allerdings unabhängig vom jeweiligen Plattformtyp allgemein gültige Faktoren ergeben können, bleibt abzuwarten. Analog dazu behandeln auch die meisten Wissenschaftler ihre weitgehend etablierten Ergebnisse zur Servicequalität sehr vorsichtig, was entsprechende Deklarationen der Allgemeingültigkeit angeht (Hentschel 1990).

Unter dem Strich ebnet das vorgeschlagene Faktormodell den Weg für jegliche weitere Ergründung des Einflusses einer guten OCCE auf relevante Konzepte des Beziehungsmarketing.

Literaturverzeichnis

Arnould, E.J./Price, L.L. (1993): River Magic: Extraordinary Experience and the Extended Service Encounter, in: Journal of Consumer Research, Vol. 20, No. 1, S. 24-45.

Aubert-Gamet, V./Cova, B. (1999): Servicescapes: From Modern Non-places to Postmodern Common Places, in: Journal of Business Research, Vol. 44, No. 1, S. 37-45.

Baron, S./Harris, K./Davies, B.J. (1996): Oral Participation in Retail Service Delivery: A Comparison of the Roles of Contact Personnel and Customers, in: European Journal of Marketing, Vol. 30, No. 9, S. 75-90.

Baron, S./Harris, K. (2007): Interactions and Relationships From the Consumer Experience Perspective, in: Proceedings of the QUIS 10 Conference, Orlando, Florida.

Batson, D.C./Ahmad, N./Tsang, J.-A. (2002): Four Motives for Community Involvement, in: Journal of Social Issues, Vol. 58, No. 3, S. 429-445.

Bollen, K.A. (1990): Overall Fit in Covariance Structure Models: Two Types of Sample Size Effects, in: Psychological Bulletin, Vol. 107, No. 2, S. 256-259.

Bowen, D.E. (1986): Managing Customers as Human Resources in Service Organizations, in: Human Resource Management, Vol. 25, No. 3, S. 371-383.

Brady, M.K./Cronin Jr., J.J. (2001): Some New Thoughts on Conceptualizing Perceived Service Quality: A Hierarchical Approach, in: Journal of Marketing, Vol. 65, No. 3, S. 34-49.

Carman, J.M. (1990): Consumer Perceptions of Service Quality: An Assessment of the SERVQUAL Dimensions, in: Journal of Retailing, Vol. 66, No. 1, S. 33-55.

Churchill, G.A. (1979): A Paradigm For Developing Better Measures of Marketing Constructs, in: Journal of Marketing Research, Vol. 16, No. 1, S. 64-73.

Clark, T./Martin, C.L. (1994): Customer-to-Customer: The Forgotten Relationship in Relationship Marketing, in: Proceedings of the First Research Conference on Relationship Marketing, Atlanta, Georgia.

Cronin Jr., J.J./Taylor, S.R. (1992): Measuring Service Quality: A Reexamination and Extension, in: Journal of Marketing, Vol. 56, No. 3, S. 55-68.

Dabholkar, P.A. (1996): Consumer Evaluations of New Technology-Based Self-Service Options: An Investigation of Alternative Models of Service Quality, in: International Journal of Research in Marketing, Vol. 13, No. 1, S. 29-51.

Dabholkar, P.A./Thorpe, D.I./Rentz, J.O. (1996): A Measure of Service Quality For Retail Stores: Scale Development And Validation, in: Journal of the Academy of Marketing Science, Vol. 24, No.1, S. 3-16.

Fassnacht, M./Koese, I. (2006): Quality of Electronic Services, in: Journal of Service Research, Vol. 9, No. 1, S. 19-37.

Fornell, C./Larcker, D.F. (1981): Structural Equation Models With Unobservable Variables And Measurement Error, in: Journal of Marketing Research, Vol. 18, No. 1, S. 39-50.

Frow, P./Payne, A. (2007): Towards the 'Perfect' Customer Experience, in: Brand Management, Vol. 15, No. 2, S. 89-101.

Goodwin, C. (1994): Private Roles in Public Encounters: Communal Relationships in Service Exchanges, in: Proceedings of the 3rd International Research Seminar in Service Management, La Londes les Maures, France, S. 312-332.

Grönroos, C. (1984): A Service Quality Model And its Marketing Implications, in: European Journal of Marketing, Vol. 18, No. 4, S. 36-44.

Grove, S.J./Fisk, R.P. (1997): The Impact of Other Customers on Service Experiences: A Critical Incident Examination of 'Getting Along', in: Journal of Retailing, Vol. 73, No. 1, S. 63-85.

Gruen, T.W./Summers, J.O./Acito, F. (2000): Relationship Marketing Activities, Commitment, And Membership Behaviors in Professional Associations, in: Journal of Marketing, Vol. 64, No. 3, S. 34-49.

Gruen, T.W./Osmonbekov, T./Czaplewski, A.J. (2005): How E-Communities Extend the Concept of Exchange in Marketing: An Application of the Motivation, Opportunity, Ability (MOA) Theory, in: Marketing Theory, Vol. 5, No. 1, S. 33-49.

Gruen, T.W./Osmonbekov, T./Czaplewski, A.J. (2007): Customer-to-Customer Exchange: Its MOA Antecedents And its Impact on Value Creation And Loyalty, in: Journal of the Academy of Marketing Science, Vol. 35, No. 4, S. 537-549.

Harris, K./Baron, S./Parker, C. (2000): Understanding the Consumer Experience: It's 'Good To Talk'', in: Journal of Marketing Management, Vol. 16, No. 1/3, S. 111-127.

Harris, K./Davies, B.J./Baron, S. (1997): Conversations During Purchase Consideration: Sales Assistants And Customer, in: The International Review of Retail, Distribution and Consumer Research, Vol. 7, No. 3, S. 173-190.

Hentschel, B. (1990): Die Messung wahrgenommener Dienstleistungsqualität mit SERVQUAL: Eine kritische Auseinandersetzung, in: Marketing ZFP, 12. Jg., Nr. 4, S. 230-240.

Hoffman, D.L./Novak, T.P. (1996): Marketing in Hypermedia Computer-Mediated Environments: Conceptual Foundations, in: Journal of Marketing, Vol. 60, No. 2, S. 50-68.

Holbrook, M.B. (2006): The Consumption Experience – Something New, Something Old, Something Borrowed, Something Sold: Part 1, in: Journal of Macromarketing, Vol. 26, No. 2, S. 259-266.

Holbrook, M.B./Hirschman, E.C. (1982): The Experiential Aspects of Consumption: Consumer Fantasies, Feelings, And Fun, in: Journal of Consumer Research, Vol. 9, No. 9, S. 132-140.

Keynes, J. (1936): The General Theory of Employment, Interest and Money, New York.

Korgaonkar, P.K./Wolin, L.D. (1999): A Multivariate Analysis of Web Usage, in: Journal of Advertising Research, Vol. 39, No. 2, S. 53-68.

Libai, B./Bolton, R.N./Buegel, M.S./De Ruyter, K./Goetz, O./Risselada, H./Stephen, A.T. (2010): Customer to Customer Interactions: Broadening the Scope of Word of Mouth Research, in: Journal of Service Research, Vol. 13, No. 2, S. 267-282.

Lin, C.A. (1999): Online-Service Adoption Likelihood, in: Journal of Advertising Research, Vol. 39, No. 2, S. 79-89.

Marsh, H.W./Balla, J.R./McDonald, R.P. (1988): Goodness-of-Fit Indexes in Confirmatory Factor Analysis: The Effect of Sample Size, in: Psychological Bulletin, Vol. 103, No. 3, S. 391-410.

Martin, C.L./Pranter, C.A. (1989): Compatibility Management: Customer-to-Customer Relationships in Service Environments, in: Journal of Services Marketing, Vol. 3, No. 3, S. 5-15.

Martin, C.L./Clark, T. (1996): Networks of Customer-to-Customer Relationships in Marketing, in: Iacobucci, D. (Hrsg.): Networks in Marketing, London, S. 342-366.

McGrath, M.A./Otnes, C. (1995): Unacquainted Influencers: When Strangers Interact in the Retail Setting, in: Journal of Business Research, Vol. 32, No. 3, S. 261-272.

Moore, R./Moore, M.L./Capella, M. (2005): The Impact of Customer-to-Customer Interaction in a High Personal Contact Service Setting, in: Journal of Services Marketing, Vol. 19, No. 7, S. 482-491.

Nicholls, R. (2010): New Directions For Customer-to-Customer Interaction Research, in: Journal of Services Marketing, Vol. 24, No. 1, S. 87-97.

Novak, T.P./Hoffman, D./Yung, Y.-F. (2002): Measuring the Customer Experience in Online Environments: A Structural Modeling Approach, in: Marketing Science, Vol. 19, No. 1, S. 22-42.

Parasuraman, A./Zeithaml, V.A./Berry, L.L. (1988): SERVQUAL: A Multiple-Item Scale for Measuring Consumer Perceptions of Service Quality, in: Journal of Retailing, Vol. 64, No. 1, S. 12-40.

Parasuraman, A./Zeithaml, V.A./Malhotra, A. (2005): E-S-Qual: A Multiple-Item Scale for Assessing Electronic Service Quality, in: Journal of Service Research, Vol. 7, No. 3, S. 213-233.

Rust, R.T./Oliver, R.L. (1994): Service Quality: Insights and Managerial Implications From the Frontier, in: Rust, R.T./Oliver, R.L. (Hrsg.): Service Quality: New Directions in Theory and Practice, Thousand Oaks, California, S. 1-19.

Sheehan, K.B./Grubbs Hoy, M. (1999): Using E-mail to Survey Internet Users in the United States: Methodology And Assessment, in: Journal of Computer Mediated Communication, Vol. 4, No. 3.

Vom Lehn, D. (2006): Embodying Experience: A Video-Based Examination of Visitors' Conduct and Interaction in Museums, in: European Journal of Marketing, Vol. 40, No. 11/12, S. 1340-1359.

Wolfinbarger, M./Gilly, M.C. (2003): ETailQ: Dimensionalizing, Measuring and Predicting Etail Quality, in: Journal of Retailing, Vol. 79, No. 3, S. 183-198.

Woodside, A.G./Sims, T.J. (1972): Retail Sales Transactions and Customer Purchase Pal' Effects on Buying Behavior, in: Journal of Retailing, Vol. 52, No. 3, S. 57-64.

Wu, C.H.-J. (2008): The Influence of Customer-to-Customer Interactions And Role Typology on Customer Reaction, in: The Service Industries Journal, Vol. 28, No. 10, S. 1501-1513.

Zeithaml, V.A./Parasuraman, A./Malhotra, A. (2002): Service Quality Delivery Through Web Sites: A Critical Review of Extant Knowledge, in: Journal of the Academy of Marketing Science, Vol. 30, No. 4, S. 362-375.

Susanne Curth und Martin Benkenstein

Commitment zum Mitkonsumenten – Konzeption und Folgen für die Customer Experience von Dienstleistungskunden

Dipl.-Kffr. *Susanne Curth* ist wissenschaftliche Mitarbeiterin am Lehrstuhl Wirtschafts- & Organisationspsychologie der Universität Rostock. Prof. Dr. *Martin Benkenstein* ist Direktor des Instituts für Marketing & Dienstleistungsforschung der Universität Rostock.

1. Commitment zum Mitkonsumenten – Ein bedeutender Erlebnistreiber

Ziel des Customer Experience Management (CEM) ist es, positive Kundenerlebnisse zu schaffen, um dadurch eine emotionale Bindung zum Kunden aufzubauen (Schmitt/Mangold 2004; Hermes 2011). Customer Experience kennzeichnet dabei die Reaktion des Kunden auf jeden direkten und indirekten Kontakt mit dem anbietenden Unternehmen (Meyer/Schwager 2007). In den Forschungsarbeiten zur Customer Experience werden bislang mit funktionalen (z.B. Produktqualität) und emotionalen Erlebnistreibern (z.B. Freundlichkeit des Personals) schwerpunktmäßig Einflussfaktoren betrachtet, die auf die Beziehung zwischen den Kunden und dem Anbieter zurückzuführen sind (Berry et al. 2002; Sandström et al. 2008).

Mit der Forderung nach einer ganzheitlichen Sicht auf die Customer Experience (Haeckel et al. 2003; Verhoef et al. 2009) geht die Kritik einher, dass die Begegnung mit dem Anbieter oftmals zu komplex ist, um sie auf die Beziehung zwischen Kunden und Unternehmen zu reduzieren (Guenzi/Pelloni 2004; Wu 2007; Baron/Harris 2010). So bestimmt sich das gesamte Kundenerleben nicht nur aus der Inanspruchnahme der Leistung selbst (Lemke et al. 2010), sondern vielmehr aus vielfältigen und teilweise durch den Anbieter schwer kontrollierbaren Erlebniskomponenten (Schmitt/Mangold 2004; Verhoef et al. 2009). Hierzu zählen beispielsweise die Serviceumgebung, situationsbedingte Gegebenheiten oder auch Beziehungen zu anderen Kunden desselben Anbieters.

Sofern in Forschungsarbeiten die Beziehungen zu anderen Kunden im Mittelpunkt stehen, so konzentriert sich die Forschung eher auf die Einflüsse flüchtiger Kunde-Kunde-Interaktionen am Konsumort und ihre Wirkung auf die Servicebewertung oder die Zufriedenheit der Nachfrager (z.B. Wu 2007; Nicholls 2010). Vernachlässigt wird hingegen die Rolle etablierter Kunde-Kunde-Beziehungen für das Konsumerleben (Verhoef et al. 2009). Einige qualitative Studien weisen jedoch darauf hin, dass im Rahmen des Konsums von Dienstleistungen, die von mehreren Personen gemeinsam in Anspruch genommen werden, eine psychologische Bindung zu einzelnen Konsumpartnern oder zu einer größeren Konsumgemeinschaft entstehen kann (z.B. Muniz/O'Guinn 2001; Harris/Ogbonna 2008). Als psychologische Bindung kann das Commitment zu Mitkonsumenten dazu beitragen, dass Kunden einem Anbieterwechsel des Konsumpartners folgen (Guenzi/Pelloni 2004) oder durch den gemeinsamen Konsum positive Einstellungen gegenüber dem Anbieter und/oder der Marke aufbauen (z.B. Schouten et al. 2007). Sowohl die eigene Customer Experience wie auch die Customer Experience anderer Nachfrager wird somit durch solche Kunde-Kunde-Beziehungen beeinflusst (Verhoef et al. 2009). Der vorliegende Beitrag baut auf diesen Erkenntnissen auf und betrachtet ein Bezugsobjekt des Kundencommitments, das beim Konsum vieler Dienstleistungen in den Vordergrund treten kann, jedoch in der Marketingforschung bislang nicht hinreichend berücksichtigt wurde: die *Mitkonsumenten* bzw. *Konsumpartner*.

In diesem Beitrag werden aktuelle *Erkenntnisse der Commitment-Forschung* aufgegriffen und auf Mitkonsumenten in Dienstleistungsbeziehungen übertragen. Nach Meyer und Allen (1991) können sich Personen affektiv, normativ oder kalkulatorisch an ein Bezugsobjekt gebunden fühlen. Es wird argumentiert, dass dieser dreidimensionale Ansatz auch für die Beziehung zum Konsumpartner Anwendung findet (Bakay 2003). Verspüren Kunden den Wunsch, mit Personen gemeinsam Dienstleistungen in Anspruch zu nehmen (affektives Commitment), werden sie darüber hinaus den gemeinsamen Konsum anders erleben, als wenn sie die Beziehung aufgrund von Kosten-Nutzen-Abwägungen (kalkulatorisches Commitment) aufrechterhalten oder sie sich zum gemeinsamen Konsum verpflichtet fühlen (normatives Commitment). Der vorliegende Beitrag soll zeigen, dass das Bindungserleben zwischen Kunden für die Customer Experience und somit auch für die Beziehung zum Anbieter nicht unreflektiert bleibt.

Vor dem Hintergrund des Commitment-Modells von Meyer und Herscovitch (2001) verfolgt dieser Beitrag somit das Ziel, (1) die Übertragbarkeit des Modells auf den Mitkonsumenten aufzuzeigen und (2) basierend auf vorherrschenden Erkenntnissen der Commitment-Forschung die Folgen des Commitments zu Mitkonsumenten für die Customer Experience und das Kundenverhalten zu diskutieren.

Zunächst wird auf Basis bereits bestehender theoretischer und empirischer Grundlagen das Commitment-Modell von Meyer und Herscovitch (2001) erläutert und um das Bezugsobjekt „Mitkonsument“ konzeptionell erweitert. Weiterhin wird auf die drei Dimensionen des Commitments zu Mitkonsumenten und deren Konsequenzen für die Customer Experience von Dienstleistungskunden eingegangen. Schließlich werden die Erkenntnisse zusammengefasst sowie Implikationen für die weitere Forschung abgeleitet.

2. Konzeptionelle Grundlagen zum Commitment-Modell von Meyer und Herscovitch

2.1 Kundencommitment – Dimensionen und bisher betrachtete Bezugsobjekte

Commitment bezeichnet eine stabilisierende Kraft, die Individuen an ein oder mehrere Bezugsobjekte psychologisch bindet und das persönliche Verhalten maßgeblich beeinflusst (Meyer/Herscovitch 2001). Dimensionen, Determinanten und Folgen des Commitments sind seit Jahren zentrale Schwerpunkte der Commitment-Forschung. Viele dieser Erkenntnisse werden im organisationspsychologischen Commitment-Modell von Meyer und Herscovitch (2001) zusammengefasst (Meyer et al. 2004).

Es besteht Einigkeit darüber, dass Commitment mehrdimensional ist (Meyer/Herscovitch 2001; Cohen 2003). Meyer und Herscovitch (2001) beziehen sich auf den *dreidimensionalen Ansatz des Mitarbeitercommitments* von Meyer und Allen (1991), der auf die Beziehung zwischen Unternehmen und Kunden übertragen wird (Bakay 2003; Bansal et al. 2004). Hiernach beschreibt das affektive Commitment die emotionale Bindung des Kunden an den Anbieter, das Gefühl der Identifikation mit und das Involvement gegenüber dem Unternehmen (Meyer/Allen 1991). Die Kunden *wünschen* die Beziehung zum Anbieter. Das kalkulatorische oder auch fortsetzungsbezogene Commitment gründet hingegen auf Bindungsintentionen, die auf persönliche Kosten-Nutzen-Abwägungen zurückzuführen sind (Meyer/Allen 1991). Kosten, die mit dem Wechsel des Anbieters assoziiert werden, machen einen solchen Wechsel unattraktiv. Demnach *müssen* Kunden in der Beziehung zum Anbieter verbleiben. Schließlich können Nachfrager auch normatives Commitment entwickeln, wenn ein Wechsel des Anbieters „[...] aufgrund von normativen Überzeugungen oder Wertvorstellungen als moralisch bedenklich oder verwerflich und somit als falsch erachtet wird" (Weller 2003, S. 83). Infolgedessen haben Kunden das Gefühl, dass sie die Beziehung zum Anbieter fortführen *sollen*.

Analog zum Grundgedanken *multipler Bezugsobjekte des Commitments* in der Arbeits- und Organisationspsychologie können auch Kunden zu mehreren Bezugsobjekten Commitment erleben (Jones et al. 2009). Die Untersuchung kundenseitiger Beziehungen zu verschiedenen Parteien der Serviceumgebung gilt somit als zwingend notwendig, um ein besseres Verständnis oftmals komplexer Anbieter-Kunde-Beziehungen und objektspezifischen Kundenverhaltens zu erlangen (Guenzi/Pelloni 2004; Harris/Ogbonna 2008; Lemke et al. 2010). Bislang lag der Schwerpunkt der Commitment-Forschung auf der Verbundenheit zur Anbietermarke (z.B. Chaudhuri/Holbrook 2002; Li/Petrick 2008), zur Brand Community (z.B. Jang et al. 2008; Kim et al. 2008), zum gesamten Anbieterunternehmen (z.B. Bettencourt 1997; Bansal et al. 2004) oder zu Kundenkontaktmitarbeitern (z.B. Hansen et al. 2003; Jones et al. 2009). Im Kontext interaktiver Dienstleistungen sind es insbesondere Kundenbeziehungen zu verschiedenen Parteien des sozialen und ökonomischen Netzwerkes, die das Konsumerlebnis und somit auch die Qualität von Anbieter-Kunde-Beziehungen prägen (Baron/Harris 2010). Beziehungen zu anderen Kunden – als organisationsexterne Bezugsobjekte – spielen dabei eine wesentliche Rolle.

2.2 Mitkonsumenten als Bezugsobjekte kundenseitigen Commitments

Im Bereich interaktiver Dienstleistungen stellt das gemeinsame Konsumieren mit anderen Kunden eine bedeutende Determinante des gesamten Konsumerlebnisses dar (Tombs/McColl-Kennedy 2002; Guenzi/Pelloni 2004; Huang/Hsu 2010). An Konsumorten wie Einkaufszentren, Fitnesscentern oder gastronomischen Einrichtungen halten sich Kunden grundsätzlich zusammen mit anderen Kunden auf (z.B. Rosenbaum 2008). Im Rahmen dieses gemeinschaftlichen Konsums kann es zu positiven und/oder negativen Erfahrungen mit anderen Nachfragern kommen.

Die bisherige Forschung hat den Schwerpunkt überwiegend auf die Folgen einmaliger, zumeist flüchtiger Interaktionen zwischen fremden Kunden desselben Anbieters gelegt (Martin/Pranter 1989; McGrath/Otnes 1995; Nicholls 2010). Nur vereinzelt lassen sich Untersuchungsergebnisse zur Wirkung des gemeinsamen Konsums mit Freunden oder Familienmitgliedern finden (Prus 1993; Mangleburg et al. 2004). Hierbei wird allgemein postuliert, dass die Anwesenheit bekannter Konsumpartner die Begegnung des Kunden mit dem Anbieter noch komplexer gestaltet (Prus 1993). Empirische Studien zeigen, dass Konsumpartner durch informationale und normative Einflüsse Konsummenge oder auch Einstellungen des Kunden gegenüber dem Anbieter verändern können (Woodside/Sims 1976; Mangleburg et al. 2004). Die Begleitung durch nahestehende Personen kann zudem den empfundenen Stress aus einer risikoreichen Kaufsituation mildern (Kiecker/Hartmann 1994). So wird der Beziehung zu anderen Nachfragern zwar ein wesentlicher Einfluss auf das Konsumerleben zugesprochen (Schouten et al. 2007; Verhoef et al. 2009), allerdings wird dabei vernachlässigt, konkrete Aussagen hinsichtlich der Wirkung einer Bindung zwischen Nachfragern zu treffen.

Einige Studien liefern erste empirische Hinweise für die Existenz freundschaftlicher Nähe zu anderen Nachfragern desselben Anbieters und deren Einfluss auf die Zufriedenheit des Kunden (Arnould/Price 1993). Ebenso können sich Mitglieder von Brand Communities mit der Gemeinschaft verbunden fühlen und dadurch auch Bindungen zur Marke aufbauen (Zhou et al. 2011). Im Rahmen des gemeinschaftlichen Konsums von Dienstleistungen können es andere Nachfrager desselben Anbieters sein, zu denen Kunden freundschaftliche Beziehungen pflegen (z.B. Rosenbaum 2008) und durch wiederkehrende Begegnungen in der Serviceeinrichtung psychologische Bindungen aufbauen. Daneben werden Dienstleistungen auch häufig gemeinsam mit bekannten Personen (z.B. Freunde, Familie) in Anspruch genommen (Baron/Harris 2010). In beiden Fällen können Wünsche (*affektives Commitment*), normative Verpflichtungen (*normatives Commitment*) oder auch rationale Kosten-Nutzen-Abwägungen (*kalkulatorisches Commitment)* für den Erhalt der Konsumgemeinschaft eine entscheidende Rolle spielen.

Nach Meyer und Herscovitch (2001) löst diese erlebte Bindung an eine Zielperson (Mitkonsument) ein Verlangen nach Handlungen aus, die auf dieses Ziel gerichtet sind. Wie Abbildung 1 verdeutlicht, ist das daraus resultierende Verhalten des „target-relevant behavior" (Meyer/Herscovitch 2001, S. 317) demnach objektgerichtet und kann sich entweder in Handlungen äußern, die zur Aufrechterhaltung der Beziehung zum Konsumpartner erwartet werden („focal target-relevant behavior"), oder Verhaltensweisen hervorrufen, die darüber hinaus gezeigt werden und freiwillig geschehen („discretionary target-relevant behavior"). Dabei kennzeichnen affektives, normatives und kalkulatorisches Commitment Bindungsintentionen unterschiedlicher Natur (Bloemer et al. 2002), die neben weiteren Erlebnistreibern auf unterschiedliche Weise Customer Experience erzeugen. Folglich sind auch verschiedene Antezedenzen, Korrelate und Konsequenzen aus diesen Erlebniszuständen zu erwarten (Meyer et al. 2002; Jaros 2007). An den Folgen der drei Bindungsintentionen gegenüber anderen Nachfragern setzt der vorliegende Beitrag an und versucht, das Commitment-Modell von Meyer und Herscovitch (2001) auf den Mitkonsumenten – als ein bis dato unbeleuchtetes Bezugsobjekt kundenseitigen Commitments – zu übertragen.

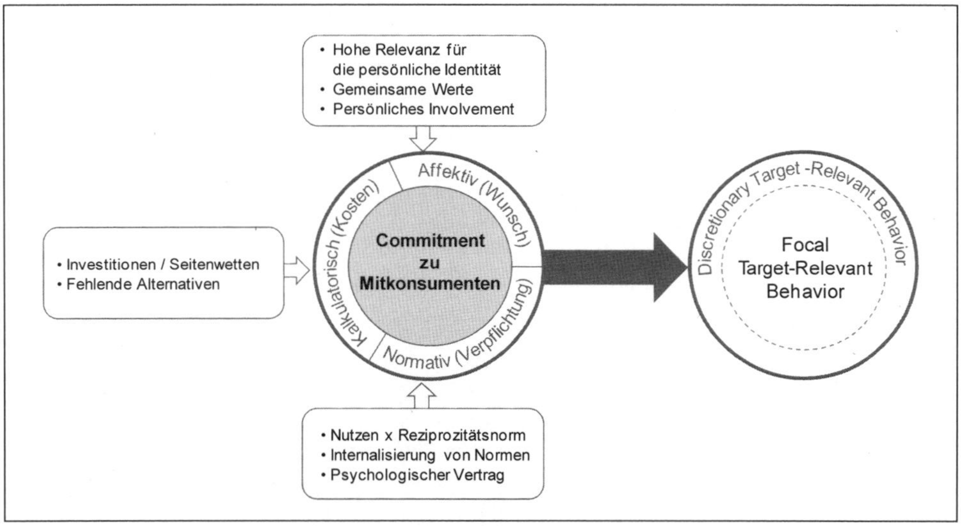

Abbildung 1: Commitment-Modell von Meyer und Herscovitch (2001) – übertragen auf das Bezugsobjekt „Mitkonsument“

3. Übertragbarkeit des Commitment-Modells auf Mitkonsumenten

Die folgenden Ausführungen greifen auf theoretische und empirische Erkenntnisse der Marketingforschung sowie auf die der Arbeits- und Organisationspsychologie zurück. Unter Berücksichtigung der dort gewonnenen Ergebnisse sowie den konzeptionellen Annahmen des Commitment-Modells von Meyer und Herscovitch (2001) werden affektives, normatives und kalkulatorisches Kundencommitment gegenüber Mitkonsumenten theoretisch hergeleitet und empirisch gestützt. Dabei sollen im Folgenden die Konsequenzen der drei Bindungsintentionen gegenüber Mitkonsumenten für die Customer Experience im Mittelpunkt der Betrachtung stehen.

3.1 Affektives Commitment zum Mitkonsumenten

3.1.1 Darstellung

Allgemein sollen aus regelmäßigen physischen Kontakten beteiligter Interaktionspartner zwischenmenschliche Sympathiegefühle erwachsen (Nerdinger 2001). Insbesondere bei interaktiven Dienstleistungen können Kunden über wiederkehrende positive Kontakte interpersonelle Beziehungen zu anderen Nachfragern aufbauen (Zeithaml/Bitner 2000) oder bereits bestehende Freundschaften festigen. Sammeln Kunden gemeinsam mit anderen Nachfragern positive Konsumerfahrungen, werden Kunden Verbundenheitsgefühle zu den Personen entwickeln, die als Teil dieses Konsumerlebnisses die positiven Emotionen hervorrufen oder stärken (z.B. Arnould/Price 1993; Schouten et al. 2007). Affektives Commitment entsteht somit immer dann, wenn durch den gemeinsamen Konsum mit anderen Personen positive Gefühle hervorgerufen werden, der Kunde sich mit den Zielen und Werten des Gegenübers identifizieren kann und sich fest in die Beziehung einbindet (Meyer/Herscovitch 2001).

Gehen Kunden mit den Ansichten und Zielen anderer Nachfrager konform, werden infolgedessen ihr Interesse an der Gemeinschaft und ihr Engagement steigen (Beatty et al. 1988). Erfahrungen, Umgang und gemeinsame Aktivitäten mit anderen Nachfragern können das kundenseitige *Beziehungs-Involvement* zu diesen Personen stärken (Andersen 2005). Besitzt die Gemeinschaft oder einzelne Konsumpartner darüber hinaus eine *hohe wahrgenommene Relevanz für das Wertesystem* und stimmen Normvorstellungen der anderen Nachfrager mit dem eigenen Selbstkonzept überein, werden sich Kunden eher mit diesen Personen identifizieren (Meyer/Herscovitch 2001). Im Kontext von Brand Communities konnte bereits empirisch belegt werden, dass sich Aktivitäten mit der Konsumgemeinschaft positiv auf das Vertrauen und die Einstellung gegenüber der Gruppe oder gegenüber der Marke hinter der Community auswirken (Jang et al. 2008; Hur et al. 2011). Geteilte positive Erfahrungen sowie ein intensiver Austausch der Mitglieder von Communities untereinander schaffen *Vertrauen* (Bateman et al. 2006), ein *Gefühl von Zugehörigkeit* (Celsi et al. 1993) und *Identifikation* (Lee/Chang 2011) als Erlebniszustände, die in affektives Commitment münden können.

3.1.2 Konsequenzen für die Customer Experience

Affektives Commitment zeigt sich sowohl in organisationspsychologischen Arbeiten wie auch in der Marketingforschung als die Dimension des Commitments mit der höchsten Verhaltensrelevanz (Meyer et al. 2002; Jones et al. 2010). Affektive Bindungsintentionen stehen im Einklang mit der intrinsischen Motivation und rufen Handlungen hervor, die – losgelöst von externen Anreizen – aus reinem Selbstwillen vorgenommen werden (Ryan/Deci 2000; Meyer et al. 2004).

Die kognitive Evaluationstheorie (Deci/Ryan 1980, 1985) besagt, dass Personen, die eine hohe intrinsische Motivation zeigen, auch bereit sind, mehr zu leisten. Erleben Kunden affektives Commitment gegenüber Mitkonsumenten, werden sie auch eine höhere Bereitschaft aufweisen, im Sinne des Konsumpartners zu handeln bzw. in die Beziehung zu investieren. Derartige Verhaltensweisen gehen als freiwilliges Extrarollenverhalten über das zur Aufrechterhaltung der Beziehung notwendige Verhalten („focal target-relevant behavior") hinaus und sind konkret auf die Beziehung zum Mitkonsumenten ausgerichtet. Folglich lässt sich keine Aussage darüber treffen, ob diese Handlungen entweder ohne Folgen für den Anbieter bleiben, diesem schaden oder sogar dienlich sind. So können Kunden zwar in erster Linie das Wohlergehen von Mitkonsumenten im Blick haben, jedoch auch die Anbieterorganisation auf indirektem Wege unterstützen.

Kundenseitiges Extrarollenverhalten wird auch als *Customer Citizenship Behavior* (*CCB*) bezeichnet (Groth 2005; Bove et al. 2009). Spezifische Verhaltensweisen des CCB werden dahingehend unterschieden, ob die gesamte Anbieterorganisation, einzelne Mitarbeiter oder andere Nachfrager die primären Nutznießer sind (Bartikowski/Walsh 2011). In der Marketingforschung konnte bereits empirisch nachgewiesen werden, dass aus einer Verbundenheit zum Konsumpartner – als organisationsexternes Bezugsobjekt – direkt und indirekt CCB erwachsen kann, das den Zielen des Konsumpartners wie auch den Zielen des Anbieters förderlich ist (Curth et al., in Review). Dies impliziert auch Effekte auf die Customer Experience des Mitkonsumenten. Erhalten Kunden in der Serviceeinrichtung durch andere Nachfrager Unterstützung, sind sie insgesamt zufriedener (Rosenbaum 2008). Ob das durch affektive Bindungen zwischen Konsumpartnern hervorgehende zusätzliche Engagement auch direkte positive Folgen für den Anbieter hat, hängt konkret vom gezeigten Kundenverhalten ab. Gleichwohl lässt sich vermuten, dass affektives Commitment zu Mitkonsumenten einen direkten positiven Einfluss auf das CCB hat, das dem Mitkonsumenten direkt dienlich ist und infolgedessen auch Customer Experience beim Mitkonsumenten erzeugt.

Des Weiteren stellen Personen, zu denen eine emotionale Beziehung besteht, eine komparative Referenzgruppe für das Individuum dar (Kelley 1968; Reichers 1985; Fischer/Wiswede 2002). An diesen Personen, dessen Zielen und Wertvorstellungen richten Individuen ihr Verhalten aus (Merton 1959; Hyman 1980). Erleben Kunden affektives Commitment zu Konsumpartnern, haben diese ebenfalls eine hohe persönliche Relevanz für die eigene Identität (Meyer/Herscovitch 2001). Je stärker sich die Bindung zwischen den Personen erweist, desto eher lassen sich Kunden durch Einstellungen, Handlungen und Meinungen ihrer Konsumpartner beeinflussen (Brown/Reingen 1987). Schmitt (1999) bezeichnet dieses Kundenerleben als „social-identity experiences that result from relating to a reference group or culture" (Schmitt 1999, S. 60). Das Kundenverhalten bleibt infolgedessen nicht unberührt. So existieren empirische Belege dafür, dass Jugendliche ihre Kaufentscheidung an anderen Jugendlichen – als ihre Referenzgruppe – ausrichten (Mangleburg et al. 2004). Bei einem erlebten affektiven Commitment gegenüber dem Konsumpartner werden sich Kunden eher am Verhalten dieser Person orientieren. So kann eine emotionale Bindung an andere Kunden das *loyale Verhalten* gegenüber diesen Personen stärken (Guenzi/Pelloni 2004). Verbleibt der Konsumpartner in der Geschäftsbeziehung, wird demnach auch der Kunde einem Anbieterwechsel gegenüber negativ eingestellt sein. Im Falle eines Anbieterwechsels des Konsumpartners werden Kunden hingegen eher bereit sein, ebenfalls die Serviceorganisation zu verlassen. Die *Orientierung des Kunden am Konsumpartner* bestimmt somit neben dem Customer Experience auch das Kundenverhalten. Ob dies der Anbieter-Kunde-Beziehung schadet oder nützt, ist von spezifischen Verhaltensweisen des Konsumpartners sowie von der Stärke der persönlichen Bindung zum Unternehmen abhängig.

Neben der Verhaltensrelevanz des affektiven Commitments werden zudem auch Auswirkungen auf die kundenseitige Einstellung zum anbietenden Unternehmen angenommen. Auf Basis der sozialen Netzwerktheorie (Granovetter 1973) wird erwartet, dass sich die Einstellungen zu Konsumpartnern oder der Konsumgemeinschaft – als Teile des sozialen Netzwerks in der Serviceeinrichtung – auf die Einstellung zum Unternehmen als Ganzes übertragen (Hansen et al. 2003; Bove/Johnson 2006). Wiederkehrende positive Konsumerfahrungen des Kunden können in Commitment zum Mitkonsumenten münden und im Sinne eines „halo effects" auf das Commitment zum Anbieter oder zur Marke ausstrahlen (Mangleburg et al. 2004; Schouten et al. 2007; Kim et al. 2008). Positive Ausstrahlungseffekte vom affektiven Commitment zum Mitkonsumenten auf das *affektive Commitment zur Dienstleistungsorganisation* konnten bereits empirisch nachgewiesen werden (Curth et al., in Review). Gleichermaßen führen positive Stimmungen zur stimmungskongruenten Wahrnehmung der Umgebung (Gardner 1985), so dass sich positive Konsumerfahrungen mit anderen Nachfragern auf die Servicebewertung und somit auch auf die Einstellung zum Anbieter übertragen (Mangleburg et al. 2004). Die Customer Experience wird schließlich umso positiver ausgeprägt sein, je stärker affektives Commitment zwischen Kunden erlebt wird.

In organisationspsychologischen Untersuchungen finden sich des Weiteren Belege dafür, dass affektives Commitment von Mitarbeitern gegenüber ihrem Arbeitgeber den negativen Arbeitsstress reduzieren und das gesundheitliche Wohlbefinden steigern kann (z.B. Begley/Czajka 1993; Meyer et al. 2002). Allgemein zeigen sich der Organisation verbundene Mitarbeiter insgesamt zufriedener (Park/Rainey 2007). Analog wurde im Kontext von Dienstleistungen nachgewiesen, dass Kunden, die emotionale oder informationale Unterstützung durch andere Kunden desselben Anbieters erhalten, ebenfalls eine höhere *Zufriedenheit* aufweisen (Rosenbaum 2008). Zugleich kann der gemeinsame Konsum das Grundbedürfnis nach sozialem Anschluss und Akzeptanz befriedigen, das ebenso zum Wohlbefinden und zur Kundenzufriedenheit beiträgt (Ryan/Deci 2000; Schüler et al. 2008). Affektives Commitment gegenüber Konsumpartnern kann auf dieses Affiliationsmotiv (Murray 1938) zurückgeführt werden (Pierce et al. 2001; Jones et al. 2010). Das Streben nach Austausch, Kontakt und Zugehörigkeit spiegelt sich in dem Wunsch des Kunden wider, die aufgebaute Beziehung zu diesen Personen beizubehalten (Sokolowski/Heckhausen 2006). Bruhn/Mayer-Vorfelder (2011) konnten empirisch nachweisen, dass die Begegnung und der Austausch mit Gleichgesinnten das Kundenerlebnis steigert und sich auf die Kundenzufriedenheit positiv auswirkt. Demzufolge ist zu erwarten, dass die Anwesenheit anderer Nachfrager, zu denen man sich verbunden fühlt, die Customer Experience positiv gestaltet und die Zufriedenheit des Kunden fördert.

Insgesamt wird erwartet, dass affektives Commitment gegenüber anderen Nachfragern Kunden dazu treibt, zusätzliches Engagement zu zeigen, das auch dem Anbieter zu Gute kommen kann. Durch dieses Verhalten entsteht sowohl beim Kunden als auch beim Konsumpartner Customer Experience. Diese beidseitige Customer Experience kann auch der Kundenzufriedenheit oder dem affektiven Commitment gegenüber der Dienstleistungsorganisation zuträglich sein. Nachteilige Effekte für den Anbieter ergeben sich hierbei, wenn sich das loyale Verhalten gegenüber Konsumpartnern negativ auf die Anbieter-Kunde-Beziehung auswirkt. Dies ist insbesondere dann der Fall, wenn der Konsumpartner den Dienstleister wechselt oder als kundenseitige Referenzperson kein vorteilhaftes Verhalten gegenüber dem Anbieter zeigt.

3.2 Normatives Commitment zum Mitkonsumenten

3.2.1 Darstellung

Sozialisationsbedingte oder eigene Normvorstellungen tragen ebenso dazu bei, dass Kunden Leistungen gemeinschaftlich in Anspruch nehmen. Das normative Commitment einer Person spiegelt ein Gefühl der moralischen Verpflichtung wider (Meyer/ Herscovitch 2001). Erleben Individuen normatives Commitment, ist es aus der Perspektive dieser Personen demnach falsch, die Beziehung zu der Bezugsperson aufzugeben (Weller 2003).

Analog zu gesellschaftlichen Sozialisationsprozessen dienen auch in Brand Communities gemeinsame Rituale und Traditionen als *„normative Verankerungen"*, die von Mitgliedern internalisiert werden (Arnezeder et al. 2009, S. 339). Ansichten, Einstellungen und Verhaltensweisen rund um die Marke können das Verantwortungsbewusstsein des einzelnen Mitglieds gegenüber der Gemeinschaft stärken. Beim gemeinsamen Konsum mit Personen des näheren sozialen Umfeldes sind es traditionelle Verhaltensstandards und die daraus resultierenden familiären oder freundschaftlichen Verpflichtungen (Borges et al. 2010), die zum normativen Commitment beitragen. So ist es nicht selten, dass Personen Angehörige aus reinem Pflichtbewusstsein zum Sport oder zur Kundenberatung begleiten. Im Sinne eines *psychologischen Vertrages* (Schein 1965; Rousseau 1989) stellen beide Personen Erwartungen an das Verhalten des Gegenübers. Im gemeinsamen Konsum mit anderen Kunden desselben Anbieters kann es der Glaube an dieses beidseitige Einverständnis mit den Verhaltensstandards sein, der die Beziehung aufrechterhält. Je stärker soziale Normen und der Glaube an normkonformes Verhalten des Mitkonsumenten internalisiert werden, desto eher werden Kunden normatives Commitment zu dieser Person erleben.

Ferner können entgegengebrachte Dienste anderer Kunden in der Serviceeinrichtung zu Verpflichtungsgefühlen gegenüber dieser Person beitragen. Im Sinne der *Reziprozitätsnorm* (Gouldner 1996) erhält das Geben und Nehmen zwischen Individuen den Charakter einer „*moralischen Transaktion*", die Beziehungen zwischen Individuen aufbaut bzw. stabil hält (Becke 2008) und somit einen Zustand der distributiven Gerechtigkeit schafft (Stenglin 2008). Das unausgeglichene Verhältnis von Input zu Output zwischen den beteiligten Personen löst bei der bevorzugten Partei Schuldgefühle aus (Herkner 2001). Rosenbaum und Massiah (2007) konnten empirisch zeigen, dass Kunden, die Unterstützung durch andere Nachfrager am Konsumort erhalten, sich eher bereit erklären, selbige zurückzugeben.

3.2.2 Konsequenzen für die Customer Experience

Normatives Commitment basiert im Allgemeinen auf der Bereitschaft, gesellschaftlich akzeptierten bzw. internalisierten Normen nachzukommen. Demnach folgt das tatsächliche Bindungsverhalten zwar – in Analogie zur introjizierten Regulation (Ryan/Deci 2000) – einem inneren Druck, ist jedoch nicht komplett vom eigenen Selbstkonzept losgelöst. Eine eindeutige Zuordnung zu interner oder externer wahrgenommener Verhaltensregulation kann demnach kaum vorgenommen werden (Meyer et al. 2004).

Analog zum affektiven Commitment zu Mitkonsumenten werden im vorliegenden Beitrag auch dem normativen Commitment positive Effekte auf das *Customer Citizenship Behavior (CCB)* des Kunden gegenüber anderen Nachfragern zugesprochen. Einen theoretischen Erklärungsansatz für diesen Zusammenhang liefert die soziale Austauschtheorie (Homans 1958; Thibaut/Kelley 1959), wonach soziale Beziehungen auf einen gegenseitigen Austausch zwischen den beteiligten Partnern gründen. Erhalten Konsumpartner soziale Unterstützung, Zuspruch oder Hilfe durch andere Kunden in der Serviceeinrichtung, fühlen sie sich entweder verpflichtet, selbiges Verhalten zu erwidern oder die Schuldgefühle kognitiv anzupassen bzw. ihre Einstellung gegenüber diesen Personen zu ändern (Walster et al. 1973; Weller 2003). Demnach lässt sich vermuten, dass Kunden, die Feedback oder Hilfe von anderen Nachfragern erhalten, eher bereit sind, kooperatives Verhalten zu zeigen (Zeithaml et al. 2009). Im Sinne der Reziprozitätsnorm (Gouldner 1996) fühlen sich Kunden somit verpflichtet, diesen Personen etwas zurückzugeben. Rosenbaum und Massiah (2007) konnten bereits empirisch nachweisen, dass Kunden, die wahrgenommene soziale und emotionale Unterstützung durch andere Nachfrager in der Serviceeinrichtung erfahren, im Gegenzug auch verstärkt Extrarollenverhalten gegenüber dem Anbieter und seinen Kunden zeigen. Die Wirkung des normativen Commitments auf das CCB wird sich hierbei umso stärker zeigen, je eher das Individuum sein Verhalten als nutzbringend für die Erfüllung seiner Verpflichtungen erkennt (Meyer/Herscovitch 2001). Analog zum postulierten Zusammenhang des affektiven Commitments gegenüber Mitkonsumenten und dem CCB von Kunden können spezifische Facetten des Verhaltens gegenüber Konsumpartnern auch positive Auswirkungen für die Customer Experience des Mitkonsumenten, wie auch für den Anbieter, haben.

Weiterhin wird vermutet, dass normatives Commitment zu Mitkonsumenten auch negative Effekte auf die Customer Experience zeigen kann. Nicht selten sehen sich Personen verpflichtet, Freunde oder Bekannte zum Einkauf zu begleiten oder in den gemeinschaftlichen Konsum miteinzubeziehen. Nehmen Kunden aus reinem Pflichtbewusstsein – und somit eher unfreiwillig – die Leistungen gemeinsam mit anderen Nachfragern in Anspruch, können sie – nach der Reaktanztheorie von Brehm (1966) – ein Spannungszustand erleben, der negativ empfunden wird. Fühlen sich Individuen in ihrer Handlungs- und Wahlfreiheit eingeschränkt, sind sie gemäß der Reaktanztheorie bestrebt, sich gegen die erzwungene Handlung zu wehren bzw. bei erfolgter Einengung die ursprüngliche Freiheit wiederherzustellen (Brehm 1966). Reaktanz kann sich hierbei kognitiv (z.B. negative Bewertung der einschränkenden Quelle), emotional (z.B. Wutempfinden) oder auf der Verhaltensebene (z.B. demonstrative Handlungen) äußern (Felser 2007). Wehren sich Kunden gegen den gemeinsamen Konsum, bedeutet dies, dass sie sich der normativen Verpflichtung gegenüber dem Konsumpartner entziehen. Insbesondere bei starkem normativem Commitment wird das Gefühl ausstehender Verpflichtungen in diesem Fall bestehen bleiben. Dem Kunden bleibt infolgedessen keine Alternative, als sich zum gemeinsamen Konsum bereitzuerklären, auch wenn die Freiheitsbeschränkung als illegitim empfunden wird. Um dennoch unangenehme Spannungsgefühle abzubauen, können Kunden emotional negativ reagieren. Aggressionen, Trotz, Ärger bis hin zur Abwertung der besuchten Serviceeinrichtung sind denkbare Reaktanzreaktionen (Felser 2007; Schenk 2007). Im Sinne eines negativen Ausstrahlungseffektes kann sich diese negative Customer Experience auf die Beziehung zum Anbieter übertragen und schließlich in Unzufriedenheit münden. Analog dazu konnte bereits empirisch festgestellt werden, dass die ungewollte Anwesenheit von Familienmitgliedern bei einer hohen Identifikation mit der Anbieterorganisation als störend empfunden wird und die Customer Experience negativ beeinflusst (Borges et al. 2010). In einem solchen situativen Umfeld hat normatives Commitment zum Mitkonsumenten demnach einen negativen Einfluss auf die *Zufriedenheit* von Dienstleistungskunden.

Zusammenfassend ist auch beim normativen Commitment zu Mitkonsumenten ein Einfluss auf die Customer Experience und das Verhalten von Kunden zu erwarten. Inwieweit normatives Commitment zu positivem Extrarollenverhalten führt und sich als für den Anbieter nützlich erweist, ist abhängig vom spezifischen Kundenverhalten und davon, wie dieses Verhalten als Mittel zur Erfüllung wahrgenommener Verpflichtung angesehen wird. Erfolgt die gemeinsame Inanspruchnahme einer Dienstleistung mit anderen Kunden allein aus normativen Zwängen, werden zudem negative Effekte auf die Customer Experience und die Kundenzufriedenheit erwartet.

3.3 Kalkulatorisches Commitment zum Mitkonsumenten

3.3.1 Darstellung

Beziehungen zu anderen Nachfragern sind in erster Linie intrinsisch motiviert, dienen jedoch auch bestimmten funktionalen Zwecken. Das kalkulatorische Commitment gegenüber Mitkonsumenten beruht allein auf rationalen Kosten-Nutzen-Abwägungen. Nur dann, „wenn das Ergebnis einer sozialen Interaktion als Differenz zwischen Belohnung und Kosten positiv ist, besteht die Wahrscheinlichkeit, dass soziale Beziehungen beibehalten werden“ (Wiswede 2000, S. 96). Somit wird die Option gewählt, die persönlich am nutzbringendsten erscheint (Thibaut/Kelley 1959).

Der gemeinsame Konsum mit anderen Nachfragern kann neben freundschaftlichen Gefühlen auch auf persönlichem Selbstzweck (z.B. Suche nach Gesellschaft und Beratung) beruhen (Arnezeder et al. 2009). Nach Haytko und Baker (2004) konsumieren Kunden mit Konsumpartnern, weil sie in erster Linie Begleitung suchen. Empirische Studien mit Jugendlichen liefern Hinweise dafür, dass der gemeinsame Konsum mit Freunden der Erfüllung hedonistischer Shoppingmotive dient, während die Begleitung durch die Eltern vielmehr aufgrund finanzieller Überlegungen in Erwägung gezogen wird (Haytko/Baker 2004). Auch die Bindung von Mitgliedern in Brand Communities ist nicht immer auf eine emotionale Verbundenheit zur Gemeinschaft zurückzuführen, sondern kann darüber hinaus ebenso funktionalen Zielen (z.B. Informationsaustausch, Unterhaltung) dienen (Loewenfeld 2006; Arnezeder et al. 2009). „Dabei findet ein Abwägen zwischen den durch die Mitgliedschaft erfahrenen Nutzenvorteilen gegen die zu leistenden Aufwendungen statt“ (Arnezeder et al. 2009, S. 339). Je mehr die Erfüllung der Konsumziele dabei von Mitkonsumenten abhängt, desto eher werden Kunden kalkulatorisches Commitment zu diesen Personen erleben.

Kunden eines Anbieters können somit aus rationalen Überlegungen Freundschaften pflegen (z.B. „commercial friendship“ zu Mitarbeitern nach Price/Arnould 1999). Sie sind bestrebt, Transaktionskosten (u.a. Informations-, Such-, Verhandlungs- oder Kontrollkosten), d.h. zusätzliche Kosten, die beispielsweise mit einem Partnerwechsel entstehen, zu vermeiden (Peter 2001). Der Aufwand, einen anderen Konsumpartner zu finden oder sich an eine andere Person zu gewöhnen, kann hierbei Entscheidungskriterium sein. Auch wertvolle freundschaftliche Beziehungen stellen hierbei Investitionen in „Seitenwetten“ dar, die mit der Beendigung der Konsumpartnerschaft verloren gehen würden und somit in die Kalkulation mit einbezogen werden (Becker 1960). Je höher die wahrgenommenen Kosten sind, den Konsumpartner zu wechseln, desto eher werden Kunden aufgrund kalkulatorischen Commitments in dieser Beziehung verbleiben.

3.3.2 Konsequenzen für die Customer Experience

Personen, die sich kalkulatorisch an ihren Partner gebunden fühlen, handeln zweckrational und aufgrund von Kosten-Nutzen-Abwägungen. Demzufolge wird das kalkulatorische Commitment generell als fremdbestimmt wahrgenommen und mit extrinsischer Motivation in Verbindung gebracht (Meyer et al. 2004). Aus kalkulatorischen Anreizen werden demnach vermutlich keine intrinsisch getriebenen Handlungen, wie beispielsweise freiwilliges Extrarollenverhalten, folgen. Kunden werden zwar so handeln, dass die Beziehung zum Konsumpartner aufrechterhalten bleibt, darüber hinaus jedoch wenig bereit sein, in die Beziehung zu investieren (Meyer/Herscovitch 2001). So finden sich in empirischen Untersuchungen zum Zusammenhang zwischen kalkulatorischem Commitment und freiwilligem Extrarollenverhalten entweder keine oder negative Effekte (Meyer et al. 2004; Bateman et al. 2006). Somit lässt sich der Wirkungszusammenhang zwischen kalkulatorischem Commitment zum Mitkonsumenten und dem Customer Citizenship Behavior des Kunden empirisch wie auch konzeptionell kaum begründen.

Vielmehr mündet kalkulatorisches Commitment in Verhaltensfolgen, die durch externe Anreize getrieben sind. Die Customer Experience wird weniger durch emotionale als vielmehr durch funktionale Erlebnistreiber geprägt. Der Kunde wird sich seinem Konsumpartner gegenüber nur solange loyal verhalten, wie die Beziehung als gewinnbringend erachtet wird (Meyer/Allen 1991). Ist die Bindung zum Anbieter gering und sind die Kosten eines Wechsels des Konsumpartners hoch, können auch kalkulatorische Bindungen dazu führen, dass Kunden mit Konsumpartnern zu anderen Dienstleistern wechseln. Im Analogieschluss zum postulierten Zusammenhang zwischen affektivem Commitment und loyalem Verhalten gegenüber Konsumpartnern wird zwar auch von einem parallelen *Anbieterwechsel beider Konsumpartner* ausgegangen, allerdings wird dieser Effekt schwächer ausfallen, da kalkulatorischen Bindungen eine deutlich geringere Stabilität für zwischenmenschliche Beziehungen zugesprochen werden als dies bei affektivem Commitment der Fall ist (Meyer/Herscovitch 2001).

Zudem fanden Meyer et al. (2002) in ihrer Metaanalyse heraus, dass Mitarbeiter, die kalkulatorisches Commitment zur Organisation erleben, eher Stress empfinden. Ebenso können externe kostenbezogene Zwänge, die die Beziehung zu Mitkonsumenten aufrechterhalten, im Extremfall als unfreiwillig erlebt werden und Reaktanz erzeugen (Brehm 1966). In Analogie zum normativen Commitment gegenüber Konsumpartnern kann dies schließlich in Stressempfinden münden und zum *Abfall der Kundenzufriedenheit* führen. Dieser negative Effekt auf die Customer Experience wird sich allerdings nur zeigen, wenn die Nettonutzendifferenz aus der Aufrechterhaltung der Beziehung zum Mitkonsumenten als negativ empfunden wird. Benötigen Kunden beratende Unterstützung durch andere Nachfrager und erzielen damit erhoffte Kaufvorteile, werden sie in der Regel mit dem Konsumergebnis nicht unzufrieden sein (Thibaut/Kelley 1959). Zudem ist davon auszugehen, dass die durch Kosten-Nutzen-Abwägungen begründete Bindungsintention auf Basis rationaler Entscheidungen entsteht und vornehmlich von Emotionen losgelöst erfolgt. Demnach sind emotionale Ausstrahlungseffekte auf die

Beziehung zum Anbieter, wie sie beim affektiven und normativen Commitment zum Mitkonsumenten angenommen wurden, beim kalkulatorischen Commitment kaum zu erwarten.

Insgesamt wird vermutet, dass Kunden das Konsumerlebnis eher negativ bewerten, wenn sie die Begleitung durch den Konsumpartner zwar als nutzbringend, aber gleichzeitig auch als unangenehm empfinden. Da sich Kunden aufgrund kalkulatorischer Überlegungen für den gemeinsamen Konsum entscheiden, werden Auswirkungen auf die Consumer Experience nicht in dem Masse angenommen, wie sie von den anderen beiden Commitment-Dimensionen ausgehen. Eine solche kalkulatorische Bindung an den Konsumpartner kann auch dazu führen, dass Kunden einem Anbieterwechsel von Mitkonsumenten folgen, wenn sie sich dadurch persönliche Vorteile versprechen.

4. Schlussbetrachtung und Ausblick

Die Analyse der Auswirkung verschiedenartiger Bindungen zwischen Mitkonsumenten kann dazu beitragen, die Customer Experience umfassend zu erklären und nicht nur auf Erlebniskomponenten der Anbieter-Kunden-Beziehung zu reduzieren. Der vorliegende Beitrag konnte so das Commitment zwischen Nachfragern als einen wesentlichen Treiber der Customer Experience identifizieren und darüber hinaus auch die Forschung zu Bezugsobjekten kundenseitigen Commitments erweitern.

Auf Basis theoretischer sowie empirischer Erkenntnisse der Marketingforschung und der Arbeits- und Organisationspsychologie hat der vorliegende Beitrag das Commitment zu Mitkonsumenten als dreidimensionales Konstrukt konzeptionalisiert und Annahmen zu den Folgen für die Customer Experience abgeleitet. Als ein Erlebnistreiber kann sich das Commitment zu Mitkonsumenten in Verhaltensweisen und Empfindungen des Kunden äußern, die direkt auf den Mitkonsumenten gerichtet sind und auch die kundenseitige Beziehung zum Anbieter beeinflussen. Analog zu Forschungsergebnissen der Arbeits- und Organisationspsychologie stellt sich hierbei das *affektive Commitment* zu Konsumpartnern als die Commitment-Dimension mit der höchsten Relevanz für das Kundenerleben und -verhalten heraus. Neben positiven Effekten auf das affektive Commitment zum Anbieter und auf die Kundenzufriedenheit sind über das kundenseitige Extrarollenverhalten auch indirekte Effekte auf die Customer Experience des Mitkonsumenten zu erwarten. Demgegenüber kann *normatives Commitment* zwar positiv auf die Customer Experience des Konsumpartners wirken, allerdings auch negative Effekte auf die eigene Customer Experience des Kunden zeigen. Vom *kalkulatorischen Commitment* zu Mitkonsumenten werden allein Einflüsse auf die Wechselabsicht des Kunden angenommen. Dass eine Bindung an Konsumpartner, die auf rationalen Überlegungen beruht, Extrarollenverhalten hervorruft oder das emotionale Befinden des Kunden zum Anbieter beeinflusst, lässt sich – entgegen der Annahme zu den beiden anderen Commitment-Dimensionen – konzeptionell kaum begründen. Ein Überblick über die geschilderten

Konsequenzen des Commitments zu Mitkonsumenten für die Customer Experience von Dienstleistungskunden ist in Abbildung 2 dargestellt.

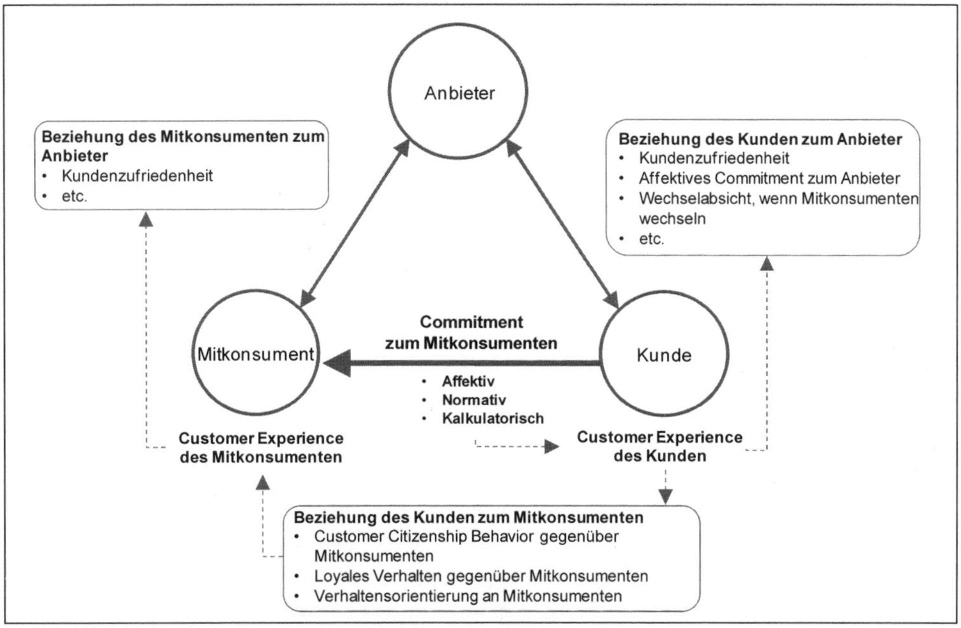

Abbildung 2: Folgen des Commitments zu Mitkonsumenten für die Customer Experience

Die getroffenen theoretischen Annahmen unterliegen einigen *Beschränkungen*. So wird u.a. die Existenz von situativen und persönlichen Faktoren vernachlässigt, die die Wirkungsbeziehung zwischen dem Commitment und dem Kundenerleben und -verhalten moderieren können. Ob Commitment zum Mitkonsumenten tatsächlich auf die Bindung zur Organisation ausstrahlt, hängt auch davon ab, ob die Serviceeinrichtung der einzige Ort ist, an dem die Personen den Kontakt pflegen (Guenzi/Pelloni 2004). Überdies können Individuen aus mehreren Gründen danach streben, die Beziehung zu einer bestimmten Person aufrechtzuerhalten, so dass unterschiedliche Dimensionen des Commitments von Personen nicht trennscharf erlebt werden (Allen/Meyer 1990; Bateman et al. 2006). Die daraus hervorgehenden Interaktionseffekte zwischen den Commitment-Dimensionen können die postulierten Zusammenhänge verstärken, abschwächen oder gänzlich neutralisieren. Die Identifikation derartiger Wirkungsbeziehungen sollte Gegenstand zukünftiger Forschungsbemühungen sein.

Letztendlich werden über Kunde-Kunde-Beziehungen Werte geschaffen, die sich zu einem Gesamterlebnis um die Anbieterorganisation aufbauen. Besonders emotionale Erlebnisse sind hierbei schwer durch Wettbewerber zu imitieren (Berry et al. 2002). Je mehr sich die Dienstleistungsorganisation demnach als Plattform wertvoller Kundenbeziehungen zu verschiedenen Kontaktpersonen erweist, umso wahrscheinlicher wird der Kunde den zusätzlichen Wert aus dem Konsum bei diesem Anbieter erkennen (Guenzi/Pelloni 2004). Der Aufbau von Kunde-Kunde-Beziehungen und das so entstehende Commitment zum Mitkonsumenten spielt dabei eine wesentliche Rolle und kann insgesamt als ein zentraler Treiber der Customer Experience angesehen werden.

Literaturverzeichnis

Allen, N.J./Meyer, J.P. (1990): The Measurement and Antecedent of Affective, Continuance and Normative Commitment to the Organization, in: Journal of Occupational Psychology, Vol. 63, No. 1, S. 1-18.

Arnezeder, C./Esch, F.-R./Winter, K. (2009): Brand Community-Building bei Harley-Davidson, in: Esch, F.-R./Armbrecht, W. (Hrsg.): Best Practice der Markenführung, Wiesbaden, S. 333-351.

Arnould, E.J./Price, L.L. (1993): River Magic: Extraordinary Experience and the Extended Service Encounter, in: Journal of Consumer Research, Vol. 20, No. 6, S. 24-45.

Andersen, P.H. (2005): Relationship Marketing and Brand Involvement of Professionals Through Web-Enhanced Brand Communities. The Case of Coloplast, in: Industrial Marketing Management, Vol. 34, No. 1, S. 39-52.

Bakay, Z. (2003): Kundenbindung von Haushaltsstromkunden: Entwicklung zentraler Determinanten, Wiesbaden.

Bansal, H.S./Irving, G./Taylor, S.F. (2004): A Three-Component Model of Customer Commitment to Service Providers, in: Journal of the Academy Marketing Science, Vol. 32, No. 3, S. 234-250.

Baron, S./Harris, K. (2010): Toward an Understanding of Consumer Perspectives on Experiences, in: Journal of Services Marketing, Vol. 24, No. 7, S. 518-532.

Bartikowski, B./Walsh, G. (2011): Investigating Mediators Between Corporate Reputation and Customer Citizenship Behaviors, in: Journal of Business Research, Vol. 64, No. 1, S. 39-44.

Bateman, P./ Gray, P./Butler, B. (2006): Community Commitment: How Affect, Obligation, and Necessity Drive Online Behaviors, ICIS 2006 Proceedings, Paper 63, S. 983-1000.

Beatty, S.E./Kahle, L.R./Homer, P. (1988): The Involvement-Commitment Model: Theory and Implications, in: Journal of Business Research, Vol. 16, No. 2, S. 149-167.

Becke, G. (2008): Soziale Erwartungsstrukturen in Unternehmen. Zur psychosozialen Dynamik von Gegenseitigkeit im Organisationswandel, Berlin, S. 93.

Becker, H.S. (1960): Notes on the Concept of Commitment, in: American Journal of Sociology, Vol. 66, No. 1, S. 32-40.

Begley, T.M./Czajka, J.M.(1993): Panel Analysis of the Moderating Effects of Commitment on Job Satisfaction, Intent to Quit, and Health Following Organizational Change, in: Journal of Applied Psychology, Vol. 78, No. 4, S. 552-556.

Berry, L.L./Carbone, L.P./Haeckel, S.H. (2002): Managing the Total Customer Experience – Offering Products or Services Alone Is No Longer Enough: Organizations Must Provide Their Customers With Satisfactory Experiences. Competing on This Dimension Means Orchestrating All the "Clues" That People Detect in the Buying Process, in: MIT Sloan Management Review, Vol. 43, No. 3, S. 85-90.

Bettencourt, L.A. (1997): Customer Voluntary Performance: Customers as Partners in Service Delivery, in: Journal of Retailing, Vol. 73, No. 3, S. 383-406.

Bloemer, J.M./Odekerken-Schröder, G./Martens, H. (2002): The Psychology Behind Commitment and Loyalty. An Empirical Study in a Bank Setting, Maastricht.

Borges, A./Chebat, J.-C./Babin, B.J. (2010): Does a Companion Always Enhance the Shopping Experience?, in: Journal of Retailing and Consumer Services, Vol. 17, No. 4, S. 294-299.

Bove, L.L./Pervan, S.J./Beatty, S.E./Shiu E. (2009): Service Worker Role in Encouraging Customer Organizational Citizenship Behaviors, in: Journal of Business Research, Vol. 62, No. 7, S. 698-706.

Bove, L.L./Johnson, L.W. (2006): Customer Loyalty to One Service Worker: Should It Be Discouraged?, in: International Journal of Research in Marketing, Vol. 23, No 1, S. 79-92.

Brehm, J.W. (1966): A Theory of Psychological Reactance, New York, S. 9.

Bruhn, M./Mayer-Vorfelder, M. (2011): Kundenerfahrung als Forschungsgegenstand im Marketing – Konzeptionalisierung, Operationalisierung und empirische Befunde, WWZ Discussion Paper 2011/01, http://wwz.unibas.ch/uploads/tx_x4epublication/D-128_Kundenerfahrung_Bruhn_Mayer_01.pdf (Zugriff: 03.08.2011).

Brown, J.J./Reingen, P.H. (1987). Social Ties and Word-of-Mouth Referral Behavior, in: The Journal of Consumer Research, Vol. 14, No. 3, S. 350-362.

Celsi, R.L./Rose, R.L./Leigh, T.W. (1993): An Exploration of High-Risk Leisure Consumption through Skydiving, in: Journal of Consumer Research, Vol. 20, No. 1, S. 1-23.

Chaudhuri, A./Holbrook, M.B. (2002): Product-Class Effects on Brand Commitment and Brand Outcomes: The Role of Brand Trust and Brand Effect, in: Journal of Brand Management, Vol. 10, No. 1, S. 33-58.

Cohen, A. (2003): Multiple Commitments in the Workplace: An Integrative Approach, Mahwah.

Curth, S./Uhrich, S./Benkenstein, M. (in Review): Commitment zu Konsumpartnern – Konsequenzen für die Anbieter-Kunde-Beziehung und das Customer Citizenship Behavior, in: Marketing ZFP.

Deci, E.L./Ryan, R.M. (1980): The empirical exploration of intrinsic motivational Processes, in: Advances in experimental social psychology, Vol. 13, No. 2, S. 39-80.

Deci, E.L./Ryan, R.M. (1985): Intrinsic Motivation and Self-Determination in Human Behavior, New York, London.

Felser, G. (2007): Werbe- und Konsumentenpsychologie, 3. Aufl., Berlin.

Fischer, L./Wiswede, G. (2002): Grundlagen der Sozialpsychologie, 2 Aufl., München.

Gardner, M.P. (1985): Mood States and Consumer Behavior: a Critical Review, in: Journal of Consumer Research, Vol. 12, No. 3, S. 281-300.

Gouldner, A. (1996): The Norm of Reciprocity: a Preliminary Statement, in: Komter, A.E. (Hrsg.): The Gift: An Interdisciplinary Perspective, Amsterdam, S. 49-68.

Granovetter, M.S. (1973): The Strength of Weak Ties, in: American Journal of Sociology, Vol. 78, No. 6, S. 1360-1380.

Groth, M. (2005): Customers as Good Soldiers: Examining Citizenship Behaviors in Internet Service Deliveries, in: Journal of Management, Vol. 31, No. 1, S. 7-27.

Guenzi, P./Pelloni, O. (2004): The Impact of Interpersonal Relationships on Customer Satisfaction and Loyalty to the Service Provider, in: International Journal of Service Industry Management, Vol. 15, No. 3/4, S. 365-384.

Haeckel, S.H./Carbons, L.P./Berry, L.L. (2003): How to Lead the Customer Experience – To Create a Total Brand Experience, Firms Must Provide the Right Directions, in: Marketing Management, Vol. 12, No. 1, S. 18-23.

Hansen, H./Sandvik, K./Selnes, F. (2003): Direct and Indirect Effects of Commitment to a Service Employee on the Intention to Stay, in: Journal of Service Research, Vol. 5, No. 4, S. 356-368.

Harris, L.C./Ogbonna, E. (2008): The Dynamics Underlying Service Firm – Customer Relationships: Insights from a Study of English Premier League Soccer Fans, in: Journal of Service Research, Vol. 10, No. 4, S. 382-399.

Haytko, D.L./Baker, J. (2004): It's all at the Mall. Exploring Adolescent Girls' Experiences, in: Journal of Retailing, Vol. 80, No. 1, S. 67-83

Herkner, W. (2001): Lehrbuch Sozialpsychologie, 2. Aufl., Bern.

Hermes, V. (2011): Do Not Reply!, in: Absatzwirtschaft, 23. Jg., Nr. 1, S. 74-76.

Homans, G.C. (1958): Social Behavior as Exchange, in: American Journal of Sociology, Vol. 63, No. 6, S. 597-606.

Huang, J./Hsu, C.H.C. (2010): The Impact of Customer-to-Customer Interaction on Cruise Experience and Vacation Satisfaction, in: Journal of Travel Research, Vol. 49, No. 1, S. 79-92.

Hur, W.-M./Ahn, K.-H./Kim, M. (2011): Building Brand Loyalty Through Managing Brand Community Commitment, in: Management Decision: The Quarterly Review of Management Technology, Vol. 49, No. 7, S. 1194-1214.

Hyman, H.H. (1980): The Psychology of Status, New York (Reprint of the 1942 ed. published by Columbia University, New York).

Jang, H./Olfman, L./Ko, I./Koh, J./Kim, K. (2008): The Influence of On-Line Brand Community Characteristics on Community Commitment and Brand Loyalty, in: International Journal of Electronic Commerce, Vol. 12, No. 3, S. 57-80.

Jaros, S. (2007): Measurement Issues in the Meyer and Allen Model of Organizational Commitment, in: ICFAI Journal of Organizational Behavior, Vol. 6, No.4, S. 7-25.

Jones, T./Taylor, S.F./Bansal, H.S. (2009): Targets of Commitment in Service Provider-Consumer Relationships. A Prototyping Study, in: Qualitative Market Research: An International Journal, Vol. 12, No. 1, S. 36-48.

Jones, T./Fox, G. L./Taylor, S. F./Fabrigar, L. R. (2010): Service Customer Commitment and Response, in: Journal of Services Marketing, Vol. 24, No. 1, S. 16-28.

Kelley, H.H (1968): Two Functions of Reference Groups, in: Hyman, H./Singer, E. (Hrsg.): Readings in Reference Group Theory and Research, New York, S. 77-83.

Kim, J.W./Choi, J./Qualls, W./Han, K. (2008): It Takes a Marketplace Community to Raise Brand Commitment: The Role of Online Communities, in: Journal of Marketing Management, Vol. 24, No. 3, S. 409-432.

Kiecker, P./Hartman, C.L. (1994): Predicting Buyers' Selection of Interpersonal Sources: The Role of Strong Ties and Weak Ties, in: Advances in Consumer Research, Vol. 21, No. 1, S. 464-469.

Lee, Y.-H./Chang, W.-L. (2011): The Effect of Interpersonal Relationships on Brand Community, in: International Journal of Digital Content Technology and its Application, Vol. 5, No. 7, S. 297-305.

Lemke, F./Clark, M./Wilson, H. (2010): Customer Experience Quality. An Exploration in Business and Consumer Contexts Using Repertory Grid Technique, in: Journal of the Academy of Marketing Science, S. 1-24.

Li, X.R./Petrick, J.F. (2008): Examining the Antecedents of Brand Loyalty from an Investment Model Perspective, in: Journal of Travel Research, Vol. 47, No. 1, S. 25-34.

Loewenfeld, F. (2006): Brand Communities. Erfolgsfaktoren und ökonomische Relevanz von Markengemeinschaften, Wiesbaden.

Mangleburg, T.F./Doney, P.M./Bristol, T. (2004): Shopping with Friends and Teens' Susceptibility to Peer Influence, in: Journal of Retailing, Vol. 80, No. 2, S. 101-116.

Martin, C.L./Pranter, C.A. (1989): Compatibility Management. Customer-to-customer Relationships in Service Environments, in: Journal of Services Marketing, Vol. 3, No. 3, S. 5-15.

McGrath, M.A./Otnes, C. (1995): Unacquainted Influencers: When Strangers Interact in the Retail Setting, in: Journal of Business Research, Vol. 32, No. 3, S. 261-272.

Merton, R.K. (1959): Social Theory and Social Structure, 3. Aufl., New York.

Meyer, J.P./Herscovitch, L. (2001): Commitment in the Workplace: Toward a General Model, in: Human Resource Management Review, Vol. 11, No. 3, S. 299-326.

Meyer, J.P./Allen, N.J. (1991): A Three-Component Conceptualization of Organizational Commitment, in: Human Resource Management Review, Vol. 1, No. 1, S. 61-89.

Meyer, C./Schwager, A. (2007): Understanding Customer Experience, in: Harvard Business Review, Vol. 85, No. 2, S. 116-128.

Meyer, J.P./Becker, T.E./Vandenberghe, C. (2004): Employee Commitment and Motivation. A Conceptual Analysis and Integrative Model, in: Journal of Applied Psychology, Vol. 89, No. 6, S. 991-1007.

Meyer, J.P./Stanley, D.J./Herscovitch, L./Topolnytsky, L. (2002): Affective, Continuance, and Normative Commitment to the Organization: A Meta-Analysis of Antecedents, Correlates, and Consequences, in: Journal of Vocational Behavior, Vol. 61, No. 1, S. 20-52.

Murray, H.A. (1938): Explorations in Personality. A Clinical and Experimental Study of Fifty Men of College Age, New York.

Muniz Jr., A.M./O'Guinn, T.C. (2001): Brand Community, in: Journal of Consumer Research, Vol. 27, No. 4, S. 412-432.

Nicholls, R. (2010): New Directions for Customer-to-Customer Interaction Research, in: Journal of Services Marketing, Vol. 24, No. 1, S. 87-98.

Nerdinger, F.W. (2001): Psychologie des Persönlichen Verkaufs, München.

Park, S.M./ Rainey, H.G. (2007): Antecedents, Mediators, and Consequences of Affective, Normative, and Continuance Commitment: Empirical Tests of Commitment Effects in Federal Agencies, in: Review of Public Personnel Administration, Vol. 27, No. 3, S. 197-226.

Peter, S.I. (2001): Kundenbindung als Marketingziel: Identifikation und Analyse zentraler Determinanten, 2. Aufl., Wiesbaden.

Pierce, J.L./Kostova, T./Dirks, K.T. (2001): Toward a Theory of Psychological Ownership in Organizations , in: The Academy of Management Review, Vol. 26, No. 2, S. 298-310.

Price, L.L./Arnould, E.J.(1999): Commercial Friendships: Service Provider-Client Relationships in Context, in: Journal of Marketing, Vol. 63, No. 4, S. 38-56.

Prus, R. (1993): Shopping with Companions. Images, Influences and Interpersonal Dilemmas, in: Qualitative Sociology, Vol. 16, No. 2, S. 87–110.

Reichers, A.E. (1985): A Review and Reconceptualization of Organizational Commitment, in: Academy of Management Review, Vol. 10, No. 3, S. 465-476.

Rousseau, D.M. (1989): Psychological and Implied Contracts in Organizations, in: Employee Responsibility and Rights Journal, Vol. 2, No. 2, S. 121-139.

Rosenbaum, M.S./Massiah, C.A. (2007): When Customers Receive Support From Other Customers. Exploring the Influence of Intercustomer Social Support on Customer Voluntary Performance, in: Journal of Service Research, Vol. 9, No. 3, S. 257-270.

Rosenbaum, M.S. (2008): Return on Community for Consumers and Service Establishments, in: Journal of Service Research, Vol. 11, No. 2, S. 179-196.

Ryan, R.M./Deci, E.L. (2000): Self-Determination Theory and the Facilitation of Intrinsic Motivation, Social Development, and Well-Being, in: American Psychologist, Vol. 55, No. 1, S. 68-78.

Sandström, S./Edvardsson, B./Kristensson, P./Magnusson, P. (2008): Value in Use Through Service Experience, in: Managing Service Quality, Vol. 18, No. 2, S. 112-126.

Schein, E. (1965): Organizational Psychology, 11. Aufl., London.

Schenk, H.-O. (2007): Psychologie im Handel: Entscheidungsgrundlagen für das Handelsmarketing, 2. Aufl., München.

Schüler, J./Job, V./Fröhlich, S.M./Brandstätter, V. (2008): A High Implicit Affiliation Motive Does Not Always Make You Happy. A Corresponding Explicit Motive and Corresponding Behavior Are Further Needed, in: Motivation and Emotion, Vol. 32, No. 3, S. 231-242.

Schmitt, B.H./Mangold, M. (2004): Kundenerlebnis als Wettbewerbsvorteil: mit Customer Experience Management Marken und Märkte Gewinn bringend gestalten, Wiesbaden.

Schmitt, B.(1999): Experiential Marketing, in: Journal of Marketing Management, Vol. 15, No. 1-3, S. 53-68.

Schouten, J.W./McAlexander, J.H./Koenig, H.F. (2007): Transcendent Customer Experience and Brand Community, in: Journal of the Academy of Marketing, Vol. 35, No. 3, S. 357-368.

Stenglin, A. von (2008): Commitment in der Dienstleistungsbeziehung: Entwicklung eines integrierten Erklärungs- und Wirkungsmodells, Wiesbaden.

Sokolowski, K./Heckhausen, H. (2006): Soziale Bindung: Anschlussmotivation und Intimitätsmotivation, in: Heckhausen, J./Heckhausen, H. (Hrsg.): Motivation und Handeln, 3. Aufl., Berlin, S. 193-210.

Thibaut, J.W./Kelley, H.H. (1959): The Social Psychology of Groups, New York.

Tombs, A.G./McColl-Kennedy, J.R. (2002): Beyond the Servicescape: Customer to Customer Interactions in the Social Servicescape, in: Shaw, R.N./Adam, S./McDonald,

H. (Hrsg.): Australian and New Zealand Marketing Academy Conference (ANZMAC 2002), 2-4 December, 2002, Melbourne, Australia, S. 1461-1466.

Walster, E./Berscheid, E./Walster, G.W. (1973): New Directions in Equity Research, in: Journal of Personality and Social Psychology, Vol. 25, S. 151-176.

Weller, I. (2003): Commitment, in: Martin, A. (Hrsg.): Organizational Behaviour – Verhalten in Organisationen, Stuttgart, S. 77-94.

Wiswede, G. (2000): Einführung in die Wirtschaftspsychologie, 3. Aufl., München.

Woodside, A.G./Sims, J.T. (1976): Retail Sales Transactions and Customer "Purchase Pal" Effects on Buying Behavior, in: Journal of Retailing, Vol. 52, No. 3, S. 57-64.

Wu, C.H.-J. (2007): The Impact of Customer-to-Customer Interaction and Customer Homogeneity on Customer Satisfaction in Tourism Service – The Service Encounter Prospective, in: Tourism Management: Research, Policies, Practice, Vol. 28, No. 6, S. 1518-1528.

Verhoef, P.C./Lemon, K.N./Parasuraman, A./Roggeveen, A./Tsiros, M./Schlesinger, L.A. (2009): Customer Experience Creation: Determinants, Dynamics and Management Strategies, in: Journal of Retailing, Vol. 85, No. 1, S. 31-42.

Zeithaml, V.A./Bitner, M.J. (2000): Service Marketing. Integrating Customer Focus Across the Firm, 2. Aufl., Boston.

Zeithaml, V./Bitner, M.J./Gremler, D.D. (2009): Services Marketing: Integrating Customer Focus Across the Firm, 5. Aufl., Boston.

Zhou, Z./Zhang, Q./Su, C./Zhou, N. (2011): How Do Brand Communities Generate Brand Relationships? Intermediate Mechanisms, in: Journal of Business Research, S. 1-6.

Jan Drengner und Steffen Jahn

Konsumerlebnisse im Dienstleistungssektor – Die Konzeptualisierung des Erlebniskonstrukts am Beispiel kollektiv-hedonistischer Dienstleistungen

Dr. *Jan Drengner* ist wissenschaftlicher Assistent am Lehrstuhl für Marketing und Handelsbetriebslehre an der Technischen Universität Chemnitz. Dipl.-Kfm. *Steffen Jahn* ist Wissenschaftlicher Mitarbeiter am Lehrstuhl für Marketing und Handelsbetriebslehre an der Technischen Universität Chemnitz.

1. Einleitung

Seit Veröffentlichung des richtungsweisenden Aufsatzes von Holbrook und Hirschman (1982) zu den „Experiential Aspects of Consumption“ hat sich das Konzept der Customer Experience sowohl in der Marketingforschung als Ansatz zur Erklärung verschiedener Facetten des Konsumentenverhaltens (Thompson et al. 1989; Arnould/Price 1993; Addis/Holbrook 2001; Gentile et al. 2007) als auch in der Marketingpraxis als Ausgangspunkt diverser Managementkonzepte (Weinberg 1992; Schmitt 1999; 2003; Pine/ Gilmore 2000) etabliert. Begründen lässt sich die Bedeutung des Erlebniskonzepts mit dem Denkansatz der Service-Dominant Logic, wonach nicht das Unternehmen den Wert einer Leistung bestimmt, sondern der Wert erst durch das Erleben der Leistung beim Konsumenten entsteht (Vargo/Lusch 2008). Unternehmen unterbreiten ihren Zielgruppen demnach lediglich Wertangebote, die ihre Kunden nutzen können, um daraus unter Einsatz ihrer Ressourcen (z.B. Wissen, Fähigkeiten, Kontakte zu anderen Konsumenten) für sich individuellen Wert zu schöpfen. Die während dieser so genannten Co-Creation-Prozesse entstehenden Customer Experiences erstrecken sich dabei von relativ einfachen Konsumerfahrungen, wie dem geselligen Miteinander bei einem Glas Wein bis hin zu *nicht alltäglichen Erlebnissen*, wie beim Besuch eines Finalspiels der Fußball-WM oder der intensiven Auseinandersetzung mit den Werken der klassischen Moderne in der Neuen Nationalgalerie. Bedingt durch das Streben der Menschen in westlichen Gesellschaften nach positiven, über die normalen Konsumerfahrungen hinausgehenden Erlebnissen (Schulze 2005, S. 39ff.; Drengner 2008, S. 9ff.) haben sich mittlerweile eine Vielzahl von Dienstleistern etabliert, um solche Bedürfnisse zu befriedigen. Für die Gestaltung eines Wertangebotes, das die potentiellen Kunden dieser Unternehmen als solches erkennen, nachfragen, honorieren, für sich in Wert umsetzen und später erneut konsumieren, ist es für diese Dienstleister notwendig, sich eingehender mit den Erlebnissen der Konsumenten auseinanderzusetzen.

Die Ziele des vorliegenden Beitrags sind die Konzeptualisierung des Erlebniskonstruktes sowie die Analyse der Wirkungen einzelner Facetten von Konsumerlebnissen auf die Absicht einer Wiedernutzung des Wertangebotes. Im Mittelpunkt der Betrachtung stehen dabei so genannte *kollektiv-hedonistische Dienstleistungen* (Drengner et al. 2012). Diese bieten den Konsumenten positive Erfahrungen, die sowohl auf ihren dyadischen Beziehungen zum Dienstleister als auch auf ihren Interaktionen mit anderen Konsumenten beruhen. Beispiele für diesen Dienstleistungstyp sind Konzerte und Festivals, Sportevents, Festspiele und verschiedene Formen von Marketing-Events. Die wirtschaftliche Bedeutung solcher Angebote äußert sich beispielsweise darin, dass nach Angaben des Bundesverbandes der Veranstaltungswirtschaft (2009) das Marktvolumen für Veranstaltungen dieser Art im Jahr 2009 3,2 Mrd. Euro betrug.

Im Folgenden wird – aufbauend auf bisherigen Forschungen – der Begriff des Konsumerlebnisses definiert. Daran anknüpfend steht die Entwicklung einer Konzeptualisierung des Erlebniskonstruktes im Mittelpunkt der Diskussion. Im Anschluss erfolgt die empirische Prüfung der Konzeptualisierung mittels zweier Befragungen von insgesamt mehr als 1.600 Konsumenten einer kollektiv-hedonistischen Dienstleistung. Als konkreter Untersuchungsgegenstand dient ein Musikfestival, wobei die Auswahl des Analyseobjektes auf der wirtschaftlichen Bedeutung dieses Typs kollektiv-hedonistischer Dienstleistungen beruht. So interessieren sich laut der Allensbacher Werbeträger Analyse zwölf Mio. Deutsche für den Besuch von Rock- und Popfestivals (Institut für Demoskopie Allensbach 2011). Abschließend werden Handlungsempfehlungen für die Marketingpraxis abgeleitet und zukünftiger Forschungsbedarf diskutiert.

2. Entwicklung einer Konzeptualisierung von Konsumerlebnissen

2.1 Definition des Begriffs des Konsumerlebnisses

Obwohl sich in der Vergangenheit eine Vielzahl von Studien mit Konsumerlebnissen auseinandersetzten, mangelt es bisher an einem einheitlichen Verständnis für diesen Begriff (Carù/Cova 2003, S. 269ff.; Helkkula 2011). Es besteht dennoch weitgehend Einigkeit darüber, dass Konsumerlebnisse holistischen sowie subjektiven Charakter haben und auf den Interaktionen des Individuums mit dem Wertangebot eines Unternehmens an unterschiedlichen Kontaktpunkten beruhen (Thompson et al. 1989, S. 137; Addis/Holbrook 2001, S. 62; Gentile et al. 2007, S. 397; Tynan/McKechnie 2009, S. 508). Konzeptionelle Arbeiten weisen darauf hin, dass Erlebnisse trotz ihres holistischen Charakters aus voneinander abgrenzbaren Erfahrungen bestehen und deshalb facettenreich sind (Holbrook/Hirschman 1982, S. 132; Schmitt 1999, S. 63). Weiterhin wird im Marketing häufig betont, dass sich Erlebnisse auf nicht-alltägliche, außergewöhnliche Erfahrungen beziehen (Hirschman/Holbrook 1982, S. 96; Holbrook/Hirschman 1982, S. 135; Arnould/Price 1993, S. 25; Klaus 2007, S. 34). Dies zusammenfassend wird der Begriff des *Konsumerlebnisses* im Weiteren verstanden als subjektiv empfundenes Konglomerat verschiedener außergewöhnlicher Erfahrungen eines Konsumenten, die als Reaktion auf ein Wertangebot (z.B. Dienstleistung) entstehen.

Bei der Konzeptualisierung von Konsumerlebnissen standen in der Vergangenheit häufig ausschließlich emotionale Erfahrungen im Mittelpunkt (z.B. Richins 1997; Madrigal 2003; Klaus 2007, S. 34). Andere Arbeiten verweisen jedoch darauf, dass beispielsweise auch die sozialen Kontakte zu anderen Nachfragern einer Leistung oder sensorische Erfahrungen das Konsumerleben prägen (Hirschman/Holbrook 1982; Holbrook 1994; Schmitt 1999; Gentile et al. 2007; Brakus et al. 2009; Tynan/McKechnie 2009). Damit Unternehmen optimal gestaltete kollektiv-hedonistische Dienstleistungen anbieten können, sollten sie Wissen darüber aufbauen, welche konkreten Erfahrungen letztlich das holistische Erleben ihrer (potentiellen) Kunden prägen. Daher ist es das Ziel des folgenden Abschnitts, eine adäquate Konzeptualisierung des Erlebniskonstruktes zu entwickeln.

2.2 Herleitung der Facetten von Konsumerlebnissen

2.2.1 Theoretische Grundlagen

Für eine theoretisch fundierte Konzeptualisierung von Konsumerlebnissen greifen einige Autoren (Schmitt 1999, S. 63; Gentile et al. 2007, S. 397ff.; Brakus et al. 2009, S. 54) auf die *Computational Theory of Mind* (Pinker 1997) zurück. Nach dieser Theorie besteht der menschliche Verstand aus verschiedenen spezialisierten Bereichen (so genannten mentalen Modulen), die der Mensch zur Erfahrung seiner Umwelt nutzt. Pinker (1997) identifiziert dabei vier evolutionär begründete mentale Module: das wahrnehmungsbezogene Modul (perception), das intellektuelle Modul (reasoning), das relationale Modul (social relations) sowie das emotionale Modul (emotion). So führt die Sinneswahrnehmung dazu, Objekte, Ereignisse und Prozesse in der Umwelt zu erfassen (Pinker 1997, S. 28ff.). Die intellektuelle Verarbeitung von Informationen hilft, die Umwelt zu verstehen, Entscheidungen zu treffen und damit das Überleben zu sichern (Pinker 1997, S. 175). Weiterhin können soziale Interaktionen dem Individuum den Eindruck vermitteln, Teil einer Gruppe zu sein (Pinker 1997, S. 427ff.). Schließlich treiben Emotionen den Menschen an, mehr positive und weniger negative Erfahrungen zu sammeln (Pinker 1997, S. 143). Das Zusammenspiel der durch die einzelnen mentalen Module bedingten Erfahrungen führt zu einem holistischen Erlebnis (Pinker 1997, S. 314ff.).

Damit deckt sich die Sichtweise Pinkers (1997) mit dem hier vertretenen Verständnis von Konsumerlebnissen als Konglomerat verschiedener Erfahrungen und kann somit als Ausgangspunkt für eine *mehrdimensionale Konzeptualisierung* des Erlebniskonstruktes dienen. Aufbauend auf den vier mentalen Modulen werden im Weiteren die sensorischen, die intellektuellen, die relationalen sowie zwei Typen emotionaler Erfahrungen als mögliche Facetten von Konsumerlebnissen diskutiert. Ähnliche Ansätze finden sich bereits in der Marketingliteratur (Schmitt 1999, S. 63; Gentile et al. 2007, S. 397ff.; Brakus et al. 2009, S. 54), wobei jedoch die aus den mentalen Modulen abgeleiteten Erlebnisfacetten bisher ausschließlich im Markenkontext empirisch untersucht wurden (Brakus et al. 2009). Hinsichtlich ihrer Eignung zur Beschreibung von Konsumerlebnissen bei Dienstleistungen bietet die Marketingforschung vereinzelte Hinweise, die eine solche Herangehensweise rechtfertigen. So charakterisieren beispielsweise Holbrook und Hirschman (1982) hedonistischen Konsum mittels der Begriffe „Fantasies, Feelings and Fun", während Joy und Sherry (2003) im Kontext eines Museumsbesuchs ästhetische, intellektuelle und emotionale Erfahrungen nachweisen. Weiterhin ist der Besuch von Musik-, Theater- oder Kinoaufführungen dadurch motiviert, dass die Konsumenten von diesen kollektiv-hedonistischen Dienstleistungen intellektuelle und ästhetische Stimulation sowie Spaß und Gelegenheiten zur Pflege sozialer Kontakte erwarten (Tinsley/ Eldredge 1995, S. 128). Darauf aufbauend wird im Folgenden eine mehrdimensionale Konzeptualisierung des Erlebniskonstruktes am Beispiel kollektiv-hedonistischer Dienstleistungen entwickelt.

2.2.2 Sensorische Erfahrungen

Die Wahrnehmung des Menschen beruht grundsätzlich darauf, dass er mit seinen Sinnesrezeptoren die Reize seiner Umwelt erfasst, die – in Abhängigkeit von der Art des Reizes (z.B. Bild, Ton) – zu visuellen, auditiven, haptischen, olfaktorischen, gustatorischen, thermalen oder kinästhetischen Sinneseindrücken führen. Erregen die Reize die Aufmerksamkeit des Individuums, so werden diese im Anschluss entschlüsselt, um die Umwelt zu erkennen und zu verstehen (Gerrig/Zimbardo 2008, S. 108ff.). Anhand der im Rahmen des Wahrnehmungsprozesses entstehenden sensorischen Erfahrungen bewertet die Person ihre Sinneseindrücke. Diese Bewertung kann einerseits kognitiv vermittelt sein, wie beispielsweise beim Betrachten eines Kunstwerkes (visuelle Erfahrung). Andererseits kann sie direkt auf den sensorischen Erfahrungen beruhen, wie es z.B. bei der Nutzung eines Fahrgeschäfts auf einem Volksfest der Fall ist (kinästhetische Erfahrung).

Wie die oben genannten Beispiele illustrieren, spielen außergewöhnliche sensorische Erfahrungen im Marketing zunächst beim so genannten ästhetischen Konsum (Charters 2006, S. 243) eine wichtige Rolle, bei dem Menschen ein Wertangebot (z.B. Kunstwerk, Musik, modische Kleidung) aufgrund seines ästhetischen Wertes nachfragen (Hirschman/Holbrook 1982; Holbrook/Hirschman 1982; Holbrook 1994; Joy/Sherry 2003). Darüber hinaus offerieren Unternehmen auch Wertangebote (z.B. Fahrgeschäft, Wildwasserrafting, Fallschirmspringen), deren Wert für die Kunden stärker in den unmittelbaren Sinneseindrücken liegt (Arnould/Price 1993; Celsi et al. 1993).

In beiden Fällen werden die außergewöhnlichen sensorischen Erfahrungen um ihrer selbst willen genossen (Holbrook et al. 1984, S. 729; Holbrook 1994, S. 50; Charters 2006, S. 246) und können ein wichtiger Grund für den (Wieder-)Kauf sein (Hirschman/ Holbrook 1982, S. 92; Lacher/Mizerski 1994, S. 375). Kollektiv-hedonistische Dienstleistungen sprechen die Sinne der Konsumenten besonders stark an (Zanger/ Drengner 2009, S. 198), weshalb sensorische Erfahrungen als wichtiger Teil der Konzeptualisierung des Erlebniskonstruktes angesehen werden.

2.2.3 Intellektuelle Erfahrungen

Konsumsituationen können die Kreativität und Fantasie der Menschen anregen und Neugierde wecken (Holbrook/Hirschman 1982; Tinsley/Eldredge 1995, S. 128; Schmitt 1999, S. 67). Beispielsweise versetzen Ritterspiele den Beobachter in vergangene Zeiten, vermitteln historisches Wissen und regen so die geistige Auseinandersetzung mit der Epoche des Mittelalters an.

Die Bedeutung solcher intellektueller Erfahrungen für Konsumerlebnisse lässt sich anhand des so genannten *Need for Cognition* begründen (Cacioppo/Petty 1982). Dieses Konzept beschreibt die individuelle „tendency to engage in and enjoy thinking“ (Cacioppo/Petty 1982, S. 116). So gibt es Menschen, die aktiv nach neuen, intellektuell herausfordernden Problemen und Wertangeboten (z.B. anspruchsvollen Büchern, Vorträgen, Filmen) suchen. Dabei wird deutlich, dass sich ein solches Streben weniger an der Erreichung eines konkreten Ergebnisses orientiert (z.B. Gewinnung von Informationen zur Unterstützung einer Kaufentscheidung), sondern aufgrund der mit der intellektuellen Auseinandersetzung einhergehenden Erfahrung intrinsisch motiviert ist. Insbesondere Personen mit einem hohen Need for Cognition empfinden neuartige oder komplexe Situationen und Wertangebote als angenehm (Cacioppo/Petty 1982, S. 129), weshalb für diese Personen intellektuelle Erfahrungen beim Konsum kollektiv-hedonistischer Dienstleistungen relevant werden.

2.2.4 Relationale Erfahrungen

Weiterhin bieten kollektiv-hedonistische Dienstleistungen den Konsumenten eine Vielzahl von Möglichkeiten, miteinander zu interagieren (Schmitt 1999, S. 171ff.; Drengner et al. 2010; 2012). Dabei können die Interaktionen einerseits einen eher funktionalen Charakter haben, indem die Kunden konkrete Informationen zur optimalen Nutzung einer Dienstleistung austauschen (z.B. Hinweise, wie sich beim Wildwasserrafting gemeinsam eine schwierige Stromschnelle meistern lässt). Andererseits besitzen Menschen ein *natürliches Bedürfnis nach Zugehörigkeit* zu anderen Menschen (Baumeister/Leary 1995). Begründen lässt sich dieses Phänomen durch die Evolution (Pinker 1997, S. 427ff.). Demgemäß stiegen die Überlebenschancen des Einzelnen bei Angriffen durch Raubtiere und andere Angreifer, wenn er sich mit anderen Menschen zusammenschloss. Aufgrund der damit verbundenen Selektionsprozesse entwickelte sich ein genetisch bedingtes Streben nach der Gesellschaft anderer (Baumeister/Leary 1995, S. 499).

Das Phänomen des Zugehörigkeitsbedürfnisses lässt sich auch im Kontext kollektiv-hedonistischer Dienstleistungen beobachten. So können Personen während der gemeinsamen Nutzung solcher Dienstleistungen soziale Bindungen und ein Gemeinschaftsgefühl für die Gruppe entwickeln (Arnould/Price 1993). Weiterhin belegen McAlexander et al. (2002, S. 50), dass Menschen mit Hilfe von Konsumhandlungen im Rahmen sozialer Gruppen (z.B. Brand Communities) Kontakte zueinander aufbauen und pflegen. Dienstleistungen können somit zu „linking places“ (Cova 1997, S. 312) werden, die den Konsumenten Möglichkeiten sozialer Beziehungen eröffnen (Cova 1997; Drengner et al. 2012). Aufbauend auf diesen Erkenntnissen erscheint es angebracht, die relationalen Erfahrungen der Konsumenten als eine weitere Facette des Erlebniskonstruktes zu konzeptualisieren.

2.2.5 Emotionale Erfahrungen

Wie bereits erwähnt, gelten emotionale Konsumerfahrungen als zentrale Facette des Erlebniskonzeptes, wobei bisherige Konzeptualisierungen ausschließlich die *individuellen Emotionen* der Konsumenten berücksichtigen (Schmitt 1999, S. 66f.; Gentile et al. 2007, S. 398; Brakus et al. 2009, S. 60). Auch die Forschungen zu den kollektiv-hedonistischen Dienstleistungen konzentrieren sich zumeist auf individuell-emotionale Erfahrungen (z.B. Madrigal 2003; Drengner et al. 2008; 2012; Lee et al. 2008). Aufgrund möglicher *Interaktionen* zwischen den Konsumenten dieses Typs von Dienstleistungen gilt es jedoch, auch jene Emotionen zu berücksichtigen, die mit diesen sozialen Kontakten verknüpft sind. Obwohl das einzelne Individuum weiterhin der „Träger" der Emotion bleibt, erleben beispielsweise die Besucher von Sportveranstaltungen häufig ähnliche Emotionen und äußern übereinstimmende, emotional bedingte Ausdrucks- und Verhaltensweisen (z.B. La-Ola-Wellen, gemeinsames Jubeln) (Schlesinger 2010, S. 137). Sind diese Phänomene besonders stark ausgeprägt, können sie die Qualität kollektiv-hedonistischer Dienstleistungen in Form einer begeisternden Atmosphäre prägen (Uhrich/Benkenstein 2010).

Somit erscheint es sinnvoll, bei der Konzeptualisierung von Konsumerlebnissen während kollektiv-hedonistischer Dienstleistungen neben den individuellen auch *kollektive Emotionen* zu berücksichtigen. Begründen lässt sich die Unterscheidung beider Arten von Emotionen mit der *Intergroup Emotions Theory* (Smith et al. 2007). Deren Vertreter nutzen als Ausgangspunkt ihrer Argumentation die Theorie der sozialen Identität (Tajfel/Turner 1986), nach der Menschen sowohl eine persönliche als auch eine soziale Identität besitzen. Aufbauend auf dieser Differenzierung beruhen emotionale Erlebnisse zunächst auf der Relevanz eines Stimulus (z.B. Auftritt eines Künstlers auf einem Festival) für die persönliche Identität. In diesem Fall betrachtet sich die betroffene Person als eigenständiges Individuum (Iyer/Leach 2008, S. 90) und empfindet die von dem Stimulus ausgelösten Emotionen auf individueller Ebene. Zusätzlich können Menschen auch ihre soziale Identität als Grundlage zur Einschätzung eines Stimulus heranziehen. Die Person sieht sich nun nicht als eigenständiges Individuum, sondern als Mitglied einer sozialen Gruppe (Iyer/Leach 2008, S. 90). Aufgrund ihrer Identifikation mit der Gruppe (als relationale Erfahrung) kann sie in diesem Fall so genannte gruppenbezogene Emotionen erleben (Smith et al. 2007, S. 431). Diese treten dann auf, wenn ein Stimulus die eigene Gruppe betrifft und die Gruppenmitgliedschaft während des Kontaktes mit dem Stimulus salient ist (Iyer/Leach 2008, S. 90f.).

2.2.6 Zusammenfassung

Die in den vorhergehenden Abschnitten diskutierten Facetten des Erlebniskonstruktes wurden auf Basis eines übergeordneten theoretischen Rahmens (Computational Theory of Mind) entwickelt und scheinen geeignet, Konsumerlebnisse bei kollektiv-hedonistischen Dienstleitungen abzubilden. Studien zum Nutzen des Konsums verschiedener

Freizeitangebote (Tinsley/Eldredge 1995), Untersuchungen zu den Erfahrungen, die mit dem Konsum konservierter Musik verbunden sind (Lacher/Mizerski 1994), sowie Analysen der Motive des Besuchs großer Veranstaltungen (Crompton/McKay 1997; Bowen/Daniels 2005; Beyer 2006, S. 80ff.) konnten in der Vergangenheit bereits die Relevanz einzelner dieser Facetten zur Beschreibung von Konsumerlebnissen bestätigen.

Zusammenfassend empfiehlt es sich deshalb, Konsumerlebnisse im Rahmen von kollektiv-hedonistischen Dienstleistungen anhand der sensorischen Erfahrungen, der intellektuellen Erfahrungen, der relationalen Erfahrungen, der individuell-emotionalen Erfahrungen und der kollektiv-emotionalen Erfahrungen zu konzeptualisieren. Dabei konzentrieren sich die Ausführungen im Weiteren ausschließlich auf die *positiven* Ausprägungen der einzelnen Erlebnisfacetten, da vor allem die positiven Erfahrungen beim Konsum einer Leistung dazu führen, dass die Konsumenten das Wertangebot zukünftig nachfragen (Schmitt 1999, S. 66).

2.3 Empirische Prüfung der Relevanz der Erlebnisfacetten am Beispiel eines Musikfestivals

2.3.1 Motive als Indikatoren des erwarteten Konsumerlebnisses

Um die Relevanz der fünf herausgearbeiteten Facetten für den ausgewählten Untersuchungsgegenstand zu prüfen, wurden in der ersten Studie die Motive der Besucher eines Musikfestivals analysiert. Motive beschreiben in diesem Zusammenhang zeitstabile Bewertungsneigungen, durch die bestimmt wird, ob und in welchem Ausmaß ein Stimulus (z.B. Festival) für einen Menschen Anreizcharakter erhält (Puca/Langens 2008, S. 193). Besitzt ein Festival aus Sicht einer Person bestimmte Merkmale (Anreize), die ihr zur Erfüllung ihrer Motive dienlich sein könnten, wird dieses Festival im Sinne der Service-Dominant Logic als Wertangebot wahrgenommen. Dies kann wiederum die Person zum Veranstaltungsbesuch motivieren, um aus dem Event Wert für sich zu generieren. Ein für den Festivalbesuch wichtiges Motiv kann somit als Indikator für das erwartete Erlebnis während des Festivals interpretiert werden.

Die Literatur bietet eine große Anzahl möglicher Motive, von denen die folgenden fünf *Motive* aufgrund ihrer inhaltlichen Nähe zu den erarbeiteten Erlebnisfacetten in die empirische Studie einbezogen wurden (Crompton/McKay 1997; Bowen/Daniels 2005; Beyer 2006, S. 80ff.):

- Das *Ästhetik-Motiv* bezieht sich auf den Wunsch nach ästhetisch ansprechenden sensorischen Erfahrungen (hier: Musik) und wird deshalb als Indikator für die von den Konsumenten erwarteten sensorischen Erfahrungen interpretiert.
- Das *Lern-Motiv* beschreibt den Wunsch etwas Neues zu lernen und korrespondiert deshalb mit den erwarteten intellektuellen Erfahrungen.

- Das *Anschluss-Motiv* kennzeichnet den Wunsch nach sozialen Kontakten und damit die erwarteten relationalen Erfahrungen.
- Das *Vergnügungs-Motiv* betrifft den Wunsch nach Spaß und Freude, womit es die erwarteten individuell-emotionalen Erfahrungen abdeckt.
- Das *Stimmungs-Motiv* drückt den Wunsch nach dem Erleben einer positiven Stimmung bzw. Atmosphäre aus. Es bezieht sich somit auf die erwarteten kollektiv-emotionalen Erfahrungen.

2.3.2 Methodik

Als Untersuchungsobjekt fungierte ein Hip-Hop-Festival, das seit 1997 stattfindet und jedes Jahr im Sommer 15.000 bis 20.000 Besucher verzeichnet. Im Vorfeld des Festivals beantworteten 1.206 potenzielle Festivalteilnehmer (36 Prozent weiblich, Altersdurchschnitt 21 Jahre) in einem Online-Fragebogen, in welchem Umfang sie verschiedenen Aussagen zur Begründung ihres möglichen Veranstaltungsbesuchs zustimmen (1 = „stimme voll und ganz zu" bis 5 = „stimme überhaupt nicht zu"). Neben den oben genannten fünf Motiven umfasste die Studie weitere 12 Motive. Bei diesen Motiven handelt es sich um potenzielle Teilnahmegründe, die nicht unmittelbar mit dem Konsumerlebnis vor Ort zusammenhängen oder diesem vorgelagert sind. So können beispielsweise Personen das Festival besuchen, da dort viele Künstler zu einem insgesamt verhältnismäßig günstigen Preis auftreten oder weil sie eine Festivalteilnahme an frühere Zeiten erinnert. Zur Messung wurden bereits getestete Skalen adaptiert (Tinsley/Eldredge 1995; Crompton/McKay 1997; Bowen/Daniels 2005; Beyer 2006, S. 80ff.), wobei die fünf erlebnisbezogenen Motive mit insgesamt 18 Indikatoren operationalisiert wurden. Die Reliabilitäten der Messung dieser Motive sind insgesamt zufriedenstellend. Cronbachs Alpha beträgt beim Ästhetik-Motiv 0,80, beim Anschluss-Motiv 0,78, beim Vergnügungs-Motiv 0,69 und beim Stimmungs-Motiv 0,68. Lediglich das Lern-Motiv weicht mit einem Cronbachs Alpha von 0,61 etwas stärker von der Idealmarke (0,7) ab. Der Messung kann damit Reliabilität und Konvergenzvalidität attestiert werden, weshalb die jeweiligen Indikatoren für die weitere Analyse zu Indizes zusammengefasst werden. Der Mittelwert jedes der fünf Indizes gibt dabei die Wichtigkeit des Motivs für den Festivalbesuch an.

2.3.3 Ergebnisse

Wie Abbildung 1 verdeutlicht, prägen vier der fünf erlebnisbezogenen Motive eine mögliche Festivalteilnahme besonders stark. Die größte Zustimmung erhält das Ästhetik-Motiv (Musik), gefolgt vom Vergnügungs-Motiv, dem Stimmungs-Motiv und dem Anschluss-Motiv. Das Lern-Motiv hingegen wird nicht als relevant für die Festivalteilnahme angesehen. Während noch 55 Prozent der Befragten zustimmen (d.h., der Index des Motivs ist beim Probanden 2,0 oder kleiner), das Festival aufgrund sozialer Kontakte besuchen zu wollen, liegt die Zustimmung hinsichtlich intellektueller Erfahrungen bei nur 28 Prozent. Wird der Mittelwert über alle 17 untersuchten Motive (M = 2,39) als Trennlinie zwischen mehr und weniger teilnahmerelevanten Motiven verstanden, fällt das Lern-Motiv in den Bereich der weniger wichtigen Motive.

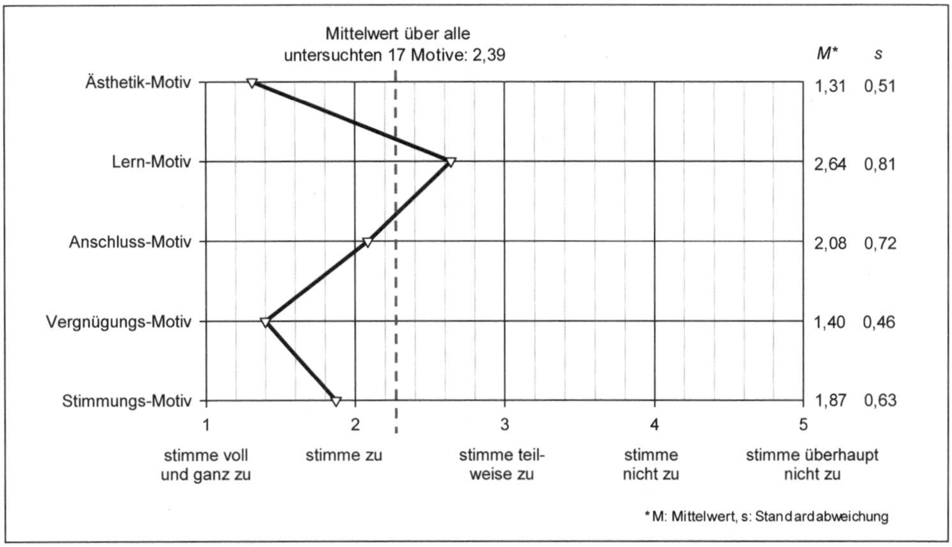

Abbildung 1: Zustimmung zur Bedeutung der erlebnisbezogenen Motive für den Festivalbesuch

Hinsichtlich der im theoretischen Abschnitt herausgearbeiteten Facetten des Erlebniskonstruktes kann somit angenommen werden, dass die Befragten neben qualitativ hochwertigen musikalischen Darbietungen (ästhetische sensorische Erfahrungen) vor allem außergewöhnliche individuell-emotionale, kollektiv-emotionale und relationale Erfahrungen auf dem Festival erwarten. Intellektuelle Erfahrungen spielen in diesem Kontext hingegen eine untergeordnete Rolle. Das bedeutet, dass die allgemein für kollektiv-hedonistische Dienstleistungen herausgearbeitete Konzeptualisierung für den konkreten Fall des untersuchten Musikfestivals angepasst werden muss. Statt der theoretisch hergeleiteten fünf Erlebnisfacetten legen die empirischen Ergebnisse eine Konzeptualisierung mit vier Facetten nahe. Die intellektuellen Erfahrungen finden somit in der folgenden empirischen Studie keine Berücksichtigung.

3. Wirkungen der Erlebnisfacetten auf die Wiederbesuchsabsicht

3.1 Herleitung der Hypothesen

Ausgehend von der empirisch belegten Relevanz der einzelnen Konsumerfahrungen für das Erleben des Festivals ist im Weiteren zu prüfen, ob und in welchem Umfang die vier als wichtig erachteten Erlebnisfacetten das zukünftige Verhalten der Festivalbesucher und damit den nachhaltigen ökonomischen Erfolg des Dienstleisters determinieren. Es wird angenommen, dass die einzelnen Erfahrungen der Festivalbesucher deren Wiederbesuchsabsicht positiv beeinflussen. Empirische Belege für diese Annahme gibt es für positive individuell-emotionale Erfahrungen (Kwortnik/Ross 2007; Lee et al. 2008; Drengner et al. 2012), positive sensorische Erfahrungen (Lacher/Mizerski 1994) sowie positive relationale Erfahrungen (Drengner et al. 2010; 2012). Aufgrund der Vernachlässigung kollektiver Emotionen in der Literatur finden sich bisher keine Studien zu deren Einfluss auf die Wiederbesuchsabsicht. Da aber bereits sowohl für relationale als auch für individuell-emotionale Erfahrungen ein entsprechender Einfluss nachgewiesen wurde, bietet es sich an, diesen Zusammenhang auch für positive kollektiv-emotionale Erfahrungen zu postulieren. Somit stehen die folgenden vier Hypothesen zur Wiederbesuchsabsicht im Mittelpunkt der folgenden Studie:

H1: Die positiven sensorischen Erfahrungen während des Konsums einer kollektiv-hedonistischen Dienstleistung wirken sich positiv auf die Absicht aus, dieses Wertangebot auch zukünftig zu konsumieren.

H2: Die positiven relationalen Erfahrungen während des Konsums einer kollektiv-hedonistischen Dienstleistung wirken sich positiv auf die Absicht aus, dieses Wertangebot auch zukünftig zu konsumieren.

H3: Die positiven individuell-emotionalen Erfahrungen während des Konsums einer kollektiv-hedonistischen Dienstleistung wirken sich positiv auf die Absicht aus, dieses Wertangebot auch zukünftig zu konsumieren.

H4: Die positiven kollektiv-emotionalen Erfahrungen während des Konsums einer kollektiv-hedonistischen Dienstleistung wirken sich positiv auf die Absicht aus, dieses Wertangebot auch zukünftig zu konsumieren.

Zweifelsohne besitzen außergewöhnliche Erlebnisse einen stark emotionalen Charakter (Hirschman/Holbrook 1982; Holbrook/Hirschman 1982; Holbrook et al. 1984; Arnould/Price 1993; Richins 1997; Kwortnik/Ross 2007). Entsprechend betonen Studien, die sich mit Erlebnissen während des Konsums kollektiv-hedonistischer Dienstleistungen auseinandersetzen, die zentrale Rolle der individuell-emotionalen Erfahrungen als Erlebnisfacette (z.B. Madrigal 2003; Drengner et al. 2008; 2012; Lee et al. 2008). Die individuellen Emotionen können die sensorischen, relationalen und kollektiv-emotionalen Erfahrungen bündeln und im Sinne einer „Pleasure-or-Pain-Entscheidung“ das zukünftige Verhalten entscheidend beeinflussen. Aus diesem Grund wird im Folgenden angenommen, dass die individuell-emotionalen Erfahrungen als *Mediator* zwischen den anderen Erlebnisfacetten und dem Wiederbesuchsverhalten fungieren. Hinweise für eine solche Mediatorrolle finden sich u.a. bei Holbrook et al. (1984, S. 736) und Kwortnik und Ross (2007, S. 327).

Zunächst sind Wirkungen der sensorischen Erfahrungen (hier: Bewertung der Musik) auf die individuell-emotionalen Erfahrungen zu vermuten. Theoretische und empirische Forschungen zeigen, dass die auf sensorischen Erfahrungen beruhende ästhetische Bewertung emotionale Reaktionen auslösen kann (Hirschman/Holbrook 1982; Holbrook/Hirschman 1982; Joy/Sherry 2003; Charters 2006). Ebenfalls wurde bereits im Kontext kollektiv-hedonistischer Dienstleistungen nachgewiesen, dass die musikalische Qualität auf Festivals und Konzerten zu positiven Emotionen führt (Santoro/Troilo 2007, S. 123; Drengner et al. 2012). Daraus resultiert folgende Hypothese:

H5: Die positiven sensorischen Erfahrungen während des Konsums einer kollektiv-hedonistischen Dienstleistung wirken sich positiv auf die individuell-emotionalen Erfahrungen aus.

Weiterhin wird ein Kausalzusammenhang zwischen den relationalen Erfahrungen und den individuell-emotionalen Erfahrungen postuliert. Wie bereits erwähnt, besitzen Menschen ein genetisch bedingtes Zugehörigkeitsbedürfnis. Um dies zu befriedigen, bauen sie soziale Kontakte auf, was wiederum mit positiven Emotionen einhergeht (Baumeister/Leary 1995, S. 505f.; Drengner et al. 2012). Ausgehend von der Annahme, dass die Nachfrager einer kollektiv-hedonistischen Dienstleistung aufgrund gemeinsamer Interessen (z.B. für einen Musikstil, Künstler oder Sportler) sowie gemeinsamer Konsumhandlungen (z.B. gemeinsames Mitsingen und Jubeln) ein Gefühl der Zusammengehörigkeit entwickeln, lässt sich folgende Hypothese formulieren:

H6: Die positiven relationalen Erfahrungen während des Konsums einer kollektiv-hedonistischen Dienstleistung wirken sich positiv auf die individuell-emotionalen Erfahrungen aus.

Schließlich ist anzunehmen, dass die kollektiv-emotionalen Erfahrungen die individuell-emotionalen Erfahrungen beeinflussen. Begründen lässt sich dies mit dem Konzept der emotionalen Ansteckung (Ramanathan/McGill 2007, S. 522; Schlesinger 2010, S. 140ff.). Diese beschreibt die Übertragung von Emotionen von einer Person (Sender) zu einer anderen Person (Empfänger), wobei der Prozess sowohl unbewusst als auch bewusst ablaufen kann (Hatfield et al. 1993, S. 96ff.). Bei der unbewussten Ansteckung ahmt der Empfänger das mit dem Erleben von Emotionen verbundene nonverbale Ausdrucksgebaren (Mimik, Vokalisierung, Körperhaltung, Bewegungen) des Senders unbewusst nach. Für ihn werden somit die Emotionen des Senders körperlich spürbar, was dazu führt, dass er die Emotionen des Senders schließlich selbst erlebt. Die bewusste emotionale Ansteckung tritt hingegen auf, wenn der Empfänger das gezeigte emotionale

Verhalten des Senders im Sinne einer sozialen Information interpretiert, wie er sich in der jeweiligen Situation verhalten sollte. In diesem Fall kommt es zu einer bewussten Imitation des affektiven Zustands des Senders.

Sowohl bei der unbewussten als auch bei der bewussten Ansteckung beeinflussen die kollektiv-emotionalen Erfahrungen die individuell-emotionalen Erfahrungen. Gehen somit einzelne Personen mit den anderen Konsumenten eine „emotionale Koalition" ein, kommt es zu einer schnellen Ausbreitung der Emotionen in der Gruppe im Sinne eines Massenphänomens (Schlesinger 2010, S. 141). Daraus resultiert die folgende Hypothese:

H7: Die positiven kollektiv-emotionalen Erfahrungen während des Konsums einer kollektiv-hedonistischen Dienstleistung wirken sich positiv auf die individuell-emotionalen Erfahrungen aus.

3.2 Empirische Prüfung der Wirkungen der Erlebnisfacetten am Beispiel eines Musikfestivals

3.2.1 Methodik

Zur Prüfung der Hypothesen wurden Teilnehmer des gleichen Festivals befragt, das bereits im Mittelpunkt der ersten Studie stand. In schriftlichen Befragungen auf dem Veranstaltungsgelände am letzten Tag des dreitägigen Events beurteilten 429 Veranstaltungsbesucher (31 Prozent weiblich, Altersdurchschnitt 22 Jahre), in welchem Umfang sie während des Festivals positive (a) sensorische Erfahrungen, (b) relationale Erfahrungen, (c) individuell-emotionale Erfahrungen und (d) kollektiv-emotionale Erfahrungen erlebt hatten. Die Teilnehmer gaben zusätzlich über ihre Wiederbesuchsabsicht Auskunft.

Die Operationalisierung der positiven relationalen und der positiven individuell-emotionalen Erfahrungen sowie der Wiederbesuchsabsicht orientierte sich an Drengner et al. (2012). Die positiven sensorischen Erfahrungen wurden mit zwei selbstentwickelten Indikatoren erhoben, die auf das Musikerleben fokussieren. In Anlehnung an Uhrich und Benkenstein (2010) wurden die positiven kollektiv-emotionalen Erfahrungen mit drei Indikatoren gemessen.

3.2.2 Ergebnisse

Abbildung 2 bietet eine Übersicht über die genutzten Indikatoren und ihre psychometrischen Eigenschaften. Zunächst wird deutlich, dass für alle verwendeten Skalen Cronbachs Alpha deutlich größer als 0,7 ist. Die weitere Validierung der Messung erfolgte mittels konfirmatorischer Faktorenanalyse unter Nutzung von LISREL 8 (Jöreskog/Sörbom 2004). Die Analyse bescheinigt dem Messmodell einen exzellenten

Fit (χ^2 (67) = 128,03; p < 0,01; root mean square error of approximation [RMSEA] = 0,047; standardized root mean square residual [SRMR] = 0,034; comparative fit index [CFI] = 0,99; nonnormed fit index [NNFI] = 0,99). Sämtliche Indikatoren laden hoch auf ihren entsprechenden Faktor. Die Werte für Konstruktreliabilität (von 0,83 bis 0,88) und durchschnittlich erfasste Varianz (von 0,62 bis 0,75) liegen ebenfalls über den in der Literatur genannten Schwellenwerten (Fornell/Larcker 1981, S. 45f.). Daraus lässt sich schlussfolgern, dass das Messmodell eine hohe Konvergenzvalidität besitzt. Die Diskriminanzvalidität wurde anhand des Fornell/Larcker-Kriteriums getestet, wonach die quadrierten Korrelationen eines Konstruktes mit anderen Konstrukten nicht die durchschnittlich erfasste Varianz übersteigen dürfen (Fornell/Larcker 1981, S. 46). Da alle fünf Konstrukte dieses Kriterium erfüllen, besteht Diskriminanzvalidität.

Konstrukt/Indikator	Faktor-ladungen	α	KR	DEV
Positive sensorische Erfahrungen		0,85	0,86	0,75
Auf dem [Festivalname] wurde ich musikalisch bestens unterhalten.	0,86			
Die Musik beim [Festivalname] war insgesamt sehr gut.	0,87			
Positive relationale Erfahrungen		0,84	0,84	0,64
Auf dem Festival fühlte ich mich stark verbunden mit den anderen [Festivalname]-Besuchern.	0,81			
Mein [Festivalname]-Besuch gab mir das Gefühl, Teil einer Community zu sein.	0,75			
Auf dem Festival spürte ich eine starke Zugehörigkeit zu anderen [Festivalname]-Besuchern.	0,84			
Positive individuell-emotionale Erfahrungen		0,84	0,84	0,64
Auf dem [Festivalname] fühlte ich mich glücklich.	0,77			
Auf dem [Festivalname] zu sein, war eine große Freude.	0,85			
Beim [Festivalname] hatte ich Spaß.	0,78			
Positive kollektiv-emotionale Erfahrungen		0,83	0,83	0,62
Auf dem [Festivalname] war eine richtig tolle Stimmung.	0,80			
Auf dem [Festivalname] herrschte eine mitreißende Euphorie unter den Besuchern.	0,73			
Auf dem [Festivalname] herrschte eine riesige Begeisterung.	0,83			
Wiederbesuchsabsicht		0,87	0,88	0,71
Die Wahrscheinlichkeit, dass ich das [Festivalname] zukünftig wieder besuche, ist sehr hoch.	0,90			
Ich habe vor, auch in Zukunft das [Festivalname] zu besuchen.	0,94			
Ich würde wieder zum [Festivalname] kommen, selbst wenn es ein- oder zweimal nicht ganz so toll wäre.	0,67			

Legende: α = Cronbachs Alpha; KR = Konstruktreliabilität; DEV = durchschnittlich erfasste Varianz.

Abbildung 2: Evaluation des Messmodells

Die Prüfung des Modells zeigt, dass die relationalen Erfahrungen ($\gamma = 0{,}23$, $p < 0{,}01$) und die individuell-emotionalen Erfahrungen ($\beta = 0{,}64$, $p < 0{,}01$) die Wiederbesuchsabsicht signifikant positiv determinieren, während die sensorischen Erfahrungen ($\gamma = 0{,}06$) und die kollektiv-emotionalen Erfahrungen ($\gamma = -0{,}02$) keine direkte Wirkung entfalten. Der signifikante Einfluss der relationalen Erfahrungen und der individuellen Emotionen auf die Wiederbesuchsabsicht scheint für kollektiv-hedonistische Dienstleistungen zunächst plausibel. Interessant ist jedoch, dass die Beurteilung der Musik (ästhetische sensorische Erfahrung) sich nicht direkt auf die Verhaltensabsicht auswirkt, obwohl sie in der ersten Studie als Hauptmotiv für den Besuch des Festivals identifiziert wurde.

Des Weiteren zeigt sich, dass die sensorischen Erfahrungen ($\gamma = 0{,}16$, $p < 0{,}03$), die relationalen Erfahrungen ($\gamma = 0{,}20$, $p < 0{,}01$) sowie die kollektiv-emotionalen Erfahrungen ($\gamma = 0{,}54$, $p < 0{,}01$) die individuell-emotionalen Erfahrungen signifikant beeinflussen. Das bedeutet, dass sowohl die kollektiv-emotionalen Erfahrungen als auch die ästhetischen sensorischen Erfahrungen einen indirekten Einfluss auf die Wiederbesuchsabsicht ausüben.

Die erhobenen Daten bestätigen somit die Hypothesen H2, H3, H5, H6 und H7, während H1 und H4 abgelehnt werden. Abbildung 3 fasst die Ergebnisse der Hypothesenprüfung zusammen.

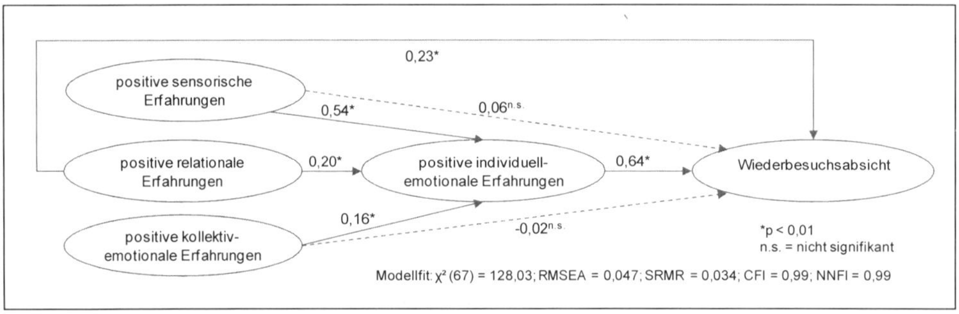

Abbildung 3: Ergebnisse der Modellprüfung

4. Zusammenfassung und Handlungsempfehlungen

Aufbauend auf der Computational Theory of Mind (Pinker 1997) wurden in diesem Beitrag fünf Arten von Erfahrungen herausgearbeitet, anhand derer sich Konsumerlebnisse im Rahmen von kollektiv-hedonistischen Dienstleistungen beschreiben lassen. Die Ergebnisse der ersten Studie zeigen für das untersuchte Musikfestival, dass vor allem die erwarteten positiven (a) sensorischen Erfahrungen, (b) relationalen Erfahrungen, (c) individuell- und (d) kollektiv-emotionalen Erfahrungen die Konsumenten zu einem Veranstaltungsbesuch motivieren, während die intellektuellen Erfahrungen eine untergeordnete

Rolle spielen. Gemäß der zweiten empirischen Studie beeinflussen die erlebten positiven relationalen Erfahrungen und die positiven individuell-emotionalen Erfahrungen die Wiederbesuchsabsicht direkt. Die positiven sensorischen sowie die kollektiv-emotionalen Erfahrungen prägen die Intention eines zukünftigen Festivalbesuchs ausschließlich auf indirektem Wege über die positiven individuell-emotionalen Erfahrungen, die als Mediator fungieren.

Insgesamt deuten die Ergebnisse darauf hin, dass Konsumerlebnisse bei kollektiv-hedonistischen Dienstleistungen, insbesondere Musikfestivals, anhand sensorischer, relationaler, individuell-emotionaler sowie kollektiv-emotionaler Erfahrungen konzeptualisiert werden können. Damit bestätigt die empirische Studie die mehrdimensionale Konzeptualisierung des Erlebniskonstruktes, hebt aufgrund der Mediatorrolle jedoch die zentrale Rolle der individuellen Emotionen als wichtige Erlebnisfacette hervor. Außerdem erweitert die hier vorgestellte Konzeptualisierung bisherige Modelle (Schmitt 1999; Gentile et al. 2007; Brakus et al. 2009) um kollektiv-emotionale und relationale Erfahrungen.

Der Vergleich der Ergebnisse beider Studien verdeutlicht außerdem, dass die sensorischen Erfahrungen (hinsichtlich Musik) zwar ein wichtiges Besuchsmotiv sind, jedoch ihr Einfluss auf die Wiederbesuchsabsicht von den positiven individuell-emotionalen Erfahrungen vollständig mediiert wird. Hier zeigt sich die begrenzte Aussagekraft von Motivstudien, bei denen die potenziellen Konsumenten lediglich über ihre Erwartungen Auskunft geben. Während Motive die Erstnutzung kollektiv-hedonistischer Dienstleistungen erklären können, scheint für die Prognose der Wiedernutzungsabsicht das Erlebniskonstrukt geeigneter.

Aus den Ergebnissen lassen sich *Handlungsempfehlungen* ableiten. Dabei gilt es zunächst zu berücksichtigen, dass Unternehmen lediglich die Rahmenbedingungen für Konsumerlebnisse bereitstellen können, während das Erlebnis und damit der Wert der Dienstleistung vom Konsumenten kreiert wird (Schmitt 2003, S. 102ff.; Gentile et al. 2007, S. 396; Vargo/Lusch 2008, S. 8). Wie Studie 2 verdeutlicht, ist das musikalische Angebot (sensorische Erfahrung) als Kernbestandteil der Dienstleistungsqualität für Anbieter im Festivalmarkt nicht der alleinige Schlüssel zur Kundenbindung. So sollten diese Unternehmen darauf achten, dass die Festivalteilnehmer miteinander derart interagieren, dass sich ein positiver Eindruck der Zusammengehörigkeit entwickeln kann. Diese relationalen Erfahrungen lassen sich bei kollektiv-hedonistischen Dienstleistungen anstoßen, indem Unternehmen neben der Kernleistung (z.B. Präsentation verschiedener Künstler) Angebote unterbreiten, die die Interaktionen zwischen den Konsumenten anregen (Drengner et al. 2012). Hierzu gehören Side-Events, bei denen sich die Zielgruppen gemeinsam aktiv betätigen können, wie beispielsweise gemeinsame „Funsport-Wettkämpfe“ in den „musikfreien“ Pausen an den frühen Nachmittagen von Festivals. Außerdem können Dienstleistungsunternehmen die relationalen Erfahrungen ihrer Kunden dadurch stärken, dass sie ihren Zielgruppen parallel zur eigentlichen Kernleistung dauerhaft die Möglichkeit geben, miteinander über soziale Netzwerke im Internet zu interagieren und eigene Communities zu entwickeln. Weiterhin sind die positiven kollektiv-emotionalen Erfahrungen der Kunden zu unterstützen, die ebenfalls indirekt die Wiederbesuchsabsicht determinieren. Zwar sind die Möglichkeiten zum Aufbau einer positiven Stimmung eingeschränkt (Santoro/Troilo 2007, S. 123), jedoch können Dienstleistungsunternehmen – ähnlich eines Dirigenten oder Dramaturgen – Prozesse anregen, die zu kollektiven Emotionen führen (Arnould/Price 1993, S. 28; Santoro/Troilo 2007, S. 123).

Letztlich bieten solche „erlebnissteigernden" Zusatzangebote ein attraktives Betätigungsfeld für Festivalsponsoren. Diese können während der Veranstaltung eigene Side-Events und Erlebnis-Plattformen präsentieren und somit nicht nur zusätzliche Wertangebote für Konsumerlebnisse schaffen, sondern gleichzeitig über eine verbesserte funktionale und nutzerbasierte Passfähigkeit zum Event die Wirkung ihrer Kommunikationsmaßnahme verbessern (Drengner et al. 2011).

5. Limitationen und Forschungsausblick

In ihrem Review des aktuellen Forschungsstands zum „Experience Marketing" stellen Tynan und McKechnie (2009, S. 512) fest, dass ein Großteil der bisherigen Arbeiten theoretischer Natur ist, während es an empirischen Studien mangelt. Der vorliegende Beitrag ist ein erster Schritt zur Behebung dieses Mangels, offenbart jedoch gleichzeitig weiteren Bedarf an empirischen Studien. So handelt es sich bei dem Untersuchungsgegenstand des Musikfestivals um einen Typ kollektiv-hedonistischer Dienstleistungen, der von Natur aus durch starke emotionale Erfahrungen geprägt ist (Santoro/Troilo 2007, S. 114f.). Dies mag ein Grund dafür sein, dass die Erlebnisfacette der *intellektuellen Erfahrung* in der ersten Studie als Motiv des Festivalbesuchs eine untergeordnete Rolle spielte. Dennoch sind andere kollektiv-hedonistische Dienstleistungen denkbar, bei denen die Konsumenten die intellektuelle Herausforderung als wichtige Facette ihres Konsumerlebnisses sehen (z.B. Bregenzer Festspiele, Tage der deutschsprachigen Literatur, Poetry-Slams).

Weiterhin wurden die *sensorischen Erfahrungen* lediglich anhand des auditiven Reizes der Musik operationalisiert, während andere sensorische Stimuli keine Berücksichtigung fanden. Insbesondere die Literatur zum Eventmarketing betont den Erlebnisvorteil multimodaler Erfahrungen (Drengner 2008, S. 250ff.; Zanger/Drengner 2009, S. 198). So können beispielsweise bei Musikfestivals sowohl durch die Gestaltung der Bühnen als auch durch die Auswahl des Veranstaltungsortes ansprechende visuelle Reize geboten werden. Veranstaltungsorte wie Ferropolis (Melt!-Festival, Splash!-Festival), der Nürburgring (Rock am Ring) und der ehemalige Flughafen Tempelhof (Berlin Festival, Bread&Butter) sind sowohl für Festivals als auch Messen und Marketing-Events begehrt. Weiterhin lassen sich durch die Auswahl der angebotenen Speisen und Getränke entsprechende Plattformen für außergewöhnliche Erfahrungen schaffen.

Bezüglich der *emotionalen Erlebnisfacetten* standen ausschließlich emotionale Erfahrungen mit positiver Valenz im Fokus der Studie, jedoch können kollektiv-hedonistische Dienstleistungen auch negative Emotionen hervorrufen. So sind negative emotionale Erfahrungen einerseits ein immanenter und von den Konsumenten erwarteter Teil bestimmter Dienstleistungen, wie z.B. beim gemeinsamen Erleben von Risikosportarten (z.B. „kontrollierte" Angst beim Wildwasserrafting), beim Konsum von Sportveranstaltungen (z.B. „kollektive" Trauer über das verlorene Halbfinalspiel der „eigenen" Fußballmannschaft) oder beim Besuch dramatischer Theaterstücke (z.B. Trauer über den Bühnentod eines Protagonisten) (Andrade/Cohen 2007). Andererseits können negative Emotionen durch Qualitätsmängel des Wertangebotes oder die Anwesenheit bzw. das Verhalten anderer Konsumenten bedingt sein (Pons et al. 2006).

Dies zusammenfassend sollten zukünftige Studien die Bedeutung der intellektuellen Erfahrungen, komplexer sensorischer Erfahrungen sowie negativer individuell-emotionaler Erfahrungen als Bestandteil von Konsumerlebnissen bei entsprechenden Dienstleistungen prüfen. Darüber hinaus gilt es zu berücksichtigen, dass Konsumerlebnisse nicht ausschließlich beim unmittelbaren Kontakt mit einem Wertangebot auftreten, sondern auch an einer Vielzahl von Kontaktpunkten im Vor- und Nachfeld des Konsums der Kernleistung (Schmitt 2003, S. 68f.; Heinonen et al. 2010, S. 534ff.). Somit sollten zukünftige Forschungen analysieren, in welchem Umfang die hier erarbeiteten Erlebnisfacetten an anderen Kontaktpunkten auftreten.

Literaturverzeichnis

Addis, M./Holbrook, M.B. (2001): On the Conceptual Link Between Mass Customisation and Experiential Consumption: An Explosion of Subjectivity, in: Journal of Consumer Behaviour, Vol. 1, No. 1, S. 50-66.

Andrade, E.B./Cohen, J.B. (2007): On the Consumption of Negative Feelings, in: Journal of Consumer Research, Vol. 34, No. 3, S. 283-300.

Arnould, E.J./Price, L.L. (1993): River Magic: Extraordinary Experience and the Extended Service Encounter, in: Journal of Consumer Research, Vol. 20, No. 1, S. 24-45.

Baumeister, R.F./Leary, M.R. (1995): The Need to Belong: Desire for Interpersonal Attachments as a Fundamental Human Motivation, in: Psychological Bulletin, Vol. 117, No. 3, S. 497-529.

Beyer, T. (2006): Determinanten der Sportrezeption: Erklärungsmodell und kausalanalytische Validierung am Beispiel der Fußballbundesliga, Wiesbaden.

Bowen, H.E./Daniels, M.J. (2005): Does the Music Matter? Motivations for Attending a Music Festival, in: Event Management, Vol. 9, No. 3, S. 155-164.

Brakus, J.J./Schmitt, B.H./Zarantonello, L. (2009): Brand Experience: What Is It? How Is It Measured? Does It Affect Loyalty?, in: Journal of Marketing, Vol. 73, No. 3, S. 52-68.

Bundesverband der Veranstaltungswirtschaft (Hrsg.) (2009): Bedeutung von Musik- und Nicht-Musikveranstaltungen, http://www.bdv-online.com/gfk (Zugriff am 26.08.2011).

Cacioppo, J.T./Petty, R.E. (1982): The Need for Cognition, in: Journal of Personality and Social Psychology, Vol. 42, No. 1, S. 116-131.

Carù, A./Cova, B. (2003): Revisiting Consumption Experience – A More Humble but Complete View of the Concept, in: Marketing Theory, Vol. 3, No. 2, S. 267-286.

Celsi, R.L./Rose, R.L./Leigh, T.W. (1993): An Exploration of High-Risk Leisure Consumption through Skydiving, in: Journal of Consumer Research, Vol. 20, No. 1, S. 1-23.

Charters, S. (2006): Aesthetic Products and Aesthetic Consumption: A Review, in: Consumption Markets & Culture, Vol. 9, No. 3, S. 235-255.

Cova, B. (1997): Community and Consumption: Towards a Definition of the "Linking Value" of Product or Services, in: European Journal of Marketing, Vol. 31, No. 3/4, S. 297-316.

Crompton, J.L./McKay, S.L. (1997): Motives of Visitors Attending Festival Events, in: Annals of Tourism Research, Vol. 24, No. 2, S. 425-439.

Drengner, J. (2008): Imagewirkungen von Eventmarketing, 3. Aufl., Wiesbaden.

Drengner, J./Gaus, H./Jahn, S. (2008): Does Flow Influence the Brand Image in Event Marketing?, in: Journal of Advertising Research, Vol. 48, No. 1, S. 138-147.

Drengner, J./Jahn, S./Gaus, H. (2012): Creating Loyalty in Collective Hedonic Services: The Role of Satisfaction and Psychological Sense of Community, erscheint in: Schmalenbach Business Review, Vol. 63, No. 1.

Drengner, J./Jahn, S./Gaus, H. (2010): Events and Loyalty Formation: The Role of Satisfaction, Felt Community, Emotional Experience, and Frequency of Use, in: Zanger, C. (Hrsg.): Stand und Perspektiven der Eventforschung, Wiesbaden, S. 151-165.

Drengner, J./Jahn, S./Zanger, C. (2011): Measuring Event-Brand Congruence, in: Event Management, Vol. 15, No. 1, S. 25-36.

Fornell, C./Larcker, D.F. (1981): Evaluating Structural Equation Models with Unobservable Variables and Measurement Error, in: Journal of Marketing Research, Vol. 18, No. 1, S. 39-50.

Gentile, C./Spiller, N./Noci, G. (2007): How to Sustain the Customer Experience: An Overview of Experience Components that Co-Creat Value With the Customer, in: European Management Journal, Vol. 25, No. 5, S. 395-410.

Gerrig, R.J./Zimbardo, P.G. (2008): Psychologie, 18. Aufl., München.

Hatfield, E./Cacioppo, J./Rapson, R.L. (1993): Emotional Contagion, in: Current Directions in Psychological Science, Vol. 2, No. 3, S. 96-99.

Heinonen, K./Strandvik, T./Mickelsson, K.-J./Edvardsson, B./Sundström, E./Andersson, P. (2010): A Customer-Dominant Logic of Service, in: Journal of Service Management, Vol. 21, No. 4, S. 531-548.

Helkkula, A. (2011): Characterising the Concept of Service Experience, in: Journal of Service Management, Vol. 22, No. 3, S. 367-389.

Hirschman, E.C./Holbrook, M.B. (1982): Hedonic Consumption: Emerging Concepts, Methods and Propositions, in: Journal of Marketing, Vol. 46, No. 3, S. 92-101.

Holbrook, M.B. (1994): The Nature of Customer Value: An Axiology of Services in the Consumption Experience, in: Rust, R.T./Oliver, R.L. (Hrsg.): Service Quality: New Directions in Theory and Practice, Thousand Oaks, S. 21-71.

Holbrook, M.B./Chestnut, R.W./Oliva, T.A./Greenleaf, E.A. (1984): Play as a Consumption Experience: The Roles of Emotions, Performance, and Personality in the Enjoyment of Games, in: Journal of Consumer Research, Vol. 11, No. 2, S. 728-739.

Holbrook, M.B./Hirschman, E.C. (1982): The Experiential Aspects of Consumption: Consumer Fantasies, Feelings, and Fun, in: Journal of Consumer Research, Vol. 9, No. 2, S. 132-140.

Institut für Demoskopie Allensbach (Hrsg.) (2011): Allensbacher Markt- und Werbeträger-Analyse, Allensbach.

Iyer, A./Leach, C.W. (2008): Emotion in Inter-Group Relations, in: European Review of Social Psychology, Vol. 19, No. 1, S. 86-125.

Joy, A./Sherry, J.F., Jr. (2003): Speaking of Art as Embodied Imagination: A Multisensory Approach to Understanding Aesthetic Experience, in: Journal of Consumer Research, Vol. 30, No. 2, S. 259-282.

Jöreskog, K.G./Sörbom, D. (2004): LISREL 8.7 for Windows [computer software], Lincolnwood.

Klaus, K. (2007): Banken und Erlebnisorientierung: Verhaltenswirkungen aus umweltpsychologischer Perspektive, Wiesbaden.

Kwortnik, R. J., Jr./Ross, W. T., Jr. (2007): The Role of Positive Emotions in Experiential Decisions, in: International Journal of Research in Marketing, Vol. 24, No. 4, S. 324-335.

Lacher, K.T./Mizerski, R. (1994): An Exploratory Study of the Responses and Relationships Involved in the Evaluation of, and in the Intention to Purchase New Rock Music, in: Journal of Consumer Research, Vol. 21, No. 2, S. 366-380.

Lee, Y.-K./Lee, C.-K./Lee, S.-K./Babin, B.J. (2008): Festivalscapes and Patrons' Emotions, Satisfaction, and Loyalty, in: Journal of Business Research, Vol. 61, No. 1, S. 56-64.

Madrigal, R. (2003): Investigating an Evolving Leisure Experience: Antecedents and Consequences of Spectator Affect During a Live Sporting Event, in: Journal of Leisure Research, Vol. 35, No. 1, S. 23-48.

McAlexander, J.H./Schouten, J.W./Koenig, H.F. (2002): Building Brand Community, in: Journal of Marketing, Vol. 66, No. 1, S. 38-54.

Pine, B.J.II/Gilmore, J.H. (2000): Erlebniskauf. Konsum als Erlebnis, Business als Bühne, Arbeit als Theater, München.

Pinker, S. (1997): How the Mind Works, New York.

Pons, F./Laroche, M./Mourali, M. (2006): Consumer Reactions to Crowded Retail Settings: Cross Cultural Differences between North America and the Middle East, in: Psychology & Marketing, Vol. 23, No. 7, S. 555-572.

Puca, R.M./Langens, T.A. (2008): Motivation, in: Müsseler, J. (Hrsg.): Allgemeine Psychologie, 2. Aufl., Berlin, S. 190-229.

Ramanathan, S./McGill, A.L. (2007): Consuming with Others: Social Influences on Moment-to-Moment and Retrospective Evaluations of an Experience, in: Journal of Consumer Research, Vol. 34, No. 4, S. 506-524.

Richins, M.L. (1997): Measuring Emotions in the Consumption Experience, in: Journal of Consumer Research, Vol. 24, No. 9, S. 127-146.

Santoro, C./Troilo, G. (2007): The Drivers of Hedonic Consumption Experience: A Semiotic Analysis of Rock Concerts, in: Carù, A./Cova, B. (Hrsg.): Consuming Experience, London, S. 109-125.

Schlesinger, T. (2010): Zum Phänomen kollektiver Emotionen im Kontext sportbezogener Marketing-Events, in: Zanger, C. (Hrsg.): Stand und Perspektiven der Eventforschung, Wiesbaden, S. 133-150.

Schmitt, B. (1999): Experiential Marketing: How to Get Customers Sense, Feel, Think, Act, and Relate to Your Company and Brands, New York.

Schmitt, B. (2003): Customer Experience Management. A Revolutionary Approach to Connecting with your Customers, Hoboken.

Schulze, G. (2005): Die Erlebnisgesellschaft: Kultursoziologie der Gegenwart, 2. Aufl., Frankfurt.

Smith, E.R./Seger, C.R./Mackie, D.M. (2007): Can Emotions Be Truly Group Level? Evidence Regarding Four Conceptual Criteria, in: Journal of Personality and Social Psychology, Vol. 93, No. 3, S. 431-446.

Tajfel, H./Turner, J.C. (1986): The Social Identity Theory of Intergroup Behavior, in: Worchel, S./Austin, W. (Hrsg.): Psychology of Intergroup Relations, Chicago, S. 7-24.

Thompson, C.J./Locander, W.B./Pollio, H.R. (1989): Putting Consumer Experience Back into Consumer Research: The Philosophy and Method of Existential-Phenomenology, in: Journal of Consumer Research, Vol. 16, No. 2, S. 133-146.

Tinsley, H.E.A./Eldredge, B.D. (1995): Psychological Benefits of Leisure Participation: A Taxonomy of Leisure Activities Based on Their Need-Gratifying Properties, in: Journal of Counseling Psychology, Vol. 42, No. 2, S. 123-132.

Tynan, C./McKechnie, S. (2009): Experience Marketing: A Review and Reassessment, in: Journal of Marketing Management, Vol. 25, No. 5/6, S. 501-517.

Uhrich, S./Benkenstein, M. (2010): Sport Stadium Atmosphere: Formative and Reflective Indicators for Operationalizing the Construct, in: Journal of Sport Management, Vol. 24, No. 2, S. 211-237.

Vargo, S.L./Lusch, R.F. (2008): Service-Dominant Logic: Continuing the Evolution, in: Journal of the Academy of Marketing Science, Vol. 36, No. 1, S. 1-10.

Weinberg, P. (1992): Erlebnismarketing, München.

Zanger, C./Drengner, J. (2009): Eventmarketing, in: Bruhn, M./Esch, F.-R./Langner, T. (Hrsg.): Handbuch Kommunikation: Grundlagen – Innovative Ansätze – Praktische Umsetzungen, Wiesbaden, S. 195-213.

Manfred Kirchgeorg und Beatrice Ermer

Wahrnehmungswirkung von Messeständen als temporären Markenerlebniswelten

---

Prof. Dr. *Manfred Kirchgeorg* ist Inhaber des Lehrstuhls für Marketingmanagement an der Handelshochschule Leipzig (HHL). Dipl.-Kffr. *Beatrice Ermer* ist wissenschaftliche Mitarbeiterin am Lehrstuhl für Marketingmanagement an der Handelshochschule Leipzig (HHL).

1. Einleitung

Live Communication (im Weiteren Live Com) ist inszenierte, erlebnisorientierte Kommunikation, die immer mehr zur Grundlage einer effizienten Zielgruppenansprache wird. Sie schafft Gelegenheiten für emotionale Markenerlebnisse, die positiv auf die Markenwahrnehmung einzahlen sollen (Lofman 1991). Auch zum Aufbau und zur Festigung von Markenvertrauen (Kirchgeorg et al. 2011) sowie von emotionalen Bindungen zwischen Kunde und Marke sind Markenerlebnisse ein wichtiger Baustein in der Markenführung (Fournier 1998; De Chernatony 2001; Agarwal/Malhotra 2005). Charakteristisch für die Live Com ist, dass „A company intentionally uses services as the stage, and goods as props, to engage individual customers in a way that creates a memorable event" (Pine/Gilmore 1998, S. 98), mit anderen Worten: Live Com initiiert den persönlichen Dialog in einem vom Unternehmen kontrollierten und gestalteten Umfeld, in dem Produkt- und Markenleistungen mit allen Sinnen erfahrbar werden (Kirchgeorg et al. 2009, S. 16). Vor allem in dieser Fähigkeit zur multisensualen Inszenierung liegt ihr größer Vorteil. Über die multisensuale Vermittlung von Markenerlebnissen werden einzigartige und nachhaltige Erinnerungen erzeugt, die wiederum einen wichtigen Beitrag zur Bildung und Pflege starker Marken leisten (Aaker 1996).

2. Stellenwert der Messen im Instrumentemix der Live Communication

Messen erfüllen die besonderen Merkmale und Anforderungen der Live Com und lassen sich deshalb, neben Brand Lands, Roadshows und Events, dem Live Com-Instrumentarium zuordnen (Kirchgeorg et al. 2009, S. 17). Sie sind als zeitlich begrenzte, wiederkehrende Marktveranstaltungen definiert, während der sich ausstellende Unternehmen an die Besucher richten und ihnen ihr Produkt- und Leistungsangebot präsentieren. An den Einsatz des Instruments Messe sind bestimmte Ziele geknüpft, die in den in Abbildung 1 genannten Wirkungsdimensionen zum Ausdruck kommen.

So dient die Messebeteiligung dazu, die Leistungs- und Markenqualität über persönliche Kundenkontakte zu vermitteln. Messen bieten die Gelegenheit zur Interaktion zwischen Aussteller und Besucher (Munuera/Ruiz 1999; Blythe 2002) innerhalb weniger Tage sowie das räumliche Erleben einer Marke mit allen Sinnen. Die Multifunktionalität der Kommunikationsplattform Messe (Jung 2010, S. 1; Kirchgeorg et al. 2010, S. 64) macht sie zu etwas ganz Besonderem (Buhl-Wagner/Schick-Okesson 2003). Darüber hinaus

Messen

Eigenschaften		Wirkungsdimensionen	
Persönlicher Kontakt	●	Demonstration Markenqualität	●
Emotionalität	◑	Erleben der Markenwelt	◑
Multisensualität	●	Differenzierung im Wettbewerb	◑
Interaktion	●	Steigerung der Markenloyalität	◑
Kontaktkosten	◑	Erhöhung der Kundenbindung	◑
Kontaktintensität	●	Aufbau des Markenimages	◑
Ortsgebundenheit	●	Erhöhung der Markenbekanntheit	◑
Zeitgebundenheit	◑	Aufbau von Markenvertrauen	◑
Kontrolle des Rezipientenumfelds	◑	Erhöhung Abverkauf	○
Erfahrbarkeit	◑		
Reichweite	◑		

● stark ausgeprägt ◑ mittel ausgeprägt ○ schwach ausgeprägt

Abbildung 1: Charakteristika und Zielsetzungen von Messebeteiligungen (Quelle: in Anlehnung an Kirchgeorg et al. 2009, S. 116)

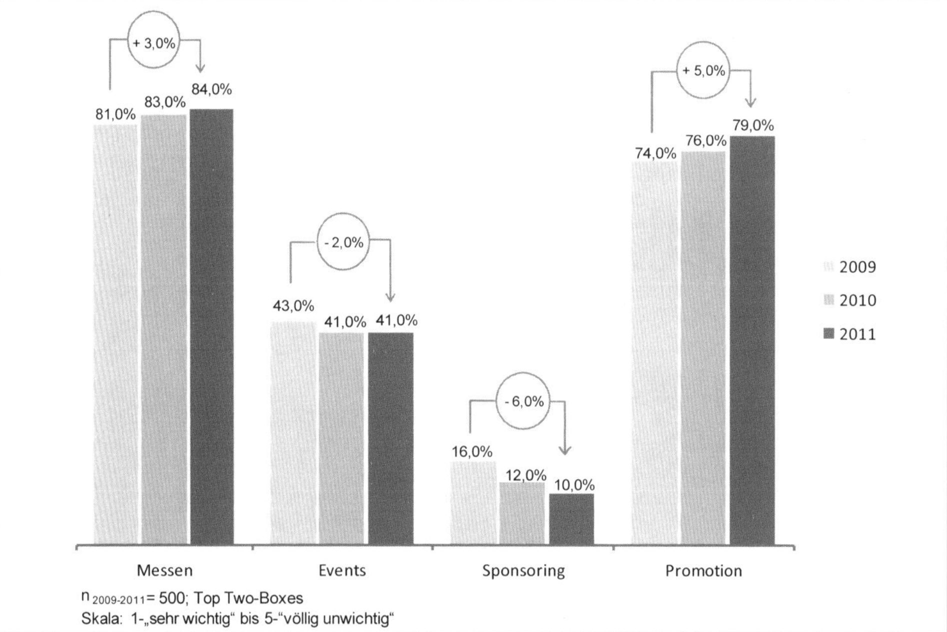

Abbildung 2: Bedeutungsentwicklung von Messen im Vergleich zu ausgewählten Live Com-Instrumenten für den Zeitraum 2009 bis 2011 (Quelle: AUMA MesseTrend 2009, S. 18; 2010, S. 19; 2011, S. 19)

sind die Erhöhung der Markenbekanntheit, der Aufbau des Markenimages sowie die Differenzierung im Wettbewerb weitere Ziele des Messeauftritts eines Ausstellers. Im Kommunikationsmix vieler Unternehmen wird den Messen deshalb nach wie vor eine hohe Bedeutung beigemessen (Bruhn 2011, S. 955; Kirchgeorg et al. 2011). In regelmäßigen Abständen durchgeführte Ausstellerbefragungen (AUMA 2011, S. 18f.) unterstreichen den besonderen Stellenwert der Messe im Mix der Live Com-Instrumente. In der Tendenz verzeichnet die Live Com trotz des Voranschreitens der digitalen Kommunikationsinstrumente in den letzten Jahren insgesamt wachsende Bedeutung (Abbildung 2).

Dieser Bedeutungszuwachs lässt sich generell darauf zurückführen, dass bei zunehmender Wettbewerbsintensität persönliche Markenerlebnisse einen entscheidenden Beitrag zur Differenzierung und Profilierung leisten. Mit der Ansprache von Konsumenten auf verschiedenen Sinnesebenen wird auf eine höhere Erlebnisqualität abgestellt, die eine intensivere Markenwahrnehmung ermöglicht. Verschiedene Studien (Gobé 2001; Lindström 2005; Springer 2008; Hultén et al. 2009; Kirchgeorg et al. 2009; Krishna 2009a; 2009b; Hoyer 2010; Kämmerer/Pütting 2010; Klepper/Mazanec 2010; Kilian 2011; Kracht/Kaebe 2011; Steiner 2011) stützen die Annahme, dass durch die Ansprache mehrerer Sinne vermittelte Botschaften, eine intensivere Verankerung im menschlichen Gedächtnis erfahren.

Die Wahrnehmung eines Unternehmens auf einer Messe wird im Wesentlichen durch den Messestand geprägt. Er trägt zum dreidimensionalen und multisensualen Erleben eines ausstellenden Unternehmens mit seinen Marken und Produkten bei (Milla 2003, S. 1093f.).

3. Der Messestand – Mehrdimensionales Markenerlebnis auf Zeit

Messestände erfüllen für Aussteller im Rahmen ihrer Messeauftritte eine Vielzahl an *Funktionen*. Hierzu zählen insbesondere:

- Aufmerksamkeitsfunktion
  (Erzeugung von Aufmerksamkeit bei Besuchern in einer Messehalle)
- Orientierungsfunktion
  (Standgestaltung als Orientierungshilfe bei der Besichtigung von Exponaten usw.)
- Informationsfunktion
  (Vermittlung der Corporate Identity, Markenidentität, von Produktinformationen)
- Trägerfunktion
  (Exponate, technische Einrichtungen)
- Lagerfunktion

(Produkte für den Verkauf, Broschüren usw.)
- Versammlungsfunktion
  (Flächenbereitstellung, z.B. für Präsentationen, Vorträge)
- Abgrenzungsfunktion
  (offene vs. geschlossene Standbaukonzepte)

Es ist anzunehmen, dass die via Messestand vermittelten markenbezogenen Informationen sowie die Art und Weise ihrer Vermittlung das in den Köpfen der Besucher existierende Markenimage des Ausstellers wesentlich beeinflussen. Damit ein Messestand die Marke des Unternehmens in die Köpfe der Zielgruppe transportiert, ist es wichtig, dass eine Standkonzeption auf Grundlage der vom Unternehmen definierten *Markenidentität* entwickelt wird (siehe Abbildung 3). Nur dann ist sichergestellt, dass ein Besucher den Messestand und die Exponate gemäß der Markenidentität wahrnehmen kann – in der Hoffnung, dass sich hierdurch ein profiliertes und identitätsorientiertes Markenimage herausbildet. Ist die Standkonzeption mit ihren Elementen wie Form, Farbe, Raum und Material nicht in der Lage, die Markenidentität eines Unternehmens adäquat zu vermitteln, zahlt der Messestand nicht auf die Stärkung eines Markenimages ein. In der Praxis ist leider häufig zu beobachten, dass markenidentitätsbasierte Standkonzepte eher die Ausnahme denn die Regel sind. Insbesondere Standard-Standbaukonzepte bieten vielfach kaum Möglichkeiten, ein einzigartiges und identitätsorientiertes Standdesign zu entwickeln.

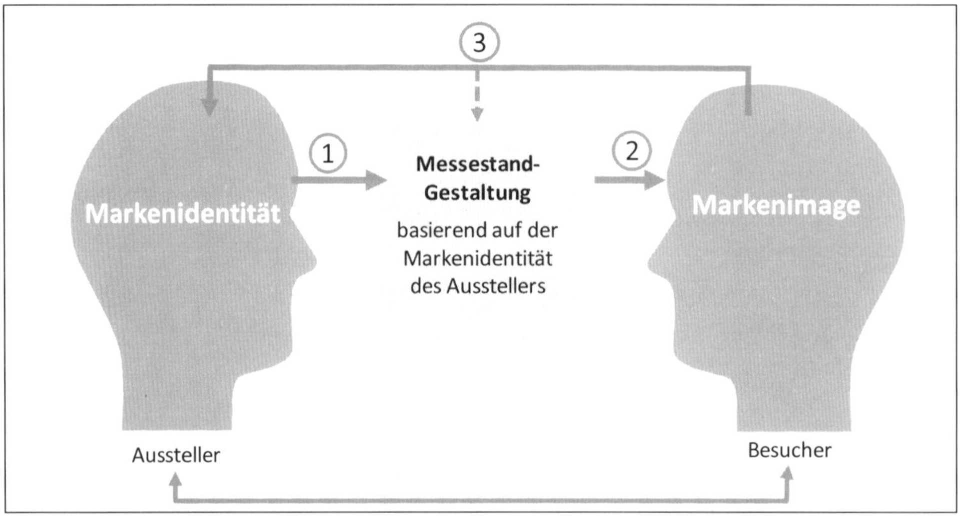

Abbildung 3: Markenidentitätsbasierte Gestaltung von Messeständen

Im Kontext einer identitätsbasierten Markenführung kommt der visuellen Gestaltung des Messestands als Teildimension einer multisensualen Vermittlung von Kommunikationsinhalten wesentliche Bedeutung zu. Einzigartigkeit und der Ausdruck der Unternehmens- bzw. Markenidentität gelten nach einer Studie von Expodata als wichtige Erfolgsfaktoren eines Messeauftritts (Expodata 2009/10, S. 13) und damit auch als Erfolgsfaktoren einer Messestandgestaltung. Deshalb sollten *Markenidentitäts-Richtlinien* den übergeordneten Rahmen für die Standgestaltung bilden.

Trotz zunehmenden Kostendrucks und Voranschreitens von Standard-Standbaukonzepten signalisierten Aussteller im Jahr 2010/11, dass sie für den Standbau in den kommenden Jahren einen größeren Budgetanteil reservieren wollen (AUMA 2011). Umso mehr stellt sich die Frage, wie sichergestellt werden kann, dass die Investitionen in den Messestand auch in optimaler Weise auf die Markenwahrnehmung der Besucher einzahlen. Bevor eine Messestandkonzeption umgesetzt bzw. ein bestehendes Standdesign mit Blick auf diese Zielerreichung erstellt wird, ist zu untersuchen, was Besucher überhaupt wahrnehmen bzw. voraussichtlich wahrnehmen werden. Als probate Methode für eine solche Analyse ist das psychobiologische *Verfahren der Blickregistrierung* zu betrachten.

3.1 Erfassung der Standwahrnehmung und -wirkung mittels eye tracking

Der Mensch ist täglich einem großen Reizangebot ausgesetzt. Da er nicht alle auf ihn einwirkende Reize verarbeiten kann, werden Reize, die in seiner Wahrnehmung unterhalb eines bestimmten Schwellenwerts liegen, herausgefiltert. Die räumliche Markeninszenierung auf Messen hat die Aufgabe, durch optimale Anregung des Messebesuchers Interesse und Aufmerksamkeit zu wecken und beide auf freiwilliger Basis zu binden. Um einen Messestand so zu gestalten, dass er im Wettbewerb die Marke des Ausstellers adäquat repräsentiert und die Aufmerksamkeit der Besucher weckt, muss er sich aus der Masse an Ständen abheben. Gesicherte Kenntnisse über die Aufmerksamkeitsstärke visueller Elemente der Standgestaltung können dabei hilfreich sein. Doch a priori ist unsicher, ob ein Messestanddesign entsprechende Aufmerksamkeits- und Imagewirkungen entfaltet.

In diesem Zusammenhang kann das seit Jahrzehnten erprobte apparative Verfahren der *Blickverlaufsmessung* erste Hinweise darüber geben, inwieweit bestimmte Elemente eines Messestandes eine Aufmerksamkeitswirkung beim Besucher erzeugen. Durch die neue Generation mobil einsetzbarer Geräte findet die Blickverlaufsmessung zunehmende Verbreitung im Marketing. Grundsätzlich ermöglicht *eye tracking* den Blickverlauf eines Probanden beim Betrachten eines Gegenstands, einer Anwendung oder einer Szenerie aufzuzeichnen. Dazu werden die Bewegungen des Auges im Betrachtungsprozess (Sakkaden) festgehalten, ebenso wie die Dauer der „Ruhepausen" des Auges (Fixation) bestimmter Betrachtungspunkte. Aus mit eye tracking erhobenen Blickdaten können Aussagen darüber abgeleitet werden, wann, wie lange, wie häufig und in welcher Reihenfolge eine Person einzelne Elemente eines visuellen Stimulus betrachtet hat. Aus diesen Erkenntnissen wiederum lassen sich Hinweise auf die Effektivität der Gestaltung eines Stimulusdesigns gewinnen (Chandon et al. 2009).

Im Marketing wird eye tracking primär zur Erforschung der Werbewirkung (Wedel/Pieters 2008; Hofer/Mayerhofer 2010) eingesetzt. In den letzten Jahren hat die Methode aber auch zur Untersuchung von Laden-, Regal- (Berghaus 2005) und POS-Gestaltung (Chandon et al. 2007; Schiessl/Diekmann 2007) Anwendung gefunden. Für die Analyse der Messestandgestaltung, d.h. die Untersuchung der Aufmerksamkeits- und Wahrnehmungsprozesse in Bezug auf einen Messestand bzw. ein Messestanddesign, kam die Methode bislang nicht zum Einsatz. Es ist jedoch davon auszugehen, dass sich die Blickregistrierung im dargelegten Kontext eignet, um folgende Fragen zu beantworten: Erfährt der Messestand eines Ausstellers im Wettbewerbsumfeld die erforderliche Aufmerksamkeit der Zielgruppe? Mit welcher Intensität setzen sich die Mitglieder der Zielgruppe mit dem Stand auseinander? Finden bestimmte Elemente überhaupt Beachtung? Wie verläuft der Blick am Messestand?

Eine detaillierte Beschreibung methodenspezifischer Aspekte kann in diesem Beitrag nicht vorgenommen werden. Dazu sowie zur Darstellung von Vor- und Nachteilen wird auf die Arbeiten von z.B. Berghaus (2005), Hofer und Mayerhofer (2010) oder Jacob und Karn (2003) verwiesen.

3.2 Visuelle Wahrnehmung von Messeständen

Menschliche Wahrnehmung beruht primär auf mit den Augen aufgenommenen Informationen. Sie ist als Fähigkeit des Menschen zur Aufnahme optischer Reize, Unterscheidung, Verarbeitung, Einordnung und Interpretation dieser sowie entsprechender Reaktion darauf zu verstehen (Zimmer 2005). Mehr als 80 Prozent aller Umweltreize werden mit den Augen aufgenommen, was den visuellen Sinn damit zu einem der wichtigsten menschlichen Sinne erhebt. Das sehr komplexe Organ Auge ähnelt in seiner Funktionsweise einer Kamera (Goldstein 2002, S. 46). Der Bereich des schärfsten Sehens (Fovea centralis) ist sehr klein (Blickwinkel von 2°), weshalb der Mensch nicht alles, was praktisch in seinem Blickfeld liegt, mit einem Blick erfassen kann. Um das Vorhandene zu erfassen muss sich das Auge bewegen. Im Zuge dessen wird der foveale Bereich immer wieder neu ausgerichtet. Sehen setzt sich somit aus einer Vielzahl von sprunghaften Augenbewegungen (Sakkaden), die dem Betrachter nicht bewusst sind und während dieser der Mensch nahezu „blind“ ist, sowie aus Ruhepausen der Augen (Fixationen), in denen der Blick kurz auf einem Punkt verweilt zusammen (Kroeber-Riel et al. 2009, S. 315). Beide „Augenbewegungen“ finden im Wechsel statt. Visuelle Informationsaufnahme ist de facto nur während einer Fixation möglich (Rayner 1998; Rayner/Castelhano 2008; Wedel/Pieters 2008; Kroeber-Riel et al. 2009, S. 315). Die Augen stehen dann quasi „still“, was Voraussetzung für die Projektion eines klaren Bildes des Reizes ist, der die Information vermittelt. Zusätzlich wird Wahrnehmung auch von kognitiv und affektiv geprägten Prozessen begleitet (Goldstein 2002). Basierend auf der Annahme, dass der optische Sinn die visuelle Beurteilung beeinflusst, lassen sich mit der Aufzeichnung des

Blickverhaltens in verschiedenen Phasen der Messestandgestaltung und -umsetzung Daten generieren, die bei der Bewertung von Messestanddesigns unterstützend herangezogen werden können. Gleichermaßen hilfreich können diese Daten im Prozess der finalen Entscheidungsfindung sein, wenn es darum geht hinsichtlich der Umsetzung eines der Designs zu einer Entscheidung zu gelangen.

Nach Kukonnen (2005) existiert ein Zusammenhang zwischen dem menschlichen Blickverhalten und der Bewertung von Design. Eye tracking – kombiniert mit einer Befragung – ist daher als geeignete Methode zur Designbewertung auf den verschiedenen Stufen des Designprozesses anzusehen. Ausgehend davon, dass nach bestem Wissen der Autoren keine Studien existieren, in denen eye tracking zur Analyse von Messestanddesigns oder bestehender Messestände bislang eingesetzt wurde, hat der Lehrstuhl für Marketingmanagement an der Handelshochschule Leipzig Anfang des Jahres 2011 in Kooperation mit dem Energieversorger E.ON ein Forschungsprojekt realisiert, in dem mobile Blickregistrierung kombiniert mit einer Befragung eingesetzt wurde. Gegenstand des Forschungsprojekts war die Analyse der Wahrnehmung und Wirkung von sowohl zweidimensionalen Messestandentwürfen (Renderings) als auch eines realen Messestands während einer Messe.

3.3 Fallstudie: Messestand der E.ON AG für die E-world energy & water

E.ON ist eins der führenden Unternehmen im Energiemarkt, das seine Privat-, Geschäfts- und Industriekunden mit Strom, Erdgas, Wärme und Wasser versorgt. Das Unternehmen beteiligt sich seit mehreren Jahren mit einem circa 700m² großen Messestand als Aussteller an der jährlich Anfang Februar in Essen stattfindenden wichtigsten Messe der Energie- und Wasserwirtschaftsbranche, der Leitmesse E-world energy & water (www.e-world-2012.com). Auf die Führung und Positionierung der Marke E.ON hat das Unternehmen seit seiner Gründung im Jahr 2001 großes Augenmerk gelegt. Der Messestand, mit dem sich das Unternehmen auf der Branchenleitmesse präsentiert, ist ein wichtiges Repräsentationsobjekt in der Kundenkommunikation. Deshalb wird großer Wert darauf gelegt, dass im Messestand die Markenidentität des Unternehmens in hohem Masse zum Ausdruck kommt. Ergebnisse von Wirkungsanalysen des bis zum Jahr 2009 eingesetzten Messestanddesigns hatten gezeigt, dass die durch die Standgestaltung transportierte Markenidentität noch nicht den Zielvorstellungen des Unternehmens entsprach. Daraufhin sowie auf der klaren Zielvorgabe aufbauend, den Stand so zu gestalten, dass dieser (a) die Markenidentität noch deutlicher ausdrückt und (b) er noch besser zum Image des Unternehmens auf Zielgruppenseite passt, wurde mit Hilfe einer Agentur ein neues Messestandkonzept erarbeitet und Anfang des Jahres 2010 umgesetzt. Mit Blick auf eine markenadäquate Gestaltung wurden im Folgejahr einzelne Elemente in leichten Nuancen weiter adaptiert (Abbildung 4). Die wichtigsten, für den Einsatz des neuen

Messestands Anfang 2010, überarbeiteten Elemente sind die Folgenden (Uniplan 2010):

- Geschwungenes Dach.
  Dieses greift die sich auch im Markenlogo wiederfindende Formensprache (Rundungen) auf und stützt sich damit auf die Vorgaben durch CI bzw. CD. Aus funktionaler Perspektive strukturiert das Dach die einzelnen Standbereiche und schafft so Orientierung für Standpersonal und -besucher. Aus gestalterischer Perspektive soll die prägnante Erscheinung des Daches auf die Wiedererkennbarkeit der Marke einzahlen. Gleichzeitig verkörpert das Dach durch seine Form und die Integration in die gesamte Standgestaltung „Offenheit" und „Nahbarkeit" sowie „Stärke" und „Schutz".
- Heller Holzboden.
  Mit dem spezifischen Materialeinsatz verbunden ist das Ziel, dem Stand seine „kalte", „klinische" Anmutung zu nehmen. Stattdessen soll ein Gefühl von „Wärme" und „Nähe" hervorgerufen werden – Assoziationen, die im Zusammenhang mit dem Material Holz oft genannt werden (Heuer 1983, S. 110; o.V. 1983, S. 92). Auch soll das Material auf das Wohlgefühl von Standpersonal und -besuchern gleichermaßen einzahlen. Im Zusammenspiel mit den Unternehmensfarben unterstreicht den Holzboden der Ausdruck von „Hochwertigkeit".
- Weiße Farbgebung.
  Sie dominierte das Standdesign in den vergangenen Jahren und wird aus Gründen der Wiedererkennbarkeit beibehalten. Einen weiteren Grund zu dieser Entscheidung liefert der Branchentrend zum großflächigen Einsatz der Farbe Weiß an Messeständen. Mit der Integration der zweiten Unternehmensfarbe Rot, die sich in Bildschirmen, im Mobiliar, in der Beleuchtungseinfassung, in den Logos, den Informationsterminals und anderen Gestaltungselementen wiederfindet, werden einzelne, wichtige Akzente gesetzt. Diese sollen einerseits auf die Wiedererkennbarkeit der Marke anhand der Unternehmensfarben einzahlen, andererseits tragen sie dazu bei, dem „Kälte"-Gefühl durch die Weiß-Dominanz entgegenzuwirken.

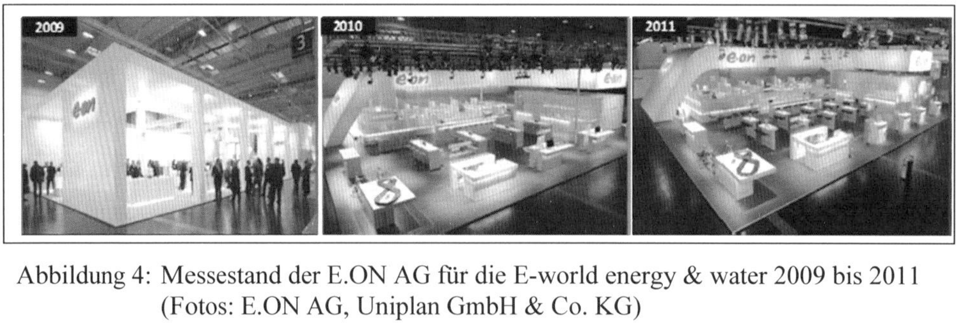

Abbildung 4: Messestand der E.ON AG für die E-world energy & water 2009 bis 2011 (Fotos: E.ON AG, Uniplan GmbH & Co. KG)

Untersuchungsgegenstand der ersten durchgeführten Studie des Forschungsprojekts, einer *Laborstudie*, waren farbige Messestandrenderings analysiert. Diese wurden in einem abgedunkelten Raum über einen an der Raumdecke installierten Beamer im Format 250 cm x 185 cm an eine weiße, ebene Wand projiziert. Für die untersuchten Messestandentwürfe der Jahre 2010 und 2011 waren jeweils drei Perspektiven auf den Stand ausgewählt worden und diese jeweils in eine Bildsequenz von insgesamt sechs Messeständen eingebettet. Abbildung 5 zeigt die drei gewählten Perspektiven beispielhaft für den Standentwurf aus dem Jahr 2010.

Abbildung 5: Übersicht der drei Perspektiven für den Standentwurf 2010 (Quelle: Uniplan 2010)

Die Auswahl der drei Perspektiven auf den Stand für jeden der beiden Standentwürfe erfolgte so, dass

- diese sich nahezu ähnelten und
- durch die Einblendung während der Blickmessung ein Herumgehen um den Stand simuliert werden konnte.

Vor der Blickmessung wurden die Studienteilnehmer in einem dem Labor angegliederten Raum mit einem standardisierten Fragebogen schriftlich befragt (Abbildung 6,1). Im Anschluss folgten die Erläuterung der Funktionsweise des eye trackers (Glasses der Firma Tobii, Abbildung 6,2) und die Kalibrierung des Gerätes. Auf dem Weg in das Labor hatten die Testpersonen Zeit, sich an die „Brille" zu gewöhnen. Im Labor erfolgte die Aufzeichnung der Blickbewegungen während der Einblendung der Renderings (Abbildung 6,3). Für die Einblendung der einzelnen Renderings und deren Betrachtung gab es kein Zeitlimit. Die im Anschluss an die Blickmessung durchgeführte Befragung fand im gleichen Raum wie für die Vorbefragung anhand eines standardisierten Fragebogens statt. Die gesamte Stichprobe umfasst 56 Teilnehmende. 55 Datenfälle sind in die empirische Auswertung eingegangen.

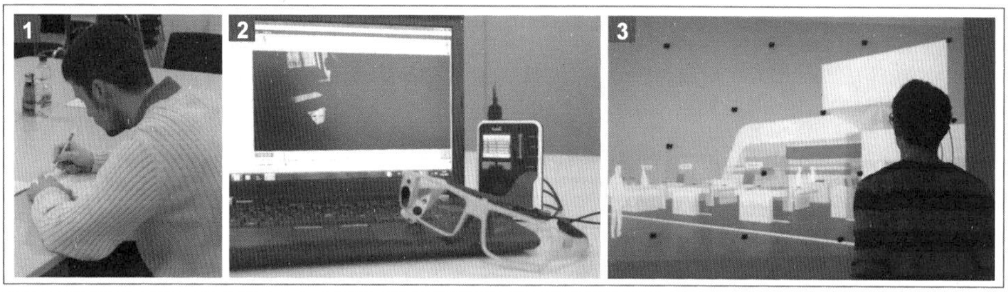

Abbildung 6: Einsatz von Befragung und mobiler eye tracking-Technologie in der Laborstudie

Die deskriptiven Ergebnisse der *Vorher-Befragung* zeigen, dass das in den Köpfen der Befragten vorherrschende Markenbild zu E.ON eher undeutlich ist („mäßig klar und lebendig" – 32,7 Prozent, „vage und undeutlich" – 25,5 Prozent). Dies kann Ursache für die lediglich von einem Viertel der Befragten (25,5 Prozent, Top Two Box auf 7er-Skala) mit gut bis sehr gut angegebene Bewertung der Marke E.ON sein. Für die Befragten zeichnet sich das Unternehmen vor allem durch seine „führende Stellung im Markt" ($Ø_G$ 1,87), „gesicherte Energieversorgung" ($Ø_G$ 2,06) und „Energieexpertise" ($Ø_G$ 2,57) aus. Diese Aussagen erhielten auf einer 7er-Skala mit 1 als dem besten Wert die größte Zustimmung.

Für die *Blickmessung* wurden für die je Standentwurf ausgewählten drei Perspektiven Blickdaten erhoben. Pro Proband erfolgte die Blickmessung nur für einen der Standentwürfe. Die Analyse der Blickdaten für den Standentwurf aus dem Jahr 2010 zeigt, dass in allen drei Perspektiven neben dem Dach (Visit count (VC) = 238) die Informationsterminals den Blick am stärksten anziehen (VC = [92,183]). Mit diesen Elementen besteht im Durchschnitt und insgesamt auch der längste Blickkontakt (ohne Abbildung). Danach folgen – je nach Perspektive – entweder das Markenlogo oder die schemenhaften Umrisse von Personen. Abbildung 7 stellt beispielhaft die Analyse des Entwurfs aus dem Jahr 2010 für alle drei Perspektiven dar.

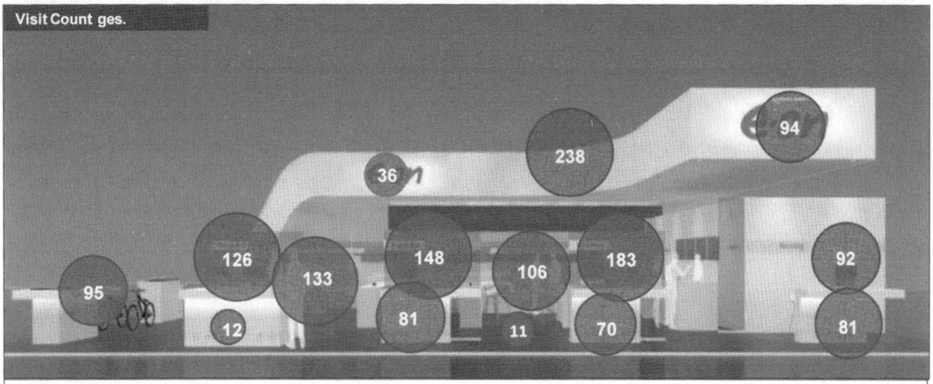

Legende:

Angaben sind Absolutzahlen
Darstellung für Gruppe $_{Stimulus\ 1}$ (n = 26)

Visit Count gesamt:

Parameter, der die gesamte Anzahl der Blickkontakte (nicht Fixationen!) für ein Interessenfeld (Area of Interest, AOI) angibt. Ein Blickkontakt ist die Zeitspanne zwischen erstmaliger Fixation der AOI und der ersten Fixation außerhalb dieser AOI. Der Parameter kann als Indikator für die Aufmerksamkeitsbeurteilung fungieren.

Abbildung 7: Gesamtanzahl der Blickkontakte für ausgewählte Messestandelemente

Der Blickdatenauswertung für den Standentwurf 2011 ist zu entnehmen, dass sich die Aufmerksamkeitswirkung von der Beschriftung der Informationsterminals bzw. die in den Unternehmensfarben gestalteten Informationstafeln in der ersten Perspektive zum Welcome Desk in der zweiten Perspektive und schließlich zu einer Carrerabahn in der dritten Perspektive verschiebt. Die Elemente mit dem häufigsten Blickkontakt wurden jeweils auch am längsten betrachtet.

Offensichtlich, so eine erste Schlussfolgerung, sind die aufmerksamkeitsstärksten Elemente in beiden Entwürfen die zur Vorderseite des Stands platzierten Informationsterminals, die über das Unternehmen informieren, „näher am Besucher“ dran sind und den Blick auf das „Geschehen“ hinter den Terminals einschränken. Auch die auf den Terminals angebrachten PC-Bildschirme mit rotem Hintergrund könnten durch ihre aufmerksamkeitsstarke Farbwirkung den Blick anziehen.

In der *Nachher-Befragung* geben insgesamt etwas mehr als die Hälfte der Befragten an, dass ihnen der E.ON-Messestand gefallen hat (53,7 Prozent, Top Boxes). Aus den offenen Nennungen geht hervor, dass es primär das ansprechende, einladende und dabei gleichzeitig auf das Wesentliche reduziert wirkende Standdesign bzw. die Standform ist. An dieses können sich die Testpersonen ungestützt offensichtlich am besten erinnern.

Der *Fit von Messestandentwurf und Marke* fällt neutral aus ($Ø_G$ 3,27 auf einer 7er-Skala mit 1 als bestem Wert). Damit wird der Entwurf weder besonders gut zur Marke passend noch wird er als gänzlich unpassend wahrgenommen. Verglichen mit dem Messestand aus dem Jahr 2009 kann der neue Standentwurf vor allem hinsichtlich des Aspekts Offenheit punkten. Er wirkt außerdem deutlich nahbarer (50 Prozent sehen den Stand hinsichtlich der Eigenschaft „offen" in der 1. Nennung auf Platz 1).

Das Ziel der während der Messe E-world durchgeführten *Feldstudie* bestand in der Analyse der Wahrnehmung und Wirkung des realen Messestands und damit des räumlichen Erlebnisses der Marke E.ON. Während der dreitägigen Feldzeit wurde mobiles eye tracking (Glasses der Firma Tobii; Abbildung 8) in Kombination mit einer Vorher-Nachher-Befragung eingesetzt. Teilnehmer für die Studie wurden an den drei Messetagen vor Ort rekrutiert. Im Anschluss an die Vorher-Befragung und Erläuterung der Funktionsweise des Blickaufzeichnungsgeräts wurde die Kalibrierung des Geräts vorgenommen und die Aufgabe erklärt. Nach Beendigung der Blickdatenerfassung wurden die Teilnehmenden mittels standardisiertem Fragebogen erneut befragt. Insgesamt konnte eine Stichprobe mit 34 Probanden generiert werden.

Die Ergebnisse der deskriptiven Analyse der Vorher-Befragung zeigen, dass 42,4 Prozent der Befragten ein relativ klares und lebendiges Bild von E.ON vor Augen haben (Top Two Boxes). Nur 26,3 Prozent (Top Two Boxes) bewerten die Marke hingegen mit gut bis sehr gut. E.ON zeichnet sich für die Befragten vor allem durch seine „führende Stellung im Markt" ($Ø_G$ 1,42), seine „Energieexpertise" ($Ø_G$ 1,79) und „gesicherte Energieversorgung" ($Ø_G$ 1,85) aus. Diese Aussagen erhielten auf einer 7er-Skala mit 1 als bestem Wert die größte Zustimmung. Hinsichtlich der Aspekte, durch die sich E.ON für die Befragten auszeichnet, kommen Labor- und Feldstudie zu nahezu dem gleichen Ergebnis.

Abbildung 8: E.ON-Messestand während der Messetage und Besucher mit eye tracking-„Brille"
(Fotos: E.ON, eigene)

Gründe für den Besuch der E-world energy & water (Angaben jeweils Top Two Boxes) sind nach Angaben der Befragten vor allem „Inspiration" (60,6 Prozent), die „Pflege geschäftlicher Kontakte" (57,6 Prozent) und die „Repräsentation des eigenen Unternehmens" (53,3 Prozent). Das zeigt, dass Messebesucher etwas erleben wollen und gleichzeitig der direkte Kontakt zu Menschen von Bedeutung ist.

Ausgehend von der Aufgabenstellung für die Studienteilnehmer wurden für die Auswertung der Blickdaten zwei Phasen unterschieden. In der ersten, als „unbewusst" bezeichneten Phase der Messung, war den Probanden nicht bekannt, dass der E.ON-Messestand Hauptgegenstand der Untersuchung ist. In der zweiten, als „bewusst“ bezeichneten Phase, waren die Testpersonen gebeten, sich explizit den E.ON-Messestand anzusehen und ihn „auf sich wirken zu lassen“.

Aus den Ergebnissen der Datenauswertung für die *erste Betrachtungsphase* ist hinsichtlich der relativen Blickhäufigkeit (rVC) ersichtlich, dass das „Element“ Menschen am Stand oder in der Nähe des Standes am aufmerksamkeitsstärksten ist (rVC 44,7 Prozent). Danach richtet sich der Blick am häufigsten auf die Beschriftungen der Informationsterminals (rVC 15,0 Prozent) und schließlich auf die an diesen Terminals angebrachten Computerbildschirme (rVC 7,0 Prozent). Hinsichtlich der relativen Blickdauer (rVD) weilt der Blick am längsten auf Menschen am Stand bzw. in unmittelbarer Nähe des Standes (rVD 55,7 Prozent). Danach folgen die Beschriftung der Informationsterminals (rVD 9,9 Prozent) und die Computerbildschirme (rVD 7,4 Prozent).

Die längere Verweildauer des Blickes auf den Elementen Informationsterminalbeschriftung und Computerbildschirme ergibt sich, so kann vermutet werden, weil die Probanden bemüht sind, den Text zu lesen.

In der *zweiten Betrachtungsphase*, der „bewussten“ Phase, wandert der Blick am häufigsten auf das „Element“ Menschen am Stand oder in dessen Nähe (rVC 44,5 Prozent). Am zweithäufigsten richtet sich der Blick auf die Carrerabahn mit ihren zwei Fahrrädern, mit Hilfe deren die Autos auf der Bahn angetrieben werden (rVC 13,4 Prozent) und am dritthäufigsten auf das geschwungene Dach des Standes (rVC 9,6 Prozent). Am längsten verweilt der Blick auf den Menschen (rVD 65,2 Prozent) und auf der Carrerabahn (rVD 11,7 Prozent). An dritter Stelle bei der Betrachtungsdauer stehen die roten Logos des Unternehmens (rVD 5,3 Prozent), die an verschiedenen Seiten des Daches angebracht sind.

Aus dem Vergleich der Ergebnisse beider Betrachtungsphasen kann festgehalten werden, dass das „Element“ Menschen am E.ON-Stand oder in dessen unmittelbarer Nähe in beiden Phasen der Blickaufzeichnung am aufmerksamkeitsstärksten ist. Während in der ersten Phase („unbewusst“) dann „Informationselemente“ wie die Informationsterminals und Computerbildschirme am häufigsten und längsten betrachtet werden, sind es in der zweiten Phase („bewusst“) die Carrerabahn sowie unter Gesichtspunkten der Markenidentität gestaltete Elemente (Dach, Logo). Es kann daher geschlussfolgert werden, dass sich Messebesucher beim Schlendern durch die Hallen an den Menschen, die sie an einem Stand sehen, orientieren und basierend auf dem Eindruck, den sie durch die Menschen gewinnen, eine Entscheidung über weitergehen oder stehenbleiben treffen. Ein nur in begrenztem Umfang vom Unternehmen gestaltbares „Standelement“ hat damit für den Messeauftritt wesentliche Bedeutung. Weniger Aufmerksamkeit erfahren im dargestellten Fallbeispiel diejenigen Elemente (Standdach, Fussboden), die – ausgehend von der Markenidentität – sehr bewusst gestaltet wurden.

Die Ergebnisse der deskriptiven Analysen von durch die *Nachher-Befragung* ermittelten Daten zeigen, dass insgesamt 90,3 Prozent der Befragten der Stand etwas gut bis sehr gut gefallen hat (Top Boxes). Begründet wird das Gefallen (offene Nennung) mit der Offenheit des Standes, seinem Design und der eye-catcher-Kombination Carrerabahn mit Fahrrädern. Den Gesamteindruck etwas geschmälert haben die kühle Wirkung des Standes und der Mangel an Exponaten (Mehrfachnennung). Mit einem Durschnitt von 1,93 auf einer 7er-Skala, mit 1 als bestem Wert, wird der Messetand insgesamt als zur Marke passend beurteilt.

4. Schlussbetrachtung

Mit Blick auf die Ergebnisse aus Labor- und Feldstudie, zeigt sich, dass eye tracking in Kombination mit einer Befragung als geeignetes Verfahren zur Analyse von Messestandkonzeptionen und Designentwürfen anzusehen ist. Komplexe Wahrnehmungs- und Wirkungsanalysen kombinieren idealerweise *Rezeptions- und Befragungsdaten*. Während in der Laborstudie vor allem die Informationsterminals und das Dach in den jeweiligen Standentwürfen die Aufmerksamkeit der Betrachter angezogen haben, hat sich dies in der Feldstudie zumindest für die erste Phase („unbewusst") bestätigt, von der starken Aufmerksamkeitswirkung des „Elements" Mensch einmal abgesehen. Auch für das Element „Dach" ist zu konstatieren, dass es die Blicke anzieht, allerdings erst, wenn der Stand des Ausstellers ganz bewusst betrachtet wird. Durch die Auswertung von Blickdaten lassen sich Hinweise darüber erlangen, ob diejenigen Elemente der visuellen Standgestaltung, die die Aufmerksamkeit des Besuchers auf den Stand lenken, die Wiedererkennbarkeit des Ausstellers unterstützen und die Markenidentität zum Ausdruck bringen, überhaupt wahrgenommen werden. Auch zeigt sich, wie lange die Elemente voraussichtlich betrachtet werden und wie häufig der Blick zu ihnen wandert. Dies ermöglicht Rückschlüsse auf die Informationsaufnahme. Der frühzeitige Einsatz des Verfahrens bereits in der Konzeptionsphase von Live Com-Instrumenten im Allgemeinen und Messeständen im Besonderen ist als Beitrag für eine den Zielsetzungen entsprechende optimale visuelle Gestaltungskonzeption zu empfehlen. Wird die als optimal erachtete Konzeption letztendlich umgesetzt, kann von einem effizienten Einsatz der verfügbaren finanziellen Mittel und von einer Kommunikationswirkung ausgegangen werden, die auf die a priori zum Messeauftritt definierten Zielsetzungen einzahlt.

Da bei Instrumenten der Live Com die direkte persönliche Begegnung zwischen Unternehmen bzw. Marke und Kunden im Mittelpunkt steht, spielt das „Element" Mensch eine entscheidende Rolle. Dies hat die Feldstudie gezeigt. Eine visuelle Gestaltung der Menschen ist dem Unternehmen jedoch nur bedingt möglich. Ausgehend von diesem Ergebnis wird geschlussfolgert, dass sich der Austeller, um bei dem Beispiel der Messestände zu bleiben, auch Gedanken darüber machen sollte, welches Personal er am Messetand einsetzt und wie dieses nach außen wahrgenommen wird. Ein gewisser Spielraum hinsichtlich der Gestaltung dieses Elements besteht in den Überlegungen, welche Menschen an den Stand eingeladen werden. Durch die Wahl des Messestandtyps kann ebenso Einfluss darauf genommen werden, welche Besucher der Stand anzieht. Aktionen, die in den Stand integriert sind und Menschen involvieren, eignen sich, je nach Sichtbarkeit und Grösse, als eye-catcher. Am Ende gilt vor allem eins: Messestände werden von Menschen für Menschen gebaut (Milla 2003, S. 1095ff.). Sie leben davon, von Messebesuchern aufgesucht zu werden.

Für die visuelle Gestaltung als Teildimension der multisensualen Kommunikation kann das Verfahren der Blickregistrierung einen wertvollen Beitrag leisten. Aus der Analyse von mit diesem Verfahren erhobenen Daten können Hinweise generiert werden, wie sich eine spezifische Kommunikationsmaßnahme visuell so gestalten lässt, dass die mit der Kommunikationsstrategie verbundenen Zielsetzungen erreicht werden. Eye tracking unterstützt dabei individuelle oder akkumulierte Blickverläufe in Bezug auf ein bestimmtes Objekt zu visualisieren. Basierend auf statistischen Analysen können neben der Visibilität bestimmter Elemente auch Erkenntnisse über die Orientierung des Konsumenten erzielt werden. Im Kontext der Live Communication, die darauf abstellt, unvergessliche Kundenerlebnisse zu schaffen, sind mittels eye tracking erhobenen Blickdaten Hinweise für eine erfolgversprechende Kommunikation ableitbar. Viele technologische Innovationen haben zu einer Weiterentwicklung von eye tracking Geräten beigetragen, sodass dieses Verfahren inzwischen auch für Fragestellungen der Praxis angewendet werden kann. Insbesondere mobiles eye tracking ermöglicht die Anwendung des Verfahrens im Feld und damit am Ort der Kommunikation. In verschiedenen Bereichen können so quantifizierbare Einblicke gewonnen werden, die ein besseres Verständnis des Konsumentenverhaltens ermöglichen. Vor allem wenn es darum geht, die Aufmerksamkeitsleistung und/oder die Wahrnehmung als solche zu erfassen, ist der Einsatz dieses apparativen Verfahrens geeignet, da traditionelle Methoden wie die Befragung bei derartigen Fragestellungen an ihre Grenzen stoßen.

Unter Berücksichtigung der Ergebnisse aus Blickdatenanalysen und basierend auf der Identität des Unternehmens bzw. der Marke sollte schließlich in einem mehrstufigen Prozess die optische Gestaltung einer Kommunikationsmaßnahme erarbeitet und umgesetzt werden (vgl. Abbildung 9).

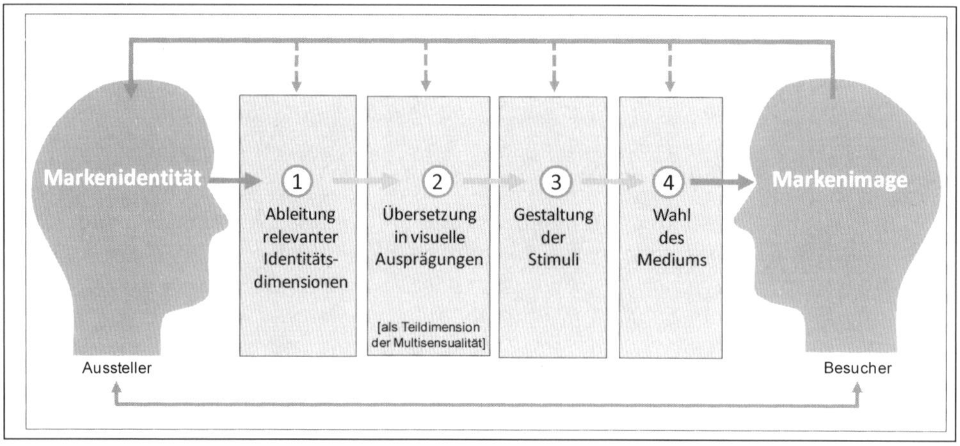

Abbildung 9: Umsetzungskonzept der Markenidentität in ein visuelles Erscheinungsbild als Teildimension multisensualer Markenführung

Literaturverzeichnis

Aaker, D.A. (1996): Building Strong Brands, New York.

Agarwal, J./Malhotra, N.K. (2005): An Integrated Model of Attitude and Affect: Theoretical Foundation and Empirical Investigation, in: Journal of Business Research, Vol. 58, No. 4, S. 483-493.

Ausstellungs- und Messe-Ausschuss der Deutschen Wirtschaft e.V. (Hrsg.) (2011): AUMA_MesseTrend 2011, Ausstellerbefragung durch TNS EMNID Bielefeld, Berlin.

Berghaus, N. (2005): Eye-Tracking im stationären Einzelhandel: Eine empirische Analyse der Wahrnehmung von Kunden am Point of Purchase, Lohmar.

Blythe, J. (2002): Using Trade Fairs in Key Account Management, in: Industrial Marketing Management, Vol. 31, No. 7, S. 627-635.

Bruhn, M. (2011): Unternehmens- und Marketingkommunikation: Handbuch für ein integriertes Kommunikationsmanagement, 2. Aufl., München.

Buhl-Wagner, M./Schick-Okesson, I. (2003): Neue Entwicklungsperspektiven im Stand- und Messebau, in: Kirchgeorg, M./Dornscheidt, W.M./Giese, W./Stoeck, N. (Hrsg.): Handbuch Messemanagement. Planung, Durchführung und Kontrolle von Messen, Kongressen und Events, Wiesbaden, S. 1101-1114.

Chandon, P./Hutchinson, J.W./Bradlow, E.T./Young, S.H. (2008): Measuring the Value of Point-of-Purchase Marketing With Commercial Eye-Tracking Data, in: Wedel,

M./Pieters, R. (Hrsg.): Visual Marketing – From Attention to Action, New York, S. 225-258.

De Chernatony, L. (2001): A Model For Strategically Building Brands, in: Journal of Brand Management, Vol. 9, No. 1, S. 32-44.

Expodata (Hrsg.) (2009/10): Was funktioniert auf Messen? Vernetzte Kommunikation – Der Königsweg zum Messeerfolg.

Fournier, S. (1998): Consumers and Their Brands: Developing Relationship Theory in Consumer Research, in: Journal of Consumer Research, Vol. 24, No. 4, S. 343-373.

Gobé, M. (2001): Emotional Branding: The New Paradigm for Connecting Brands to People, New York.

Goldstein, E.B. (2002): Wahrnehmungspsychologie, 2. Aufl., Heidelberg.

Heuser, K.C. (1983): Innenarchitektur und Raumgestaltung. Grundlagen, Gestaltungsregeln und Gesetzmässigkeiten, 3. Aufl., Band 1, Augsburg.

Hofer, N./Mayerhofer, W. (2010): Die Blickregistrierung in der Werbewirkungsforschung: Grundlagen und Ergebnisse, in: Der Markt – Journal für Marketing, 49. Jg., Nr. 3/4, S. 143-169.

Hoyer, A. (2010): Multisensuales Marketing als Instrument für die erfolgreiche Messebeteiligung von Ausstellern, Diplomarbeit, Hannover.

Hultén, B./Broweus, N./Van Dijk, M. (2009): Sensory Marketing, New York.

Jacob, R.J.K./Karn, K.S. (2003): Eye Tracking in Human-Computer Interaction and Usability Research: Ready to Deliver the Promises, in: Hyona, J./Radach, R./Deubel, H. (Hrsg.): The Mind's Eye: Cognitive Applied Aspects of Eye Movement Research, Oxford, S. 573-605.

Jung, K. (2010): Ganzheitliche Markenführung von Messegesellschaften – Eine stakeholderbezogene Markenidentitätsbetrachtung unter besonderer Berücksichtigung von Markenportfolios, Wiesbaden.

Kämmerer, A./Pütting, H. (2010): Der Raum entsteht im Kopf. Was die räumliche Markeninszenierung von der Hirnforschung lernen kann, in: Marke 41., o.Jg., Nr. 6, S. 24-29.

Kilian, K. (2011): Determinanten der Markenpersönlichkeit: Relevante Einflussgrössen und mögliche Transfereffekte, Wiesbaden.

Kirchgeorg, M./Bruhn, M./Hartmann, D. (2011): Live Communication im Wandel der Kommunikationsportfolios – Substitution oder Integration?, in: Marketing Review St. Gallen, o.Jg., Nr. 2, S. 7-13.

Kirchgeorg, M./Springer, C./Kästner, E. (2010): Objectives of successfully participating in trade shows, in: Journal of Business and Industrial Marketing, Vol. 25, No. 1, S. 63-72.

Kirchgeorg, M./Springer, C./Brühe, C. (2009): Live Communication Management – Ein strategischer Leitfaden zur Konzeption, Umsetzung und Erfolgskontrolle, Wiesbaden.

Klepper, K./Mazanec, M. (2010): Multisensory Branding – starkes Mittel zur Differenzierung und verstärkten Markenerinnerung, in: Marke 41, o. Jg., Nr. 5, S. 62-65.

Kracht, J.-O./Kaebe, B. (2011): Multisensorisches Branding: Direkt ins Unterbewusstsein, http://www.interbrand.com/de/knowledge/papers-and-articles.aspx (Zugriff 20.08.2011).

Krishna, A. (2009a): Cognition and Sensory Perception: The Impact of Input From Sensory Modalities in Imagery, Memory. Information Processing and Sensory Perception, in: Advances in Consumer Research, Vol. 36, S. 127-130.

Krishna, A. (2009b): Sensory Marketing: Research on the Sensuality of Products, New York.

Kroeber-Riel, W./Weinberg, P./Gröppel-Klein, A. (2009): Konsumentenverhalten, 9. Aufl., München.

Kukkonen, S. (2005): Exploring Eye Tracking in Design Evaluation, Joining Forces, University of Art and Design Helsinki, September 22-24, S. 1-8.

Lofman, B. (1991): Elements of Experiential Consumption: An Exploratory Study, in: Advances in Consumer Research, Vol. 18, S. 729-735.

Milla, J. (2003): Raum- und Zeiterlebnisse durch Standgestaltung, in: Kirchgeorg, M./Dornscheidt, W.M./Giese, W./Stoeck, N. (Hrsg.): Handbuch Messemanagement. Planung, Durchführung und Kontrolle von Messen, Kongressen und Events, Wiesbaden, S. 1092-1100.

Munuera, J.L./Ruiz, S. (1999): Trade Fairs as Services: A Look at Visitors' Objectives in Spain, in: Journal of Business Research, Vol. 44, No. 1, S. 17-24.

o.V. (1983): Medium Messe. Das Handbuch für den Aussteller, Frankfurt am Main.

Pine II, B.J./Gilmore, J.H. (1998): Welcome to the Experience Economy, in: Harvard Business Review, Vol. 76, No. 4, S. 97-105.

Rayner, K./Castelhano, M.S. (2008): Eye Movements During Reading, Scene Perception, Visual Search, and While Looking at Print Advertisements, in: Wedel, M./Pieters, R. (Hrsg.): Visual Marketing: From Attention to Action, New York, S. 9-42.

Rayner, K. (1998): Eye Movements in Reading and Information Processing: 20 Years of Research, in: Psychological Bulletin, Vol. 85, S. 618-660.

Schiessl, M./Diekmann, M. (2007): Lost in the Supermarket: Untersuchung von Point-of-Sale-Promotion mit Eye Tracking, in: planung & analyse, o.Jg., Nr. 1, S. 20-23.

Springer, C. (2008): Multisensuale Markenführung: Eine verhaltenswissenschaftliche Analyse unter besonderer Berücksichtigung von Brand Lands in der Automobilwirtschaft, Wiesbaden.

Steiner, P. (2011): Sensory Branding: Grundlagen multisensualer Markenführung, Wiesbaden.

Uniplan GmbH & Co. KG (2010): E.ON-Messeauftritt auf der E-world 2010, interne Präsentation.

Wedel, M./Pieters, R. (2008): Informativeness of Eye Movements for Visual Marketing: Six Cornerstones, in: Wedel, M./Pieters, R. (Hrsg.): Visual Marketing – From Attention to Action, New York, S. 43-71.

Zimmer, R. (2005): Handbuch der Sinneswahrnehmung – Grundlagen einer ganzheitlichen Bildung und Erziehung, 13. Aufl., Freiburg im Breisgau u.a.

Marko Schwertfeger und Anja Geigenmüller

Der Einfluss des Shopping Value auf die differenzierende Wirkung von Einkaufserlebnissen – eine empirische Analyse

M.Sc. *Marko Schwertfeger* ist wissenschaftlicher Mitarbeiter am Lehrstuhl für Marketing und Internationalen Handel an der TU Bergakademie Freiberg. PD Dr. habil. *Anja Geigenmüller* ist wissenschaftliche Assistentin am Lehrstuhl für Marketing und Internationalen Handel an der TU Bergakademie Freiberg.

1. Einleitung

Für eine wirksame Differenzierung von Einzelhandelsunternehmen erweisen sich klassische Instrumente wie Preis, Sortiment oder der Standort als zunehmend weniger geeignet (Baker et al. 1994, S. 328). In diesem Zusammenhang wird die Schaffung von Einkaufserlebnissen als eine Möglichkeit der Differenzierung diskutiert (Berry et al. 2002). Der Handel kann dabei seine Stärke der multimodalen Beeinflussung, d.h. die Ansprache mehrerer Sinnesorgane der Konsumenten (Ailawadi/Keller 2004; Gentile et al. 2007) am Point of Sale einsetzen, um Einkaufserlebnisse zu schaffen und Kunden zufriedenzustellen. Ein Einkaufserlebnis wird definiert als „the internal and subjective response customers have to any direct or indirect contact with the company" (Meyer/Schwager 2007, S. 118). Ziel einer Differenzierung durch wirksame Einkaufserlebnisse und die Erreichung einer hohen Kundenzufriedenheit ist es, ökonomische Zielstellungen des Handelsunternehmens zu realisieren.

Die differenzierende Wirkung von Einkaufserlebnissen ist abhängig von dem jeweiligen Einkaufsnutzen des Konsumenten (Carpenter/Moore 2009; Verhoef et al. 2009, S. 33). Der Einkaufsnutzen wird verstanden als der Nutzen bzw. Wert, den Kunden aus einer Einkaufsaktivität generieren. In der englischsprachigen Literatur wird dieser Sachverhalt durch den Begriff „*Shopping Value*" erfasst und definiert als „assessment of the overall worth of shopping activity in terms of utilitarian and hedonic shopping value" (Babin/Attaway 2000, S. 92).

Bisher existieren nur wenige Untersuchungen, die einen Zusammenhang zwischen dem Einkaufsnutzen und weiteren zentralen Konstrukten des Marketing herstellen. Das Erleben eines Einkaufs und dessen subjektive Beurteilung sind wichtige Determinanten der Kundenzufriedenheit sowie der Kundenbindung. Der vorliegende Beitrag postuliert einen moderierenden *Einfluss des Shopping Value auf den Zusammenhang zwischen Kundenzufriedenheit und Kundenloyalität*. Zielsetzung des Beitrags ist die Beantwortung der nachfolgenden Fragestellungen:

(1) Besteht ein Zusammenhang zwischen Zufriedenheit mit dem Einkaufserlebnis und einstellungsbezogener Kundenloyalität?
(2) Wie wirkt sich eine einstellungsbezogene Kundenloyalität auf die verhaltensbezogene Kundenloyalität von Einzelhandelskunden aus?
(3) Kann ein moderierender Einfluss des Shopping Value auf die Beziehungen zwischen Kundenzufriedenheit, einstellungs- und verhaltensbezogener Kundenloyalität nachgewiesen werden?

Zur Beantwortung der Zielsetzungen gliedert sich der vorliegende Beitrag wie folgt: Das zweite Kapitel erläutert die Wirkungsbeziehungen zwischen der Zufriedenheit von Kunden mit einem Einkaufserlebnis und der Kundenzufriedenheit. Das dritte Kapitel gibt einen Literaturüberblick zum Shopping Value. Gegenstand des vierten Kapitels ist das Untersuchungsmodell zur Wirkung der Kundenzufriedenheit mit dem Einkaufserlebnis auf die Kundenloyalität. In Kapitel fünf erfolgt eine Erläuterung der Moderation der

Wirkungskette durch den Shopping Value sowie die Vorstellung der Ergebnisse der empirischen Analyse. Der Beitrag endet mit einer Diskussion der Ergebnisse.

2. Wirkungskette der Kundenbindung

Die *Wirkungskette der Kundenbindung* unterstellt einen positiven Zusammenhang zwischen Kundenzufriedenheit, Kundenloyalität und ökonomischem Erfolg eines Unternehmens (Homburg/Bruhn 2010, S. 9). Unternehmen ergreifen erlebnisorientierte Maßnahmen, um damit ein kundenseitiges Erlebnis zu erzeugen (Phase 1). Demnach führt die Steigerung von erlebnisorientierten Maßnahmen zu einem positiven Kundenerlebnis (Phase 2). Der Kunde bewertet das Kundenerlebnis und bildet ein individuelles Zufriedenheitsurteil (Phase 3). Diese Zufriedenheit wirkt sich positiv auf die Kundenloyalität aus (Phase 4). Kundenloyalität ist wiederum die Basis zur Erreichung bzw. Steigerung des ökonomischen Erfolgs eines Unternehmens (Homburg/Bruhn 2010, S. 9f.; Bruhn/Mayer-Vorfelder 2011, S. 3f.).

Diese Wirkungskette (vgl. Abbildung 1) lässt sich auch auf den Bereich des Handels übertragen. Einkaufserlebnisse beeinflussen die Kundenzufriedenheit und darüber die Kundenloyalität. In diesem Zusammenhang verweisen Verhoef et al. (2009, S. 33) auf die ökonomische Relevanz von Kundenerlebnissen im Einzelhandel: „We assume that customer experience will have a positive influence on retail patronage and store loyalty and thus customer profitability".

Abbildung 1: Wirkungskette der Kundenbindung

Die Zusammenhänge zwischen den Elementen der Wirkungskette der Kundenbindung werden jedoch von zahlreichen unternehmensinternen und -externen Moderatoren beeinflusst. Dieser Beitrag untersucht den Einfluss des Shopping Value als unternehmensexterner Moderator auf die Wirkungskette der Kundenbindung.

3. Literaturüberblick zum Shopping Value

Unter dem Shopping Value kann der ideelle Wert verstanden werden, den Kunden aus einer Einkaufsaktivität generieren (Babin/Attaway 2000, S. 92). Im Deutschen wird dieser Sachverhalt durch den Begriff des Einkaufsnutzens erfasst. Grundsätzlich erwarten Konsumenten mit dem Besuch eines Handelsunternehmens die Befriedigung verschiedener Bedürfnisse. Aus dem Produktmarketing ist die Unterscheidung zwischen utilitaristischen und hedonistischen Bedürfnissen bekannt (Hirschman/Holbrook 1982). Auf das Handelsmarketing übertragen leitet sich daraus eine Unterscheidung zwischen einem *utilitaristischen* und *hedonistischen Einkaufsnutzen* ab (Babin/Darden 1995, S. 47). Steht der Kauf eines bestimmten Produkts oder die Suche nach einer bestimmten Produktkategorie im Vordergrund, bezeichnet man dies als utilitaristischen Einkaufsnutzen oder als Versorgungseinkauf (utilitarian shopping value) (Weinberg 1992, S. 3; Babin et al. 1994, S. 646; Wagner/Rudolph 2010, S. 416). Wird der Einkauf als Freizeitbeschäftigung angesehen, der einen subjektiven Nutzen für den Kunden generiert, begründet dies einen hedonistischen Einkaufsnutzen (hedonic shopping value) (Weinberg 1992; Babin et al. 1994, S. 646; Wagner/Rudolph 2010, S. 416ff.).

Eine Literaturbestandsaufnahme zur Definition und Konzeptualisierung des Konstrukts Shopping Value zeigt ein teilweise heterogenes Begriffsverständnis (vgl. Abbildung 2). Zudem beziehen empirische Untersuchungen häufig nur den hedonistischen Einkaufsnutzen ein und vernachlässigen dabei die Bedeutung von Versorgungsaspekten im Einkaufsverhalten von Konsumenten. An dieser Forschungslücke setzt der vorliegende Beitrag an und bezieht in die Betrachtung des Shopping Value sowohl einen utilitaristischen als auch einen hedonistischen Einkaufsnutzen ein.

Autor/en (Jahr)	Charakterisierung des Shopping Value als		Definition
	Utilitaristischer Einkaufsnutzen	Hedonistischer Einkaufsnutzen	
Bellenger/ Korgaonkar (1980)		x	"Recreational shoppers can be defined as those who enjoy shopping as a leisure-time activity."
Hirschman/ Holbrook (1982)		x	"Hedonic consumption designates those facets of consumer behavior that relate to the multisensory, fantasy, and emotive aspects of one's experience with products."
Babin et al. (1994)	x	x	"Taken together, shopping value appears to be provided by "the complete shopping experience" [utilitarian and hedonic shopping value], not simply by products shopped for."
Babin/Attaway (2000)	x	x	„.. [P]erceived shopping value is operationalized as two dimensions indicating an assessment of the overall worth of shopping activity of utilitarian and hedonic shopping value."
Arnold/ Reynolds (2003)		x	"Hedonic shopping motives are similar to the task orientation of utilitarian shopping motives, only the "task" is concerned with hedonic fulfillment, such as experiencing fun, amusement, fantasy, and sensory stimulation."
Poulsson/Kale (2004)		x	Ein Erlebnis wird definiert als „... an engaging act of co-creation between a provider and a consumer wherein the consumer perceives value in the encounter and subsequent memory of that encounter." The value ... in experience derives from the intensity of the experience and feelings of enchantment associated with the experience."
Carpenter (2008)	x	x	"... [S]hopping experience provides consumers with a combination of utilitarian and hedonic shopping value."
Bäckström (2011)		x	Recreational Shopping kann definiert werden als "... a browsing activity that is characterized by a quest for pleasurable experiences and stimulation of senses rather than to intent to buy something."

Abbildung 2: Literaturüberblick zum Shopping Value

4. Entwicklung des Untersuchungsmodells

4.1 Bezugsrahmen der Untersuchung

Zahlreiche Untersuchungen unterstützen einen positiven Zusammenhang zwischen Kundenzufriedenheit und Kundenloyalität (vgl. unter anderem Homburg/Bucerius 2008; Krafft/Götz 2011, S. 229). Allerdings unterstreichen Homburg und Giering (2001, S. 48ff.) die Relevanz von Moderatoren, die die Stärke dieses Zusammenhangs beeinflussen. Der vorliegende Beitrag unterstellt, dass der individuell empfundene Shopping Value als Moderator die Wirkung der Zufriedenheit mit dem Einkaufserlebnis auf die Kundenloyalität bestimmt.

Dabei wird zwischen *einstellungs- und verhaltensbezogener Kundenloyalität* unterschieden (Kumar/Shah 2004, S. 319; Foscht/Swoboda 2011, S. 247). Einstellungsbezogene Kundenloyalität kann verstanden werden als „... a psychological bond to the seller" (Carpenter 2008, S. 359) und stellt das langfristig orientierte Commitment eines Kunden gegenüber einem Unternehmen dar. Die verhaltensbezogene Loyalität stellt dagegen die Manifestation dieses Commitments in Form des Wiederkaufverhaltens dar (Chaudhuri/Holbrook 2001, S. 82). Abbildung 3 stellt den Bezugsrahmen dieser Untersuchung dar.

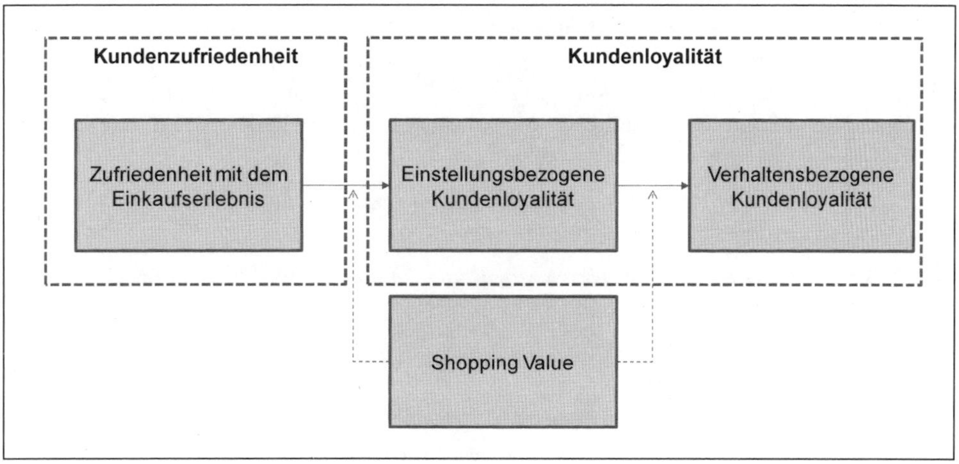

Abbildung 3: Bezugsrahmen der Untersuchung

4.2 Zusammenhang zwischen Zufriedenheit mit dem Einkaufserlebnis und Kundenloyalität

Die Kundenzufriedenheit mit dem Einkaufserlebnis wird als Gesamtbewertung des Einkaufserlebnisses durch den Kunden verstanden (Westbrook 1981, S. 71; Carpenter 2008, S. 359). Allgemein wird Zufriedenheit als „a dual function of cognition (e.g., disconfirmation) and affect" (Oliver et al. 1997, S. 319) definiert. Diese Form der Konzeptualisierung der Kundenzufriedenheit basiert auf dem Confirmation/Disconfirmation Paradigma, das am häufigsten zur Erklärung der Kundenzufriedenheit verwendet wird (Krafft/Götz 2011, S. 223).

Seiders et al. (2005) zeigen im Kontext von Handelsunternehmen auf, dass Kundenzufriedenheit mit einem Einkauf eine positive Wirkung auf die Wiederkaufsabsicht hat. Es besteht also ein Zusammenhang zwischen Kundenzufriedenheit und einstellungsbezogener Loyalität (z.B. Macintosh/Lockshin 1997; Seiders et al. 2005; Jones et al. 2006; Carpenter 2008). Demnach wird folgende Hypothese aufgestellt:

H1: Die Zufriedenheit mit dem Einkaufserlebnis beeinflusst die einstellungsbezogene Kundenloyalität positiv.

Einstellungsbezogene Kundenloyalität führt des Weiteren zu einer verhaltenswirksamen Kundenloyalität, die sich im Kaufverhalten von Kunden und dabei in der Höhe der Ausgaben im Unternehmen, der individuellen Wiederkaufwahrscheinlichkeit oder dem Share of Visit äußert. Der Share of Visit gibt den Anteil an Unternehmensbesuchen, gemessen an allen Unternehmensbesuchen in der Warengruppe, an (Kumar/Shah 2004, S. 318). Damit wird postuliert, dass die einstellungsbezogene die verhaltensbezogene Kundenloyalität, in Form der monatlichen Ausgabenhöhe, der Wiederkaufwahrscheinlichkeit sowie des Share of Visit, positiv beeinflusst.

H2: Die einstellungsbezogene Kundenloyalität beeinflusst die Höhe der monatlichen Ausgaben positiv.

H3: Die einstellungsbezogene Kundenloyalität beeinflusst die Wiederkaufwahrscheinlichkeit positiv.

H4: Die einstellungsbezogene Kundenloyalität beeinflusst den Share of Visit positiv.

4.3 Der moderierende Einfluss des Shopping Value

In der Literaturbestandsaufnahme wurde bereits deutlich, dass der Shopping Value als Mehr-Facetten-Konstrukt, bestehend aus einer utilitaristischen und einer hedonistischen Facette, aufgefasst werden kann. Weiterhin wird angenommen, dass der Shopping Value die Beziehung zwischen der Zufriedenheit mit einem Einkaufserlebnis und der einstellungsbezogenen Kundenloyalität beeinflusst.

Die positive Einschätzung eines Einkaufserlebnisses erzeugt eine positive Einstellung zu dem Handelsunternehmen (Churchill/Suprenant 1982). Der Zusammenhang zwischen der Zufriedenheit mit dem Einkaufserlebnis und einstellungsbezogener Kundenloyalität wird beeinflusst durch den Nutzen, den Kunden durch den Einkauf generieren, entweder durch die Befriedigung versorgungsbezogener oder hedonistischer Motive. Kunden, die einen Versorgungskauf tätigen, beurteilen die Zufriedenheit mit dem Einkaufserlebnis primär daran, ob eine Versorgung mit den zum Kauf intendierten Artikeln bei dem Händler möglich ist. Hedonistisch orientierte Käufer hingegen beurteilen die Zufriedenheit mit dem Einkaufserlebnis weniger aus Versorgungsgesichtspunkten, sondern eher aus dem Blickwinkel einer angenehmen Freizeitgestaltung.

Eine Bewertung eines Einkaufserlebnisses findet danach statt, inwiefern das Einkaufserlebnis mit dem daraus resultierenden Nutzen korrespondiert. Kaltcheva/Weitz (2006) stellen beispielsweise fest, dass eine anregende Gestaltung der Einkaufsstätte nur dann zu einer positiven Einstellung gegenüber dem Handelsunternehmen führt, wenn der Kunde während seines Einkaufs auch tatsächlich Anregung sucht und damit hedonistische Bedürfnisse mit dem Einkaufserlebnis befriedigen kann. Kunden, die stattdessen einen konkreten Bedarf nach einem Produkt oder einer Dienstleistung zu befriedigen suchen (utilitaristischer Shopping Value), prägen nicht in gleichem Maße positive Einstellungen aus. Zu ähnlichen Ergebnissen kommen Dawson et al. (1990) sowie Reynolds und Beatty (1999). Daraus wird folgende Hypothese abgeleitet:

H5: Je höher der Shopping Value, desto stärker ist die positive Beziehung zwischen Kundenzufriedenheit und einstellungsbezogener Kundenloyalität.

Eine einstellungsbezogene Loyalität gegenüber einem Handelsunternehmen beeinflusst umso eher die verhaltensbezogene Loyalität, je größer der Einkaufsnutzen ist, den der Kunde aus seiner Interaktion mit dem Handelsunternehmen zieht. Sherman et al. (1997) zeigen in ihrer Untersuchung von Bekleidungsgeschäften in einem Einkaufszentrum, dass eine anregende Atmosphäre die verhaltensbezogene Kundenloyalität positiv beeinflusst. Hingegen weist Milliman (1982) für Supermärkte nach, dass mit zunehmender Anregung die verhaltensbezogene Kundenloyalität abnimmt. Kaltecheva/Weitz (2006) führen diese gegensätzlichen Untersuchungsergebnisse auf einen unterschiedlich empfundenen Einkaufnutzen zurück. Sie vermuten, dass die Berücksichtigung eines utilitaristischen bzw. eines hedonistischen Shopping Value die Stärke der Beziehung zwischen Einstellungen zu einem Handelsunternehmen und den individuellen Verhaltensabsichten erklären kann. Demnach werden folgende Hypothesen postuliert:

H6: Je höher der Shopping Value, desto stärker ist die positive Beziehung zwischen einstellungsbezogener Kundenloyalität und der Höhe der monatlichen Ausgaben.

H7: Je höher der Shopping Value, desto stärker ist die positive Beziehung zwischen einstellungsbezogener Kundenloyalität und Wiederkaufwahrscheinlichkeit.

H8: Je höher der Shopping Value, desto stärker ist die positive Beziehung zwischen einstellungsbezogener Kundenloyalität und dem Share of Visit.

Abbildung 4 stellt das Untersuchungsmodell mit Hypothesen zusammenfassend dar.

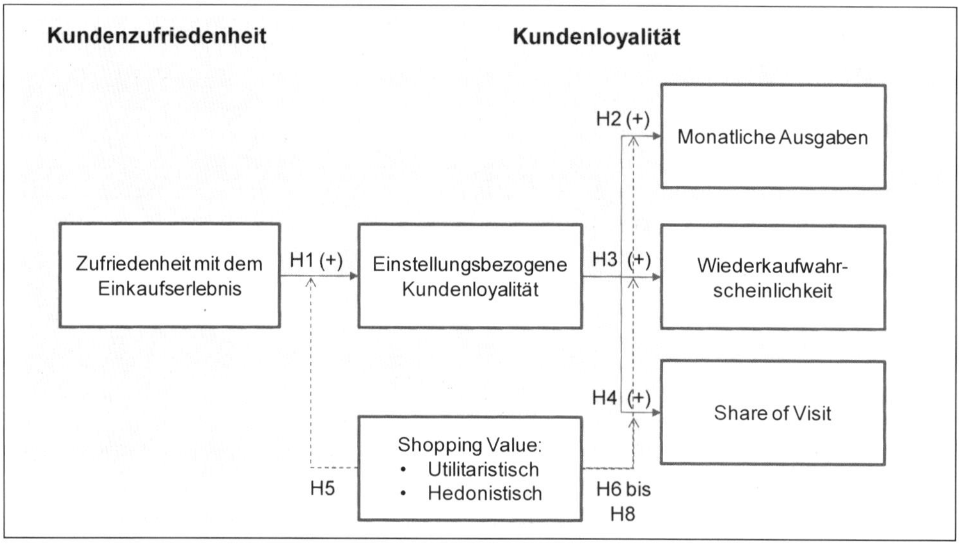

Abbildung 4: Untersuchungsmodell mit Hypothesen

5. Empirische Untersuchung

5.1 Datengrundlage und Datenerhebung

Zur Überprüfung der postulierten Wirkungsbeziehungen wurde eine Befragung im Einzelhandel durchgeführt. Dabei erfolgte die Datenerhebung in Form einer mündlichen Befragung von Kunden zweier Einzelhandelsunternehmen. Die Kunden wurden unmittelbar nach dem Verlassen des Geschäftes befragt. Hierzu wurden sie zunächst von einem geschulten Interviewer angesprochen und gefragt, ob sie an einer Befragung teilnehmen wollen. Probanden, die der Teilnahme zugestimmt haben, wurden anschließend darauf hingewiesen, dass alle Angaben absolut anonym und vertraulich behandelt werden und es keine richtigen oder falschen Antworten gibt (Podsakoff et al. 2003, S. 898f.).

Insgesamt konnten im Rahmen der Befragung 354 ausgefüllte Fragebögen generiert werden, die in die Datenanalyse einbezogen wurden. 63 Prozent der befragten Personen waren weiblich, 37 Prozent männlich. Von den befragten Personen sind ca. 26 Prozent jünger als 30 Jahre, ca. 40 Prozent können der Altersgruppe zwischen 30 und 60 Jahren zugeordnet werden. Ferner entfallen 34 Prozent der Befragten auf die Altersgruppe über 60 Jahre.

Für die mündliche Befragung wurde ein standardisierter Fragebogen verwendet. Die Messung der interessierenden Konstrukte basierte weitgehend auf existierenden Skalen. Die Zufriedenheit mit dem Einkaufserlebnis wurde auf der Grundlage der Arbeit von Seiders et al. (2005) mittels drei Items gemessen. Die Skala zur Messung der einstellungsbezogenen Kundenloyalität umfasste drei Items und basierte auf Arbeiten von Pappu und Quester (2006). Die verhaltensbezogene Kundenloyalität wurde insgesamt über die drei nachfolgenden Items erfasst:

- Monatliche Ausgaben bei dem Einzelhandelsunternehmen, basierend auf Babin und Attaway (2000),
- Wiederkaufwahrscheinlichkeit, basierend auf Jones et al. (2000) sowie
- Share of Visit, basierend auf Mägi (2003).

Der Shopping Value wurde mittels einer Skala zur Erfassung des utilitaristischen (zwei Items) sowie des hedonistischen Shopping Value (drei Items) gemessen. Beide Skalen wurden aus der Arbeit von Babin und Attaway (2000) übernommen.

Das finale Erhebungsinstrument umfasste drei Bestandteile. Zuerst wurden Fragen zu der unabhängigen Variable des Untersuchungsmodells, d.h. zur Zufriedenheit mit dem Einkaufserlebnis, gestellt. Der zweite Teil des Fragebogens beinhaltete Fragen zu den abhängigen Variablen des Untersuchungsmodells, d.h. zur einstellungs- und verhaltensbezogenen Kundenloyalität. Im dritten Teil des Fragebogens wurden soziodemografische Angaben, z.B. Alter und Geschlecht der befragten Personen, ermittelt.

5.2 Datenanalyse

Die Datenanalyse umfasste drei Schritte. Zuerst erfolgte die Überprüfung der Messmodelle zur Validierung der Konstruktmessung. Für die Güte einer Messung wurden Reliabilitäts- und Validitätsmaße herangezogen. Zur Beurteilung der Reliabilität und Validität wurden Gütekriterien der ersten und zweiten Generation genutzt (Homburg/Baumgartner 1995; Homburg/Giering 1996; Homburg et al. 2008). Für die Berechnung der Gütekriterien wurden SPSS 17.0 und AMOS 17.0 verwendet.

Im zweiten Schritt der Datenanalyse erfolgte die Überprüfung des Strukturmodells mit Hilfe der Kausalanalyse sowie der Maximum-Likelihood-Schätzmethode. Zur Beurteilung der Gesamtmodellgüte kamen die Kennzahlen Quotient aus Chi-Quadrat-Wert und Anzahl der Freiheitsgrade (χ^2/df), Root Mean Squared Error of Approximation (RMSEA), Comparative Fit Index (CFI) sowie Tucker Lewis Index (TLI) zum Einsatz. Im Anschluss daran erfolgte die Überprüfung der postulierten Wirkungsbeziehungen zwischen den Konstrukten. AMOS 17.0 wurde zur Berechnung der einzelnen Kennzahlen verwendet.

Im dritten Schritt wurde die Überprüfung der Moderationshypothesen vorgenommen. Hierzu erfolgte ein Vorgehen in sechs Schritten (Giering 2000, S. 95ff.; Gregori 2006, S. 179):

(1) Bildung von zwei Teildatensätzen, jeweils mit einer hohen und einer niedrigen Ausprägung der moderierenden Variablen. Eine Spaltung des Datensatzes wurde anhand des Medians der jeweiligen moderierenden Variablen utilitaristischer und hedonistischer Shopping Value vorgenommen.
(2) Bildung von zwei Gruppen von Kausalmodellen auf der Grundlage der beiden Teildatensätze.
(3) Simultane Schätzung der Kausalmodelle der beiden Gruppen sowie Vermerken des jeweiligen $\chi 2$-Wertes.
(4) Einführung der Identitätsrestriktion und somit sukzessive Gleichsetzung der Identitätsrestriktionen zwischen beiden Gruppen.
(5) Simultane Schätzung der Kausalmodelle der beiden Gruppen unter Beachtung der jeweiligen Identitätsrestriktion sowie Notieren des jeweiligen $\chi 2$-Wertes.
(6) Vergleich der $\chi 2$-Werte aus den Ablaufschritten 3 und 6.

Die Ergebnisse der Überprüfung der Messmodelle, des Strukturmodells sowie des moderierenden Einflusses werden im folgenden Abschnitt aufgezeigt. Darüber hinaus erfolgt eine Diskussion der Ergebnisse.

6. Ergebnisse und Diskussion

6.1 Ergebnisse der Mess- und Strukturmodellanalyse

Informationen zu den einzelnen Messungen können überblicksartig der Abbildung 5 entnommen werden. Die Tabelle stellt für jeden einzelnen Faktor seine Indikatorenanzahl, einen beispielhaften Indikator sowie drei zentrale Gütekriterien dar. Für die Faktoren monatliche Ausgaben, Wiederkaufwahrscheinlichkeit und Share of Visit kann kein Gütekriterium angegeben werden. Eine Angabe der Faktorreliabilität und der durchschnittlich erfassten Varianz ist für den Faktor utilitaristischer Shopping Value nicht möglich, da ein konfirmatorisches Modell mit weniger als drei Indikatoren keine Freiheitsgrade besitzt.

Faktor	Indikatoren-anzahl	Beispielhafter Indikator	CA	FR	DEV
Zufriedenheit mit dem Einkaufserlebnis	3	Ich bin vollständig mit dem Einkaufserlebnis bei [Handelsunternehmen] zufrieden,	0,89	0,89	0,74
Einstellungsbezogene Loyalität	3	Ich betrachte mich selbst als treuen Kunden von [Handelsunternehmen].	0,89	0,89	0,74
Monatliche Ausgaben	1	Welchen Anteil Ihrer monatlichen Ausgaben für Produkte aus dem Sortiment von [Handelsunternehmen], geben Sie bei [Handelsunternehmen] aus?	-	-	-
Wiederkaufwahrscheinlichkeit	1	Wie wahrscheinlich ist es, dass Sie den nächsten Einkauf wieder bei [Handelsunternehmen] tätigen?	-	-	-
Share of Visit	1	Wie oft besuchen Sie [Handelsunternehmen] im Vergleich zu anderen Händlern?	-	-	-
Utilitarian Shopping Value	2	Als ich bei [Handelsunternehmen] eingekauft habe, habe ich genau die Produkte gefunden, die ich gesucht habe.	0,74	-	-
Hedonic Shopping Value	3	Ein Einkauf bei [Handelsunternehmen] ist wirklich eine Freude.	0,86	0,82	0,69
Anmerkung: CA = Cronbachs Alpha; FR = Faktorreliabilität; DEV = durchschnittlich erfasste Varianz.					

Abbildung 5: Informationen zur Konstruktmessung

Die Ergebnisse der Messmodellanalyse zeigen, dass sämtliche Kriterien die in der Literatur geforderten Richtwerte erfüllen. Die Werte für Cronbachs Alpha weisen eine Spannweite von 0,74 bis 0,89 auf und übertreffen somit den von Nunnally (1978) geforderten Richtwert von 0,70. Demnach kann auf eine gute interne Konsistenzreliabilität induziert werden. Die mittels der konfirmatorischen Faktoranalyse ermittelten Werte der Faktorreliabilität sowie der durchschnittlich erfassten Varianz übertreffen ebenso die in der Literatur geforderten Mindestwerte. Sowohl der geforderte Mindestwert der Faktorreliabilität, angegeben mit einem Grenzwert von 0,60 (Bagozzi/Yi 1988; Homburg/Baumgartner 1995), als auch der Mindestwert der durchschnittlich erfassten Varianz, mit einem geforderten Mindestwert von 0,50 (Homburg/Baumgartner 1995; Homburg/Giering 1996), werden erfüllt. Demnach kann auf eine gute Konvergenzvalidität der Messung geschlossen werden.

Zur Bestimmung der Diskriminanzvalidität wurde das Fornell-Lacker-Kriterium als weiteres Gütekriterium der Messungen herangezogen. Wenn die quadrierte Korrelation zwischen zwei Faktoren kleiner ist als die durchschnittlich erfasste Varianz des jeweiligen Faktors, dann ist eine Diskriminanzvalidität der Messungen gegeben (Fornell/Lacker 1981). In der vorliegenden Untersuchung ist das für sämtliche paarweisen Faktorenvergleiche der Fall. Dementsprechend kann festgestellt werden, dass Diskriminanzvalidität gegeben ist.

Im Rahmen der Messmodellanalyse erfolgte nach der Validierung der Konstruktmessung die Analyse der Abhängigkeitsstrukturen zwischen den Konstrukten. Hierbei wurde zunächst die Anpassungsgüte des Gesamtmodells anhand einschlägiger Kriterien überprüft ($\chi^2/df = 3{,}78$; CFI 0,97; TLI = 0,95; RMSEA = 0,09). Die Ergebnisse zeigen, dass die Werte im Wesentlichen den in der Literatur geforderten Schwellenwerten entsprechen

(Homburg et al. 2008). Lediglich der RMSEA-Wert übersteigt mit 0,09 leicht den geforderten Schwellenwert von 0,08. Insgesamt kann dennoch von einer guten Anpassung des Modells an die zugrundeliegende Datenstruktur gesprochen werden.

Im nächsten Schritt werden die Hypothesen geprüft. Abbildung 6 zeigt, dass alle Hypothesen bestätigt werden können.

Hypothese		*Wirkungsrichtung*	*Koeffizient*[1]	*Signifikanz*
H1:	Kundenzufriedenheit mit dem Einkaufserlebnis → Einstellungsbezogene Kundenloyalität	+	0,615	***
H2:	Einstellungsbezogene Kundenloyalität → monatliche Ausgaben	+	0,707	***
H3:	Einstellungsbezogene Kundenloyalität → Wiederkaufwahrscheinlichkeit	+	0,710	***
H4:	Einstellungsbezogene Kundenloyalität → Share of Visit	+	0,683	***
Anmerkungen: *** $p < 0,01$; [1] standardisierte Koeffizienten.				

Abbildung 6: Ergebnisse der Hypothesenprüfung

Hinsichtlich des Zusammenhangs zwischen Kundenzufriedenheit mit dem Einkaufserlebnis und der einstellungsbezogenen Kundenloyalität zeigt sich ein signifikant positiver Effekt. Ebenso können die Wirkungsbeziehungen zwischen der einstellungsbezogenen und der verhaltensbezogenen Kundenloyalität bestätigt werden. Die Untersuchung zeigt signifikant positive Effekte zwischen der einstellungsbezogenen Kundenloyalität sowie den monatlichen Ausgaben, der Wiederkaufwahrscheinlichkeit sowie dem Share of Visit.

Die Überprüfung der Moderationshypothesen ergibt ein differenziertes Bild. Eine Moderation der Beziehung zwischen Kundenzufriedenheit und einstellungsbezogener Kundenloyalität kann weder für den utilitaristischen, noch für den hedonistischen Shopping Value signifikant nachgewiesen werden. Hypothese H5 wird demnach abgelehnt. Hypothese H6 postuliert, dass die Beziehung zwischen einstellungsbezogener Kundenloyalität und monatlichen Ausgaben durch die beiden Arten des Shopping Value positiv moderiert werden. Diese Hypothese kann bestätigt werden. Dabei ergibt sich für den hedonistischen Shopping Value eine noch signifikantere Moderation als für den utilitaristischen Shopping Value. Hypothese H6 ist anzunehmen. Dagegen kann Hypothese H7 nur teilweise angenommen werden. Lediglich der utilitaristische Shopping Value moderiert die Beziehung zwischen einstellungsbezogener Kundenloyalität und Wiederkaufwahrscheinlichkeit signifikant positiv. Eine positive Moderation des utilitaristischen sowie den hedonistischen Shopping Value kann für die Beziehung zwischen einstellungsbezogener Kundenloyalität und Share of Visit, wenn auch auf unterschiedlichem Signifikanzniveau, nachgewiesen werden. Hypothese H8 wird somit angenommen. Insgesamt kann somit eine Moderation des Shopping Value auf die einzelnen Beziehungen innerhalb der Wirkungskette der Kundenbindung nachgewiesen werden (vgl. Abbildung 7).

Moderationsvariable	Niedriger Wert des Moderators	Hoher Wert des Moderators	Hypothetischer Moderationseffekt	Chi-Quadrat Differenz
Utilitaristischer Shopping Value	$\gamma_{11} = 0{,}48$ ***	$\gamma_{11} = 0{,}61$ ***	+	$\Delta\chi^2 = 0{,}12$
	$\beta_{12} = 0{,}62$ ***	$\beta_{12} = 0{,}74$ ***	+	$\Delta\chi^2 = 5{,}32$ **
	$\beta_{13} = 0{,}62$ ***	$\beta_{13} = 0{,}76$ ***	+	$\Delta\chi^2 = 3{,}91$ **
	$\beta_{14} = 0{,}64$ ***	$\beta_{14} = 0{,}71$ ***	+	$\Delta\chi^2 = 3{,}92$ **
Hedonistischer Shopping Value	$\gamma_{11} = 0{,}34$ ***	$\gamma_{11} = 0{,}45$ ***	+	$\Delta\chi^2 = 0{,}10$
	$\beta_{12} = 0{,}47$ ***	$\beta_{12} = 0{,}71$ ***	+	$\Delta\chi^2 = 13{,}40$ ***
	$\beta_{13} = 0{,}60$ ***	$\beta_{13} = 0{,}67$ ***	+	$\Delta\chi^2 = 0{,}80$
	$\beta_{14} = 0{,}47$ ***	$\beta_{14} = 0{,}73$ ***	+	$\Delta\chi^2 = 11{,}80$ ***
Anmerkungen: *** $p < 0{,}01$; ** $p < 0{,}05$.				

Abbildung 7: Ergebnisse der Moderatorenprüfung

6.2 Diskussion der Ergebnisse

Die Veränderungen der Markt- und Wettbewerbsbedingungen sowie des Konsumentenverhaltens erfordern von Handelsunternehmen eine Differenzierung im Wettbewerb sowie eine Positionierung gegenüber Kunden. Eine Möglichkeit stellt dabei die Schaffung von Einkaufserlebnissen dar. Die Zufriedenheit mit dem Einkaufserlebnis führt zu einer einstellungsbezogenen Kundenloyalität, die wiederum Auswirkungen auf die verhaltensbezogene Kundenloyalität hat. Das Zustandekommen dieser Wirkungsbeziehung wird jedoch durch den kundenindividuellen Shopping Value moderiert. Kunden bewerten ein Einkaufserlebnis anhand des utilitaristischen bzw. hedonistischen Einkaufsnutzens.

Der vorliegende Beitrag kann die eingangs gestellten Fragen wie folgt beantworten: (1) Es besteht ein positiver Zusammenhang zwischen Zufriedenheit mit dem Einkaufserlebnis und der einstellungsbezogenen Kundenloyalität. (2) Es besteht ein positiver Zusammenhang zwischen einstellungsbezogener und verhaltensbezogener Kundenloyalität. (3) Die Stärke des Zusammenhangs zwischen einstellungsbezogener und verhaltensbezogener Kundenloyalität wird dabei durch den Shopping Value moderiert.

Daraus ergeben sich wichtige Implikationen für Forschung und Praxis. Der vorliegende Beitrag erweitert erstens bisherige Forschungsarbeiten zum Shopping Value durch die Berücksichtigung sowohl eines hedonistischen als auch eines utilitaristischen Nutzens. Zweitens weist der Beitrag unterschiedliche Wirkungen des hedonistischen und utilitaristischen Shopping Value nach. Der hedonistische Shopping Value beeinflusst die Stärke des Zusammenhangs zwischen einstellungsbezogener Loyalität und der Höhe der monatlichen Ausgaben bzw. dem Share of Visit. Der utilitaristische Shopping Value determiniert dagegen die Beziehung zwischen einstellungsbezogener Loyalität und der Höhe der monatlichen Ausgaben, der Wiederkaufwahrscheinlichkeit und dem Share of Visit. Ein Einfluss des Shopping Value auf die Beziehung zwischen Zufriedenheit mit dem Einkaufserlebnis und einstellungsbezogener Kundenloyalität konnte dagegen nicht nachgewiesen werden.

Für Handelsunternehmen lassen sich daraus folgende Schlussfolgerungen ableiten. Die Wahrnehmung und Beurteilung eines Einkaufserlebnisses führt zu einer Bewertung eines Handelsunternehmens in Form einer einstellungsbezogenen Kundenloyalität. Folglich haben Handelsunternehmen die Möglichkeit, über Kundenerlebnisse Commitment zu erzeugen und sich im Wettbewerb zu differenzieren. Weiterhin wirkt sich die Zufriedenheit mit einem Einkaufserlebnis positiv auf das Kundenverhalten, d.h. auf die Höhe monatlicher Ausgaben, Wiederkaufwahrscheinlichkeiten sowie den Share of Visit, aus.

Die Untersuchung zeigt weiterhin, dass Handelsunternehmen bezüglich der Erzeugung von Einkaufserlebnissen sowohl hedonistische als auch utilitaristische Motive ihrer Kunden berücksichtigen müssen. Zwar erweist sich eine Reihe von Instrumenten des Handelsmarketing als relativ fix, wie beispielsweise das Sortiment, die Raumaufteilung oder die Ladengestaltung. Dennoch zeigen Beispiele wie Galeria Kaufhof oder IKEA, dass, zumindest ab einer bestimmten Größe der Verkaufsfläche, eine Ansprache beider Einkaufsnutzen möglich ist. Beide Handelsunternehmen bieten einerseits verschiedene Warenwelten, die der Unterhaltung und damit der Bedienung vorwiegend hedonistischer Bedürfnisse dienen. Andererseits erhalten Kunden die Möglichkeit, gezielt Warengruppen aufzusuchen, konkrete Produkte zu kaufen und Laufwege im Geschäft zu verkürzen. Auf diese Weise werden diese Handelsunternehmen utilitaristischen Bedürfnissen gerecht. In ähnlicher Weise unterstützt die Verfolgung einer Multi-Channel-Strategie die Befriedigung utilitaristischer und hedonistischer Bedürfnisse. Während das Internet gute Möglichkeiten zur Versorgung mit Waren und Dienstleistungen bietet, betonen Filialen im stationären Handel stärker das „Erleben“ dieser Waren und Dienstleistungen.

Weiterhin besitzen Handelsunternehmen über die Kundenberatung und damit den Faktor Personal die Möglichkeit, beide Motive zu befriedigen. Besonders in der Beratung durch das Verkaufspersonal wird ein wichtiger Stellhebel zur Schaffung von Einkaufserlebnissen gesehen (Gröppel 1991; Morganosky/Cude 2000). Weiterbildungs- und Trainingsmaßnahmen unterstützen dabei das Personal, entsprechend zugrundeliegende Bedürfnisse zu erkennen und in der Kundeninteraktion darauf zu reagieren.

Schließlich stellen Kundenevents eine Möglichkeit dar, vor allem hedonistische Bedürfnisse von Einzelhandelskunden anzusprechen. Eine zielgruppenorientierte, temporäre Unterhaltung und Anregung von Kunden kann einen wertvollen Beitrag leisten, Einkaufserlebnisse zu schaffen, darüber eine Betriebsformenmarke zu profilieren und sich im Wettbewerb wirksam zu differenzieren (Leischnig et al. 2011).

Literaturverzeichnis

Ailawadi, K.L./Kusum, K.L. (2004): Understanding Retail Branding: Conceptual Insights and Research Priorities, in: Journal of Retailing, Vol. 80, No. 4, S. 331-342.

Arnold, M.J./Reynolds, K.E. (2003): Hedonic Shopping Motivations, in: Journal of Retailing, Vol. 79, No. 2, S. 77-95.

Babin, B.J./Attaway, J.S. (2000): Atmospheric Affect as a Tool for Creating Value and Gaining Share of Customer, in: Journal of Business Research, Vol. 49, No. 2, S. 91-99.

Babin, B.J./Darden, W.R. (1995): Consumer Self-Regulation in a Retail Environment, in: Journal of Retailing, Vol. 71, No. 1, S. 47-70.

Babin, B.J./Darden, W.R./Griffin, M. (1994): Work and/or Fun: Measuring Hedonic and Utilitarian Shopping Value, in: Journal of Consumer Research, Vol. 20, No. 4, S. 644-656.

Bäckström, K. (2011): Shopping as a Leisure: An Exploration of Manifoldness and Dynamics in Consumers Shopping Experience, in: Journal of Retailing and Consumer Services, Vol. 18, No. 3, S. 200-209.

Baker, J./Grewal, D./Parasuraman, A. (1994): The Influence of Store Environment on Quality Inferences and Store Image, in: Journal of the Academy of Marketing Science, Vol. 22, No. 4, 328-339.

Bagozzi, R.P./Yi, Y. (1988): On the Evaluation of Structural Equation Models, in: Journal of the Academy of Marketing Science, Vol. 16, No. 1, S. 74-94.

Bellenger, D.N./Korgaonkar, P.K. (1980): Profiling the Recreational Shopper, in: Journal of Retailing, Vol. 56, No. 3, S. 77-92.

Berry, L.L./Seiders, K./Grewal, D. (2002): Understanding Service Convenience, in: Journal of Marketing, Vol. 66, No. 3, S. 1-17.

Bruhn, M./Mayer-Vorfelder, M. (2011): Kundenerfahrung als Forschungsgegenstand im Marketing – Konzeptualisierung, Operationalisierung und empirische Befunde, Basel.

Carpenter, J.M. (2008): Consumer Shopping Value, Satisfaction and Loyalty in Discount Retailing, in: Journal of Retailing and Consumer Services, Vol. 15, No. 5, S. 358-363.

Carpenter, J.M./Moore, M. (2009): Utilitarian and Hedonic Shopping Value in the US Discount Sector, in: Journal of Retailing and Consumer Services, Vol. 16, No. 1, S. 68-74.

Chaudhuri, A./Holbrook, M.B. (2001): The Chain of Effects from Brand Trust and Brand Affect to Brand Performance: The Role of Brand Loyalty, in: Journal of Marketing, Vol. 60, No. 2, S. 81-93.

Churchill, G.A./Suprenant, C. (1982): An Investigation into the Determinants of Customer Satisfaction, in: Journal of Marketing Research, Vol. 19, No. 4, S. 491-504.

Dawson, S./Bloch, P.H./Ridgway, N.M. (1990): Shopping Motives, Emotional States, and Retail Outcomes, in: Journal of Retailing, Vol. 66, No. 4, S. 408-427.

Fornell, C./Larcker, D.F. (1981): Evaluating Structural Equation Models With Unobserved Variables and Measurement Error, in: Journal of Marketing Research, Vol. 18, No. 1, S. 39-50.

Foscht, T./Swoboda, B. (2011): Käuferverhalten, Wiesbaden.

Gentile, C./Spiller, N./Noci, G. (2007): How to Sustain the Customer Experience: An Overview of Experience Components that Co-create Value with the Customer, in: European Management Journal, Vol. 25, No. 5, S. 395-410.

Giering, A. (2000): Der Zusammenhang zwischen Kundenzufriedenheit und Kundenloyalität, Wiesbaden.

Gregori, C. (2006): Instrumente einer erfolgreichen Kundenorientierung: Eine empirische Untersuchung, Wiesbaden.

Gröppel, A. (1991): Erlebnisstrategien im Einzelhandel, Heidelberg.

Hirschman, E.C./Holbrook, M.B. (1982): Hedonic Consumption: Emerging Concepts, Methods and Propositions, in: Journal of Marketing, Vol. 46, No. 3, S. 92-101.

Homburg, C./Baumgartner, H. (1995): Beurteilung von Kausalmodellen; Bestandsaufnahme und Anwendungsempfehlungen, in: Marketing ZFP, 17. Jg., Nr. 3, S. 162-176.

Homburg, C./Bruhn, M. (2010): Kundenbindungsmanagement – Eine Einführung in die theoretischen und praktischen Problemstellungen, in: Bruhn, M./Homburg, C. (Hrsg.): Handbuch Kundenbindungsmanagement, Strategien und Instrumente für ein erfolgreiches CRM, Wiesbaden, S. 3-39.

Homburg, C./Bucerius, M. (2008): Kundenzufriedenheit als Managementherausforderung, in: Homburg, C. (Hrsg.): Kundenzufriedenheit, Konzepte – Methoden – Erfahrungen, Wiesbaden, S. 53-90.

Homburg, C./Giering, A. (1996): Konzeptualisierung und Operationalisierung komplexer Konstrukte – Ein Leitfaden für die Marketingforschung, in: Marketing ZFP, 18. Jg., Nr. 1, S. 5-24.

Homburg, C./Giering, A. (2001): Personal Characteristics as Moderators of the Relationship Between Customer Satisfaction and Loyalty – An Empirical Analysis, in: Psychology & Marketing, Vol. 18, No. 1, S. 43-66.

Homburg, C./Pflesser, C./Klarmann, M. (2008): Strukturgleichungsmodelle mit latenten Variablen, in: Herrmann, A./Homburg, C./Klarmann, M. (Hrsg.): Handbuch Marktforschung, Methoden – Anwendungen – Praxisbeispiele, Wiesbaden, S. 547-577.

Jones, M.A./Mothersbaugh, D.L./Beatty, S.E. (2000): Switching Barriers and Repurchase Intentions in Services, in: Journal of Retailing, Vol. 76, No. 2, S. 259-274.

Jones, M.A./Reynolds, K.E./Arnold, M.J. (2006): Hedonic and Utilitarian Shopping Value: Investigating Differential Effects on Retail Outcomes, in: Journal of Business Research, Vol. 59, No. 9, S. 974-981.

Kaltcheva, V.D./Weitz, B.A. (2006): When Should a Retailer Create an Exciting Store Environment?, in: Journal of Marketing, Vol. 70, No. 1, S. 107-118.

Krafft, M./Götz, O. (2011): Der Zusammenhang zwischen Kundennähe, Kundenzufriedenheit und Kundenbindung sowie deren Erfolgswirkungen, in: Hippner, H./Hubrich, B./Wilde, K.D. (Hrsg.): Grundlagen des CRM, Strategie, Geschäftsprozesse und IT-Unterstützung, Wiesbaden, S. 213-246.

Kumar, V./Shah, D. (2004): Building and Sustaining Profitable Customer Loyalty for the 21st Century, in: Journal of Retailing, Vol. 80, No. 4, S. 317-330.

Leischnig, A./Schwertfeger, M./Geigenmüller, A. (2011): Shopping Events, Shopping Enjoyment, and Consumers' Attitudes toward Retail Brands – An Empirical Examination, in: Journal of Retailing and Consumer Services, Vol. 18, No. 3, S. 218-223.

Macintosh, G./Lockshin, L. (1997): Retail Relationships and Store Loyalty: A Multi-Level Perspective, in: International Journal of Research in Marketing, Vol. 14, No. 5, S. 487-497.

Mägi, A.W. (2003): Share of Wallet in Retailing: The Effects of Customer Satisfaction, Loyalty Cards and Shopper Characteristics, in: Journal of Retailing, Vol. 79, No. 2, S. 97-106.

Meyer, C./Schwager, A. (2007): Understanding Customer Experience, in: Harvard Business Review, Vol. 85, No. 2, S. 116-126.

Milliman, R.E. (1982): Using Background Music to Affect the Behavior of Supermarket Shoppers, in: Journal of Marketing, Vol. 46, No. 3, S. 86-91.

Morganosky, M.A./Cude, B.J. (2000): Large Format Retailing in the US: A Consumer Experience Perspective, in: Journal of Retailing and Consumer Services, Vol. 7, No. 4, S. 215-222.

Nunnally, J.C. (1978): Psychometric Theory, New York.

Oliver, R.L./Rust, R.T./Varki, S. (1997): Customer Delight: Foundations, Findings and Managerial Insight, in: Journal of Retailing, Vol. 73, No. 3, S. 311-336.

Pappu, R./Quester, P. (2006): A Consumer-Based Method for Retailer Equity Measurement: Results of an Empirical Study, in: Journal of Retailing and Consumer Services, Vol. 13, No. 5, S. 317-329.

Podsakoff, P.M./MacKenzie, S.B./Lee, J.-Y./Podsakoff, N.P. (2003): Common Method Biases in Behavioral Research: A Critical Review of the Literature and Recommended Remedies, in: Journal of Applied Psychology, Vol. 88, No. 5, S. 879-903.

Poullson, S.H.G./Kale, S.H. (2004): The Experience Economy and Commercial Experience, in: Marketing Review, Vol. 4, No. 3, S. 267-277.

Reynolds, K.E./Beatty, S.E. (1999): A Relationship Customer Typology, in: Journal of Retailing, Vol. 75, No. 4, S. 509-523.

Seiders, K./Voss, G.B./Grewal, D./Godfrey, A.-L. (2005): Do Satisfied Customers Buy More? Examining Moderating Influences in a Retailing Context, in: Journal of Marketing, Vol. 69, No. 4, S. 26-43.

Sherman, E./Mathur, A./Smith, R.B. (1997): Store Environment and Consumer Purchase Behavior: Mediating Role of Consumer Emotions, in: Psychology & Marketing, Vol. 14, No. 4, S. 361-378.

Verhoef, P.C./Lemon, K.N./Parasuraman, A./Roggeveen, A./Tsiros, M./Schlesinger, L. A. (2009): Customer Experience Creation: Determinants, Dynamics and Management Strategies, in: Journal of Retailing, Vol. 85, No. 1, S. 31-41.

Wagner, T./Rudolph, T. (2010): Towards a Hierarchical Theory of Shopping Motivation, in: Journal of Retailing and Consumer Services, Vol. 17, No. 5, S. 415-429.

Weinberg, P. (1992): Erlebnismarketing, München.

Westbrook, R.A. (1981): Sources of Consumer Satisfaction with Retail Outlets, in: Journal of Retailing, Vol. 57, No. 3, S. 68-85.

4. Umsetzung des Customer Experience Management

Manfred Kirchgeorg, Christiane Springer und Beatrice Ermer

Brand Lands – Inszenierung begehbarer Erlebniswelten für den Kunden

---

Prof. Dr. *Manfred Kirchgeorg* ist Inhaber des Lehrstuhls für Marketingmanagement der Handelshochschule Leipzig (HHL). Prof. Dr. *Christiane Springer* ist Hochschullehrerin and der Hochschule für Telekommunikation (HfTL). Dipl.-Kffr. *Beatrice Ermer* ist Wissenschaftliche Mitarbeiterin an der Handelshochschule Leipzig (HHL).

1. Kennzeichnung und Bedeutung von Brand Lands

1.1 Wandel der Markenkommunikation

Das Auto ist vom jahrzehntelangen emotionalen Status- und Freiheitssymbol zum eher „leidenschaftslosen Nutzobjekt“ mutiert, glaubt man einer aktuellen Studie der Unternehmensberatung Progenium unter 1.000 Autofahrern. Bis auf wenige Automarken werden alle anderen Fabrikate in erster Linie funktional betrachtet (Mandat 2010). Die Branche ist zum 125. Jahrestag seit Erfindung des Automobils aufgerufen, nicht nur nach technischen Antworten zur Wiederbelebung der Autoverkäufe zu suchen.

Auch in anderen global agierenden Wirtschaftszweigen scheint der Auftakt einer „Kulturrevolution der Marke“ (John 2008) in Anbetracht von wachsender Markenerosion, schwindendem Markenvertrauen und abnehmender Markenloyalität (Esch/Wicke 2001, S. 27ff.) längst vollzogen. Seit geraumer Zeit sinken bzw. stagnieren die Zahlen der Markenanmeldungen in Deutschland, während die Zahl der Insolvenzen kontinuierlich Jahr für Jahr steigt (Destatis 2011; DPMA 2011). Diverse Erklärungsversuche erstrecken sich von der Differenzierungsproblematik durch zunehmende „Commoditisierung“ (Freundt 2006, S. 9) bis hin zu ökonomischen Hindernissen in Form von Überkapazitäten und Kapitalengpässen auf reifen Märkten. Unbestritten bleibt die Tatsache, dass zunehmend technische Konvergenzen die Homogenisierung von Produkten fördert. Als Konsequenz wird der Mehrwert physischer Produktvorteile in Form von zusätzlichen immateriellen Nutzeneinheiten angestrebt, unter anderem mit Prestige, Image und Emotion. Die vorrangige „Ausweitung der Markenzone“ (John 2008) wird allerdings von vielen Unternehmen fälschlicherweise als Allheilmittel gegen den grundsätzlichen Effektivitäts- und Effizienzdruck angesehen. Kein Gesellschafts- und Lebensbereich scheint mehr ausgenommen, um nicht auf seine Markentauglichkeit überprüft zu werden (Hellmann 2003, S. 16). So vollzieht die westliche Welt als „Elite der Dingkultur“ (Ullrich 2006, S. 35) bereits den Übergang vom industriellen zum kulturellen Kapitalismus. Mit der Verlagerung der „Waren- zur Imageproduktion“ (Jung/von Matt 2002, S. 184; Klein 2002, S. 25ff.) erhält der kulturelle Erlebnisfaktor (Rifkin 2000) innerhalb des Leistungsversprechens nunmehr einen ungewöhnlich hohen Stellenwert.

Neue Wege der Erlebnisvermittlung im Rahmen der Markenkommunikation lassen sich gemäß der abnehmenden Wirkungskraft herkömmlicher Above-the-Line-Aktivitäten mit den so genannten Below-the-Line-Maßnahmen beschreiten, da sie eine zielgruppengenaue, individuelle und persönliche Kommunikation verheißen (Nufer 2007, S. 11; Kirchgeorg et al. 2009, S. 15f.). Vor allem zur Erzeugung einzigartiger und nachhaltiger Erinnerungen eignen sich insbesondere die Instrumente der *Live Communication* (abgekürzt: Live Com), zu denen Messen, Events und Brand Lands gehören, wobei weitergehend eine Vielzahl von Ausgestaltungsformen innerhalb der einzelnen Instrumentekategorien unterschieden werden kann.

1.2 Stellenwert der Brand Lands im Live Com-Mix

Da Marken mit klaren und lebendigen inneren Bildern in hohem Maße den Markenwert prägen (Esch/Andresen 1996, S. 94), erfahren solche und andere personifizierten Markenerlebniswelten eine zunehmende Relevanz im Kommunikationsmix deutscher Unternehmen. Die repräsentativen LiveTrend-Studien mit einem Längsschnittcharakter von insgesamt sechs Jahren haben gezeigt, dass der Budgetshift hin zur Live Communication die Unternehmen zu einem strategischen Planungsprozess der Live Communication zwingt, der oftmals in der Unternehmenspraxis noch wesentliche Lücken offenbart. Zwar verdrängen einzelne Instrumente gemäß der Rieplschen Gesetzen nur in Ausnahmefällen die älteren Medien, dennoch führen das „Channel Hopping“ und die parallele Nutzung von Instrumenten durch souveräne Rezipienten zu einer nur schwer klassifizierbaren Verschmelzung verschiedener Medienformen.

Als Beispiel seien hier die Messen angeführt, die sich im Laufe der Jahrhunderte in mehreren Entwicklungsphasen zu einem Kommunikationsinstrument moderner Prägung entwickelt haben (Rodekamp 2003, S. 8ff.), und trotz der treibenden Kräfte des Strukturwandels und den damit einhergehenden Prognosen eines Bedeutungsrückgangs eine nennenswerte Budgetumschichtung abwenden konnten. Als multifunktionale und medial variabel gestaltungsfähige Plattform belegen sie mit einem Anteil von 17,7 Prozent im Budgetranking nach wie vor den zweiten Platz nach der Klassischen Werbung (33,1 Prozent). Die seit einigen Jahren zunehmende Prüfung von Messealternativen zeugt jedoch von einer gewissen kritischen Reflexion (vgl. Abbildung 1), auch wenn nach aktueller AUMA-Studie nicht mal jeder Zehnte der Befragten, einen teilweisen oder vollständigen Instrumenteersatz für die Messen und Ausstellungen sieht.

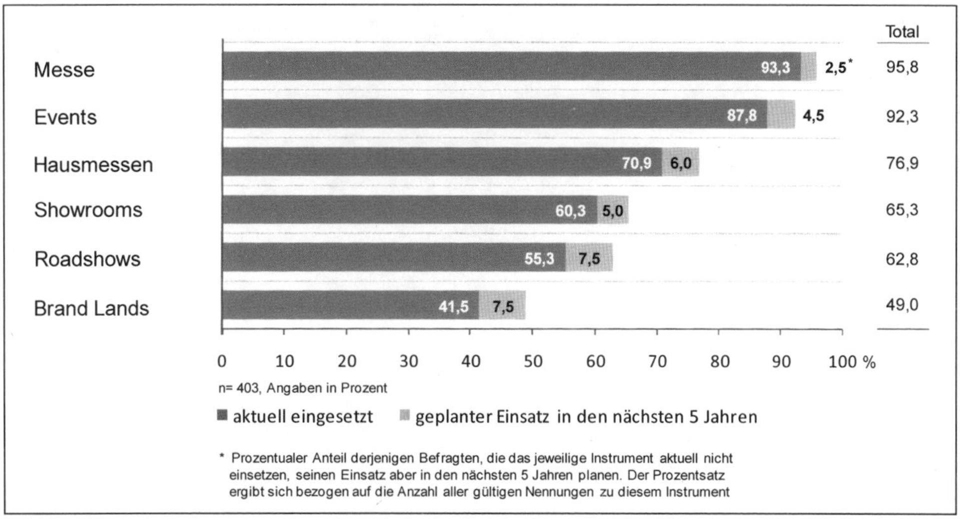

Abbildung 1: Einsatz von Messealternativen
(Quelle: LiveTrends 2009/10; AUMA 2010)

Zwar erzielen *Brand Lands* als innovatives und äußerst wirkungsvolles Instrument für live erlebbare Markeninszenierungen nicht so hohe Reichweiten wie die Messen, dafür sind Kontaktintensität, Interaktion und Erfahrbarkeit höher (Kirchgeorg/Springer 2010). Die glaubwürdigkeitsstarken Begegnungsstätten von Menschen und Marken haben in den letzten fünf Jahren zunehmend Aufmerksamkeit in der Praxis- und Wissenschaftslandschaft erfahren (Wohlfeil/Whelan 2005; Goronzy 2006; Mikunda 2007; Wohlfeil/Whelan 2007; Kilian 2008; Mauz 2008; Zanger 2008; Littich/Zimmermann 2010), auch wenn es sich dabei keinesfalls um eine Erfindung der Neuzeit handelt. Vorläufer sind bereits in den USA seit Mitte des 19. Jahrhunderts zu finden als der Fabrikant Singer seine Nähmaschinen mit Hilfe von Demonstrationsräumen in ausgewählten Großstädten populär gemacht hat (Roost 2002, S. 8). In den folgenden Jahrzehnten trieben die Automobilisten die anfängliche „Showroom-Tradition“ auf den Boulevards der Metropolen voran. Weitere Brand Lands in viel größeren Dimensionen entstanden erst einige Jahrzehnte später (vgl. Abbildung 2).

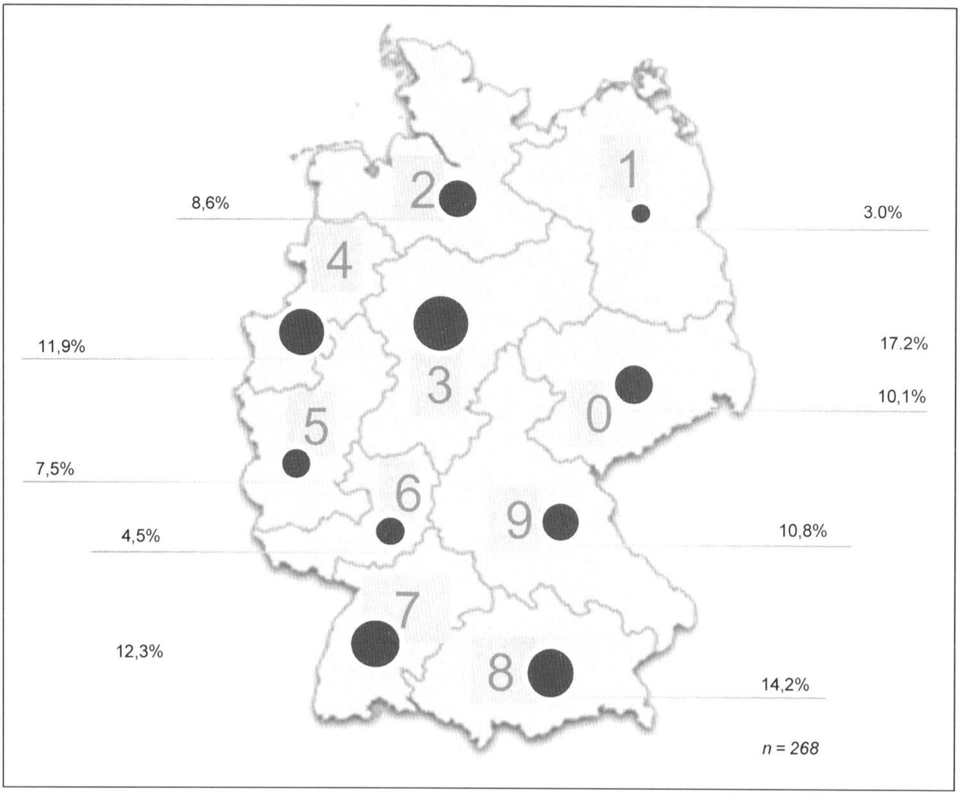

Abbildung 2: Ballungszentren der Brand Lands in Deutschland
(Quelle: in Anlehnung an wer-zu-wem GmbH 2011)

Besucher und Kunden können nunmehr in neuartige Kunstwelten internationaler Premiummarken eintauchen, die den Produkten und Dienstleistungen durch die Form der Inszenierung außergewöhnlichen Glanz und Anziehungskraft verleihen, wobei eine ganzheitliche Markenaufführung angestrebt wird (Steiner 2011, S. 199). Vor allem die Fahrzeugbranche hat dieser Thematik große Aufmerksamkeit geschenkt und an verschiedenen Standorten in Deutschland in kathedralenartigen, technisch und ästhetisch aufwendigen Bauten Markenerlebniswelten geschaffen. Andere Wirtschaftszweige werden auf der inständigen Suche nach Differenzierung nachziehen, da diese Kommunikationsform als „zentrale Überlebensstrategie" (Aufdermaur 2006) noch massive Wachstumspotenziale aufweist.

1.3 Definitorische Abgrenzung von Brand Lands

Das Wort „Brand Land" entstammt dem Englischen, das frei übersetzt als „Markenwelt" zu bezeichnen ist. „Brand" steht im ursprünglichen Sinne für „identifying mark made by a hot iron" und „Land" für eine „definite portion of the earth's surface, home region of a person or a people, territory marked by political boundaries" (Harper 2001), sodass es für eine umfassende Begriffsbestimmung nicht ausreicht, sich auf die Erlebbarkeit zu beschränken: „Brand Lands can be defined as manufacturer owned outlets, in which special brand experiences [...] for customers are integrated." (Diez/Schwarz 2000, S. 4). Menschen wollen mit starken Marken in Kontakt treten und „Brand Lands inszenieren Marken dauerhaft in Form von live erlebbaren Ereignissen" (Kagelmann 2004, S. 181). Sie ermöglichen die „on-site" (Harris et al. 2000) stattfindende Verknüpfung von Informationen und Unterhaltung, fördern die Identifikation mit der Marke, erzeugen Emotionen, bieten Spannungsfelder und Erlebnisse. Brand Lands sind somit auf Dauer angelegte, stationäre, dreidimensionale, reale Orte, die unter Markengestaltungsrichtlinien vom Unternehmen gebaut und betrieben werden, um gemäß spezifischen Zielsetzungen den relevanten internen und externen Zielgruppen die essenziellen, wesensprägenden und charakteristischen Nutzenbündel der Marke multisensual erfahrbar und erlebbar zu machen (Springer 2008 S. 16).

In der Literatur existiert bisher keine allgemein gültige Einordnung der Brand Lands, da in diesem Zusammenhang verschiedene Begriffe, unter anderem Brand Spots, Brandscapes, Brand Parks, Brand Destinations, Corporate Lands, Visitor Centers, Flagshipstores, Edutainment Center, Events, Kommunikationsplattformen, Markenerlebnisparks, Themenparks sowie Industrieerlebniswelten Verwendung finden (Steinecke 2001; Valdani/Guenzi 2001; Meinicke 2003; v. Borries 2004; Thiemer 2004; Wolf 2005; Nufer 2007; Kilian 2008). Lediglich auf die übergeordnete Bezeichnung der so genannten *„Mixed-Use-Center"* konnte man sich verständigen, deren Konnotation in den Grundzügen mit den Begrifflichkeiten der künstlichen Erlebnis-/(Freizeit-)Welten, Konsum- und auch Traumwelten übereinstimmt (Kagelmann 2001, S.92).

Autor	Detaillierungsgrad	Verortung der Brand Lands
Brittner (2003)	3 Kategorien	zwischen den Kategorien „Ferien-Freizeit-Großprojekten als Mischform (mit Übernachtungskapazitäten)" und „Freizeit-Großprojekten (ohne Übernachtungskapazitäten)"
Kagelmann (2001)	16 Kategorien	in der Kategorie „Brand (oder Corporate) Lands"
Kagelmann (1998)	7 Kategorien	in der Kategorie „Brand-Erlebniswelten"
Kilian (2008)	6 Kategorien	in der Kategorie „Markenzentren"
Lippmann (2008)	3 Kategorien	in der Kategorie „Industrie-Erlebniswelten"
Mikunda (2007)	5 Kategorien	in der Kategorie „Besuche bei Marke und Werk"
Roost (2007)	8 Matrizen	im Matrizenbereich „Produktionsort" mit klein- bzw. großflächiger „Größe" und verschiedenartiger „Nutzung"
Steinecke (2001)	4 Matrizen	im Matrizenbereich zwischen „Destinationen" und „Standorte" sowie einem „Markt"-Bezug
Zanger (2008)	4 Matrizen	im Matrizenbereich „Unternehmens-/Produktorientierung" und „Imageorientierung"

Abbildung 3: Ansätze zu Formen von Mixed-Use-Centern

Als multifunktionale Institutionen aus Betreibersicht und multioptionale Einrichtungen aus Besuchersicht (Steinecke 2002, S.2) werden mit Brand Lands emotional inszenierte, erfahrbare, dauerhafte Markenausstellungen am Produktionsstandort (Erber 2005, S. 23; Kirchgeorg et al. 2009, S. 125) geboten, die sich durch ein hohes Maß an Steuerbarkeit und Nachhaltigkeit auszeichnen. Hier werden mit alternierenden Ruhe- und Aktivitätszonen unter anderem Werksbesichtigungen, Museumsbegehungen, gastronomische Angebote, Shopsysteme sowie themenbezogene Events und Veranstaltungen eingesetzt. Während Brand Parks i.d.R. einen höheren Freizeit- und Unterhaltungswert bieten und Corporate Lands die Kumulation einzelner Brand Lands darstellen, die zum Teil wiederum über angegliederte Flagship-Stores verfügen, können unter Berücksichtigung weiterer Typologisierungen (vgl. Abbildung 3) folgende allgemein gültige *Brand Land-Kriterien* herangezogen werden:

- Breite des Angebots
  (z.B. freizeitbezogene Brand Lands, themenbezogene Brand Lands, firmenbezogene Brand Lands)
- Schwerpunkt des Angebotes
  (z.B. Brand Lands mit einem stärkeren Anteil an Werksführungen, Museen, ständigen Ausstellungen, Merchandising, Gastronomie)
- Funktion des Angebotes
  (z.B. unterhaltungsorientierte Brand Lands, infotainmentorientierte Brand Lands, edutainmentorientierte Brand Lands)

- Aussteller- und Besucherreichweite
  (z.B. nationale und internationale Brand Lands)
- Zielgruppe des Angebotes
  (z.B. Brand Lands mit einem stärkeren Anteil an Besucher-, Werksabholer-, Veranstaltungsteilnehmer)

1.4 Ziele und Zielgruppen von Brand Lands

Pünktlich zum zehnjährigen Jubiläum konnte die 425 Mio. Euro teure VW-Autostadt in Wolfsburg die 20-Millionen-Besuchermarke seit Eröffnung am 1. Juni 2000 überschreiten. Allein im Jahr 2010 tummelten sich rund 1,9 Millionen Gäste in der 25 Hektar großen Parklandschaft, die derzeit sieben und in Kürze acht MarkenPavillons aufweist (Autostadt 2011). Anhand solcher Eckdaten ist die Verlockung recht groß, gewisse ökonomische Überlegungen und Vergleiche anzustellen, wobei Anfangsinvestitionen und Durchführungskosten von den Brand Land-Betreibern selten spezifiziert werden (vgl. Abbildung 4).

Marke	Claim	Brand Land	Eröffnung	Investition	Besucher
Audi	„Vorsprung durch Technik“	Audi Forum, Ingolstadt	2000	85 Mio. EUR	ca. 450.000 (p.a.)
BMW	„Freude am Fahren“	BMW Welt, München	2007	500 Mio. EUR	ca. 2,0 Mio. (p.a.)
	„Das Beste oder nichts“	Mercedes Benz Welt, Stuttgart	2006	150 Mio. EUR	ca. 600.000 (p.a.)
	„Wir leben Autos“	Opel-Live	1999	60 Mio. EUR	ca. 500.000 (p.a.)*
PORSCHE	„Volles Spektrum – volle Synergie“	Welt der Emotionen, Leipzig	2002	k. A.	ca. 50.000 (p.a.)
		Porsche Museum, Zuffenhausen	2009	100 Mio. EUR	> 200.000 (p.a.)*
	„Das Auto“	VW Autostadt, Wolfsburg	2000	425 Mio. EUR	ca. 1,5 Mio. (p.a.)
		Gläserne Manufaktur, Dresden	2002	185 Mio. EUR	ca. 1,9 Mio. (p.a.)

Legende: *– Schätzung, p.a.– per annum

Abbildung 4: Brand Lands in der Automobilbranche
(Quelle: in Anlehnung an Meinicke 2003, S. 109ff.)

Mit Blick auf die verschiedenen Zielgruppen (Nufer 2007, S. 61):

- Primärzielgruppe
  (unter anderem Werkskunden, Besucher, Mitarbeitende)
- Sekundärzielgruppe
  (unter anderem Medienvertreter)
- Tertiärzielgruppe
  (unter anderem Nicht-Besucher)

wird jedoch nachvollziehbar, dass weniger als der Werksverkauf vielmehr die positiv erfahrbaren „Value-Added-Services“ unter Ausschluss der Konkurrenz im Vordergrund stehen (Binder 2008, S. 181f.; Meffert et al. 2008, S. 461). Die gesamte Klaviatur des CRM‘s soll ausgeschöpft werden, um folgende *Hauptziele* zu verwirklichen:

- Anbahnung von nationalen und internationalen Geschäftsbeziehungen (Bekanntheitssteigerung, Imageverbesserung)

- Pflege und Aktivierung von bestehenden Geschäftsbeziehungen (Präsentation neuer Produkte und Leistungen, Stammkundenpflege)
- Integration der Kunden in den Geschäftsprozess (Kunde als Co-Produzent, Einbeziehung kreativer und innovativer Ideen, Anbahnung neuer Verkaufs- und Vertragsabschlüsse)
- Festlegung der eigenen Position im Wettbewerbsumfeld (Präsentation der essentiellen, wesensprägenden und charakteristischen Nutzenbündel der Marke, Abgrenzung von Wettbewerbern, Marktforschung).

Abbildung 5 stellt die Ziele, die Unternehmen in Deutschland mit Brand Lands verfolgen, dar. Auf der Grundlage von offenen Nennungen wird deutlich, dass die Schaffung eines direkten Produkt- und Markenerlebnisses zur Steigerung des Bekanntheitsgrades und zur Imagepflege als besonders prioritär angesehen werden. Mit abgestufter Priorität werden Kundenbindungs-, gewinnungs-, Verkaufs- und Vertrauensziele genannt. Diese Ergebnisse lassen erkennen, dass über die Schaffung erfahrbarer Markenerlebnisse eine Reihe von Marketingzielen mit Hilfe von Brand Lands adressiert werden können.

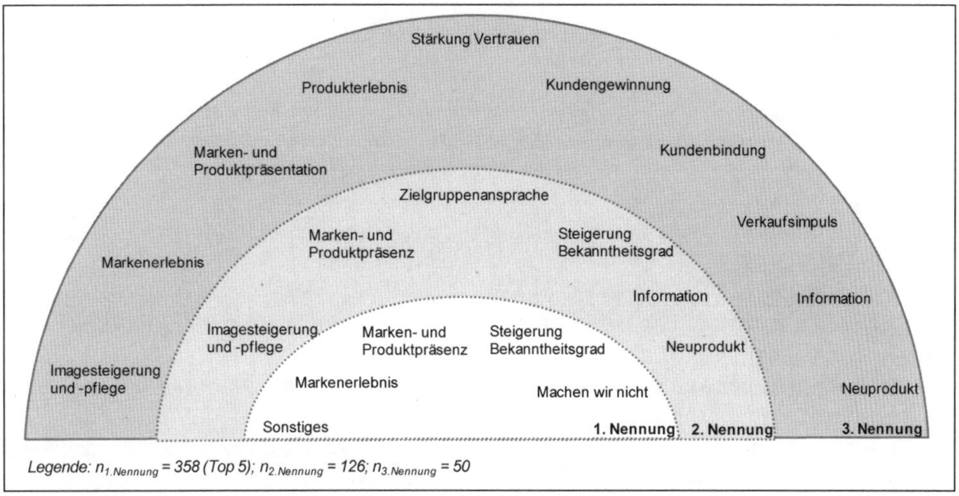

Abbildung 5: Ziele beim Einsatz von Brand Lands
(Quelle: Kirchgeorg et al. 2009/10)

2. Konsumenten und Auslöser von Brand Land-Erlebnissen

2.1 Souveränität der Brand Land-Besucher

Das Brand Land-Publikum will nicht nur einmalig in Inszenierungen eintauchen, sich verführen und stimulieren lassen, sondern auch fortwährend persönliche Erfahrungen sammeln, wie am untersuchten Porsche Brand Land (Springer 2008) beispielhaft aufgezeigt (vgl. Abbildung 6). Sich „über Porsche zu informieren" (Ø 2,83) galt nicht als Hauptgrund, das Brand Land zu besuchen, sondern „etwas Besonderes [zu] erleben" (Ø 2,19). Im optimalen Fall bieten die dreidimensionalen, real begehbaren Markenerlebniswelten also die austarierte Balance zwischen Unterhaltung und Information für völlig unterschiedliche Zielgruppen, die bewusst nicht räumlich voneinander getrennt werden, um so die Symbiose aller Insassen zu ermöglichen und sie zu emotionalen Beteiligten des Geschehens zu machen. Die verschiedenen *Bedürfnisse der Besucher* lassen sich dennoch wie folgt strukturieren (Opaschowski 2000, S. 59):

- Unterhaltung
  (Besucher wollen eine schöne Zeit verbringen sowie etwas Außergewöhnliches und Neues erleben.)
- Flow
  (Besucher tauchen tief in ein Erlebnis ein und vergessen durch innere Beteiligung die Zeit.)
- Entspannung
  (Besucher möchten beim Besuch entspannen und sich nicht anstrengen müssen.)
- Abwechslung
  (Besucher wollen keinesfalls an ihren Alltag erinnert werden.)
- Gemeinschaft
  (Besucher wollen „C2C-Interaktionen" (Nicholls 2010) eingehen und mit anderen gemeinsam etwas erleben.)
- Wohlgefühl und Flow-Erlebnis
  (Besucher wollen von einem intensiv geschulten Personal saubere und aufgeräumte Attraktionen erleben.)

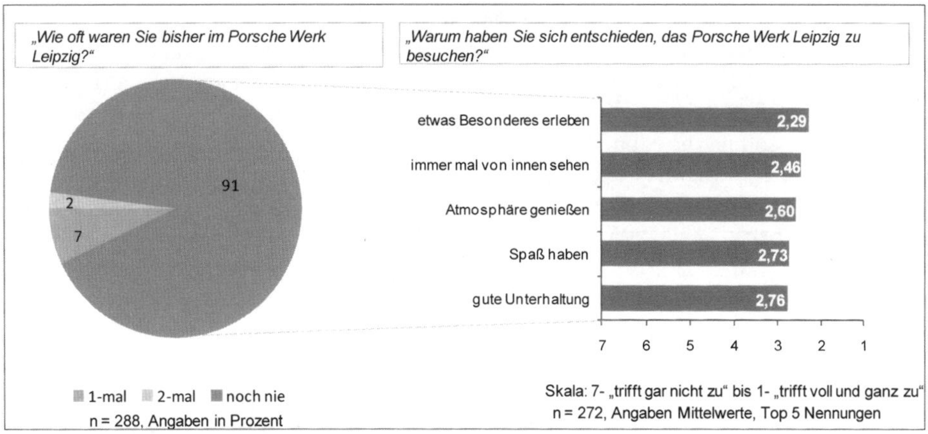

Abbildung 6: Gründe für den Porsche Brand Land-Besuch
(Quelle: Springer 2008)

In einer postmaterialistischen Gesellschaft kaufen Kunden also nicht mehr ausschließlich Güter, sondern „Geschichten, Gefühle, Träume und Werte" (Bolz 2002, S. 109). Sie möchten ihren Entdeckerinstinkt wecken und dies immer wieder auf ein Neues, sie möchten emotional angeregt und konsequent mit Spannung unterhalten werden – Träume erleben und diese ausleben. Markenführung ist demzufolge schon seit längerem „kein Kampf der Produkte, sondern ein Kampf um die Wahrnehmung" (Brandtner 2005, S. 26). Für die gezielte Darbietung authentischer Marketingbotschaften in Form von dramaturgisch gut aufbereiteten Attraktionen und Veranstaltungen gilt es, die wandlungsfähigen Programmkonzepte vom Wahrzeichen bis zur Hauptattraktion des Brand Lands immer wieder zu erneuern und auf die Erlebnisbedürfnisse der Zielgruppen auszurichten.

2.2 Multisensuale Ansprache von Brand Land-Erlebnissen

Der Mensch erfährt seine Umwelt nicht nur unterschwellig und unbewusst durch passive Sinneseindrücke, sondern auch durch aktives Suchen, Selektieren und Verarbeiten von Informationen (Guski 2000, S. 9). Sofern die Reize bestimmte Schwellenwerte überschreiten, ist es möglich, die Zustände und Vorgänge der Außenwelt aufzunehmen, sie im Gehirn zu verarbeiten und in Form von Bildern, Geräuschen, Gerüchen, Geschmack, Temperatur, Berührung und Bewegung zu erfahren. Die Konfiguration und Harmonie der Umweltstimuli entscheidet darüber, ob und wie stark einzelne Einflüsse über die fünf Sinnesorgane Augen, Ohren, Nase, Zunge und Haut wahrgenommen werden (Mattila/Wirtz 2001, S. 274). Je größer die Anzahl der Reize beim Erleben, desto umfassender sind die erzeugten, gedächtniswirksamen Assoziationen. Vor allem der zeitlich ausgedehnte Aufenthalt der Zielgruppe kommt den Brand Land-Betreibern bei der emotionalen Vermittlung von Produkt- und Markenleistungen zu Gute, da „the core of any product experience is the use of the product [...] itself" (Robinette/Brand 2001, S. 64). Verschiedene Studien haben belegen können, dass sich die Erinner- und Abrufbarkeit dieser Produkt- und Markenleistungen bei der gleichzeitigen *Ansprache mehrerer Sinne* erhöht. Dabei sollten die Sinne konvergent und konsistent adressiert werden, da sich so ein ganzheitliches Erlebnis bei den Zielgruppen schaffen lässt und einzelne, modalspezifisch ausgelöste Folgeerlebnisse wiederum auf das abgespeicherte Gesamterlebnis verweisen (Weinberg/Diehl 2005, S. 281). Zur Umsetzung dieser Anforderung bedarf es eines umfassenden Prozesses innerhalb des Markenführung, mit dem sich alle Kontaktpunkte der relevanten Zielgruppen mit der Marke bestmöglich auf eine synästhetisch ganzheitliche Sinnesansprache abstimmen lassen (vgl. Abbildung 7).

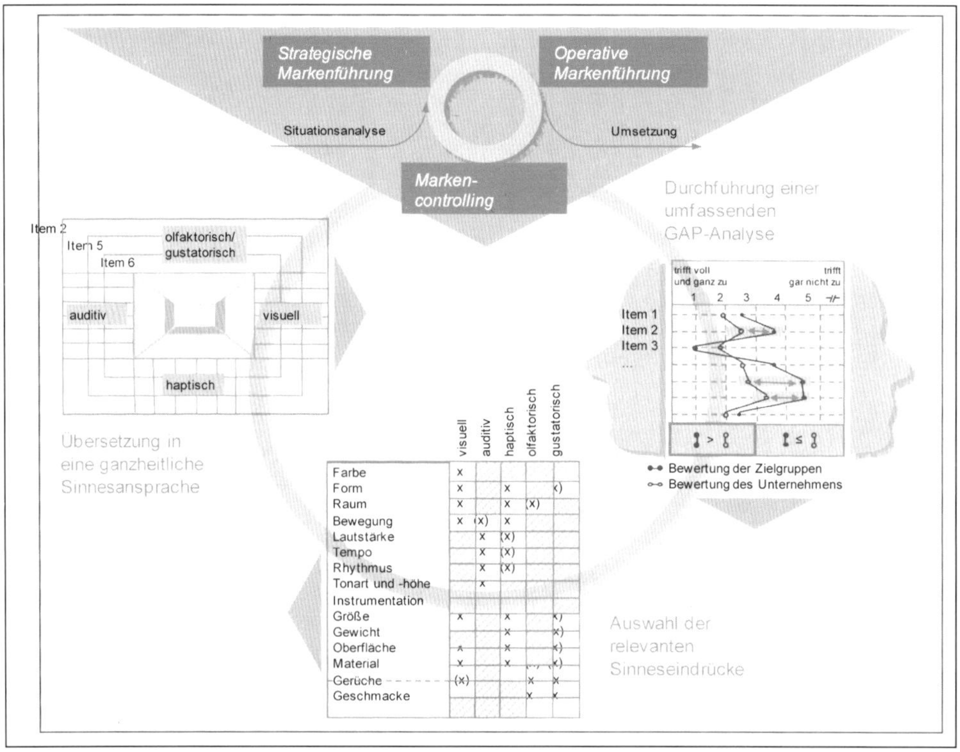

Abbildung 7: Prozess zur multisensualen Markenkommunikation
(Quelle: Springer 2008)

Wenn das tatsächliche Erleben und die eigene Erfahrung so genannte „heiße" Emotionsbündel auslösen, wird eine deutlich intensivere Kommunikations- und Markenwirkung erreicht (Zanger 2008, S. 287f.; Möll/Esch 2009, S. 32). Dieses als „Multisensory Enhancement"-Effekt (Lindstrom 2005, S. xif.; Häusel 2008, S. 168) beschriebene Phänomen leistet durch Vertrauensaufbau, Präferenzsteigerung, Kaufanregung und Loyalitätsintensivierung bedeutende Wertschöpfungsbeiträge für die Marke.

3. Generelle Beurteilung der Wirkung von Brand Lands

Brand Lands befinden sich momentan in einer starken Wachstumsphase. Bis 2017 erwartet Thomas Sevcik, Planer der VW Autostadt, dass „jede bedeutende Marke einen solchen Ort haben" wird (Nufer 2007, S. 235). Um möglichen Sättigungserscheinungen des Instrumentariums entgegenzuwirken, sind klare Zielsetzungen, realistische Planungen und budgetäre Rahmenbedingungen für die Zukunft eines Brand Lands entscheidend. Für die Einführung und professionelle Vermarktung ist zu berücksichtigen, dass die architektonischen Markenwelten standortgebunden, finanziell aufwendig, lediglich einem begrenzten Publikum zugänglich und nur langwierig veränderbar sind. Bestehende Problemfelder in der Unternehmenskommunikation können dabei nicht unauffällig umgangen werden, da ihre gezielte Thematisierung ebenso zur Sicherstellung der Glaubwürdigkeit und Authentizität beiträgt. Aus diesem Grund bedürfen die emotionalen, einzigartigen und dramaturgisch perfekten Inszenierungen einer kompetenten Führung.

Folgende Multiplikatoreffekte sind für den *Erfolg eines Brand Lands* somit ausschlaggebend (Kirchgeorg et al. 2009):

- Standort
  (Da Brand Lands primär an Produktionsstandorten errichtet werden, ist ihr Anschluss zur Hochleistungsinfrastruktur i.d.R. überdurchschnittlich gut. Dennoch erweist es sich für die Besucherströme als vorteilhaft, wenn die Begegnungsstätte mit der Marke möglichst in einem Einzugsgebiet mit ausreichend hoher Kaufkraft gelegen ist. Andernfalls bedarf es zusätzlicher Anstrengungen, die touristische Attraktivität der Zentren überregional zu stärken.)
- Einzigartigkeit
  (Je mehr Brand Lands entstehen, umso größer ist die Erwartungshaltung an gewaltigere und aufwändigere Inszenierungen. Dabei fördern positive, persönliche Begegnungen und Beziehungen mit Unternehmensvertretern, Marken und Produkten eine differenzierte Wahrnehmung trotz hoher sachlicher Vergleichbarkeit.)
- Emotionalität
  (Da Emotionen und Erlebnisse eng miteinander verbunden sind und den langfristigen Markenerfolg indirekt und direkt beeinflussen können, ist in Brand Lands eine gefühlsbetonte Ansprache zur Erlebnisdifferenzierung zu realisieren. Nur wenn für den Besucher eine persönliche Relevanz gegeben ist, wird die Identifikation mit der Marke möglich.)

- Interaktivität
  (Das aktive Einbeziehen der Besucher des Brand Lands führt zu einer sehr viel höheren Assoziationsrate, da multisensuale Erfahrungen „aus erster Hand“ nachweislich in einer glaubwürdigeren und wirkungsvolleren Wahrnehmung resultieren. Vor allem spontane und kurzweilige Interaktionseffekte können das persönliche Engagement und die Begeisterung der Besucher steigern.)
- Dramaturgie
  (Damit die längere Verweildauer der Zielgruppe effektiv genutzt werden kann, sollten Brand Land-Programme einem gewissen dramaturgischen Aufbau folgen und ein bestimmtes Maß an Informationsbereitstellung nicht überschreiten. Denn erst wenn dies gegeben ist, verbinden sich Unterhaltung und Information zu besonders intensiven und attraktiven Kommunikationserlebnissen.)
- Authentizität
  (Je authentischer die Präsentation der Markeneigenschaften im Brand Land erfolgt, um so intensiver und glaubwürdiger entfaltet sich die Wirkung bei der Zielgruppe)

4. Zusammenfassung und Ausblick

Marken werden ihre Vorzüge und Funktionen zukünftig nur dann bewahren, wenn sie ihre Zielgruppen zu „Mittätern“ machen. Als besonders innovative und erlebnisbetonte Form der Live Communication haben Brand Lands hierbei verstärkte Aufmerksamkeit erfahren und zunehmende Verbreitung gefunden. Ihre Fähigkeit zur multisensualen Repräsentation und Erfahrbarkeit einer Marke in einem gestalteten Erlebnisumfeld scheint insbesondere in jenen Märkten zunehmend Bedeutung zu erfahren, in denen ein starker Fokus auf die Bindung und Pflege bestehender Kunden vorhanden ist. Angesichts der hohen Anfangsinvestitionen und der nicht unerheblichen Kosten für den Unterhalt eines Brand Lands stellt sich berechtigterweise die Frage, welche Wirkungen dieses Instrument langfristig entfalten kann. Zweifelsohne sind die Chancen für eine authentische Kundenintegration in Brand Lands und die crossmediale Verknüpfung mit anderen Kommunikationsinstrumenten aus heutiger Sicht noch nicht ausgeschöpft. Ebenso ist nicht abschließend ausgelotet, welche Grenzen und Problemfelder tatsächlich erwachsen können.

Einige Eckpfeiler im bevorstehenden Wandel des Brand Land-Einsatzes sind anzuregen:

- Entwicklung von „Brand Isles“
  Bislang bot es sich nicht für jede Branche und für jedes Unternehmen an, Brand Lands zu errichten. Die kostenintensiven Anlagen erschienen nur dann als zielführend, wenn Marken – lokal, regional oder global – auf ausreichende Bekanntheit stoßen, weshalb Brand Lands vorrangig nur für starke Dachmarken erbaut wurden. In Zukunft sollten auch kleine und mittelständische Unternehmen die Zugänglich-

keit ihrer Produktionsstätten prüfen und überlegen, ob und wie sie der interessierten Zielgruppe einen Einblick in ihre Markenphilosophie gewähren können.

- Schaffung eines langfristigen Mehrwerts
  Marken müssen es schaffen, die Bandbreite von Erleben, Erfahren, Erinnern zu bedienen. Dazu können bekannte Elemente in einen anderen Kontext eingebunden oder auch ein Wechsel der Abstraktionsebenen angestrebt werden. Herausforderung wird eine aktuelle und spannende Darbietung der Brand Land-Programme sein, die, wenn sie gelingt, wiederholte Besuche der Zielgruppen nach sich zieht. Zur vollen Wirkungsentfaltung gilt es wandlungsfähige Programmpunkte herauszuarbeiten, zielgruppenadäquate Angebotsbündel zu konzipieren und diese über den Brand Land-Besuch hinaus mit anderen Instrumenten in sinnvoller Weise zu ergänzen.
- Konvergenz der multisensualen Ansprache
  Die Ansprache mehrerer Sinne kann als Gedächtnisanker für die Marke dienen, den emotionalen oder informativen Gehalt der Positionierung vermitteln und darüber hinaus die Integration fördern. Jedoch ist das alleinige Vorhandensein sensualer Reize kein Garant für den kommunikativen Erfolg. Vielmehr sind die Sinne für ein holistisches Erlebnis konsistent und konvergent zu adressieren.
- Relevanz der Gebäudearchitektur
  Marken verkörpern Werte, die durch Architektur als markante Wahrzeichen im Raum umgesetzt und im Gegensatz zur klassischen Markenkommunikation live und konkret für den Einzelnen greifbar und erlebbar gemacht werden können. Dadurch wird nicht nur der Erinnerungsgrad auf Seiten der Zielgruppe erhöht. Es ergeben sich auch andere Möglichkeiten für eine gezielte Vermittlung von Markenbotschaften sowie für die Emotionalisierung und Differenzierung von Marken. So können mit der baulichen Architektur aber auch Markenmerkmale betont werden, die im Zeitablauf eine Veränderung erfahren. Da die Anpassung der Gebäudearchitektur nur in Grenzen möglich ist, ergibt sich vielfach ein Konflikt zwischen der Änderung der Markenidentität und der eingeschränkten Flexibilität für die Veränderung einer Gebäudearchitektur.
- Integration der Kommunikationsinstrumente
  Der Brand Land-Besuch bietet den idealen Ausgangspunkt für die Einbindung vorgelagerter und nachgelagerter Kommunikationsmaßnahmen, mit denen sich die Markenbindung festigen und stärken lässt. Die inhaltliche, formale und zeitliche Verankerung sollte dabei stets dem Anspruch einer integrierten Kommunikation genügen.
- Überprüfung der Kommunikationswirkung
  Für das Monitoring kommunikativer Maßnahmen sollten Unternehmen nicht ausschließlich auf die Einschätzung von Globalurteilen vertrauen. Erst vertiefende, quantifizierbare Analysen ermöglichen eine differenzierte Beurteilung des tatsächlichen Stellenwertes einzelner Stimuli und deren Relevanz für die Marke. Im Hinblick auf die Quantifizierung der Brandland-Ziele sind noch geeignete Verfahren zu entwickeln und anzuwenden. Ein Verfahren, dass zur Wirkungsanalyse insbesondere auch dreidimensionaler Kommunikation noch größere Bedeutung erfahren wird,

ist das Verfahren der Blickregistrierung (engl. eye tracking). Das sehr flexible und technologisch moderne Instrument erlaubt den Blick in die unbewusste Wahrnehmung der Zielgruppe. So lassen sich in Kombination mit herkömmlichen Methoden über dieses Verfahrens hilfreiche Hinweise dazu generieren, welche Stellschrauben im Sinne der Kommunikationszielwirkung über ihre optimale Position schon verfügen und welche (nach)zu justieren sind, um die Kommunikationswirkung weiter zu verbessern.

Literaturverzeichnis

Aufdermaur, D. (2006): Brand Lands, http://www.business.uzh.ch/professorships/ marketing/forschung/execsumdiplarb/Brandlands.pdf (Zugriff: 10.09. 2011).

AUMA (2010): AUMA_MesseTrend 2010, Berlin.

Autostadt (2011): Erfolgreiches Jubiläumsjahr der Autostadt, http://www.autostadt.de/fileadmin/user/redaktion/Pressematerial/Movimentos_2011/ Pressemitteilung_Autostadt_Jahresmeldung_2010.pdf (Zugriff: 10.09. 2011).

Binder, A. (2008): Markenparks. Dreidimensionale Markenerlebniswelten, in: Herbrand, N. (Hrsg.): Schauplätze dreidimensionaler Markeninszenierung. Innovative Strategien und Erfolgsmodelle erlebnisorientierter Begegnungskommunikation, Stuttgart, S. 177-189.

Bolz, N. (2002): Das konsumistische Manifest, München.

Brandtner, M . (2006): Brandtner on Branding, Gratkorn.

Brittner, A. (2003): Feriengroßprojekte und ihre regionalpolitische Bedeutung, in: Becker, A./Hopfinger, H./Steinicke, A. (Hrsg.): Geographie der Freizeit und des Tourismus, München u.a., S. 415-428.

Destatis (2011): Insolvenzen, http://www.destatis.de/jetspeed/portal/cms/Sites/destatis/ Internet/DE/Content/Statistiken/UnternehmenGewerbeInsolvenzen/Insolvenzen/ Tabellen/Content50/UnternehmenSchuldner,templateId=renderPrint.psml (Zugriff: 10.09. 2011).

Diez, W./Schwarz, M. (2000): Brand Lands in German Car Distribution, ICDP Research Paper 6/00, Solihull.

DPMA (2011): Marken, http://presse.dpma.de/presseservice/datenzahlenfakten/ statistiken/marke/index.html (Zugriff: 10.09. 2011).

Erber, S. (2005): Eventmarketing. Erlebnisstrategien für Marken, Landsberg/Lech.

Esch, F.-R./Andresen, T. (1996): Markenführung. Barrieren behindern Markenbeziehungen, in: Absatzwirtschaft, 39. Jg., Nr. 10, S. 94-100.

Esch, F.-R./Wicke, A. (2001): Herausforderungen und Aufgaben des Markenmanagements, in: Esch, F.-R. (Hrsg.): Moderne Markenführung, 3. Aufl., Wiesbaden, S. 3-55.

Freundt, T.C. (2006): Emotionalisierung von Marken, Wiesbaden.

Goronzy, F. (2006): Erlebniswelten. Grundlagen, Untersuchung, Auswertung, Saarbrücken.

Guski, R. (2000): Wahrnehmung. Eine Einführung in die Psychologie der menschlichen Informationsaufnahme, 2. Aufl., Stuttgart u.a.

Harper, D. (2001): Brand Land, in: http://www.etymonline.com/index.php (Zugriff: 10.09.2011).

Harris, K./Baron, S./Parker, C. (2000): Understanding the Consumer Experience. It's 'Good To Talk', in: Journal of Marketing Management, Vol. 16, No. 1-3, S. 111-127.

Häusel, H.-G. (2008): Neuromarketing. Erkenntnisse der Hirnforschung für Markenführung, Werbung und Verkauf, 2. Aufl., Planegg.

Hellmann, K.-U. (2003): Soziologie der Marke, Frankfurt a.M.

John, H. (2008): ›Top oder Flop‹? Die Branding-Welle erreicht die Museumswelt. Eine Einführung, http://www.transcript-verlag.de/ts568/ts568_1.pdf (Zugriff: 10.09.2011).

Jung, H./von Matt, J.-R. (2002): Momentum. Die Kraft, die Werbung heute braucht, Berlin.

Kagelmann, H.J. (2004): Erlebniswelten. Zum Erlebnisboom in der Postmoderne, München.

Kagelmann, H.J. (2001): Erlebnisse, Erlebniswelten, Erlebnisgesellschaft. Bemerkungen zum Stand der Erlebnistheorien, in: Keul, A. G. et al. (Hrsg.): Gesund durch Erleben? Beiträge zur Erforschung der Tourismusgesellschaft, 2. Aufl., München, S. 90-101.

Kagelmann, H.J. (1998): Erlebniswelten. Grundlegende Bemerkungen zum organisierten Vergnügen, in: Rieder, M. et al. (Hrsg.): Erlebniswelten. Zur Kommerzialisierung der Emotionen in touristischen Räumen und Landschaften, München, S. 58-94.

Kilian, K. (2008): Vom Erlebnismarketing zum Markenerlebnis. Wie und warum Erlebnisse und Marken einander bereichern können, in: Herbrand, N. O. (Hrsg.): Schauplätze dreidimensionaler Markeninszenierung. Innovative Strategien und Erfolgsmodelle erlebnisorientierter Begegnungskommunikation, Stuttgart, S. 29-68.

Kirchgeorg, M./Springer, C. (2010): Einsatz und Wirkung von Instrumenten der Live Communication im Kundenbeziehungszyklus, in: Georgi, D./Hadwich, K. (Hrsg.): Management von Kundenbeziehungen, Wiesbaden, S. 325-344.

Kirchgeorg, M./Springer, C./Brühe, C. (2009): Live Communication Management. Ein strategischer Leitfaden zur Konzeption, Umsetzung und Erfolgskontrolle, Wiesbaden.

Kirchgeorg, M./Ermer, B./Brühe, C./Hartmann, D. (2009): Uniplan Live Trends 2009/10, live@virtuell – neue Formen des Kundendialogs, Köln, Leipzig.

Klein, N. (2002): No Logo! Der Kampf der Global Players um Marktmacht, München.

Lindstrom, M. (2005): Brand Sense. How to build brands through touch, taste, smell, sight and sound, London.

Lippmann, G. (2008): Events im Tourismus, http://www.fernakademie-touristik.de/fileadmin/downloads/EVM4Musterlektion.pdf (Zugriff: 10.09.2011).

Littich, M./Zimmermann, L. (2010): Erlebniskommunikation – Vermittlung emotionalen Zusatznutzens, in: Marketing Review St. Gallen, Vol. 3, S. 26-31.

Mandat, M. (2010): Auto ohne Status. Aktuelle Ergebnisse der PROGENIUM Studie im August 2010, http://www.progenium.com/fileadmin/user_upload/PDF/Pressemitteilungen/PROGENIUM_Auswertung_Auto-ohne-Status.pdf (Zugriff: 10.09.2011).

Mattila, A.S./Wirtz, J. (2001): Congruency of scent and music as a driver of in-store evaluations and behavior, in: Journal of Retailing, Vol. 77, No. 2, S. 273-289.

Mauz, S. (2008): Brand Lands – Markenerlebniswelten in der Automobilindustrie, Masterthese, TU Chemnitz.

Meffert, H./Burmann, C./Kirchgeorg, M. (2008): Marketing. Grundlagen marktorientierter Unternehmensführung. Konzepte, Instrumente, Praxisbeispiele, 10. Aufl., Wiesbaden.

Meinicke, B. (2003): Erlebniswelten als Instrumente der Kundenbindung. Neue Wege in der deutschen Automobilindustrie, Augsburg.

Mikunda, C. (2007): Marketing spüren, 2. Aufl., Heidelberg.

Nufer, G. (2007): Event-Marketing und -Management. Theorie und Praxis unter besonderer Berücksichtigung von Imagewirkungen, 3. Aufl., Wiesbaden.

Möll, T./Esch, F.-R. (2009): Marken im Gehirn = Emotion pur. Konsequenzen für die Markenführung, in: Esch, F.-R./Armbrecht, W. (Hrsg.): Best Practice der Markenführung, Wiesbaden, S. 23-35.

Nicholls, R. (2010): New Directions for Customer-to-Customer Interaction Research, in: Journal of Services Marketing, Vol. 24, No. 1, S. 87-97.

Opaschowski, H.W. (2000): Kathedralen des 21. Jahrhunderts. Erlebniswelten im Zeitalter der Eventkultur, Hamburg.

Rifkin, J. (2000): Access. Das Verschwinden des Eigentums, 2. Aufl., Frankfurt a.M. u.a.

Robinette, S./Brand, C. (2001): Emotion Marketing, New York.

Rodekamp, V. (2003): Zur Geschichte der Messen in Deutschland und Europa, in: Kirchgeorg, M. et al. (Hrsg.): Handbuch Messemanagement. Planung, Durchführung und Kontrolle von Messen, Kongressen und Events, Wiesbaden, S. 5-13.

Roost, F. (2007): Perspektiven der Industriestädte im Wandel. Wolfsburgs Umbau vom Waren- zum Imageproduktionsstandort, in: Kaltwasser, M. et al. (Hrsg.): Industriestadtfuturismus. 100 Jahre Wolfsburg/Nowa Huta. Frankfurt a.M., S. 283-293.

Roost, F. (2002): Die Stadt als Showroom. Corporate Image Centers als Vermarktungskonzept global agierender Konzerne, in: tec 21, Nr. 31-32, S. 6-10.

Springer, C. (2008): Multisensuale Markenführung: Eine verhaltenswissenschaftliche Analyse unter besonderer Berücksichtigung von Brand Lands in der Automobilwirtschaft, Wiesbaden.

Steinecke, A. (2004): Zur Phänomenologie der Marken-Erlebniswelten, in: Brittner-Widmann, A./Quack, H.-D./Wachowiak, H. (Hrsg.): Von Erholungsräumen zu Tourismusdestinationen. Facetten der Fremdenverkehrsgeographie, Trier, S. 201-219.

Steinecke, A. (2002): Kulturtourismus in der Erlebnisgesellschaft. Trends, Strategien, Erfolgsfaktoren, in: Geographie und Schule, Nr. 24, S. 10-14.

Steinecke, A. (2001): IndustrieErlebnisWelten zwischen Heritage und Markt. Konzepte, Modelle, Trends, in: Hinterhuber, H. H. et al. (Hrsg.): IndustrieErlebnisWelten. Vom Standort zur Destination, Berlin, S. 87-101.

Steiner, P. (2011): Sensory Branding. Grundlagen multisensualer Markenführung, Wiesbaden.

Thiemer, J. (2004): Erlebnisbetonte Kommunikationsplattformen als mögliches Instrument der Markenführung. Dargestellt am Beispiel der Automobilindustrie, Kassel.

Ullrich, W. (2006): Haben wollen. Wie funktioniert die Konsumkultur, Frankfurt a.M.

Valdani, E./Guenzi, P. (2001): Marketing von Brand Parks, in: Hinterhuber, H. H. et al. (Hrsg.): IndustrieErlebnisWelten. Vom Standort zur Destination, Berlin, S. 153-193.

v. Borries, F. (2004): Die Markenstadt. Marketingstrategien im urbanen Raum, Berlin.

Weinberg, P./Diehl, S.(2005): Erlebniswelten für Marken, in: Esch, F.-R. (Hrsg.): Moderne Markenführung. Grundlagen, Innovative Ansätze, Praktische Umsetzungen, Wiesbaden, S.263-286.

wer-zu-wem GmbH (2011): Werksbesichtigung nach Kategorien, http://www.wer-zu-wem.de/werksbesichtigung/ (Zugriff: 10.09. 2011).

Wohlfeil, M./Whelan, S. (2007): Like being a drop in a freshly-poured Guinness pint. Consumer motivations to participate in the "Guinness Storehouse, in: The Marketing Review, Vol. 7, No. 3, S. 283-300.

Wohlfeil, M./Whelan, S. (2005): Event-Marketing as Innovative Marketing Communications: Reviewing the German Experience", in: Journal of Customer Behaviour, Vol. 4, No. 2, S. 181-207.

Wolf, A. (2005): Erfolgsfaktoren industrietouristischer Einrichtungen. Eine Untersuchung zu Erfolgsfaktoren unterschiedlicher Angebotstypen und ausgewählter Einrichtungen in Großbritannien und Deutschland, Paderborn.

Zanger, C. (2008): Entstehung und Systematisierung von erlebnisorientierten Markenplattformen, in: Herbrand, N. O. (Hrsg.): Schauplätze dreidimensionaler Markenführung, S. 76-84.

Pascal Nguyen und Nadja Pupillo

Branded Moments – Vom zufälligen Kundenerlebnis zur aktiven Gestaltung von Wow-Momenten in der Kundeninteraktion bei Vodafone Deutschland

Dipl.-Oec. *Pascal Nguyen* ist Leiter Projektmanagement Customer Experience bei der Vodafone D2 GmbH. *Nadja Pupillo* ist Director Customer Experience & Development bei der Vodafone D2 GmbH in Düssseldorf.

1. Die Bedeutung von Customer Experience in der Telekommunikationsbranche

1.1 Entwicklung der Mobilfunkbranche

Die Mobilfunkbranche hat sich in den letzten Jahrzehnten mit einer beispiellosen Erfolgs- und Wachstumsgeschichte zum Innovationsmotor der Telekommunikationsindustrie entwickelt und das Kommunikationsverhalten sowohl im privaten als auch im geschäftlichen Umfeld nachhaltig verändert. Dementsprechend sind die Strukturen der meisten Unternehmen der Branche historisch auf die Erschließung von Marktanteilen und mit klarem Akquisefokus ausgelegt. Dies spiegelt sich unter anderem in einer starken Vertriebsstruktur wider, die den Wachstumsmotor in Gang hält und das Tempo der Markterschließung vorgibt.

Spätestens seit dem Erreichen einer Mobilfunk-Penetration von über 100 Prozent im Jahre 2006 befindet sich dieser wachstumsstarke Markt mit verstärkten Sättigungstendenzen konfrontiert (vgl. Abbildung 1). In den darauf folgenden Jahren ist die Branche zusätzlich von sinkende Umsätzen und Eingriffen der Regulierungsbehörde in die Preispolitik (z.B. 2007 Regulierung der Roamingpreise in der EU und 2010 Regulierung der Preise für den Verkehr zwischen den Netzbetreibern) geprägt.

Darüber hinaus stellt eine immer stärkere „Commoditization" der immateriellen Güter (z.B. Telefonierminuten) eine weitere Herausforderungen dar, die Netzbetreiber mit der steigenden Gefahr konfrontiert, für den Kunden als substituierbar wahrgenommen zu werden. Verstärkt wird dieser Trend mit dem Durchbruch des mobilen Internets, die es weiteren Teilnehmern der Wertschöpfungskette (z.B. Endgerätehersteller, Betriebssystem Entwickler und Content-Lieferanten) ermöglicht, sich beispielsweise über Apps verstärkt die Gunst und Aufmerksamkeit der Kunden zu sichern.

1.2 Neue Strategien als Reaktion auf die Marktentwicklung

In den folgenden Monaten und Jahren wird zunehmend deutlich, dass viele Mechanismen der ersten vom Wachstum geprägten Jahrzehnte nicht mehr die gewohnte Wirkung erzielen. Zwar gelingt es vielen Netzbetreibern – beispielsweise über gute Marketingstrategien in Kombination mit einer Ausnutzung der bestehenden Akquisekompetenzen – neue Bedarfe bei Kunden zu wecken (z.B. Datenkarten im Geschäftskundenumfeld oder Zweitkarten und Festnetz-Ersatzprodukte im Privatkundenumfeld). Die Effekte der Marktsättigung können jedoch nicht gänzlich kompensiert werden. Gleichzeitig resultiert

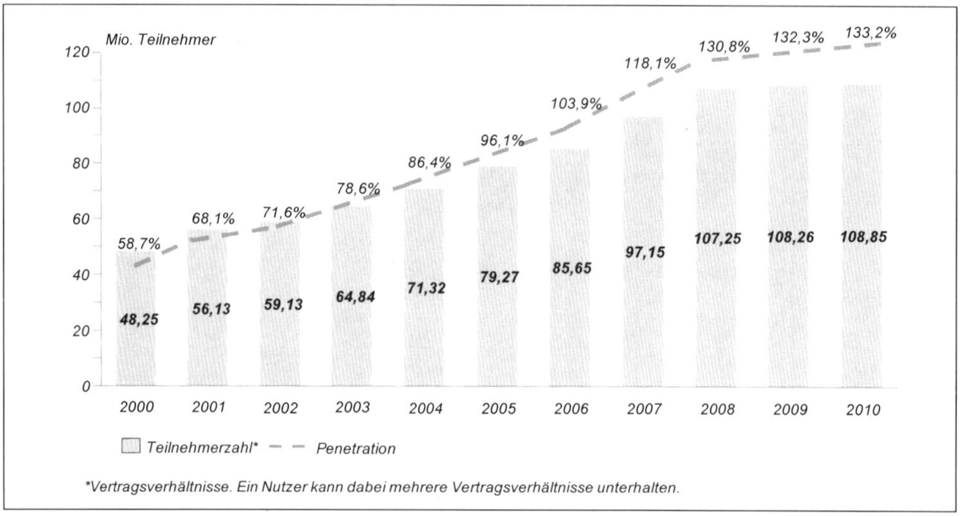

Abbildung 1: Teilnehmer und Penetration in deutschen Mobilfunknetzen 2000-2010 (Quelle: Bundesnetzagentur 2011)

die stetig steigende Wettbewerbsintensität im Markt in einem immer stärker werdenden Preiswettbewerb. Innerhalb von nur wenigen Jahren fällt der durchschnittliche Umsatz pro Kunde stark (vgl. Abbildung 2).

Im deutschen Telekommunikationsmarkt haben sich daher zwei typische *Strategien* der im Markt agierenden Unternehmen herauskristallisiert: Die einen folgen der *Preisführerschaft* (durch Kostenführerschaft). So etablieren sich als eine Folge der Marktliberalisierung zunehmend virtuelle Netzbetreiber (so genannte Mobile Virtual Network Operators (MVNOs)) mit neuen meist preisagressiven Marken. Die anderen folgen dem Prinzip der *Qualitätsführerschaft*, unter anderem durch eine entsprechende „Aufladung" der Marke (Porter 1998, S. 35 ff.). Vodafone hat sich als Premiumanbieter in Deutschland auf die zweite Strategie fokussiert und damit seit 2010 die Kehrtwende im Markt geschafft: seitdem wächst der Umsatz und auch der Marktanteil steigt stetig.

1.3 Customer Experience als Basis für Value Generation

Warum zahlen Kunden für ein Bier in der gerade angesagten In-Kneipe vier Mal soviel, wie sie dafür im Supermarkt zahlen? Warum sind Kunden gerne bereit, für eine Tasse Nespresso Kaffee zu Hause über 30 Cent zu bezahlen, wo eine Tasse Kaffee auch für nur fünf Cent zu haben wäre? Immer dann, wenn eine Marke in der Lage ist, Wert und Qualität nicht nur für sich zu beanspruchen, sondern dies auch konsistent in allen Kundenerlebnissen zum Ausdruck zu bringen, ist der Kunde gerne bereit, für diesen Mehrwert auch mehr zu bezahlen (Pine/Gilmore 2011, S. 3 ff.). Der Kunde fühlt sich emotional

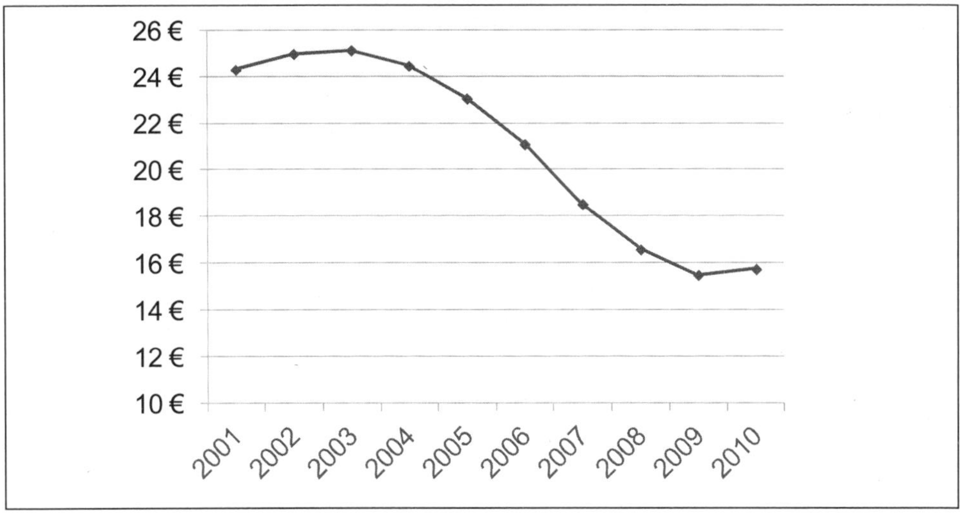

Abbildung 2: Durchschnittlicher monatlicher Mobilfunkumsatz pro Kunde in Deutschland zwischen 2000-2010 (Quelle: Analysis Mason)

abgeholt, verstanden und geschätzt – und das honoriert er und schlägt sich auch in einer höheren Zahlungsbereitschaft nieder.

Eine allgemein gültige Definition von Customer Experience oder Customer Experience Management (CEM) zu finden ist nicht trivial (Palmer 2008, S. 196f.). *Customer Experience* bezeichnet alle Erlebnisse, die ein Kunde in der Interaktion mit einem Unternehmen und der Marke hat, von der Werbung über den Internetauftritt, die Verpackung bis dahin, wie die Mitarbeitenden gegenüber den Kunden auftreten. Eine erfolgreiche Markenführung überprüft regelmäßig, ob die Markenwerte dem Kunden bekannt sind und ob das Unternehmen diese auch in den Augen der Kunden erfüllt. Dazu ist es unerlässlich, das Kundenerlebnis mit den Markenwerten als Kriterien zu überprüfen und anzugleichen. Customer Experience beinhaltet daher die Umsetzung der Markenwerte in ein greifbares Kundenerleben. Dies verdeutlicht, warum das Thema Customer Experience in den letzten Jahren so stark an Bedeutung gewonnen hat: Markenkommunikation erzeugt Erwartungen beim Kunden – und diese müssen (über-)erfüllt werden, um glaubhaft und nachhaltig zu sein – dazu dient das Customer Experience Management.

Customer Experience bedarf einer klaren Planung und Gestaltung, um aus Sicht des Kunden eine Konsistenz zwischen „Say“ (kommunikative Markenbotschaften oder der Claim der Marke) und „Do“ (die Erfahrung mit der Marke/dem Unternehmen) herzustellen. Kundenbindung und Differenzierung werden oft als Schlagworte verwendet, um einzelne Kundenbindungsmaßnahmen oder Produktentwicklungen in den Kontext vermeintlicher Strategien zu rücken. Aufgrund der Vielzahl von Interdependenzen ist es jedoch deutlich komplexer, sich tatsächlich in der Wahrnehmung von Kunden als nachhaltig vom Wettbewerb differenziert zu etablieren und damit jene Kunden emotional an die Leistungen und die Marke eines Unternehmens zu binden.

2. Customer Experience bei Vodafone

2.1 Verständnis und Definition von Customer Experience bei Vodafone

Mit der Einführung einer „neuen Disziplin" wie CEM betreten viele Unternehmen Neuland. Dem Verständnis von CEM bei Vodafone Deutschland liegen zwei grundsätzliche Aspekte zugrunde. Zum einen, dass es im Customer Experience Management nicht ausreicht, „den Kunden" in den Mittelpunkt der Betrachtung zu setzen, sondern es vielmehr von zentraler Bedeutung ist, die Betrachtung aus dem Blickwinkel „des Kunden" in den Mittelpunkt zu setzen (vgl. Kapitel 3).

Des Weiteren, dass es bei der Etablierung und Umsetzung von Customer Experience Management wichtig ist, aufbauorganisatorische Strukturen für den Zweck des Customer Experience Management zu überwinden. Diese zweite Prämisse erschließt sich zu einem Teil aus ersterer: Aus dem Blickwinkel eines Kunden macht es keinen Unterschied bzw. ist es irrelevant, ob er mit einem Unternehmen über dessen Internetseite (die aufbauorganisatorisch beispielsweise im Marketing verankert ist), einen Shop-Mitarbeitenden (z.B. Vertriebsorganisation) oder einen Hotline-Mitarbeitenden (z.B. Kundenservice) in Kontakt tritt. Aus seinem Blickwinkel steht ein Informationsbedürfnis oder eine konkrete Problemlösung im Vordergrund und er erwartet implizit, gleich über welchen Kontaktkanal einer Firma, dieses Bedürfnis auf die gleiche Art und Weise befriedigen zu können.

Eine zentrale Herausforderung ist es somit, diese Kundensicht, insbesondere was die Gestaltung von Kundenkontakten über unterschiedliche Kontaktkanäle angeht, bestmöglich einzubinden, um ein möglichst konsistentes Kundenerlebnis über die entsprechenden Kanäle sicherzustellen.

2.2 Verankerung von Customer Experience im Unternehmen

Die noch junge Geschichte des Customer Experience Managements in Unternehmen zeigt, dass die Erreichung einer *kundenzentrierten Organisation* nicht von heute auf morgen geschehen kann, sondern typischerweise als sukzessiver Prozess in mehreren Schritten verläuft (vgl. Abbildung 3). Basis für den Erfolg ist ein Buy-in des Managements, einen zuvor klar definierten Ansatz zur Etablierung von Customer Experience

Management zu verfolgen und ihm Raum zu geben. In der Regel kümmern sich Unternehmen dann zunächst um die Beseitigung von schmerzhaften Erfahrungen ihrer Kunden, bevor Standards zur Art und Weise, wie Kunden das Unternehmen erleben sollen, etabliert werden.

Bei Vodafone existieren seit 2006 sowohl in Deutschland als auch in der Vodafone Group Teams, die sich mit der Gestaltung von Kundenerlebnissen auseinandersetzen. Damit hat sich das Unternehmen im ersten Schritt zu der Wichtigkeit bekannt und diese organisatorisch verankert. Die Zugehörigkeit zum Bereich Customer Management unterstreicht dabei den Ansatz, in den ersten Jahren vor allem die Beseitigung so genannter Turn-offs anzugehen (Turn-offs sind Erlebnisse und Umstände, die ein Kunde als derart verstörend und ärgerlich empfindet, dass er dem Unternehmen den Rücken kehrt). Daneben wird die Verankerung der Marke im Unternehmen und bei den Mitarbeitenden weiter vorangetrieben.

Mit einer groß angelegten Initiative im Jahre 2009 hat Vodafone darüber hinaus konsequent die neuen Markenwerte in *Guidelines für die Mitarbeitenden* übersetzt. Mit der Einführung eines Marken-„refreshs" wurde im Schulterschluss aller großen, direkt involvierten Bereiche (vom Brand Management über Marketing, Kundenservice und Vertrieb) ein Programm unter dem Namen „*Branded Customer Experience*" entwickelt und ausgerollt. Dieses beinhaltet erstmalig einen von den Markenwerten abgeleiteten und für alle Kundenkontaktkanäle deklinierten konsistenten Rahmen, wie Kundenerlebnisse gestaltet werden sollen. Im Zuge einer bundesweiten Roadshow hat Vodafone vor Ort allen Mitarbeitenden die neue Markenausrichtung, deren Verknüpfung zur Unternehmensstrategie und zu den Unternehmenswerten erläutert und gemeinsam in Workshops erarbeitet, wie jeder einzelne Mitarbeitende seinen Beitrag dazu leisten kann.

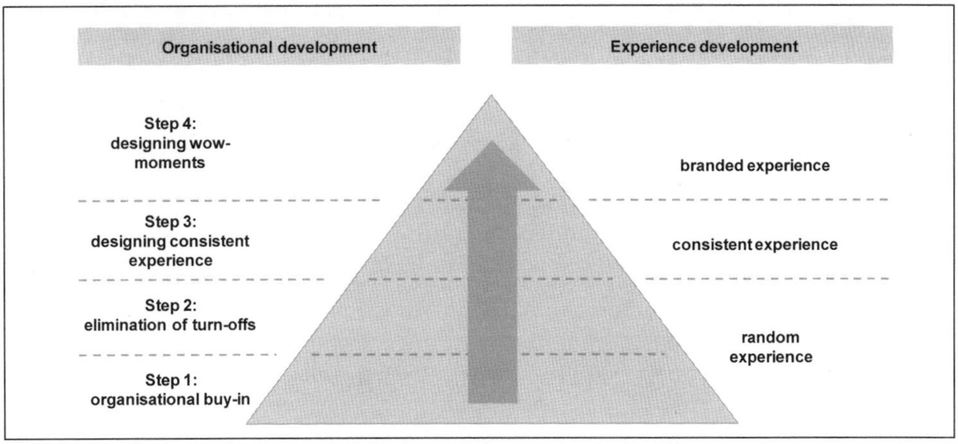

Abbildung 3: Customer Experience bei Vodafone
(Quelle: Vodafone D2 GmbH)

In den so genannten „Touchpoints“, also den Bereichen, die täglich direkt an der Schnittstelle zum Kunden agieren, z.B. Vertrieb und Kundenbetreuung, sind darüber hinaus für den täglichen Umgang mit den Kunden individuelle Leitlinien, Verhaltensanker, bis hin zu sprachlichen Anforderungen, wie man markenkonsistent mit Kunden umgeht, entstanden.

2.3 Einführung des Net Promotor Score (NPS)

Einen weiteren wichtigen Meilenstein für die Verankerung des Customer Experience Management bei Vodafone stellt die Einführung einer Methode dar, die nicht nur die Zufriedenheit, sondern die Weiterempfehlungsbereitschaft der Kunden misst: der *Net Promotor Score* (NPS) (Reichheld 2006, S. 18 ff.).

Die Einführung des NPS als Methode zur Messung der Wahrnehmung von Kunden bringt zwei entscheidende Vorteile gegenüber zweier Schwachstellen von zuvor verwendeten Methoden (bei Vodafone zunächst der TRI:M, später der CDI (Customer Delight Index) mit sich:

(1) Die Kundenzufriedenheit alleine ist kein klarer Indikator dafür, ob Kunden dem Unternehmen auch treu blieben oder gar für das Unternehmen im Sinne von Mund-zu-Mund-Propaganda werben.
(2) Kundenzufriedenheitsergebnisse lassen sich oft kaum operationalisieren, d.h. den Touchpoints und den Mitarbeitenden mit Kundenkontakt ein Instrument mitzugeben, um aus den Erkenntnissen Schlüsse auf das eigene Verhalten zu ziehen und Änderungen herbeizuführen ist oft nur sehr schwer möglich (vgl. Abschnitt 3.2).

Die Einführung des NPS – zunächst in Deutschland pilotiert und ein Jahr später in der gesamten Vodafone Group eingeführt – kann somit als weiteres klares Signal dafür gewertet werden, wie wichtig die Erfüllung des Vodafone – Markenversprechens im gesamten Unternehmen genommen wird. Er ist seit Einführung eines der Kern-Unternehmensziele.

Vittorio Colao, CEO der Vodafone Group, hat dies wie folgt formuliert: „If we want to be differentiated from our competitors:

- We can never listen enough to our customers.
- And it is always right to exceed customers' expectations in service, for a given level of customer investment.
- We need to be obsessed with the quality of the experience we provide our customers, the speed with which we react to their requests, and ensure that we do not lose any valuable customers.
- True differentiation is always based on a genuine and almost obsessive focus on customers."

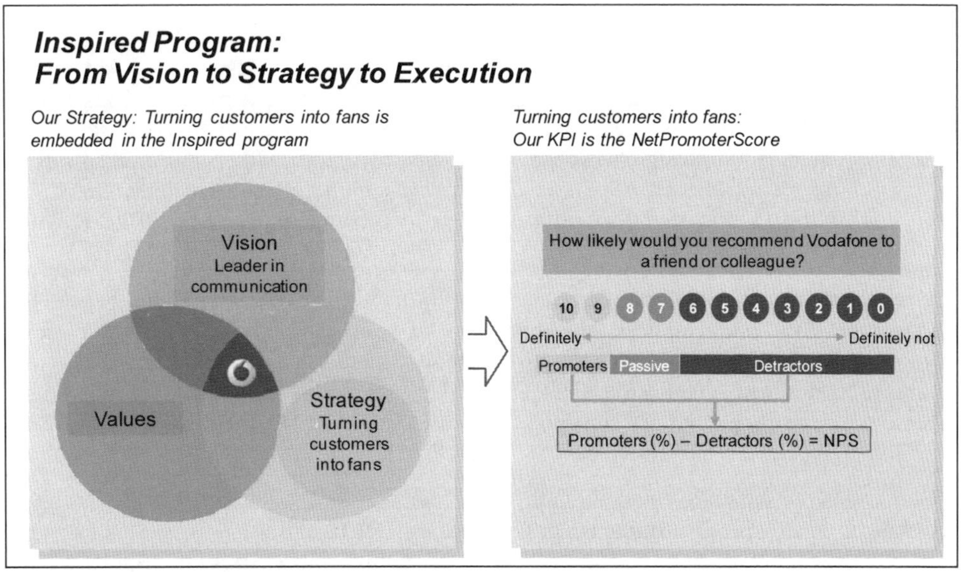

Abbildung 4: Inspired Programm der Vodafone (Quelle: Vodafone D2 GmbH)

Zusammenfassend ist es Vodafone über eine sukzessive Einführung und Verankerung gelungen, Customer Experience als wichtige Perspektive in die Unternehmenskultur einzuführen und mit dem Ausbau und der Einbindung konkreter Ziel- und Anreizsysteme fest in der strategischen Ausrichtung zu verankern (vgl. Abbildung 4).

3. Von zufälligen Kundeninteraktionen zur aktiven Gestaltung von Wow-Momenten

3.1 Aufdecken von zufälligen Interaktionen mit der Methode der Customer Journey

Um das Kundenerleben zu erfassen, bedient sich Vodafone der *„Customer Journey"-Methodik,* d.h. aus dem Blickwinkel eines Kunden werden nacheinander Erlebnisse durchgespielt und aufgeführt. So können Bruchstellen aus einer prozessübergreifenden Sicht eines Kunden schematisiert und damit viele Auslöser potentieller negativer Kundenerlebnisse vermieden (ex-ante) oder abgestellt (ex-post) werden.

Die „Customer Journey-Methode“ umfasst zwei wichtige Prämissen:

(1) Sie basiert auf einer Betrachtung aus dem Blickwinkel eines Kunden (oder von Kundengruppen). Um dies operationalisierbarer zu machen, wird in der Umsetzung oft auf die wichtigsten Anwendungsfälle fokussiert (use-case basierte Analysen).
(2) Neben einer optionalen Strukturierung nach Anwendungsfällen basieren alle Betrachtungen auf Phasen, die die wichtigsten Abschnitte im Lebenszyklus von Kunden darstellen. Bei Vodafone sind diese im so genannten „Customer Wheel“ definiert (vgl. Abbildung 5).

Je nach Zielsetzung kann eine Customer Journey für die unterschiedlichsten Fragestellungen und Anwendungsfälle in verschiedenen Ausprägungsformen angewandt werden. Sie stellt letztendlich ein Strukturierungsinstrument dar, das in einem standardisierten Rahmen ermöglicht, die Kundensicht abzubilden, um darauf basierend beispielsweise Abweichungsanalysen aufzusetzen und konkrete Ansatzpunkte für eine Verbesserung der Kundenwahrnehmung zu erzielen.

Die Customer Journey-Methode kommt bei Vodafone sowohl als vorgelagerter Mechanismus im Sinne eines Instruments zur Optimierung des Produktdesigns und als nachgelagerte Methode mit Audit-Charakter zur Aufdeckung von Verbesserungspotenzialen bestehender Produkte zum Einsatz. So sind wichtige Bestandteile, die – bei aller gegebenen Komplexität – für bestimmte Produktgruppen von allgemeingültiger Relevanz sind, bereits in frühen Entwicklungsphasen standardisiert und als feste Elemente in den Produktkonzepten integriert. Darüber hinaus werden insbesondere für Produkte, die von strategischer Relevanz sind, entsprechende Analyseergebnisse im Zuge von Freigabeprozessen transparent gemacht und fließen somit in die Entscheidungsfindung mit ein.

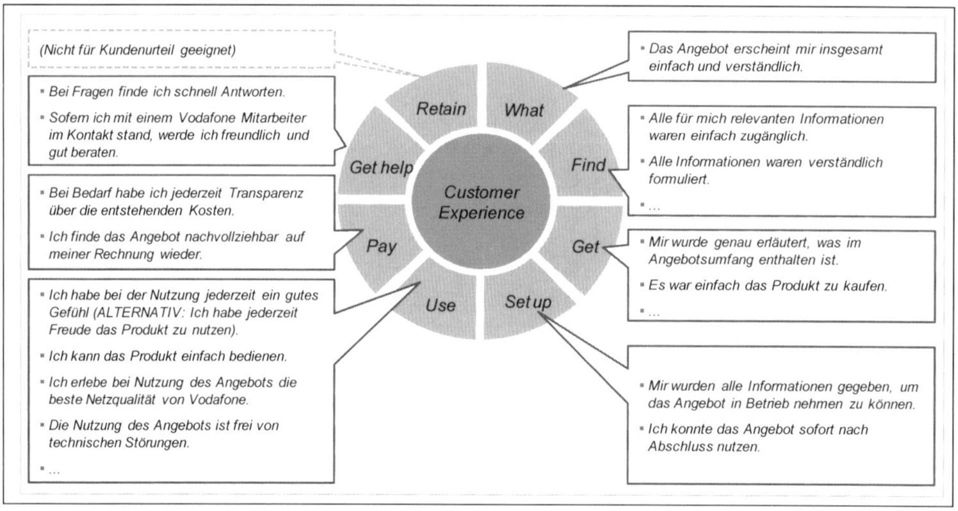

Abbildung 5: Kundenfragen zur Customer Experience
(Quelle: Vodafone D2 GmbH)

Diese Standardisierung und deren Etablierung ist das Resultat einer engen, sukzessiven Abstimmung insbesondere zwischen dem Customer Experience Management, dem Produktmarketing und dem Brand Management.

Über die beschriebenen Einsatzmöglichkeiten hinaus stellt die Customer Journey auch ein interessantes Instrument zum Benchmarking im Markt dar und kann sowohl zur Identifizierung von kritischen Momenten in der Kundenbeziehung genutzt werden, als auch zur dedizierten Etablierung von *„Branded Moments"* – den Wow-Momenten, von denen Kunden gerne Freunden und Bekannten berichten (vgl. auch Abbildung 3).

3.2 Neugestaltung der NPS-Befragung

Der NPS, der als langfristig angelegte zentrale Kennzahl im Sinne eines „Key Performance Indicator" (KPI) auf Unternehmensebene einen Fokus für das strategische Management und das Benchmarking im Wettbewerb legt, wird durch den so *genannten „Contact Satisfaction"-Wert* (CS) um eine zweite Kennzahl erweitert. Diese basiert zwar auf der gleichen Methodik wie der NPS, bezieht sich aber auf die konkrete und direkte Evaluierung der letzten Interaktion zwischen Vodafone und dem einzelnen Kunden. Folglich erweitert der CS den NPS um eine Kennzahl entlang der unterschiedlichen Kundenkontaktkanäle mit dem Fokus auf einer Operationalisierung zur kurzfristigeren Beeinflussung und Steuerung der Customer Experience.

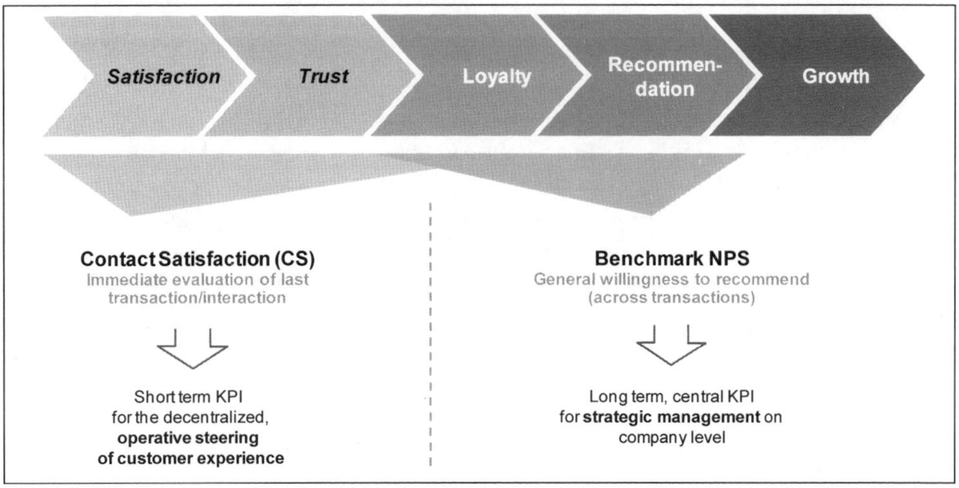

Abbildung 6: CS und NPS bei Vodafone
(Quelle: Vodafone D2 GmbH)

Zentraler Ansatzpunkt des CEM ist der Unterschied zwischen Kundenerwartung und tatsächlichem Erlebnis. Im besten Fall stimmen Kundenerwartung und Erlebnis überein. Im

Idealfall erlebt der Kunde gar einen positiven Überraschungsmoment – einen „Branded Moment".

Vodafone hat sich bei der Gestaltung der Contact Sastisfaction-Messung intensiv mit Erwartung und Erlebnis der Befragungsmethode selbst auseinandergesetzt. Ein Schwachpunkt vieler Befragungen von Kunden durch unabhängige Institute ist die fehlende Lösung, die Kunden, die ein negatives Feedback oder das Bestehen eines Problems melden, erwarten oder zumindest erhoffen. In Befragungen wird jedoch oft nur das Feedback (meist durch unabhängige Marktforschungsinstitute) erhoben und ausgewertet – und im besten Fall unternehmensintern in konkrete Verbesserungsmaßnahmen überführt (Dixon et al. 2010, S. 43). Mit Erhebung und Auswertung endet jedoch die Feedback-Schleife zum Kunden. Was aus Kundensicht fehlt, ist insbesondere bei Vorliegen eines Problems die Erweiterung des reinen Feedbacks im Sinne einer konkreten Aufname des Anliegens inklusive einer entsprechenden Problemlösung. Ohne diese Rückschleife bleiben Kunden oft mit einer weiteren „Enttäuschung" (offenen Fragen/Problemen) und dem unguten Gefühl zurück, nicht zu wissen ob ihr Feedback überhaupt ernst genommen wird.

Die CS-Befragung bei Vodafone erfolgt automatisiert über ein Online-Tool und ist komplett in der Hand von Vodafone (ohne externe Institute oder Agenturen). Dabei hat der Kunde ausdrücklich die Möglichkeit, einen Rückruf zu verlangen, z.B. weil die Problemlösung im letzten Kontakt nicht zum gewünschten Erfolg führte.

Vodafone hat für das Kundenerlebnis nicht nur den vom Kunden gewünschten Rückruf geplant, sondern bewusst weitere pro-aktive Rückrufe definiert. Ziel dieser pro-aktiven Rückrufe ist es, sowohl zufriedene als auch unzufriedene Kunden nochmals zu kontaktieren, um einen Dank für das Lob auszusprechen – oder aber, um besser zu verstehen, wo Verbesserungspotenziale bestehen. Diese Kombination aus pro-aktivem Nachfassen und Ernstnehmen des Feedbacks überrascht und überzeugt Kunden davon, dass Vodafone den einzelnen Kunden ernst nimmt und dem *Ziel der Serviceführerschaft* konkret Gesicht verleiht. Dieser Branded Moment sorgt bei einer weiteren Nachfrage beim Kunden zu seinem CS zu deutlichen Steigerungsraten.

3.3 Nutzen des Branded Moments in der Mitarbeiterführung und -motivation

Die pro-aktiven Rückrufe werden parallel auch zum Feedback für die Servicemitarbeitenden genutzt. Bei den Rückrufen ist in der Regel ein Coach des Teams dabei, bei den unzufriedenen Kunden übernimmt er den Rückruf im Beisein des Mitarbeitenden. Dies hat zwei Effekte:

(1) Verstärkung der positiven Leistung durch das vom Kunden persönlich ausgesprochene Lob und Feedback.

(2) Erkenntnis der vom Kunden als nicht passend empfundenen Kommunikation, verbunden mit der Beobachtung, wie der Coach eine solche Situation mit dem Kunden meistert.

Beides trägt direkt und unmittelbar zu einer Überprüfung des eigenen Handels am Kunden bei und empowert die Mitarbeitenden, selbst an den Verbesserungen zu arbeiten. Dies wird unterstützt durch eine regelmäßige Kommunikation der Contact Satisfaction-Werte in den einzelnen Teams. Inzwischen ist der CS-Wert Zielgröße für alle Teams im Kundenkontakt und verankert so den Gedanken der Weiterempfehlungsbereitschaft nach jedem Kontakt durch die ganze Organisation.

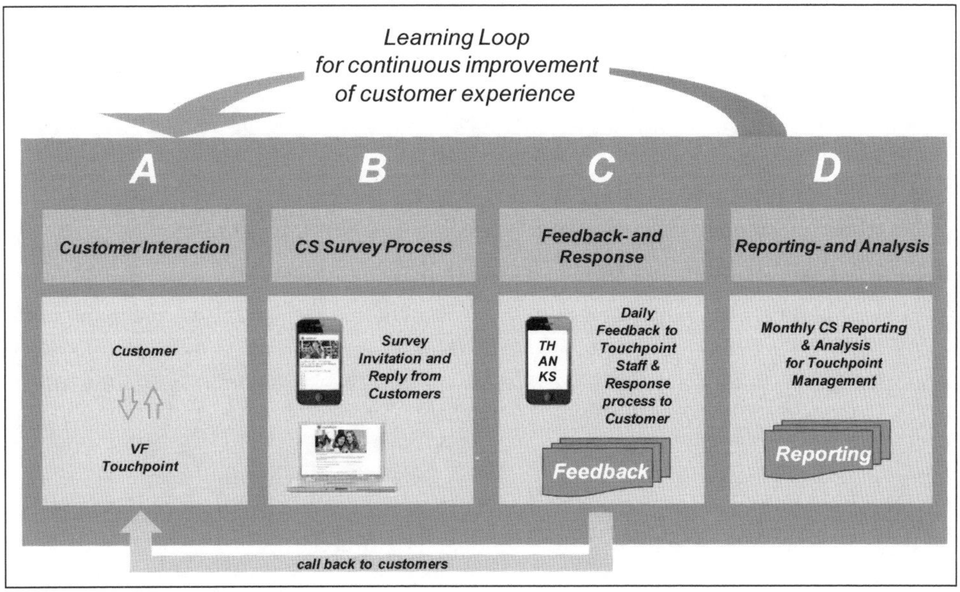

Abbildung 7: „Learning Loop" der Vodafone
(Quelle: Vodafone D2 GmbH)

4. Zusammenfassung

Dienstleistungsunternehmen in gesättigten Märkten mit hohem Verdrängungswettbewerb müssen sich über intelligente Strategien vom Wettbewerb differenzieren. Dabei spielt das Customer Experience Management (CEM) für Vodafone Deutschland als Premiumanbieter in der Branche eine wichtige Rolle. Mit der Einführung und Etablierung des Net Promotor Scores (NPS) als zentralen, bereichsübergreifend gültigen Key Performance Indicator (KPI) hat Vodafone Deutschland dafür bereits vor drei Jahren die

Weichen gestellt und seitdem sukzessive ausgebaut. Der Brand-refresh wurde genutzt, um konsistente Interaktionen an den Kundenschnittstellen zu entwickeln. Der aktuelle Fokus liegt auf Gestaltung und Ausbau von Branded Moments, den Wow-Erlebnissen, mit denen bewusst darauf abgezielt wird, Kundenerwartungen im Erlebnis mit Vodafone zu übertreffen.

Literaturverzeichnis

Analysis Mason (2011): Country report Germany, London.

Bundesnetzagentur (2011): Jahresbericht 2010, Bonn.

Dixon, M./Freeman, K./Toman, N. (2010): Was Kunden wirklich wollen, in: Harvard Business Manager, Ausgabe 9/2010, S. 37-44.

Palmer, A. (2010): Customer Experience Management: A Critical Review of an Emerging Idea, in: Journal of Services Marketing, Vol. 24, No. 3, S. 196-208.

Pine, J.B./Gilmore, J.H. (2011): The Experience Economy, Boston.

Porter, M.E. (1998): Competitive Strategy. Techniques for Analyzing Industries and Competitors, New York.

Reichheld, F. (2006): Die ultimative Frage. Mit dem Net Promotor Score zu loyalen Kunden und profitablem Wachstum, München/Wien.

Klaus-Peter Wiedmann, Nadine Hennigs und Christiane Klarmann

Multisensuale Gestaltungsansätze des Customer Experience Managements im Dienstleistungsmarketing

---

Prof. Dr. *Klaus-Peter Wiedmann* ist Professor für Marketing und Management sowie Direktor des Instituts für Marketing und Management an der Leibniz Universität Hannover. Dr. *Nadine Hennigs* ist Habilitandin und Akademische Rätin am Institut für Marketing und Management der Leibniz Universität Hannover. Dipl.-Oek. *Christiane Klarmann* ist wissenschaftliche Mitarbeiterin am Institut für Marketing und Management der Leibniz Universität Hannover.

1. Einleitung

Basierend auf einem Wandel hin zu einer Erlebnisgesellschaft (Schulze 2005), verbunden mit dem steigenden Verlangen nach einem Mehrwert von Produkten und Dienstleistungen (Zöller 2006), handeln Kunden zunehmend erlebnisorientiert und richten ebenso ihren Einkauf danach aus (Opaschowski 1995; Liebmann/Zentes 2001). Diese Entwicklung führt dazu, dass sich Unternehmen mit ihren Produkten und Dienstleistungen vermehrt in einem Wettbewerb um die Aufmerksamkeit und emotionale Bindung der Kunden befinden. Zudem erfordert die steigende Erwartung der Kunden hinsichtlich eines Kauf- und Informationserlebnisses, dass die Unternehmen eine ganzheitliche Produkt- und Markeninszenierung, eine so genannte Erlebniswelt, schaffen (Mascarenhas et al. 2006). Die konsumentenseitige Erlebnisorientierung und ihre Einflussnahme auf die Ausgestaltung von Marketingmaßnahmen erfuhr daher in den letzten Jahren sowohl in der Managementpraxis als auch in der Wissenschaft zunehmende Beachtung (Verhoef et al. 2009). Vor diesem Hintergrund gewinnt der Begriff „Customer Experience" und damit die Orientierung an der subjektiven Wahrnehmung und Reaktion von Kunden an Relevanz. Besondere Betonung erfährt hierbei an allen Kontaktpunkten des Dienstleistungsprozesses die Vermittlung eines ganzheitlichen Erlebnisses, das direkter und indirekter Natur sein kann (Meyer/Schwager 2007).

Das Ziel des vorliegenden Beitrags besteht in der Identifikation möglicher Gestaltungsansätze, die im Rahmen der Schaffung einer multisensualen Erlebniswelt im Dienstleistungsmarketing von besonderer Bedeutung sind. Die „sinnliche" Vermittlung eines Erlebnisses im Sinne einer Customer Experience basiert auf dem Verständnis der Multisensualität als Ansprache der relevanten Zielgruppen im Rahmen der Markenkommunikation über gleichzeitig mehrere bzw. mindestens drei Sinne (Fösken 2006). Mit Blick auf die multisensuale Gestaltung soll der stimmige Einsatz visueller, akustischer, haptischer, olfaktorischer und gustatorischer Reize eine ganzheitliche Service Experience vermitteln (Weinberg/Diehl 2005). Derartige Botschaften erzeugen durch ihren emotionalen Einfluss besondere Aufmerksamkeit, aktivieren eine implizite Aufnahme und Verarbeitung im Gehirn und werden grundsätzlich intensiver abgespeichert (Munzinger/Musiol 2008), wodurch ein nachhaltiger Wettbewerbsvorteil, speziell im Dienstleistungssektor, erzielt wird. Hierbei ist allerdings zu berücksichtigen, dass lediglich ein konsequent aufeinander abgestimmtes Erlebnis multisensualer Reize untereinander und mit Blick auf die Kernwerte der Markenführung zu einer positiven Wahrnehmung und Verstärkung im Sinne der Marke bzw. des Produkts beiträgt (Roth 1997; Lindstrom 2005; Rempel 2006). Gerade im Dienstleistungskontext kommt es in der Regel – intendiert oder nicht – zu einer mehrdimensionalen Sinnesansprache. Diese gilt es allerdings strategisch im Sinne der systematischen Inszenierung und Positionierung von Marken zu optimieren. Auch wenn in der Praxis derzeit vielfältige Ansatzpunkte der Vermittlung einer Customer Experience diskutiert oder auch in Teilen umgesetzt werden, kommt derzeit eine systematische und ganzheitliche Berücksichtigung und Ausgestaltung anhand der einzelnen Phasen und Elemente der Kunde-Anbieter-Interaktion bei Weitem zu kurz. Um dem wesentlichen Ziel einer *„Core Benefit Experience"* im so genannten Augenblick der Wahrheit *(„Moment of Truth")* gerecht zu werden, ist bereits vor der eigentlichen Dienstleistungserstellung sowie auch im Bereich der *„After-Service-Experience"* die Orientierung an den vielgestaltigen, mehrdimensionalen Sinneseindrücken aus Kundensicht notwendig. In diesem Zusammenhang werden innerhalb des Beitrags die relevanten theoretischen Grundlagen der Customer Experience herausgearbeitet und wesentliche Bezugspunkte visueller, auditiver, haptischer, olfaktorischer und gustatorischer Wahrnehmungselemente als Grundlage des multisensualen Customer Experience Managements im Dienstleistungsmarketing dargelegt.

2. Zur besonderen Relevanz der Customer Experience im Dienstleistungsmarketing

2.1 Von der Service Experience zur Customer Experience

Marketingaktivitäten fokussierten bisher in erster Linie auf die physischen Aspekte von Produkten und Dienstleistungen, wie Quantität, Qualität, Funktionalität, Nützlichkeit, Verfügbarkeit, Preis und Serviceaspekte (Mascarenhas et al. 2006). Mit Blick auf die Suche nach effektiveren Wegen der Marketingkommunikation und der Schaffung von Wettbewerbsvorteilen konnte speziell im Dienstleistungssektor der Begriff „Customer Experience" und damit die Orientierung an der subjektiven Wahrnehmung und Reaktion von Kunden, an Relevanz gewinnen. Um der Erlebnisorientierung der Konsumenten gerecht zu werden und demnach erfolgreich im Wettbewerb zu sein, entwickelte sich ein Trend von der Servicequalität und Service Experience zur Customer Experience, die von einigen Autoren auch als eine neue Form des Wettbewerbs bezeichnet wird (Mascarenhas et al. 2006; Gentile et al. 2007; Meyer/Schwager 2007; Johnston/Kong 2011).

Ein erfolgreiches Customer Experience Management ermöglicht eine Beeinflussung der Zufriedenheit, Veränderung von Erwartungen, Generierung eines Sicherheitsgefühls, Unterstützung der Marke sowie Generierung und Steigerung einer emotionalen Kundenbindung (Johnston/Kong 2011). Als eine Erweiterung der Service Experience handelt es sich bei der Customer Experience um eine ganzheitliche Erlebnisvermittlung an allen Kontaktpunkten des Dienstleitungsprozesses, die direkter und indirekter Natur sein kann (Meyer/Schwager 2007). Die Customer Experience umfasst somit die persönliche Wahrnehmung und individuelle Reaktion auf ein Bündel von Interaktionen zwischen Kunden und Produkt, Dienstleistung bzw. Unternehmen (Gentile et al. 2007; Meyer/Schwager 2007; Verhoef et al. 2009). Als ein solches holistisches Konstrukt zielt die Customer

Experience auf unterschiedliche Reaktionsebenen der Kunden ab, d.h. rationale, emotionale, sinnliche, physische und psychische Reaktionsmuster (Schmitt 1999; LaSalle/ Britton 2003; Gentile et al. 2007).

2.2 Emotionen als Schlüsselelemente eines erfolgreichen Customer Experience Managements

Die zielgerichtete Ansprache und markengerechte Beeinflussung von Emotionen gilt als Schlüsselelement eines erfolgreichen Customer Experience Managements. Verstanden als das Ergebnis einer Reihe von Emotionen (Weinberg/Nickel 2007) setzen sich Erlebnisse aus der Kombination eines objektiv arrangierten Ereignisses, individuellen Erinnerungen sowie der subjektiven Wahrnehmung eines Individuums zusammen (Förster/Kreuz 2006). Inwieweit das kundenseitige Involvement betroffen ist, hängt zudem von den Erwartungen des Kunden und den Erfahrungen mit den einzelnen Stimuli im Kontakt mit dem jeweiligen Unternehmen und dessen Angeboten innerhalb der verschiedenen Interaktionspunkte ab (LaSalle/Britton 2003; Shaw/Ivens 2005; Gentile et al. 2007).

Erlebniskonsum bedeutet in diesem Zusammenhang, ein solches, auf verschiedenste Wertvorstellungen der Konsumenten eingehendes (Weinberg 1992), Ereignis zu konstruieren und derart weiterzuentwickeln (Turley/Milliman 2000), dass es langfristig positiv in der Gefühlswelt der Kunden verankert bleibt. Die Gesamtheit an marketingrelevanten Erlebnissen wird als Erlebniswelt bezeichnet, die den Kunden auf vielfältige Weise anspricht und somit auf mehrfache Befriedigung des Strebens nach Erlebnissen setzt (Koller 2005). Das Ziel der langfristigen Kundenbindung kann letztendlich insbesondere bei gleichzeitiger Anregung mehrerer Sinnesorgane erzielt werden (Herbrand 2008). Um eine Erlebniswelt zu schaffen, die wiederum zu Kundenzufriedenheit und Kundenloyalität führt, bedarf es allerdings zur zielführenden Handlung noch einer aktivierenden Motivation (Beisswenger 2007). Aktuelle neurowissenschaftliche Erkenntnisse belegen, dass eine starke Verbindung zwischen Emotionen und Kaufentscheidungen von Kunden besteht (Häusel 2008), die durch eine simultane Ansprache aller Sinneskanäle verstärkt wird.

3. Bezugsrahmen der multisensualen Customer Experience im Moment of Truth

Wie bereits aufgezeigt, sind Dienstleistungsunternehmen gefordert, neue und effektivere Wege zu finden, sich mit den eigenen Angeboten vom Wettbewerb zu differenzieren und den Kunden einen nachhaltigen Mehrwert zu offerieren. Da Immaterialität charakteristisch für die Dienstleistungsbranche ist, fehlt den Kunden häufig der direkte Bezug zu den Produktangeboten, die unmittelbare Erfahrbarkeit der Produktleistung wird erschwert und häufig sehen sich die Kunden einer Informationsasymmetrie im Vergleich zum Anbieter gegenüber. Daher implementieren Marketingmanager häufiger Strategien, die einen dynamischen Austauschprozess mit dem Kunden umfassen. Hierbei gilt es, einen Mehrwert für den Kunden im emotionalen Bereich – ergänzend zu konkurrenzfähigen Dienstleistungsangeboten – zu entwickeln.

Hinsichtlich der Schaffung und des Managements einer umfassenden Customer Experience im Dienstleistungsmarketing gewinnt im Rahmen der Erlebniskommunikation die simultane Ansprache der Sinnesorgane besondere Bedeutung (Turley/Milliman 2000). Durch eine multiple, in sich stimmige Sinnesansprache können Emotionen intensiviert und zu einem Gesamterlebnis verbunden werden (Weinberg/Diehl 2001). Zudem zeigen Studien, dass Individuen eher von etwas überzeugt und weniger misstrauisch sind, wenn mehrere Sinne gleichzeitig und insbesondere gleichgerichtet angesprochen werden (Roth 1997). Daher erscheint die integrierte Sinnesansprache zur Vermittlung eines ganzheitlichen Dienstleistungserlebnisses mehr als ein aktuelles *„Hype-Thema"*, sondern ein Erfolg versprechendes Konzept des Customer Experience Managements zu sein.

Etymologisch leitet sich der Begriff der Multisensualität aus der lateinischen Vorsilbe für „viel" und dem Ausdruck „Sensualität" als Bezeichnung für die „Empfänglichkeit der Sinnesorgane für Reize aus der Außenwelt, die Empfindungen und Wahrnehmungen hervorbringen" (Regenbogen/Meyer 2005, S. 607) ab. Erfolgt eine Aktivierung aller Sinnesreize und werden diese zusätzlich aufeinander abgestimmt, werden im Gehirn Prozesse ausgelöst, die eine Steigerung der Erlebnisqualität hervorrufen (Weining 2009). Das Erfolgspotenzial multisensualer Kommunikation erklärt sich durch das Phänomen des *„Multisensual Enhancement"*, wonach eine simultane Vermittlung einer gleichwertigen Botschaft über alle Sinneskanäle, die neuronale Wirkung eines Signals im Gehirn verstärkt. Auf diese Weise verarbeitet das Gehirn ein Signal schneller und bis zu zehnfach intensiver als eine isoliert eintreffende Botschaft (Häusel 2007). Um diese Eigenschaft optimal nutzen zu können, sollte gewährleistet sein, „dass alle sensorischen Codes dieselbe Bedeutung in sich tragen und somit das gleiche Bedeutungsmuster transportieren" (Scheier/Held 2006, S. 83).

Gerade in Zeiten zunehmender Informationsüberlastung kann die multisensuale Vermittlung von Marketingbotschaften über die gezielte und konzertierte Ansprache von mindestens drei menschlichen Sinneskanälen erhebliche Wirkungsverluste vermeiden (Lindstrom 2005; Kroeber-Riel et al. 2009). Auch wenn im Dienstleistungskontext und der persönlichen Interaktion mit dem Kunden ohnehin mehrere Sinnesreize aktiviert werden, trägt lediglich ein konsequent aufeinander abgestimmtes Erlebnis multisensualer Reize untereinander zu einer positiven Wahrnehmung und Verstärkung im Sinne der Marke bzw. des Produkts bei (Roth 1997; Lindstrom 2005; Rempel 2006). Zudem sollte bei einer mehrdimensionalen Ansprache der Sinneskanäle zur Verstärkung des Markenimages die Kommunikation dem ganzheitlichen Erscheinungsbild der Marke folgen.

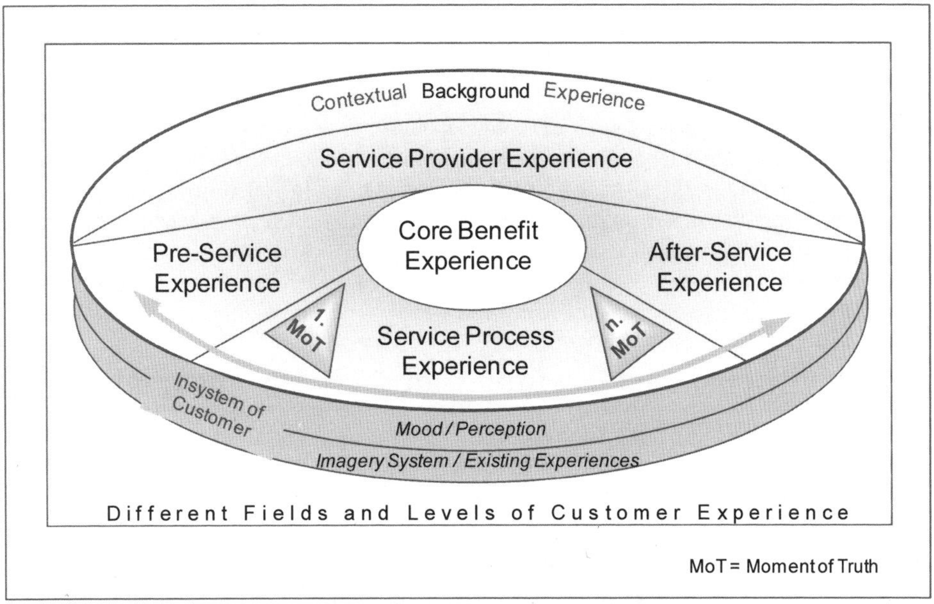

Abbildung 1: Ebenen der Customer Experience im Dienstleistungsprozess

Abbildung 1 verdeutlicht das Zusammenspiel einzelner Schlüsselerlebnisse zu einer multisensualen Erlebniskette der Customer Experience in den kundenkontaktrelevanten *Momenten der Wahrheit*:

„A Moment of Truth is any episode in which the customer comes into contact with the organization and gets an impression of its service" (Albrecht 1988, S. 26).

Neben der Phase der eigentlichen Dienstleistungserstellung (*Service Process Experience*) sind entsprechend vorbereitende Aktivitäten (*Pre-Service Experience*) ebenso zu berücksichtigen wie nachhaltige, erinnerungsrelevante Prozesse (*After-Service Experience*). Im Zentrum steht dabei die persönliche, interaktive Begegnung und das gesamthafte Erlebnis des Kunden mit einem Anbieter und seiner Dienstleistung in einem emotional ansprechenden Umfeld. Als wesentliche Treiber der Entstehung, Vermittlung und kundenseitigen Wahrnehmung einer integrierten Markenidentität als Basis einer abgestimmten Customer Experience zielt die simultane Reizung von Wahrnehmungselementen auf die Vermittlung multisensualer Erlebnisse mit nachhaltiger Erinnerungs- und Bindungswirkung ab:

„The main reason for a firm to apply sensory expressions is to be closer and more deeply imprinted in the customer's mind in terms of an image"(Hultén 2011, S. 265).

Doch wie lassen sich Grundwerte einer nachhaltigen Kundenbeziehung im Dienstleistungskontext wie etwa Glaubwürdigkeit, Vertrauen und Sicherheit in Formen, Düften oder Klängen ausdrücken? Was sind die sensorischen Codes der eigenen Marke, die in einer Verbindung impliziter und expliziter Marketingkommunikation die wesentlichen Nutzenversprechen und auch Gefühlszustände transportieren können?

Festzuhalten bleibt zunächst, dass ein multisensuales Erlebnis das Ergebnis des simultanen Zusammenspiels einer Reihe von Emotionen in den einzelnen Phasen des Dienstleistungsprozesses ist. Aufbauend auf dieser Darstellung erfolgt im folgenden Kapitel eine Konkretisierung möglicher multisensualer Gestaltungsoptionen eines erlebnisorientierten Dienstleistungsmarketing.

4. Multisensuale Gestaltungsansätze des Customer Experience Managements

Die multisensuale Marketingkommunikation mit dem Ziel einer nachhaltig positiven Wahrnehmung der markenspezifischen Erlebniswelt stellt die Dienstleistungsangebote weniger über den Preis oder einzelne Produktbestandteile dar, sondern vielmehr im Kontext des *Gefühls*, das mit der jeweiligen Marke verbunden wird. In diesem Zusammenhang wurde gezeigt, dass die Bindung zwischen der Marke und dem Kunden umso höher ist, je mehr Sinne in der Markenkommunikation angesprochen werden (Lindstrom 2005).

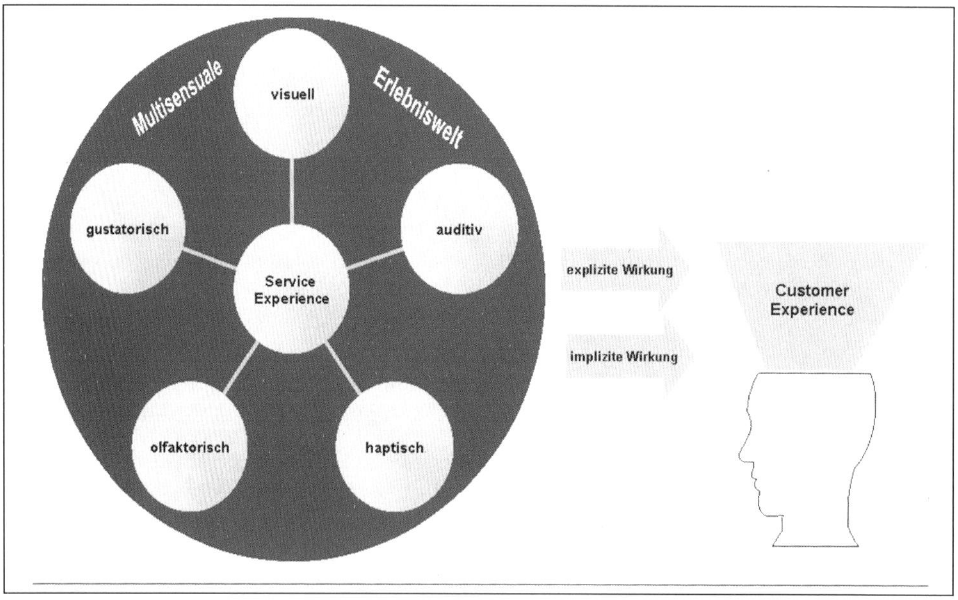

Abbildung 2: Multisensuale Elemente der Customer Experience

Um den Kunden wie in Abbildung 2 skizziert über die Übermittlung multisensualer Erlebnisse im Rahmen des Dienstleistungsmarketing eine überwältigende, erinnerungswürdige, unterhaltsame und insgesamt positive Erfahrung zu vermitteln, kann die Ansprache der Sinneswahrnehmungsvorgänge wie folgt ausgestaltet werden:

Visuelle Elemente der Customer Experience

Im Rahmen der Wahrnehmungspsychologie wird im Allgemeinen von einer Dominanz der visuellen Reizmodalität ausgegangen (Steiner 2011). Die visuellen Reize stellen einen wichtigen emotionsauslösenden Faktor dar, da ca. 83 Prozent der Sinneseindrücke über den Sehnerv aufgenommen werden (Kilian/Brexendorf 2005). Um eine Marke visuell zu inszenieren, müssen die optischen Eindrücke der Kommunikationselemente für den Kunden eine angenehme Atmosphäre schaffen. Insgesamt ist eine ansprechende Visualisierung gefordert, die auf die gesamte Markenstrategie abgestimmt sein muss, um die Kundenerwartungen bezüglich der Marke erhalten zu können. Die zu beachtenden Kommunikationselemente sind dabei extrem vielfältig, beginnend mit der für die Anregungsphase wichtigen Gestaltung der Werbemittel bis hin zu dem in der Realisierungsphase bedeutsamen Interieur des Verkaufsraums. Die Farbkombination ist dabei ein Element, das einen hohen symbolischen Charakter aufweist und durch den gezielten Einsatz eine Anziehungskraft auf den Konsumenten ausübt (Bellizzi et al. 1983):

„Color appears to influence simulated purchases (Bellizzi/Hite 1992), purchasing rates (Bellizzi/Hite 1992), time spent in the store (Bellizzi/Hite 1992), pleasant feelings (Bellizzi/Hite 1992; Crowley 1993), arousal (Crowley 1993), store and merchandise image (Bellizzi et al. 1983; Crowley 1993), and the ability to attract a consumer toward a retail display (Bellizzi et al. 1983)" (Turley/Milliman 2000, S. 193).

Zudem sorgen Farben im typischen Design der Marke sowie die Verwendung bekannter Logos als Schlüsselelemente für eine eindeutige Wiedererkennung auf Kundenseite. Der Eintritt in eine Erlebniswelt im Sinne einer Marken-Traumwelt über Betrachten einer Printanzeige, einer unternehmenseigenen Webseite oder eines Messestandes kann bei Kunden bereits im Vorfeld Emotionen auslösen, indem Erinnerungen und Neugierde geweckt werden sowie Vertrautes wiedererkannt wird. Mit Blick auf die räumliche Gestaltung als Ort des Dienstleistungserstellungsprozesses ist somit auf eine effektive Kombination von Layout, Größe, Dekoration, Farbgebung und Beleuchtung zu achten.

Auditive Elemente der Customer Experience

Die vorab beschriebenen visuellen Eindrücke bleiben im Anschluss an die Phase der eigentlichen Dienstleistungserstellung bedeutend effektiver im Gedächtnis des Konsumenten verankert, wenn sie mit einem weiteren Sinneseindruck verbunden werden (Steiner 2011). So reicht etwa eine kurze Melodie oder ein Soundlogo aus, um ein konkretes Bild der Marke im Kopf des Konsumenten hervorzurufen. Auditive Reize können durch Musik und Klänge ausgelöst werden, die für eine angenehme bzw. anregende Beschallung sorgen (Grewal et al. 2003). Unterschiedliche Geräusche beeinflussen dabei die Gefühlslage und Stimmung von Kunden, so dass diese bei gezielter Anwendung beispielsweise entspannter sind und letztlich das Kaufverhalten positiv beeinflusst wird (Tauchnitz 1990; Blood et al. 1999). Die auditive Wahrnehmung kann bewusst wahrgenommen werden, geschieht allerdings auch ungewollt und damit intuitiv (Hellman/Schrage 2005).

„You can look away from many things in a store, but you can't listen away from sound" (Fickes 1999).

Studien belegen Unterschiede der Wirkungen auf das Kundenverhalten: Während Popmusik, die relativ schnell und etwas lauter ist, die Kunden zu spontanen Entscheidungen anregen soll (Baun 2003), wobei sich die Verweildauer in Grenzen hält, ist in einem exklusiven Umfeld hingegen eine ruhigere Hintergrundmusik typisch, die zu einer längeren Verweildauer einlädt und eine optimale Gesprächsatmosphäre ermöglicht (Steiner 2011). Letztendlich sollte bei der Wahl der akustischen Reize darauf geachtet werden, dass eine Integration und Abstimmung aller Umgebungseinflüsse, wie z.B. Bilder, Düfte oder Temperatur vorgenommen wird, um Synergien in Bezug auf die Konsumentenbeeinflussung zu erzeugen (Jain/Bagdare 2010).

Als konkretes Beispiel aus der Dienstleistungspraxis lässt sich ein bekannter IT-Dienstleister anführen, der zum Zwecke einer identischen auditiven Markenberührung an allen relevanten Moment of Truths mit den auditiven Elementen Sound Logo, TV-Ending, Jingle, Brand Song und Soundscapes arbeitet. Die einzelnen Bestandteile der akustischen Markenidentität finden sich somit konsequent in allen Kundenkontaktpunkten, wie TV-Werbung, Podcasting, POS, Messeauftritt, Event, telefonischen Anwenderservice, Klingelton, Markenraum oder Internet-Flash-Filme, wieder – erste Tests zeigen positive Auswirkungen auf Werbeerinnerung und Sympathiewerte der Marke (multisense 2011).

Haptische Elemente der Customer Experience

Die Haut als größtes menschliches Sinnesorgan beeinflusst die haptische Wahrnehmung von Sinnesreizen. Haptische Sinneseindrücke lassen sich anhand verschiedener Dimensionen beschreiben (Steiner 2011). Zu diesen haptischen Gestaltungsparametern zählen v.a. Material, Oberfläche, Konsistenz, Elastizität, Temperatur, Gewicht, Form und Größe. Die haptischen Wahrnehmungselemente sind gerade in einem Leistungsumfeld entscheidend, da der Kunde hier die Möglichkeit hat, die Marke erstmalig zu „spüren" (Nickel 2009). Neben der wahrgenommenen Ästhetik kann somit auch eine hochwertige Qualität vermittelt werden. Um ein ganzheitliches Fühlen zu schaffen, wird in Räumen mit direktem Kundenkontakt oft ein hochwertiger Teppich anstatt Steinböden verwendet, um Wohlfühlatmosphäre zu vermitteln und der Tatsache Rechnung zu tragen, dass sich Kunden auf glatten Böden schneller bewegen, was eine kürzere Verweildauer zur Folge hätte.

Während im klassischen Konsumgüterbereich in der Regel die Produkte selbst bzw. deren Verpackung die Grundelemente der haptischen Wahrnehmung darstellen, sind im

Dienstleistungskontext besonders kreative Ansätze gefordert. Um etwa die Leistungen einer Versicherung „begreifbar" zu machen, sollten die physischen Begleitmaterialien, wie etwa Flyer, Broschüren, Vertragsunterlagen, besondere Beachtung erfahren. Dies beeinflusst in erster Linie die Kundenkontaktpunkte und die kundenseitige Wahrnehmung vor und nach dem eigentlichen Beratungsgespräch. Ein hochwertiges Design sowie edle Materialien können auch im eigentlichen Moment of Truth in den unternehmenseigenen Räumlichkeiten in Abstimmung mit den Kernwerten der Marke zu einer positiv aufgeladenen Emotionalisierung in der Kunde-Berater-Interaktion führen und die Service Experience nachhaltig „fühlbar" machen.

Olfaktorische Elemente der Customer Experience

Die olfaktorische Wahrnehmung und damit Düfte und Gerüche sind in den letzten Jahren ebenfalls in den Fokus von Marketingaktivitäten gerückt. Während sich die Verwendung von Duftstoffen in der Vergangenheit hauptsächlich auf die Kosmetikindustrie konzentrierte, werden olfaktorische Reize heute auch in anderen Branchen zunehmend verwendet (Rempel 2006). Wie auch Farben und Musik können Düfte je nach Einsatz eine beruhigende oder anregende Wirkung vermitteln (Knoblich et al. 2003) sowie bestimmte Erinnerungen wachrufen. Gerüche sind insbesondere in Verbindung mit der Erinnerung an die Kindheit oder an besonders emotionale Momente extrem wirkungsvoll (Lindstrom 2011). Düfte werden vom Menschen somit im Zusammenhang mit bestimmten Ereignissen oder Objekten affektiv konditioniert, wodurch der Einsatz letztendlich der Zu- oder Abwendung von olfaktorischen Markenreizen dient (Rempel 2006). Die Herausforderung für den Einsatz von Düften im Moment of Truth besteht hauptsächlich in der Wahl des geeigneten Duftstoffs sowie im Einsatz geeigneter Techniken, die die Duftausbringung in den spezifischen räumlichen Gegebenheiten möglich macht (Knoblich et al. 2003).

Als besonders etabliertes Beispiel aus der Dienstleistungspraxis ist die Fluggesellschaft Singapore Airlines zu nennen. Der eigens entwickelte Duft „Stefan Floridian Waters" wird in der Kabinenbeduftung, den Parfums der Flugbegleiterinnen und den Erfrischungstüchern für die Passagiere eingesetzt. Ziel ist es, durch die Anregung der olfaktorischen Reize der Fluggäste ein möglichst ganzheitliches Bild von Exotik zu vermitteln, wobei das Erlebnis des Fliegens im Mittelpunkt steht (Rempel/Esch 2009). Auch im Bereich der Hotellerie werden häufig eigens komponierte Düfte gezielt eingesetzt, um ein unverwechselbares Markenbild zu vermitteln. Die Erinnerung an einen Wohlfühl-Aufenthalt in einem Hotel wird somit häufig mit dem jeweiligen Duft – bewusst oder unbewusst – verknüpft. Ein wiedererkennbares Dufterlebnis kann in der After-Service-Experience zu einem nachhaltigen „Träumen" von der Marke führen. Daher offerieren Hotels ihre Duftkompositionen häufig als Raumparfum für zuhause.

Gustatorische Elemente der Customer Experience

Als fünfter Sinn sind die Geschmacksnerven zu nennen, die während der Nahrungsaufnahme gustatorische Reize auslösen (Hatt 2006). Gustatorische Reize interagieren häufig mit anderen Reizen, wie der visuellen Wahrnehmung, der Akustik und vor allem dem olfaktorischen Reiz (Steiner 2011). Eine Möglichkeit der konkreten Umsetzung ist das Angebot von ansprechenden Kompositionen im Rahmen des Caterings anlässlich von Events oder der Live Communication, die das zentrale Element der Marke verkörpert (z.B. Länderassoziationen, Modernität, Luxus, Abenteuer, Tradition usw.). Wesentlich ist im Rahmen der gustatorischen Sinnesreize die Orientierung an den grundlegenden Markenwerten. Ein Arzt oder eine Krankenkasse sollte somit auf gesunde Lebensmittel zurückgreifen, ein Tourismusunternehmen insbesondere landestypische Produkte aus der jeweils beworbenen Urlaubsregion anbieten. Zudem sollte eine Marke im Premium- oder gar Luxussegment ebenfalls auf das Angebot besonders hochwertiger Produkte Wert legen.

Zusammenfassend ist die ganzheitliche Sinnesansprache eine der wesentlichen Herausforderungen für die Markenkommunikation im Bereich des Dienstleistungsmarketing, da die Wirkung der multisensualen Elemente in den einzelnen Phasen des Dienstleistungsprozesses dann besonders hoch ist, wenn die Informationen von potenziellen oder bestehenden Kunden als sinnliches Erlebnis aufgenommen werden und zudem in Einklang mit der grundlegenden Markenbotschaft stehen (Weinberg/Diehl 2001).

5. Fazit und Ausblick

Als Reaktion auf ein zunehmend erlebnisorientiertes Handeln von Konsumenten verbinden erfolgreiche Unternehmen funktionelle Eigenschaften ihrer Kernleistungen konstruktiv mit emotionalen Erlebnissen. Eine emotionale Verbundenheit des Kunden zu dem Unternehmen und seinen Produkten bzw. Dienstleistungen stellt letztendlich einen schwer zu imitierenden Wettbewerbsvorteil dar, setzt allerdings ein systematisches Customer Experience Management voraus. Das Ziel des vorliegenden Beitrags bestand in der Identifikation möglicher Gestaltungsansätze, die bei der Schaffung einer multisensualen Erlebniswelt im Dienstleistungsmarketing von besonderer Bedeutung sind. Ein multisensuales Marketing sollte nicht als kurzfristiger Hype oder Trendthema unterbewertet werden – vielmehr gilt es, über den konzertierten Einsatz des gesamten Marketingmix das ganzheitliche Erleben einer Marke zu ermöglichen. Ein lediglich auf der – gerade im Dienstleistungskontext üblichen –Vielfalt an Sinneseindrücken basierendes Konzept wird die Marke nicht positiv unterstützen, sondern im Falle fehlender Stimmigkeit der zahlreichen Stimuli zu Irritationen bei den Kunden führen. Insbesondere im Dienstleistungsumfeld kommt es – intendiert oder nicht – automatisch zu einer multisensualen Wahrnehmung. Jeder Störfaktor bzw. jede strategisch und operativ nicht beachtete Sinneswahrnehmung kann zu einem vorzeitigen Abbruch des Kaufentscheidungsprozesses führen, was die enorme Relevanz einer vertiefenden Erforschung dieser Thematik verdeutlicht.

Die Markenführung unter Einbezug multisensualer Elemente erfordert neben der strategischen Ausrichtung an den Kernwerten einer Marke auch die operative Umsetzung an der Schnittstelle zum Kunden (Haase/Krafft 2005). Vor diesem Hintergrund wurden in diesem Beitrag die relevanten theoretischen Grundlagen der Service Experience und Customer Experience herausgearbeitet und in Gestaltungsoptionen der visuellen, auditiven, haptischen, olfaktorischen und gustatorischen Wahrnehmungselemente überführt. Eine bereits in der Phase der Vorbereitung auf den eigentlichen Dienstleistungserstellungsprozess ansetzende Inszenierung einer Erlebniswelt kann über die harmonische Zusammensetzung der Reiz auslösenden Faktoren auch eine nachhaltig positive Erinnerungswirkung und damit langfristige Kundenbindung erzielen. Zur gezielten Erfassung der Wirkungen bei den Kunden sind allerdings noch grundlegende Untersuchungen im Bereich des Neuromarketing erforderlich. Diesbezüglich wären Primäranalysen sinnvoll, die Erkenntnisse darüber liefern, welche Elemente in ihrer Kombination welche impliziten Eindrücke fördern, um letztlich die Inszenierung und Positionierung von Marken entsprechend zu optimieren und ein stimmiges Erlebnis für Kunden im Moment of Truth und darüber hinaus zu konstruieren:

„They may forget what you said, but they will never forget how you made them feel"

(Carl W. Buechner).

Literaturverzeichnis

Albrecht, K. (1988): At America's Service – How Corporations can Revolutionize the Way they Treat their Customers, Homewood.

Baun, D. (2003): Impulsives Kaufverhalten am Point of Sale, Wiesbaden.

Beisswenger, T. (2007): Auswirkungen des demografischen Wandels auf das Automobilmarketing, Hamburg.

Bellizzi, J.A./Crowley, A.E./Hasty, R.W. (1983): The Effects of Color in Store Design, in: Journal of Retailing, Vol. 59, No. 1, S. 21-45.

Bellizzi, J.A./Hite, R.E. (1992): Environmental color, consumer feelings, and purchase likelihood, in: Journal of Psychology & Marketing, Vol. 9, No. 5, S. 347-363.

Fösken, S. (2006): Im Reich der Sinne: Multisensorisches Marketing, Absatzwirtschaft, Sonderausgabe zum Marken-Award 2006, S. 72-76.

Blood, A.J./Zatorre, R.J./Bermudez, P./Evans, A.C. (1999): Emotional responses to pleasant and unpleasant music correlate with activity in paralimbic brain regions, in: Nature Neuroscience, Vol. 2, No. 4, S. 382-387.

Crowley, A.E. (1993): The Two Dimensional Impact of Color on Shopping, in: Marketing Letters, Vol. 4, No. 1, S. 59-69.

Fickes, M. (1999): The Sound of Retail, http://retailtrafficmag.com/mag/retail_sound_retail, (Zugriff: 01.09.2010).

Förster, A./Kreuz, P. (2006): Marketing-Trends. Innovative Konzepte für Ihren Markterfolg, Wiesbaden.

Gentile, C./Spiller, N./Noci, G. (2007): How to Sustain the Customer Experience: An Overview of Experience Components that Co-create Value With the Customer, in: European management Journal, Vol. 25, No. 5, S. 395-410.

Grewal, D./Baker, J./Levy, M./Voss, G.B. (2003): The effects of wait expectations and store atmosphere evaluations on patronage intentions in service-intensive retail stores, in: Journal of Retailing, Vol. 79, No. 4, S. 259-268.

Haase, K./Krafft, M. (2005): Integration von Marketing und Vertrieb, in: Ahlert, D./Becker, B./Evanschitzky, H./Hesse, J./Salfeld, A. (Hrsg.): Exzellenz in Marken-Management und Vertrieb – Grundlagen und Erfahrungen, Wiesbaden.

Häusel, H.-G. (2008): Brain View: Warum Kunden kaufen!, 2. Aufl., Planegg/München.

Häusel, H.-G. (2007): Neuromarketing: Erkenntnisse der Hirnforschung für Markenführung, Werbung und Verkauf, Planegg/München.

Hatt, H. (2006): Geschmack, in: Schmidt, R.F./Schaible, H.-G. (Hrsg.): Neuro- und Sinnesphysiologie, 5. Aufl., Heidelberg, S. 328-339.

Hellmann, K.-U./Schrage, D. (2005): Das Management der Kunden: Studien zur Soziologie des Shopping, Konsumsoziologie und Massenkultur, Wiesbaden.

Herbrand, N.O. (2008): Schauplätze dreidimensionaler Markeninszenierung: Innovative Strategien und Erfolgsmodelle Erlebnisorientierter Begegnungskommunikation. Brand Parks, Museen, Flagship Stores, Messen, Events, Roadshows, Stuttgart.

Hultén, B. (2011): Sensory marketing: the multi-sensory brand-experience concept, in: European Business Review, Vol. 23, No. 3, S. 256-273.

Jain, R./Bagdare, S. (2011): Music and consumption experience: a review, in: International Journal of Retail & Distribution Management, Vol. 39, No. 4, S. 289-302.

Johnston, R./Kong, X. (2011): The customer experience: a road-map for improvement, in: Managing Service Quality, Vol. 21, No. 1, S. 5-24.

Kilian, K./Brexendorf, O. (2005): Multisensuale Markenführung als Differenzierungs- und Erfolgsgröße, in: Business Report, o.Jg., Nr. 2, S. 12-15.

Knoblich, H./Scharf, A./Schubert, B. (2003): Marketing mit Duft, München.

Koller, M. (2005): Erlebniswelten als innovatives Instrument des Kulturmarketing, in: Schuh, A./Holzmüller, H.H. (Hrsg.): Innovationen im sektoralen Marketing, Berlin, S. 365-381.

Kroeber-Riel, W./Weinberg, P./Gröppel-Klein, A. (2009): Konsumentenverhalten, 9. Aufl., München.

LaSalle, D./Britton, T.A. (2003): Priceless: Turning ordinary products into extraordinary experiences, Boston.

Liebmann, H.-P./Zentes, J. (2001): Handelsmanagement, München.

Lindstrom, M. (2005): Broad Sensory Branding, in: Journal of Product & Brand Management, Vol. 14, No. 2, S. 84-87.

Lindstrom, M. (2011): Brand Sense. Warum wir starke Marken fühlen, riechen, schmecken, hören und sehen können, Frankfurt am Main.

Mascarenhas, O.A./Kesavan, R./Bernacchi, M. (2006): Lasting customer loyalty: a total customer experience approach, in: Journal of Customer Marketing, Vol. 23, No. 7, S. 397-405.

Meyer, C./Schwager, A. (2007): Understanding Customer Experience, in: Harvard Business Review, Vol. 85, No. 2, S. 117-126.

Multisense (2011): Website des multisense – Institut für multisensorisches Marketing, URL: http://www.multisense.net (Zugriff: 05.09.2010).

Munzinger, U./Musiol, K.G. (2008): Markenkommunikation: Wie Marken Zielgruppen erreichen und Begehren auslösen, München.

Nickel, O. (2009): Haptische Reize in der Kommunikation, in: Bruhn, M./Esch, F.-R./Langner, T. (Hrsg.): Handbuch Kommunikation, Wiesbaden, S. 793-819.

Opaschowski, H.W. (1995): Freizeitökonomie. Marketing von Erlebniswelten – Freizeit und Tourismusstudien, 2. Aufl., Opladen.

Regenbogen, A./Meyer, U. (2005): Wörterbuch der philosophischen Grundbegriffe, Hamburg.

Rempel, J.E. (2006): Olfaktorische Reize in der Markenkommunikation, Wiesbaden.

Rempel, J.E./Esch, F.-R. (2009): Olfaktorische Reize in der Kommunikation, in: Bruhn, M./Esch, F.-R./Langner, T. (Hrsg.): Handbuch Kommunikation, Wiesbaden, S. 775-792.

Roth, G. (1997): Die Konstruktion unserer Erlebniswelt durch das Gehirn, in: TW Neurologie Psychiatrie, 9. Jg., Nr. 11, S. 139-146.

Scheier, C./Held, D. (2006): Wie Werbung wirkt: Erkenntnisse des Neuromarketing, Planegg/München.

Schmitt, B.H. (1999): Experiential Marketing, New York.

Schulze, G. (2005): Die Erlebnisgesellschaft. Kultursoziologie der Gegenwart, 2. Aufl., Frankfurt am Main.

Shaw, C./Ivens, J. (2005): Building Great Customer Experiences, Basingstoke.

Steiner, P. (2011): Sensory Branding. Grundlagen multisensualer Markenführung, Wiesbaden.

Tauchnitz, J. (1990): Werbung mit Musik: Theoretische Grundlagen und experimentelle Studien zur Wirkung von Hintergrundmusik in der Rundfunk- und Fernsehwerbung, Heidelberg.

Turley, L.W./Milliman, R.E. (2000): Atmospheric Effects on Shopping Behavior: A Review of the Experimental Evidence, in: Journal of Business Research, Vol. 49, No. 2, S. 193-211.

Verhoef, P.C./Lemon, K.N./Parasuraman, A./Roggeveen, A./Tsiros, M./Schlesinger, L.A. (2009): Customer Experience Creation: Determinants, Dynamics and Management Strategies, in: Journal of Retailing, Vol. 85, No. 1, S. 31-41.

Weinberg, P. (1992): Erlebnismarketing, München.

Weinberg, P./Diehl, S. (2005): Kognitive Konsumentenverhaltensforschung: Überblick und aktuelle Forschungsfragen, in: Haas, A./Ivens, B.S. (Hrsg.): Innovatives Marketing: Entscheidungsfelder – Management - Instrumente, Wiesbaden, S. 73-94.

Weinberg, P./Diehl, S. (2001): Erlebniswelten für Marken, in: Esch, F.-R. (Hrsg.) (2001): Moderne Markenführung, Grundlagen – Innovative Ansätze – Praktische Umsetzungen, 3. Aufl., Wiesbaden, S. 185-207.

Weinberg, P./Nickel, O. (2007): Grundlagen für die Erlebniswirkungen von Marketingevents, in: Nickel, O. (Hrsg.): Eventmarketing: Grundlagen und Erfolgsbeispiele, 2. Aufl., München, S. 37-52.

Weining, A. (2009): Neuromarketing – Grundlagen, Anwendungsmöglichkeiten und Perspektiven, Norderstedt.

Zöller, S. (2006): Erlebnishandel im Automobilvertrieb. Machbarkeitsstudie und Nutzungskonzeption für ein Autothemencenter, Wiesbaden.

Thomas Foscht und Judith Schloffer

Verweigerung der Kommunikation zur Steigerung der Kundenzufriedenheit? – Customer Experience mit Do-not-reply-E-Mails

Univ.-Prof. Dr. *Thomas Foscht* ist im Vorstand des Instituts für Marketing der Karl-Franzens-Universität Graz. MMag. *Judith Schloffer* ist Universitätsassistentin am Institut für Marketing der Karl-Franzens-Universität Graz.

1. Das Phänomen der Kommunikationsverweigerung

Die Zufriedenheit von Kunden steht seit jeher im Mittelpunkt sämtlicher Marketingüberlegungen. Letztendlich ist es immer der Kunde, der über den Erfolg von Unternehmen, Produkten oder Marken entscheidet. Zusätzlichen Auftrieb hat das Thema vor rund 20 Jahren im Zuge der CRM-Diskussionen erfahren. Seit diesem Zeitpunkt beschäftigen sich noch mehr Unternehmen mit der Frage, wie man Kundenzufriedenheit steigern und damit eine höhere Loyalität erreichen kann, was letzten Endes im Regelfall zu höheren Profiten führt.

Einigkeit herrscht – zumindest grundsätzlich – auch darüber, wie man Kundenzufriedenheit „erzeugen“, erhalten bzw. steigern kann. Im Wesentlichen geht es darum, dem Kunden eine Gesamterfahrung (Experience) zu vermitteln, die seine Erwartungen zumindest erfüllen. Besonders hervorzuheben ist dabei, dass es sich tatsächlich um das Gesamte und nicht um einzelne Details handelt, da die sprichwörtliche Kette im Zweifelsfall nur so stark ist wie das schwächste Glied.

Vor dem Hintergrund all dieser Erkenntnisse ist es umso erstaunlicher, dass Unternehmen zunehmend darauf „vergessen“, was letztendlich nur zu Unzufriedenheit führen kann. Konkret zu beobachten ist dies in der Kommunikation zwischen Unternehmen und Kunden. Obwohl seit Jahren diskutiert wird, wie wichtig die individuelle und interaktive Kommunikation mit dem Kunden ist, schotten sich Unternehmen zunehmend ab. Sie verweigern ihren Kunden einfach – mehr oder weniger deutlich – die Kommunikation.

Ziel dieses Beitrages ist es daher, das Phänomen der Kommunikationsverweigerung im Kontext der Customer Experience zu diskutieren sowie die Auswirkungen von verweigerter E-Mail-Kommunikation empirisch zu analysieren.

2. Customer Experience im stationären Handel

Die Customer Experience ist die subjektive Reaktion eines Kunden auf jeglichen direkten und indirekten Kontakt mit einem Unternehmen. Direkter Kontakt entsteht während des Kaufs, des Gebrauchs oder beim Service von Produkten bzw. Dienstleistungen und geht gewöhnlich vom Kunden aus. Indirekter Kontakt beinhaltet ungeplante Informationen über Produkte, Serviceleistungen oder Marken von Unternehmen, z.B. in Form von Weiterempfehlungen, Kritiken, Werbung, Zeitungsberichten, Bewertungen usw. (Meyer/Schwager 2007, S. 118). Das Customer Experience Management (CEM) ist ein kundenorientiertes Konzept, in dessen Mittelpunkt der Kunde steht (Schmitt 2009). CEM hat den Anspruch, möglichst viele Wahrnehmungspunkte des Kunden einzubinden. Diese reichen von der Produktentwicklung von z.B. Eigenmarken über den Erstkontakt mit dem Anbieter und dem eigentlichen Kauf bis hin zur Nutzung sowie Serviceleistungen in der Nachkaufphase. Zur Gestaltung der Customer Experience und in weiterer Folge zum Aufbau von Kundenzufriedenheit und Kundenloyalität sowie zur Steigerung des Kundenwerts steht – wie in Abbildung 1 dargestellt – den Unternehmen im Rahmen des Handelsmarketing eine Vielzahl an Aktivitäten zur Verfügung.

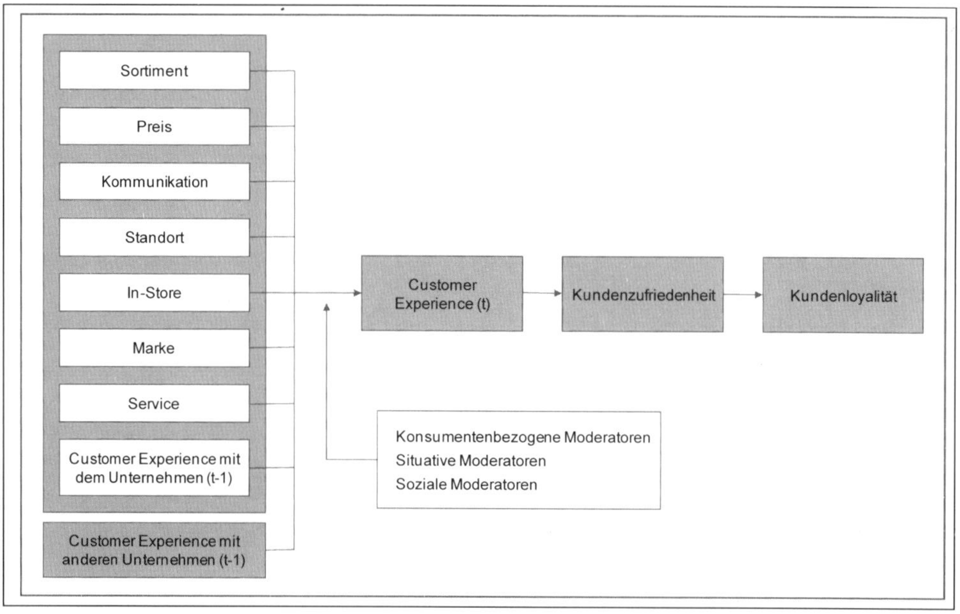

Abbildung 1: Einflussfaktoren der Customer Experience im Handel
(Quelle: Grewal et al. 2009; Verhoef 2009; Zentes et al. 2012)

Customer Experience wird allerdings nicht allein durch Faktoren geschaffen, die ein Unternehmen beeinflussen kann (z.B. Sortiment, Preis, Service, usw.), sondern auch durch Elemente, die nicht vom Unternehmen kontrolliert werden können (Verhoef et al. 2009, S. 33). Zu den moderierenden Variablen, die die Customer Experience beeinflussen, zählen daher situative Moderatoren (z.B. Betriebstyp, Kanal, Wettbewerbssituation, Wirtschaftslage), soziale Moderatoren (z.B. der Einfluss von anderen Personen in einem Geschäft) oder konsumentenbezogene Moderatoren (z.B. der Zweck des Einkaufs, Persönlichkeitsmerkmale, usw.). Die Customer Experience zu einem bestimmten Zeitpunkt wird darüber hinaus auch durch frühere Erfahrungen des Kunden (Customer Experience t-1) mit diesem Unternehmen, aber auch mit anderen Unternehmen beeinflusst. Außerdem umfasst die Customer Experience nicht nur die gesamte Erfahrung eines Kunden im Zusammenhang mit der Informationssuche, dem Kauf, der Nutzung sowie den Erfahrungen in der Nachkaufphase in einem Verkaufskanal (Verhoef et al. 2009, S. 33). Es ist auch zu berücksichtigen, dass die Erfahrung in einem Kanal (z.B. im stationären Handel) durch Erfahrungen in einem anderen Verkaufskanal (z.B. Online) beeinflusst werden kann. Dieser Aspekt gewinnt besonders vor dem Hintergrund des „Cross-Channel-Shopping“ immer mehr an Bedeutung.

3. Customer Experience im Online-Handel

Der Online-Handel hat sich in den letzten Jahren zu einem neuen Massenmarkt mit hohem Wachstum entwickelt und tritt somit in den Wettbewerb zu traditionellen Betriebsformen wie dem stationären Handel, dem Katalogversandhandel oder auch dem Teleshopping (Heinemann 2010, S. 2). Mit der stark zunehmenden Nutzung des Internet als Informations- und Kommunikationsmedium steigen die Umsätze im Online-Handel weiter rasant und viele Händler versuchen, diese Wachstumschancen durch eine Multi-Channel-Strategie sowohl online als auch im stationären Handel zu nutzen. Wichtig ist es dabei, in jedem Kanal durch das Zusammenspiel der Einflussfaktoren wie Preis, Sortiment, Marke, Kommunikation oder Standort eine positive Customer Experience zu schaffen. Die Relevanz der Einflussfaktoren auf die Customer Experience ist allerdings in den einzelnen Kanälen unterschiedlich. So haben Einflussfaktoren, wie z.B. Preis und Marke, für den stationären und den elektronischen Handel eine ähnliche Bedeutung, während andere Faktoren, wie z.B. Standort und Sortiment, in beiden Kanälen differenziert zu sehen sind.

3.1 Customer Experience im Rahmen von elektronischer Kommunikation

Zentraler Aspekt sowohl für den stationären Handel als auch für den elektronischen Handel ist die Kommunikation. Diese übernimmt neben einer reinen Informationsfunktion vor allem die Aufgabe, durch den Dialog mit dem Kunden eine langfristige Kundenbeziehung aufzubauen (Duncan/Moriarty 1998). Kommunikation im Online-Handel sowohl zwischen Unternehmen und Kunden als auch zwischen Kunden untereinander hat durch die Weiterentwicklung der Informations- und Kommunikationstechnologien an Bedeutung gewonnen. Die Kommunikation zwischen Unternehmen und Kunden wird schneller, individueller und persönlicher. Durch das Internet steht den Unternehmen heutzutage eine Vielfalt an interaktiven Kommunikationsmöglichkeiten, wie z.B. E-Mail, Chat oder Social Media-Plattformen zur Verfügung, um aktuelle und potenzielle Kunden zu erreichen (Foscht et al. 2011). Um die Interaktivität zu erhöhen, haben deshalb viele Unternehmen große Summen investiert und ihre Kommunikationsbudgets von klassischen Medien auf interaktive Medien umgeschichtet. Dadurch versuchen sie, möglichst viele Wahrnehmungspunkte mit dem Kunden aktiv zu gestalten, denn Ziel des Customer Experience Management ist es, möglichst jede Erfahrung des

Kunden positiv zu gestalten und viele Wahrnehmungspunkte des Kunden einzubinden (Schmitt 2009). Im Bereich der Kommunikation geht es darum, die von den Kunden erwartete Interaktivität zu gewährleisten. Die Kundenerfahrung mit einzelnen Kommunikationsepisoden wirkt sich schließlich auf die Kundenzufriedenheit aus. Eine hohe Kundenzufriedenheit ist einer der aussagekräftigsten Indikatoren für den zukünftigen Erfolg eines Handelsunternehmens, da sie meist positiv mit der Kundenloyalität korreliert (Bruhn 2009, S. 77). Auch wenn die Zufriedenheit von Kunden noch keine Garantie für deren Bindung darstellt, ist sie dennoch die zentrale Voraussetzung für loyales zukünftiges Verhalten (Homburg et al. 2005, S. 100).

3.2 Verweigerung der Kommunikation von Unternehmen

Durch den Einsatz von E-Mails, SMS oder Social Media erwecken Unternehmen den Anschein, interaktiv mit den Kunden zu kommunizieren. Den Kunden wird so der Eindruck vermittelt, sie könnten sich jederzeit und auf jedem von ihnen gewünschtem Weg an ein Unternehmen wenden. Bei den Kunden hat dies zu einem Lerneffekt geführt und Kunden erwarten nun ihrerseits, die Möglichkeit interaktiver Kommunikation mit Unternehmen über diese Medien. Kunden erwarten z.B., dass Unternehmen bei Fragen zu Produkten und Leistungen oder bei auftauchenden Problemen die versprochene Interaktivität auch bieten. Obwohl immer mehr Kunden Interaktivität erwarten – und für viele Kunden diese sogar selbstverständlich ist – handeln Unternehmen überraschenderweise genau gegenteilig. Sie verweigern die von ihren Kunden erwartete und geforderte Interaktion. Dies geschieht in unterschiedlicher Form. Eine weit verbreitete Art der Interaktivitätsverweigerung ist es, die Kunden, die die Telefonserviceline eines Unternehmens anrufen, in Warteschleifen warten zu lassen und sie mit dem Navigieren durch verschiedene Menüs zu beschäftigen. Eine neue Form der Interaktivitätsverweigerung sind so genannte Do-not-reply-E-Mails (DNR-E-Mails) – das sind E-Mails, auf die der Empfänger der Nachricht nicht antworten darf (!), weil die Posteingänge dieser Adressen nicht überwacht werden bzw. weil dies die Unternehmen behaupten. Unternehmen nutzen diese Form von E-Mails z.B. dafür, Bestellbestätigungen oder auch Newsletter an den Kunden zu schicken. Teilweise sind diese DNR-E-Mails einfach an der Absenderadresse zu erkennen. Vielfach merkt der Empfänger aber auf den ersten Blick nicht, dass eine E-Mail nur der Einweg-Kommunikation des Unternehmens dient und der Empfänger nicht direkt durch das Klicken des „Antwort-Buttons“ auf die erhaltene E-Mail antworten kann. Erst beim genauen Lesen des Nachrichtentextes findet man dann häufig den Satz: „Bitte antworten Sie nicht auf diese E-Mail, da die Adresse nur zur Versendung von E-Mails eingerichtet ist.“ Der Einsatz von DNR-E-Mails durch Unternehmen erfolgt vermutlich vor allem aus Effizienzüberlegungen, da die Überwachung von E-Mail-Adressen kostenintensiv ist (Foscht/Schloffer 2011). Es stellt sich aber die Frage, ob sich das Senden von DNR-E-Mails an Kunden, die mit Unternehmen kommunizieren wollen, nicht negativ auf die Kundenwahrnehmung bzw. Customer Experience auswirkt. Wenn Kunden Interaktivität – in diesem Fall das einfache Antworten auf eine E-Mail – erwarten und diese Erwartungen von den Unternehmen nicht erfüllt werden, dann führt dies möglicherweise zu einem geringeren Ausmaß an Kundenzufriedenheit. Im Sinne des Kano-Modells erscheint die Möglichkeit, auf eine E-Mail zu antworten, mittlerweile zu einer Basisanforderung geworden zu sein (Kano 1984). Eine Nichterfüllung dieser Anforderung führt demzufolge zu Unzufriedenheit. Daher stellt sich die Frage, ob diese Vorgehensweise aus Unternehmenssicht wirklich nachhaltig effizient ist.

3.3 Bedeutung von Interaktivität im Rahmen von elektronischer Kommunikation

Bislang gibt es keine eindeutige Definition von Interaktivität. In der Literatur wird Interaktivität vornehmlich in drei Kontexten diskutiert: interpersonal, als reziprokale Zwei-Weg-Kommunikation zwischen Personen, als computergestützte Kommunikation und im Rahmen von Massenmedien als Einwegkommunikation über Radio und Fernsehen bzw. Interaktionen von Personen auf Webseiten (Lowry et al. 2009). Des Weiteren werden in der Literatur drei Ebenen von Interaktivität unterschieden: als ein Merkmal von Technologien, als ein Prozess des Nachrichtenaustauschs sowie als etwas, das Personen wahrnehmen, nachdem sie eine Technologie genutzt oder einen Prozess durchlebt haben (McMillan/Hwang 2002). Durch diese unterschiedlichen Konzeptionen von Interaktivität gibt es auch eine Vielzahl an Definitionen von Interaktivität und dementsprechend wurde diese abhängig vom Kontext unterschiedlich konzeptualisiert und operationalisiert. In mehreren Studien wurde Interaktivität als ein dreidimensionales Konstrukt zweiter Ordnung mit den Subkonstrukten Zwei-Weg-Kommunikation, Kontrolle und Synchronität verstanden (für eine Übersicht siehe Liu/Shrum 2002; Liu 2003). Zwei-Weg-Kommunikation umfasst dabei einerseits den bidirektionalen Informationsfluss, der es einem oder mehreren Sendern ermöglicht, mit einem oder mehreren Empfängern zu kommunizieren (Burgoon et al. 2002) sowie andererseits das Führen eines reziproken Dialoges, bei dem sich die ausgetauschte Information auf die jeweilig zuvor ausgetauschte Information bezieht (Rafaeli/Sudweeks 1997; McMillan/Hwang 2002). Kontrolle charakterisiert den wahrgenommen Einfluss auf den Kommunikationsprozess und beschreibt die dem Nutzer gebotene Möglichkeit, freiwillig am Kommunikationsprozess teilzunehmen sowie die Kommunikation instrumental zu beeinflussen (Liu/Shrum 2002). Synchronität entspricht der Geschwindigkeit der Interaktion.

Vor dem Hintergrund, dass sich dieser Beitrag mit dem Kommunikationsprozess über elektronische Medien in Form von E-Mails beschäftigt, untersuchen die Autoren – unter Anwendung der interpersonalen Interaktivitätstheorie – die wahrgenommene Interaktivität im Kontext der computergestützten Kommunikation. Im Rahmen der Kommunikation mit E-Mails spielen die Zwei-Weg-Kommunikation und die Möglichkeit, die Kommunikation zu kontrollieren, eine wichtige Rolle. Da aber die E-Mail-Kommunikation als asynchron zu charakterisieren ist, spielt die Dimension der Synchronität in diesem Zusammenhang nur eine untergeordnete Rolle. Daher wird wahrgenommene Interaktivität für die elektronische Kommunikation mit E-Mails als interpersonale Zwei-Weg-

Kommunikation, die den Individuen aktive Kontrolle und reziproke Kommunikation ermöglicht, definiert.

3.4 Beziehung zwischen Customer Experience und Kundenzufriedenheit

Kommunikation ist in Beziehungen notwendig, denn erst durch die Interaktion mit anderen werden Erwartungen, Verstehen und Regeln für Beziehungen entwickelt und aufgebaut. Es ist daher – wie schon Watzlawick sagte – nicht möglich, *nicht* zu kommunizieren. Jede Nachricht, die jemand kommuniziert, beinhaltet sowohl eine Botschaft auf der Informationsebene als auch eine auf der Beziehungsebene (Schultz von Thun 1981). Mit dem Senden einer DNR-E-Mail schickt ein Unternehmen sowohl die intendierte Nachricht aus – also z.B. einen Newsletter oder eine Bestätigung –, aber eben auch eine Botschaft über die Absicht, die das Unternehmen mit dieser Nachricht auf der Beziehungsebene bezweckt. Zu den Informationen auf der Sachebene kommt also auf der Beziehungsebene die Botschaft, wie wichtig bzw. unwichtig dem Unternehmen der Dialog mit dem Kunden ist. Es hängt allerdings vom Empfänger ab, wie diese Ebenen der Nachricht interpretiert werden. Schließlich bestimmt erst die Reaktion des Empfängers, ob die Kommunikation gut oder schlecht bzw. effektiv war oder nicht.

Vor dem Hintergrund, dass Kunden interaktive Kommunikation erwarten, kann unter Anwendung des Confirmation-Disconfirmation-Paradigma davon ausgegangen werden, dass der Einsatz von DNR-E-Mails zu einem geringeren Ausmaß an Zufriedenheit führt als der Einsatz von E-Mails, auf die der Kunde antworten kann. Zufriedenheit mit dem Kommunikationsprozess umfasst dabei das Ausmaß, wie zufrieden jemand mit der Art und Weise ist, mit der eine Kommunikationsepisode stattgefunden hat. Die Autoren unterstellen, dass die Form der E-Mail, die Unternehmen in der Kommunikation mit ihren Kunden einsetzen, Einfluss auf die wahrgenommene Interaktivität hat. Die zugrunde liegende Annahme besteht darin, dass Kunden Kommunikation über E-Mail als interaktiv ansehen und erwarten, dass sie auf eine E-Mail einfach antworten können, indem Sie auf den Antwort-Button klicken bzw. sich frei entscheiden können, wie sie antworten möchten. Daraus folgt, dass die fehlende Möglichkeit, antworten zu können bzw. nicht auf die bevorzugte Art und Weise antworten zu können, zu einem geringeren Ausmaß an Zufriedenheit mit dem Kommunikationsprozess führen wird. Außerdem erfordert das Suchen nach einer alternativen Möglichkeit, um mit dem Unternehmen kommunizieren zu können, für den Kunden mehr Aufwand, als einfach auf eine E-Mail zu antworten. Daher kann davon ausgegangen werden, dass der Einsatz von DNR-E-Mail in der Kommunikation mit Kunden zu einer Verschlechterung der wahrgenommenen Interaktivität führt.

3.5 Zwischenresümee

Vor dem dargestellten Hintergrund erscheint es im Rahmen dieses Beitrags sinnvoll zu analysieren, welche Auswirkungen Kommunikationsverweigerung im Kontext der Customer Experience und Kundenzufriedenheit hat. Konkret beschäftigt sich dieser Beitrag mit den Fragen, inwieweit Kunden Kommunikationsverweigerungen von Unternehmen in Form von DNR-E-Mails bereits wahrnehmen und welche Auswirkungen eine negative Erfahrung – ausgelöst durch Interaktivitätsverweigerung – auf die Kundenzufriedenheit hat. Da die Customer Experience zu einem bestimmten Zeitpunkt auch durch frühere Erfahrungen des Kunden (Customer Experience t-1) mit einem Unternehmen, aber auch mit anderen Unternehmen beeinflusst wird, haben z.B. die vergangenen Erfahrungen in der Kommunikation via E-Mail generell oder mit einem bestimmten Unternehmen im Speziellen Einfluss auf die Customer Experience zu einem bestimmten Zeitpunkt. Ausgehend von dieser Aussage kann auch angenommen werden, dass sich diese auf das Verhalten der Kunden auswirken können. Daher wird auch untersucht, wie sich die vergangene Customer Experience auf das Verhalten der Kunden auswirkt. Im Laufe der letzten 30 Jahre wurde Interaktivität zwar im Kontext von Kommunikation, Marketing, Informationswissenschaft, Informatik oder auch Pädagogik diskutiert, aber über das Phänomen der Interaktivitätsverweigerung gibt es derzeit noch kaum theoretische oder empirische Erkenntnisse. Ziel der hier vorgestellten experimentellen Studie ist es, diese Lücke zu schließen. Dies geschieht, indem einerseits generell die Meinung der Probanden zur Kommunikation mit elektronischen Medien erhoben und analysiert wird. In weiterer Folge wird andererseits die wahrgenommene Interaktivität im Rahmen von elektronischer Kommunikation mit E-Mails operationalisiert und der Ursache-Wirkungs-Zusammenhang zwischen dem Verweigern von Interaktivität durch das Senden von DNR-E-Mails und der wahrgenommenen Interaktivität sowie der wahrgenommenen Zufriedenheit mit dem Kommunikationsprozess untersucht.

4. Empirische Studie

Da es zur Frage, wie sich Kommunikationsverweigung im Rahmen von Unternehmen-Kundenbeziehungen auswirkt, bisher keine Untersuchungen gibt, werden im Rahmen einer explorativen empirischen Studie die eben dargestellten Annahmen einer Prüfung unterzogen.

4.1 Design der Studie

Zur Erhebung der Daten wurde ein Online-Experiment mit einem EA-CA-Design durchgeführt. Alle Probanden erhielten eine Beschreibung desselben Ausgangsszenarios. Konkret wurde dieses folgendermaßen beschrieben: „Bitte stellen Sie sich folgende Situation vor: Sie haben vor einigen Minuten zum ersten Mal ein Buch bei dem Online-Händler „Hoba“ bestellt. Sie möchten das Buch gerne an folgende Adresse liefern lassen: Kärntnerstraße 177, 8020 Graz. Jetzt erhalten Sie per E-Mail eine Bestellbestätigung vom Online-Händler zugesandt und bemerken, dass Sie bei der Angabe der Straße die Hausnummer vergessen haben und dass Ihnen auch bei der Postleitzahl ein Tippfehler passiert ist. Bitte klicken Sie jetzt weiter und betrachten die E-Mail, die Sie erhalten haben.“ In weiterer Folge erhielten die Probanden eine von zwei möglichen E-Mail-Antworten. Die Experimentalgruppe erhielt eine E-Mail von einer DNR-Adresse mit dem zusätzlichen Hinweis am Ende der E-Mail, dass Antworten auf diese DNR-E-Mail nicht gelesen werden. Die Kontrollgruppe erhielt eine E-Mail mit der Möglichkeit zu antworten. Nachdem die Probanden die E-Mail gelesen hatten, wurden Sie gebeten, sich für eine der folgenden Vorgehensweisen zu entscheiden: entweder auf die E-Mail zu antworten, auf der Webseite des Unternehmens nach weiteren Informationen zu suchen oder keine Adresskorrektur zu unternehmen. Im Anschluss an das Szenario bewerteten die Probanden dann Aussagen zur Zufriedenheit mit dem Kommunikationsprozess sowie Aussagen zur Erhebung des Status-quo in Bezug auf die Einstellung und Erwartungen zur Kommunikation mit elektronischen Medien von Unternehmen. Personen, die auf der Webseite des Unternehmens nach weiteren Informationen suchen wollten, wurden zusätzlich gefragt, warum sie sich für diese Möglichkeit entschieden haben.

4.2 Operationalisierung der Konstrukte

Wahrgenommene Interaktivität wird in bisherigen Studien in unterschiedlichen Kontexten wie z.B. Interaktivität von Webseiten usw. gemessen (Wu 1999; Liu 2003; Lowry et al. 2009). Für die Messung von wahrgenommener Interaktivität bei elektronischer Kommunikation via E-Mail wurden Items aus diesen Studien angepasst und weitere Items in Anlehnung an die Vorgehensweise von Churchill (1997) entwickelt und getestet. Die Zufriedenheit mit dem Kommunikationsprozess wurde ebenfalls in Anlehnung an bisher veröffentlichte Studien gemessen (McMillan/Hwang 2002; Song/Zinkhan 2008; Lowry 2009). Alle Items wurden anhand einer 7-stufigen Skala mit den Eckpunkten „trifft voll zu“ bis „trifft überhaupt nicht zu“ bewertet.

4.3 Struktur und Qualität der Stichprobe

Die Stichprobe der Studie besteht aus insgesamt 248 Personen. Die Experimentalgruppe umfasst 149 Probanden, die Kontrollgruppe 99 Probanden. 53,2 Prozent der Probanden waren Frauen, 46,8 Prozent Männer. Zwischen der Experimentalgruppe und der Kontrollgruppe besteht in Bezug auf das Geschlecht kein Unterschied ($F = 0{,}487$; $p = 0{,}486$). Die Altersverteilung der Stichprobe stellt sich wie folgt dar: 71,4 Prozent der Befragten sind unter 30 Jahre alt, 9 Prozent zwischen 30 und 39 Jahren. Die restlichen 19 Prozent sind 40 Jahre oder älter. Da der Prozentsatz der jungen Internetnutzer in der Bevölkerung relativ hoch ist, spiegelt diese Stichprobe die Realität gut wider. Außerdem sind junge Menschen generell mit elektronischer Kommunikation über E-Mail vertraut und nutzen diese auch häufig. Auch in der Altersverteilung unterscheiden sich die Experimental- und die Kontrollgruppe nicht ($F = 0{,}739$; $p = 0{,}391$). Anhand einer weiteren ANOVA wurde schließlich noch festgestellt, dass sich die Gruppen auch in Bezug auf das Ausbildungsniveau nicht unterscheiden ($F = 2{,}713$; $p = 0{,}101$).

4.4 Erfahrungen und Erwartungen mit elektronischer Kommunikation

Die Probanden wurden gebeten, allgemeine Aussagen zur Kommunikation via E-Mail und zur Kommunikation via E-Mail mit Unternehmen im Speziellen zu bewerten. Die Ergebnisse – dargestellt in Abbildung 2 – zeigen, dass mehr als 90 Prozent der Befragten der Aussage zustimmen, dass Unternehmen den Kunden verschiedene Möglichkeiten der Kontaktaufnahme zur Verfügung stellen sollten, aus denen die Kunden dann die von ihnen präferierte Alternative wählen können. Des Weiteren stimmen rund 78 Prozent der Befragten der Aussage zu, dass durch die fehlende Möglichkeit, direkt auf eine E-Mail zu antworten, das Unternehmen den Kunden vorschreibt, auf welche Art und Weise diese mit dem Unternehmen kommunizieren sollen. 77 Prozent der Befragten geben an, dass sie bei Bedarf einfach auf den Antwort-Button klicken möchten, um direkt auf eine E-Mail zu reagieren, die ein Unternehmen geschickt hat. Fast 74 Prozent der Befragten finden es heutzutage „normal", einfach auf „Antworten" zu klicken, wenn man auf eine E-Mail antworten möchte. 73 Prozent der befragten Personen sind der Meinung, dass Unternehmen, die DNR-E-Mails ausschicken, es nicht verstanden haben, einen Dialog mit den Kunden zu führen. Fast die Hälfte der Befragten stimmen schließlich der Aussage zu, dass Unternehmen, die DNR-E-Mails aussenden, nicht kundenorientiert sind. 47 Prozent der Befragten meinen, dass Unternehmen, die DNR-E-Mails aussenden, nicht an der Meinung bzw. dem Feedback von Kunden interessiert sind.

4.5 Einfluss der bisherigen Customer Experience auf das Verhalten

Nachdem die Probanden die jeweilige E-Mail im Rahmen des Experiments gelesen hatten, mussten sie sich entscheiden, wie sie weiter vorgehen. Dazu wurden diesen drei Möglichkeiten vorgegeben: auf die E-Mail antworten, auf der Webseite nach Informationen suchen oder keine Adressänderung vornehmen. 35,2 Prozent der Probanden, die als Kommunikationsepisode eine DNR-E-Mail erhalten hatten, wählten die Option zu antworten, 62,2 Prozent dagegen wählten die Möglichkeit, auf der Webseite nach weiteren

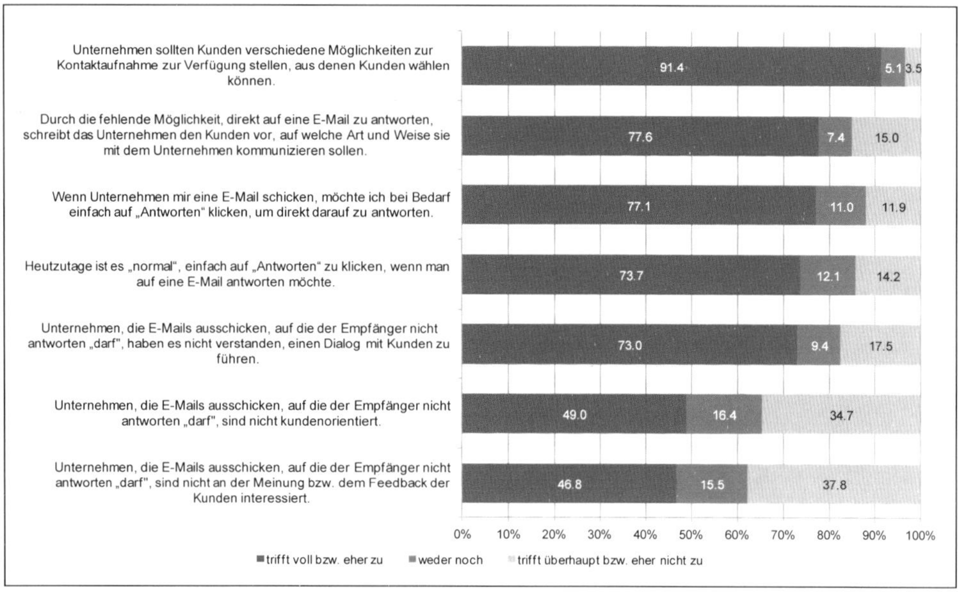

Abbildung 2: Erfahrungen und Erwartungen in Bezug auf Kommunikation via E-Mail

Informationen zu suchen. Auf die Frage, warum Zweitere diesen Weg wählten, gaben 42,7 Prozent dieser an, erkannt zu haben, dass es sich um eine DNR-E-Mail handelte. 35,5 Prozent nahmen an, dass es sich bei der E-Mail um eine automatisch generierte Nachricht handelte. Und da auf solche E-Mails „nicht geantwortet werden kann/darf", wählten sie den Weg über die Suche auf der Webseite. Bei der Kontrollgruppe, bei der die Möglichkeit auf die E-Mail zu antworten gegeben war, stellt sich die Situation folgendermaßen dar: 44,4 Prozent der Probanden entschieden sich, direkt zu antworten, 52,0 Prozent dafür, auf der Webseite nach weiteren Informationen zur möglichen Vorgehensweise bei einer Adresskorrektur zu suchen. Mehr als die Hälfte der Probanden entschied sich also gegen die vermeintlich einfachere Möglichkeit, auf die E-Mail zu antworten. Als Grund für dieses Vorgehen nannten 72,2 Prozent der Probanden, dass sie annahmen, es handelt sich um eine automatisch generierte E-Mail, auf die man nicht antworten kann/darf. Es scheint also so, dass die bisherigen Erfahrungen mit E-Mails von Unternehmen die Probanden dazu verlassen, davon auszugehen, dass auf Bestellbestätigungen generell nicht geantwortet werden kann/darf.

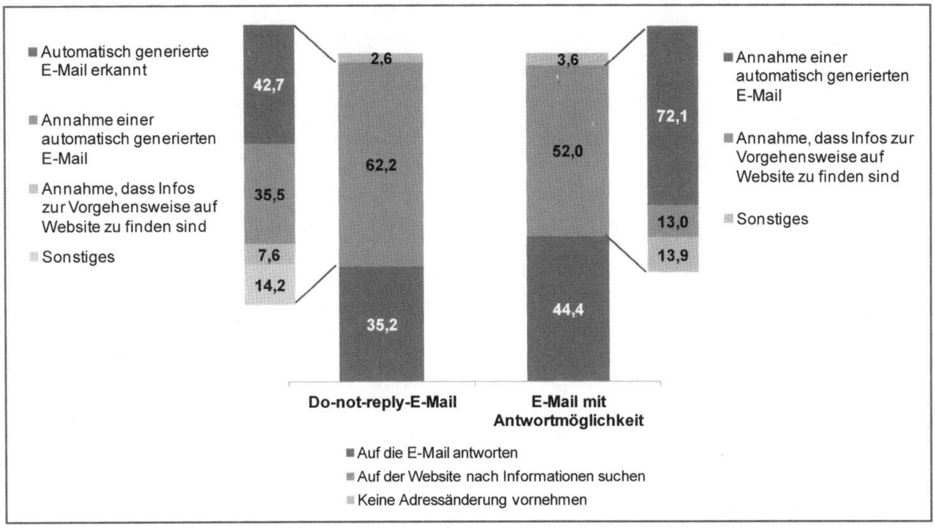

Abbildung 3: Verhalten der Probanden in der Kontroll- und Experimentalgruppe

4.6 Wahrgenommene Interaktivität/Interaktivitätsverweigerung

Nachdem die wahrgenommene Interaktivität im Kontext der elektronischen Kommunikation mit E-Mails bislang noch nicht gemessen wurde, muss zunächst überprüft werden, wie reliabel die in dieser Studie verwendeten Items das zugrundeliegende Konstrukt der wahrgenommenen Interaktivität messen. Dazu wurde in einem ersten Schritt eine Faktorenanalyse mittels Hauptkomponentenmethode mit Varimax-Rotation durchgeführt. Items mit einer Faktorladung unter 0,45 und jene, die auf zwei oder mehr Faktoren laden, wurden aus der Analyse ausgeschlossen. Das Maß der Stichprobeneignung nach Kaiser-Meyer-Okin beträgt 0,875 und ist nach der Standarddefinition ausreichend. Der Bartlett-Test auf Sphärizität ist mit einem Wert von 0,000 höchst signifikant. Die endgültige Faktorstruktur besteht schließlich aus zwei Faktoren – Zwei-Weg-Kommunikation und Kontrolle – mit jeweils fünf bzw. drei Items. Die zwei Faktoren erklären 66,72 Prozent der Gesamtvarianz.

Das Cronbachsche Alpha für den Faktor Zwei-Weg-Kommunikation beträgt 0,832, jenes für den Faktor Kontrolle 0,823. Beide liegen somit über dem von Nunnally (1978) vorgeschlagenen Grenzwert von 0,7. In weiterer Folge wurde die Validität dieser Zweifaktorenlösung mittels konfirmatorischer Faktorenanalyse getestet. Dabei wurde die vorgeschlagene Faktorstruktur als Konstrukt zweiter Ordnung bestätigt. Die Prüfung der Güte des Modells erfolgte anhand des CFI (0,96), IFI (0,96), NFI (0,94), GFI (0,92) und AGFI (0,85).

Item (*umkodiert)	**Kontrolle** α = 0,823	**Zwei-Weg-Kommunikation** α = 0,832
Ich konnte für die Korrektur der Adresse über E-Mail die von mir bevorzugte Art und Weise der Kontaktaufnahme wählen.	0,868	
Ich hatte die Möglichkeit, auf die von mir bevorzugte Art und Weise mit dem Unternehmen zu kommunizieren.	0,866	
Ich hatte das Gefühl, dass ich selbst darüber bestimmen konnte, wie die Kommunikation mit dem Unternehmen verläuft.	0,711	
Das Unternehmen nützt E-Mails vorwiegend zur Ein-Weg-Kommunikation.*		0,722
Das Unternehmen will nicht, dass Kunden Kontakt über E-Mail aufnehmen.*		0,714
Das Unternehmen scheint an einem Dialog mit seinen Kunden interessiert zu sein.		0,678
Das Unternehmen erleichtert den Dialog mit seinen Kunden.		0,667
Das Unternehmen ermöglicht einen einfachen Dialog mit Kunden.		0,556

Abbildung 4: Operationalisierung von wahrgenommener Interaktivität

4.7 Auswirkungen von Interaktivitätsverweigerung auf die Kundenzufriedenheit

Zur Analyse, ob es Unterschiede zwischen der Experimentalgruppe und der Kontrollgruppe hinsichtlich wahrgenommener Interaktivität und Kundenzufriedenheit gibt, wurde eine Varianzanalyse (ANOVA) durchgeführt. Diese gilt als wichtiges Analyseverfahren zur Auswertung von Experimenten. Zuerst wurde überprüft, ob die Anwendungsvoraussetzungen für die Varianzanalyse gegeben sind. Um die Anforderung der Normalverteilung zu testen, wurde ein Kolmogorov-Smirnov-Test durchgeführt. Auf Varianzhomogenität wurde mittels Levene-Test getestet. Die Ergebnisse der Tests erlauben die Anwendung einer Varianzanalyse.

In einem weiteren Schritt wird im Rahmen eines Manipulation Checks analysiert, ob die angestrebte Manipulation erreicht wurde. Da davon ausgegangen wurde, dass Probanden in der Kontrollgruppe eine höhere Interaktivität wahrnehmen als Probanden in der Experimentalgruppe, müssen Unterschiede in der wahrgenommenen Interaktivität der beiden Kommunikationsepisoden festgestellt werden können (Liu/Shrum 2002). Es ist daher entscheidend, sicherzustellen, dass ein signifikanter Unterschied zwischen den beiden Gruppen besteht. Die durchschnittlich wahrgenommene Interaktivität der Kontrollgruppe liegt bei 2,76 (SD = 1,24), jene für die Experimentalgruppe liegt bei 4,51 (SD = 0,958).

Eine ANOVA – wie in Abbildung 5 dargestellt –, zeigt, dass dieser Unterschied höchst signifikant ist (F = 110,354, p = 0,000). Daher kann davon ausgegangen werden, dass die Manipulation, unterschiedliche wahrgenommene Interaktivität zu schaffen, erfolgreich war. Gleichzeitig kann die Annahme, dass der Einsatz von DNR-E-Mails in der Kommunikation mit Kunden als weniger interaktiv wahrgenommen wird als der Einsatz von E-Mails mit Antwortmöglichkeit, bestätigt werden.

Konstrukt	Gruppen-unterschiede	Quadrat-summe	df	Mittel der Quadrate	F	Signifikanz
Wahrgenommene Interaktivität	Zwischen den Gruppen	167.582	1	167.582	110.354	0,000
	Innerhalb der Gruppen	373.572	246	1.519		
	Gesamt	541.154	247			
Zufriedenheit mit dem Kommunikations-prozess	Zwischen den Gruppen	193.151	1	193.151	148.252	0,000
	Innerhalb der Gruppen	320.502	246	1.303		
	Gesamt	513.653	247			

Abbildung 5: Auswirkung der Kommunikationsverweigerung

Um zu überprüfen, wie sich der Einsatz von DNR-E-Mails auf die Zufriedenheit auswirkt, wurde diese anhand von sechs Items – wie z.B. „Ich konnte relativ einfach mit dem Unternehmen in Kontakt treten“ – gemessen. Das Cronbachsche Alpha für das Konstrukt der Kundenzufriedenheit beträgt 0,848. Die Ergebnisse zeigen, dass der vermutete Zusammenhang, die Zufriedenheit mit dem Kommunikationsprozess sei niedriger, wenn DNR-E-Mails eingesetzt werden, aufgrund einer ANOVA signifikant bestätigt werden kann (F = 148.252, p = 0,000). Wie in Abbildung 6 ersichtlich, beurteilten die Probanden der Experimentalgruppen, die eine DNR-E-Mail erhalten, auf die sie antworten möchten und dies aber nicht dürfen, sowohl die Zufriedenheit mit dem Kommunikationsprozess als auch die wahrgenommene Interaktivität geringer als jene der Kontrollgruppe, die die Möglichkeit zu antworten hatten.

Konstrukt	Gruppe	N	Mittelwert	Standardabweichung
Wahrgenommene Interaktivität	Experimental	149	4,5176	1,24314
	Kontrolle	99	2,7639	0,94607
Zufriedenheit mit dem Kommunikations-prozess	Experimental	149	4,1286	1,24859
	Kontrolle	99	2,3266	0,95711

Abbildung 6: Zufriedenheit mit dem Kommunikationsprozess und wahrgenommene Interaktivität

5. Zusammenfassung und Ausblick

Berücksichtigt man die jahrelangen Diskussionen sowie die mittlerweile unzähligen Forschungsarbeiten im Bereich Käuferverhalten, Kundenzufriedenheit und -loyalität sowie Customer Experience Management, so besteht Einigkeit darüber, dass eine positive gesamthafte Erfahrung des Kunden zentral für den Fortbestand der Beziehung sowie für künftige Geschäfte und damit letztendlich auch für künftige Profite ist.

Umso erstaunlicher ist es, dass Unternehmen im Bereich der Kommunikation einerseits enorme Summen in verschiedenste Aktivitäten investieren, um damit beim Kunden einen positiven Eindruck zu hinterlassen, auf der anderen Seite aber dem Kunden einfach die Kommunikation verweigern. Unternehmen senden zwar E-Mails aus, *verbieten* den Kunden aber zu antworten. Unternehmen sind nicht mehr auf einfachem Wege via Telefon oder E-Mail erreichbar – der Kunde muss sich am Telefon über lange Zeit durch verschiedene Menüs quälen und auf den Webseiten müssen in Kontaktformularen unzählige Pflichtfelder ausgefüllt werden. Als Fortschritt in der Kommunikation mit dem Kunden bzw. im Customer Experience Management kann das nicht wirklich interpretiert werden.

Dem kann natürlich entgegengehalten werden, dass Kostenüberlegungen die Unternehmen zur Einschränkung von Kommunikationsangeboten – und damit zur Verschlechterung der Experience – gezwungen haben. Viele Unternehmen setzen E-Mail-Kommunikation ein, weil sie dadurch im Vergleich zu traditionellen Medien die Kosten für die Ansprache der Kunden geringer halten können. Kunden gehen allerdings auf Grund ihrer bisherigen Erfahrung davon aus, dass sie, wenn Sie von einem Unternehmen ein E-Mail erhalten, direkt darauf antworten können. Aber das ist nicht immer der Fall, denn Unternehmen setzen – trotz der angestrebten Ziele, mit den Kunden einen Dialog führen zu wollen – DNR-E-Mails ein, um die Antworten der Kunden einzuschränken und durch den geringeren Bearbeitungsaufwand wiederum Kosten zu sparen. Während das kurzfristig eine effiziente Lösung zu sein scheint, widerspricht es nicht nur dem normalen Menschenverstand, sondern auch den Prinzipien der interaktiven Kommunikation.

Ziel dieser Studie war es zum einen aufzuzeigen, was sich Kunden von Unternehmen im Rahmen von elektronischer Kommunikation via E-Mail erwarten. Zum anderen wurde untersucht, ob Kunden Interaktivitätsverweigerung durch DNR-E-Mails generell wahrnehmen und wie sich diese Wahrnehmung auf die Kundenzufriedenheit auswirkt. Dazu wurde in einem ersten Schritt analysiert, wie sich wahrgenommene Interaktivität operationalisieren lässt. Die Ergebnisse der Untersuchung bestätigen, dass aktive Kontrolle und Zwei-Weg-Kommunikation zwei unabhängige, aber korrelierende Dimensionen von wahrgenommener Interaktivität sind, wenn man diese im Kontext der elektronischen Kommunikation via E-Mail misst. In Bezug auf die Auswirkungen der Verweigerung von Interaktivität durch so genannte DNR-E-Mails zeigen die Ergebnisse, dass durch den Einsatz von DNR-E-Mails in der Kommunikation mit Kunden die wahrgenommene Interaktivität sowie die Zufriedenheit mit dem Kommunikationsprozess ein signifikant geringeres Ausmaß aufweisen als beim Einsatz von E-Mails mit Antwortmöglichkeit. Probanden in der Experimentalgruppe waren signifikant weniger damit zufrieden, wie das Unternehmen in dieser Kommunikationsepisode gehandelt hat. Die fehlende Möglichkeit, einen Dialog mit dem Unternehmen zu führen, kann also zu Kundenunzufriedenheit führen und somit negative Konsequenzen für den Aufbau einer Kundenbeziehung haben. In weiterer Folge kann dies zu Frustration und Abwanderung der Kunden führen. Es hat sich überraschenderweise – und man muss eigentlich auch sagen traurigerweise – gezeigt, dass sich die Kunden bereits an diese Art der (Nicht-) Kommunikation gewöhnt und damit ihre Erwartungen revidiert haben.

Wie in jedem anderen Bereich, so sind auch im Bereich der Kommunikation Veränderungen, Trends und Lebenszyklen zu erkennen. Zurzeit ist konkret zu beobachten, dass immer mehr Unternehmen die Kommunikation verweigern. Diese negative – weil offensichtlich zu geringerer Kundenzufriedenheit führende – Entwicklung ist einerseits zur Kenntnis zu nehmen. Andererseits eröffnet aber gerade die zunehmend um sich greifende Kommunikationsverweigerung große Chancen für jene Unternehmen, die die negativen Auswirkungen erkennen und mit ihren Kunden tatsächlich interaktiv kommunizieren.

Literaturverzeichnis

Bruhn, M. (2009): Relationship Marketing. Das Management von Kundenbeziehungen, 2. Aufl., München.

Bruhn, M./Esch, F.R./Langner, T. (Hrsg.) (2008): Handbuch Kommunikation. Grundlagen – Innovative Ansätze – Praktische Umsetzungen, 7. Aufl., Wiesbaden.

Bruhn, M./Homburg, C. (Hrsg.) (2010): Handbuch Kundenbindungsmanagement, Wiesbaden.

Churchill, G.A. (1979): A Paradigm for Developing Better Measures for Marketing Constructs, in: Journal of Marketing Research, Vol. 16, No. 1, S. 64-73.

Duncan, T./Moriarty, S.E. (1998): A Communication Based Marketing Model for Managing Relationships, in: Journal of Marketing, Vol. 62, No. 2, S. 1-13.

Foscht, T./Schloffer, J. (2011): „Do not reply!" – Die neue interaktive Kommunikation, Absatzwirtschaft, http://www.marketing-site.de/content/knowledge/vertrieb/do-not-reply-die-neue-interaktive-kommunikation;73520 (Zugriff: 13.8.2011).

Foscht, T./Swoboda, B. (2011): Käuferverhalten: Grundlagen – Perspektiven – Anwendungen, 4. Aufl., Wiesbaden.

Foscht, T./Swoboda, B./Schloffer, J. (2011): Handelsmonitor 2011/2012: Herausforderung Soziodemografie 2030plus – Muss der Handel handeln?, Frankfurt/Main.

Grewal, D./Levy, M./Kumar, V. (2009): Customer Experience Management in Retailing: An Organizing Framework, in: Journal of Retailing, Vol. 85, No. 1, S. 1-14.

Heinemann, G. (2010): Der neue Online-Handel: Erfolgsfaktoren und Best Practices, Wiesbaden.

Homburg, C./Becker, A./Hentschel, F. (2010): Der Zusammenhang zwischen Kundenzufriedenheit und Kundenbindung, in: Bruhn, M./Homburg, C. (Hrsg.): Handbuch Kundenbindungsmanagement, 7. Aufl., Wiesbaden, S. 111-144.

Kano, N. (1984): Attractive Quality and Must-be Quality, in: Journal of the Japanese Society for Quality Control, Vol. 14, No. 2, S. 147-156.

Liu, Y. (2003): Developing a Scale to Measure the Interactivity of Websites, in: Journal of Advertising Research, Vol. 43, No. 3, S. 207-216.

Liu, Y./Shrum, L.J. (2002): What Is Interactivity and Is It Always Such a Good Thing? Implications of Definition, Person, and Situation for the Influence of Interactivity on Advertising Effectiveness, in: Journal of Advertising, Vol. 31, No. 4, 53-64.

Lowry, P.B./Romano Jr., N.C./Jenkins, J.L./Guthrie, R.W. (2009): The CMC Interactivity Model: How Interactivity Enhances Communication Quality and Process Satisfaction in Lean-Media Groups, in: Journal of Management Information Systems, Vol. 26, No.1, S. 155-195.

McMillan, S.J./Hwang, J. (2002): Measures of Perceived Interactivity: An Exploration of the Role of Direction of Communication, User Control, and Time in Shaping Perceptions of Interactivity, in: Journal of Advertising, Vol. 31, No. 3, S. 29-41.

Meyer, C./Schwager, A. (2007): Understanding Customer Experience, in: Harvard Business Review, Vol. 85, No. 2, S. 116-126.

Nunally, J.C. (1978): Psychometric Theory, New York.

Rafaeli, S./Sudweeks, F. (1997): Networked Interactivity, in: Journal of Computer Mediated Communication, Vol. 2, No. 4, http://jcmc.indiana.edu/vol2/issue4/rafaeli.sudweeks.html (Zugriff: 25. Juli 2011).

Rice, R.P. (1995): The rhetoric of e-mail: an analysis of style, in: Professional Communication Conference Proceedings – Smooth sailing to the Future, IEEE International.

Schmitt, B. (2009): Customer Experience Management, in: Bruhn, M./Esch, F.R./Langner, T. (Hrsg.) (2008): Handbuch Kommunikation: Grundlagen – Innovative Ansätze – Praktische Umsetzungen, Wiesbaden, S. 697-711.

Schulz von Thun, F. (1984): Miteinander reden: Störungen und Klärungen: Psychologie der zwischenmenschlichen Kommunikation, Reinbek bei Hamburg.

Song, J.H./Zinkhan, G.M. (2008): Determinants of perceived Web site interactivity, in: Journal of Marketing, Vol. 72, No. 2, S. 99-113.

Verhoef, P.C./Lemon, K.N./Parasuraman, A./Roggeveen, A./Tsiros, M./Schlesinger, L.A. (2009): Customer Experience Creation: Determinants, Dynamics and Management Strategies, in: Journal of Retailing, Vol. 85, No. 1, S. 31-41.

Wu, G. (1999): Perceived Interactivity and Attitude Toward Websites, in: Proceedings of the American Academy of Advertising, M.S. Roberts (Hrsg.) Gainseville: University of Florida, S. 254-62.

Zentes, J./Swoboda, B./Foscht, T. (2012): Handelsmanagement, 3. Aufl., München.

5. Branchenspezifische Besonderheiten des Customer Experience Management

Markus Voeth und Jeanette Loos

Customer Experience Management bei B2B-Services – Besonderheiten und Erfolgsfaktoren

---

Prof. Dr. *Markus Voeth* ist Inhaber des Lehrstuhls für Marketing I an der Universität Hohenheim. Dipl. rer. com. *Jeanette Loos* ist wissenschaftliche Mitarbeiterin am Lehrstuhl für Marketing I an der Universität Hohenheim.

1. Einleitung

Dienstleistungsanbieter wie Beratungs-, Engineering- und Personalservice-Unternehmen spielen traditionell auf Business-to-Business-(B2B-)Märkten eine wichtige Rolle und tragen dort schon immer erheblich zur Wertschöpfung ihrer Kunden bei (Biong/Ulvnes 2011). Die hohe *Bedeutung von Dienstleistungen auf B2B-Märkten* ist zudem in den letzten Jahren noch weiter angewachsen, da Dienstleistungen inzwischen auch von klassischen Industriegüterunternehmen (Sachleister) in Form von produktbegleitenden Dienstleistungen als mögliches Instrument zur Differenzierung im Wettbewerb eingestuft werden (Schreiber/Klimmer 2010). Viele B2B-Unternehmen stellen beim ausschließlichen oder ergänzenden Angebot von Services allerdings fest, dass diese gerade im B2B-Umfeld große Herausforderungen mit sich bringen. So handelt es sich bei *B2B-Services* – und dies anders als bei vielen B2C-Dienstleistungen – überwiegend um kundenindividuelle Leistungen, bei denen der Erfahrungs- und Vertrauensgutcharakter besonders stark ausgeprägt ist. Daher sind Kunden bei B2B-Services zumeist an langfristigen Geschäftsbeziehungen mit Serviceanbietern interessiert. Um mit Kunden allerdings solche langfristigen Geschäftsbeziehungen eingehen und anschließend intensivieren zu können, kommt der *Steuerung der von Kunden im Dienstleistungsprozess generierten Erfahrungen* („*Customer Experience*") bei B2B-Services eine zentrale Bedeutung zu. Nur wenn dem Kunden positiv bewertete Erfahrungen geboten werden, die zudem über alle Interaktionspunkte ein konsistentes Bild von der Leistungsfähigkeit des B2B-Dienstleisters zeigen, wird der Kunde bereit sein, die Geschäftsbeziehung fortzuführen bzw. auszubauen.

Obwohl folglich dem Customer Experience Management (CEM) bei B2B-Services eine besondere Aufmerksamkeit zukommen sollte, beschäftigen sich die meisten Untersuchungen zum CEM bislang eher mit konsumgüternahen Dienstleistungen. Für den B2B-Bereich fehlt bislang hingegen eine tiefergehende Beschäftigung mit dem CEM (O'Neill/Palmer 2003). Dies ist insofern bedauerlich, da die *Besonderheiten industrieller Vermarktungsprozesse* und damit auch von B2B-Services dazu führen, dass das CEM bei B2B-Services eine andere Fokussierung sowie gegebenenfalls auch andere Tools und Instrumente erforderlich macht. So ist beispielsweise die Interaktion mit Kunden im industriellen Umfeld durch eine deutlich höhere Komplexität und einen in der Regel längerfristigen Zeithorizont gekennzeichnet. Auch ist in Bezug auf die Steuerung von Kundenerfahrungen im B2B-Kontext zu berücksichtigen, dass es auf B2B-Märkten nicht „den" Kunden gibt, sondern dass beim Kunden Kaufentscheidungen in der Regel durch ein mehrere Personen umfassendes Buying Center getroffen werden. Dieses informelle Gremium muss allerdings nicht deckungsgleich mit den Mitgliedern der Kundenorganisation sein, die am anschließenden Dienstleistungserstellungsprozess beteiligt sind. Daher kann bei B2B-Dienstleistungen der Fall auftreten, dass die Buying Center-Mitglieder von den in der Vergangenheit seitens der eigenen Organisation gemachten Kundenerfahrungen nur aus zweiter Hand gehört haben. Insgesamt führt die Multipersonalität des kundenseitigen Kauf- und Nutzungsprozesses für Anbieter von B2B-Services zu einer gesteigerten Komplexität im Hinblick auf die Generierung konsistenter Kundenerfahrungen, da nicht nur unterschiedliche Erfahrungswerte im Zusammenhang mit dem Interaktionskanal, sondern auch durch die divergierenden Anspruchsgruppen entstehen können.

Der vorliegende Beitrag beschäftigt sich mit dem bislang in der Literatur nur wenig untersuchten *CEM für Anbieter von B2B-Services*. Hierzu wird im zweiten Kapitel zunächst ein Literaturüberblick gegeben. Dieser verdeutlicht, dass bislang nur sehr wenige Untersuchungen zum CEM auf B2B-Märkten vorliegen. Daher werden im dritten Kapitel aus den Charakteristika industrieller Dienstleistungen die Besonderheiten des CEM bei B2B-Services abgeleitet. Hierauf aufbauend werden im vierten Kapitel Erfolgsfaktoren für eine zielgerichtete Generierung möglichst konsistenter und positiver Kundenerfahrungen im Bereich der B2B-Services vorgestellt.

2. Erkenntnisse zum Customer Experience Management im B2B-Marketing

Die CEM-Forschung hat sich bislang eher mit dienstleistungsbezogenen Fragestellungen im Business-to-Consumer-(B2C-)Umfeld, also beispielsweise in Feldern wie Handel, Tourismus oder in der Unterhaltungsindustrie beschäftigt (Tynan/McKechnie 2009). Untersuchungen, die sich den Besonderheiten des CEM bei B2B-Services widmen, stellen in der Literatur bislang die Ausnahme dar. Eine dieser wenigen Studien haben Bennett et al. (2005) vorgelegt. Sie untersuchen die *Bedeutung der Customer Experience als Moderator* im Hinblick auf den Einfluss von Kundeninvolvement und -zufriedenheit auf die Markenloyalität im B2B-Bereich. Im Ergebnis zeigt sich, dass Kundenerfahrung sowohl den Zusammenhang zwischen Involvement und Markenloyalität als auch zwischen Zufriedenheit und Markenloyalität beeinflusst und folglich im B2B-Kontext große Bedeutung aufweist. Zu diesem Ergebnis kommen auch Biedenbach und Marell (2010). Sie analysieren den Einfluss von Customer Experience auf den Markenwert von B2B-Services und kommen unter anderem zu dem Ergebnis, dass sich Kundenerfahrungen auf die Markenwahrnehmungen und -assoziationen, die wahrgenommene Qualität der Marke als auch auf die Markenloyalität bei B2B-Services positiv auswirken. Dabei verdeutlichen Biedenbach und Marell (2010), dass dieser Einfluss maßgeblich durch positive Kundenerfahrungswerte entsteht, die wiederum auf der direkten Interaktion zwischen Serviceanbieter und -nachfrager basieren.

Diese ersten Erkenntnisse zeigen zum einen, dass das Thema Customer Experience auch im B2B-Kontext Beachtung finden sollte. So verdeutlichen die wenigen vorliegenden Studien die hohe Relevanz des Themas für B2B-Unternehmen. Zum anderen zeigen die referierten Studien, dass das Thema bislang nur vereinzelt behandelt worden ist. Daher besteht in diesem Feld noch erheblicher Forschungsbedarf.

3. Besonderheiten der Customer Experience bei B2B-Services

Da das Thema „CEM bei B2B-Services" bislang nur sehr vereinzelt in der Literatur behandelt worden ist, können Besonderheiten (wie auch die anschließend behandelten Erfolgsfaktoren) nicht aus vorliegenden (empirischen) Studien entnommen werden. Stattdessen sind diese aus den grundlegenden Besonderheiten industrieller Dienstleistungen und deren Vermarktung abzuleiten.

3.1 Charakteristika industrieller Dienstleistungen

Industrielle Dienstleistungen werden im industriellen Kontext analog zum Verständnis des Industriegütermarketings als jene Services verstanden, die von Unternehmen zur Erstellung ihrer Leistungen oder Produkte beschafft und eingesetzt werden und die sich damit nicht an Endverbraucher richten. Diesem Verständnis folgend stellt die Betrachtung der *Zielgruppe* der Leistung (Endkunde vs. Unternehmen) das entscheidende Unterscheidungsmerkmal von B2B-Services gegenüber B2C-Services dar. Wie Abbildung 1 verdeutlicht, werden darüber hinaus in der Literatur der *Anbieter* (reines Dienstleistungsunternehmen vs. produzierender Anbieter von Dienstleistungen) und die *Art der Leistung* (reine vs. produktbegleitende Dienstleistung) als weitere Unterscheidungsmerkmale für industrielle Services herangezogen.

Zusammenfassend können folglich unter B2B-Services Leistungen verstanden werden (vgl. auch Voeth 2007), „... die von Unternehmen oder Organisationen zur weiteren Leistungserstellung beschafft werden, sofern diese nicht nur in der Distribution an den Letztkonsumenten bestehen, und im hohen Maße die Leistungseigenschaft Immaterialität aufweisen. Derartige Leistungen können entweder isoliert und damit eigenständig oder aber kombiniert mit anderen Leistungen als produktbegleitende Leistungen vermarktet werden" (Niederauer 2009, S. 29).

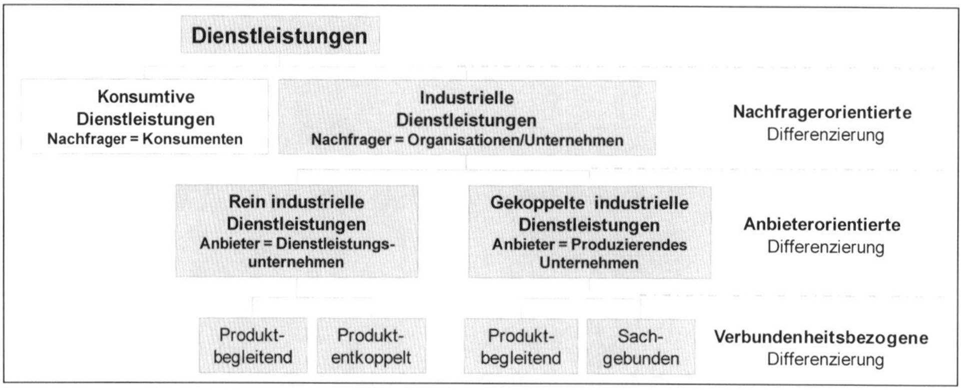

Abbildung 1: Differenzierung industrieller Dienstleistungen
(Quelle: Niederauer 2009)

Bei der Vermarktung der so definierten B2B-Services sind nun zum einen die konstitutiven Merkmale von Dienstleistungen wie auch zum anderen die Besonderheiten der organisationalen Beschaffung zu beachten. Aus den Charakteristika von Dienstleistungen ergeben sich dabei folgende *Besonderheiten der Vermarktung von industriellen Dienstleistungen*:

- Industrielle Dienstleistungen stellen – wie auch Services im Konsumgüterbereich – für Kunden zum Zeitpunkt der Kaufentscheidung allein Leistungsversprechen dar, deren Qualität und Nutzen der Nachfrager vor dem Erwerb der Leistung nicht beurteilen kann (Bruhn 2006). Die hieraus für den Kunden erwachsene Unsicherheit hängt dabei auch von der Spezifität und Individualität der industriellen Dienstleistung ab. Da im industriellen Kontext in der Regel keine Standardleistungen zu erbringen sind, sondern spezifische, hochgradig dem jeweiligen Unternehmens- und Aufgabenkontext angepasste Services benötigt werden, liegt hier ein *hoher Individualisierungsgrad* im Hinblick auf die zu generierende Leistung vor (Niederauer/Voeth 2011). Da Anbieter industrieller Dienstleistungen somit häufig situations- und prozessspezifische Leistungen anbieten und damit für jedes Kundenunternehmen bedarfsgerechte Lösungen schaffen müssen, können Kunden nur bedingt die von Anbietern bei anderen Kunden erbrachten Dienstleistungen als Maßstab für die Beurteilung der Leistungsfähigkeit der Anbieter heranziehen. Vor diesem Hintergrund stellt die *kundenseitige Unsicherheit* eine erste zentrale Herausforderung für die Vermarktung industrieller Dienstleistungen dar, die unter anderem aus der anbieterseitig nur begrenzten Standardisierungsmöglichkeit interner Dienstleistungserstellungsprozesse entsteht.
- Im Industriegüterbereich ist die absolute *Anzahl an Geschäftsbeziehungen* geringer als auf Konsumgütermärkten. Dies hängt zum einen mit der geringeren Anzahl von potenziellen (und aktuellen) Kunden und zum anderen mit der im B2B-Umfeld deutlich höheren Komplexität zusammen, die durch die intensiveren und häufigeren

Interaktionsprozesse sowie durch eine größere gegenseitige Abhängigkeit der Marktparteien entsteht (Hollyoake 2009).

Weitere Vermarktungsbesonderheiten bei B2B-Services ergeben sich aus den spezifischen *Besonderheiten der organisationalen Beschaffung* im industriellen Kontext:

- B2B-Services werden von Unternehmen genutzt, um den Bedarf der eigenen Kunden zu decken und dienen daher der so genannten *Fremdbedarfsdeckung* (Backhaus/Voeth 2010). Damit liegt bei der Beschaffung industrieller Dienstleistungen auf Seiten des nachfragenden Unternehmens eine *derivative (abgeleitete) Nachfrage* vor, bei der die Kaufentscheidung des Unternehmens von den Bedürfnissen einer dritten, dem Dienstleistungsprozess nachgelagerten Partei abhängt. Hierbei können sich mehrstufige Interaktionsproblematiken ergeben, wenn der Dienstleistungsanbieter für die Leistungserstellung nicht nur mit dem Unternehmen selbst, sondern auch mit dessen Kunden in Kontakt treten muss.
- Daneben kommt dem Merkmal des *multipersonalen Beschaffungsprozesses* eine besondere Bedeutung zu. Industriegüterunternehmen sind dadurch gekennzeichnet, dass Kaufentscheidungen nicht von einem Individuum, sondern durch mehrere Personen (multipersonal) in Form eines so genannten *Buying Centers* getroffen werden. Dabei ist unter einem Buying Center konkret die „gedankliche Zusammenfassung aller am Kaufprozess beteiligten Personen" (Backhaus/Voeth 2010) zu verstehen. Buying Center stellen demnach in der Regel keine fest institutionalisierten Personengruppen dar, sondern weisen eher informellen Charakter auf (Mattsson 1988). Für den Anbieter industrieller Dienstleistungen ist es demnach erfolgsrelevant, die am Entscheidungsprozess beteiligten Personen zu kennen. Darüber hinaus muss er untersuchen, welche Buying Center-Mitglieder sich anschließend (und in welcher Ausprägung) in den Dienstleistungserstellungsprozess integrieren. Die Identifikation beteiligter Buying Center-Mitglieder ist für Anbieter gerade vor dem Hintergrund von CEM bedeutsam, da die beteiligten Mitglieder der Kundenorganisation nach dem (erstmaligen) Dienstleistungserstellungsprozess über persönliche Erfahrungen mit dem Anbieter verfügen und daher bei anschließenden Folgekaufentscheidungen, wie sie bei langfristigen Geschäftsbeziehungen in regelmäßigen Abständen anstehen, in den Wiederkauf-Entscheidungsprozess einbringen können.

Der Umfang und die Struktur des Buying Centers sowie die jeweiligen Funktionen der Mitglieder und damit ihre Beteiligung oder Nicht-Beteiligung am Dienstleistungserstellungsprozess können von Serviceanbietern mittels spezifischer *Rollenkonzepte* untersucht werden. Ein in der Literatur vielfach diskutierter Ansatz stellt in diesem Zusammenhang das Rollenkonzept von Webster und Wind (1972) dar, das fünf unterschiedliche Rollen im Hinblick auf die organisationale Beschaffungsentscheidung unterscheidet (vgl. Abbildung 2).

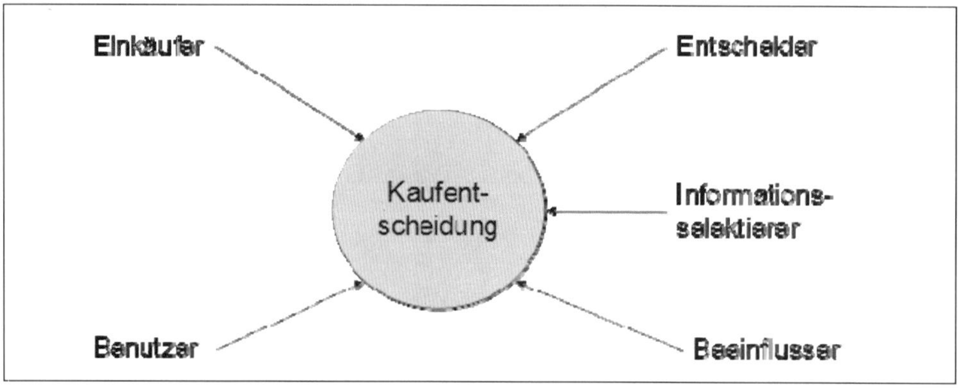

Abbildung 2: Rollenkonzept von Webster/Wind
(Quelle: Webster/Wind 1972)

Auch wenn die einzelnen Rollen nicht in jedem Unternehmen überschneidungsfrei oder in genau dem im Konzept vorgesehenen Umfang vorliegen müssen, wird mit Hilfe dieses Strukturierungsansatzes erkennbar, dass die vom Anbieter zu erbringende Leistung von Personen beurteilt wird, die über *unterschiedliche Erfahrungswerte* verfügen. Beispielsweise sind der „Entscheider" (Buying Center-Mitglied, das die Beschaffungsentscheidung organisatorisch zu verantworten hat) oder der „Einkäufer" (Buying Center-Mitglied, das für die Organisation des Einkaufsprozess zuständig ist) nicht unbedingt immer in die anschließend auf der operativen Fachebene angesiedelten Dienstleistungserstellungsprozesse involviert. Hingegen sind die Rollen des „Benutzers" (Buying Center-Mitglied, das die zu beschaffende Dienstleistung innerhalb der Kundenorganisation nach dem Kauf einsetzt) oder des „Informationsselektierers" (Buying Center-Mitglied, das den Informationsfluss im Buying Center durch die Weitergabe von Informationen steuert) intensiver in den Dienstleistungserstellungs- und -nutzungsprozess involviert. Auch der „Beeinflusser" (Buying Center-Mitglied, das aufgrund seiner Kompetenz oder Erfahrung gezielt in den Entscheidungsprozess eingebunden wird) verfügt in der Regel über eigene Erfahrungen bei der zu beschaffenden Dienstleistung.

Diese Besonderheiten verdeutlichen, dass industrielle Dienstleistungen nicht mit konsumtiven Services gleich gesetzt werden können. Dabei sind die aus den spezifischen Besonderheiten der organisationalen Beschaffung abgeleiteten Spezifika auch im Hinblick auf die Generierung und Steuerung von Customer Experience bei B2B-Services von besonderem Stellenwert.

3.2 Customer Experience im B2B- und B2C-Kontext

Aus den Besonderheiten und Vermarktungsherausforderungen industrieller Dienstleistungen ergeben sich spezifische *Anforderungen für das CEM.* Diese Anforderungen unterscheiden sich von den CEM-Anforderungen, die sich auf B2C-Märkten stellen. Hierauf weisen auch bereits Lemke et al. (2006) hin, die die in Abbildung 3 aufgeführten unterschiedlichen Anforderungen identifiziert haben.

Einflussfaktoren auf Customer Experience: B2C	Einflussfaktoren auf Customer Experience: B2B
1. Hilfsbereitschaft („Helpfulness")	1. Umfang des persönlichen Kontakts („Extent of Personal Contact")
2. Zeit („Value of Time")	2. Flexibilität („Flexibility")
3. Kunden(er)kennung („Customer recognition")	3. Implizites Verständnis von Kundenbedürfnissen („Implicit Understanding of customer needs")
4. Erfüllung von Versprechungen („Promise Fulfilment")	4. Aktive anbieterseitige Stimulierung der Zielsetzung des Kunden („Pro-activity in Eliciting Costumer's Objectives")
5. Problemlösung („Problem Solving")	5. Aktive anbieterseitige Überprüfung der Stimmigkeit aller Prozesse („Pro-activity in Checking that Everything is OK")
6. Personalisierung („Personalisation")	6. Erfüllung von Versprechungen („Promise Fulfilment")
7. Kompetenz („Competence")	7. Wissen („Knowledge")
8. Zugänglichkeit („Accessibility")	

Abbildung 3: Anforderungen an Customer Experience im B2B- und B2C-Kontext (Quelle: in Anlehnung an Lemke et al. 2006)

So beeinflussen im Konsumgüterbereich Aspekte wie Hilfsbereitschaft, schnelle Bedienung oder die Wiedererkennung einer Dienstleistung die Erfahrung des Kunden mit einer Leistung. Im B2B-Kontext sind hingegen Aspekte wie der Umfang des persönlichen Kontakts, die Flexibilität des Anbieters oder dessen Verständnis für die Bedürfnisse des Kunden prägend für dessen Erfahrung mit der erbrachten Leistung. Smith (2003) verdichtet diese Unterschiede zu drei *Hauptunterscheidungsfaktoren* im Hinblick auf Customer Experience im B2B- oder B2C-Kontext: Erfahrungen im Konsumgüterbereich werden so vorrangig dadurch geprägt, dass Nachfrager persönliche Bedürfnisse bedienen und dabei oftmals durch Marken, Produktdesign oder Werbung beeinflusst werden. Folglich sind Erfahrungswerte in diesem Zusammenhang oftmals durch emotionale Entscheidungsprozesse oder Spontankäufe geprägt. Industrielle Nachfrager folgen hingegen einem unternehmensbezogenen Ziel, das darin besteht, unter Zuhilfenahme der zu beschaffenden Dienstleistung eine Leistung für die eigenen Kunden herzustellen. Daher ist der Erwerb, die Beurteilung und Erfahrung im Zusammenhang mit einer Leistung kein emotionaler, sondern eher ein rationaler Vorgang.

Vor diesem Hintergrund wird es verständlich, dass der *Steuerung des persönlichen Kontakts* die größte Bedeutung beim CEM auf B2B-Märkten zugeordnet wird (Punkt 1 bei B2B-Services in Abbildung 3). So kann der Anbieter vor allem durch persönlichen Kontakt auf die Wahrnehmung seiner Flexibilität (Punkt 2 bei B2B-Services in Abbildung 3), seines Verständnisses der Kundenbedürfnisse usw. Einfluss nehmen. Bei der Steuerung des persönlichen Kontakts hat der Anbieter jedoch zu berücksichtigen, dass die

Kaufentscheidung auf der Kundenseite von einem Buying Center getroffen wird, zu dessen Mitgliedern der Anbieter keinen identischen Zugang hat und die zudem über unterschiedliche Erfahrungsmöglichkeiten mit seinen Dienstleistungen verfügen. Erfahrungen werden dabei in Bezug auf die verschiedenen Buying Center-Mitglieder nicht nur in unterschiedlichem Umfang, sondern auch zu verschiedenen Zeitpunkten gemacht. So bringen beispielsweise „Beeinflusser" vergangene Erfahrungen – häufig aus zurückliegenden Dienstleistungserstellungsprozessen – ein, wohingegen die „Benutzer" ihre Erfahrungen erst innerhalb des zukünftig anstehenden Dienstleistungserstellungsprozesses machen. Customer Experience Management für B2B-Services lässt sich demnach auch dadurch kennzeichnen, dass vor- und nachgelagerte Erfahrungswerte auf Seiten des nachfragenden Unternehmens generiert werden (*sukzessive Erfahrungsgenerierung*). Während im B2C-Kontext die Herausforderung des Customer Experience Management in der Abstimmung der in der Regel zahlreichen Interaktionspunkte zwischen Anbieter und Nachfrager besteht, müssen Serviceunternehmen im industriellen Umfeld zusätzlich in der Lage sein, Erfahrungswerte zu steuern, die bei unterschiedlichen Personen auf der Kundenseite und zu verschiedenen Zeitpunkten gemacht werden.

Zusammenfassend sind für das CEM bei B2B-Services folgende zwei *Fragen* zu beantworten:

(1) *Personelle/zeitliche Ebene*: Welche Personen/Ebenen des Buying Centers sammeln Erfahrung mit der Dienstleistung oder dem Anbieter? Wann werden diese Erfahrungen erzeugt (vor-/nachgelagert)?
(2) *Sachliche Ebene*: Welche Erfahrungen sollen gemacht werden (Soll-Perspektive) und welche entstehen in der Realität (Ist-Perspektive) (positiv/negativ)?

4. Erfolgsfaktoren des CEM für B2B-Unternehmen

Aus den oben identifizierten Anforderungen, die an das CEM bei B2B-Services zu stellen sind, lassen sich verschiedene *Erfolgsfaktoren* zur Generierung und Steuerung der Customer Experience bei industriellen Dienstleistungen ableiten (vgl. Abbildung 4). Diese lassen sich den folgenden Stufen zuordnen:

- Identifikation des Buying Centers,
- Ableitung von Erfahrungsansprüchen,
- Schaffung einer konsistenten Customer Experience.

Identifikation des Buying Centers

Aufgrund der Tatsache, dass im industriellen Kontext Anbieter von Dienstleistungen in der Regel nicht nur mit dem Nutzer der Leistung interagieren, sondern wie aufgezeigt auch Erfahrungen bei z.B. Beeinflussern oder Informationsselektierern hervorrufen können, ist es für B2B-Serviceanbieter erfolgsrelevant, zunächst all jene Interaktionspunkte

(Personen) zu identifizieren, bei denen Erfahrungswerte erzeugt werden. Auch sollte in diesem Zusammenhang ermittelt werden, ob ein Erfahrungsaustausch zwischen den einzelnen Buying Center-Mitgliedern besteht oder diese eher isoliert im Unternehmen agieren. Das nachfolgende Beispiel verdeutlicht, dass die Buying Center-Identifikation am Anfang des CEM bei B2B-Services stehen muss.

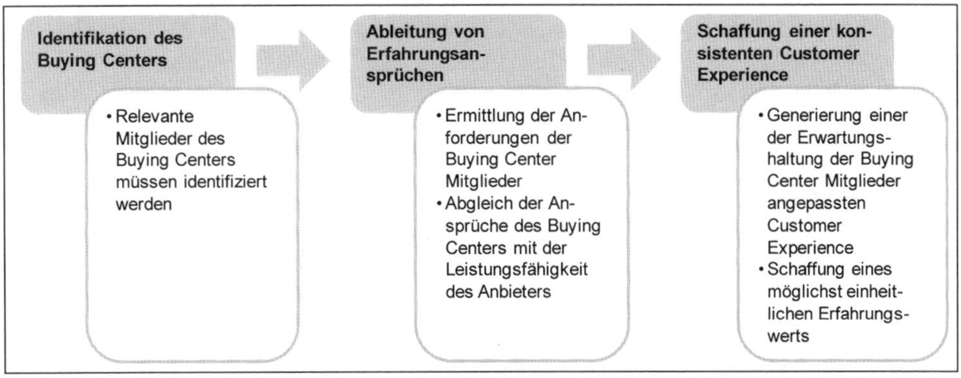

Abbildung 4: Erfolgsfaktoren des CEM für B2B-Services

Fallbeispiel: „Reisebuchung bei einer Wirtschaftsprüfergesellschaft" (1)

Wirtschaftsprüferunternehmen setzen ihre Mitarbeitenden in der Regel weltweit auf Projekten ein, sodass diese oftmals Dienstleistungen wie Transport- oder Hotelservices in Anspruch nehmen. Die Entscheidung über das Beförderungsmittel oder das jeweilige Hotel wird jedoch zumeist nicht durch die Wirtschaftsprüfer selbst, sondern durch die jeweilige Reisestelle des Unternehmens getroffen bzw. spezifische Kontingente von dieser erworben. Hierbei entstehen sowohl bei der Reisestelle Erfahrungswerte mit dem anbietenden Dienstleiser (etwa bei der Verhandlung der Preise oder der kurzfristigen Verfügbarkeit von Leistungen), als auch bei dem die Dienstleistung nutzenden Wirtschaftsprüfer. Soll bei diesen beiden exemplarisch benannten Buying Center-Mitgliedern ein konsistenter Erfahrungswert generiert werden, muss der Serviceanbieter zunächst erkennen, dass diese beiden Bezugsgruppen mit ihm oder seiner Dienstleistung in Kontakt kommen. Darüber hinaus besteht die Möglichkeit, dass sich die einzelnen Buying Center-Mitglieder über ihre Erfahrungswerte austauschen, etwa wenn die Reisestelle dem Wirtschaftsprüfer mitteilen muss, dass zur gewünschten Reisezeit kein den Erwartungen des Wirtschaftsprüfers entsprechendes Hotelzimmer verfügbar ist oder aber der Berater sich nach einer Übernachtung über den schlechten Service des Hotelpersonals bei der Reisestelle beschwert. Auch ein Austausch über das Buying Center hinweg kann erfolgen, wenn sich beispielsweise Wirtschaftsprüfer untereinander über ihre Erfahrungen austauschen. So kann auch bei nicht am Dienstleistungsprozess beteiligten Personen des nachfragenden Unternehmens eine Art „Pre-Experience" entstehen, die sich auf eine spätere mögliche Interaktion mit dem Serviceanbieter auswirken kann.

Ableitung von Erfahrungsansprüchen

Das aufgezeigte Beispiel verdeutlicht, dass Unternehmenskunden in der Regel eine sehr spezifische Erwartungshaltung im Hinblick auf die vom Serviceanbieter geschaffene Erfahrung aufweisen (Hollyoake 2009). Entspricht die vom Serviceanbieter erbrachte Leistung nicht den individuell verschiedenen Ansprüchen der Mitglieder des Buying Centers, führt dies nicht nur zu divergierenden Erfahrungswerten der einzelnen Personen, sondern nimmt darüber hinaus auch Einfluss auf die Qualität der Dienstleistung, da sich die unterschiedlichen Erfahrungswerte auf das Verhalten des Buying Centers auswirken (können) (vgl. Abbildung 5).

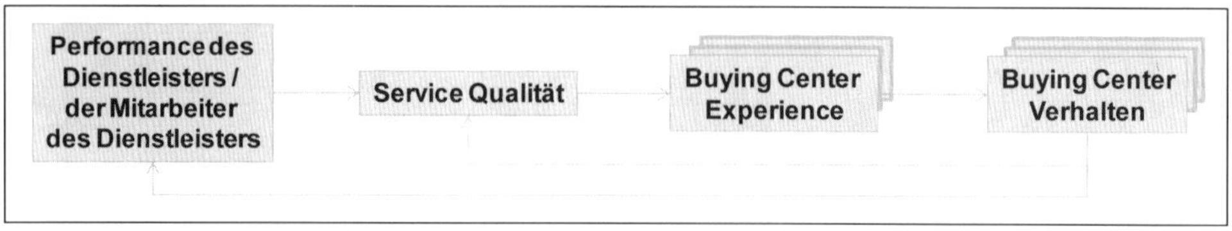

Abbildung 5: Zusammenhang zwischen der Leistung des B2B-Dienstleisters und der Customer Experiênce bei industriellen Nachfragern (Quelle: in Anlehnung an Ismail 2011)

Liegen beispielsweise im Fall des oben genannten Wirtschaftsprüfungsunternehmens unterschiedliche Erfahrungsansprüche bei den Mitgliedern des Buying Centers vor, muss sich der Dienstleistungsanbieter in seinem Verhalten auf diese divergierenden Ansprüche einstellen und seine Performance entsprechend anpassen. Da der Dienstleister allerdings zumeist nicht zu allen Mitgliedern des Buying Centers einen gleich guten Zugang hat, muss er bei den ihm zur Verfügung stehenden Kontaktpersonen in Erfahrung bringen, welche Erfahrungsansprüche bei anderen Buying Center-Mitgliedern, zu denen er keinen direkten Zugang hat, bestehen. Besonders wichtig ist es dabei, die Erfahrungsansprüche der späteren Nutzer der Leistung zu ermitteln, da diese in der Regel die intensivsten Erfahrungen mit der Dienstleistung sammeln. Dies setzt jedoch auch beim nachfragenden Unternehmen voraus, dass intern bekannt ist, welche unterschiedlichen Ansprüche bei den Mitgliedern des Buying Centers vorliegen und dass diese (wenn bekannt) dem Dienstleister mitgeteilt werden.

Schaffung einer konsistenten Customer Experience

Wie auch im Konsumgüterbereich ist letztendlich die Generierung einer möglichst konsistenten Customer Experience das Ziel des CEM bei B2B-Services. Dabei spielen im B2B-Kontext nicht nur die Produkte oder das Image des Unternehmens eine Rolle. Vielmehr kommt vor allem den Mitarbeitenden des Serviceanbieters eine zentrale Rolle zu (Hollyoake 2009). Für den Anbieter industrieller Dienstleistungen gilt daher, dass im Mittelpunkt seiner CEM-Maßnahmen das Dienstleistungspersonal stehen muss. Dieses muss so ausgerichtet und geschult werden, dass es in der Lage ist, beim Kunden einheitliche Erfahrungen innerhalb des Dienstleistungserstellungsprozesses zu generieren. Da die Mitarbeitenden des Dienstleistungsanbieters allerdings zu unterschiedlichen Zeitpunkten und in unterschiedlicher Funktion mit dem Kunden im Dienstleistungserstellungsprozess zusammentreffen, muss sich die Ausrichtung und Schulung der Mitarbeitenden an *übergeordneten Erfahrungswerten* orientieren, die ggf. für oder von den Mitarbeitenden anschließend auf ihre Teilaufgabe im Dienstleistungserstellungsprozess heruntergebrochen werden müssen. In Bezug auf übergeordnete Erfahrungswerte differenziert Hollyoake (2009) vier *Erfolgsgrößen*, anhand derer eine konsistente Customer Experience im B2B-Umfeld generiert werden sollte:

- Vertrauen,
- Kommunikation,
- Interdependenz und
- Integrität.

Vertrauen entsteht in diesem Kontext dann, wenn es dem Anbieter gelingt, seine Dienstleistungen möglichst konsistent und damit für den Nachfrager verlässlich zu erbringen. Weiterhin ist diese Erfolgsgröße von der Fähigkeit des Serviceanbieters geprägt, die Erwartungen seiner Kunden zu erfüllen. Dabei entwickelt sich Vertrauen durch die direkte Kundenerfahrung mit dem Anbieter und kann somit auch von den Mitarbeitenden maßgeblich gesteuert werden. Hollyoake (2009) verdeutlicht in diesem Zusammenhang, dass durch eine offene, respektvolle und vor allem durch Diskretion gekennzeichnete Kundeninteraktion, Dienstleistungsanbieter Vertrauen bei ihren Kunden generieren können. Weiterhin führt eine höhere Frequenz der Interaktion zwischen Serviceanbieter und -nachfrager zu einem intensiveren Austausch beider Parteien, was wiederum die Herausbildung von Vertrauen fördert, da hierdurch die gegenseitige Kenntnis erhöht wird.

Dabei wird dieser intensive Austausch sehr stark durch die Fähigkeit des Dienstleistungsanbieters beeinflusst, gezielt und verständlich mit seinen Kunden zu *kommunizieren*. Servicenachfrager im B2B-Kontext erwarten darüber hinaus, jederzeit einen direkten Ansprechpartner zu haben und sich über alle offenen Fragen oder Wünsche – seien sie auch noch so trivial – austauschen zu können. Positive Customer Experience bei B2B-Services wird demnach vor allem durch die Verfügbarkeit eines direkten, möglichst einheitlichen Ansprechpartners sowie durch dessen Fähigkeit, verständlich und offen mit seinem Kunden zu kommunizieren, erzeugt.

Dabei können der Aufbau von Vertrauen und eine effektive Kommunikation nur gelingen, wenn der Serviceanbieter eine höchstmögliche *Interdependenz* zum Nachfrager aufbaut. Im Detail erfolgt die Generierung einer positiven Kundenerfahrung folglich durch eine kontinuierliche Einbindung des die Serviceleistung nachfragenden Unternehmens in den Leistungserstellungsprozess. Dem nachfragenden Unternehmen muss dabei die eigene Rolle verdeutlicht werden, sodass hier klare Vorstellungen darüber vorliegen, welche konkreten Leistungselemente in den Prozess einzubringen sind. So müssen Mitarbeitende von Serviceanbietern im B2B-Umfeld ihren Kunden sehr genau erläutern, welche Leistungsbündel das nachfragende Unternehmen in den Prozess einzubringen hat und dabei möglichst klar verdeutlichen, in welchem Zusammenhang diese Leistung zur Gesamtleistung steht.

Allerdings sind alle bisher genannten Erfolgsgrößen der Customer Experience bei B2B-Services nur generierbar, wenn der Serviceanbieter aus Sicht des nachfragenden Unternehmens *Integrität* aufweist. Dieses Attribut lässt sich nach Hollyoake (2009) vor allem durch eine hohe Verlässlichkeit und Fairness im Dienstleistungsprozess erzeugen. Auch sollten die Werte, die einer Geschäftsbeziehung zugrundeliegen, bei beiden Parteien gleich ausgestaltet sein. Gelingt es den Mitarbeitenden des Serviceanbieters, diese Integrität zu vermitteln, kann auf Seiten des Dienstleistungsnachfragers zunächst eine positive Grundeinstellung in Hinblick auf den Anbieter erzeugt werden, die durch die Interdependenz und verlässliche Kommunikation wiederum Vertrauen erzeugt und so letztendlich zu positiver Customer Experience führt.

Diese Erfolgsgrößen sind jedoch maßgeblich von der Leistungsfähigkeit des Serviceanbieters und der einheitlichen Performance seiner Mitarbeitenden abhängig. So können divergierende Erfahrungswerte das bereits aufgebaute Vertrauen beeinträchtigen oder zurückgehaltene Informationen die Kommunikationsbeziehung stören. Folglich muss es nicht nur gelingen, alle genannten Erfolgsgrößen zu beachten, diese bedürfen auch der Berücksichtigung durch alle Mitarbeitende des Serviceanbieters und darüber hinaus einer fortwährenden Einhaltung.

Fallbeispiel: „Reisebuchung bei einer Wirtschaftsprüfergesellschaft" (2)

Mitarbeitende von Wirtschaftsprüfungsunternehmen nehmen überdurchschnittlich oft Hotelleistungen in Form von Übernachtungen in Anspruch. Dieser Service kann dabei maßgeblich die Performance eines Wirtschaftsprüfers beeinflussen, da das Hotel zu einem regelrechten „Zuhause auf Zeit" avanciert. Eine positive Kundenerfahrung in diesem Zusammenhang kann durch das Hotel dadurch generiert werden, dass zum einen eine offene Kommunikation mit dem Wirtschaftsprüfer oder seiner Reisestelle geführt wird, bei der zum einen die Erwartungen des Gastes erfasst werden, zum anderen aber auch die Leistungsfähigkeit des Hotels transparent verdeutlicht wird. Erwartet der Mitarbeitende der Wirtschaftsprüfergesellschaft beispielsweise einen Wellnessbereich in seinem Hotel und wird dieser während seines Aufenthalts gerade renoviert, kann die Unkenntnis dieser Leistungsreduktion zu Unzufriedenheit und infolge dessen zu einer negativen Erfahrung führen. Eine transparente Darstellung der Leistungsfähigkeit des Anbieters auch durch die Mitarbeitenden im Hotel selbst, baut Vertrauen beim Wirtschaftsprüfer auf, da er so die Erfahrung macht, keine unerfreulichen Überraschungen zu erleben. Je häufiger der Mitarbeitende dasselbe Hotel aufsucht, desto eher kann es dem Serviceanbieter durch die höhere Interaktionsfrequenz gelingen, auf die Erwartungen des Gastes vorbereitet zu sein. Während vor einem Erstbesuch die Wünsche und Erwartungen des Wirtschaftsprüfers – wenn überhaupt – nur mit der Reisestelle im Vorfeld geklärt werden können, was eine Weitergabe dieser Informationen innerhalb des Buying Centers voraussetzt, ist es durch die wiederkehrende Interaktion mit dem Leistungsnutzer direkt möglich, dessen Erwartungen zu berücksichtigen. Damit lässt sich eine direkte Einflussnahme auf die Customer Experience des Wirtschaftsprüfers erzeugen. Voraussetzung hierfür ist jedoch, dass das Personal des Serviceanbieters die Erwartungen des Gastes wahrnimmt und kontinuierlich erfasst. Auch wenn sich ein Wirtschaftsprüfer in seinem Hotel quasi wie zu Hause fühlen soll, muss dem Servicepersonal jederzeit bewusst sein, dass es sich hierbei um geschäftliche Aufenthalte handelt. In diesem Zusammenhang kommt dem Aspekt der Integrität ein besonders hoher Stellenwert zu, da vom Serviceanbieter sicherzustellen ist, dass alle Informationen, die in seinem Haus ausgetauscht werden, nicht von den eigenen Mitarbeitenden weiter verwendet werden dürfen.

5. Fazit

Der vorliegende Beitrag hat gezeigt, dass CEM für B2B-Services einen wichtigen Ansatz darstellt. Da bei B2B-Services aufgrund der dort häufig noch höheren Unsicherheit auf der Kundenseite langfristige Geschäftsbeziehungen noch relevanter als bei B2C-Services sind, kommt der Steuerung der kundenseitigen Erfahrungen hier ein möglicherweise noch größeres Gewicht als bei B2C-Services zu. Der Beitrag hat aber auch deutlich gemacht, dass das B2B-Marketing das Thema „CEM" noch nicht für sich entdeckt hat, zugleich aber der Schwerpunkt der CEM-Forschung (wie so oft im Dienstleistungsmarketing) auf B2C-Services liegt. Vor diesem Hintergrund wurden im vorliegenden Beitrag einige grundsätzliche Überlegungen zu Besonderheiten, Anforderungen und Erfolgsfaktoren des CEM bei B2B-Services zusammengestellt. Diese Basisüberlegungen können jedoch nicht darüber hinwegtäuschen, dass hier noch erheblicher Forschungsbedarf besteht. Da beim B2B-CEM zu den auch für das B2C-CEM relevanten Fragestellungen die Problematik der Multipersonalität der Kaufentscheidung, Interaktion in den Dienstleistungserstellungsprozess sowie gegebenenfalls Dienstleistungsnutzungsprozess auf der Kundenseite hinzukommt, sollte sich die B2B-CEM-Forschung zunächst vor allem dieser zusätzlichen Fragestellung annehmen.

Literaturverzeichnis

Backhaus, K./Voeth, M. (2010): Industriegütermarketing, 9. Aufl., München.

Bennett, R./Härtel, C.E.J./McColl-Kennedya, J.R. (2005): Experience as a Moderator of Involvement and Satisfaction on Brand Loyalty in a Business-to-Business Setting 02-314R, in: Industrial Marketing Management, Vol. 34, No. 1, S. 97-107.

Biedenbach, G./Marell, A. (2010): The Impact of Customer Experience on Brand Equity in a Business-to-Business Services Setting, in: Brand Management, Vol. 17, No. 6, S. 446-458.

Biong, H./Ulvnes, A.M. (2011): If the Supplier's Human Capital Walks Away, Where would the Customer Go?, in: Journal of Business-to-Business Marketing, Vol. 18, No. 3, S. 223-252.

Bruhn, M. (2006): Gegenstand und Besonderheiten des Dienstleistungsmarketing, in: Wirtschaftspolitische Blätter, Nr. 3, S. 247-258.

Hollyoake, M. (2009): The Four Pillars: Developing a 'Bonded' Business-to-Business Customer Experience, in: Database Marketing & Customer Strategy Management, Vol. 16, No. 2, S. 132-158.

Ismail, A.R. (2011): Experience Marketing: An Empirical Investigation, in: Journal of Relationship Marketing, Vol. 10, No. 3, S. 167-201.

Lemke, F./Clark, M./Wilson, H. (2006): What Makes a Great Customer Experience, The Hemley Center for Customer Management, Research Report 2006 Series.

Mattsson, M.R. (1988): How to Determine the Composition and Influence of a Buying Center, in: Industrial Marketing Management, Vol. 17, No. 3, S. 205-214.

Niederauer, C. (2009): Messung von Zahlungsbereitschaften bei industriellen Dienstleistungen, Wiesbaden.

Niederauer, C./Voeth, M. (2011): Measuring Willingness-to-Pay for Business-to-Business Services, in: Bruhn, M./Hadwich, C. (Hrsg.): Dienstleistungsproduktivität. Management, Prozessgestaltung, Kundenperspektive, Band 1, Wiesbaden, S. 476-492.

O'Neill, M./Palmer, A. (2003): An Exploratory Study of the Effects of Experience on Consumer Perceptions of the Service Quality Construct, in: Managing Service Quality, Vol. 13, No. 3, S. 187-196.

Schreiber, P./Klimmer, M. (2010): Industrielle Dienstleistungen. Service-Strategien der Industrie, in: Perspektive Mittelstand, 01.07.2010, http://www.perspektive-mittelstand.de/Industrielle-Dienstleistungen-Service-Strategien-in-der-Industrie/management-wissen/3516.html (Zugriff: 23.09.2011).

Smith, B.H. (2003): Customer Experience Management, Hoboken/New Jersey.

Tynan, C./McKechnie, S. (2009): Experience Marketing: A Review and Reassessment, in: Journal of Marketing Management, Vol. 25, No. 5/6, S. 501-517.

Voeth, M. (2007): Servicepolitik, in: Köhler, R./Küpper, H.-U./Pfingsten, A. (Hrsg.): Handwörterbuch der Betriebswirtschaft, 6. Aufl., Stuttgart, S. 1606-1614.

Webster, F.E. Jr./Wind, Y. (1972): General Model of Organizational Buying Behavior, in: Journal of Marketing, Vol. 36, No. 2, S. 12-14.

Joachim Hauk und Carsten Schulz

Customer Experience Management für Telekommunikationsunternehmen

---

Dipl.-Kfm. *Joachim Hauk* ist Managing Consultant und Dipl.-Kfm. *Carsten Schulz* ist Partner in der CRM-Group der Detecon International GmbH, Bonn.

1. Einführende Bemerkungen

Wir begleiten und gestalten in unserer Beratungspraxis seit Jahren die Entwicklungen und Ausprägungen des Kundenmanagements in Telekommunikationsunternehmen.

War die Telekommunikationsbranche zu Beginn des vergangenen Jahrzehnts durch Wachstum geprägt, sehen sich die Unternehmen seit Jahren mit einer veränderten Situation konfrontiert: Stagnation des Wachstums, sinkende Margen sowie gestiegene Kundenanforderungen und -erwartungen.

Die wertorientierte und segmentspezifische Entwicklung der Kunden über den gesamten Lebenszyklus ist für die Marketing-, Vertriebs- und Serviceverantwortlichen zunehmend in den Vordergrund gerückt.

Ein umfassender Ansatz des Kundenmanagements ist das *Customer Experience Management (CEM)*, mit dessen Hilfe Telekommunikationsunternehmen die Bedürfnisse und Erwartungen der Kunden erheben und bewerten können, um im nächsten Schritt mit entsprechenden, wirtschaftlich sinnvollen Maßnahmen diese Erwartungen gezielt überzuerfüllen.
Somit soll die Kundenbindung über emotionale Loyalisierung dauerhaft gestärkt werden. Dies alles mit dem Ziel, die Profitabilität in einem wettbewerbsintensiven und dynamischen Markt mit geringer werdenden wirtschaftlichen Spielräumen zu steigern. Besonders für Premium-Anbieter ist Customer Experience Management eine Erfolg versprechende Differenzierungsstrategie.

Der Beitrag basiert auf den Ergebnissen und Erkenntnissen unserer Studie „Customer Experience Management in der Telekommunikationsbranche“ und unserer Projekterfahrung. Er zeigt die besonderen Herausforderungen und die entsprechenden Handlungsfelder des Customer Experience Managements für Telekommunikationsunternehmen auf.

2. Trends in kompetitiven Telekommunikationsmärkten

Der Markt für Telekommunikationsanbieter im Festnetz und Mobilfunkbereich hat sich in den vergangenen Jahren gravierend geändert und wird weiterhin einem entscheidenden Wandel unterliegen. Die Regulierung und der resultierende Wettbewerb, die Marktsättigung und ein verändertes Kundenverhalten sowie die Entwicklung zur so genannten Gigabit-Gesellschaft prägen das Geschäftsumfeld in allen hochentwickelten Telekommunikationsmärkten.

Vier *Trends* haben hierbei besondere Relevanz für das Customer Experience Management in Telekommunikationsunternehmen. Sie betreffen das gesamte Spektrum von der Marktstruktur und -entwicklung über die Neudefinition der Produktpalette bis zur Markenbildung und Vermarktung.

Trend 1: Steigende Wettbewerbsintensität bei abnehmendem Wachstumspotenzial und zunehmendem Preisdruck.

Die hoch entwickelten Telekommunikationsmärkte in Westeuropa sind durch Umsatzrückgänge gekennzeichnet, trotz einer ungebremsten Dynamik durch die Nachfrage nach gesteigerter Bandbreite und neuen Services für den Endkunden.

Zwar hatten sich die Umsätze im Telekommunikationssektor 2010 nach der Rezession stabilisiert, aber für die nächsten Jahre wird ein jährlicher durchschnittlicher Umsatzrückgang von 1,8 Prozent prognostiziert. Damit wird der Anteil des Telekommunikationssektors an der gesamten Wirtschaftsleistung zurückgehen – trotz der Bedeutung der Kommunikationslösungen für Unternehmen und auch Privatkunden.

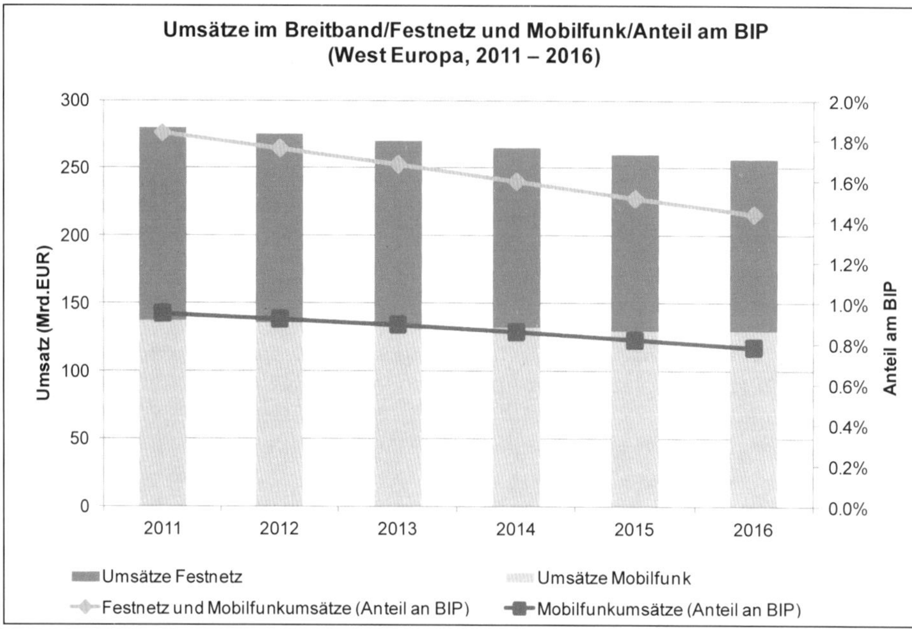

Abbildung 1: Umsätze im Breitband/Festnetz und Mobilfunk/Anteil am BIP (Quelle: Bailey et al. 2011)

Die Erosion der Umsätze der klassischen Sprachdienste im Festnetz- und Mobilfunkbereich ist die primäre Ursache der Umsatzausfälle. Aufgrund der Flat-Rate-Preisstrukturen können die Betreiber nur eingeschränkt Nutzen aus neuen Diensten ziehen. So kann die steigende Nachfrage nach mobilen Breitband- und Handy-Datendiensten die Umsatzverluste in den klassischen Mobilfunkbereichen nur teilweise kompensieren. Gerade in dem mobilen Datenbereich wird ein gravierender Preisrückgang von derzeit ca. 10,40 EUR je Gigabyte auf ca. 3,20 EUR je Gigabyte im Jahr 2016 prognostiziert (Norman 2011). Der Umsatz bei mobilen Sprachdiensten wird auch weiterhin unter dem Rückgang der Interconnection-Umsätze leiden, dies bedingt durch weitere regulative Eingriffe in die Roaming-Preisgestaltung.

Trend 2: Rasantes Wachstum des Datenvolumens auf der Basis einer weiterentwickelten Produktpalette.

Entwicklung zu einer Gigabit-Gesellschaft mit verstärktem „Hunger" nach Bandbreite entgegen. Technologische Entwicklungen wie Fix-Mobile Convergence und Telco-Media Convergence führen zur Erweiterung der Produktpalette mit datenintensiven Diensten – dazu gehören Produkte aus dem Bereich Content, wie z.B. Internet Protocol Television (IPTV), Video-on-Demand (VoD), Music-on-Demand (MoD).

Im Besonderen steigt das Verkehrsaufkommen im Mobilfunkbereich. Die weitere Durchdringung des Marktes mit intelligenten, mobilen Endgeräten (Smartphones) ist ein wesentlicher Treiber für das Wachstum des mobilen Datenverkehrs, der sich bis 2015 jährlich fast verdoppeln wird – 92 Prozent Compound annual growth rate (CAGR) (o.V. 2011a). Aber auch Gerätekategorien wie Machine-to-Machine-Kommunikation (M-2-M) und Tablet PCs beginnen, die Nachfrage zu forcieren. Unterstützt wird dies durch die Entwicklung neuer Services und Inhalte bei der mobilen Nutzung – hier ist Video in jeder Ausprägung der Treiber für das enorme Wachstum des Datenverkehrs in den Jahren bis 2015 (Internet-Video, Internet-Video-for-TV, Video-Calling und Augmented-Reality).

Trend 3: Zunahme der Cross-Usability und der Ubiquität der Daten.

Die oft zitierten Konvergenzentwicklungen führen mit der stetig zunehmenden Anzahl neuer Endgeräte und Services zu einem veränderten Nutzungsverhalten und erweiterten Kundenanforderungen, die über die klassischen Sprachdienste und Bandbreiten hinausgehen. Eine wesentliche Entwicklung hierbei ist die fortschreitende Vernetzung unterschiedlicher Endgeräte oder auch Alltagsgegenstände zu einem „mobilen" Internet der Dinge in so vielfältigen Anwendungsbereichen wie Smart Metering, medizinische Überwachung und Mobilitätsleistungen (o.V. 2011b).

Hieraus resultieren neue Herausforderungen an die Interoperabilität und zentrale Datenhaltung bei der Vielzahl der Geräte, um Inhalte und Funktionen einfach, sicher, schnell und übergreifend verfügbar zu machen (Speicher, Netzwerk, Zugang, Kontakte, Profile usw.) (Andlauer 2011). Das IT-Trendthema Cloud Computing gewinnt somit im privaten Endkundenbereich ebenfalls an Bedeutung und lässt neue Geschäftsmodelle für Telekommunikationsunternehmen (beispielsweise die TelekomCloud) oder für Endgeräte-/ Inhalte-Anbieter (beispielsweise Apple iCloud) entstehen.

Trend 4: Kundenansprache und Branding werden differenzierter.

Telekommunikationsunternehmen werden im Zusammenspiel des kundenzentrierten Marketing ihre Rolle neu definieren, da gerade sie sich von den Nutzungs- und Datensammlungspraktiken der Internet-Giganten wie Google, Facebook oder Apple absetzen. Sie können und müssen das von den Kunden geforderte Niveau an Datenschutz in der vielfältigen Datennutzungswelt sicherstellen.

Zum anderen werden auch sie verstärkt Kundendaten nutzen, um eine maßgeschneiderte, kundenzentrierte Ansprache zu ermöglichen. Erst diese erlaubt segmentspezifische Ansätze wie Ethno Brands (beispielsweise Ay Yildiz für türkischstämmige Kunden in Deutschland) und Movida (für Hispanics in den USA) oder Lifestyle-Brands z.B. für Jugendliche oder Senioren (Aumann et al. 2007)

In jedem Fall hat das Markenmanagement eine hohe Bedeutung für das CEM, da die Marke die Erwartungen der Kunden bezüglich der Produkte, des Services und der Interaktionsgestaltung stark beeinflusst. Umgekehrt prägt die Customer Experience im konkreten Nutzungs- und Interaktionskontext wesentlich das Markenbild eines Unternehmens. Die kommunizierte Markenidentität darf auf Dauer nicht von der Customer Experience abweichen (Hauk et al. 2010).

3. Customer Experience Management als Instrument zur Differenzierung

Telekommunikationsunternehmen sind mehr denn je auf der Suche nach ihrem zukünftigen Geschäftsmodell – im Spannungsfeld zwischen einem reinen Pipe Anbieter oder dem Full Service Provider. Hierbei spielt CEM eine entscheidende Rolle (Newman 2010). Auch da hauptsächlich Telekommunikationsunternehmen in der vertikal integrierten Wertschöpfungskette derzeit noch den direkten Kundenkontakt halten und gestalten, ist es für sie wesentlich, eine zur eigenen Positionierung ansprechende und mit dem Markenversprechen konsistente Customer Experience zu bieten. Dies erfolgt heute entweder im kooperativen Zusammenspiel oder im Wettbewerb mit den Endgeräte- und Inhalte-Anbietern.

Full-Service und Premiumanbieter in den kompetitiven Märkten sehen CEM als Erfolgsfaktor der Marktbearbeitung. Dies wird unterstrichen durch den Erfolg der in Kundenbindung führenden Unternehmen – wie beispielsweise Apple oder Nespresso. Sie zeigen in ihren Branchen, dass Customer Experience ein wesentlicher Profitabilitätstreiber ist.

CEM in der Telekommunikation wird wesentlich durch zwei Faktoren beeinflusst: durch die hohe Komplexität der Prozesse im Kundenlebenszyklus und den raschen, technologischen Wandel mit reduzierten Lebenszyklen der stetig komplexeren und vielfältigeren Produkte.

Im Zusammenspiel von Prozessen, Systemen und Organisation an allen Kundenkontaktpunkten ist es eine große Herausforderung, eine einheitliche Customer Experience über alle Phasen des Lebenszyklus zu gewährleisten. Hierbei müssen die individuellen Fragen und Erwartungen der Kunden beachtet und mit der Leistung des Unternehmens abgeglichen werden.

Denn genau hier liegt eine große *Chance zur Differenzierung im Wettbewerb*. Die holistische Sichtweise des CEM bietet die Möglichkeit, sich von einem „One-Size-Fits-all-Ansatz" zu verabschieden. Mit der Umsetzung der Maßnahmen in den einzelnen Handlungsfeldern erfolgt die Entwicklung hin zu einem *Kundenmanagement* – das die relevanten Bedürfnisse und Erwartungen einzelner Kundensegmente versteht und entsprechend ihres Profitabilitäts-Potenzials bearbeitet.

Abbildung 2: Handlungsfelder für CEM-Maßnahmen im Telco-Lebenszyklus (Quelle: Rich 2010)

4. Customer Experience Management – Ziele und Gestaltungsfelder

Customer Experience Management in Telekommunikationsunternehmen verfolgt das Ziel, die Profitabilität in einem wettbewerbsintensiven und dynamischen Markt zu steigern. Als konsequente Antwort auf die generellen Marktentwicklungen verstärken Telekommunikationsdienstleister ihre Initiativen, um über verstärkte Loyalisierung die Abwanderung von Kunden zu reduzieren, ihr Leistungsangebot gegenüber alten und neuen

Kunden zu differenzieren. Dies begleitet von der Maßgabe, die Servicekosten gezielt zu reduzieren.

Folgende wesentliche Zielsetzungen wurden in einer Befragung von CEM-Verantwortlichen identifiziert (vgl. Abbildung 3): Oberste Priorität haben CEM-Maßnahmen zur Steigerung der Kundenzufriedenheit und dem damit verbundenen Aufbau von Loyalität (jeweils 58 Prozent). Gerade in den für Telekommunikationsunternehmen ökonomisch herausfordernden Zeiten ist ein inhaltlich sinnvoller Wandel vom Neukundenfokus der Wachstumsphase zu einer verstärkten Bindung des Kundenbestands zu beobachten.

Der Generierung von zusätzlichem Umsatz kommt ebenfalls wesentliche Bedeutung zu. Hierzu zählen die Cross- und Upselling-Ansätze für erweiterte Dienste (z.B. Cloud Service oder Unique ID, die erweiterten Datenschutz und Vertrauen der Kunden erfordert).

Ferner sollen CEM-Maßnahmen die Kostenseite gezielt beeinflussen. Dies betrifft die Handlungsfelder Produktivitätssteigerung durch Prozess- und Organisationseffizienz (23 Prozent), Restrukturierung im Sinne einer Kundenzentrierung (22 Prozent) und Kostensenkung durch ein wertorientiertes, segmentspezifisches Kundenmanagement (21 Prozent).

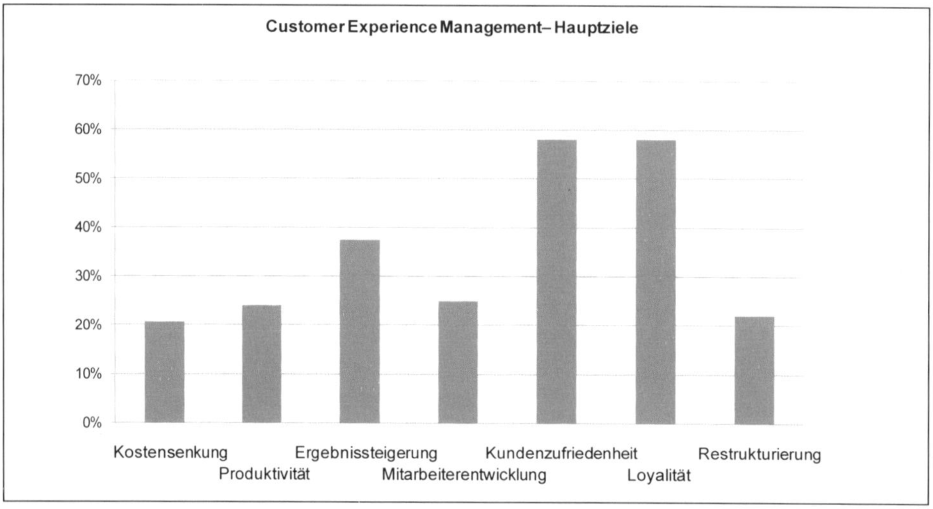

Abbildung 3: Hauptziele von CEM-Maßnahmen
(Quelle: o.V. 2011c)

Die Operationalisierung dieser unternehmensweit wirkenden Ziele erfolgt in verschiedenen Handlungsfeldern und Ansatzpunkten des CEM. Hierbei konzentrieren sich die CEM-Verantwortlichen in den Telekommunikationsunternehmen auf die folgenden zehn *Handlungsfelder* (Hauk et al. 2010):

- Fokussierung auf ‚Moments of Truth ' im Kundenlebenszyklus,
- Generierung umfassender Customer Insights, um die Kundenerfahrung nachvollziehen und beurteilen zu können,
- Mitarbeitenden-Empowerment,
- Nutzung des Customer Experience Design als Gestaltungsprinzip für Produkt, Service-Einführungen sowie Prozessveränderungen,
- Förderung eines proaktiven Beschwerdemanagements,
- Entwicklung einer CEM-Währung, um die Wirtschaftlichkeit der CEM-Maßnahmen transparent zu machen,
- Etablierung von Service-Excellence-Programmen, um den kontinuierlichen Verbesserungsprozess zu steuern,
- Forcierung der bedürfnisorientierten Beratung, um das Leistungsversprechen bereits in der Akqusitionsphase zu unterstützen,
- Umsetzung des erhaltenen Feedbacks im Sinne des ‚Channeling customer voice into action',
- „Havariemanagement“, bevor es eine Vorstandsbeschwerde wird.

Der Umsetzungserfolg der CEM-Maßnahmen wird von drei Faktoren wesentlich bestimmt: Einbindung der Mitarbeitenden, unternehmensübergreifendes Denken und Handeln sowie die Erhebung und Bereitstellung von Kundendaten.

5. Das Customer Experience Management-Framework

Das CEM-Framework fasst die Elemente des praxisorientierten Customer Experience Managements in einer ganzheitlichen Betrachtung zusammen. Diese Elemente hängen in einem komplexen Regelkreislauf vielfältig zusammen und voneinander ab. Deswegen kann nur durch systematische und orchestrierte Gestaltung aller Faktoren der langfristige Erfolg einzelner Maßnahmen sichergestellt werden.

Ausgangspunkt des CEM-Frameworks ist das *Kundenerlebnis*, das durch den individuellen Vergleich von Erwartung und erlebter Erwartungserfüllung entsteht. Werden Erwartungen übererfüllt, ist das Kundenerlebnis emotional positiv, bei Nichterfüllung entsprechend negativ. Grundlegender Ansatz von CEM ist die Beeinflussung der Erwartungsbildung sowie der Erfüllungswahrnehmung durch gezielte Gestaltung des Markenversprechens, des Produkt- und des Service-Designs, der Interaktionen und weiterer expliziter CEM-Maßnahmen.

Die Erwartungsbildung und Erwartungshaltung insbesondere von Neukunden basiert wesentlich auf der wahrgenommenen *Kommunikation von Produkt und Marke*. Daher ist diese Kommunikation ein integraler Bestandteil des CEM-Frameworks, die die Erwartungshaltung und damit auch den Bewertungsmaßstab des Kunden beeinflusst und eine

Erlebnisbildung durch Übererfüllung des Produktversprechens ermöglicht oder erleichtert.

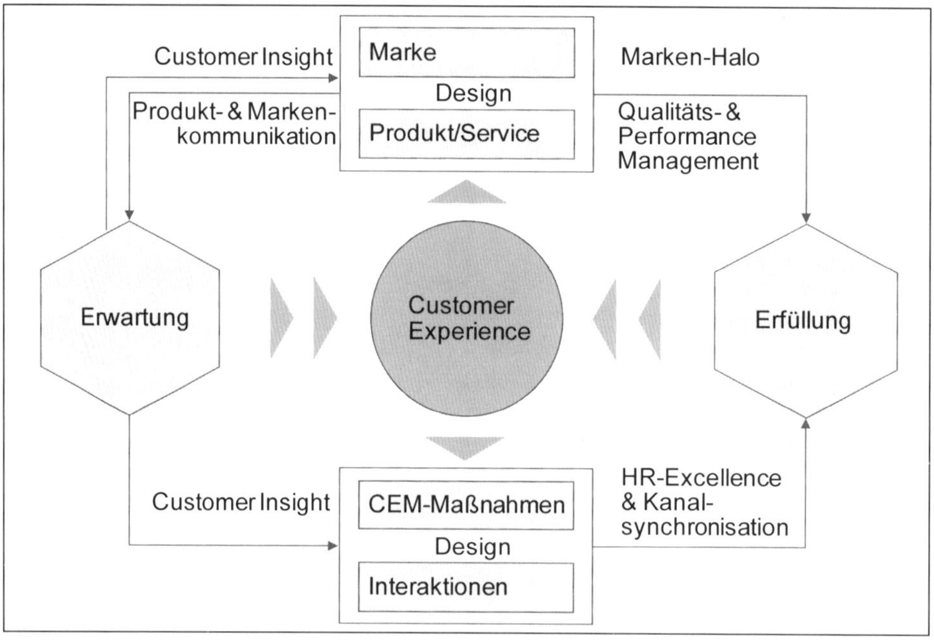

Abbildung 4: Detecon CEM-Framework
(Quelle: Hauk et al. 2010)

Erwartungsbildung und Leistungswahrnehmung des Kunden werden durch den Halo-Effekt der Marke beeinflusst. Die *Marke* kann die Leistungswahrnehmung negativ beeinflussen, wenn zum Beispiel die Qualität eines Anbieters zu schlecht eingeschätzt wird. Dies tritt insbesondere dann ein, wenn der Kunde keine objektive Beurteilung mehr vornehmen kann oder will (aufgrund von Informationsüberflutung, eingeschränktem Involvement oder Intransparenz).

Mithilfe von *Qualitäts- und Performancemanagement* sichern Unternehmen die operative Leistungserfüllung. Mitarbeitende im Kundenkontakt prägen nachhaltig die Kundenerfahrungen. CEM adaptiert die Kriterien der unternehmerischen Qualitätsmessung auf Basis der ermittelten Qualitätsdeterminanten des Kunden und stellt eine zielgerichtete Erbringung der Basisleistung sicher.

Die spezifische wahrgenommene Kompetenz an den Customer Touchpoints sowie die unmittelbare Wirkung der Persönlichkeit des Mitarbeitenden auf den Kunden resultieren in einer hohen Korrelation der Mitarbeitermotivation mit der emotionalen Kundenbindung und dem Unternehmenserfolg. Eine gelebte *Kundenorientierung der Mitarbeitenden* durch Leadership, Produzentenstolz und geeignete Anreizsysteme hilft entscheidend bei der effektiven Umsetzung von CEM-Aktivitäten in positive Kundenerfahrungen.

Die *Generierung von Customer Insight* dient zum einen der kontinuierlichen Ermittlung der Kundenerwartungen und Bedürfnisse jeder Kundengruppe. Dies dient damit als Informationsgrundlage für eine kundenorientierte Produkt- und Markenentwicklung sowie für ein erwartungsorientiertes Erlebnis- und Interaktionsdesign. Zum anderen sind die systematische Befragung und Beobachtung der Leistungswahrnehmung und Erlebniswirkung Grundlage für ein effizientes Zusammenspiel von Produkt, Marke, Interaktion und spezifischen CEM-Erlebnismomenten. Als Ergebnis werden z.B. entscheidende Situationen in der Kundenbeziehung (so genannte „Moments of Truth") identifiziert und die aus Kundensicht relevanten Leistungselemente ermittelt.

Entscheidend für ein erfolgreiches CEM ist ein *prozess- und kanalübergreifendes Denken* durch die Einnahme der Kundenperspektive. Hierzu ist eine enge Abstimmung zwischen den involvierten Unternehmensbereichen eine zwingende Voraussetzung. CEM kann in einer in „Silos" denkenden Organisation nicht erfolgreich sein, da die Erlebnisse von Kunden durch die verschiedenen Teilleistungen der Funktionsbereiche im Unternehmen beeinflusst werden.

Das CEM-Framework dient als Strukturrahmen für die Schaffung profitabler Kundenerlebnisse durch Erfüllung/Übererfüllung von Erwartungen und Verhinderung der Untererfüllung von Erwartungen. Hierfür wird zumeist eine *Auswirkungsanalyse* mit Berücksichtigung direkter Wirkung und indirekter Befähiger-Funktion durchgeführt. Besondere Beachtung gilt daneben den Umsetzungskosten, da es mit gezielten Maßnahmen auch möglich ist, Zufriedenheit und Loyalität zu steigern und gleichzeitig Kosten zu senken.

6. Handlungsempfehlungen für das Customer Experience Management in Telekommunikationsunternehmen

Auf Basis der Studie und unserer Projekterfahrungen haben wir zur Optimierung der Customer Experience folgende Handlungsempfehlungen für Telekommunikationsanbieter abgeleitet. Die Empfehlungen bauen aufeinander auf und tragen in Summe dazu bei, CEM erfolgreich im Unternehmen zu etablieren.

6.1 Herausfinden, was Kunden wirklich wollen

Entscheidend ist, die Bedürfnisse, die Leistungswahrnehmung und Erwartungen der Kunden systematisch zu ermitteln. Kundenanforderungen werden analysiert, indem die Leistungswahrnehmung des Kunden zur messbaren Leistung in Beziehung gesetzt wird. Aus der Perspektive des Kunden werden Basisanforderungen, Leistungs- und Begeisterungselemente identifiziert. Hierbei sollten alle Kundenkontaktpunkte und Geschäftsvorfälle berücksichtigt werden. Viele Unternehmen setzen in diesem Zusammenhang bereits ein umfangreiches Instrumentarium ein.

Unternehmens-externe Informationsquellen	Unternehmens-interne Informationsquellen
▪ Kundenbefragungen: persönlich, telef., schriftlich, online Allgemein und/oder transaktionsbezogen	▪ Befragung von Kundenkontaktmitarbeitern
▪ Fokusgruppen mit Kunden	▪ Fokusgruppen mit Kundenkontaktmitarbeitern
▪ Marktanalysen und -studien	▪ Stolz-Tagebuch (Mitarbeiter notieren täglich/wöchentlich ihre Emotionen aus Kundenkontakten)
▪ User Shadowing (intensive Beobachtung des Kunden) oder Langzeitbegleitung einer Auswahl von Haushaltungen	▪ Kundenkontaktanalyse
▪ Mystery Shopping	▪ Kundentage/Operations day (jeder Manager verbringt einen festgelegten Zeitraum pro Jahr im Call Center oder Points of Sale)
▪ Foren (Internetauswertung)/Social Media Analyse	▪ Web-Analysen
▪ Brand-Fit Tests	▪ Feedbackmanagement
▪ Produktnutzungs- und Usability-Studien	▪ Beschwerdeanalyse
▪ Verhaltensanalyse von Kunden	▪ Störungsanalyse

Abbildung 5: Informationsquellen zur Erfassung von Kundenerfahrungen (Quelle: Hauk et al. 2010)

Jedoch fallen diese Informationen in unterschiedlichen Unternehmensbereichen an und werden oft nicht zueinander in Beziehung gesetzt – was aufgrund der Unterschiede der Erhebung oft auch nicht ohne weiteres möglich ist (Rich 2010). So werden Loyalitäts- und Zufriedenheitsindizes repräsentativ erhoben, es fehlt aber eine Möglichkeit zur Einzelfallanalyse, um die Ursachen extremer Beurteilungen (positiv und negativ) zu untersuchen und daraus Konsequenzen für Prozesse, Geschäftsfälle oder Kundensituationen zu ziehen. Notwendig ist eine zentrale Datenzusammenführung, z.B. in einer Customer-Intelligence-Abteilung, die das Puzzle zusammensetzt, übergreifende Erkenntnisse ableitet und wieder im Unternehmen verteilt, um in die kundenorientierte Segmentierung, Markengestaltung, Produktentwicklung und Servicegestaltung einzufließen.

6.2 Basisleistung sichern, dann Delight-Elemente einführen

Basisleistungen entscheiden

Basisleistungen decken die Mindestanforderungen eines Kunden ab. Das Pflichtprogramm für Unternehmen besteht darin, zuverlässige und qualitativ hochwertige Basisleistungen sicherzustellen sowie Fehl- oder Mangelleistungen frühzeitig zu erkennen und ihnen entgegenzuwirken.

Einnahme der Kundenperspektive

Entscheidend beim Produkt- und Prozessdesign ist die Einnahme der Kundenperspektive. Hierzu müssen der kundenrelevante Geschäftsprozess und die angestrebten Produkteigenschaften aus der Erlebnissicht des Kunden beschrieben und Erwartungen aus seiner Perspektive definiert werden.

Das Kano-Modell (Kano 1984) erlaubt, die Erwartungen von Kunden zu strukturieren und bei der Konfiguration der eigenen (Basis-)Leistungen zu berücksichtigen. Bei der Definition der Basisleistungen sollten kanalübergreifend alle kundenorientierten Prozesse berücksichtigt werden. Die Customer Journey-Methode erfasst Geschäftsprozesse aus der Erlebnissicht der Kunden und beschreibt deren Erwartungen an die Leistung des Unternehmens.

Die anschließende Analyse der Kundenkontakte hilft zu identifizieren, welche Basisanforderungen an Produkte und Prozesse aktuell nicht ausreichend erfüllt werden, und Gegenmaßnahmen zu entwickeln.

Moments of Truth

Trotz aller Bemühungen können Erwartungen selten 100-prozentig für alle Kunden wirtschaftlich erfüllt werden. Ursachen für die Unzufriedenheit von Kunden können infrastrukturelle Probleme sein oder komplexe, bereichsübergreifende Prozesse, die nicht kurz- oder mittelfristig zu optimieren sind. Dies erfordert die vorausschauende Identifikation von und die Vorbereitung auf kritische Kundensituationen („Moments of Truth"), für die ein Bündel an Handlungsstrategien und geeigneter Maßnahmen bereitstehen muss. Beim Umgang mit unzufriedenen Kunden ist z.B. die Auskunftsfähigkeit eines Unternehmens wichtig. Ein einheitliches und vertriebskanalübergreifendes CRM-System mit detaillierter Kundenhistorie ist hierfür Voraussetzung. Oft wird die Schließung der Lücke zwischen Kundenerwartung und wahrgenommener Leistung durch eine Verbesserung der Unternehmensaktivitäten auf der „letzten Meile" zum Kunden erreicht. Ein häufig gemachter Fehler, z.B. im Störungsfall, sind Gutschriften bei Wiederholungsfällen anstatt einer wirkungsvollen Störungsbehebung.

Delight-Elemente dosiert einführen

Telekommunikationsdienste werden vom Kunden überwiegend als Commodity wahrgenommen. Geringes Kundeninvolvement und homogene Angebote erschweren eine Differenzierung im Wettbewerb. Neben rechtlichen Bindungsvarianten, wie z.B. Vertragslaufzeiten und damit verbundenen Wechselbarrieren, müssen Unternehmen ihre Kunden verstärkt durch emotionale Maßnahmen (so genannte Delight-Elemente) nachhaltig an sich binden. Der Einsatz von Delight-Elementen ist durchdacht zu dosieren. Bei zu intensivem Einsatz entsteht anstatt eines positiven Loyalisierungseffektes die Gefahr, dass Kunden primär einen Preisspielraum erkennen und einfordern.

Schädliche Delight-Aktionen

Viele Anbieter führen Aktionen zur Begeisterung von Kunden durch, um Symptomen der Unzufriedenheit entgegenzuwirken. Bei Nichterfüllung von Basisanforderungen sind Delight-Elemente aber nahezu wirkungslos oder führen situationsabhängig sogar zu unerwünschten Kundenreaktionen. Unzufriedene Kunden sehen solche Begeisterungsversuche oft als nicht authentisch oder überflüssig an, wenn der Grund der Unzufriedenheit nicht beseitigt wird. Resultate sind dann eine noch stärkere Unzufriedenheit und eine negative Einstellung gegenüber solchen Loyalisierungsversuchen.

Wirkungsvolle Loyalisierung über Delight-Aktionen

Wirkungsvolle Akzente setzen Delight-Maßnahmen in konkreten Kundensituationen oder -lebenszyklusphasen, die positive Aspekte der Kundenbeziehung hervorheben. Ein Beispiel aus der Versicherungsbranche ist das Angebot von Fahrtechniktrainings für Kfz-Versicherungskunden mit längerer Unfallfreiheit, deren Fahrverhalten mit diesem Loyalisierungsinstrument honoriert wird. Neben Loyalisierungsaktionen über zusätzliche Leistungen kann auch ein bedürfnisorientiertes Kampagnenangebot loyalitätsbildend wirken, wenn es bedarfsgerecht wahrgenommen wird.

6.3 Konsistenz von Markenversprechen und Customer Experience sichern

Das Image eines Unternehmens und sein Markenversprechen prägen maßgeblich die Erwartungen der Kunden an Leistung und Qualität, sie haben damit direkten Einfluss auf die Customer Experience. Von einer Premiummarke erwarten Kunden beispielsweise eine schnellere und kulantere Reaktion auf Serviceanfragen als von einem Discountanbieter. Konsistenz von individuellem Erlebnis und Markenwerten schafft Vertrauen und Authentizität.

Die über die Marke vermittelten Werte und Eigenschaften sind jedoch nicht immer konsistent mit den tatsächlichen Erfahrungen des Kunden mit dem Unternehmen, seinen

Produkten und Mitarbeitenden (vertikale Inkonsistenz). In den verschiedenen Kanälen gelten zudem oft verschiedene Angebote, so dass der Kunde an verschiedenen Kontaktpunkten unterschiedliche Erfahrungen macht (horizontale Inkonsistenz).

Markenversprechen müssen jedoch eingelöst werden und in jedem individuellen Kundenerlebnis müssen Markenwerte und Unternehmensidentität übermittelt werden (o.V. 2010). Weichen Markenversprechen und Kundenerfahrungen voneinander ab, sind die Imagekomponenten anzupassen oder das Customer Experience Management zu ändern.

Um Handlungsbedarf aufzuzeigen, ist die Marke aus Kundensicht zu evaluieren und mit dem Markenversprechen abzugleichen. Spezifische Werbewirkungsanalysen helfen, den Brand Fit zu ermitteln. Wichtiger Indikator hierbei ist die Resonanz in einschlägigen Blogs, Foren und Social Networks über die am Markt wahrgenommene Leistung des Unternehmens. Über Maßnahmen des CEM wird dem Kunden dann ein konsistentes, der Marke entsprechendes Erlebnis vermittelt. Entscheidend hierbei sind ein hochwertiger Service und die Übermittlung der Markenwerte in jeder Kontaktsituation. Mögliche Touchpoint-übergreifende Maßnahmen zur Unterstützung der Markenwerte in der Kundeninteraktion sind:

- Kulturelle Verankerung des Markenversprechens in den Leitlinien des Unternehmens für Manager und Mitarbeitende einschließlich regelmäßiger Evaluierung der Einhaltung,
- Übergreifende Vorgabe von Service- und Interaktionszielen,
- Angebots-, Rabatt- und Vorteilskonsistenz (z.B. Neukundenrabatte auch für Bestandskunden bei Vertragsverlängerung, um erlernte Illoyalität zu vermeiden),
- Durchführung von regelmäßigen Customer Experience Reviews und Audits.

Natürlich ist die Customer Experience nur ein Element einer Markenbildung. Aber zur erfolgreichen Etablierung einer Marke trägt die konkrete Erfahrung des Kunden in der Interaktion mit dem Unternehmen entscheidend bei.

6.4 Mitarbeitende als Schlüssel zum Erfolg

Mitarbeitende stehen gegenüber den Kunden für die Glaubhaftigkeit und Authentizität der CEM-Konzepte. Neben Kommunikation und fachlicher Kompetenz müssen Mitarbeitende motiviert hinter der CEM-Strategie des Unternehmens stehen und dem Kunden dienen wollen. Letztlich müssen sie dies auch „dürfen". Gemäß diesem ‚Können-Wollen-Dürfen-Prinzip' (Hauk et al. 2010) sind neben Qualifikation auch Empowerment und eine verankerte Servicekultur erforderlich.

Qualifikation: Unternehmen müssen die richtigen Mitarbeitenden für themenspezifische Kundenkontakte auswählen, ausbilden und für Kundeninteraktionen befähigen. Kompetente und gut geschulte Mitarbeitende steigern die Erstkontaktlösungsquote und senken die Folgekontaktquote. Können ist jedoch nur eine Komponente des Erfolgs.

Befähigung zur Problemlösung: Gerade an den Kundenkontaktpunkten ist Mitarbeiterzufriedenheit eine maßgebliche Determinante für loyale Kunden (Becker 2011). Motivierte Mitarbeitende mit eigenständigem und kontextsensitivem Handeln innerhalb sinnvoll definierter Handlungsspielräume sind befähigt zu individuellen Problemlösungen im Sinne des Kunden und des Unternehmens. Lösungsorientiertes Verhalten in der Kundeninteraktion wird gefördert durch folgende Massnahmen:

- Mitarbeiterschulungen, die vermitteln, dass ein positives Kundenerlebnis im Vordergrund stehen sollte,
- Verständnis der Qualitätsphilosophie des Unternehmens,
- Verankerung der Unternehmenswerte in Leitlinien und eine Bonifizierung entsprechenden Verhaltens,
- Vermittlung von Glaubwürdigkeit, einer ruhigen Ausstrahlung von Vertrauen und konsistenter Informationen in allen Kundeninteraktionen,
- Direkte und transparente Kommunikation mit Mitarbeitenden und Kunden,
- Interne und externe Kommunikation von Erfolgen.

Servicekultur: Emotionale Kundenbindung basiert zu einem großen Teil auf der Wirkung des gegenüber Kunden gezeigten Verhaltens und der sich darin spiegelnden Einstellungen. Diese werden maßgeblich über die Mitarbeitenden an den Kundenkontaktpunkten erzeugt. Kundenorientierung ist ein maßgebliches Auswahlkriterium für die Neueinstellung und den Einsatz von Kundenkontaktmitarbeitenden („hire the smile and train the skill").

Zielsysteme und Werte: Ein konsistentes Zielsystem muss die Kundenorientierung mit abbilden. Empfehlenswert sind Kennzahlen zu langfristigen Zielen, wie z.B. die Erstkontaktlösungsquote. Wenn jedoch Anrufe schnell erledigt werden (kurze Call Handling Time), aber Mehrfachkontakte nach sich ziehen, ist weder dem Kunden, noch dem Unternehmen geholfen. Erfolgsabhängige Vergütungen können ein effektives Instrument der Verhaltenssteuerung sein, sind aber auch riskant. Es ist darauf zu achten, dass die individuellen Zielgrößen mit den übergeordneten Unternehmenszielen kompatibel sind.

Da das Verhalten in komplexen, dynamischen Umgebungen aber nicht vollständig über ein Zielsystem gesteuert werden kann, muss eine gesunde Wertekultur nach der Maxime „Prinzipien statt Regeln" (Wohland et al. 2004) die steigende Anzahl nicht vorhersehbarer Sonderfälle auffangen. Um Unternehmenswerte konsistent vermitteln zu können, müssen alle Mitarbeitenden die Werte nicht nur kennen, sondern sich mit ihnen identifizieren und sie im Kundenkontakt zum Maßstab ihres Handelns machen.

6.5 Bessere Loyalisierung durch mehr Partizipation

Bei zunehmend entpersonalisiertem Kontakt zwischen Kunden und Unternehmen entsteht beim Kunden oft das Gefühl, Objekt einer intransparenten Maschinerie zu sein, die auf seine Wünsche und Anforderungen nicht eingeht. Auch inkonsistente Informationen über z.B. Produktverfügbarkeit fördern das Empfinden von Willkür. Darüber hinaus fühlen sich Kunden ignoriert, wenn sie sich bei Befragungen bemühen, Verbesserungsvorschläge zu formulieren, diese aber anschließend unkommentiert und unberücksichtigt bleiben.

Institutionalisierte Nutzung von Kundenfeedback

Kundeninteraktionen offenbaren dem Unternehmen eine Vielzahl an Informationen über den Kunden, seine Erfahrungen mit den Produkten und dem Unternehmen. Diese unstrukturierten Informationen zu nutzen, um Wünsche und Probleme aus Kundensicht zu erkennen und darauf einzugehen, ist eine wesentliche Herausforderung für das CEM. Der Kunde kennt die Stärken und Schwächen des Unternehmens. Sein Feedback deckt systematische Leistungsmängel auf und ermöglicht dem Unternehmen, frühzeitig Verbesserungsmaßnahmen zu entwickeln, die die Bedürfnisse der Kunden wirklich treffen.

Grundlage hierfür ist unter anderem eine Fehlerkultur im Unternehmen, die es Mitarbeitenden erlaubt, konstruktiv mit Fehlleistungen umzugehen. Erfolgreiche Unternehmen zeichnen sich hier durch dauerhaftes Monitoring und schnelle Umsetzung von Verbesserungsmaßnahmen aus. Ein zentrales und organisatorisch neutral aufgehängtes Kundenfeedbackmanagement erleichtert dies maßgeblich. Der zugrundeliegende Feedback-Regelkreis besteht aus den Phasen ‚Sammeln', ‚Analysieren' und ‚Optimieren'.

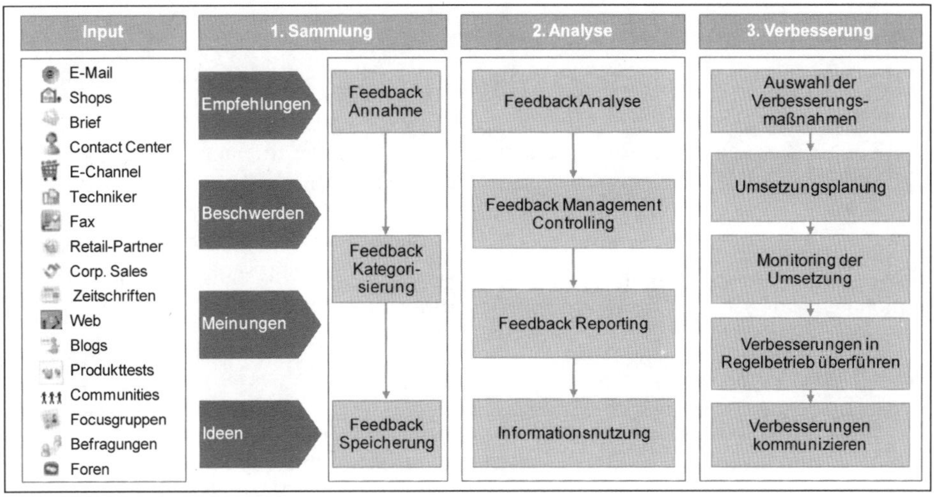

Abbildung 6: Professionelles Management von Kunden-Feedback
(Quelle: Hauk et al. 2010)

Maßnahmen für verstärkte Kundenpartizipation

Über Transparenz der Abläufe und Zusammenhänge binden Unternehmen ihre Kunden aktiv ein (z.B. über die Auswahl der vom Kunden präferierten Kontaktkanäle). Daher sollten für Kunden vielfältige Interaktionsmöglichkeiten geschaffen werden.

Dazu gehört auch die Kommunikation über Produkte und Unternehmen in Social Media-Kanälen (z.B. soziale Netzwerke, moderierte Foren, exklusive Communities), die Transparenz und Vertrauen schaffen kann. Proaktive Kommunikation zum Prozessstatus oder bei Störungen oder Verzögerungen demonstriert Fairness und schafft Vertrauen. Proaktives Feedback des Unternehmens an Kunden hilft, emotionale Beziehungen aufzubauen.

Förderung von Partizipation bedeutet auch Denken in Kontaktketten und Verarbeiten der Reaktionen des Kunden. Kampagnen aufgrund einer definierten Kundenaktivität (z.B. erste Datennutzung) erhöhen den Kontext und Bedürfnisbezug von Verkaufsaktionen und damit die Akzeptanz durch den Kunden.

Neben dem Erkenntnisgewinn durch Nutzung von Kundenfeedback für das Unternehmen ist bei entsprechender Transparenz auch eine Loyalisierungswirkung beim feedbackgebenden Kunden zu beobachten. Partizipierende Kunden und ‚gewonnene Fans', sind Multiplikatoren für Weiterempfehlungsprogramme und danken die Bemühungen des Unternehmens durch Involvement, Akzeptanz, Loyalität und Weiterempfehlung.

6.6 Keine Wirkung ohne Erfolgsmessung von CEM-Maßnahmen

Ohne eine Messung des Erfolgs werden CEM-Maßnahmen in einem hochkompetitiven Umfeld nicht konsequent fortgeführt und haben damit keinen dauerhaften Einfluss auf das Unternehmen. Die Wirkungszusammenhänge zwischen CEM-Maßnahmen und Kundenverhalten und die damit verbundenen wirtschaftlichen Effekte sind jedoch komplex. Zudem bestehen Interdependenzen zwischen diversen Leistungsbereichen des Unternehmens und schaffen damit Zuordnungsprobleme.

Wirkung von CEM- Maßnahmen

Im Vordergrund steht die Wirtschaftlichkeit der CEM-Maßnahmen, nicht nur ein ‚gefühlter' qualitativer Erfolg. Ein Set von Leistungskennzahlen (KPIs) zur Messung von CEM-Maßnahmen, das die Kette von Maßnahme bis Wirkung auf Kosten und Einnahmenseite abbildet, ist zu entwickeln. Im ersten Schritt sind die gewünschten Parameter und deren Ausprägung (z.B. Steigerung von Erfolgsquoten, Umsatzsteigerung, Reduzierung der Kündigungsquote) festzulegen und systematisch zu erfassen. Im zweiten Schritt werden die Treiber/Faktoren für diese Verhaltensweise (z.B. Wertschätzung, Erleichterung, Dankbarkeit) identifiziert, an denen anschließend die zu entwickelnden Maßnahmen ansetzen.

Messung der Wirkung

Die Wirkung der Maßnahmen ist regelmäßig zu messen. Über eine Zeitreihenanalyse der Treiber können statistische Zusammenhänge zwischen den CEM-Maßnahmen und ihrer Wirkung auf Kundenloyalität und Umsatzverhalten hergestellt werden. Daneben ergeben sich auch Erkenntnisse zu Wirkungszeiträumen, notwendiger Kontaktintensität usw. Ergänzend misst ein Kundenbindungsindex regelmäßig und fortlaufend den Grad der Kundenbindung.

Kommunikation und Relevanz

Ein CEM-Dashboard bildet schließlich statistisch valide Zusammenhänge zwischen den kundenorientierten Key-Performance-Indikatoren (Kundenbindungsindex) sowie den finanziellen Kennzahlen (z.B. Umsatz, Kundenwert) und Prozessen sowie gegebenenfalls Produkten ab.

CEM-Kennzahlen sollten nicht zuletzt neben finanziellen Zielen zur Zielvorgabe für Mitarbeitende genutzt werden (differenziert nach Kundenkontakt- und Supportmitarbeitende), um eine kundenorientierte Verhaltensweise zu unterstützen.

Bezüglich zentraler Kenngrößen, wie z.B. dem benutzten Kundenbindungsindex, ist eine hohe Stabilität der Definition und Erhebungsmethode notwendig, um über die Zeitreihe valide Aussagen zu generieren. Dementsprechend sorgfältig sind die Indikatoren beim Aufsetzen des Dashboards auszuwählen.

7. Erfolgsfaktoren und Risiken für ein profitables Customer Experience Management

In der praktischen Gestaltung von CEM-Strategien und deren Umsetzung haben wir in der Projekterfahrung und im Austausch mit Experten folgende *Erfolgs- und Risikofaktoren* identifiziert:

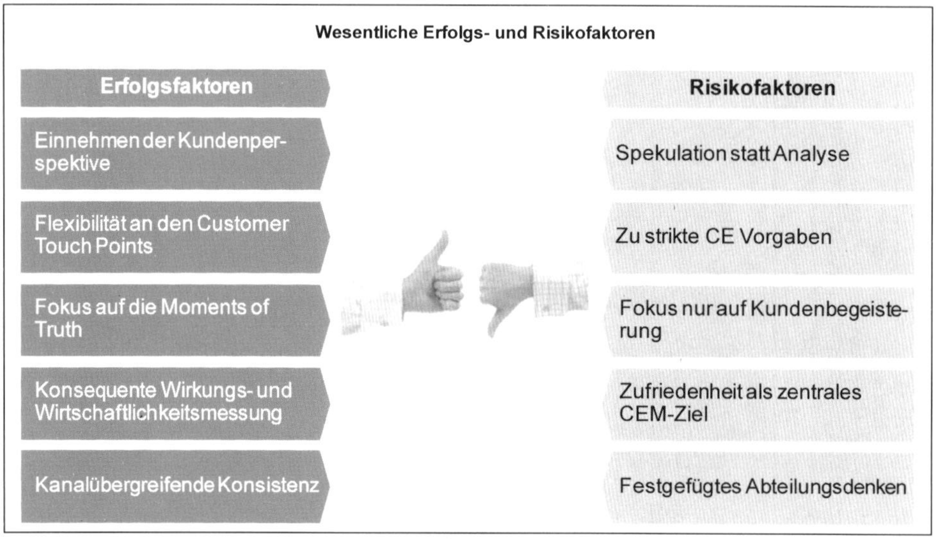

Abbildung 7: Wesentliche Erfolgs- und Risikofaktoren für ein operatives CEM (Quelle: Hauk et al. 2010)

Zentral ist die konsequente Einnahme der Kundenperspektive in der Analyse und Ausgestaltung. Hier wird oftmals darauf vertraut, dass aus der Innensicht eine ausreichende Kenntnis der Kundenanforderungen und deren Bewertungskriterien vorhanden ist – trotz der vielfältigen und spektakulären Fehlleistungen die auf Basis dieser Hypothese entstanden sind.

Daneben ist das Abwägen zwischen der kanalübergreifenden Konsistenz im Handeln und den ausreichenden Handlungsspielräumen für Mitarbeitende im Kundenkontakt speziell auch mit Fokus auf die Moments of Truth eine beständige Herausforderung. Es hat sich gezeigt, dass zu strikte Vorgaben ein situativ sinnvolles Handeln im Umgang mit dem Kunden erschweren und dann oft auch nicht authentisch wirken.

Mittelfristig ist zur Bestätigung der Strategie und zur Validierung der Maßnahmen eine konsequente Wirkungs- und Wirtschaftlichkeitsmessung unabdingbar. Die verbreitete Fokussierung auf Kundenzufriedenheit als Ziel des Customer Experience Managements greift hier zu kurz.

Eine zentrale Herausforderung besteht im übergreifenden Charakter von CEM-Maßnahmen, der meist eine breite organisatorische Beteiligung notwendig macht. Bei fachlich breitem Projektumfang besteht die Gefahr sehr umfangreicher Abstimmungen speziell in der Konzeption. Erfolgreich hat sich hier aus unserer Erfahrung das Pilotieren mit eingeschränktem Leistungsfeld (z.B. bestimmte Produkte oder bestimmte Kundengruppen) und anschließendem Übertrag auf zunehmend weitere fachliche Bereiche bewährt.

Auf diese Weise können die kurzfristigen und messbaren Erfolge erzielt werden, die für die Managementunterstützung zur weiteren Umsetzung notwendig sind

Literaturverzeichnis

Andlauer, S. (2011): The Future of Telecoms – Strategies for 2020, Montpellier.

Aumann, C./Ettelbrück, B./Tambourgi, P. (2007): Multi-Brand Management in Telecommunications markets, Bonn

Bailey, H./Wood, R./Sale, S./Buckland, E. (2011): The Western European Telecoms Market: Trends and Forecasts 2011-2016.

Becker, R (2011): „Mit Herzblut Kunden zu Fans machen: Wie motivierte Mitarbeiter zum Unternehmenserfolg beitragen" – Vortrag auf dem Kundenkongress 2011 am 11.05. 2011.

Hauk, J./Eberwein, P./Jost, C./Hoffmann, O,/Luyken, A. (2010): Customer Experience Management in der Telekommunikationsbranche, Detecon-Studie, Bonn.

Kano, N. (1984): Attractive Quality and Must-be Quality, in: Journal of the Japanese Society for Quality Control, Vol. 14, No. 2, S. 39-48.

Norman, T. (2011): Wireless Network Traffic Worldwide: Forecasts and Analysis 2011-2016

Newman, M. (2010): Industry Outlook 2011, Informa Telecoms & Media.

o.V. (2010): Unternehmensführung in einer komplexen Welt, IBM Global CEO Study, Ehringen.

o.V. (2011a): Cisco Visual Networking Index: Global Mobile Data Traffic Forecast Update, 2010-2015.

o.V. (2011b): Cisco Visual Networking Index: Forecast and Methodology, 2010-2015.

o.V. (2011c): Customer Experience Exchange, Berlin.

Rich. R. (2010): Customer Experience – The key to profitability, Morristown.

Wohland, G./Huther-Fries, J./Wiemeyer, M./Wilmes, J. (2004): Vom Wissen zum Können – Merkmale Dynamikrobuster Höchstleistung, Bonn.

Christoph Hummel, Christian Heumann und Florian v. Wangenheim

Customer Experience Management in der Praxis – State-of-the-Art in der Telekommunikationsindustrie

---

Dipl.-Kfm. *Christoph Hummel* ist Solution Manager für Loyalty Marketing bei der Swiss Post Solutions GmbH. Dipl.-Kfm. *Christian Heumann* ist Wissenschaftlicher Mitarbeiter am Lehrstuhl für Dienstleistungs- und Technologiemarketing an der Technischen Universität München. Prof. Dr. *Florian v. Wangenheim* ist Inhaber des Lehrstuhls für Dienstleistungs- und Technologiemarketing der Technischen Universität München.

1. Einleitung

Dienstleistungsunternehmen versuchen sich zunehmend an einer ganzheitlichen Komposition des Kundenerlebnisses, um sich so zu differenzieren und nachhaltige Kundenloyalität zu erreichen. Dem Konzept des Customer Experience Management (CEM) wird dabei immer mehr Beachtung geschenkt (z.B. Schmitt 2003; Shaw 2007; Palmer 2010; Shaw et al. 2010). Trotz der hohen praktischen Relevanz gibt es kaum wissenschaftliche und empirische Studien zu diesem Thema. Die bestehende Literatur beschränkt sich weitgehend auf managementorientierte Bücher oder Beiträge in praxisorientierten Zeitschriften. Eine theoretische Fundierung und empirische Validierung durch die Marketingforschung ist für Teilaspekte des CEM zwar gegeben (eine Übersicht hierzu geben Verhoef et al. 2009), empirische Studien, die das Konzept ganzheitlich untersuchen, gibt es jedoch kaum. Allgemein fehlt es an Wissen darüber, was genau unter CEM zu verstehen ist, welche strategische Relevanz dem CEM tatsächlich zukommt und wie das Konzept operativ umgesetzt wird. Zur Untersuchung dieser Fragestellungen wurden Experteninterviews mit zwölf CEM-Verantwortlichen der Telekommunikationsdienstleister aus Deutschland und der Schweiz geführt und mittels qualitativer Inhaltsanalyse (Mayring 2007) ausgewertet. Ziel des Beitrages ist es, einen State-of-the-Art-Überblick über die Umsetzung des CEM in der Telekommunikationsindustrie zu geben.

2. Verständnis von CEM in der Praxis

Aufgrund des funktions- und kanalübergreifenden Charakters des Konzepts existieren zahlreiche unterschiedliche Betrachtungsweisen und Perspektiven auf das CEM. Dies hat zur Folge, dass – ähnlich wie zu den frühen Zeiten des CRM – auch beim CEM kein einheitliches Begriffsverständnis vorliegt (IP = Interviewpartner, Z = Zeile).

„Das ist eine gute Frage [...] ich glaube das hat verschiedene Bausteine. [...] in der Firma wird es definitiv kein gleiches Verständnis geben zu diesem Thema." (IP5, Z. 293)

„Und weil es auch noch relativ neu ist, im Vergleich zu anderen Ansätzen, versteht auch jeder da noch ein bisschen was anderes darunter. Das kommt noch hinzu." (IP12, Z. 610)

Im folgenden Abschnitt wird daher das CEM-Verständnis der interviewten Experten, insbesondere mit Fokus auf übereinstimmende Aspekte in deren Auffassung, beschrieben. Im Anschluss daran erfolgt ein Überblick über die strategischen Zielsetzungen, die die befragten Unternehmen mit dem CEM verfolgen.

2.1 Begriffseinordnung und -abgrenzung

Die Customer Experience wird in der Literatur als die Gesamtheit aller Eindrücke, die ein Kunde über seine Lebenszeit von einem Unternehmen erhält, verstanden (z.B. Meyer/Schwager 2007; Verhoef et al. 2009). Auch aus Sicht der interviewten Experten setzt sich die Customer Experience im Kern aus allen individuellen Wahrnehmungen, Interaktionen sowie der Qualität der angebotenen Leistung zusammen, die ein Kunde während seiner Kontakte mit dem Unternehmen erfährt.

„Ich verstehe darunter alle Interaktionen zum Kunden, egal ob Mensch zu Mensch, Papier zu Mensch oder was auch immer." (IP5, Z. 2)

„Customer Experience ist für uns das, was der Kunde an allen Berührungspunkten, an allen Touchpoints, an Interaktionen mit uns hat." (IP2, Z. 62)

„Alles, womit ein Unternehmen mit einem Kunden interagiert, ob das der Mitarbeiter, das Produkt oder irgendein Stuhl in einem Shop ist, alles ist irgendwo unser Unternehmen [...] das erstreckt sich nicht nur auf Produkte, sondern auch auf alle Dienste und Dienstleistungen und auch die gesamte Kommunikation. [...] das gilt ganz besonders für unsere Touchpoints, [...] die Tarife, die Homepage und für die Mitarbeiter insgesamt." (IP12, Z. 565 & Z. 596)

In dieser Auffassung sind sich die CEM-Verantwortlichen weitgehend einig und es ergibt sich ein konsistentes Bild. Ein Interviewpartner sagt, darüber hinaus sollte die Customer Experience per se ein herausragendes Erlebnis darstellen.

„Also Customer Experience bedeutet für uns eine positive und herausragende Erfahrung." (IP12, Z. 565)

Ein weiterer Gesprächspartner argumentiert ähnlich. Demzufolge ist die Customer Experience ...

„[...] ganz einfach eine einzigartige Erfahrung, wo ich sage wow, da hab ich mal was anderes erlebt, [...] ich bin mit einem überraschenden Ergebnis konfrontiert worden." (IP7, Z. 351)

Hier wird also eine herausragende Interaktion bzw. ein überraschendes Element als wesentlicher Bestandteil der Customer Experience gesehen. Dies implizierte, dass CEM als ein kontinuierliches Bestreben, Kundenerwartungen zu übertreffen, zu verstehen wäre, um herausragende, positive Erlebnisse zu schaffen. Ob das Kundenerlebnis negativ oder positiv ausfällt, hängt davon ab, inwiefern Bedürfnisse und Erwartungen des Kunden unerfüllt bleiben oder getroffen bzw. übertroffen werden. Für den Kunden ist es also maßgeblich, ...

„[...] wie er diese Interaktionen erlebt, welche Qualität diese Interaktionen haben und inwiefern diese Interaktionen seine ausgesprochenen und auch unausgesprochenen Bedürfnisse decken." (IP2, Z. 64)

Die Erwartungshaltung des Kunden ist daher von zentraler Wichtigkeit, da sie dafür maßgeblich ist, ob ein Kundenerlebnis positiv ausfällt. Kundenerwartungen werden den Interviewpartnern zufolge durch eine Reihe von Faktoren geformt, die nur teilweise dem Einflussbereich des Dienstleisters unterliegen.

„Das sind immer sehr viele Faktoren. Einerseits mal, was ist die Erwartung des Kunden generell an den Telekomanbieter jetzt in unserem Fall [...]. Dann, bei welchem Operator war er vorher und wie wurde er da behandelt? Kommt er schon mit einer negativen Perception über die Telekomanbieter zu uns? [...] Das beeinflusst sehr stark, was er erwartet. [...] Eventuell können wir eben sein Mindset, welches schon vorhanden ist, [...] korrigieren oder können ihn vom Gegenteil überzeugen." (IP1, Z. 7)

Neben dem Einfluss von Erfahrungen mit Wettbewerbern sind weitere, häufig genannte Determinanten der Erwartungshaltung der Preis bzw. das Preis-Leistungs-Verhältnis, PR, Markenimage, Mund-zu-Mund-Propaganda, Serviceverfügbarkeit (z.B. Netzabdeckung, Wartezeit im Call Center, mobile Dienste) sowie Produkt- und Servicequalität. Bemerkenswert ist, dass eines der interviewten Unternehmen offenbar aktives Erwartungsmanagement betreibt.

„Ich glaube, die [Erwartungshaltung] wird primär geprägt durch ihr eigenes Umfeld [...]. Das zweite ist, denk ich, das Allgemeinwissen, das sie haben über unsere Lösungen, unsere Produkte, unser Angebot. Dann Geschichte, die sie mit uns haben. Wie sie uns schon erlebt haben. Und darunter fällt natürlich [...] auch das aktivere Erwartungsmanagement unsererseits. Wie sich unsere Account-Manager mit ihnen unterhalten, wie sie beraten." (IP4, Z. 208)

Aufbauend auf den Ausführungen zur Customer Experience und ihrer Entstehung soll nun darauf eingegangen werden, wie das Management dieser Erlebnisse, das CEM, in den befragten Unternehmen aufgefasst wird. Das CEM wird in der Literatur als Managementstrategie (Grewal et al. 2009), -prozess (Schmitt 2003) oder -konzept (Verhoef et al. 2009) zur Gestaltung der Customer Experience definiert. Auch unter den Interviewpartnern wird der strategische Aspekt einer kundenzentrierten Ausrichtung des Unternehmens stets hervorgehoben und darüber hinaus wird das CEM auch als Unternehmensphilosophie mit proaktivem Management der Kundenerlebnisse beschrieben.

„Es sind für mich ganz unterschiedliche Ebenen. Für mich ist ein letztendlich erfolgreiches CEM, ist eine strategische Positionierung des Unternehmens, was wirklich durchdekliniert ist. Das ist eine [...] Unternehmensphilosophie. Natürlich kann man ja CEM auch negativ betreiben. Das ist eine Frage der Ausrichtung. [...] Für mich ist CEM viel proaktiver. Es beginnt vorne." (IP4, Z. 252)

Als zentraler Bestandteil des CEM wird das Experience Design genannt, also die Sicherstellung von konsistenten, kundenorientierten und konstant positiven Erlebnissen über die gesamte Erlebniskette hinweg.

„[CEM ist], wenn wir Experience Design machen. Das heißt, wir müssen uns überlegen, wie das Erlebnis an allen Kontaktpunkten aussieht, entlang der ganzen Erlebniskette. Da

geht es wirklich darum, all diese Aspekte des Erlebnisses zu managen und das hat dann natürlich entsprechende Auswirkungen, [...] auf Prozesse, auf Systeme, auf Ausbildung. (IP2, Z. 63)

Folglich ist im Rahmen des CEM die Koordination und Steuerung aller kundengerichteten Aktivitäten eine essentielle Komponente.

„Also ganz abstrakt ist es für mich die Koordination und Steuerung von allen Aktivitäten im Unternehmen, die in irgendeiner Form mit dem Kundenerlebnis zusammenhängen." (IP12, Z. 569)

In der Literatur gibt es bislang nur wenige Ausführungen zur Abgrenzung des CEM vom CRM (Meyer/Schwager 2007). Von manchen Autoren wird das CEM als nächste Evolutionsstufe des CRM oder als übergeordnete Strategie gesehen (Winer 2001; Palmer 2010). Weitgehend äußern sich die Experten entsprechend.

„CEM ist ein umfassenderer Approach als CRM." (IP4, Z. 291)

„Also für mich ist CRM eigentlich ein Teil des CEMs. Aber von einem CRM – Kollegen werden sie da sicherlich eine andere Aussage kriegen." (IP12, Z. 595)

„Es ist Bestandteil einer CRM-Strategie oder es steht über einer CRM-Strategie. [CEM ist] im Endeffekt ein Leitsatz, der durch das CRM umgesetzt wird." (IP10, Z. 493)

„CRM, wenn Sie so wollen, ist für mich ein Ausschnitt des CEM. CEM geht weiter, weil es nicht unbedingt die Beziehung und die Art und Qualität der Beziehung in den Mittelpunkt stellt, sondern den Kunden mit seinen Bedürfnissen. [...] Also CRM ist für mich ein Untermenge vom CEM." (IP2, Z. 132)

Aber auch die entgegengesetzte Auffassung ist vertreten.

„CEM ist ein Bestandteil von CRM. [Das CEM befasst sich innerhalb des CRM mit] dem Bereich der Kundenkontaktstrategie." (IP7, Z. 385)

Dem CRM wird zudem mehrmals attestiert, gegenüber dem CEM vornehmlich datengetrieben zu sein und sich auf den Einsatz von Tools und Software zu konzentrieren.

„Ich würde mal ganz grob behaupten, CEM ist ein bißchen mehr auf die Kundenbedürfnisse ausgerichtet und CRM ist eher ein „bottom up"-Approach, wo er vielleicht ein bißchen mehr datengetrieben wird." (IP5, Z. 339)

„Customer Relation ist auch, so wie ich das erlebt habe, stärker analyse- und datengetrieben als das CEM [...]" (IP2, Z. 132)

„[...] weil CRM bei uns, so wie ich es wahrnehme, primär halt auf die Systeme und Tools fokussiert ist. Also wie unser Customer Care und Account-Management befähigt ist, ihren Job besser zu machen, mit Toolunterstützung. CRM ist bei uns, einfach gesagt, gleich Software." (IP3, Z. 186)

Wohingegen das CEM häufig als erlebnisgetrieben, nach innen gerichtet und organisationsverändernd beschrieben wird.

„[...] CEM, das stärker erlebnisgetrieben ist [...]. CRM ist für mich oft, bestehende Beziehungen zu managen und nicht wirklich neue Erlebnisse zu kreieren. Also CRM, obwohl es die Beziehung in den Mittelpunkt stellt, hat einen stärkeren „inside out"-Gedanken, während CEM eher etwas ist, was wirklich „outside in" denkt und handelt." (IP2, Z. 132)

„CEM guckt natürlich zum Kunden, was das CRM auch macht, sucht auch die optimalen Dialogformen, aber ein CEM geht für mich vor allem nach innen. Verändert eine Organisation nach innen, damit sie die definierte Positionierung auch liefern kann." (IP4, Z. 258)

„Was wir als wesentlich und wirklich entscheidenden Faktor sehen, ist diese Geisteshaltung. Da haben wir gestaunt [...], wie stark das [CEM] ist, auch nach innen zu wirken. Also wir sprechen davon, unvoreingenommen auf neue Ideen zuzugehen und sehr schnell Feedback einzuholen. Das ist wahrscheinlich eines der Schlüsselerlebnisse, die wir in der jetzigen Phase machen. Wie entscheidend das ist, Kunden gut zuzuhören und auch zu beachten, für uns ist es erstaunlich." (IP3, Z. 192)

Die Antworten auf die Frage, ob das CEM in der Praxis als Erweiterung des klassischen CRM-Ansatzes oder als eigenständiges, strategisches Managementkonzept einzuordnen ist, fallen insgesamt heterogen aus. Wie das CEM gegenüber dem CRM abgegrenzt wird, hängt nach Meinung der Experten auch häufig stark davon ab, wie das jeweilige Unternehmen strukturell und strategisch aufgestellt ist, welchen Aufgabenbereich die betreffenden Befragten im Unternehmen wahrnehmen, welchen Ausbildungshintergrund und Wissensstand diese mitbringen, sowie vom Grad der Implementierung bzw. der Entwicklungsstufe der beiden Konzepte. Als Tendenz zeigt sich, dass gegenüber dem CRM im CEM eine affektive, emotionale Komponente beim Kundenkontakt explizit und in besonderem Maße berücksichtigt wird. Letztlich sollten CEM und CRM unter dem Gesichtspunkt einer ganzheitlich kundenzentrierten Unternehmung zusammenwirken.

2.2 Strategische Zielsetzungen

Die in Verbindung mit dem CEM am häufigsten genannten Zielsetzungen sind Steigerung der Kundenzufriedenheit, Kundenbindung und -entwicklung, Differenzierung, sowie Image- und Markenbildung. Als übergeordnete strategische Zielsetzung streben die befragten Unternehmen zumeist Wachstum an.

„[...] das Hauptziel ist Wachstum [...]. Also es geht hier [beim CEM] um Wachstum, es geht gar nicht so sehr darum, jetzt sexy, nice, hübsch und schön zu sein, sondern hier geht's wirklich um Wachstum und der tiefen Überzeugung, dass mit einer klaren Positionierung und einem Liefern dieser Positionierung, Wachstum möglich ist, auch in einem Verdrängungsmarkt." (IP4, Z. 222)

„Das Ziel halt durch treue Kunden, die uns weiterempfehlen, nachhaltiges Wachstum zu haben [...] das ist eine Methode, um wirtschaftlich auch erfolgreich zu sein, eine herausragende Customer Experience." (IP12, Z. 572)

Darunter subsumieren die Experten eine Reihe von kundenorientierten Unterzielen, die in kausaler Wirkungsbeziehung mit dem Primärziel stehen.

„Ja, das ist jetzt eine Kette. Denn Wachstum kriege ich nur, wenn mir auf der einen Seite die Kunden nicht abhauen und ich auf der anderen Seite mit einer klaren Positionierung Kunden bekomme." (IP4, Z. 224)

„Um zu wachsen ..., meines Erachtens ist das eine Kausalität. Also ich meine [...] wir haben noch einen [...] Kundenstamm. Und da geht's sehr stark ja auch darum, den Kunden weiterzuentwickeln. Also den Kunden neue Produkte zu bieten [...], vielleicht mehr Umsatz mit dem Kunden zu machen wie vorher. Aufgrund der Tatsache, dass natürlich auch Kunden abwandern [...], muss ich mit den einzelnen Kunden, die mir noch verbleiben, höheren Benefit oder höheres Wachstum erzielen. Und Basis dafür, das zu tun, ist meines Erachtens eine gesunde Kundenbeziehung." (IP9, Z. 418)

Neben den klassischen Zielstellungen Kundenzufriedenheit und Kundenentwicklung nannten die Interviewpartner als kundenorientierte Ziele vor allem häufig das Schaffen einer koordinierten, kontaktpunktübergreifenden und konsistent positiven Customer Experience und damit in Verbindung stehend auch das Erreichen einer emotionalen Kundenbindung.

„Das ist keine eindimensionale Antwort. Wir haben den Anspruch, dass der Kunde [...] an jedem Touchpoint eine maximal aus seiner Sicht optimale Customer Experience erlebt." (IP4, Z. 196)

„[...] konkretisiert ist es halt, dass wir da mit Zielen arbeiten, darüber steuern, dass wir die Kundenerwartungen übertreffen wollen; auch wollen, dass Kunden dem Unternehmen lange treu und loyal bleiben. Also es ist halt schon das Ziel der Kundenbindung und da ist halt eine unternehmensweite Koordination und Abstimmung erforderlich." (IP12, Z. 570)

„[...] mit der Zielrichtung Loyalität des Kunden zu steigern und quasi die Erfahrung mit dem Kunden zu nutzen, um ihn emotional zu loyalisieren [...], das bedeutet für uns Kundenbindung, auf emotionale Art und Weise, es gibt ja auch noch Kundenbindung auf vertraglicher Art und Weise. [...] Das sind alles Themen, die zusammengehören. Also Kundenzufriedenheit, Loyalität und Bindung, das sind die Komplexe, wo man sagt, das gehört für mich in das Thema emotionale Customer Experience." (IP9, Z. 408)

Auch die Differenzierung von anderen Mitbewerbern wird als erklärtes Ziel des CEM häufiger genannt. Gerade in einem Markt, in dem die angebotenen Leistungen sehr standardisiert und austauschbar sind, wird dem CEM großes Potenzial zur Differenzierung zugeschrieben.

„[...] gerade im Telekommunikationsmarkt ist es wichtig ..., also um erfolgreich zu sein, ist der Differenzierungsgedanke sehr wichtig. Es ist ein schnelllebiger Markt, Produkte

und Dienste können schnell nachgebildet und kopiert werden und wir wollen uns halt weiter differenzieren. Und das kann man z.B. durch herausragende Kundenerlebnisse, durch Überraschungsmomente, die man da immer wieder setzt. Und wir richten uns darauf aus." (IP12, Z. 572)

„Ja, absolut. Wir sind in einem Markt tätig. Wir haben ein Produkt, was mit Ausnahmen, [...] sehr indifferent, sehr homogen ist [...] und da bleibt außer dem Preis nicht viel übrig, um sich sonst vom Wettbewerb zu differenzieren. Von daher ist meiner Meinung nach der Kernschlüssel, sich zu differenzieren, ist genau die Erwartungen zu treffen bzw. zu übertreffen. Weil die Erwartungen zu treffen, würde nicht ausreichen in dem hart umkämpften Wettbewerbsumfeld zu bestehen. Also das ist die Schlüsselposition, die Erwartungen zu übertreffen und gerade im Telekommunikationssektor." (IP9, Z. 417)

Das sehen allerdings nicht alle Interviewpartner so, wie folgendes Statement zur Frage, ob über das CEM ein hohes Maß an Differenzierung erreicht werden kann, prägnant darlegt.

„Ja, aber nur bedingt. Am Ende des Tages macht es jeder." (IP7, Z. 366)

Insgesamt lässt sich erkennen, dass die befragten Unternehmen in ihren Zielsetzungen bezüglich des CEM alle grob die gleiche Stoßrichtung verfolgen. Abweichende Prioritäten bei den Unterzielen sind zwar gegeben, aber zumeist auf Marktstellung und jeweilige Kern- oder Problemthemen der betreffenden Dienstleister zurückzuführen. Abbildung 1 gibt einen zusammenfassenden Überblick über häufig genannte Zielsetzungen und deren Zusammenhänge.

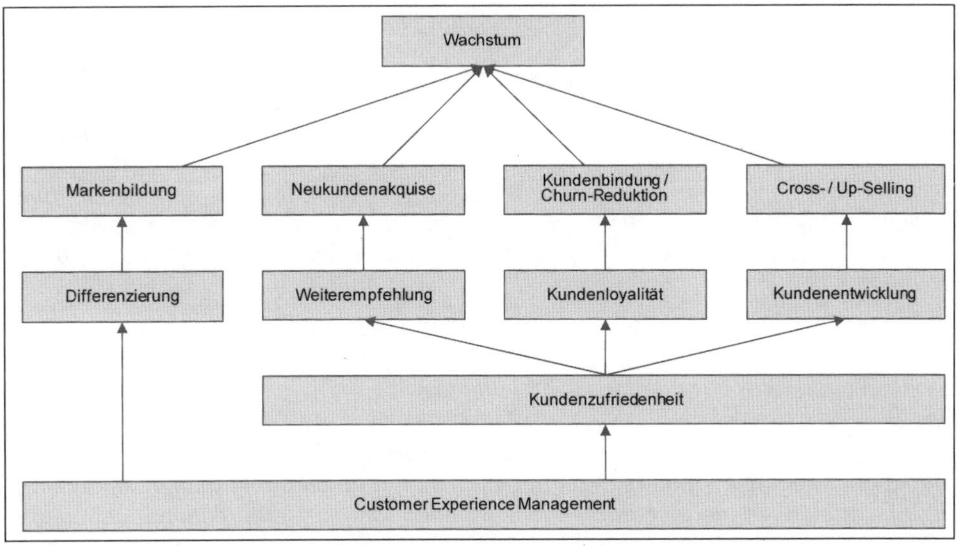

Abbildung 1: Strategische Zielsetzungen des CEM

3. Umsetzung des CEM in der Praxis

Die bereits aufgezeigten, breit gefächerten Sichtweisen, die innerhalb der befragten Experten zum Thema CEM existieren, lassen sich auch in der Art und Weise, wie das CEM in den einzelnen Unternehmen umgesetzt bzw. gelebt wird, erkennen.

Im folgenden Abschnitt wird beschrieben, wo das CEM in den befragten Unternehmen organisatorisch verankert ist und welche Vorgehensweise aus Sicht der Experten die operative Durchführung des CEM optimal unterstützt.

3.1 Organisationale Verankerung

Die Experten sind sich einig, dass ein CEM erst dann wirklich erfolgreich sein kann, wenn sämtliche Bereiche eines Unternehmens in die Umsetzung der Initiative involviert werden, da nur so ein ganzheitliches Management der Kundenerlebnisse sowie eine einheitliche Darbietung sichergestellt werden kann.

„[Alle Unternehmensbereiche müssen einbezogen werden, denn] sonst bekomme ich keine End-to-end Experience hin." (IP4, Z. 287)

Vor allem diejenigen Bereiche mit direktem Kundenkontakt (z.B. Customer Care oder Customer Operations) wurden von den Experten als besonders wichtig eingestuft. Typischerweise sind in das CEM aber auch das Marketing, der Innovationsbereich, die Marktforschungsabteilung, das Channel Management, die Sales-Abteilung, die IT-Abteilung sowie weitere Abteilungen eingebunden. Zwei Unternehmen haben sogar eigene CEM-Abteilungen etabliert.

„Alles in allem ist das der Bereich Customer Operations, weil wir einerseits natürlich die größten Touchpoints haben und andererseits auch wir hier eher mit strategischer, konzeptioneller Ausrichtung angesiedelt sind. Das ist aber nicht so, dass nur wir uns damit beschäftigen [...], auch Vertriebskollegen usw. haben da Aktien drin. Aber die hauptsächliche Prio, die liegt hier bei uns, bei Customer Operations." (IP12, Z. 608)

„Eigentlich gibt es fast keinen Bereich, der nicht mit einbezogen wird. [...] Sales [...] Call Center [...] Customer Touchpoints. [...] Das Marketing ist logischerweise drin, für die ganzen Produkte, für den ganzen Brand. [...] Technical ist drin, was vielleicht in vielen Bereichen sonst nicht drin ist. Weil das hat bei uns einen direkten Einfluss, wenn Sie telefonieren und dann jene Drop-Calls haben und [...] die Technik nicht funktioniert. [...] Gibt wahrscheinlich fast keinen Bereich, der nicht berührt ist. [...] Facility Management, ist auch sehr wichtig, dass unsere Shops eben wirklich gut zugänglich sind [...], dass sie richtig gemanagt werden, dass sie sauber sind [...]. Müsste lange suchen, bis ich einen Bereich finde, der da nicht drin ist. [...] Rechnungsstellung, das aus Finance rauskommt. [...] Ist schwer zu sagen, es gibt Bereiche, die nicht beeinflusst sind davon oder nicht miteinbezogen sind." (IP1, Z. 38)

„Also buchstäblich [alle Unternehmensbereiche]. Von der grünen Wiese, unser Innovationsbereich, bis zu den Call Centern, wo wir Feedback holen, aktiv, wie Kunden reagieren. Von den Strategen bis zur Marktforschung, von IT bis zum Projektgeschäft." (IP2, Z. 104)

Neben den in das CEM involvierten Unternehmensbereichen spielt auch die Verankerung des CEM als ganzheitliche Strategie in der Unternehmenskultur eine wichtige Rolle. Diese Anforderung wird derzeit jedoch nur von einem Teil der befragten Unternehmen aktiv umgesetzt.

„Wie enorm wichtig es ist, das [CEM] in der Kultur zu verankern." (IP3, Z. 159)

„Ja, absolut. [CEM ist in] Mission, Vision, Leitbild, in den Brandwerten drin und so weiter." (IP1, Z. 28)

In einem Großteil der interviewten Unternehmen findet bisher statt der expliziten Verankerung des CEM-Gedankens in der Unternehmenskultur lediglich eine generelle Verankerung von Kundenorientierung statt.

„Ich würde nicht sagen, dass das als CEM besonders verankert ist, aber generell eine Kundenorientierung und vor allen Dingen hier eine Anleitung, Dinge zu verändern und Dinge zu verbessern, dort wo wir merken, dass wir mit unseren Kunden vielleicht noch nicht gut genug umgehen, das ist bei uns verankert, ja." (IP7, Z. 369)

3.2 Operative Steuerung

Das tatsächliche Vorgehen im Rahmen des CEM lässt sich im Unternehmen laut der befragten Experten auf zwei klassische Arten betreiben:

„Einmal ein klassischer Top-Down-Ansatz. Durch die Festlegung von Zielen, die auf Customer Experience einzahlen, die dann heruntergebrochen werden auf die organisatorischen Einheiten, bis hin dann letzten Endes jeder Mitarbeiter seine eigenen Ziele hat, die auf die Customer Experience einzahlen." (IP12, Z. 580)

Dies kann beispielsweise ein bestimmter Wert für die Kundenzufriedenheit oder der Net Promoter Score sein. Parallel dazu existiert auch ein Bottom-Up-Ansatz. Dort wird das Kundenfeedback konsequent gesammelt und ausgewertet, z.B.

„was gerade so an Hotlines passiert, im Reklamationsmanagement, oder auch in den Shops. Das wird dann so über die Hierarchieebenen sozusagen aggregiert und verdichtet und dann auch wieder dem Unternehmen als Information zur Verfügung gestellt." (IP12, Z. 580)

Aufbauend auf den verdichteten Informationen sind die zuständigen Entscheider anschließend in der Verantwortung, diese Erkenntnisse in entsprechende Maßnahmen umzusetzen. Die Befragung hat gezeigt, dass das operative Vorgehen im Rahmen des CEM dabei oftmals nach den in Abbildung 2 wiedergegebenen vier Phasen abläuft.

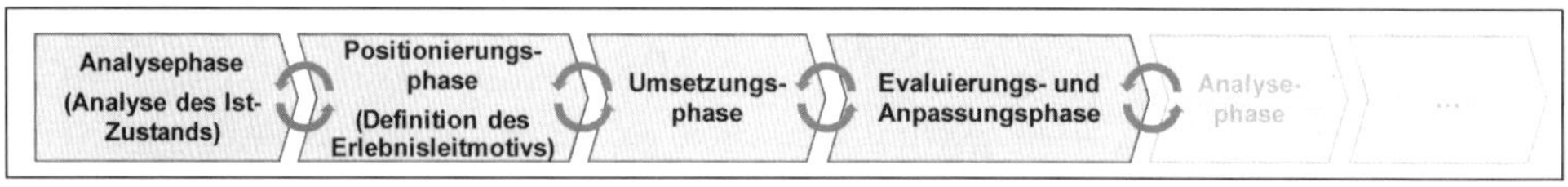

Abbildung 2: Phasenmodell des CEM

Dieses Phasenmodell des CEM stellt einen kontinuierlichen, iterativen Prozess dar, angefangen von der Analyse der derzeitigen Ist-Erlebniswelt, über die Entwicklung einer Positionierung hin zu einer kundenerlebnisorientierten Umsetzung, die anschließend evaluiert und kontinuierlich an die Veränderungen des Marktes angepasst werden muss.

3.2.1 Analyse des Ist-Zustandes

Die Auswertung der Interviews hat ergeben, dass die erste Phase im Rahmen des CEM meist mit einer Analyse der vom Unternehmen aktuell dargebotenen Ist-Erlebniswelt des Kunden beginnt.

„Das heißt, uns muss zuerst überhaupt einmal bewusst werden, was das Erlebnis heute ist, das unsere Kunden mit uns haben und dann müssen wir uns die Frage stellen, wie soll es denn überhaupt sein?“ (IP3, Z. 154)

Dazu gehört auch die Analyse der Erlebniswelt des Kunden bei Wettbewerbern.

„Wir gehen auch in die Läden der Wettbewerber und rufen Hotlines an und hören uns mal an, was der Wettbewerb für einen Service bietet, was für Erlebnisse. [...] Da nutzen wir die gleichen Kriterien, die wir auch für uns ansetzen.“ (IP12, Z. 604)

Um die Kundenerlebnisse erfassen und anschließend entsprechend ausgestalten zu können, erweist es sich als sinnvoll, die Kunden in verschiedene Segmente/Erlebnistypen einzuteilen. Die Notwendigkeit, die Einteilung entsprechend den Anforderungen und Bedürfnissen vorzunehmen, ist bei den befragten Experten bereits vorhanden. Allerdings verwenden die Unternehmen für das CEM bisher fast ausschließlich den Kundenwert als Kriterium.

„Wir haben verschiedene Segmentierungen, aber ob wir die dann nutzen zur individuellen Gestaltung der Kundenbedürfnisse, das ist jetzt ein bißchen zu weit. Aber wir versuchen, nach Kundenwert, den Kunden einen besseren Service zu geben.“ (IP5, Z. 345)

„Wie diese Segmente gebildet werden: [...] Primär die Wertigkeit [des Kunden].“ (IP9, Z. 460)

Nur vereinzelt finden sich auch Ansätze, die über einen erlebnisgetriebenen Hintergrund verfügen. Beispielsweise die Segmentierung nach Erlebnistypen anhand von mentalen Modellen oder auch nach dem limbischen System.

„Wir sagen: Senioren sind einfach nicht gleich Senioren. Gerade da gibt es riesen Unterschiede, was [...] die Nähe zum Internetzeitalter angeht. [...] Deswegen ist es für uns, wenn wir über Erlebnisgestaltung und Erlebnisdesign sprechen, nicht sinnvoll, in Segmenten zu denken, sondern [...] in Mindsets oder Erlebnistypen. [...], z.B. der mobile Kunde und der kann 18 oder 88 sein. Der gerne reist, der gerne unterwegs ist, viel umzieht in seinem Leben. Wir versuchen eigentlich mehr entlang von Mental Models zu denken." (IP2, Z. 142)

„Wir [arbeiten mit] dem limbischen System. [...] Da werden Menschen entsprechend ihrer persönlichen Vorlieben in verschiedene Kategorien eingeteilt. Also Menschen, die ein hohes Sicherheitsbedürfnis haben, Menschen, die extrovertiert sind, alles gerne ausprobieren, Trendsetter sind, also nach solchen Gesichtspunkten werden da Kunden segmentiert und für die werden dann unterschiedliche Produkte auch speziell entwickelt und auch Shop-Design wird danach ausgerichtet: [...] Shop-Gestaltung, verschiedene Farben und Bilder, die nach diesem limbischen System von gewissen Kundensegmenten halt dann bevorzugt werden, die sich da einfach angesprochen und wohl fühlen. Familienmenschen usw." (IP12, Z. 599)

Neben der Analyse der aktuell dargebotenen Ist-Erlebniswelt stellt auch die Erfassung der individuellen Erwartungshaltung dieser unterschiedlichen Kundensegmente/ Erlebnistypen eine wichtige Komponente für die Unternehmen dar.

„[Es geht] sehr stark darum, was ist die Kundenerwartung und wie kann ich die Kundenerwartung übererfüllen. [...] Weil wenn sie die Kundenerwartungen [...] treffen wollen, müssen Sie sie erst mal kennen. [...] Sprich, was sind denn die Erwartungen des Kunden, in jedem einzelnen Geschäftsfall oder in jedem einzelnen Kundenkontakt?" (IP9, Z. 411)

Um diese Erwartungshaltung an sämtlichen Kontaktmomenten erfassen zu können, besteht die Aufgabe des Unternehmens darin, die Gesamtheit aller möglichen Kontaktpunkte und darin speziell die besonders relevanten Kontaktmomente für die spätere Umsetzungsphase zu identifizieren.

„[Customer Experience] Management fängt bei mir damit an, dass ich erst mal die gesamte Komplexität der Interaktion mit dem Kunden erst mal erfasse und von den vielen Kontakten erst mal die relevanten, also die kritischen Kontakte, identifizieren kann." (IP9, Z. 406)

3.2.2 Definition des Erlebnisleitmotivs

Wurde die Ausgangslage umfassend analysiert, besteht die nächste Phase darin, aufbauend auf diesen Erkenntnissen eine klare Positionierung des Unternehmens anhand eines Erlebnisleitmotivs zu formulieren. Diese Positionierung dient dazu, festzulegen, wie das Kundenerlebnis für die entsprechenden Segmente aussehen soll, d.h., wie diese das Unternehmen wahrnehmen sollen.

„Wir haben Kundeninterviews geführt, Kunden beobachtet und daraus [...] Geschichten formuliert, [...] um überhaupt intern zu sensibilisieren, was das heißt aus der Kundenperspektive. Und daraus haben wir dann ein Soll-Erlebnis abgeleitet [...] und haben uns darauf geeinigt, dass das quasi unser Leitstern sein solle." (IP3, Z. 165)

„Diese Guidelines, [...] die beschreiben ganz genau, wie soll denn das Kundenerlebnis sein. Und das gleichen wir dann tatsächlich ab mit der Ist-Situation." (IP12, Z. 601)

„Wir [haben] für jede Produktgruppe, für jedes Segment, eine as-it-should-be Experience formuliert. [...] Wie soll es [das Erlebnis] sein." (IP4, Z. 201)

Dieses Soll-Erlebnis wird für alle Kundenerlebnisse formuliert. Je nach Art und Umfang der Segmentierung können diese Leitmotive auch für verschiedene Unternehmensbereiche oder sogar Produkte ausformuliert werden. In allen Fällen dienen sie dazu, zu ...

„... beschreiben, wie sich unsere Kunden in den verschiedenen Situationen fühlen sollen, was sie erleben sollen, wie sie das Unternehmen als Marke wahrnehmen sollen." (IP12, Z. 576)

Diese klare Positionierung durch das Erlebnisleitmotiv bildet anschließend die Basis für die einzelnen Bereiche im Unternehmen, entsprechende Ziele und Aufgaben für die Umsetzung des CEM abzuleiten.

„Unser Leitmotiv und daraus lassen sich dann auch wunderbar Ziele und Aktivitäten für jeden Bereich ableiten." (IP12, Z. 577)

3.2.3 Umsetzungsphase

Anhand dieser klaren Positionierung sowie den Erkenntnissen aus der Ist-Analyse können in der dritten Phase, der Umsetzungsphase, anhand eines Ist-Soll-Abgleichs, entsprechende Maßnahmen sowie deren Priorisierung abgeleitet werden, d.h. es wird definiert, in welche Richtung das Erlebnis entwickelt werden soll und welche Maßnahmen dafür erforderlich sind.

„Also einerseits, was hat der Kunde für Erwartungen. Und das ist die zweite Frage, wo wollen wir das Erlebnis hin entwickeln. Daraus würde ich dann überlegen, was sich für Maßnahmen ableiten, die dann entsprechend gemanagt werden müssen." (IP3, Z. 154)

„An den Kontakten, zu gucken, wie ist die Erwartung gegenüber dem Ist-Zustand und dann entsprechende Ableitung von Maßnahmen und Durchsteuerung in der gesamten Organisation, mit dem Ziel, die Erwartungen des Kunden zu treffen und in vielen Bereichen zu übertreffen." (IP9, Z. 406)

Der Aufwand und die Dringlichkeit der einzelnen Umsetzungsprojekte ergeben sich hauptsächlich aus der Abweichung des aktuell dargebotenen Ist-Erlebnisses von der angestrebten Soll-Experience.

„[Wir] arbeiten als gesamtes Unternehmen, in den einzelnen Bereichen [...] dahin, dass diese as-it-should-be Experience auch erfüllt wird. Ganz einfach, es gibt ein as-it-is, wie haben wir es heute, es gibt ein Bild, as-it-should-be, und das Delta beschreibt im Moment die Projekte und Maßnahmen, entsprechend priorisiert, wann wir was machen." (IP4, Z. 202)

„An dem [Sollerlebnis] richten wir jetzt sämtliche internen Aktivitäten aus. Priorisieren auch entsprechend unsere internen Vorhaben." (IP3, Z. 165)

Die Umsetzung dieser Maßnahmen lässt sich allerdings nicht unbegrenzt realisieren, sondern ist durch die Finanzierbarkeit der einzelnen Projekte begrenzt.

„Die Vorgehensweise ist dann, dort wo es am meisten schmerzt, das packt man als erstes an und dann immer so weiter. Ich glaube, man könnte unendlich optimieren in einer Firma, aber das ist auch eine Frage der Ressourcen." (IP5, Z. 336)

„Das Ganze ist eher so ein Phasen-Approach, dass man immer da, wo man was Neues macht, in die Veränderung massiv geht und dort, wo etwas Bestehendes ist, im Rahmen der Machbarkeit, der wirtschaftlichen Machbarkeit, nachsteuert. [...] Alles wird in dem regulären Budget abzuarbeiten sein und deswegen gibt es den Trade Off zwischen Veränderungen müssen bezahlbar sein, im Rahmen des finanziellen Korsetts." (IP4, Z. 239)

Zusätzlich bieten die Erkenntnisse über die Kundensegmente aus den vorausgegangenen Phasen auch für die Entwicklung neuer Angebote sowie die Ausgestaltung bestehender und neuer Kontaktmomente wichtige Hinweise.

„Entsprechende Kundeninformation: Wie äußert sich der Kunde zu gewissen Produkten? Was fehlt ihm eventuell zu Vergleichsprodukten? Das werten wir natürlich aus und versuchen auch, diese Feedbacks entsprechend [in die] Produktentwicklung mit einzustreuen und natürlich auch da bedürfnisgerecht das Produkt weiterzuentwickeln." (IP9, Z. 443)

„[Das veröffentlichte Produkt ist] komplett Insight-driven, d.h. alle Insights, die wir aus dem Markt kennen, von Kunden kennen, sind in das Produkt, [...] aber auch an den Touchpoints eingeflossen." (IP4, Z. 200)

3.2.4 Evaluierungs- und Anpassungsphase

All die getätigten Maßnahmen im Bereich CEM haben letztlich nur dann Erfolg, wenn deren Umsetzung regelmäßig evaluiert, gegebenenfalls neu kalibriert und kontinuierlich an Veränderungen der Kundenbasis, am Markt oder am Produkt angepasst wird, das heißt beispielsweise ...

„nicht nur die Leute zu schulen, sondern [...] messen, ob die Schulungen auch was bringen. Abschalten einer IVR, also eines Sprachcomputers, ist eine kleine Maßnahme und [zu] messen, ob das jetzt was gebracht hat." (IP4, Z. 218)

„Wir messen quartalsweise die Zufriedenheit der Kunden. Diese Messungen ergeben Endwerte, aber auch Detailwerte auf den ganzen Ebenen. [...] Die Ergebnisse werden erhoben, die Ergebnisse werden veröffentlicht. Die Ergebnisse werden analysiert, sind die Maßnahmen der Vormonate erfolgreich gewesen. Gibt es Veränderungen? Und wenn es Veränderungen gibt, ist es schön. Wenn es nicht Veränderungen gibt, muss einfach nachgesteuert werden. Und das ist ein ganz einfacher Regelkreislauf, der highlevel läuft, in der Geschäftsleitung und heruntergebrochen wird auf die Business Owner. Die kriegen quartalsweise ihre Kenngrößen, müssen beweisen oder darlegen, was sie getan haben, was sie tun wollen. Und auf der anderen Seite, wie erfolgreich sie mit ihren bisherigen Maßnahmen waren." (IP4, Z. 235)

Als Management-Kennzahl zur Messung der Customer Experience wird in fast allen Unternehmen die Kundenzufriedenheit herangezogen. Teilweise werden auch verschiedene qualitative Verfahren wie das Storytelling oder Visualisierungstechniken eingesetzt, um das Kundenerlebnis entsprechend messbar zu machen.

„CRM zielt meiner Meinung nach sehr stark auf quantitative Aussagen, auf quantifizierbare Erkenntnisse ab. Wie viele Kunden? Wie viel Umsatz? Was ist der Churn? Wie viele Neukunden? Wie viel Abwanderung? Und dann natürlich weshalb? Aber es ist sehr quantitativ orientiert. [...] [Im CEM] sind andere Ansätze gefragt, um die Qualität des Erlebnisses festzustellen. Ansätze, die ich, also im CRM, bis jetzt noch nirgends gesehen habe. [...] CEM, das ist etwas, was derart viele qualitative, emotionale, individuelle Aspekte hat, dass man auch hier zu Mitteln und Methoden greifen muss, [...] zu denen man im CRM nicht greift. Also was ich damit meine, sind Sachen wie Storytelling, Visualisierungstechniken verschiedenster Art [...]." (IP2, Z. 134)

In der Literatur wird der Net Promoter Score (Reichheld 2003) als „customer experience metric" bezeichnet, da die Kennzahl es vermag, Kundenerlebnisse aggregiert messbar zu machen (Meyer/Schwager 2007, S. 122). Weitgehend wird diese Kennzahl auch von den befragten Unternehmen verwendet. Einige Interviewpartner sehen den Net Promotor Score (NPS) hinsichtlich des CEM sogar als ihre zentrale Messgröße.

„Unsere Bibel, wenn ich sag CEM, ist im Endeffekt tatsächlich unser NPS. Da haben wir als Unternehmen herausgefunden, dass das über alle Industrien der einzig vergleichbare Standard ist und den kreieren gebetsmühlenhaft für verschiedenste Produktkombinationen, die unsere Kunden bei uns kaufen. Und ist im Endeffekt auch so was, was bei uns, vom Management bis zu bestimmten Ebenen in den Zielen stehen und auch in Zielen festgeschrieben werden, woran wir natürlich stetig arbeiten, um besser zu sein wie unsere Konkurrenten." (IP10, Z. 495)

„[...] dass wir es schaffen wollen, unsere Kunden zu Fans zu machen und wir messen das über den NPS. Und das ist halt in den Zielen von allen Mitarbeitern, bis hinauf in

die Geschäftsführung verankert. Das Ziel halt durch treue Kunden, die uns weiterempfehlen, nachhaltiges Wachstum zu haben." (IP12, Z. 572)

Hinsichtlich des Vorgehens beim Management der Customer Experience hat sich herausgestellt, dass nötiges Wissen zwar weitgehend vorhanden ist, jedoch werden die verschiedenen Schritte bisher nur in Einzelfällen konsequent umgesetzt. Außerdem ist es fraglich, ob sich der Kundenwert als alleiniges Kriterium zur Ausgestaltung und Unterscheidung verschiedener Erlebnistypen eignet. In dieser Frage sind sowohl die Wissenschaft als auch die Praxis aufgefordert zu prüfen, ob neben dem Kundenwert als Ausgestaltungskriterium für die Customer Experience nicht auch andere Kriterien, die die emotionale Komponente des Kundenerlebnisses, bestimmte Verhaltensmuster oder Erlebnistypen in den Mittelpunkt rücken, zusätzlich herangezogen werden sollten.

4. Fazit

Die Ergebnisse der Expertenbefragung zeigen, dass das Konzept CEM sowie ein Bewusstsein für die dadurch realisierbaren Potenziale hinsichtlich Wachstum, emotionaler Kundenbindung, Kundenprofitabilität sowie der Differenzierungsmöglichkeit in der Telekommunikationsindustrie in Deutschland und der Schweiz erkennbar angelangt sind und das Management der Kundenerlebnisse dort aktuell eine sehr wichtige Rolle spielt. Der Großteil der befragten Unternehmen beschäftigt sich intensiv mit dem Thema. Das Bestreben einzelner Firmen, mittels des CEM Kundenerwartungen stets zu übertreffen, ist dabei äußerst ambitioniert. Aus Wirtschaftlichkeitsgründen wird dies langfristig aber wohl nur als Teilstrategie im Rahmen des wertorientierten, differenzierten Kundenmanagements erreicht werden können. Insgesamt entwickeln viele der interviewten Unternehmen strukturierte Erlebnisleitmotive, d.h. welches Erlebnis dem Kunden an den verschiedenen Kontaktmomenten dargeboten werden soll. Manche haben diese bereits definiert und in einigen dieser Fälle wird diese Positionierung sogar bereits gezielt, in Form von ausformulierten Erlebnissen, auf verschiedene Kundensegmente und/oder Angebotskombinationen heruntergebrochen und entsprechend in eine Customer Experience Strategie übersetzt. Von einem hohen Durchdringungsgrad lässt sich in dieser Hinsicht aber noch nicht sprechen. Viele der Unternehmen beginnen derzeit erst, die notwendigen Kompetenzen aufzubauen und das CEM in der Unternehmenskultur zu verankern. Vor allem im Bereich der ganzheitlich operativen Umsetzung sowie bei der Etablierung von systematischen Implementierungs-, Feedback- und Verbesserungsprozessen bestehen noch große Herausforderungen.

Literaturverzeichnis

Grewal, D./Levy, M./Kumar, V. (2009): Customer Experience Management in Retailing: An Organizing Framework, in: Journal of Retailing, Vol. 85, No. 1, S. 1-14.

Mayring, P. (2007): Qualitative Inhaltsanalyse: Grundlagen und Techniken, Weinheim und Basel.

Meyer, C./Schwager, A. (2007): Understanding Customer Experience, in: Harvard Business Review, Vol. 85, No. 2, S. 116-126.

Palmer, A. (2010): Customer Experience Management: A Critical Review of an Emerging Idea, in: Journal of Services Marketing, Vol. 24, No. 3, S. 196-208.

Reichheld, F.F. (2003): The One Number You Need to Grow, in: Harvard Business Review, Vol. 81, No. 12, S. 46-54.

Schmitt, B.H. (2003): Customer Experience Management: A Revolutionary Approach to Connecting with Your Customers, Hoboken.

Shaw, C. (2007): The DNA of Customer Experience: How Emotions Drive Value, Basingstoke.

Shaw, C./Dibeehi, Q./Walden, S. (2010): Customer Experience: Future Trends and Insights, Basingstoke.

Verhoef, P.C./Lemon, K.N./Parasuraman, A./Roggeveen, A./Tsiros, M./Schlesinger, L.A. (2009): Customer Experience Creation: Determinants, Dynamics and Management Strategies, in: Journal of Retailing, Vol. 85, No. 1, S. 31-41.

Winer, R.S. (2001): A Framework for Customer Relationship Management, in: California Management Review, Vol. 43, No. 4, S. 89-105.

Alexander Leischnig, Marko Schwertfeger und Margit Enke

Customer Experience als Ansatzpunkt zur Differenzierung im Einzelhandel

---

Dr. *Alexander Leischnig* ist wissenschaftlicher Mitarbeiter am Lehrstuhl für Marketing und Internationalen Handel an der TU Bergakademie Freiberg. *Marko Schwertfeger*, M. Sc. ist wissenschaftlicher Mitarbeiter an diesem Lehrstuhl. Prof. Dr. *Margit Enke* ist Inhaberin des Lehrstuhls für Marketing und Internationalen Handel an der TU Bergakademie Freiberg.

1. Problemstellung und Ziele des Beitrags

Kennzeichnend für den deutschen Einzelhandel ist eine Umbruchsituation, die maßgeblich auf sich verändernde Markt- und Wettbewerbsbedingungen sowie Änderungen im Konsumentenverhalten zurückgeführt werden kann. Betrachtet man derzeitige Entwicklungen im Einzelhandel, so lässt sich feststellen, dass dieser zunehmend als gesättigter Markt angesehen wird und Einzelhandelsumsätze weitgehend stagnieren (Eggert 2006, S. 35f.; EHI 2009, S. 173). Hinzu kommt eine stetige Intensivierung des Wettbewerbs, die sich nicht nur im Inter- und Intrabetriebsformenwettbewerb (Liebmann et al. 2008, S. 149), sondern auch im Wettbewerb zwischen verschiedenen Vertriebsformen (z.B. stationärer Handel versus Versandhandel) und im Wettbewerb zwischen verschiedenen Institutionen (z.B. Hersteller versus Einzelhandel) äußert (Haller 2008, S. 83f.).

Neben den veränderten Markt- und Wettbewerbsbedingungen stellen insbesondere Änderungen im Konsumentenverhalten Handelsunternehmen vor große Herausforderungen. So ist zum einen anzuführen, dass der Anteil der Ausgaben der privaten Haushalte im Einzelhandel seit Jahren rückläufig ist (Statistisches Bundesamt 2010, S. 82). Zum anderen können Verschiebungen der Bedürfnisse und Wertestrukturen der Konsumenten festgestellt werden, die für den Einzelhandel weitreichende Konsequenzen nach sich ziehen. Individuelle Erwartungen und Wünsche der Kunden besitzen heute eine weitaus größere Bedeutung (Klaus 2007, S. 2). Ferner entsteht aufgrund veränderter Lebensstile, die aus einer zunehmenden Freizeit- und Erlebnisorientierung von Konsumenten resultieren, die Notwendigkeit einer emotionalen Ansprache des Kunden (Esch 2010, S. 35f.).

Die aufgezeigten Veränderungen verdeutlichen, dass im Handel die Notwendigkeit zur Differenzierung von Wettbewerbern sowie zur Profilierung gegenüber bestehenden und zukünftigen Kunden eine herausfordernde Aufgabe darstellt (Arnold/Reynolds 2003, S. 77; Carpenter/Moore 2009, S. 73). Eine Möglichkeit zur Differenzierung und Profilierung von Einzelhandelsunternehmen wird in der Schaffung und Vermittlung von Kundenerlebnissen bzw. Einkaufserlebnissen gesehen (Grewal et al. 2009, S. 1ff.). Beispielsweise weisen Theodoridis und Chatzipanagiotou (2009, S. 709) darauf hin, dass „… customers seek an experience, which is more than product variety and or quality." Ferner betonen Verhoef et al. (2009, S. 31), dass die Generierung von „… superior customer experience seems to be one of the central objectives in today's retailing environments". Es sei an dieser Stelle vorweggenommen, dass sich der Begriff Einkaufserlebnis in diesem Zusammenhang weniger auf ein Erlebnis im Sinne eines außergewöhnlichen Ereignisses (oder „Events") bezieht, sondern vielmehr auf das subjektive Erfahren der Handelsumwelt durch den Kunden während seines Einkaufs.

Obwohl die Bedeutung von Einkaufserlebnissen (auch Customer Retail Experience; Grewal et al. 2009, S. 1) als ein Ansatzpunkt zur Differenzierung von Einzelhandelsunternehmen anerkannt wird, hat eine systematische Auseinandersetzung mit dieser Thematik bisher nur in unzureichender Weise stattgefunden (Verhoef et al. 2009, S. 31f.). Vor dem Hintergrund der Relevanz des kundenseitigen Einkaufserlebnisses als Differenzierungsmerkmal von Handelsunternehmen und den bisher nur eingeschränkten Erkenntnissen zu diesem Konstrukt strebt der vorliegende Beitrag die Beantwortung drei zentraler *Fragestellungen* an:

(1) Was ist unter einem Einkaufserlebnis zu verstehen?
(2) Welche Facetten weist das Konstrukt Einkaufserlebnis auf?
(3) Wie können Einkaufserlebnisse im Einzelhandel geschaffen werden?

Während sich die erste Fragestellung auf die terminologische Abgrenzung des Begriffs Einkaufserlebnis bezieht, fokussiert die zweite Fragestellung auf die dimensionale Analyse dieser Größe. Die zentralen Anliegen im Rahmen der Beantwortung dieser beiden Fragen bestehen somit in der Erarbeitung einer Definition von Einkaufserlebnis und darüber hinaus in der Erarbeitung einer Konzeptualisierung dieses Konstrukts. Die dritte zu beantwortende Frage bezieht sich auf die Identifikation von Einflussfaktoren, die sich auf das Einkaufserlebnis auswirken. Im Vordergrund dieses Beitrags stehen von Handelsunternehmen kontrollierbare Aktionsparameter, die zur Gestaltung des Einkaufserlebnisses eingesetzt werden können.

Die folgenden Ausführungen gliedern sich wie folgt. Nach der erfolgten Einführung in die Problemstellung und die Zielsetzungen des Beitrags schließt sich eine Literaturbestandsaufnahme zu Customer Experiences an. Der Fokus liegt dabei auf Arbeiten, die sich schwerpunktmäßig mit Customer Experiences im Handel beschäftigen. Im Anschluss daran wird das Konstrukt Einkaufserlebnis definiert sowie konzeptualisiert. Daran anknüpfend werden Determinanten des Einkaufserlebnisses vorgestellt. Der Beitrag endet mit einer Zusammenfassung zentraler Thesen.

2. Customer Experience im Handel

2.1 Literaturbestandsaufnahme zu Customer Experience im Handel

Um Einblicke in die Bedeutung von Customer Experience im Einzelhandel zu erlangen und ein besseres Verständnis dieses Konstrukts zu erarbeiten, werden zunächst Erkenntnisse aus bisherigen Untersuchungen zusammengefasst. Im Rahmen der Literaturbestandsaufnahme fokussieren wir uns auf Arbeiten zu Customer Experiences im Allgemeinen und im Anschluss daran auf Arbeiten zu Customer Experiences im Handel im Speziellen. Abbildung 1 gibt einen Überblick über Perspektiven der Customer Experience-Forschung.

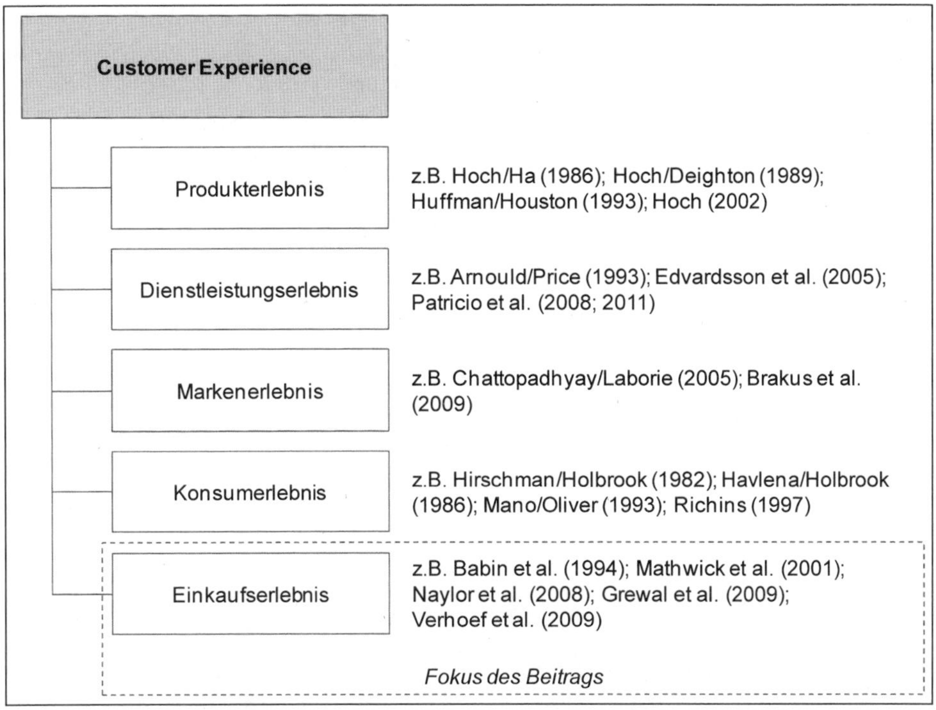

Abbildung 1: Perspektiven der Customer Experience-Forschung

Bisherige Arbeiten zu Customer Experiences im Allgemeinen lassen sich hinsichtlich ihres spezifischen Fokus vier Forschungslinien zuordnen: Product Experiences, Service Experiences, Brand Experiences und Consumption Experiences. In den folgenden Abschnitten werden wesentliche Erkenntnisse dieser Forschungslinien kurz zusammengefasst.

Arbeiten, die sich dem *Produkterlebnis* (Product Experience) widmen, konzentrieren sich vornehmlich auf das kundenseitige Erlebnis, das durch ein spezifisches Produkt hervorgerufen wird (z.B. Hoch/Ha 1986; Hoch/Deighton 1989; Hoch 2002). Dieses Produkterlebnis kann bereits bei der Suche nach bestimmten Produkten bzw. Produktmerkmalen, beim Ausprobieren und Bewerten eines Produkts am Point of Sale oder auch nach einem Kauf bei der Produktnutzung entstehen. Das Produkterlebnis umfasst dabei Einstellungen gegenüber, Präferenzen für oder gegen, die Absicht zum (Nicht-)Kauf und die Erinnerung an ein Produkt (Hoch 2002). Untersuchungen von Hoch und Deighton (1989) zeigen beispielsweise, wie Konsumenten durch die Nutzung bzw. Konsumtion von Produkten ihr produktspezifisches Wissen erweitern.

Neben der Untersuchung von Produkterlebnissen haben sich zahlreiche Untersuchungen mit dem kundenseitigen *Erlebnis bei Dienstleistungen* und vor allem Dienstleistungsprozessen beschäftigt (Service Experience) (z.B. Hui/Bateson 1991; Arnould/Price 1993; Patricio et al. 2008; 2011). Im Vordergrund dieser Arbeiten steht das kundenseitige Erlebnis von Service Encountern und die damit verbundene Interaktion des Kunden mit dem Dienstleistungsanbieter. Beispielsweise untersuchen Patricio et al. (2008) das Dienstleistungserlebnis von Kunden bei Finanzdienstleistungen in unterschiedlichen Service Encountern (Kundenschalter, Bankautomat, Internet-Banking sowie Telefon-Banking) und entwerfen ein mehrstufiges Service Experience-Blueprint, das das Ziel hat, das kundenseitige Dienstleistungserlebnis gezielt zu steuern und zu gestalten.

Eine weitere Forschungslinie im Themenbereich Customer Experience beschäftigt sich mit dem kundenseitigen *Markenerlebnis* (Brand Experience) (z.B. Brakus et al. 2009). In Abgrenzung zu Produkt- bzw. Dienstleistungserlebnissen beziehen sich Markenerlebnisse auf Kundenreaktionen, die durch eine Marke evoziert werden. Im Fokus der Untersuchungen stehen folglich weniger die Merkmale eines Produkts bzw. einer Dienstleistung, sondern vielmehr die Charakteristika einer Marke, wie z.B. Markenlogo, Markenfarben, Markenidentität (Brakus et al. 2009, S. 53). Untersuchungen zeigen, dass Markenerlebnisse kurzfristiger Natur und weniger kognitiv gesteuert sein können (beispielsweise bei einer Verkostung von einem Markenprodukt in einer Verkaufsstätte), aber auch langfristiger Natur und bewusst kognitiv gesteuert sein können. Insbesondere langfristige Markenerlebnisse werden im Gedächtnis abgelegt und beeinflussen die Zufriedenheit sowie die Loyalität eines Kunden zu einer Marke (Brakus et al. 2009, S. 53).

Eine weitere Forschungslinie zu Customer Experiences fokussiert auf das *Konsumerlebnis* von Kunden (Consumption Experiences) (z.B. Hirschman/Holbrook 1982; Havlena/Holbrook 1986). Konsumerlebnisse entstehen durch die Nutzung oder den Konsum einer Leistung. Konsumerlebnisse lassen sich hinsichtlich des Zeitpunkts ihrer Entstehung in die Nachkaufphase einordnen. Empirische Untersuchungen haben gezeigt, dass das Konsumerlebnis neben einem utilitaristischen Aspekt auch hedonistische Merkmale aufweist (Hirschman/Holbrook 1982; Babin et al. 1994; Dhar/Wertenbroch 2000). Beispielsweise weisen Hirschman und Holbrook (1982, S. 92) darauf hin, dass der hedonistische Nutzen, der aus der Konsumtion eines Produkts resultiert, mit den Faktoren Fantasie, Gefühl und Spaß verbunden ist.

Der Überblick über die bisherige Forschung zu Customer Experiences zeigt, dass diese in einer Vielzahl verschiedener Situationen entstehen. Ferner zeigen bisherige Arbeiten, dass Customer Experiences hinsichtlich des Zeitpunkts ihrer Entstehung in unterschiedlichen Phasen das Kauf- und Konsumprozesses von Leistungen auftreten (vgl. auch Verhoef et al. 2009, S. 32). So können Customer Experiences vor einem Kauf (z.B. bei der Suche nach produktspezifischen Informationen), während eines Kaufs (z.B. beim Einkauf im Ladengeschäft oder beim Online-Shopping) sowie nach einem Kauf (z.B. beim Ge- oder Verbrauch einer Leistung) entstehen. Im Folgenden werden vor allem Arbeiten beleuchtet, die sich Customer Experiences im Handel widmen und damit das Kernkonstrukt dieses Beitrags, das Einkaufserlebnis, fokussieren. Im Rahmen des Literaturüberblicks konzentrieren wir uns zum einen darauf, wie das Konstrukt Einkaufserlebnis in der bisherigen Forschung konzeptualisiert wurde. Zum anderen werden die Determinanten des Einkaufserlebnisses näher beleuchtet.

Die Untersuchung des kundenseitigen Einkaufserlebnisses hat sowohl in der deutschsprachigen als auch in der englischsprachigen Literatur eine lange Tradition. So wurde im *deutschsprachigen Raum* die wissenschaftliche Diskussion um Erlebnisvermittlung bzw. Erlebnismarketing maßgeblich durch Arbeiten der Forschungsgruppe „Konsum und Verhalten" geprägt (z.B. Kroeber-Riel 1984; Weinberg 1986; Gröppel 1991). Ein Erlebnis wurde dabei als eine Emotion bzw. ein affektiver Zustand konzeptualisiert (Salzmann 2007, S. 21).

Auch in der *englischsprachigen Literatur* wurde das Einkaufserlebnis oftmals als affektiver Zustand konzeptualisiert. Als eine der frühesten Studien kann in diesem Zusammenhang die Untersuchung von Donovan und Rossiter (1982) gesehen werden, die nachweist, dass die Skala zur affektiven Betrachtung eines Erlebnisses von Mehrabian und Russel (1974) auf den Einzelhandel übertragen werden kann. Eine Betrachtung des affektiven Einkaufserlebnisses findet sich in Form einer hedonistischen Aktivität bei Wakefield und Barnes (1996) wieder. Das affektive Einkaufserlebnis wird weiterhin durch Wakefield und Baker (1998) in einem Einkaufszentrum durch die Erfassung der Erregung betrachtet. Neben einer ausschließlich affektiven Betrachtung des Einkaufserlebnisses lassen sich auch Forschungsarbeiten identifizieren, die ein Einkaufserlebnis als einen affektiven und kognitiven Zustand auffassen. In diesem Zusammenhang kann die Arbeit von Arnold et al. (2005) angeführt werden. Die Autoren beleuchten das Konstrukt „customer delight", welches eine kognitive Reaktion in Form von Zufriedenheit und eine affektive Reaktion des Kunden auf Stimuli eines Handelsunternehmens in Form von Emotionen, wie z.B. Freude und Überraschung, widerspiegelt. Daneben weisen auch die Arbeiten von Mau (2004) sowie Naylor et al. (2008) eine Betrachtung des Einkaufserlebnisses als affektive und kognitive Reaktion auf.

Wie die Literaturbestandsaufnahme ferner zeigt, fordern viele Autoren eine Erweiterung des Definitionsbereichs des Konstrukts Einkaufserlebnis. Zahlreiche Arbeiten dokumentieren die Auffassung, dass ein Einkaufserlebnis ein holistisches Konstrukt darstellt, das auf mehreren Ebenen wirksam ist und somit neben affektiven und kognitiven Komponenten weitere relevante Facetten aufweist. Beispielsweise betonen Mathwick et al. (2001, S. 41ff.) die Relevanz sensorischer, affektiver und kognitiver Komponenten zur Messung des Experiential Value. Untersuchungen von Backström und Johansson (2006, S. 421) zeigen zudem, dass das Einkaufen als eine physische Arbeit bzw. Tätigkeit aufgefasst wird (vgl. hierzu auch Verhoef et al. 2009).

Analysiert man vorhandene Untersuchungen hinsichtlich der *Einflussfaktoren* auf das Einkaufserlebnis von Kunden, so lässt sich feststellen, dass eine Vielzahl von Untersuchungen die *Einkaufsstättenatmosphäre* sowie einzelne Elemente dieser (z.B. Farben, Duft, Musik, Temperatur usw.) als relevante Determinanten untersuchten (Naylor et al. 2008, S. 50). Beispielsweise beschäftigen sich Grewal et al. (2003) mit dem Einfluss von Musik auf die kundenseitige Reaktion beim Einkauf, Untersuchungen von Mattila und

Wirtz (2001) zeigen, dass Duft einen Einfluss auf die affektive, kognitive und konative Reaktion von Kunden hat. Neben einer Betrachtung der einzelnen Elemente wurde die Handelsumwelt auch als Ganzes untersucht. So konzeptualisiert Baker (1986, S. 79) das Konstrukt Store Environment als eine mehrdimensionale Größe, die die Facetten Ambiente, Design und Soziales aufweist. Mit Ambiente werden dabei Faktoren bezeichnet wie Musik und Temperatur, die nur über das Unterbewusstsein aufgenommen werden. Das Design bezeichnet diejenigen Faktoren, die durch den Konsumenten vorrangig visuell wahrgenommen werden, wie z.B. benutzte Farben und Formen im Ladengeschäft. Die soziale Komponente reflektiert die Verhaltensweisen der Kunden und der Mitarbeiter (Baker 1986, S. 79). Der direkte Zusammenhang zwischen Store Environment und dem kundenseitigen Einkaufserlebnis wurde in verschiedenen Arbeiten untersucht. Es ist hierbei jedoch anzumerken, dass lediglich einzelne Facetten des Einkaufserlebnisses untersucht werden und die Beziehung zwischen Store Environment und Einkaufserlebnis als mehrdimensionales Konstrukt bisher noch nicht stattgefunden hat. Untersuchungen von Baker et al. (1994) zeigen beispielsweise, dass Ambientefaktoren die kundenseitige Beurteilung der Qualität der verkauften Produkte sowie der Servicequalität positiv beeinflussen. Wakefield und Baker (1998) weisen am Beispiel eines Einkaufszentrums unterschiedliche Wirkungen der Ambientefaktoren auf die affektive Reaktion des Kunden nach. Während Licht und Temperatur einen negativen Einfluss zeigen, besteht zwischen Musik und der affektiven Reaktion der Kunden ein positiver Zusammenhang. Die Wirkungsweise von Designfaktoren zur Erzeugung von Einkaufserlebnissen zeigt ebenfalls differenzierte Ergebnisse. So können Baker et al. (1994) keinen Einfluss von Designfaktoren auf die wahrgenommene Qualität der verkauften Produkte sowie die Servicequalität nachweisen. Wakefield und Baker (1998) zeigen jedoch eine positive Wirkung des Layouts auf die affektive Kundenreaktion. Die soziale Komponente der Handelsumwelt und insbesondere die Wirkung der Verhaltensweisen anderer Kunden auf das Einkaufserlebnis wurden vor allem in Forschungsarbeiten zum Retail Crowding nachgewiesen (z.B. Eroglu/Machleit 1990; Machleit et al. 2000; Eroglu et al. 2005). Zudem zeigen Untersuchungen von Baker et al. (1994), dass das Verhalten und die Anzahl der Mitarbeiter einen Einfluss auf die Beurteilung der Qualität der verkauften Produkte sowie der Servicequalität ausüben (Baker et al. 2002).

Arbeiten, die sich mit anderen Determinanten, außer der Einkaufsstättenatmosphäre bzw. einzelner Elemente dieser beschäftigen, sind rar. Naylor et al. (2008) zeigen, dass Kommunikationsmaßnahmen einen Einfluss auf das Einkaufserlebnis besitzen. Ferner weisen Jones (1999) sowie Bäckström und Johansson (2006) darauf hin, dass ein Angebot an einzigartigen Produkten sowie das Sortiment Determinanten zur Erzeugung von einzigartigen Einkaufserlebnissen sind. Weiterhin können auch Serviceleistungen des Handelsunternehmens als Determinante von Customer Experience nachgewiesen werden.

2.2 Definition und Konzeptualisierung des Konstrukts Einkaufserlebnis

Aufbauend auf den Erkenntnissen der Literaturbestandsaufnahme erarbeitet der vorliegende Beitrag eine Definition für das Konstrukt Einkaufserlebnis. Ziel ist es, die Erkenntnisse vorhandener Untersuchungen in einem einheitlichen Begriffsverständnis zu synthetisieren. Die vorgenommene Begriffsabgrenzung basiert auf drei zentralen Fragestellungen: Was ist ein Einkaufserlebnis? Wodurch wird es hervorgerufen? Wann entsteht ein Einkaufserlebnis? Wir definieren Einkaufserlebnis wie folgt:

Das kundenseitige Einkaufserlebnis bezeichnet die sensorische, kognitive, affektive und physische Reaktion eines Kunden auf seine Erfahrungsumwelt während des Kaufs eines Gutes oder einer Dienstleistung.

Die vorgenommene Begriffsfassung impliziert, dass ein Einkaufserlebnis einen Zustand beschreibt, der von Subjektivität geprägt ist und folglich von Kunde zu Kunde unterschiedlich ausfallen kann (Meyer/Schwager 2007). Ein Einkaufserlebnis kann hinsichtlich seiner Ausprägung sowohl positiv als auch negativ gerichtet sein. Es entsteht nicht nur beim Kauf von Leistungen im Ladengeschäft eines Handelsunternehmens, sondern auch während des Kaufs von Leistungen in alternativen Distributionskanälen (Verhoef et al. 2009) – als ursächlich für das Einkaufserlebnis wird die Erfahrungsumwelt des Kunden während des Einkaufs angesehen. Das kundenseitige Einkaufserlebnis ist hinsichtlich des Zeitpunkts seiner Entstehung auf den Kaufprozess beschränkt. Es ist folglich dem Konsumerlebnis vorgelagert.

Wie die vorgenommene Definition ferner andeutet, wird das *Einkaufserlebnis als ein mehrdimensionales Konstrukt* aufgefasst, das vier Facetten beinhaltet: sensorisches, kognitives, affektives und physisches Einkaufserlebnis (vgl. Abbildung 2). Die Konzeptualisierung des Einkaufserlebnisses als ein mehrdimensionales Konstrukt folgt der Auffassung von Verhoef et al. (2009), die Customer Experience als ein holistisches Konstrukt definieren, das neben den in bisherigen Untersuchungen dominierenden affektiven und kognitiven Komponenten weitere Facetten umfasst. Die vorgenommene Konzeptualisierung findet ferner Unterstützung durch Arbeiten des Literaturüberblicks im vorangegangenen Kapitel sowie durch Arbeiten von Berry et al. (2002), Gentile et al. (2007) sowie Schmitt (1999), die insbesondere das Management der Customer Experience adressieren. Im Folgenden werden die einzelnen Facetten des Konstrukts Einkaufserlebnis detaillierter erläutert.

Das *sensorische Einkaufserlebnis* bezieht sich auf die Sensualität und damit die Empfänglichkeit der Sinnesorgane für Stimuli aus der Handelsumwelt, die bestimmte Reaktionen beim Konsumenten auslösen (Schubert/Hehn 2004, S. 1248). Über die Sinnesorgane des Menschen können fünf Sinneseindrücke – optisch, akustisch, haptisch, olfaktorisch und gustatorisch – wahrgenommen werden (Balderjahn/Scholderer 2007, S. 28; Steiner 2011, S. 12). Handelsunternehmen sprechen die menschlichen Sinnesorgane sehr vielseitig, zum Beispiel über Verkostungen, Hintergrundmusik, Licht, verwendete Farben sowie Möglichkeiten, Produkte anzufassen und auszuprobieren, an. Insbesondere stationäre Handelsunternehmen verfügen durch die Gestaltung der Einkaufsstättenatmosphäre über vielfältige Möglichkeiten der sensorischen Beeinflussung von Kunden (Tauber 1972, S. 47).

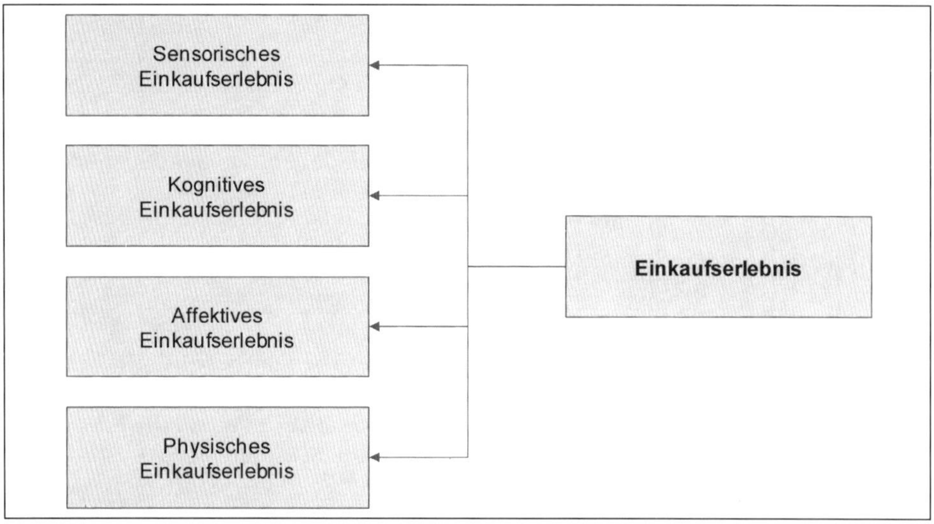

Abbildung 2: Konzeptualisierung des Konstrukts Einkaufserlebnis

Neben dem sensorischen Einkaufserlebnis stellt das *kognitive Einkaufserlebnis* eine weitere relevante Facette des Konstrukts Einkaufserlebnis dar. In Anlehnung an Gentile et al. (2007, S. 398) wird unter dem kognitiven Einkaufserlebnis der gedankliche Prozess beim Einkaufen verstanden. Während eines Einkaufs werden die aufgenommenen Informationen vom Konsumenten weiterverarbeitet und Kaufobjekte, Umfeldfaktoren bzw. das Handelsunternehmen beurteilt. Sensorische und kognitive Informationsaufnahme sind dabei miteinander verbunden (Kroeber-Riel et. al 2009, S. 327; Puccinelli et al. 2009, S. 20; Foscht/Swoboda 2011, S. 85). Das kognitive Einkaufserlebnis bezieht sich auf die informationsbezogenen Prozesse und damit die Informationen, die der Konsument während des Einkaufens aufnimmt und gedanklich verarbeitet und speichert. Als Beispiele können die Warenpräsentation oder ein Beratungsgespräch am Point of Sale angeführt werden. Empirische Untersuchungen von Baker et al. (1994; 2002) zeigen, dass das Handelsumfeld einen entscheidenden Einfluss darauf hat, wie Konsumenten die Qualität angebotener Leistungen beurteilen, wie sie den Service einschätzen und welche psychischen, zeitlichen und monetären Kosten sie mit einem Einkauf in Verbindung bringen.

Das *affektive Einkaufserlebnis* bezieht sich auf die emotionale Reaktion des Kunden auf die Erfahrungsumwelt während des Kaufprozesses. Nach Puccinelli et al. (2009, S. 22) wird der Terminus Affekt dabei definiert als ein „... internal feeling state ... [that]

represents a general term used to refer to the collection of moods … and emotions". Das affektive Einkaufserlebnis umfasst folglich sowohl die kundenseitigen Emotionen als auch Stimmungen. Die Literaturbestandsaufnahme verdeutlichte bereits, dass sich zahlreiche Arbeiten mit den durch die Gestaltung der Einkaufsstättenatmosphäre ausgelösten affektiven Zuständen beschäftigt haben. Merkmale eines Ladengeschäftes, wie z.B. Sortimentsvielfalt und -qualität, Verkaufsförderungsmaßnahmen oder ein Beratungsgespräch, beeinflussen den affektiven Zustand eines Kunden in Richtung Vergnügen, Erregung oder auch Frustration (unter anderem Donovan/Rossiter 1982; Babin/Attaway 2000).

Das *physische Einkaufserlebnis* stellt eine weitere Facette des Konstrukts Einkaufserlebnis dar und kann definiert werden als die kundenseitige physische Antwort auf die Stimuli der Handelsumwelt (Brakus et al. 2009, S. 52f.; Verhoef et al. 2009, S. 31f.). Während des Einkaufens vollziehen Kunden körperliche Aktivitäten, wie z.B. das Einkaufen als Tätigkeit selbst, das Legen der Ware in den Einkaufswagen, das Selbstscannen des Einkaufs. Damit wird deutlich, dass die physische Reaktion des Kunden während des Einkaufs als relevante Facette des Erfahrens der Handelsumwelt anzusehen ist und demnach einen Bestandteil des Konstrukts Einkaufserlebnis bildet.

3. Determinanten des Einkaufserlebnisses

3.1 Systematisierung der Determinanten des Einkaufserlebnisses

Nachdem eine Verständnisgrundlage für den Begriff Einkaufserlebnis erarbeitet wurde, wird in diesem Abschnitt ein Überblick über relevante Determinanten dieser Größe gegeben. Bisherige Arbeiten haben gezeigt, dass sich vor allem stationäre Handelsunternehmen aufgrund der vielfältigen Gestaltungsmöglichkeiten ihrer Kundenkontaktpunkte in einer geradezu idealen Position zur zielgerichteten Generierung von Einkaufserlebnissen befinden (Ailawadi/Keller 2004, S. 338). Existierende Untersuchungen zu Determinanten des Einkaufserlebnisses fokussieren daher maßgeblich auf die Einkaufsstättenatmosphäre. Diese Fokussierung wird den Möglichkeiten, die einem Handelsunternehmen zur Verfügung stehen sowie dem Konstrukt des Einkaufserlebnisses jedoch nicht gerecht. So verweisen Gentile et al. (2007, S. 397) darauf, dass „… [c]ustomer experience originates from a set of interactions between a customer and a product, a company, or part of its organization, which provoke a reaction". Einkaufserlebnisse entstehen folglich durch die Reaktion des Kunden auf Umwelteindrücke (Garg et al. 2010, S. 79), die sowohl durch den Einsatz von Marketinginstrumenten als auch durch andere, nicht vom Handelsunternehmen kontrollierbare Faktoren, hervorgerufen werden können. Für ein besseres Verständnis der Determinanten des Einkaufserlebnisses ist es erforderlich, eine Systematik zu erarbeiten. Die diesem Beitrag zugrundeliegende *Systematisierung der Determinanten des Einkaufserlebnisses* kann Abbildung 3 entnommen werden.

Wie in Abbildung 3 ersichtlich ist, werden vom Handelsunternehmen *kontrollierbare* und *nicht kontrollierbare Determinanten* des Einkaufserlebnisses unterschieden (Grewal et al. 2009). Während sich erstgenannte Bestimmungsfaktoren auf die Aktionsparameter eines Handelsunternehmen, wie z.B. Sortiment, Preis, Werbung, Verkaufsraumgestaltung, Warenpräsentation und Mitarbeiter, beziehen, und damit solche Faktoren, die ein Handelsunternehmen direkt gestalten bzw. beeinflussen kann, fokussieren letztgenannte Bestimmungsfaktoren auf Größen, die außerhalb des direkten Einflussbereichs eines Handelsunternehmens liegen und deshalb nur indirekt oder gar nicht beeinflusst werden können. Hierzu zählen beispielsweise das Verhalten anderer Kunden während des Kaufprozesses, Wettbewerberaktivitäten oder sonstige, nicht direkt vom Handelsunternehmen steuerbare Umwelteinflüsse.

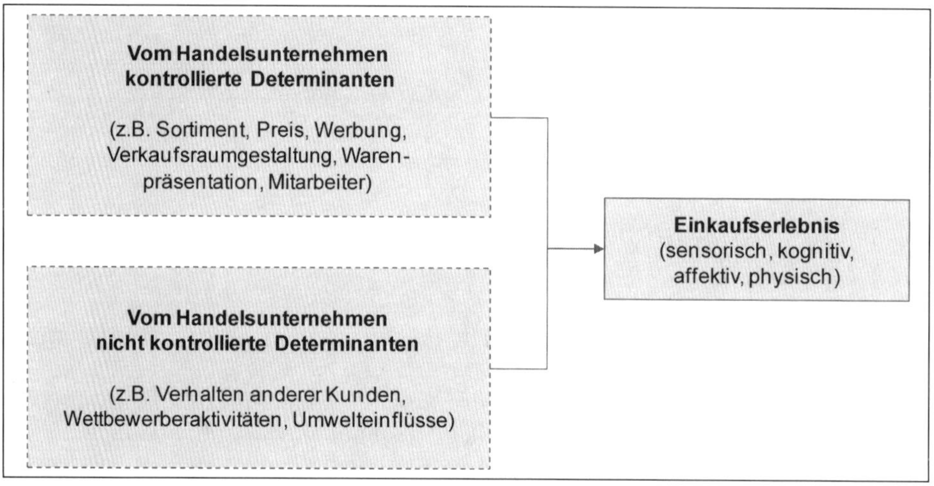

Abbildung 3: Determinanten des Einkaufserlebnisses

Im Rahmen dieses Beitrags sollen vor allem die von Handelsunternehmen kontrollierbaren Determinanten des Einkaufserlebnisses Berücksichtigung finden. Der Beitrag fokussiert im folgenden Abschnitt also jene Faktoren, welche Handelsunternehmen zielgerichtet und systematisch zur Generierung von Einkaufserlebnissen einsetzen können.

3.2 Von Handelsunternehmen kontrollierbare Determinanten des Einkauferlebnisses

Von Handelsunternehmen kontrollierbare Faktoren zur Gestaltung des kundenseitigen Einkaufserlebnisses wurden in der wissenschaftlichen Literatur auch unter der Thematik *Customer Experience Management* beleuchtet (Grewal et al. 2009; Puccinelli et al.

2009). Customer Experience Management bezeichnet eine Marketingstrategie, die darauf abzielt, das kundenseitige Einkaufserlebnis gezielt zu gestalten (Grewal et al. 2009, S. 1). Die von Handelsunternehmen direkt beeinflussbaren Determinanten auf das Einkaufserlebnis können dabei in objektbezogene und subjektbezogene Faktoren untergliedert werden (Carbone/Haeckel 1994, S. 10ff.).

Objektbezogene Determinanten (bzw. „mechanics“) umfassen gegenständliche oder auch sachbezogene Händlerattribute. Hierzu zählen beispielsweise das Sortiment eines Handelsunternehmens, Preise, Werbung sowie die Verkaufsraumgestaltung. Eine zentrale Herausforderung für Handelsunternehmen besteht darin, das richtige Sortiment in den richtigen Mengen in den Geschäften bzw. Distributionskanälen anzubieten und zwar zu dem Zeitpunkt, wenn die kundenseitige Nachfrage dafür vorhanden ist (Grewal et al. 2009, S. 6). In der Planung und Gestaltung des Sortiments unter Berücksichtigung von Faktoren, wie Breite, Tiefe, Menge, Qualität, Varietät und dem Anteil an Hersteller- bzw. Handelsmarken, wird ein wichtiger Stellhebel für das kundenseitige Einkaufserlebnis gesehen (Jones 1999, S. 134; Bäckström/Johansson 2006, S. 425). In diesem Zusammenhang wird oftmals auf Feinkostgeschäfte oder das Sortiment in besonderen Warenhäusern, wie dem „Kaufhaus des Westens“ (KaDeWe) in Berlin, hingewiesen. Neben den angebotenen Leistungen wird die Preispolitik von Handelsunternehmen als weitere Determinante des Einkaufserlebnisses aufgezeigt (Grewal et al. 2009, S. 5). Durch das Setzen bzw. Verändern von Preisen haben Handelsunternehmen einen Einfluss darauf, inwiefern einzelne Leistungen, ein Sortiment, aber auch ein Händler als hoch- bzw. minderwertig, preiswert oder teuer beurteilt werden. Untersuchungen von Ofir et al. (2008) zeigen beispielsweise, dass das Preisimage eines Geschäfts dadurch beeinflusst wird, wie viele niedrigpreisige Produkte in dem jeweiligen Geschäft angeboten werden. Auch die Kommunikationsaktivitäten von Handelsunternehmen haben einen Einfluss darauf, welches Einkaufserlebnis beim Kunden erzeugt wird. Verkaufsförderungsmaßnahmen, Instore-Displays, Reklameschilder, Informationsflyer usw. beeinflussen den Kunden während ihres Einkaufs auf verschiedenen Ebenen. Zahlreiche Untersuchungen haben gezeigt, wie kundengerichtete Werbemaßnahmen den Absatz von Produkten fördern. Jedoch haben nur relativ wenige Arbeiten untersucht, inwiefern die Kommunikationsaktivität von Handelsunternehmen in den jeweiligen Distributionskanälen das Einkaufserlebnis und damit die sensorische, kognitive, affektive und physische Reaktion des Kunden beeinflussen. Schließlich stellen die Verkaufsraumgestaltung und die Warenpräsentation relevante Einflussfaktoren auf das Einkaufserlebnis dar. Wie der Literaturüberblick zeigte, wurden diese Faktoren in Untersuchungen zur Einkaufsstättenatmosphäre thematisiert.

Neben objektbezogenen Größen bilden *subjektbezogene Determinanten* (bzw. „humanics“) wichtige Bestimmungsfaktoren des Einkaufserlebnisses. Sie beziehen sich auf den Faktor Mensch und beinhalten folglich personenbezogene Händlerattribute. Als beispielhafte Determinanten lassen sich das Personal sowie die Serviceleistungen des Handelsunternehmens anführen. In Hinblick auf den Faktor Personal weisen Untersuchungen auf die Charakteristika Motivation und Qualifikation sowie das Mitarbeiterverhalten als Einflussgrößen des kundenseitigen Einkaufserlebnisses hin. Beispielsweise zeigt Jones (1999), dass die Hilfsbereitschaft des Personals sowie die Kenntnisse um spezifische Produkteigenschaften zu positiven Einkaufserlebnissen führen. Ebenso zeigen Arnold et al. (2005) die Bedeutung von Hilfsbereitschaft, Freundlichkeit sowie der Fähigkeit des Personals, Probleme zu lösen, als Einflussfaktoren des Einkaufserlebnisses auf. Handelsunternehmen können diese Faktoren durch gezielte Maßnahmen der Personalfortbildung und -entwicklung beeinflussen. Neben dem Personal sind aber auch die Serviceleistungen des Handelsunternehmens, wie z.B. kundenfreundliche Öffnungszeiten oder die Möglichkeit zur Bezahlung von Einkäufen mit verschiedenen Zahlungsmitteln, als potenzielle Einflussfaktoren zur Schaffung eines Einkaufserlebnisses relevant.

4. Zusammenfassung

Die Rahmenbedingungen für Handelsunternehmen haben sich aufgrund geänderter Markt- und Wettbewerbsbedingungen sowie aufgrund von Änderungen des Konsumentenverhaltens stark gewandelt. Die Differenzierung vom Wettbewerb sowie die Profilierung gegenüber Kunden werden für Handelsunternehmen immer wichtiger. Im Rahmen dieses Abschnitts werden die Erkenntnisse des Beitrags in vier *Thesen* zusammengefasst:

These 1: Die zielgerichtete und systematische Generierung eines Einkaufserlebnisses stellt einen zentralen Ansatzpunkt zur Differenzierung eines Handelsunternehmens von Wettbewerbern dar.

These 2: Das kundenseitige Einkaufserlebnis bezeichnet die sensorische, kognitive, affektive und physische Reaktion eines Kunden auf seine Erfahrungsumwelt während des Kaufs eines Gutes oder einer Dienstleistung.

These 3: Die Erzeugung und Veränderung von Einkaufserlebnissen bedürfen eines planvollen und systematischen Customer Experience Managements.

These 4: Durch den Einsatz ihrer Aktionsparameter können Handelsunternehmen ein kundenseitiges Einkaufserlebnis zielgerichtet generieren und steuern.

Zusammenfassend kann festgestellt werden, dass weiterer Forschungsbedarf hinsichtlich des Konstrukts Customer Experience generell und hinsichtlich des Konstrukts Einkaufserlebnis im Speziellen besteht. Sowohl die Determinanten von Customer Experience als auch die Wirkungen dieser Größe sollten auf Basis empirischer Untersuchungen systematisch erfasst werden. Welche Maßnahmen sind in welchen Betriebsformen zur Erzeugung von Einkaufserlebnissen besonders effektiv? Diese Frage ist für Handelsunternehmen von hoher Wichtigkeit, denn Marketingressourcen müssen zielgerichtet eingesetzt werden. Welche nachfragerbezogenen Wirkungen können mit Einkaufserlebnissen erzeugt werden? Neben der Frage nach effektiven Maßnahmen zur Erzeugung von Einkaufserlebnissen ist es für Handelsunternehmen ebenso wichtig zu wissen, ob sich Investitionen in die Generierung von Einkaufserlebnissen rentieren und dementsprechende (erlöswirksame) Wirkungen realisieren. Der vorliegende Beitrag soll einen Ansatzpunkt für zukünftige Forschungsarbeiten in diesem Gebiet bieten.

Literaturverzeichnis

Ailawadi, K.L./Kusum, K.L. (2004): Understanding Retail Branding: Conceptual Insights and Research Priorities, in: Journal of Retailing, Vol. 80, No. 4, S. 331-342.

Arnold, M.J./Reynolds, K.E. (2003): Hedonic Shopping Motivations, in: Journal of Retailing, Vol. 79, No. 2, S. 77-95.

Arnold, M.J./Reynolds, K.E./Ponder, N./Lueg, J.E. (2005): Customer Delight in a Retail Context: Investigating Delightful and Terrible Shopping Experience, in: Journal of Business Research, Vol. 58, No. 8, S. 1132-1145.

Arnould, E.J./Price, L.L. (1993): River Magic: Extraordinary Experience and the Extended Service Encounter, in: Journal of Consumer Research, Vol. 20, No. 1, S. 24-45.

Babin, B.J./Attaway, J.S. (2000): Atmospheric Affect as a Tool For Creating Value and Gaining Share of Customer, in: Journal of Business Research, Vol. 49, No. 2, S. 91-99.

Babin, B.J./Darden, W.R./Griffin, M. (1994): Work and/or Fun: Measuring Hedonic and Utilitarian Shopping Value, in: Journal of Consumer Research, Vol. 20, No. 4, S. 644-656.

Bäckström, K./Johannson, U. (2006): Creating and Consuming Experiences in Retail Store Environments: Comparing Retailer and Consumer Perspectives, in: Journal of Retailing and Consumer Services, Vol. 13, No. 6, S. 417-430.

Baker, J. (1986): The Role of Environment in Marketing Services: The Consumer Perspective, in: Czepiel, J.A./Congram, C.A./Shanahan, J. (Hrsg.): The Service Challenge: Integrating for Competitive Advantage, Chicago, S. 79-84.

Baker, J./Grewal, D./Parasuraman, A. (1994): The Influence of Store Environment on Quality Inferences and Store Image, in: Journal of the Academy of Marketing Science, Vol. 22, No. 4, S. 328-339.

Baker, J./Parasuraman, A./Grewal, D./Voss, G.B. (2002): The Influence of Multiple Store Environment Cues on Perceived Merchandise Value and Patronage Intentions, in: Journal of Marketing, Vol. 66, No. 2, S. 120-141.

Balderjahn, I./Scholderer, J. (2007): Konsumentenverhalten und Marketing, Grundlagen für Strategien und Maßnahmen, Stuttgart.

Berry, L.L./Carbone, L.P./Haeckel, S.H. (2002): Managing The Total Customer Experience, in: MIT Sloan Management Review, Vol. 43, No. 3, S. 1-6.

Brakus, J.J./Schmitt, B.H./Zarantonello, L. (2009): Brand Experience: What is it? How is it Measured? Does it Affect Loyalty?, in: Journal of Marketing, Vol. 73, No. 3, S. 52-68.

Carbone, L.P./Haeckel, S.H. (1994): Engineering Customer Experiences, in: Marketing Management, Vol. 3, No. 3, S. 8-19.

Carpenter, J.M./Moore, M. (2009): Utilitarian and Hedonic Shopping Value in the US Discount Sector, in: Journal of Retailing and Consumer Services, Vol. 16, No. 1, S. 68-74.

Chattopadhyay, A./Laborie, J.-L. (2005): Managing Brand Experience: The Market Contact Audit, in: Journal of Advertising Research, Vol. 45, No. 1, S. 9-16.

Dhar, R./Wertenbroch, K. (2000): Consumer Choice Between Hedonic and Utilitarian Goods, in: Journal of Marketing Research, Vol. 37, No. 1, S. 60-71.

Donovan, R.J./Rossiter, J.R. (1982): Store Atmosphere: An Environmental Psychology Approach, in: Journal of Retailing, Vol. 58, No. 1, S. 34-56.

Edvardsson, B./Enquist, B./Johnston, R. (2005): Cocreating Customer Value Through Hyperreality in the Prepurchase Service Experience, in: Journal of Service Research, Vol. 8, No. 2, S. 149-161.

Eggert, U. (2006): Wettbewerbliches Umfeld – Konsumenten, Lieferanten, Konkurrenten, in: Zentes, J. (Hrsg.): Handbuch Handel, Wiesbaden, S. 23-48.

EHI (2009): Handel aktuell 2009/2010, Köln.

Eroglu, S.A./Machleit, K.A. (1990): An Empirical Study of Retail Crowding: Antecedents and Consequences, in: Journal of Retailing, Vol. 66, No. 2, S. 201-221.

Eroglu, S.A./Machleit, K.A./Barr, T.F. (2005): Perceived Retail Crowding and Shopping Satisfaction: The Role of Shopping Values, in: Journal of Business Research, Vol. 58, No. 8, S. 1146-1153.

Esch, F.-R. (2010): Strategie und Technik der Markenführung, 6. Aufl., München.

Foscht, T./Swoboda, B. (2011): Käuferverhalten, Grundlagen – Perspektiven – Anwendungen, 4. Aufl., Wiesbaden.

Garg, R./Rahman, Z./Kumar, I. (2010): Evaluating a Model for Analyzing Methods Used for Measuring Customer Experience, in: Journal of Database Marketing & Customer Strategy Management, Vol. 17, No. 2, S. 78-90.

Gentile, C./Spiller, N./Noci, G. (2007): How to Sustain the Customer Experience: An Overview of Experience Components that Co-create Value with the Customer, in: European Management Journal, Vol. 25, No. 5, S. 395-410.

Grewal, D./Baker, J./Levy, M./Voss, G. (2003): The Effects of Wait Expectations and Store Atmosphere Evaluations on Patronage Intentions in Service Intensive Retail Stores, in: Journal of Retailing, Vol. 79, No. 4, S. 259-268.

Grewal, D./Levy, M./Kumar, V. (2009): Customer Experience Management in Retailing: An Organizing Framework, in: Journal of Retailing, Vol. 85, No. 1, S. 1-14.

Gröppel, A. (1991): Erlebnisstrategien im Einzelhandel, Heidelberg.

Haller, S. (2008): Handelsmarketing, 3. Aufl., Ludwigshafen.

Havlena, W.J./Holbrook, M.B. (1986): The Varieties of Consumption Experience: Comparing Two Typologies of Emotion in Consumer Behavior, in: Journal of Consumer Research, Vol. 13, No. 3, S. 394-404.

Hirschman, E.C./Holbrook, M.B. (1982): Hedonic Consumption: Emerging Concepts, Methods and Propositions, in: Journal of Marketing, Vol. 46, No. 3, S. 92-101.

Hoch, S.J. (2002): Product Experience is Seductive, in: Journal of Consumer Research, Vol. 29, No. 3, S. 448-454.

Hoch, S.J./Deighton, J. (1989): Managing what Customers Learn from Experience, in: Journal of Marketing, Vol. 53, No. 2, S. 1-20.

Hoch, S.J./Ha, Y.-W. (1986): Consumer Learning: Advertising and the Ambiguity of Product Experience, in: Journal of Consumer Research, Vol. 13, No. 2, S. 221-233.

Huffman, C./Houston, M.J. (1993): Goal-oriented Experiences and the Development of Knowledge, in: Journal of Consumer Research, Vol. 20, No. 3, S. 190-207.

Hui, M.K./Bateson, J.E.G. (1991): Perceived Control and the Effects of Crowding and Consumer Choice on the Service Experience, in: Journal of Consumer Research, Vol. 18, No. 2, S. 174-184.

Jones, M.A. (1999): Entertaining Shopping Experiences: An Exploratory Investigation, in: Journal of Retailing and Consumer Services, Vol. 6, No. 3, S. 129-139.

Klaus, K. (2007): Banken und Erlebnisorientierung. Verhaltenswirkungen aus umweltpsychologischer Perspektive, Wiesbaden.

Kroeber-Riel, W. (1984): Emotional Product Differentiation by Classical Conditioning (With Consequences for the „Low-Involvement Hierarchy"), in: Kinnear, T.C. (Hrsg.): Advances in Consumer Research, Vol. 11, Provo, UT, S. 538-543.

Liebmann, H.-P./Zentes, J./Swoboda, B. (2008): Handelsmanagement, München.

Machleit, K.A./Eroglu, S.A./Mantel, S.P. (2000): Perceived Retail Crowding and Shopping Satisfaction: What Modifies This Relationship?, in: Journal of Consumer Psychology, Vol. 9, No. 1, S. 29-42.

Mano, H./Oliver, R.L. (1993): Assessing the Dimensionality and Structure of the Consumption Experience: Evaluation, Feeling, and Satisfaction, in: Journal of Consumer Research, Vol. 20, No. 3, S. 451-466.

Mathwick, C./Malhotra, N./Rigdon, E. (2001): Experiential Value: Conceptualization, Measurement and Application in the Catalog and Internet Shopping Environment, in: Journal of Retailing, Vol. 77, No. 1, S. 39-56.

Mattila, A.S./Wirtz, J. (2001): Congruency of Scent and Music as a Driver of In-store Evaluations and Behavior, in: Journal of Retailing, Vol. 77, No. 2, S. 273-289.

Mau, G. (2004): Zur Messung des Einkaufserlebens in realen und virtuellen Geschäften, in: Trommsdorff, V. (Hrsg.): Handelsforschung 2004/2005, Wiesbaden, S. 477-496.

Mehrabian, A./Russel, J.A. (1974): An Approach to Environmental Psychology, Cambridge.

Meyer, C./Schwager, A. (2007): Understanding Customer Experience, in: Harvard Business Review, Vol. 85, No. 2, S. 116-126.

Naylor, G./Kleiser, S.B./Baker, J./Yorkston, E. (2008): Using Transformational Appeals to Enhance the Retail Experience, in: Journal of Retailing, Vol. 84, No. 1, S. 49-57.

Ofir, C./Raghubir, P./Brosh, G./Monroe, K.B./Heiman, A. (2008): Memory-Based Store Price Judgments: The Role of Knowledge and Shopping Experience, in: Journal of Retailing, Vol. 84, No. 4, S. 414-423.

Patricio, L./Fisk, R.P./Falcao e Cunha, J. (2008): Designing Multi-Interface Service Experience, in: Journal of Service Research, Vol. 10, No. 4, S. 318-334.

Patricio, L./Fisk, R.P./Falcao e Cunha, J./Constantine, L. (2011): Multilevel Service Design: From Customer Value Constellation to Service Experience Blueprinting, in: Journal of Service Research, Vol. 14, No. 2, S. 180-200.

Puccinelli, N.M./Goodstein, R.C./Grewal, D./Price, R./Raghubir, P./Stewart, D. (2009): Customer Experience Management in Retailing: Understanding the Buying Process, in: Journal of Retailing, Vol. 85, No. 1, S. 15-30.

Richins, M.L. (1997): Measuring Emotions in the Consumption Experience, in: Journal of Consumer Research, Vol. 24, No. 2, S. 127-146.

Salzmann, R. (2007): Multimodale Erlebnisvermittlung am Point of Sale, eine verhaltenswissenschaftliche Analyse unter besonderer Berücksichtigung der Wirkungen von Musik und Duft, Wiesbaden.

Schmitt, B. (1999): Experiential Marketing, in: Journal of Marketing Management, Vol. 15, No. 1-3, S. 53-67.

Schubert, B./Hehn, P. (2004): Markengestaltung mit Duft, in: Bruhn, M. (Hrsg.): Handbuch Markenführung. Kompendium zum erfolgreichen Markenmanagement, Wiesbaden, Band 2, S. 1243-1267.

Statistisches Bundesamt (2010): Fachserie 18 Reihe 1.4 – Volkswirtschaftliche Gesamtrechnung – Inlandsproduktsberechung – detaillierte Ergebnisse 2009.

Steiner, Paul (2011): Sensory Branding, Grundlagen multisensualer Markenführung, Wiesbaden.

Tauber, E. (1972): Why do People Shop? in: Journal of Marketing, Vol. 36, No. 4, S. 46-49.

Theodoridis, P.K./Chatzipanagiotou, K.C. (2009): Store Image Attributes and Customer Satisfaction Across Different Customer Profiles within the Supermarket Sector in Greece, in: European Journal of Marketing, Vol. 43, No. 5/6, S. 708-734.

Wakefield, K.L./Baker, J. (1998): Excitement at the Mall: Determinants and Effects on Shopping Response, in: Journal of Retailing, Vol. 74, No. 4, S. 515-539.

Wakefield, K.L./Barnes, J.H. (1996): Retailing Hedonic Consumption: A Model of Sales Promotion of a Leisure Service, in: Journal of Retailing, Vol. 72, No. 4, S. 409-427.

Weinberg, P. (1986): Erlebnisorientierte Einkaufsstättengestaltung im Einzelhandel, in: Marketing ZFP, 8. Jg., Nr. 1, S. 97-102.

Verhoef, P.C./Lemon, K.N./Parasuraman, A./Roggeveen, A./Tsiros, M./Schlesinger, L.A. (2009): Customer Experience Creation: Determinants, Dynamics and Management Strategies, in: Journal of Retailing, Vol. 85, No. 1, S. 31-41.

Marcus F. Demmelmair, Fabian Most und Silke Bartsch

Customer Experience bei Online Portalen – Erkenntnisse und Beispiele aus der Energieversorgerbranche

---

Dipl.-Kfm. *Marcus F. Demmelmair* und *Fabian Most,* M.Sc. sind wissenschaftliche Mitarbeiter am Institut für Marketing an der Ludwig-Maximilians-Universität München. Dr. *Silke Bartsch* ist stellvertretende Institutsleiterin und Habilitandin an diesem Institut.
Die Autoren bedanken sich herzlich bei *Andreas Brunner*, Leiter Marketing und Kommunikation der Stadtwerke München, für die erfolgreiche projektbezogene Zusammenarbeit.

1. Customer Experience als Wettbewerbsvorteil

Kundenerlebnisse (im Folgenden Customer Experience) ermöglichen nicht nur einen entscheidenden Beitrag zum Unternehmenserfolg, sondern stellen auch zunehmend einen substanziellen Wettbewerbsvorteil dar. Ein prominentes Beispiel für Wertschöpfung durch erfolgreiches Customer Experience Management ist die Schaffung eines positiv, holistischen Kundenerlebnisses bei Apple. Dieses wird sowohl durch die von hohem Bedienkomfort gekennzeichneten Produkte, als auch durch diverse Dienstleistungen wie beispielsweise Support im Verkaufsraum, der i-tunes Plattform sowie begleitenden Dienstleistungen getrieben (Mayer/Schwager 2007; Apple Inc. 2011). In ähnlicher Weise schafft der Internethändler Amazon online einen Mehrwert durch eine ganzheitliche, affirmative Customer Experience, die sich durch eine ständige Verbesserung und Erweiterung seiner benutzerfreundlichen, innovativen und interaktiven Plattform auszeichnet (Schmitt 2003; Amazon.com Inc. 2011).

Zum einen verdeutlichen die beiden Beispiele von Apple und Amazon die steigende *Relevanz eines Customer Experience Management* und dessen zunehmende Bedeutung in Bezug auf die Abgrenzung vom Wettbewerb. Dies wird insbesondere vor dem Hintergrund der zunehmenden Kommoditisierung von Gütern und Dienstleistungen deutlich (Pine/Gilmore 1998). Zum anderen veranschaulichen sie die Bedeutung von Customer Experience, sowohl bei produktbegleitenden Dienstleistungen als auch bei Dienstleistungen im Allgemeinen (Vargo/Lusch 2008). Dies gilt insbesondere jedoch auch für Online Self-Services, denn hier stellt der Auftritt im Internet oft den einzigen Kundenkontaktpunkt dar, der wiederum in sich das Kundenerlebnis bei Dienstleistungen vermittelt (Duncan/Moriaty 2006). Trotz der Vorteile des Customer Experience Management und der frühen Entdeckung des Themenbereichs als relevantes Forschungsfeld (Holbrook/Hirschmann 1982) mangelt es nach wie vor an einer systematischen Konzeptualisierung, Operationalisierung und effektiven praktischen Umsetzung des Customer Experience Management insbesondere bei Dienstleistungen (Skard et al. 2011). Die wissen-schaftliche Forschung zu Customer Experience insbesondere bei Online und Self-Service Technologien befindet sich stark im Anfangsstadium (Verhoef et al. 2009).

Deshalb ist Gegenstand dieser Betrachtung die theoretische Diskussion und praxisnahe Umsetzung der *Determinanten zur Schaffung einer positiven Customer Experience bei Online Self-Services*, unter besonderer Berücksichtigung von unternehmensseitigen Portalen. Zuerst erfolgt eine Begriffsbestimmung von Customer Experience im Dienstleistungskontext. Dabei soll im Folgenden insbesondere näher beleuchtet werden, wie sich Customer Experience bei Dienstleistungen darstellt und wie es mit anderen Konzepten des Dienstleistungsmarketing zusammenhängt. Ferner soll dabei auf die Besonderheiten von Online Self-Services eingegangen werden. Darauf aufbauend wird eine Studie zu Online Portalen und der Schaffung von Customer Experience anhand eines Beispiels aus dem Energieversorgerbereich vorgestellt. Insbesondere werden dabei die Determinanten zur Schaffung einer positiven Customer Experience eruiert. Abschließend soll der Beitrag für die Praxis nicht nur ein zielorientierteres Handeln in Bezug auf Online Portale ermöglichen, sondern auch eine systematische und konzeptionelle Grundlage für die Forschung schaffen.

2. Customer Experience – Definition, Konzeption und Dimensionen

Im Folgenden wird auf die explizite begriffliche Abgrenzung, die Operationalisierung und die verschiedenen Dimensionen von Customer Experience eingegangen. Dabei wird insbesondere auf Merkmale der Customer Experience bei Dienstleistungen im Allgemeinen und auf Charakteristika der Customer Experience bei Online Self-Services im Speziellen eingegangen.

2.1 Abgrenzung und Begriffsbestimmung der Customer Experience

Der englische Ursprung und die synonyme Verwendung verschiedener Begrifflichkeiten machen eine eindeutige Begriffsklärung der Customer Experience notwendig. Hierbei wird *„Experience"* überwiegend mit *„Erfahrung"* und *„Erlebnis"* übersetzt und bezeichnet etymologisch sowohl das Erlebnis einer Situation als auch die darauf aufbauenden und daraus resultierenden Erfahrungen (Langenscheidt 2010). *„Customer"* wiederum wird im Marketingkontext üblicherweise mit Kunde übersetzt, womit Customer Experience mit Kundenerlebnis wiedergegeben werden kann. Dementsprechend wird *Customer Experience*, als Erlebnis und den damit verbundenen Erfahrungen mit einem Objekt (Marke, Produkt, Dienstleistung, Unternehmen) verstanden (Schmitt/Mangold 2004; Girard 2006).

Darüber hinaus werden speziell in der englischsprachigen Marketingliteratur verschiedene Begrifflichkeiten benutzt, um Customer Experience zu beschreiben. Diese sind beispielsweise „Brand Experience" (Brakus et al. 2009), „Consumer Experience" (Gentile et al. 2007), „Consumption Experience" (Caru/Cova 2003) und „Shopping Experience" (Kerin et al. 1992). Diese Begriffe werden jedoch nicht nur häufig synonym benutzt, sondern deuten teilweise auch auf Differenzen hin ohne aber konzeptionelle Unterschiede zu erfassen. *Customer Experience* ist dabei der am häufigsten verwendete sowie aus unserer Sicht der adäquate Begriff, um das *ganzheitliche Erlebnis* mit einem Anbieter bzw. einer seiner Marken zu beschreiben, da er weit gefasst ist und zudem den Kunden als entscheidenden Faktor in den Fokus der Betrachtung rückt.

Darüber hinaus ist die Abgrenzung des Customer Experience gegenüber anderen Marken- und Kundenkonzepten elementar, wurde jedoch häufig in der existierenden Literatur zu Customer Experience vernachlässigt (Skard et al. 2011). Während sich „Brand Attachement“ (Park et al. 2010) hierbei stärker und „Brand Involvement“ weniger intensiv über die rein emotionale Bindung zur Marke definiert, umfasst „Customer Experience“ zum einen ebenfalls die emotionale Ebene zum anderen auch das kognitive Erleben der Marke. In ähnlicher Weise bezieht sich die Customer Experience auf tatsächliche Gefühle und Empfindungen mit der Marke und beschreibt nicht nur Assoziationen mit einer Marke, dem Markenimage oder der Einstellung gegenüber der Marke (Brakus et al. 2009; Skard et al. 2011). Die Customer Experience mit einer Marke bezieht sich zudem holistischer auf Recherche-, Beschaffungs- sowie Nachkonsum-Phasen im Gegensatz zu Konzepten wie „Customer Delight“ und „Kundenzufriedenheit“, die ergebnis- statt prozessorientierte Konstrukte darstellen (Schmitt 2003; Mayer/Schwager 2007; Verhoef et al. 2009). Ähnlich zeigen verschiedene Autoren empirisch, dass Customer Experience ein vorgelagertes Konstrukt in Bezug auf Kundenbindung (Iglesias et al. 2011), „Brand Trust“ (Ha/Perks 2005), „Brand Equity“ (Biedenbach/Marell 2010) und auch „Brand Personality“ (Brakus et al. 2009) darstellt.

Ein weiteres Defizit bisheriger Literatur zu Customer Experience ist die häufig unklare Differenzierung von *positiver* („good“) und *negativer* („bad“) *Customer Experience* (Skard et al. 2011). Häufig wurde hierbei lediglich die Intensität des Kundenerlebnisses, nicht aber die Wertigkeit gemessen (z.B. Arnould/Price 1993) oder Experience als ein grundsätzlich positives Ereignis angenommen (z.B. Brakus et al. 2009). Dabei kann Customer Experience verschiedene Ausprägungen sowohl in der Intensität als auch in der Wertigkeit annehmen und ist, abhängig von den jeweiligen Umständen, nicht zwangsläufig positiv. Um das Ziel dieses Beitrags weiter zu konkretisieren, beschäftigen sich die Verfasser mit den Determinanten zur Schaffung positiver Customer Experience im Bereich der Online Self-Services. Insbesondere bei Dienstleistungen, welche über Informations- und Kommunikationstechnologien erbracht werden, spielen kontrollierbare, wie auch unkontrollierbare Faktoren, die das Kundenerlebnis beeinflussen, eine große Rolle. Customer Experience ist also nicht nur Ergebnis der Handlungen einer Organisation, sondern auch Folge individueller Differenzen (z.B. in Bezug auf IT-Kompetenz) oder unterschiedlicher Umweltfaktoren (z.B. störende Geräusche um den Kunden) (Heinonen et al. 2010). Aufgrund der praktischen Anwendbarkeit und des begrenzten Rahmens beschränkt sich dieser Beitrag jedoch auf die vom Unternehmen beeinflussbaren Faktoren der Customer Experience. Einfluss und Kontrolle auf die Customer Experience wiederum haben Unternehmen, und auch dort nur eingeschränkt, an so genannten *Kundenkontaktpunkten*, d.h. jegliche Berührungspunkte und Interaktionen zwischen Kunde und Marke (Davis/Dunn 2002). In diesem Beitrag konzentrieren sich die Verfasser dabei auf einen ganz bestimmten Kundenkontaktpunkt: Online Portale, mit Hilfe derer Online Self-Services durch den Kunden genutzt werden.

2.2 Operationalisierung von Customer Experience bei Dienstleistungen

Brakus et al. (2009) stellen vier *Dimensionen der Customer Experience* auf Basis theoretischer Fundierungen zur Erlebnisforschung sowie umfangreichen empirischen Studien heraus. Die Autoren operationalisieren dabei Customer Experience mit einer sensorischen („sensory"), einer affektiven („affective"), einer kognitiven („intellectual") sowie einer konativen Dimension („behavioral"). Die *sensorische Dimension* bezieht sich auf ästhetische und sinnliche Empfindungen durch die Kundenkontaktpunkte. Die *affektive Dimension* kennzeichnet sich durch Gefühle und Emotionen, die beim Kunden während des Kundenkontaktpunkts entstehen. Die *kognitive Erlebnisdimension* bezieht sich auf die Stimulation erkennenden und kreativen Denkens, während die *konative Dimension* sich auf die physische Anstrengung und die Relevanz für die eigene Lebensweise bezieht (Brakus et al. 2009). Während Brakus et al. (2009) eine soziale bzw. relationale Dimension („relational") nicht verifizieren können, betonen Skard et al. (2011) in einer ähnlich angelegten Betrachtung die Wichtigkeit jener Dimension für den Dienstleistungsbereich. Diese Erkenntnis wird unterstützt durch die besonderen Eigenschaften von Dienstleistungen. Die Unteilbarkeit von Produktion und Konsum, die fehlende Lagerfähigkeit, die Heterogenität sowie die Intangibilität von Dienstleistungen und vor allem die Integration des externen Faktors (Meyer 1983) machen das soziale Erlebnis von Dienstleistungen zu einem entscheidenden Faktor. Die Relevanz einer sozialen Komponente bzw. einer relationalen Dimension für das Kundenerlebnis von Dienstleistungen wird zusätzlich auch von anderen Autoren verdeutlicht (z.B. Schmitt 1999; Gentile et al. 2007; Verhoef et al. 2009). In Folge dessen erscheint die Einbeziehung der relationalen Dimension in einer Studie zu Customer Experience bei Dienstleistungen als zwangsläufig (vgl. Abbildung 1). In Bezug auf Online Self-Services ist diese Komponente gleichermaßen wichtig, da aufgrund der höheren wahrgenommenen Unsicherheit des Kunden unbedingt Feedback- bzw. Rückkopplungsangebote zum Anbieter bestehen müssen (Bart et al. 2005).

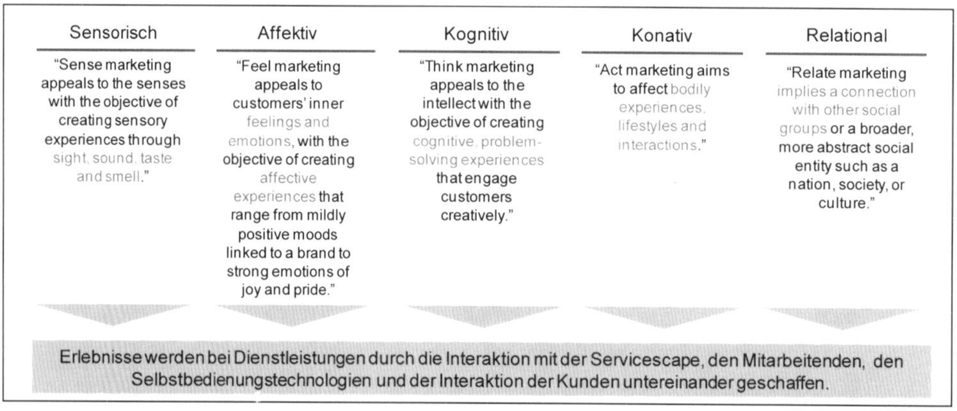

Abbildung 1: Dimensionen der Customer Experience im Dienstleistungsmarketing (Quelle: Schmitt 1999, S. 64ff.)

2.3 Definition „Online Self-Service"

Die Begrifflichkeit des „Online Self-Service" setzt sich aus drei Bestandteilen zusammen, die hier nacheinander definiert werden sollen: Dienstleistungen, also Services, sind nach Meyer (1991) angebotene Leistungsfähigkeiten, die direkt an externen Faktoren (Menschen oder deren Objekte) mit dem Ziel erbracht werden, an ihnen gewollte Wirkungen (Veränderungen oder Erhaltung bestehender Zustände) zu erreichen. *Self-Services* sind dagegen elektronisch gestützte bzw. computerbasierte Dienstleistungssysteme, die der externe Faktor, also in der Regel der Kunde, ohne die direkte Unterstützung bzw. Interaktion eines Beschäftigten des Anbieters für sich selbst ausführen kann (Meuter et al. 2000; Meuter et al. 2003; Campbell et al. 2011). *Online Self-Services* sind diejenigen vom Kunden selbst zu erbringenden Dienstleistungen, die im Internet ausgeführt werden können, meist in der Form von unternehmensseitigen Portalen. Letztere sind somit die auf Basis von Internettechnologien realisierten Schnittstellen zwischen Nutzer und Unternehmen. Online Portale bündeln und integrieren Self-Service Angebote, die ein Unternehmen für die Abdeckung eines spezifischen Kundenprozesses bereitstellt, unter einer einheitlichen Benutzeroberfläche (Salomann 2008).

2.4 Theoretische Verortung von Online Self-Services – Service Dominant Logic und Co-Creation

Die zunehmende Zahl an Portalen und die damit einhergehenden diversen Möglichkeiten der zeitunabhängigen, flexiblen und insbesondere der eigenständigen Leistungserbringung durch den Kunden lässt sich theoretisch im Rahmen der „*Service Dominant Logic*" verorten. Dieses wissenschaftliche Paradigma nach Vargo und Lusch (2004) nimmt Kunden nicht mehr nur als rein passive Konsumenten, sondern als aktive Co-Produzenten und Co-Creatoren der Leistung wahr (Vargo/Lusch 2004). Die Rolle des Kunden hat sich somit vielfältig gewandelt: Statt isolierte und einseitige Leistungsempfänger zu sein, stehen Kunden heute immer mehr mit anderen Kunden, Anbietern und Stakeholdern in Beziehung, sind gut informiert statt ahnungslos sowie aktiv statt passiv (Prahalad/Ramaswamy 2004a). Kunden wollen nun auch immer mehr am Wertschöpfungsprozess der Unternehmen teilhaben und integrieren sich deswegen bereits früh in die Ideengenerierung für neue Dienstleistungen und Produkte (Piller et al. 2011). Somit verschwimmen die Grenzen zwischen Anbieter und Nachfrager immer mehr und die Wertschöpfung findet im wechselseitigen Zusammenspiel statt. Die Unternehmen stellen ihren Kunden zur gemeinsamen Wertschöpfung geeignete Plattformen zur Verfügung. Insbesondere Online Portale erfreuen sich dabei bei Unternehmen (Kostenersparnis) und Kunden (Zeitersparnis) im Sinne von „co-creative engagement platforms" immer größerer Beliebtheit (Ramaswamy 2009, S. 31). Den Kernprinzipien einer effizienten und effektiven Co-Creation nach Ramaswamy und Gouillart (2010) folgend, sollte sich die anbieterseitig zur gemeinsamen Wertschöpfung zur Verfügung gestellte Infrastruktur in

Form von Portalen auf die Schaffung von Experience fokussieren und es diverse Möglichkeiten zur Interaktion sowohl zwischen Kunde und Unternehmen als auch den Kunden untereinander geben. Eine hohe Qualität an gemeinsamer Interaktion und hohe Integration des Kunden in die gemeinsame Wertschöpfung kann dabei zu einzigartigen Kundenerlebnissen führen (Prahalad/Ramaswamy 2004b). Welche Determinanten in Bezug auf Online Portale für eine erfolgreiche Umsetzung zu beachten sind, wird dabei in den folgenden Abschnitten aufgezeigt.

3. Determinanten zur Schaffung von Customer Experience bei Online Portalen aus Unternehmenssicht – Erkenntnisse aus einer qualitativen Studie

3.1 Konzeption der Studie

In einer qualitativen Studie am *Beispiel von Energieversorgungsdienstleister* soll explorativ aus Unternehmens- und Expertensicht erörtert werden, wie eine größtmögliche Customer Experience auf Online Portalen geschaffen werden kann.

Dazu wurde – aufbauend auf theoretischen Grundlagen wie den fünf Dimensionen der „Web-Usability" – namentlich Effizienz, Effektivität, Erlernbarkeit, Fehlertoleranz und Engaging-Faktor, nach Green und Pearson (2006), ein umfassender Interviewleitfaden erstellt. Danach erfolgte die Akquise von Experten aus Wissenschaft (n = 2) und Praxis (n = 7). Letztere setzten sich aus Dienstleistungsunternehmen zusammen, die Online Portale erfolgreich betreiben sowie aus relevanten Beratungsunternehmen, die sich mit Fragen der Optimierung von Websites und Portalen beschäftigen. Die Durchführung erfolgte zwischen dem 30. Juni und 25. Juli 2011 telefonisch oder persönlich entlang des ausgearbeiteten Leitfadens, um eine hohe Vergleichbarkeit gewährleisten zu können. Als Auswertungsmethodik wurde die Inhaltsanalyse nach Meuser und Nagel (1991) ausgewählt, da dieses Verfahren insbesondere heterogene Einzelmeinungen berücksichtigt und die Analyse sehr textnah ist.

3.2 Ergebnisse der Studie

Im Allgemeinen wird die hohe strategische Bedeutung von Portalen für die Unternehmen betont. Online Portale sollen demnach hohen Nutzen für Kunden als auch Unternehmen generieren. So stehen im Allgemeinen einer gewünschten Zeitersparnis sowie einer erhöhten Flexibilität für die Kunden eine Aufwands- und Kostenreduktion der Unternehmen gegenüber. Ferner wird auch versucht, über das Medium Internet neue Kunden zu erreichen:

„Mit diesem Medium [...] erreichen wir natürlich auch Kunden, die wir sonst vielleicht nicht erreicht haben oder hätten...“ (Experte 2)

Im Folgenden werden die Ergebnisse der Expertengespräche in Anlehnung an die fünf Dimensionen der *Brand Experience* nach Brakus et al. (2009) und Skard et al. (2011) affektiv, kognitiv, konativ, relational und sensorisch zugeordnet.

3.2.1 Affektive Experience

Im Bereich von Online Self-Services wird das Kriterium der affektiven Experience von den befragten Experten als besonders relevant betrachtet. Um Emotionalität bei den Usern erzeugen zu können, bedarf es vor allem eines intuitiven Aufbaus der Website. Ferner sollte auf zu viele störende Elemente verzichtet werden, wie folgender Beitrag veranschaulicht:

„Es [das Portal] muss intuitiv gestaltet sowie klar und einfach strukturiert sein. [...] Es sollten nicht hier und da Werbebanner blinken.“ (Experte 5)

Die affektive Komponente bezieht sich somit auf eine aus Kundensicht angenehme Atmosphäre auf dem Portal, aufdringliche Werbebanner wirken dabei besonders störend. Ferner stellen eine übersichtliche und logische Aufbereitung der Website und ihrer Inhalte elementare Basisanforderungen dar.

3.2.2 Kognitive Experience

Kognitive Experience zeichnet sich vor allem dadurch aus, dass der Konsument in intellektuellen oder gedanklichen Diskurs mit der Marke bzw. dem Anbieter tritt (Brakus et al. 2009). Dazu sollten viele Informationen zur Dienstleistung im Portal verfügbar und adäquat aufbereitet sein. Der Konsument sollte in der Lage sein, auf einem Online Portal selbstständig möglichst viele Dienstleistungen abwickeln zu können. Denkbare auftretende Fehler im Portal sollten schnell und konkret durch das System beschrieben werden. Um die Self-Services möglichst sorgenfrei zu gestalten, sollten die durch den Betreiber abgefragten Daten möglichst nachvollziehbar bzw. transparent genutzt werden, d.h. der Konsument sollte keine Angst bezüglich dem Schutz seiner Privatsphäre haben:

„Er [User] muss ja auch verstehen, warum er bei uns verschiedene Angaben macht. [...] Für den Kunden ist oftmals nicht verständlich, warum er die Angaben machen muss. Er sollte das möglichst gut nachvollziehen können.“ (Experte 6)

3.2.3 Konative Experience

Unter der verhaltensorientierten Experience versteht man wirkliche Aktionen, die im Zusammenhang mit dem Dienstleistungs- und Markenerlebnis stehen (Brakus et al. 2009). Im Bezug auf Online Portale erläuterten die befragten Experten, dass mit dem Portal schnell und einfach Basisdienstleistungen aus Kundensicht erledigt werden können. Dazu sind die technischen Prozesse möglichst schnell und schlank zu halten, um den Kunden die Anwendung zu vereinfachen und somit das Erlebnis zu optimieren:

„Ein schneller Self-Service muss möglich sein, der Self-Service muss dann möglich sein, wenn es dem Kunden einfällt, wenn er gerade daran denkt." (Experte 5)

Abschließend können, um noch mehr kundenseitige Aktionen auszulösen, direkte Nutzungsanreize von Seiten des Unternehmens bereitgestellt werden. Beispielsweise bieten einige Dienstleister ihren reinen Online Kunden, die in der Regel über Portale „bedient" werden, vergünstigte Tarife an.

3.2.4 Relationale Experience

Dem oben beschriebenen Schutz des persönlichen Bereichs steht das oftmalige Verlangen der Kunden nach Individualisierung und vor allem Personalisierung gegenüber. Vor allem eine personalisierte Benutzerumgebung kann die relationale Experience (Skard et al. 2011) der Kunden stärken. Um dieses Erlebnis noch weiter zu vertiefen, können de Weiteren auch Tools zu beispielsweise individuellen Tarifmöglichkeiten angeboten werden:

„Und der Kunde möchte dann auch im Portal über neue Tarife oder auf ihn zugeschnittene Tarife oder Änderungen informiert werden." (Experte 2)

Weitere Kriterien in dieser Art der Beziehung sind umfassende Supportmöglichkeiten auf dem Online Portal wie Hilfs- und Erläuterungsmöglichkeiten. Dabei sollten neben klassischen Hilfsmethoden wie hinterlegten „Frequently Asked Questions" (FAQ) oder einer Hotline auch modernere Verfahren wie Instant Messaging heranzogen werden:

„[...] oder dass man Kontaktdaten auf der Webseite hat, dass ich eine E-Mail schicken kann, dass ich Instant Messaging habe, mit Hilfe dessen man einen Call Center Agent direkt anschreiben kann, der mir antwortet oder mich dann zurückruft, also eine Call Back Funktion." (Experte 7)

3.2.5 Sensorische Experience

Neben einer optisch ansprechenden Aufbereitung aus Kundensicht ergeben die Expertengespräche, dass gut umgesetzte Online Portale allgemein leicht verständlich sein sollten. Vor allem aber sollten die Inhalte übersichtlich angeordnet sein und ein schnelles „sich zurechtfinden“ garantieren, wie folgende Statements näher beschreiben:

„Er [der Kunde] erwartet, dass er schnell die Funktionen sieht und, dass das Portal einigermaßen ansprechend aussieht.“ (Experte 1)

„Bei uns zeigt sich immer wieder, dass das wichtigste Kriterium an erster Stelle die Einfachheit, die Übersichtlichkeit ist.“ (Experte 6)

Dieses Kriterium der sensorischen Experience, die vor allem durch starke visuelle Impressionen getrieben wird (Brakus et al. 2009), ist aufgrund des zunehmenden Umfangs der Informationen sowie der Güte der bereitzustellenden Informationen immer schwieriger zu erfüllen.

Abschließend kann zusammengefasst werden, dass vor allem in Low-Involvement Branchen, wie der Energieversorgerbranche, Online Portale die Chance bieten, Customer Experience durch adäquate und gut aufbereitete Informationen, Spaß und Aktivierung der Kunden zu schaffen. Dabei sollte jedoch beachtet werden, dass zum einen nicht alle (potenziellen) Kunden durch Online Portale erreicht werden können und ferner einige diese nicht akzeptieren werden. Ein besonderes Risiko stellt zudem der Rückgang des persönlichen Kontakts dar:

„Die Gefahr, dass der persönliche Kontakt so dann mehr und mehr verloren geht. Es gibt auch noch Kunden, die den persönlichen Kontakt zu dem Berater gerne haben möchten. Diese Portale machen es dann schon etwas unpersönlicher.“ (Experte 2)

Die meisten befragten Experten waren sich ferner darin einig, dass es in Zukunft einen noch stärkeren Fokus auf Kundenerlebnisse durch die Vernetzung von Online Portalen und Social Media geben wird. Vor allem auch im Hinblick auf die zunehmende Nutzung von Smart-Phones ergeben sich im Versorgerbereich vollkommen neue Möglichkeiten: Kunden können über ihre Facebook-Profile ihren Stromverbrauch vergleichen bzw. über das Online Portal ihres Versorgers die gegenwärtige Stromeinspeisung prüfen:

„Und auch gerade durch das Thema Smart Metering wird das Portal eine besondere Bedeutung erhalten. So kann es für den Kunden spannender gemacht werden, sich mit dem Thema Energie zu beschäftigen.“ (Experte 2)

All dies führt dazu, dass durch eine Schaffung von Customer Experience mit dem Anbieter und den Produkten einfache Versorgungsdienstleistungen entkommoditisiert werden.

4. Leistungsmerkmale von Online Portalen und Einordnung in den Customer Experience Kontext

Aus der fehlenden direkten Mensch-zu-Mensch-Interaktion und der Reduzierung auf das Portal als zentralen Kundenkontaktpunkt bei Online Self-Services ergibt sich eine essenzielle Bedeutung des Online Portals für das Kundenerlebnis, da es die einzige Möglichkeit der Einflussnahme auf die Customer Experience von der Unternehmensseite darstellt. Um die relevanten Kriterien für eine positive Customer Experience auf Online Portalen zu identifizieren, wurden die Erkenntnisse aus den Experteninterviews (Kapitel 3) um einschlägige Literatur zum Thema ergänzt, sodass insgesamt zwölf *Kriterien* für das anschließende Benchmarking von Online Portalen in der Energieversorgerbranche herangezogen werden konnten (vgl. Abbildung 2). Insgesamt wurden 20 Portale aus der Versorgerbranche aus Deutschland ausgewählt, wobei der Fokus neben den großen vier Stromkonzernen insbesondere auf innovative Stadtwerke und Regionalversorger in Deutschland lag. Auf Basis der zwölf Hauptkategorien, die im Folgenden näher beleuchtet werden, wurde das Benchmarking von zwei Kodierern unabhängig durchgeführt. Daraufhin wurden die getrennten Analysen der Kodierer zusammengeführt, verglichen und auf Basis eines Konsenses eine subfinale Lösung erstellt. Schließlich wurde noch eine dritte, unabhängige Kodieranalyse zur Überprüfung durchgeführt, um die Reliabilität und Objektivität der Studie zu steigern.

Die Leistungsmerkmale von Online Portalen, die sich im Benchmarking ergeben haben, werden im Folgenden den fünf im Vorfeld identifizierten Dimensionen der Customer Experience bei Dienstleistungen nach Brakus et al. (2009) und Skard et al. (2011) „affektiv", „kognitiv" „konativ", „relational" und „sensorisch" zugeordnet. Abbildung 2 stellt dies überblicksartig dar und veranschaulicht die Merkmale anhand von Beispielen aus der deutschen Energieversorgerbranche (vgl. Abbildung 2).

4.1 Engaging-Faktor

Der „Engaging-Faktor" bezieht sich auf die Maxime, dem Kunden ein optimales Gefühl des Willkommenseins und Wohlbefinden auf dem Portal zu vermitteln, um ihm seinen Aufenthalt bequem und kurzweilig zu gestalten (Green/Pearson 2006). Dabei gilt es vor allem, das Interface interessant und angenehm zu gestalten (z.B. durch Vermeidung störender Werbe-Pop-Ups). Ferner kommt es darauf an, die Nutzung möglichst intuitiv zu gestalten und ein so genanntes *Flow-Erlebnis* (Csíkszentmihályi 2003) zu schaffen. In diesem fesselnden Zustand ist der Nutzer so involviert, dass er sich ganz auf die Interaktion konzentriert und die Umwelt um ihn herum nebensächlich wird. Der Grad des Flow-Erlebnisses hängt dabei natürlicherweise auch von der Art der Dienstleistung ab. Das Flow-Erlebnis wird hervorgerufen durch die Art und Präsentation der Herausforderung, die emotionale Aktivierung und den Spaß- und Unterhaltungswert (Novak et al. 2000; Bauer/Hammerschmidt 2004).

Customer Experience Dimensionen	Kategorien bei Online Portalen	Beispiele für Ausprägungen der Kategorien	Best Practice Beispiele aus der Energieversorgerbranche
Affektiv	Engaging-Faktor	▪ Angenehme Nutzung ▪ Schaffung von Flow Erlebnissen	*Stadtwerke Bochum:* ▪ Smartmeter Übersicht ▪ LiveCams bei Bau von neuen Kraftwerken ▪ Veranstaltungskalender
Kognitiv	Nutzen des Portals	▪ Breite und Tiefe der bereitgestellten Informationen ▪ Quantität und Qualität der verfügbaren Self-Services	*Stadtwerke Bochum:* ▪ Strukturierte Bereitstellung von hoher Informationstiefe und –breite
	Privatsphäre	▪ Grad an Nutzerdatensammlung ▪ Sicherheit und Zuverlässigkeit der Datenübermittlung	*Vattenfall:* ▪ Ausführliche und klare Darstellung der Datenschutz- und Sicherheitsbestimmungen
Konativ	Nutzungsanreize	▪ Tarifanpassungen ▪ Gutschriften	*Stadtwerke München:* ▪ Online bestellte Produkte sind günstiger
	Effektivität und Effizienz	▪ Basisaufgaben und Ziele können mit Hilfe des Portals umgesetzt werden ▪ Aufwand bei der Dienstleistungserfüllung ist gering ▪ Schneller Seitenaufbau	*Yellow Strom:* ▪ Alle Services werden durch online Funktionen abgedeckt ▪ Schnelle Aufgabenausführung
	Navigation zum Portal	▪ Externe Sichtbarkeit ▪ Interne Auffindbarkeit	*Stadtwerke München:* ▪ Direkter Link auf Google zum Portal ▪ Login zum Portal gut sichtbar auf der Startseite der Homepage
	Einfachheit der Suche	▪ Suchoption auf der Website	*Stadtwerke München:* ▪ Dauerhafte Stichwortsuche auf dem Portal am rechten oberen Rand der Website möglich

Abbildung 2: Dimensionen und Kategorien der Customer Experience bei Online Portalen im Kontext der Energieversorgerbranche (Teil 1)

Customer Experience Dimensionen	Kategorien bei Online Portalen	Beispiele für Ausprägungen der Kategorien	Best Practice Beispiele aus der Energieversorgerbranche
Relational	Support	▪ Telefon-Hotline ▪ E-Mail ▪ Live Chat	*Yellow Strom:* ▪ 24h kostenlose Hotline ▪ Avatar mit Live Chat
	Interaktivität	▪ Nutzer-Nutzer-Interaktion ▪ Unternehmen-Nutzer-Interaktion	*EnBW:* ▪ Feedbackformular auf der Website
	Personalisierung	▪ Individualisierungsmöglichkeiten ▪ Angebotspersonalisierung	*EnBW:* ▪ Kontakthistorie und personalisierte Produktangebote im Portal
Sensorisch	Design des Portal	▪ Gestaltung des Portalauftritts ▪ Adäquate Anpassung an die Marken und Produktwelt	*Stadtwerke München:* ▪ Farblich ansprechende Gestaltung mit passenden Hintergrundbildern ▪ Hauptfarben des Portals entsprechen der Marken- und Produktwelt des Anbieters
	Aufbau und Struktur	▪ Umsetzung der Einzelseiten ▪ Übersichtlichkeit und Verständlichkeit ▪ Navigation auf der Seite	*EnBW:* ▪ Gute Übersicht durch farbliche und grafische Gestaltung sowie leichte Verständlichkeit des Online Portals

Abbildung 2: Dimensionen und Kategorien der Customer Experience bei Online Portalen im Kontext der Energieversorgerbranche (Teil 2)

Da der Engaging-Faktor und insbesondere das Flow-Erlebnis explizit die emotionale Aktivierung des Nutzers, sein Wohlbefinden und seine Unterhaltung zum Ziel hat, stimuliert dieses Leistungsmerkmal die Gefühle der Online Konsumenten. Damit lässt es sich eindeutig der affektiven Dimension zuordnen (Brakus et al. 2009; Skard et al. 2011).

4.2 Wahrgenommener Nutzen des Portals für den Kunden

Der wahrgenommene Nutzen des Portals für den Kunden ergibt sich zum einen aus den zur Verfügung gestellten Informationen und zum anderen aus den zur Verfügung stehenden Self-Services auf dem Portal. Der Nutzen der bereitgestellten Informationen setzt sich dabei aus der Breite der zur Verfügung gestellten Informationen, d.h. der Quantität der abrufbaren Auskünfte über die zugrundeliegenden Produkte bzw. Dienstleistungen sowie der Tiefe der zur Verfügung gestellten Information, d.h. der Qualität und Detailliertheit der abrufbaren Auskünfte, zusammen. Des Weiteren ist die Aktualität der verfügbaren Informationen von entscheidender Bedeutung. Der Nutzen aus den bereitstehenden Self-Services ergibt sich dabei auch aus dem Umfang der zur Verfügung stehenden Leistungen (Salomann 2008; Ding et al. 2011).

Da die Bereitstellung von Informationen sowohl analytisches als auch kreatives lösungsorientiertes Denken stimuliert und Informationsverarbeitung implizit ein kognitives Leistungsmerkmal darstellt, kann der Nutzen des Portals für den Kunden mit den oben ausgeführten Kriterien unter der kognitiven Dimension nach Brakus et al. (2009) subsumiert werden.

4.3 Effektivität und Effizienz

Effektive und effiziente Nutzung der Seite sind ausschlaggebend für die Grundanforderungen eines Portals. *Effektivität* bezieht sich dabei auf die Aufgabenausführung der Basisaufgaben und Ziele bzw. auf das Maß, zu dem diese problemlos ausgeführt werden können. *Effizienz* bezieht sich auf den insbesondere zeitlichen Aufwand, der mit der Erledigung dieser Aufgaben verbunden ist. Damit ist auch die Geschwindigkeit des Aufbaus einer Website verbunden (Bauer/Hammerschmidt 2004; Green/Pearson 2006).

Die eben beschriebene Effektivität und Effizienz sind explizit darauf ausgerichtet, dem Kunden eine möglichst einfache und benutzerfreundliche Oberfläche zu bieten. Zum einen wird dem Kunden das Leben somit vereinfacht, zum anderen wird die physische Anstrengung zur Erreichung seiner Ziele minimiert. Damit kann die Effektivität und Effizienz unter der konativen Dimension subsumiert werden (Brakus et al. 2009; Skard et al. 2011).

4.4 Navigation zum Portal

Die Navigation zum Portal z.B. von der Website des Unternehmens oder durch eine Suchmaschine, spielt eine erhebliche Rolle für die Einfachheit, Sichtbarkeit und Benutzerfreundlichkeit des Portals. Für die Bewertung dieses Kriteriums spielen externe Faktoren sowie interne Faktoren eine entscheidende Rolle. Externe Faktoren sind z.B. die prominente Darstellung in Suchmaschinenanfragen wie Google und die Sichtbarkeit durch Werbung sowie Positionierung auf einschlägigen Websites. Interne Faktoren hingegen beziehen sich auf die Navigation von der unternehmenseigenen Website zum Online Portal und die Auffindbarkeit des Portals innerhalb der Unternehmens-Website (Bart et al. 2005; Salomann 2008).

Auch die Navigation zum Portal zielt auf die Vereinfachung der Benutzung ab und dient damit der Bedienungsfreundlichkeit. Die sich daraus ergebende Vereinfachung der Verhaltensweisen des Kunden führt zur Zuordnung zur konativen Dimension (Brakus et al. 2009; Skard et al. 2011).

4.5 Support für den Kunden

Idealerweise sollte der Kunde auf Online Portalen vollkommen unabhängig zurechtkommen können. Im Falle von Schwierigkeiten, technischen Unzulänglichkeiten oder geforderter Unterstützung kann jedoch externe Hilfe zu einem entscheidenden Leistungsmerkmal eines Online Portals werden. In diesem Falle kennzeichnet sich der externe Support durch die Vielseitigkeit der Kommunikationsmöglichkeiten, wie beispielsweise einer Telefonhotline, E-Mail, eines Live-Chats oder eines FAQ-Bereichs. Weitere Leistungsmerkmale des externen Supports sind die Erreichbarkeit der verschiedenen Kanäle (z.B. nur zu regulären Geschäftszeiten oder 24/7) sowie eventuelle Zusatzkosten des externen Supports, wie beispielsweise eine kostenpflichtige Telefonhotline (Bauer/Hammerschmidt 2004).

Der externe Support beinhaltet direkt oder indirekt persönlichen Kontakt und stellt in sich eine weitere Dienstleistung dar. Dabei sind die Art der Unterstützung und der Kontakt zum Anbieter wesentlich für die Wahrnehmung der Hilfestellung und somit für die Beziehung zum Anbieter. Daher unterstreicht das Leistungsmerkmal des externen Supports nicht nur die Wichtigkeit der sozialen Interaktion bei Dienstleistungen, sondern kann auch der relationalen Dimension der Customer Experience zugeordnet werden (Brakus et al. 2009; Skard et al. 2011).

4.6 Interaktivität

Interaktivität ist ein weiteres notwendiges Kriterium von Online Portalen zur Schaffung von nachhaltigen Kundenerlebnissen, wobei sich die Interaktivität sowohl auf die Unternehmen-Nutzer-Interaktion als auch auf die Nutzer-Nutzer-Interaktion, beispielsweise in Form von Communities, beziehen kann. Die *Unternehmen-Nutzer-Interaktion* ist dabei geprägt von der Möglichkeit, Feedback an das Unternehmen zu geben, dem Aufzeigen alternativer Möglichkeiten und Cross-Selling Angeboten. Die *Nutzer-Nutzer-Interaktion* wiederum charakterisiert sich durch Erfahrungsaustausch, wie z.B. Chats, Newsgroups oder Diskussionsforen. Ferner findet immer mehr aufgabenunterstützende Interaktion räumlich getrennter Nutzer mittels Portaltechnologien statt (Bauer/Hammerschmidt 2004; Salomann 2008).

Da die Interaktion in sich eine soziale Tätigkeit ist und der Austausch von Unternehmen und Kunde, aber auch die Ermöglichung des Austauschs zwischen Kunde und Kunde eine wichtige Komponente des positiven Kundenerlebnisses darstellt, wird die Interaktivität unter der relationalen Dimension subsumiert (Brakus et al. 2009; Skard et al. 2011).

4.7 Aufbau und Struktur des Portals

Für die optimale Nutzung eines Online Portals sind die Anschaulichkeit sowie die zugrundeliegende Logik und damit der Aufbau und die Struktur des Portals von enormer Bedeutung. Zu diesen zählen die konzeptionelle Umsetzung der einzelnen Seiten sowie die Navigation innerhalb des Portals. Die *Qualität der konzeptionellen Umsetzung* des Portals manifestiert sich dabei durch die Übersichtlichkeit (zu verstehen als „logisch strukturierter Aufbau“) sowie durch die Verständlichkeit (zu verstehen als „intuitive Nutzung“) des Online Auftritts (Salomann 2008). Die *Klarheit der Navigation* auf dem Portal bezieht sich nicht nur auf die begriffliche und grafische Struktur der Verlinkungen, d.h. dem problemlosen Zurechtfinden auf dem Portal, sondern auch auf die Vorhersehbarkeit der Arbeitsschritte, also der Erlernbarkeit der Abläufe und auf die Fehlertoleranz, d.h. die Möglichkeit der Rückwärtsnavigation bzw. zur Fehlerkorrektur (Green/Pearson 2006; Ding et al. 2011).

Entsprechend der eben genannten Kriterien zielen Aufbau und Struktur des Online Portals auf Anschaulichkeit und Verständlichkeit für den Kunden. Intuitive, strukturierte grafische Darstellung und visuelle Impressionen des Aufbaus sind dabei besonders entscheidend. Damit kann das Leistungsmerkmal Aufbau und Struktur des Portals unter der sensorischen Dimension subsumiert werden (Brakus et al. 2009; Skard et al. 2011).

4.8 Design des Portals

Das Design des Online Auftritts zeichnet sich durch eine ansprechende Gestaltung des Portals aus. Diese beinhaltet den farblichen und grafischen Auftritt sowie die suggerierte Stimmung auf dem Portal. Diese kann durch Fotos und Hintergrundbilder weiter unterstützt werden. Gleichzeitig kann durch eine möglichst stimmige Integration von Portalfarbe, Marke, Unternehmen und Produkt bzw. Dienstleistung ein Wiedererkennungswert und Wohlbefinden geschaffen werden. Eine Harmonisierung entsprechend der Art des Produkts bzw. der Dienstleistung (Low- vs. High-Involvement) kann dabei einen zusätzlichen positiven Effekt hervorrufen (van Riel et al. 2001; Bauer/Hammerschmidt 2004).

Mit den im Vorfeld beschriebenen Komponenten des Designs stimuliert zweifelsfrei die Sinne und das ästhetische Empfinden des Nutzers und kann somit der sensorischen Dimension der Customer Experience zugeordnet werden (Brakus et al. 2009; Skard et al. 2011).

4.9 Weitere Eigenschaften des Portals

In dieser Kategorie sind *weitere identifizierte Leistungsmerkmale* von Online Portalen zusammengefasst. Vier wichtige Faktoren wurden hierbei ausgewiesen: Der Schutz der Privatsphäre, die Suche innerhalb des Online Portals, Personalisierungsmöglichkeiten sowie die Bereitstellung direkter Anreize zur Nutzung des Portals.

Der *Schutz der Privatsphäre* bezieht sich auf das Sammeln von Informationen über den Nutzer, die Nennung des Zwecks der Datennutzung und die Sicherheit und Zuverlässigkeit der Datenübermittlung (Bauer/Hammerschmidt 2004; Bart et al. 2005; Salomann 2008). Die *Suche innerhalb des Portals* zeichnet sich durch die Unterstützung beim effizienten Finden relevanter Informationen und die Darstellung der Suche auf den einzelnen Websites aus (Salomann 2008). *Personalisierungen* können sowohl vom Kunden, z.B. durch die aktiven Individualisierungsmöglichkeiten des Portals, als auch durch das Portal selbst, z.B. durch die Anzeige häufig genutzter Funktionen, zur Verfügung gestellt werden (Bauer/Hammerschmidt 2004). Die *Bereitstellung direkter Anreize zur Nutzung des Portals* zielt auf die extrinsische Motivation des Kunden durch Tarifanpassungen, einmalige Gutschriften oder sonstige Vorteile durch die Nutzung des Portals ab.

Die Subsumierung der sonstigen Leistungsmerkmale von Online Portalen unter die fünf im Vorfeld beschriebenen Dimensionen ist nicht so eindeutig wie bei den vorangegangenen Kategorien, da sie durch größere Heterogenität gekennzeichnet sind. Der Schutz der Privatsphäre stellt ein funktionales Anliegen dar, da es aus Kundensicht eindeutig zweckgebunden ist. Außerdem ist für die Vorstellung der potentiellen Ausnutzung privater Daten analytisches bzw. kreatives Denken erforderlich. Damit kann dieses Kriterium der kognitiven Dimension der Customer Experience zugeordnet werden. Die Suche innerhalb des Portals stellt erneut eine Vereinfachung der Navigation und des damit verbundenen Verhaltens dar und kann somit in die konative Dimension kategorisiert werden. Personalisierungsmöglichkeiten verkörpern zum anderen wieder Chancen zur sozialen Entfaltung und können somit unter der relationalen Dimension subsumiert werden, während die Bereitstellung individueller Anreize auf das Verhalten des Kunden abzielt und damit ebenfalls der konativen Dimension zugeordnet werden kann (Brakus et al. 2009; Skard et al. 2011).

5. Zusammenfassung und Ausblick

In diesem Beitrag wurden die fünf Dimensionen „affektiv", „kognitiv", „konativ", „relational" und „sensorisch" zur Schaffung von Customer Experience auf Online Portalen theoretisch als auch auf Basis qualitativer Experteninterviews hergeleitet. In einer Benchmarking-Studie in der Energieversorgerbranche wurden diese Dimensionen validiert und anhand von Best-Practice-Beispielen veranschaulicht (vgl. Abbildung 2).

Abschließend soll konstatiert werden, dass es kein leichtes Unterfangen darstellt, nachhaltige Kundenerlebnisse durch Online Portale zu generieren. Insbesondere hängt die Intensität positiver Customer Experience von kontrollierbaren (Stabilität der Website) wie auch unkontrollierbaren (Geschwindigkeit des Internets, Ruhe am Ort des Kunden) Faktoren ab (Skard et al. 2011). Zudem muss bei Online Self-Services berücksichtigt werden, dass sich Besonderheiten durch die fehlende Mensch-zu-Mensch-Interaktion ergeben. Dies ist vor allem bei weniger internet- und technologieaffinen Menschen der Fall, sodass es hierbei besonders schwer ist, positive Experience zu schaffen.

Manager, die mit der Planung, Durchführung und Kontrolle sowie mit der operativen Ausgestaltung von Online Portalen beauftragt sind, sollten versuchen, möglichst alle fünf Dimensionen der Customer Experience zu bedienen. Dabei sei darauf verwiesen, dass es möglicherweise Trade-Offs geben kann. Beispielsweise führt eine Betonung der kognitiven Dimension zu vielen, detaillierten Informationen, die eventuell die sensorische Experience stören könnten. Besonders gilt zu beachten, dass der Kunde sich nie alleine gelassen fühlen sollte, sondern es stets möglich sein sollte, dass er auf diverse Supportmöglichkeiten zurückgreifen kann. Trotz vieler banal erscheinender Kategorien wird in der Praxis oftmals der Fehler begangen, dass Portale schlecht konzipiert werden. Ergebnis sind dann oftmals Portale mit totaler Informationsüberfrachtung, schlechter Übersicht oder zu vielen technischen Details, die von Kunden nicht angenommen werden.

In Bezug auf die zukünftige Forschung sollte beleuchtet werden, wie die Schaffung von Customer Experience auf Online Portalen mit den „offline" Anstrengungen des Unternehmens, z.B. in Outlets, zusammenwirkt. Ferner wären langfristige Untersuchungen von Interesse, z.B. in wieweit Kunden nach mehrfacher Nutzung von Online Portalen noch die Dienstleistung oder die Marke aktiv erleben oder ob sich Gewohnheits- oder Abnutzungseffekte einstellen. Ein weiterer nicht zu vernachlässigender Punkt ist zudem, wie sich in den diversen Dienstleistungsbranchen der optimale Mix zwischen Online zu erbringenden Self-Services und persönlichen Kontakten zum Anbieter gestaltet.

Aufgrund der enormen Entwicklung des Internet, gestiegener Flexibilitätsanforderungen an die Unternehmen sowie einer erhöhten Bequemlichkeit des Kunden, entwickeln sich Online Portale weg von der reinen „ersten Informationsquelle" des Kunden hin zu immer mehr der einzigen „Interaktionsart" des Kunden mit dem Unternehmen. Deshalb wird die Bedeutung von Online Portalen, insbesondere im Hinblick auf die Schaffung einzigartiger Kundenerlebnisse, in der Zukunft stark zunehmen.

Literaturverzeichnis

Amazon.com Inc. (2011): Mein Amazon, https://www.amazon.de/gp/yourstore/home?ie=UTF8&ref_=topnav_storetab_ys (Zugriff: 16.09.2011).

Apple Inc. (2011): Support, http://www.apple.com/de/support/ (Zugriff: 15.09.2011).

Arnould, E.J./Price, L.L. (1993): River Magic: Extraordinary Experience and the Extended Service, in: Journal of Consumer Research, Vol. 20, No. 1, S. 24-45.

Bart, Y./Shankar, V./Sultan, F./Urban, G.L. (2005): Are the Drivers and Role of Online Trust the Same for All Web Sites and Consumers? A Large-Scale Exploratory Empirical Study, in: Journal of Marketing, Vol. 69, No. 4, S. 133-152.

Bauer, H.H./Hammerschmidt, B. (2004): Kundenzufriedenheit und Kundenbindung bei Internet-Portalen – Eine kausalanalytische Studie, in: Bauer, H.H./Rösger, J./ Neumann, M. (Hrsg.): Konsumentenverhalten im Internet, München, S. 189-214.

Biedenbach, G./Marell, A. (2010): The Impact of Customer Experience on Brand Equity in a Business-to-Business Services Setting, in: Journal of Brand Management, Vol. 17, No. 6, S. 446-458.

Brakus, J.J./Schmitt, B.H./Zarantonello, L. (2009): Brand Experience: What Is It? How Is It Measured? Does It Affect Loyalty?, in: Journal of Marketing, Vol. 73, No. 3, S. 52-68.

Campbell, C.S./Maglio, P.P./Davis, M.M. (2011): From self-service to super-service: a resource mapping framework for co-creating value by shifting the boundary between provider and customer, in: Information Systems & e-Business Management, Vol. 9, No. 2, S. 173-191.

Carù, A./Cova, B. (2003): Revisiting Consumption Experience: A More Humble but Complete View of the Concept, in: Marketing Theory, Vol. 3, No. 2, S. 267-285.

Csíkszentmihályi, M. (2003): Good Business: Leadership, Flow, and the Making of Meaning, New York.

Davis, S.M./Dunn, M. (2002): Building the Brand-Driven Business – Operationalize Your Brand to Drive Profitable Growth, San Francisco.

Ding, X.D./Hu, P.J.-H./Sheng, O.R.L. (2011): e-SELFQUAL: A scale for measuring online self-service quality, in: Journal of Business Research, Vol. 64, No. 5, S. 508-515.

Duncan, T./Moriarty, S. (2006): How Integrated Marketing Communication's "Touchpoints" Can Operationalize the Service Dominant Logic, in: Lusch, R.F./ Vargo., S.L. (Hrsg.): The Service-Dominant Logic of Marketing, Armonk, New York.

Girard, M. (2006): Customer Experience Management an Kundenkontaktpunkten – Typologisierung und Implikationen für die Steuerung der Marke, München.

Gentile, C./Spiller, N./Noci, G. (2007): How to Sustain the Customer Experience: An Overview of Experience Components That Co-Create Value with the Customer, in: European Management Journal, Vol. 25, No. 5, S. 395-410.

Green, D./Pearson, J.M. (2006): Development of a web site usability instrument based on ISO 9241-11, in: Journal of Computer Information Systems, Vol. 47, No. 1, S. 66-72.

Ha, H.-Y./Perks, H. (2005): Effects of Consumer Perceptions of Brand Experience on the Web: Brand Familiarity, Satisfaction and Brand Trust, in: Journal of Consumer Behaviour, Vol. 4, No. 6, S. 438-452.

Heinonen, K./Strandvik, T./Mickelsson, K.-M./Edvardsson, B./Sundström, E./ Andersson, P. (2010): A customer-dominant logic of service, in: Journal of Service Management, Vol. 21, No. 4, S. 531-548.

Holbrook, M.B./Hirschman, E.C. (1982): The Experiential Aspects of Consumption: Consumer Fantasies, Feelings, and Fun, in: Journal of Consumer Research, Vol. 9, No. 2, S. 132-140.

Iglesias, O./Singh, J.J./Batista-Foguet, J.M. (2011): The Role of Brand Experience and Affective Commitment in Determining Brand Loyalty, in: Journal of Brand Management, Vol. 18, No. 8, S. 570-582.

Kerin, R.A./Jain, A./Howard, D.J. (1992): Store Shopping Experience and Consumer Price-Quality-Value Perceptions, in: Journal of Retailing, Vol. 68, No. 4, 376-397.

Langenscheidt (2010): Langenscheidt Power Dictionary Englisch. Berlin/München.

Meuser, M./Nagel, U. (1991): ExpertInneninterviews – vielfach erprobt, wenig bedacht. Ein Beitrag zur qualitativen Methodendiskussion, in: Garz, D./Kraimer, K. (Hrsg.): Qualitativempirische Sozialforschung. Konzepte, Methoden, Analysen, Opladen, S. 441-471.

Meuter, M.L./Ostrom, A.L./Bitner, M.J./Roundtree, R. (2003): The influence of technology anxiety on consumer use and experiences with self-service technologies, in: Journal of Business Research, Vol. 56, No. 11, S. 899-906.

Meuter, M.L./Ostrom, A.L./Roundtree, R.I./Bitner, M.J. (2000): Self-Service Technologies: Understanding Customer Satisfaction with Technology-Based Service Encounters, in: Journal of Marketing, Vol. 64, No. 3, S. 50-64.

Meyer, A. (1983): Dienstleistungs-Marketing. Erkenntnisse und praktische Beispiele, Augsburg.

Meyer, A. (1991): Dienstleistungs-Marketing, in: Die Betriebswirtschaft, 51. Jg., Nr. 2, S. 195-209.

Meyer, C./Schwager, A. (2007): Understanding Customer Experience, in: Harvard Business Review, Vol. 85, No. 2, S. 116-126.

Novak, T.P./Hoffman, D.L./Yung, Y. (2000): Measuring the Customer Experience in Online Environments: A Structural Modeling Approach, in: Marketing Science, Vol. 19, No. 1, S. 22-42.

Park, W.C./MacInnis, D.J./Priester, J./Eisingerich, A.B./Iacobucci, D. (2010): Brand attachment and brand attitude strength: Conceptual and empirical differentiation of two critical brand equity drivers, in: Journal of Marketing, Vol. 74, No. 4, S. 1-17.

Piller, F.T./Ihl, C./Vossen, A. (2011): A typology of customer co-creation in the innovation process, in: Hanekop, H./Wittke, V. (Hrsg.): New forms of collaborative production and innovation: Economic, social, legal and technical characteristics and conditions, Göttingen.

Pine, I./Joseph, I.B./Gilmore, J.H. (1998): Welcome to the Experience Economy, in: Harvard Business Review, Vol. 76, No. 4, S. 97-105.

Prahalad, C.K./Ramaswamy, V. (2004a): Co-Creating Unique Value with Customers, in: Strategy & Leadership, Vol. 32, No. 3, S. 4-9.

Prahalad, C.K./Ramaswamy, V. (2004b): Co-Creation Experiences: The New Practice in Value Creation, in: Journal of Interactive Marketing, Vol. 18, No. 3, S. 5-14.

Ramaswamy, V. (2009): Are You Ready for the Co-Creation Movement?, in: IESE insights, No. 2, S. 29-35.

Ramaswamy, V./Gouillart, F. (2010): Building the Co-Creative Enterprise, in: Harvard Business Review, Vol. 88, No. 10, S. 100-109.

Salomann, H. (2008): Internet Self-Service in Kundenbeziehungen. Gestaltungselemente, Prozessarchitektur und Fallstudien aus der Finanzdienstleistungsbranche, Wiesbaden.

Schmitt, B.H. (1999): Experiential Marketing: How to Get Customers to Sense, Feel, Think, Act, and Relate to Your Company and Brands, New York.

Schmitt, B.H. (2003): Customer Experience Management: A Revolutionary Approach to Connecting with Your Customers, New Jersey.

Schmitt, B.H./Mangold, M. (2004): Kundenerlebnis als Wettbewerbsvorteil – Mit Customer Experience Management Marken und Märkte Gewinn bringend gestalten, Wiesbaden.

Skard, S./Herbjørn, N./Pedersen, P.E. (2011): Brand and Customer Experience in Service Organizations: Literature Review and Brand Experience Construct Validation, in: SNF Working Paper, Institute for research in economics and business administration, Nr. 9/11, S. 1-49.

van Riel, A./Liljander, V./Jurriëns, P. (2001): Exploring consumer evaluations of e-services: a portal site, in: International Journal of Service Industry Management, Vol. 12, No. 3/4, S. 359-377.

Vargo, S.L./Lusch, R.F. (2004): Evolving to a New Dominant Logic for Marketing, in: Journal of Marketing, Vol. 68, No. 1, S. 1-17.

Vargo, S.L./Lusch, R.F. (2008): Why “Service”?, in: Journal of the Academy of Marketing Science, Vol. 36, No. 1, S. 25-38.

Verhoef, P.C./Lemon, K.N./Parasuraman, A./Roggeveen, A./Tsiros, M./Schlesinger, L.A. (2009): Customer experience creation: Determinants, dynamics and management strategies, in: Journal of Retailing, Vol. 85, No. 1, S. 31-41.

Silke Boenigk, Bernd Helmig, Manfred Bruhn, Karsten Hadwich und Verena Batt

An empirical investigation of experiences and the link between a service-dominant logic mindset, competitive advantage, and performance of nonprofit organizations

Prof. Dr. *Silke Boenigk* ist Inhaberin des Lehrstuhls für BWL, insbesondere Management von Öffentlichen, Privaten & Nonprofit-Organisationen an der Universität Hamburg. Prof. Dr. *Bernd Helmig* ist Inhaber des Lehrstuhls für Allgemeine BWL, Public & Nonprofit Management an der Universität Mannheim. Prof. Dr. *Manfred Bruhn* ist Ordinarius für Betriebswirtschaftslehre, insbesondere Marketing und Unternehmensführung an der Wirtschaftswissenschaftlichen Fakultät der Universität Basel und Honorarprofessor an der Technischen Universität München. Prof. Dr. *Karsten Hadwich* ist Inhaber des Lehrstuhls für Dienstleistungsmanagement an der Universität Hohenheim. Dipl.-Rom. *Verena Batt* ist Wissenschaftliche Mitarbeiterin am Lehrstuhl für Marketing und Unternehmensführung der Universität Basel.

1. Introduction

"Indeed, it is the dominant logic for nonprofit firms" (Lehmann 2006, p. 301).

Twenty-five years have elapsed since Porter (1985) introduced the concept of competitive advantage and the creation of superior business performance into the literature and therewith embossed our thinking of how organizations compete. The most widely accepted definition is that competitive advantage is the ability of a firm to create more economic value for customers than its competitors through differentiation on the one or cost leadership on the other hand. Subsequent developments of this area of research emphasize the importance of social values to achieve competitive advantage. Of course, not only in the for-profit, but also in a nonprofit context, organizations achieve competitive advantage systematically (Porter/Kramer 2002; 2006; Kong/Prior 2008).

For academics and practitioners it is obvious to create value for the customer in terms of experiences. But customer experience cannot be seen as a separate construct. In our understanding customer experience is created within all interactions with the customer. The concept of the *service-dominant (S-D) logic* states that the consumer is always a co-creator (FP6; for an overview of FP´s see Appendix 1; FP = Foundational Premises of S-D logic). Inherently customer experience is a closely related concept (Lusch et al. 2007). Interactivity in terms of doing things with the customer is the attribute of the S-D logic. Hence, the *understanding of customer experience* is a premise for the S-D logic. Therefore we can assume that customer experience is a part of the "experiences" in the S-D logic characteristics. Following this argumentation customer experience is one key aspect to achieve competitive advantage. Without experience an organization is not able to deliver a value proposition to the market.

However, since Vargo and Lusch (2004; 2008) share their views on what has become known as service-dominant (S-D) logic, there has been additional debate on the consequences on competition and performance when the dominant logic changes. Following S-D logic arguments, competing through service is more than the analysis and realization of a better product and/or services quality compared to competitors. It is about achieving advantages through knowledge and skills given in the organization and/or in a network constellation, summarized in the fourth foundational premise (FP4) of S-D logic as it is published in the original work as follows: "Knowledge is the fundamental source of competitive advantage" (Vargo/Lusch 2004, p. 9).

Meanwhile, based on the intensive discussion on operant versus operand resources, Vargo and Lusch (2008) slightly modified the wording of FP4 into "operant resources are the fundamental source of competitive advantage" (Vargo/Lusch 2008). Operand are those (often tangible) resources of an organization by which an action or operation is performed. In contrast, intangible aspects such as knowledge of employees to solve a special problem, communication skills of employees to build up relationships with stakeholders, or relational competence in the interaction with public authorities, are operant resources. Overall, FP4 is driven by the assumption that an impact of all operant resources given in the S-D logic on competitive advantage and in the long-run performance is observable. Vargo and Lusch (2004, p. 9) formulate the effects like this "These views imply that operant resources, specifically the use of knowledge and mental competences, are at the heart of competitive advantage and performance".

However, based on Lehmann's statement cited before (2006), we argue that the nonprofit sector is predestinated to identify relevant effects on competitive advantage and performance empirically, because S-D logic characteristics are very often observable and therefore logical in nonprofit organizations (e.g., the healing of a sick person does not work without a co-creation of patient and doctors; expertise and specialized knowledge is needed to help the people of Haiti after the dramatic earthquake). Furthermore, a lot of nonprofit organizations are heavily under market pressure because of the decrease in state funding and problems to acquire charitable donations from companies or other donors (Giving USA 2009). Overall, this has led to a growing and intensive discussion among nonprofit researchers about the competitive activities, strategic orientation, and professionalization of nonprofit organizations (Helmig et al. 2006; Hwang/Powell 2009). Accordingly, the nonprofit context fits very well to the S-D logic approach (Vargo/Lusch 2008, p. 5), but studies on S-D logic and nonprofit organizations are very limited (research gap 1). Therefore, our first research question simply is: *Is service-dominant logic really the dominant logic for nonprofit-organizations?*

The second research gap is related to service-dominant logic theory building and the fact that theoretical and empirical findings on the importance of the derived service-dominant logic characteristics are lacking. To overcome this gap, a few marketing researchers, for example Brodie (2009), or Saren and Pels (2008), support the idea to use middle-range theory as a vehicle. A middle-range theory approach implies that empirical studies on S-D logic will be realized for marketing theory building purpose, before marketing researcher's focus on testing sector specific hypotheses. We agree to this general call and therefore contribute to S-D logic by using middle range theory in our own study. Our theoretical research question is: *Are some of the S-D logic characteristics more salient than others, and if yes, what does that mean for S-D logic theory building?*

The third research gap is related to the link between a S-D logic mindset of an organization, competitive advantage, and performance. Although this link has been generally explained and supported by other researchers (Day 2006; Lusch et al. 2007), previous research has neither measured the strength of the paths within S-D logic nor compared S-D logic results with other logics (e.g., a comparison with a transitional mindset like we will analyze later on in this article). According to this, our conceptual research question is: *Is a S-D logic mindset of a nonprofit organization associated with competitive advantage and performance?*

Although the question of how to measure S-D logic is not the main purpose of our study, it must be recognized that empirical findings on service-dominant logic are very limited and a lot of questions regarding the measurement are still open. Therefore, a general research gap in this area is related to the lack of empirical knowledge and measurement aspects of S-D logic as well. With this study in hand, we contribute to this research gap by presenting first empirical insights and hopefully are able to enrich the methodological discussion on S-D logic. The article is structured as follows: First, as a background of our study, we briefly explain middle range theory. Then, we present our conceptual S-D logic model and discuss the constructs integrated. Third, we discuss the sample, data collection procedure, data analysis, and present the empirical results of the S-D logic model. In a rival model, we also investigate the impact of a transitional mindset on competitive advantage, and performance which makes us able to compare the results. Finally, we discuss implications for researchers primarily with regard to S-D logic theory building and for practitioners with respect to the implementation of S-D logic characteristics in organizations.

2. Middle-Range Theory

In order to place the present research in its proper theoretical context, it is necessary to provide a brief overview of marketing theory building by differentiating three levels of generalization (Anderson 1983; Hunt 1983; Gummesson 2003; Wacker 2008). Figure 1 indicates that general theories (Alderson/Cox 1948; Bagozzi 1984; Hunt 2002) can be distinguished from middle-range theories (Merton 1967) and empirical testing of theories. Transferred to the area of S-D logic, Vargo and Lusch (2006) stated clearly that S-D logic should not be misinterpreted as a general theory, but can be seen as a theoretical mindset that "... may be able to serve as a foundation for the development of a general theory of marketing" (Vargo/Lusch 2006, p. 406). Consequently, we see the ten foundational premises and other conceptual work on S-D logic as a starting point of building a general theory respectively as an ongoing theory development process in marketing and beyond (Grant 1996).

As mentioned before, there are different researchers calling for the use of middle-range theory within the S-D logic framework (Saren/Pels 2008; Brodie 2009; Brodie et al. 2009). Middle-range theory can be interpreted as a mediator or balance between the two extreme positions; general theory building and empirical testing (Merton 1967). The purpose of a middle-range perspective is to gain empirical knowledge of the overall S-D logic approach or of a specific question within S-D logic that helps researchers to strengthen the understanding of the phenomena under study for theory building purposes. Therefore, these studies are narrower in scope, less abstract, more appropriate for empirical testing, and more applicable to practice and implementation (Boudon 1991, p. 31). Based on this understanding, Kim et al. (2009, p. 385) point out that middle-range theory should not be misinterpreted as a compromise between the two extremes. Contrawise, middle-range theory can help marketing researchers to combine both rigor and contextual relevance. We agree with this opinion and argue that researchers interested in the S-D logic approach should go slowly the ladder up to empirical testing of S-D logic (see Figure 1).

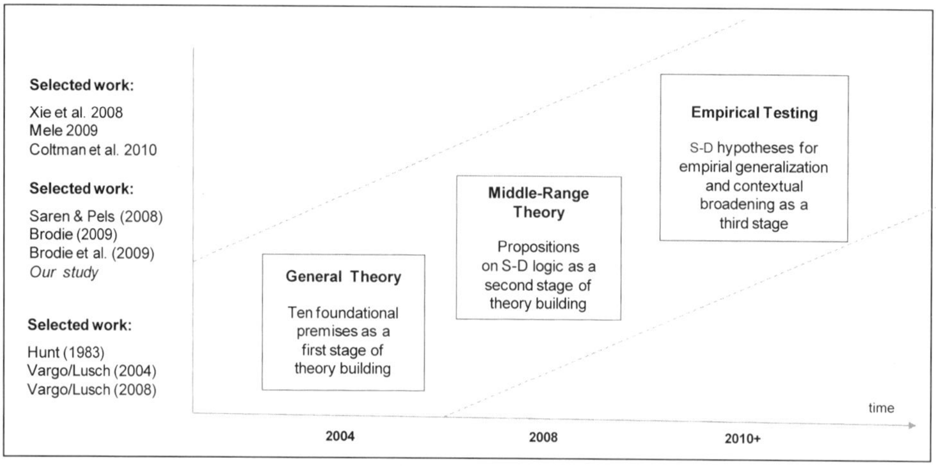

Figure 1: Stages of Generalization within S-D Logic

Against this background not surprisingly, empirical work that could be categorized as empirical testing of S-D logic aspects is scarce. One exception is the article of Xie et al. (2008), in which the authors developed and tested the role of consumers as co-creators in the food consumption context empirically. Second, we found an empirical study from Mele (2009) on S-D logic in the business-to-business context. A manuscript under review we finally are aware of the experimental design of Coltman et al. (2010), on S-D logic within the supply chain. We do not claim that this is the complete list of all empirical work on S-D logic ever done, but generally it can be assumed that empirical work is limited, but hopefully will risen the next years.

3. Overview of the Framework

We present our theoretical framework in Figure 2. The framework incorporates three main constructs with two paths, and one moderating variable. Based on FP4, the first path conceptualizes the link between a S-D logic mindset of a nonprofit organization and competitive advantage. Following the extensive literature on strategic marketing management, the second path of the framework presents the relationship between competitive advantage and organizational performance as an outcome (for a recent meta-analysis on performance see Richard et al. 2009). To control for industry influences, we include competitive intensity as a moderator in the framework (Kohli/Jaworski 1993; Ramani/Kumar 2008). Overall, we assume that a S-D logic mindset of a nonprofit organization has a positive impact on competitive advantage, and on performance.

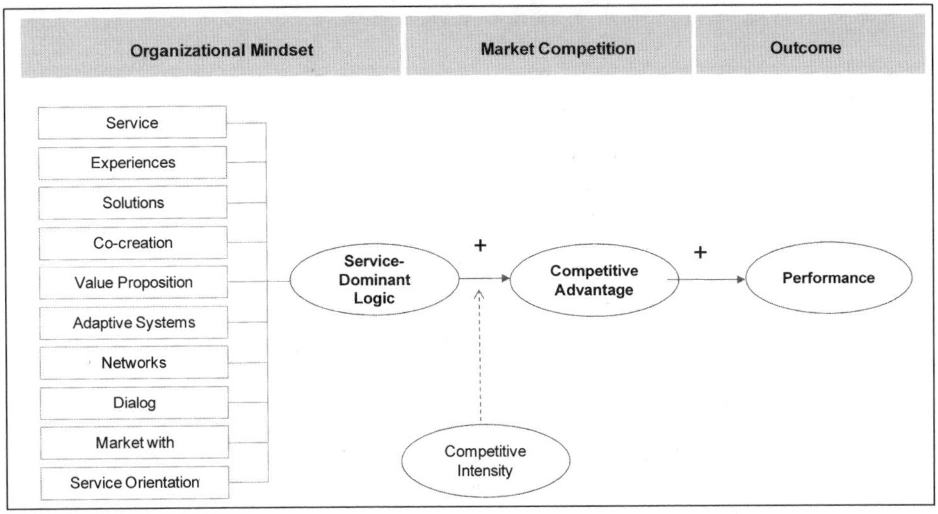

Figure 2: The Theoretical Framework

Service-Dominant Logic Mindset

In the S-D logic approach it is proposed that the strategic mindset of organizations is changing rapidly from a goods-dominant logic (through 1950), over a today's transitional concept (1950-2010), to a S-D logic mindset (2010+) (Lusch/Vargo 2006). S-D logic advocates the term "service" as the application of specialized knowledge and skills as a fundamental basis of exchange between all social and economic partners involved in the service provision, i.e., the organization, customers, members, employees, volunteers, competitors, or other stakeholders. Table 1 shows typical characteristics of each concept. Meanwhile, these S-D characteristics are well known in the marketing literature and therefore we do not continue by a detailed explanation of each item. Rather, we refer to the relevant S-D publications (Vargo/Lusch 2004; 2008; Lusch/Vargo 2006; Vargo 2009).

We integrated all S-D logic and transitional logic items discussed in Table 1 in our own theoretical framework (see Figure 2), except of the pair "financial engineering" (transitional mindset) versus "financial learning" (S-D logic mindset), because we realized our study in the not-for profit context. Thus, we also decided not to compare goods-dominant logic mindset and S-D logic, because most nonprofit organizations are services providers (e.g., social services, hospitals, aid organizations). In line with our argumentation on middle-range theory and the exploratory character of the current study, we derive prepositions (P) instead of hypotheses.

Goods-dominant logic (through 1950)	**Transitional concepts (1950-2010)**	**Service-dominant logic (2010+)**
Goods	Services	Service
Products	Offerings	Experiences
Features/attributes	Benefits	Solutions
Value-added	Co-production	Co-creation of value
Profit maximization	*Financial engineering*	*Financial feedback/ learning*
Price	Value delivery	Value proposition
Equilibrium systems	Dynamic systems	Complex adaptive systems
Supply chain	Value chain	Value-creation network/ constellation
Promotion	Integrated marketing communication	Dialog
To market	Market to	Market with
Production orientation	Market orientation	Service orientation

Table 1: From Goods-Dominant Logic To Service-Dominant Logic
(Source: Lusch/Vargo 2006, p. 286)

Coming back to our first research question, we assume that S-D logic is indeed the dominant logic of nonprofit organizations. We interpret the term "dominant" in a sense that most of the nonprofit organizations under study will have explicitly or implicitly a higher tendency to a S-D logic mindset than to a transitional mindset. Thus, we offer the following preposition:

P_1: *In the nonprofit sector, the percentage of organizations with a S-D logic instead of a transitional mindset will be higher.*

As for the question whether some of the ten S-D logic items shown in Figure 2 are possibly more salient than others (research question 2), we build on two prior investigations. First, within the S-D logic community it is more or less accepted and intensively discussed on conferences, roundtables and elsewhere that four of the ten foundational premises could be seen as core of S-D logic for theory development purposes. The core FPs accepted in the scientific community are (Vargo/Lusch 2006; Brodie 2009):

- FP1: Service is the fundamental basis of exchange.
- FP6: The customer is always a co-creator of value.
- FP9: All economic and social actors are resource integrators.
- FP10: Value is always uniquely and phenomenological determined by the beneficiary.

Consequently, we assume that these four S-D logic items are more salient than others.

Second, the work of Madhavaram and Hunt (2008) is very important to answer our second research question. Based on the resource theory (for the use of resource theory in

S-D logic see Arnould 2008), Madhavaram and Hunt (2008) propose three hierarchy levels of operant resources within S-D logic: basic operant resources (BORs) on a first hierarchy level, composite operant resources (CORs) on the second, and interconnected operant resources (IORs) on the third (highest) hierarchy level. Basic operant resources are defined as one single resource given in the organization, whereas a combination of two or more basic resources is defined as composite operant resource that collectively enables the organization to perform in the market. Interconnected operant resources are similar to CORs but with a higher level of interactivity among the involved partners. Based on this structure, Madhavaram and Hunt (2008) argue that "the competitive advantage of firms becomes more sustainable as firms go up the hierarchy because resources become more inimitable and nonsubstitutable (Madhavaram/Hunt 2008, p. 71). Transferred to our own framework and the items shown in Figure 2, we argue that both "service" and "experience" are basic operant resources of nonprofit organizations. Consequently, customer experience can also be seen as combination of both operant resources. Without knowledge, skills, and experience the organization is not able to give a value proposition to the market. Therefore, we assume that the item "experiences" also reflects FP1, and should consequently be seen as the basis to achieve competitive advantage through customer related experiences (see additionally Vargo/Lusch 2008, p. 7). Taking all arguments together, we offer the following: By realizing an empirical study on S-D logic it is assumed:

P_2: *Two basic operant resources (BORs) "service" and "experience" will be more salient than other items within the S-D logic mindset of nonprofit organizations.*

Furthermore, two other items, namely "value proposition" and "complex adaptive systems" are composite operant resources. They all combine resources (e.g. value offering and a value expectation in the case of value proposition), but normally on a low interactivity level to customers or other stakeholders, whereas "co-creation", "networks" and "dialog" are quite similar to the explained composite operant resources (CORs) but with a high(er) level of interactivity among the involved partners. Therefore, we argue that the last mentioned characteristics (co-creation, networks, and dialog) are interconnected operant resources (IORs), and compatible with Madhavaram and Hunt's arguments (2008), these three items should be more salient within a S-D logic mindset to achieve competitive advantage. Hence, we offer the following: By realizing an empirical study on S-D logic it is assumed:

P_3: *Three interconnected operant resources (IORs) "co-creation", "networks", and "dialog" will be more salient than other items within a S-D logic mindset of nonprofit organizations.*

S-D Logic Mindset → Competitive Advantage

S-D logic suggests that organizations are able to achieve competitive advantage through the co-creation of economic and societal value in the service value chain or in value network constellations (Vargo/Lusch 2004; Lusch et al. 2007). Accordingly, achieving competitive advantage in the nonprofit sector becomes possible through the ability of the nonprofit organization to create, integrate, and transform knowledge and skills to the social benefit of another entity. This holds true not only internally in the organizational system (e.g., process knowledge, skills of the employees to develop quick solutions) but also externally in respect to stakeholder relationships, and beyond that learning in society (Vargo/Lusch 2004). Furthermore, implementing a S-D logic mindset the customer, member, or partner of the nonprofit organization represents a different role as opposed to a transitional logic approach, because these individuals add relevant knowledge to the whole process (Bettencourt 1997).

These views imply that the learning organization is the prototype of what is intended in the S-D logic approach. In this context, Jha and Joshi (2007) state, "Knowledge Management does not happen by chance. A culture that promotes knowledge creation and provides for appropriate support processes is necessary". Recently, Lusch et al. (2010) analyzed the link between service, value networks, and learning in more detail and presented a model which aims to explain how organizations are learning. Briefly, organizations are able to learn by " ... (1) developing a S-D orientation, and (2) liquefying [...] information resources. When done successfully, the organization is capable of creating more and new types of desity [...]. This leads to the organization improving its ability to offer more competitively compelling value propositions" (Lusch et al. 2010). All arguments given before support the theoretical framework shown in Figure 2 that the starting point for achieving competitive advantage should be the different S-D logic dimensions. Thus:

P_4: *A S-D logic mindset of a nonprofit organization is positively related to achieving competitive advantage.*

Competitive Advantage → Performance

Organizational performance is one of the most important constructs in marketing, management, and organizational research and the link between competitive advantage and performance outcomes is an accepted one (Hunt/Morgan 1995; Barney 2001; Ramani/Kumar 2008; Verhoef/Leeflang 2009). Analyzing 722 articles, Richard et al. (2009) show in their recent published meta-analysis that performance is integrated in the research design as a dependent variable in 69 percent of the mentioned articles. By studying performance in the area of S-D logic minded organizations, we mainly follow the recommendation given in the literature to differentiate three areas of outcomes (Richard et al. 2009): financial performance outcome, product/services market performance outcome, and shareholder performance outcome. Instead of using the term "shareholder" performance we propose and do use the term "stakeholder" performance outcome because this is a much more interaction oriented definition and fits better to nonprofit organizations (see additionally Ramani/Kumar 2008). However, we are aware of the fact that we did not integrate objective measures of performance, yet a lot of nonprofit organizations under study do not publish their financial statements. Thus:

P_5: Achieving competitive advantage through S-D logic is positively related to performance in the nonprofit sector.

Competition Intensity as a Moderator

Beyond S-D logic, competitive advantage, and performance, we integrate "competition intensity" as an environmental effect in our framework because it is well accepted in the literature that low or high levels of competition have a moderating effect on the ability of organizations to perform (Slater/Narver 1994; Lichtenstein et al. 2004; Cravens et al. 2009). Thus, we will analyze the intensity of competition given in our context and we will examine the effect of competition intensity by assuming the following: The greater the competitive intensity, the greater is the positive effect of organizational competitive advantage, and on performance.

3.1 Methodology

We developed a structured survey instrument to realize our study. After deciding on the context of our study, we developed the scale items to measure S-D logic and the other constructs integrated in our theoretical framework.

3.1.1 Measures and Pretest

S-D logic: Given limited prior empirical research on S-D logic, we developed an operationalization for the ten S-D logic as well as for the transitional items. Our measurement philosophy is based on the opinion that it is good to start the operationalization discussion from the original work of Vargo and Lusch (2006; 2008), instead of using scales to measure S-D logic which are not directly developed from the original thinking. Consequently, we started from the items shown in Table 1 (Lusch/Vargo 2006). Influenced by the recommendations given in scale development research and the principles of "good" items (e.g., language should be simple, straightforward, and appropriate for the target group) (Hinkin 1995; Rossiter 2002; DeVellis 2003), we realized our verbalization of the S-D logic items in a two-step approach: expert workshop, and comprehensive pretest.

First, we realized an expert workshop with a part of our research group to evaluate and discuss a first draft of item verbalization. This resulted in several changes in respect to wording. During this workshop the question whether S-D logic should be measured in a reflective or formative approach was discussed intensively. Depending upon the general conceptualization of the focal construct, generally two strategies are helpful to answer this question (Diamantopoulos/Siguaw 2006). On the one hand, a construct (here S-D logic mindset) can be seen as a summary index of its items. On the other hand, the items are seen as functions of the latent variable, and therefore changes in S-D logic are manifested (reflected) in changes in the items. In the latter case, a reflective measurement is appropriate. We based our decision on the questions and rules recommended by Jarvis et al. (2003) for determining whether a construct is formative or reflective in nature. As a first step, we discussed and examined the direction of causality. Because S-D logic is a mindset of an organization and therefore normative, we argue that the direction of causality is from S-D logic construct to the items, and the items integrated are manifestations of S-D logic. Furthermore, changes in the S-D logic mindset (for example towards a more goods-dominant logic) do cause changes in the indicators. Both answers fit to a reflective model specification. Applying the second rule, we examined the interchangeability. In this respect, the ten items defined share one common theme (S-D logic) and dropping one indicator should not alter the conceptual domain of the S-D logic construct. The third rule of Jarvis et al. (2003) is that covariation among items is expected in reflective models, but in this respect we found that the correlation of the S-D logic items in our study is not very high. "Are the items expected to have the same antecedents and consequences?" is the last relevant question, and we answer this with "yes" for our study because we expect that the integrated S-D logic items affect competitive advantage and performance positively. Based on these arguments, we finally specified our S-D framework as reflective (see additionally MacKenzie et al. 2005).

The final questionnaire resulted from a comprehensive pretest with practitioners. In total, 40 nonprofit managers were asked to give feedback on the first draft. We recruited the respondents from two different Nonprofit Executive Master Programs. The pretesting respondents were asked to fill out the questionnaire and comment in the case they did not understand specific questions. This procedure was very valuable because this study is the first one that tries to verbalize and explain S-D logic characteristics and it must be noted that the pretest-respondents are not familiar with the S-D logic mindset and lexicon at all. In the final questionnaire S-D logic was measured in comparison to a transitional mindset using a six point semantic differential scale. Appendix 3 provides a complete list of items used in the empirical study.

Competitive Advantage: Besides the S-D logic measures, we defined measures for competitive advantage and performance. In order to measure competitive advantage we identified three aspects relevant to require the message that an organization is different or even better than its competitors (Porter 1985). First, we integrated quality advantages due to services of the organization into our study. Furthermore, cost leadership is a dimension of competitive advantage (Narver/Slater 1990), which is integrated by examining the ratio of fix to variable cost. Time advantages could also lead to differentiation; therefore, two indicators regarding reactivity are measured.

Performance: To measure performance we followed Vorhies and Morgan (2005) as well as Richard et al. (2009) recommendations to see performance as a three-dimensional construct. The dimensions were financial performance, market performance, and stakeholder performance. In the current study, a fourth item "overall performance" was added to the performance construct (see Appendix 3).

3.1.2 Data Collection and Sample

Data were collected by distributing a survey questionnaire between October 2008 and February 2009, which was sent out to 430 donation collecting nonprofit organizations. In total, 103 answers returned, which results in a satisfying response rate of 24 percent. Non response bias was no problem in our study. To assess this aspect we compared early and late respondents of our sample (Armstrong/Overton 1977) and found no significant differences among the two groups. However, the final sample contained 56.9 percent males and 43.1 percent females. The majority (54.4 percent; n = 56) of respondents were CEOs of the nonprofit organization, followed by 12.6 percent (n = 13) communication managers, 10.7 percent (n = 11) marketing managers, 5.8 percent (n = 6) fundraising staff, and 16.5 percent (n = 17) of the respondents owned other positions in the NPO (e. g., project leader). Typical for the nonprofit sector is that the legal form of an association is given in most of the cases (75.5 percent; n = 77). 21.4 percent (n = 22) of the organizations were foundations, and 2.9 percent (n = 3) had other legal forms (one missing data). Size was examined by the numbers of employees. 44.2 percent in the sample were small nonprofit organizations from zero to ten employees. Middle size NPOs with up to 50 employees represented 39.2 percent. The rest (16.6 percent) were large organizations with more than 100 employees.

3.1.3 Data Analysis

We used smartPLS 2.0 (Ringle et al. 2005) to estimate the parameters in the outer and inner model using partial least squares (PLS) path modeling (Lohmöller 1989; Chin 1998). Moreover, we used nonparametric bootstrapping, as implemented in smartPLS with 500 replications to obtain t-values (Henseler et al. 2009). The PLS approach was favored over co-variance-based structural equation modeling because of the small sample size of only 103 cases which were also split into two sub-samples during the data analysis process. The first sub-sample contains organizations which are more driven by a S-D logic mindset and the second sub-sample contains transitional minded organizations. A specific organization was assigned to sub-sample 1 (S-D logic) if the respondent answered on the six-point semantic differential with a value of four, five or six by more than five of the overall ten questions. Otherwise, the respondent was assigned to sub-sample 2 (transitional mindset). We found a relatively high amount of nonprofit organizations with a S-D-mindset in the sample which we interpret as a strong indicator that Lehman's (2006) statement cited before – that S-D logic is the dominant logic in nonprofit organizations – is right for our study. In total, we found 55 nonprofit organizations with a S-D logic mindset (53.4 percent). In contrast, 46.6 percent (n = 48) of the organizations in our sample are more transitional minded. Therefore, P_1 – *that the percentage of nonprofit organizations with a S-D logic is higher than the percentage of organizations with a transitional mindset* – is confirmed by the data.

3.2 Results

The analysis and interpretation of a PLS model is a two-stage process. First we evaluate the measurement model, and second the structural model. Figure 3 presents the empirical results of the S-D logic model in an overview. Additional information on the averages and standard deviations, as well as on factor loadings for individual items are given in Appendix 2.

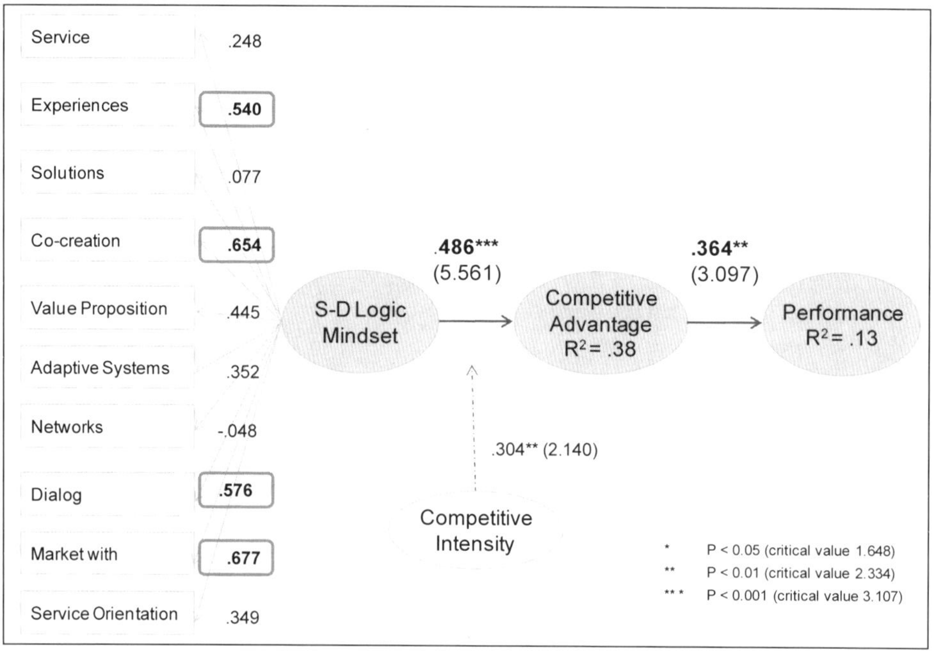

Figure 3: Results For The PLS Model of S-D Logic, Competitive Advantage, and Performance

3.2.1 Measurement Model

To assess our reflective measurement model we first analyzed item reliability, construct reliability, and discriminant validity. *Item reliability* was analyzed by examining the factor loadings. The results documented in Figure 3 show that four of the ten factors are highly loaded. In descending order these items are: "market with" (.677), "co-creation" (.654), "dialog" (.576), and "experiences" (.540). The findings support our *second preposition* (P_2) and the existence of two basic operant resources (BORs) partially. We found a high factor loading for "experiences" but interestingly a relatively low loading of .248 for "service". Generally, the result finding support the idea that basic operant resources are important to achieve competitive advantage through customer experience.

In respect to our *third preposition* and interconnected operant resources (IORs) (P_3) we found that "co-creation" is a very important item within the S-D logic mindset and support therewith the idea that FP6 could be interpreted as well as the core of S-D logic. Without an intensive dialog a process of co-creation is not possible, therefore the finding that "dialog" is also an important S-D logic item fits very well to FP 6 (implies value creation is interactional, Vargo and Lusch 2008, p. 7). Unexpected, and unusual for reflective items, the factor loading for "networks" is negative with – .048. In our study, a negative loading is possible, because we measured all S-D logic items on a semantic differential scale with two extreme poles: S-D logic versus transitional mindset. Therefore, a negative loading must be interpreted as the opposite of the defined statement. More concrete, that the nonprofit organizations in our sample organizations are not network oriented respectively do not work in network constellations. One reason for this result could be that 78 percent of our sample has the legal form of an association. A typical characteristic of associations is the internal member network structure which possibly leads to the effect that the organizations in this sample do not focus on the establishment of external network constellations.

Finally, for "market with" we found the highest factor loading with .677. We argue that the finding is coherent to FP8 "A service-centered view is customer oriented and relational (Vargo and Lusch 2008, p. 7). Therefore, the data support the fact that maybe FP 8 is the core of S-D logic.

It is obvious that our results do not fit to the general recommendations given in the literature that factor loadings should be greater than .707, because this implies that more than 50 percent of the variance in the observed item is due to the construct. However, Hulland (1999) argues that in a case of a development of a new scale it is common to find several factor loadings below .70 threshold. Because of several reasons such as poorly worded items, inappropriate items, or improper transfer of an item from the context to another (Hulland 1999, p. 198). We agree and argue moreover, that in this stage of empirical evidence of S-D logic it would be dangerous to eliminate S-D items; which is normally indicated by items with loadings less than 0.4, because the goal of the current study is not model fitting. Our purpose is the generation of empirical findings for theory building and theoretical discussion on S-D logic in general. Consequently, we decided not to eliminate items from the S-D logic construct.

Construct reliability means that a scale consistently reflects the construct it is measuring. We evaluate construct reliability by using two indices: First, average variance extracted (AVE), which should not be under .5 (Fornell/Larcker 1981; Bagozzi/Yi 1988), and second, composite reliability with a recommended value of .6 (Bagozzi/Yin 1988). Table 2 shows that competitive advantage and performance satisfy the two conditions. In contrast, we quantify a low AVE for S-D logic with .202 which means that the variance due to measurement error is greater than the variance due to the construct. Based on AVE, the construct reliability of the S-D logic construct is questionable. Based on this first unsatisfactory result we analyzed composite reliability for S-D logic and found an acceptable value of .652.

S-D Logic Model (N = 55)	**AVE**	**Composite Reliability**
Competitive Intensity	.411	.624
S-D Logic Mindset	.202	.652
Competitive Advantage	.631	.836
Performance	.541	.823

Table 2: Psychometric Properties of Measurement for the S-D logic Model

Our interpretation of this result is that the configuration of the S-D logic items proposed by Lusch and Vargo (2006) is logical and consistent for S-D logic, but the current verbalization of the S-D Logic items improvable. This is not really a remarkable result, because we realized a single-item measurement approach. It is quite clear that each characteristic (for example co-creation) has multiple facets. In this respect, further research could try to conceptualize and measure the S-D logic items on the first order dimension and different other items on a second order level. Or perhaps as ten separate sub factors/constructs leading to competitive advantage, and performance.

Finally, we analyzed *discriminant validity* based on the recommendations of Fornell and Larcker (1981), which require that the average variance extracted for the constructs under study exceeds the squared correlation between the constructs (AVE > R^2). Based on the low AVE for S-D logic, results indicate problems with discriminant validity between S-D logic and competitive advantage. As mentioned earlier, a lot of methodological questions are open and therefore we also see dissatisfying results as a contribution in which direction we had to go with future measurement approaches.

	CI	SDL	CA	P
Competitive Intensity (CI)	**.41**			
S-D Logic (SDL)	.02	**.20**		
Competitive Advantage (CA)	.01	.25	**.63**	
Performance (P)	.03	.03	.13	**.54**

(Note: Bold values of the diagonal show AVE; values below the diagonal represent construct correlation R^2)

Table 3: Evaluation of Discriminant Validity

3.2.2 Structural Model

The quality of the structural model is examined by analyzing two questions. First, to what extent do the variables contribute to the endogenenous variables competitive advantage and performance, answered by the path coefficient. Second, what amount of variance can be explained by the latent variables. To answer the last question usually R^2 is examined. As shown in Figure 3, the two significant path coefficients (S-D logic on competitive advantage with .486, and competitive advantage on performance with .364) indicate that we found overall support for our model. Therefore, P_4 – *that a S-D logic mindset of a nonprofit organization is positively related to competitive advantage, and performance* – is confirmed by the data. However, this result is interesting per se, but becomes more acceptation in a comparison of the S-D logic and transitional rival model which we will present in the next chapter.

While not in the center of this study, we also tested the moderating effect of *competitive intensity* in our framework. Interestingly, the overall competitive intensity in the donor market evaluated by the respondents in our sample by mean is unexpected low. For example, the mean for the item "dramatic competition given" is 3.37 on a five point scale with 1 = totally disagree and 5 = totally agree, followed by "fights on donations are given" with a mean of 3.08, and "imitations of competitors given" with 2.94 in the S-D logic model (see Appendix 2). However, in our model we propose that competitive intensity as a moderator affects the strengths between S-D logic mindset as an independent variable and competitive advantage as dependent variable (Baron/Kenny 1986). To do so, Chin et al. (2003) suggest building the products of each indicator of the independent latent variable with each indicator of the moderator variable in the case that both constructs are reflective specified. The existence of the moderating effect is supported if the path coefficient is significant, which is given in our model with a value of .304 ($p < 0.001$). Further, the moderating effect can be assessed by comparing the R^2. In our study, we found a R^2 of 0.27 in the S-D logic model (without interaction effect integrated) and the model presented in Figure 3 with an R^2 of .38, which we interpret as a meaningful change.

3.2.3 Results of the Transitional Model

Following Vargo and Lusch's (2006) dimensions for organizations with a transitional mindset, we estimated a second, transitional rival model. Methodologically, we followed a similar testing procedure for the transitional model. All items integrated in the model are based on Table 1 and were measured reflective based on our second sub-sample of 48 nonprofit organizations. The results of the analysis are shown in Figure 4. The analysis of the rival model shows interesting changes due to the factor loadings. In the transitional model "benefits" (.535), "value delivery" (.433), and "services" (.371) are the factors with highest loadings. This finding is consistent with the traditional thinking in marketing management that a better service bundle with benefits for the stakeholders is responsible for the achievement of competitive advantage (services differentiation strategy).

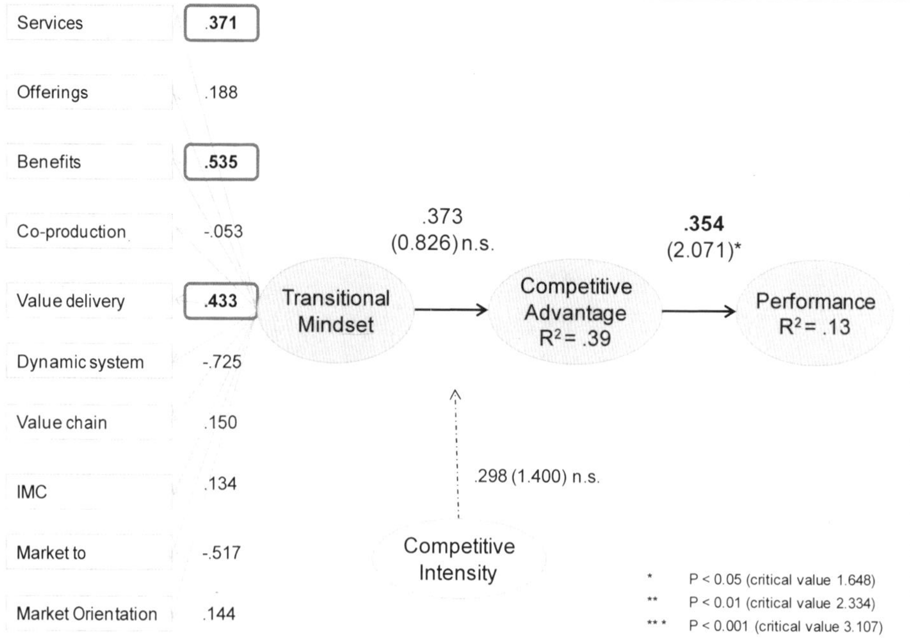

Note: Transitional model (N = 48). Test of significance in PLS with Bootstrapping and 500 iterations.

Figure 4: Results For The Alternative Model of Transitional Logic, Competitive Advantage, and Performance

However, the most interesting result – compared to the results of the S-D logic model – is that the path coefficient between transitional mindset and competitive advantage is with a t-value of .896 not significant in the transitional model (see Figure 4), in contrast to a highly significant path in the S-D logic model (see Figure 3). Finally, an impact of competitive advantage on performance is also given in the rival model with a path coefficient of .354, with $p < .01$. The quality report for the transitional model did not show any new insights compared to Table 2.

3.3 Discussion

3.3.1 Research Implications

Triggered by the ongoing discussion on S-D logic, our analysis is one of the first studies which investigate the S-D logic perspective on an empirical level in the nonprofit context. More concrete, we investigated the link between S-D logic, competitive advantage, and performance with a focus on middle range theory building. In taking this perspective, we asked the following three questions:

Is service-dominant logic really the dominant logic for nonprofit-organizations?

We found, that a S-D logic mindset is dominant in 55 of the examined nonprofit organizations. This descriptive result is highly relevant because it strengthens two statements: First, that a shift from a transitional to a S-D logic mindset is observable in reality, and second that this shift is distinctive in the nonprofit sector. Therefore, the data strongly support Lehmann's statement that S-D logic is the dominant log in nonprofit organizations. This result leads to several managerial implications for nonprofit managers which we will discuss later on.

Are some of the S-D logic characteristics more salient than others, and if yes, what does that mean for S-D logic theory building?

Our results contribute to theory building in the area of S-D logic. The empirical results indicate that four items within the S-D logic framework are salient: “market with”, “co-creation”, “dialog”, and “experiences”. The findings regarding high loadings within the S-D logic model are very important because they confirm, on the one hand, the opinion in the S-D logic research community that FP1 (“service is the fundamental basis of exchange “) and FP6 (“The customer is always a co-creator of value”) are core foundational premises. On the other hand, we found no support in our data for FP9 (“all economic and social actors are resource integrators”), but did find indications that FP 8 could be a core foundational promise. Taken together, these findings open up a very large research stream on the hierarchy of FPs in S-D logic. Some interesting research questions are: Could it be confirmed in other contextual settings that FP1 and FP6 are the core of S-D logic? What is the role of FP 8 in S-D logic? Which theoretical approaches are useful for S-D theory building (e.g., the contribution of network theory or resource-based theory)?

Is a S-D logic mindset of a nonprofit organization associated with competitive advantage, and performance?

Our study show that S-D logic affects competitive advantage positively, which we could not confirm for the transitional rival model. This finding contributes directly to the discussion on Vargo and Lusch's (2004; 2008) FP4, because to the best of our knowledge this study is the first that empirically confirms this link. This finding is particularly notable because it affects a deeper issue of how organizations learn and how they develop the relevant knowledge to achieve competitive advantage in markets. Therefore, further research on FP4 is needed, and we offer the following three open research questions from our perspective: If "market with" is the most important factor for competitive advantage, how can organizations identify which stakeholders (customer, donors, government) are willing and have the knowledge to collaborate? If "co-creation" is another salient factor for competitive advantage, which roles do stakeholders perform in organizations? In which contextual settings are networks a source of competitive advantage and why?

3.3.2 Limitations

Several limitations of this study should be considered by interpreting the empirical results. First, and most important from our perspective, we did not measure "financial learning" within the S-D logic construct and therefore one of the original items is missing (see Table 1). We decided to do so because the key distinctive characteristic of nonprofit organizations is that they do not focus on profit maximization. After finishing our data analysis and several additional research discussions on this topic in the community, we believe the decision is problematic for theory building purposes. Trying to reach the next stage in theory building denotes that all manifestations of S-D logic should be investigated. Nonprofit organizations are not maximizing profits in the sense of ROI or other performance measures, but they are very sensible on financial questions (especially on fundraising) not only because state funding decreases steadily. Therefore, we recommend to integrate the item "financial learning" in future nonprofit S-D logic research studies.

Second, our measurement approach for S-D logic construct could be improved in further research. One reason for this is that our data base is very limited. Due to the split of data (total sample of 103 was splitted in two samples), our final S-D logic results were based only on 55 responses. Furthermore, we realized a single-measurement instead of a multidimensional measurement approach. Both aspects are methodological limitations of our study. Therefore, further research is needed that empirically investigates research questions from a S-D logic perspective. For example the following: How can we measure S-D logic and how can we demonstrate construct and discriminant validity? What insights on S-D logic are given from qualitative research? Is it better to operationalize S-D logic as a first or a second order construct? We argue that we need a multiple methodological approach of the whole range of qualitative and quantitative measurement instruments to achieve a more holistic view on S-D logic.

Third, our models were tested in a single sector. Even if the nonprofit sector is very appropriate to investigate S-D logic, our findings should not be generalized for other industries. Since the competition on the donor markets varies across countries, further research in different countries and industries (U.S. vs. Europe) might help to understand the phenomenon better. Fourth, although our study indicates that nonprofit organizations with an S-D logic mindset perform better, studies with a higher sample size and longitudinal studies would help to understand whether this finding is stable over time.

Finally, our study is intentionally very simple in respect to the model structure, because we wanted to focus on S-D logic, and therefore it is possible that we missed some other drivers for competitive advantage and performance. By stepping the ladder towards an empirical testing of theories, future studies could integrate more constructs and moderators such as market dynamics or other outcome variables (e.g., fundraising performance) into the framework.

3.3.3 Managerial Implications

The findings from our study have several implications for the management of nonprofit organizations. A first implication is that board members of nonprofit organizations should be aware of the fact that there are different mindsets of an organization and that a S-D logic mindset could be a powerful alternative to the actual mindset in the NPO. Therefore, a first recommendation is to supplement ongoing corporate identity processes and mission statement projects with S-D logic content. The most challenging aspect from our view is to see the interaction partner, for example the donors of a nonprofit organization, not as endogenous factors (like it is normally the case in a company-customer setting) but as internal partners. As a consequence, we encourage nonprofit organizations to deepen the understanding of stakeholder's multi-faced roles, for example one individual can be the user of a nonprofit service, a donor, or a volunteer of the organization.

Third, our study shows that nonprofit organizations which are focusing on the four dimensions we examined as most important (market with, co-creation, dialog, and experiences), are in a good position to achieve competitive advantage and superior performance outcomes. Our results imply that organizations should prioritize and synchronize their corporate and nonprofit marketing strategies in respect to the four topics. Therefore, a strong emphasis should be placed on the planning and implementation of these four dimensions. In addition, organizations should assist S-D logic implementation by rethinking their organizational culture. For example, by creating public forums for stakeholder feedback, organizational infrastructure for stakeholders/customers who are working in the organization with the goal to create and enrich experiences with(in) the organization.

S-D logic provides a rich theoretical foundation not only for marketing theory (Ballantyne/Varey 2008) but also to understand society. We hope that future research will continue to analyze S-D logic in the nonprofit sector and to solve the given methodological problems in this area. More important, we see S-D logic as a helpful mindset to evaluate also societal aspects and therefore we encourage not only marketing but also more public and nonprofit researchers to contribute to the S-D logic debate.

Appendix

Appendix 1: Foundational Premises of S-D logic

Modified/new foundational premise		Comment/explanation
FP1	Service is the fundamental basis of exchange.	The application of operant resources (knowledge and skills), "service," as defined in S-D logic, is the basis for all exchange. Service is exchanged for service.
FP2	Indirect exchange masks the fundamental basis of exchange.	Because service is provided through complex combinations of goods, money, and institutions, the service basis of exchange is not always apparent.
FP3	Goods are distribution mechanisms for service provision.	Goods (both durable and non-durable) derive their value through use – the service they provide.
FP4	Operant resources are the fundamental source of competitive advantage.	The comparative ability to cause desired change drives competition.
FP5	All economies are service economies.	Service (singular) is only now becoming more apparent with increased specialization and outsourcing.
FP6	The customer is always a co-creator of value.	Implies value creation is interactional.
FP7	The enterprise cannot deliver value, but only offer value propositions.	Enterprises can offer their applied resources for value creation and collaboratively (interactively) create value following acceptance of value propositions, but can not create/or deliver value independently.
FP8	A service-centered view is inherently customer oriented and relational.	Because service is defined in terms of customer-determined benefit and co-created it is inherently customer oriented and relational.
FP9	All social and economic actors are resource integrators.	Implies the context of value creation is networks of networks (resource-integrators).
FP10	Value is always uniquely and phenomenological determined by the beneficiary.	Value is idiosyncratic, experiential, contextual, and meaning laden.

(Quelle: Vargo/Lusch 2008, p. 7)

Appendix 2: Means and Standard Deviations

Transitional versus S-D logic Six-point-semantic differential with 1 = transitional and 6 = S-D logic pole	**Overall** **(N = 103)**	**S-D logic model (N = 55)** The higher to 6, the more S-D logic minded	**Transitional model (N = 48)** The lower to 1, the more transitional minded
Services — Service	3.03 (1.67)	3.91 (1.54)	2.02 (1.18)
Offerings — Experiences	3.70 (1.40)	4.42 (1.20)	2.92 (1.16)
Benefits — Solutions	3.73 (1.70)	4.68 (1.22)	2.69 (1.53)
Co-production — Co-creation of value	2.99 (1.53)	3.52 (1.65)	2.38 (1.13)
Value delivery — Value proposition	4.02 (1.46)	4.55 (1.20)	3.39 (1.51)
Dynamic systems — Complex adaptive systems	3.38 (1.41)	3.94 (1.37)	2.74 (1.17)
Value chain — Network constellation	3.49 (1.55)	4.08 (1.43)	2.85 (1.43)
IM Communication — Dialog	3.91 (1.51)	4.47 (1.32)	3.26 (1.47)
Market to — Market with	3.61 (1.37)	4.21 (1.16)	2.93 (1.27)
Market orientation — Service orientation	4.55 (1.33)	5.04 (0.98)	3.98 (1.47)
Competitive Advantage			
Quality advantage (constancy of quality)	4.14 (0.83)	4.02 (0.77)	4.27 (0.87)
Time advantage I (reaction time)	3.92 (0.91)	3.96 (0.94)	3.88 (0.89)
Time advantage II (waiting time)	3.92 (1.07)	4.06 (0.99)	3.77 (1.15)
Performance			
Financial performance	3.28 (1.34)	3.20 (1.32)	3.37 (1.37)
Market performance	3.77 (0.98)	3.74 (0.98)	3.80 (1.13)
Stakeholder performance	3.57 (1.14)	3.40 (1.16)	3.78 (1.09)
Overal performance	3.97 (0.78)	3.91 (0.76)	4.04 (0.80)
Competitive Intensity			
Dramatic competition given	3.32 (1.10)	3.37 (1.13)	3.26 (1.07)
Fights on donations	2.92 (1.18)	3.08 (1.24)	2.75 (1.10)
Imitation by competitors	3.08 (1.11)	2.94 (1.09)	3.24 (1.12)

Appendix 3: Scales

Note 1: The S-D logic items are to be answered on a six-point semantic differential scale. The value of 1 indicates a total agreement with the transitional item (e.g. integrated marketing communication) and 6 a total agreement with the S-D logic item (e.g. dialog). Note 2: All other questions are to be answered on a five-point scale, where 1 = *"totally disagree" and 5 = "totally agree".*

Service-Dominant Logic Mindset (new scale verbalization, items adopted from Vargo and Lusch 2006, one item "financial learning" not included).

(1) *Service*: The central task of our organization is to provide specialized knowledge and skills for our stakeholders groups.
(2) *Experiences*: We dispose of more experience and of a deeper knowledge. These aspects are our strategic competitive advantage.
(3) *Solutions*: Our policy focuses on searching solutions for problems of our different stakeholders groups.
(4) *Co-creation of value*: Our stakeholders are always completely involved in the service production process of our organization and therefore we create value together.
(5) *Value proposition*: I think that organizations can not define the value for their stakeholder groups by themselves. The question if we are able to generate value can therefore only answered externally by the different stakeholders themselves.
(6) *Complex adaptive system*: We focus on the identification and the sustainment of required resources within our organizational system.
(7) *Value creation in networks*: The thinking and acting in our organization is rather determined by value creation in networks.
(8) *Dialog*: The communication in our organization is reciprocal. Hence, it exist a dual exchange of information between the organization and the stakeholders.
(9) *Market with*: We define our stakeholders as internal resources and we try to establish a collaborative relationship with them.
(10) *Service orientation*: The needs of the stakeholders are in the center of our activities. In marketing we concentrate on tasks such as quality management or retention management.

Transitional Mindset (new scale verbalization, items adopted from Vargo and Lusch 2006, one item "financial learning" not included).

(1) *Services*: The central task of our organization is to provide services and goods for the target group.
(2) *Offerings*: Our organizations competitive advantage is that we offer better services and goods than our competitors.
(3) *Benefits*: Our policy focuses on achieving benefits for our target groups.

(4) *Co-production*: Our stakeholders are sometimes partially involved in the service production process.
(5) *Value delivery*: I think that organizations have to define the value for their stakeholders by themselves. The question if we are able to generate this value can be answered internally by the controlling department.
(6) *Dynamic system*: We analyze continually environmental developments and adjust our organization permanently.
(7) *Value chain*: The central notion of our marketing is rather determined by the workflow within our value chain.
(8) *Integrated Marketing Communication*: Our communication to stakeholders is unidirectional. This means that we provide our stakeholders with relevant information but there is no real dialog.
(9) *Market to*: We define our stakeholder groups as external resources and we process them by active marketing activities.
(10) *Market orientation*: The market requirements are in the center of our marketing activities. We concentrate on tasks such as segmentation or market, competitor analysis.

Competitive Advantage (adopted from Porter 1985).

Relatively seen to our main NPO competitors

(1) *Quality advantage:* Our nonprofit services are from better quality.
(2) *Cost advantage:* Our ratio between overhead and project cost is better.
(3) *Time advantage I: Our* reaction time during the NPO service delivery process is better.
(4) *Time advantage II:* The waiting time for help to individuals is lower.

Performance (adopted from Richard et al. 2009)

(1) *Financial performance*: Our financial development is very positive. In the last five year we had surpluses which we re-invested in our mission.
(2) *Market performance*: The development of our products and services is very positive. In the last five years we steadily broaden our range of offerings.
(3) *Stakeholder performance*: The development of our Customer/member base is very positive. In the last five years the customer/member base permanently increases.
(4) *Overall performance*: Overall, in the last year our NPO was very successful.

Competition Intensity in the Donor Market (according to the items of Kohli and Jaworski 1993; Ramai and Kumar 2008).

(1) In our sector, the competition on donations can be described with the term "dramatic".
(2) In our sector, "fights" for donations are typical.
(3) In our sector, any action to acquire donations can easily be imitated by competitors.

References

Alderson, W./Cox, R. (1948): Towards a Theory of Marketing, in: Journal of Marketing, Vol. 13, No. 10, pp. 137-152.

Anderson, P.F. (1983): Marketing, Scientific Progress, and the Scientific Method, in: Journal of Marketing, Vol. 47, No. 4, pp. 18-31.

Armstrong, J.S./Overton, T.S. (1977): Estimating Nonresponse Bias in Mail Surveys, in: Journal of Marketing, Vol. 14, No. 8, pp. 396-402.

Arnould, E.J. (2008): Service-Dominant Logic and Resource Theory, in: Journal of the Academy of Marketing Science, Vol. 36, No. 1, pp. 21-24.

Bagozzi, R.P. (1984): A Prospectus for Theory Construction in Marketing, in: Journal of Marketing, Vol. 48, No. 1, pp. 11-29.

Bagozzi, R.P./Yi, Y. (1988): On the Evaluation of Structural Equation Models, in: Journal of the Academy of Marketing Science, Vol. 16, No. 1, pp. 74-94.

Ballantyne, D./Varey, R.V. (2008): The Service-Dominant Logic and the Future of Marketing, in: Journal of the Academy of Marketing Science, Vol. 36, No. 1, pp. 11-14.

Barney, J.B. (2001): Resource-based Theories of Competitive Advantage: A Ten-year Retrospective on the Resource-based View, in: Journal of Management, Vol. 27, No. 6, pp. 643-650.

Baron, R.M./Kenny, D.A. (1986): The Moderator-Mediator Variable Distinction in Social Psychological Research: Conceptual, Strategic, and Statistical Considerations, in: Journal of Personality and Social Psychology, Vol. 61, No. 6, pp. 1173-1182.

Bettencourt, L.A. (1997): Customer Voluntary Performance: Customers as Partners in Service Delivery, in: Journal of Retailing, Vol. 73, No. 3, pp. 385-406.

Brodie, R.J. (2009): Empirical Evidence about the Service Dominant Logic, Working Paper, presented at the EIASM 2009 Naples Forum on Services: Service-Dominant Logic, Service Science, and Network Theory, June 16-20, 2009, Capri, Italy.

Brodie, R.J./Saren, M./Pels, J. (2009): Theorizing About Markets and Marketing and the S-D Logic: Exploring the Bridging Role of Middle Range Theory, Working Paper, University of Auckland.

Boudon, R. (1991): What Middle-Range Theories Are, in: Contemporary Sociology, Vol. 20, No. 4, pp. 519-522.

Burton, D. (2005): Marketing Theory Matters, in: British Journal of Management, Vol. 16, No. 1, pp. 5-18.

Chin, W.W. (1998): The Partial Least Squares Approach to Structural Equation Modeling, in: Marcoulides, G.A. (Ed.): Modern Methods for Business Research, Mahwah, pp. 295-358.

Chin, W.W./Marcolin, B.L./Newsted, P.R. (2003): A Partial Least Squares Latent Variable Modeling Approach for Measuring Interaction Effects: Results from a Monte Carlo Simulation Study and an Electronic-Mail Emotion/Adoption Study, in: Information Systems Research, Vol. 14, No. 2, pp. 189-217.

Coltman T./Keating B./Devinney, T.M. (2010): Service-Dominant Logic within the Supply Chain: A Third Party Logistics Perspective. Manuscript under review in Industrial Marketing Management, online working paper, http://www2.agsm.edu.au/agsm/web.nsf/AttachmentsByTitle/TD_Service_Logic/$FILE/Service+Dominant+Logic.pdf (Zugriff am 12.10.2011).

Cravens, D.W./Piercy, N.F./Baldauf, A. (2009): Management Framework Guiding Strategic Thinking in Rapidly Changing Markets, in: Journal of Marketing Management, Vol. 25, No. 1/2, pp. 31-49.

Day, G. (2006): Achieving Advantage with a Service-Dominant Logic, in: Lusch, R.F./Vargo, S.L. (Eds.): The Service-Dominant Logic for Marketing: Dialog, Debate, and Directions, New York/London/Sharpe, pp. 85-90.

DeVellis, R.F. (2003): Scale Development: Theory and Applications, 2nd Edition, London.

Diamantopoulos, A./Siguaw, J.A. (2006): Formative Versus Reflective Indicators in Organizational Measure Development: A Comparison and Empirical Illustration, in: British Journal of Management, Vol. 17, No. 4, pp. 1-20.

Fornell, C./Larcker, D.F. (1981): Evaluating Structural Equation Models with Unobservable Variables and Measurement Error, in: Journal of Marketing Research, Vol. 18, No. 1, pp. 39-50.

Giving USA Foundation (Ed.) (2009): Giving USA 2009. The Annual Report on Philanthropy for the Year 2008, Oak Brook, IL.

Grant, R.M. (1996): Toward a Knowledge-based Theory of the Firm, in: Strategic Management Journal, Vol. 17, pp. 109-122.

Gummesson, E. (2003): All Research is Interpretive!, in: Journal of Business & Industrial Marketing, Vol. 18, No. 6/7, pp. 482-492.

Helmig, B./Jegers, M./Lapsley, I./Hyndman, N. (2006): Challenges of Managing the Third Sector, in: Journal for Public and Nonprofit Services, Vol. 34, pp. 5-7.

Henseler, J./Ringle, C.M./Sinkovics, R.R. (2009): The Use of Partial Least Squares Path Modeling in International Marketing, in: Sinkovics, R.R./Ghauri, P.N. (Eds.): Advances in International Marketing, Vol. 20, pp. 277-320.

Hulland, J. (1999): Use of Partial Least Squares (PLS) in Strategic Management Research: A Review of four Recent Studies, in: Strategic Management Journal, Vol. 20, No. 2, pp. 195-204.

Hinkin, T.R. (1995): A Review of Scale Development Practices in the Study of Organizations, in: Journal of Management, Vol. 21, No. 5, pp. 967-988.

Hunt, S.D. (1983): General Theories and the Fundamental Explanda of Marketing, in: Journal of Marketing, Vol. 47, No. 4, pp. 9-17.

Hunt, S.D. (2002): Foundations of Marketing Theory. Towards a General Theory of Marketing, New York.

Hunt, S.D./Morgan, R.M. (1995): The Comparative Advantage Theory of Competition, in: Journal of Marketing, Vol. 59, No. 2, pp. 1-15.

Hwang, H./Powell, W.W. (2009): The Rationalization of Charity: The Influences of Professionalism in the Nonprofit Sector, in: Administrative Science Quarterly, Vol. 54, No. 2, pp. 268-298.

Jarvis, C.B./MacKenzie, S.B./Podsakoff, P.M. (2003): A Critical Review of Construct Indicators and Measurement Model Misspecification in Marketing and Consumer Research, in: Journal of Consumer Research, Vol. 30, No. 9, pp. 199-218.

Kim, S.K./Stump, R.L./Oh, C. (2009): Driving Forces of Coordination Costs in Distributor-Supplier Relationships: Toward a Middle-Range Theory, in: Journal of the Academy of Marketing Science, Vol. 37, No. 4, pp. 384-399.

Kohli, A.K./Jaworski, B.J. (1993): Market Orientation: Antecedents and Consequences, in: Journal of Marketing, Vol. 57, No. 3, pp. 53-70.

Kong, E./Prior, D. (2008): An Intellectual Capital Perspective of Competitive Advantage in Nonprofit Organizations, in: International Journal of Nonprofit and Voluntary Sector Marketing, Vol. 13, No. 5, pp. 119-128.

Lehmann, D.R. (2006): More Dominant Logics For Marketing, in: Lusch, R.F./Vargo, S.L. (Eds.): The Service-Dominant Logic for Marketing: Dialog, Debate, and Directions, New York, London, pp. 296-301.

Lichtenstein, D.R./Drumwright, M.E./Braig, B.M. (2004): The Effect of Corporate Social Responsibility on Customer Donations to Corporate-Supported Nonprofits, in: Journal of Marketing, Vol. 68, No. 4, pp. 16-32.

Lohmöller, J.-B. (1989): Latent Variable Path Modeling with Partial Least Squares, Heidelberg.

Lusch, R.F./Vargo, S.L. (2006): Service-Dominant Logic: Reactions, Reflections and Refinements, in: Marketing Theory, Vol. 6, No. 3, pp. 281-288.

Lusch, R.F./Vargo, S.L./O`Brien, M. (2007): Competing Through Service: Insights from Service-Dominant Logic, in: Journal of Retailing, Vol. 83, No. 1, pp. 5-18.

Lusch, R.F./Vargo, S.L./Tanniru, M. (2010): Service, Value Networks and Learning, Journal of the Academy of Marketing Science, Vol. 38, No. 1, pp. 19-31.

Madhavaram, S./Hunt, S.D. (2008): The Service-Dominant Logic and Hierarchy of Operant Resources: Development Masterful Operant Resources and Implication for Marketing Strategy, in: Journal of the Academy of Marketing Science, Vol. 36, No. 1, pp. 67-82.

Mele, C. (2009): Value Innovation in B2B: Learning, Creativity, and the Provision of Solutions within Service-Dominant Logic, in: Journal of Customer Behaviour, Vol. 8, No. 4, pp. 199-220.

Merton, R.K. (1967): Social Theory and Social Structure, 2 Ed., New York.

Narver, J.C./Slater, S. (1990): The Effect of a Market Orientation on Business Profitability, in: Journal of Marketing, Vol. 54, No. 4, pp. 20-35.

MacKenzie, S.B./Podsakoff, P.M./Jarvis, C. (2005): The Problem of Measurement Model Misspecification in Behavioral and Organizational Research and Some Recommended Solutions, in: Journal of Applied Psychology, Vol. 90, No. 4, pp. 710-730.

Porter, M.E. (1985): Competitive Advantage: Creating and Sustaining Superior Performance, New York.

Porter, M.E./Kramer, M.R. (2002): The Competitive Advantage of Corporate Philanthropy, in: Harvard Business Review, Vol. 80, No. 12, pp. 56-69.

Porter, M.E./Kramer, M.R. (2006): Strategy and Society: The Link Between Competitive Advantage and Corporate Social Responsibility, in: Harvard Business Review, Vol. 84, No. 12, pp. 78-92.

Ramani, G./Kumar, V. (2008): Interaction Orientation and Firm Performance, in: Journal of Marketing, Vol. 72, No. 1, pp. 27-45.

Richard, P.J./Devinney, T.M./Yip, G.S./Johnson, G. (2009): Measuring Organizational Performance: Towards Methodological Best Practice, in: Journal of Management, Vol. 35, No. 3, pp. 718-804.

Ringle, C.M./Wende, S./Will, A. (2005): SmartPLS 2.0 (Beta), online available under: http://www.smartpls.de, 2005, Hamburg.

Rossiter, J.R. (2002): The C-OAR-SE Procedure for Scale Development in Marketing, in: International Journal of Research in Marketing, Vol. 19, No. 4, pp. 305-335.

Saren, M./Pels, J. (2008): A Comment on Paradox and Middle-Range Theory: Universality, Synthesis and Supplement, in: Journal of Business & Industrial Marketing, Vol. 23, No. 2, pp. 105-107.

Jha, V.S./Joshi, H. (2007): Transforming Knowledge Assets for Creating a Learning Organization: Conceptual Approach for Moving Towards Business Excellence, in: International Journal of Business Research, Vol. 7, No. 3, pp. 134-142.

Slater, S.F./Narver, J.C. (1994): Does Competitive Environment Moderate the Market Orientation-Performance Relationship?, in: Journal of Marketing, Vol. 58, No. 1, pp. 46-55.

Tollin, K./Jones, R. (2009): Marketing Logics for Competitive Advantage?, in: European Journal of Marketing, Vol. 43, No. 3/4, pp. 523-550.

Vargo, S.L. (2009): Toward a Transcending Conceptualization of Relationship: A Service-Dominant Logic Perspective, in: Journal of Business & Industrial Marketing, Vol. 24, No. 5/6, pp. 373-379.

Vargo, S.L./Akaka, M.A. (2009): Service-Dominant Logic as a Foundation for Service Science: Clarifications, in: Service Science, Vol. 1, No. 1, pp. 32-41.

Vargo, S.L./Lusch, R.F. (2004): Evolving to a New Dominant Logic for Marketing, in: Journal of Marketing, Vol. 68, No. 1, pp. 1-17.

Vargo, S.L./Lusch, R.F. (2006): Service-Dominant Logic as a Foundation for a general Theory, in: Lusch, R.F/Vargo, S.L. (Eds.): The Service-Dominant Logic for Marketing: Dialog, Debate, and Directions, New York/London, pp. 406-420.

Vargo, S.L./Lusch, R.F. (2008): Service-Dominant Logic: Continuing the Evolution, in: Journal of the Academy of Marketing Science, Vol. 36, No. 1, pp. 1-10.

Verhoef, P.C./Leeflang, P.S.H. (2009): Understanding the Marketing Department's Influence Within the Firm, in: Journal of Marketing, Vol. 73, No. 3, pp. 14-37.

Vorhies, D.W./Morgan, N.A. (2005): Benchmarking Marketing Capabilities for Substainable Competitive Advantage, in: Journal of Marketing, Vol. 69, No. 1, pp. 80-94.

Wacker, J.G. (2008): A Conceptual Understanding of Requirements for Theory-Building Research: Guidelines For Scientific Theory Building, in: Journal of Supply Chain Management, Vol. 44, No. 3, pp. 5-15.

Xie, C./Bagozzi, R./Troye, S.V. (2008): Trying to presume: Toward a Theory of Consumers as Co-creators of Value, in: Journal of The Academy of Marketing Science, Vol. 36, No. 1, pp. 109-122.

Teil B:
Serviceteil

Ausgewählte Literatur zum Themengebiet „Customer Experience (Management)“

Besonders einschlägige und einflussreiche Veröffentlichungen aus dem Bereich der Customer Experience wurden an dieser Stelle ausgewählt, die ihrerseits Hinweise auf weiterführende Quellen geben. Eine vollständige Bibliographie kann hier nicht erfolgen. Die Zuordnung zu den einzelnen Themenbereichen ist nicht immer überschneidungsfrei.

Grundlagen zu Customer Experience

Arnould, E.J./Price, L.L. (1993): River Magic: Extraordinary Experience and the Extended Service Encounter, in: Journal of Consumer Research, Vol. 20, No. 1, S. 24-45.

Bruhn, M./Mayer-Vorfelder, M. (2011): Kundenerfahrung als Forschungsgegenstand im Marketing – Konzeptualisierung, Operationalisierung und empirische Befunde, WWZ Discussion Paper 2011/01, Basel.

Carù, A./Cova, B. (2003): Revisiting Consumption Experience: A More Humble but Complete View of the Concept, in: Marketing Theory, Vol. 3, No. 2, S. 267-286.

Frow, P./Payne, A. (2007): Towards the Perfect Customer Experience, in: Journal of Brand Management, Vol. 15, No. 2, S. 89-101.

Gupta, S./Vajic, M. (2000): The Contextual and Dialectical Nature of Experiences, in: Fitzsimmons, J.A./Fitzsimmons, M. (Hrsg.): New Service Development: Creating Memorable Experiences, Thousand Oaks, S. 33-51.

Harris, K./Baron, S./Parker, C. (2000): Understanding the Consumer Experience: It's 'Good To Talk', in: Journal of Marketing Management, Vol. 16, No. 1-3, S. 111-127.

Havlena, W.J./Holbrook, M.B. (1986): The Varieties of Consumption Experience: Comparing Two Typologies of Emotion in Consumer Behavior, in: Journal of Consumer Research, Vol. 13, No. 3, S. 394-404.

Helkkula, A. (2011): Characterising the Concept of Service Experience, in: Journal of Service Management, Vol. 22, No. 3, S. 367-389.

Hirschman, E.C./Holbrook, M.B. (1982): Hedonic Consumption: Emerging Concepts, Methods and Propositions, in: Journal of Marketing, Vol. 46, No. 3, S. 92-101.

Holbrook, M.B. (2006): The Consumption Experience – Something New, Something Old, Something Borrowed, Something Sold: Part 1, in: Journal of Macromarketing, Vol. 26, No. 2, S. 259-266.

Holbrook, M.B./Hirschman, E.C. (1982): The Experiential Aspects of Consumption: Consumer Fantasies, Feelings, And Fun, in: Journal of Consumer Research, Vol. 9, No. 9, S. 132-140.

Ismail, A.R. (2011): Experience Marketing: An Empirical Investigation, in: Journal of Relationship Marketing, Vol. 10, No. 3, S. 167-201.

Johnston, R./Kong, X. (2011): The customer experience: a road-map for improvement, in: Managing Service Quality, Vol. 21, No. 1, S. 5-24.

Lemke, F./Clark, M./Wilson, H. (2006): What Makes a Great Customer Experience, The Hemley Center for Customer Management, Research Report 2006 Series.

Meyer, C./Schwager, A. (2007): Understanding Customer Experience, in: Harvard Business Review, Vol. 1, No. 2, S. 117-126.

Pine, J.B./Gilmore, J.H. (1998): Welcome to the Experience Economy, in: Harvard Business Review, Vol. 76, No. 4, S. 97-105.

Pine, J.B./Gilmore, G.H. (1999a): The Experience Economy: Work Is Theater & Every Business a Stage, Boston.

Pine, J.B./Gilmore, G.H. (1999b): Willkommen in der Erlebnisökonomie, in: Harvard Business Manager, 21. Jg., Nr. 1, S. 56-64.

Pine, J.B. /Gilmore, J.H. (2000): Erlebniskauf. Konsum als Erlebnis, Business als Bühne, Arbeit als Theater, München.

Poullson, S.H.G./Kale, S.H. (2004): The Experience Economy and Commercial Experience, in: Marketing Review, Vol. 4, No. 3, S. 267-277.

Prahalad, C.K./Ramaswamy, V. (2004): Co-Creation Experiences: The Next Practice in Value Creation, in: Journal of Interactive Marketing, Vol. 18, No. 3, S. 5-14.

Schmitt, B.H. (1999): Experiential Marketing, New York.

Schulze, G. (2005): Die Erlebnisgesellschaft. Kultursoziologie der Gegenwart, 2. Aufl., Frankfurt am Main.

Shaw, C./Ivens, J. (2005): Building Great Customer Experiences, Basingstoke.

Tynan, C./McKechnie, S. (2009): Experience Marketing: A Review and Reassessment, in: Journal of Marketing Management, Vol. 25, No. 5/6, S. 501-517.

Weinberg, P. (1992): Erlebnismarketing, München.

Management der Customer Experience

Berry, L.L./Carbone, L.P./Haeckel, S.H. (2002): Managing the Total Customer Experience, in: MIT Sloan Management Review, Vol. 43, No. 3, S. 85-89.

Carbone, L.P./Haeckel, S.H. (1994): Engineering Customer Experiences, in: Marketing Management, Vol. 3, No. 3, S. 8-19.

Crosby, L.A./Masland, J.L. (2009): Customer Experience Innovation, in: Marketing Management, Vol. 18, No. 2, S. 10-11.

Hadwich, K./Eichen, F. (2010): Service Experience Management (SEM) – Serviceerlebnisse als Fundament von Wettbewerbsvorteilen, in: F.A.Z.-Institut/Steria Mummert Consulting (Hrsg.): Managementkompass Servicequalität, Frankfurt am Main, S. 8-10.

Harris, P. (2007): We the People: The Importance of Employees in the Process of Building Customer Experience, in: Journal of Brand Management, Vol. 15, No. 2, S. 102-114.

Kubacki, K. (2008): Jazz Musicians: Creating Service Experience in Live Performance, in: International Journal of Contemporary Hospitality Management, Vol. 20, No. 4, S. 401-411.

Mascarenhas, O.A./Kesavan, R./Bernacchi, M. (2006): Lasting customer loyalty: a total customer experience approach, in: Journal of Customer Marketing, Vol. 23, No. 7, S. 397-405.

Mayer-Vorfelder, M. (2012): Kundenerfahrungen im Dienstleistungsprozess – Eine theoretische und empirische Analyse, Wiesbaden.

Morgan, M./Elbe, J./De Esteban Curiel, J. (2009): Has the Experience Economy Arrived? The Views of Destination Managers in Three Visitor-sependent Areas, in: International Journal of Tourism Research, Vol. 11, No. 2, S. 201-216.

Mosley, R.W. (2007): Customer Experience, Organisational Culture and the Employer Brand, in: Journal of Brand Management, Vol. 15, No. 2, S. 123-134.

Palmer, A. (2010): Customer experience management: a critical review of an emerging idea, in: Journal of Services Marketing, Vol. 24, No. 3, S. 196-208.

Schmitt, B.H. (2003): Customer Experience Management: A Revolutionary Approach to Connecting with Your Customers, Hoboken.

Schmitt, B./Mangold, M. (2004): Kundenerlebnis als Wettbewerbsvorteil. Mit Customer Experience Management Marken und Märkte Gewinn bringend gestalten, Wiesbaden.

Shaw, C./Dibeehi, Q./Walden, S. (2010): Customer Experience: Future Trends and Insights, Basingstoke.

Smith, S./Wheeler, J. (2002): Managing the Customer Experience: Turning Customers into Advocates, New York.

Stuart, F.I. (2006): Designing and Executing Memorable Service Experiences: Lights, Camera, Experiment, Integrate, Action!, in: Business Horizons, Vol. 49, No. 2, S. 149-159.

Stuart, F.I./Tax, S. (2004): Toward an Integrative Approach to Designing Service Experiences: Lessons Learned From The Theatre, in: Journal of Operations Management, Vol. 22, No. 6, S. 609-627.

Zomerdijk, L.G./Voss, C.A. (2010): Service Design for Experience-Centric Services, in: Journal of Service Research, Vol. 13, No. 1, S. 67-82.

Determinanten und Dimensionen der Customer Experience

Bennett, R./Härtel, C.E.J./McColl-Kennedya, J.R. (2005): Experience as a Moderator of Involvement and Satisfaction on Brand Loyalty in a Business-to-Business Setting, in: Industrial Marketing Management, Vol. 34, No. 1, S. 97-107.

Brakus, J.J./Schmitt, B./Zarantonello, L. (2009): Brand Experience: What Is It? How Is It Measured? Does It Affect Loyalty?, in: Journal of Marketing, Vol. 73, No. 3, S. 52-68.

Chang, T./Horng, S. (2010): Conceptualizing and measuring experience quality: the customers's perspective, in: The Service Industries Journal, Vol. 30, No. 14, S. 2401-2419.

Gentile, C./Spiller, N./Noci, G. (2007): How to Sustain the Customer Experience: An Overview of Experience Components that Co-create Value With the Customer, in: European Management Journal, Vol. 25, No. 5, S. 395-410.

Patrício, L./Fisk, R.P./Cunha, J.F. (2008): Designing Multi-Interface Service Experiences, in: Journal of Service Research, Vol. 10, No. 4, S. 318-334.

Verhoef, P.C./Lemon, K.N./Parasuraman, A./Roggeveen, A./Tsiros, M./Schlesinger, L.A. (2009): Customer Experience Creation: Determinants, Dynamics and Management Strategies, in: Journal of Retailing, Vol. 85, No. 1, S. 31-41.

Wirkungen der Customer Experience

Biedenbach, G./Marell, A. (2010): The Impact of Customer Experience on Brand Equity in a Business-to-Business Services Setting, in: Brand Management, Vol. 17, No. 6, S. 446-458.

Ha, H.-Y./Perks, H. (2005): Effects of Consumer Perceptions of Brand Experience on the Web: Brand Familiarity, Satisfaction and Brand Trust, in: Journal of Consumer Behaviour, Vol. 4, No. 6, S. 438-452.

Oliver, R.L./Rust, R.T./Varki, S. (1997): Customer Delight: Foundations, Findings and Managerial Insight, in: Journal of Retailing, Vol. 73, No. 3, S. 311-336.

O'Neill, M./Palmer, A. (2003): An Exploratory Study of the Effects of Experience on Consumer Perceptions of the Service Quality Construct, in: Managing Service Quality, Vol. 13, No. 3, S. 187-196.

Shaw, C. (2007): The DNA of Customer Experience: How Emotions Drive Value, Basingstoke.

Weinberg, P./Nickel, O. (2007): Grundlagen für die Erlebniswirkungen von Marketingevents, in: Nickel, O. (Hrsg.): Eventmarketing: Grundlagen und Erfolgsbeispiele, 2. Aufl., München, S. 37-52.

Customer Experience und Markenführung

Kilian, K./Brexendorf, O. (2005): Multisensuale Markenführung als Differenzierungs- und Erfolgsgröße, in: Business Report, Vol. 2, No. 1, S. 12-15.

Koller, M. (2005): Erlebniswelten als innovatives Instrument des Kulturmarketing, in: Schuh, A./Holzmüller, H.H. (Hrsg.): Innovationen im sektoralen Marketing, Berlin, S. 365-381.

Leischnig, A./Schwertfeger, M./Geigenmüller, A. (2011): Shopping Events, Shopping Enjoyment, and Consumers' Attitudes toward Retail Brands – An Empirical Examination, in: Journal of Retailing and Consumer Services, Vol. 18, No. 3, S. 218-223.

Lindstrom, M. (2005): Broad Sensory Branding, in: Journal of Product & Brand Management, Vol. 14, No. 2, S. 84-87.

Roth, G. (1997): Die Konstruktion unserer Erlebniswelt durch das Gehirn, TW Neurologie Psychiatrie, 9. Jg., Nr. 11, S. 139-146.

Schmitt, B. (2009): The Concept of Brand Experience, in: Journal of Brand Management, Vol. 16, No. 7, S. 417-419.

Steiner, P. (2011): Sensory Branding. Grundlagen multisensualer Markenführung, Wiesbaden.

Weinberg, P./Diehl, S. (2001): Erlebniswelten für Marken, in: Esch, F.-R. (Hrsg.) (2001): Moderne Markenführung, Grundlagen – Innovative Ansätze – Praktische Umsetzungen, 3. Aufl., Wiesbaden, S. 185-207.

Weinberg, P./Nickel, O. (2007): Grundlagen für die Erlebniswirkungen von Marketingevents, in: Nickel, O. (Hrsg.): Eventmarketing: Grundlagen und Erfolgsbeispiele, 2. Aufl., München, S. 37-52.

Branchenbesonderheiten der Customer Experience

Dawson, S./Bloch, P.H./Ridgway, N.M. (1990): Shopping Motives, Emotional States, and Retail Outcomes, in: Journal of Retailing, Vol. 66, No. 4, S. 408-427.

Gröppel, A. (1991): Erlebnisstrategien im Einzelhandel, Heidelberg.

Grewal, D./Levy, M./Kumar, V. (2009): Customer Experience Management in Retailing: An Organizing Framework, in: Journal of Retailing, Vol. 85, No. 1, S. 1-14.

Hollyoake, M. (2009): The Four Pillars: Developing a ‘Bonded’ Business-to-Business Customer Experience, in: Database Marketing & Customer Strategy Management, Vol. 16, No. 2, S. 132-158.

Kaltcheva, V.D./Weitz, B.A. (2006): When Should a Retailer Create an Exciting Store Environment?, in: Journal of Marketing, Vol. 70, No. 1, S. 107-118.

Nambisan, P./Watt, J.H. (2011): Managing customer experiences in online product communities, in: Journal of Business Research, Vol. 85, No. 8, S. 889-895.

Novak, T.P./Hoffmann, D.L./Yung, Y. (2000): Measuring the Customer Experience in Online Environments: A Structural Modeling Approach, in: Marketing Science, Vol. 19, No. 1, S. 22-42.

Rose, S./Hair, N./Clark, M. (2011): Online Customer Experience: A Review of Business-to-Consumer Online Purchase Context, in: International Journal of Management Reviews, Vol. 13, No. 1, S. 24-39.

Vom Lehn, D. (2006): Embodying Experience: A Video-Based Examination of Visitors’ Conduct and Interaction in Museums, in: European Journal of Marketing, Vol. 40, No. 11/12, S. 1340-1359.

Zöller, S. (2006): Erlebnishandel im Automobilvertrieb. Machbarkeitsstudie und Nutzungskonzeption für ein Autothemencenter, Wiesbaden.

Stichwortverzeichnis

Printed by Printforce, the Netherlands